N. I. ACHIESER / I. M. GLASMANN

THEORIE DER LINEAREN OPERATOREN IM HILBERT-RAUM

MATHEMATISCHE LEHRBÜCHER UND MONOGRAPHIEN

HERAUSGEGEBEN VON DER
AKADEMIE DER WISSENSCHAFTEN DER DDR
ZENTRALINSTITUT FÜR MATHEMATIK UND MECHANIK

I. ABTEILUNG

MATHEMATISCHE LEHRBÜCHER

BAND IV

THEORIE DER LINEAREN OPERATOREN IM HILBERT-RAUM

VON

N. I. ACHIESER/I. M. GLASMANN

AKADEMIE-VERLAG · BERLIN
1975

N. I. ACHIESER/I. M. GLASMANN

THEORIE DER LINEAREN OPERATOREN IM HILBERT-RAUM

6., unveränderte Auflage

AKADEMIE-VERLAG · BERLIN
1975

Н. И. Ахиезер / И. М. Глазман
Теория линейных операторов в гильбертовом пространстве

Erschienen im Staatsverlag für techn.-theor. Literatur, Moskau

Die Ergänzungen wurden übersetzt und bearbeitet von Dr. H. BAUMGÄRTEL,
Zentralinstitut für Mathematik und Mechanik der AdW der DDR,
unter Zugrundelegung der Übersetzung der ersten deutschen Ausgabe.

Als Lehrbuch
an den Universitäten und Hochschulen
der Deutschen Demokratischen Republik eingeführt.
Ministerium für Hoch- und Fachschulwesen

Erschienen im Akademie-Verlag, 108 Berlin, Leipziger Straße 3—4

Lizenznummer: 202 · 100/427/75
Gesamtherstellung: VEB Druckerei „Thomas Müntzer", 582 Bad Langensalza
Bestellnummer: 760 139 9 (5095) · LSV 1034
Printed in GDR
EVP 38,—

VORWORT ZUR DEUTSCHEN AUSGABE

Wir besitzen in deutscher Sprache bisher kein Lehrbuch, das die Theorie der Operatoren im HILBERTschen Raum in einer auch dem Studenten gut zugänglichen Form darstellt und das bis zu den Anwendungen auf Differentialoperatoren vordringt. Das Buch von A. WINTNER, Spektraltheorie der unendlichen Matrizen, ist vor den grundlegenden Arbeiten von J. VON NEUMANN geschrieben worden. Der in der Reihe „Ergebnisse der Mathematik und ihrer Grenzgebiete" 1942 erschienene Bericht von B. v. SZ.-NAGY, Spektraldarstellung linearer Transformationen des HILBERTschen Raumes, bringt zwar in glänzender, knapper Form die Hauptergebnisse der Theorie der Operatoren, verzichtet jedoch ganz auf die Anwendungen und ist seiner ganzen Anlage nach kein Lehrbuch.

Es ist daher ein wirkliches Verdienst der Herausgeber, durch die Übersetzung des Werkes von N. I. ACHIESER und I. M. GLASMANN diesem Mangel abgeholfen zu haben.

Die ersten vier Kapitel des vorliegenden Buches behandeln in breiter, sehr sorgfältiger Darstellung die Geometrie des HILBERTschen Raumes, die linearen Funktionale und Operatoren, die einzelnen Typen dieser Operatoren, wie Projektionen, unitäre, isometrische, symmetrische Operatoren, den adjungierten Operator, den Begriff des Spektrums und die Resolvente. Auf die Voraussetzung der Separabilität des HILBERTschen Raumes wird verzichtet, der Raum der fastperiodischen Funktionen wird als Beispiel für den nichtseparablen Fall behandelt.

In Kapitel V wird in elementarer Form die Spektraltheorie der vollstetigen Operatoren in einem linearen metrischen Raum (so wird hier ein nicht als vollständig vorausgesetzter HILBERTscher Raum bezeichnet) entwickelt, als Vorbereitung auf die allgemeine Theorie.

Die beiden folgenden Kapitel sind die zentralen Teile des Buches. Die Spektraldarstellung der selbstadjungierten Operatoren wird in Kap. VI über die Integraldarstellung der Resolvente hergeleitet. Die analytischen Voraussetzungen dazu werden in den Nummern 68 und 69 geschaffen, die das trigonometrische Momentenproblem lösen und Integraldarstellungen analytischer Funktionen mit Werten in einer Halbebene geben. Ein zweiter, ebenfalls klassischer Beweis für die Spektralzerlegung der selbstadjungierten Operatoren verläuft über die Spektralzerlegung der unitären Operatoren und die CAYLEY-Transformation. Der Begriff des einfachen und mehrfachen Spektrums wird erklärt und die kanonische Darstellung eines selbstadjungierten Operators mit einfachem Spektrum als Multiplikationsoperator in einem geeigneten Funktionenraum $L^2_\sigma(-\infty, \infty)$ wird abgeleitet, ebenso eine Verallgemeinerung dieser Darstellung auf Operatoren mit einem Spektrum endlicher Vielfachheit. Von der VON NEUMANNschen Theorie der Operatorenringe werden die Anfänge wiedergegeben, auf die Theorie der unitären Invarianten wird kurz hingewiesen.

Kap. VIII enthält eine ausführliche Darstellung der VON NEUMANNschen Theorie der Erweiterungen symmetrischer Operatoren und die Resultate von M. G. KREIN über die Resolvente der selbstadjungierten Erweiterungen eines symmetrischen Operators.

Besonders wertvoll sind die beiden Anhänge, in denen neuere Ergebnisse der beiden Autoren, ferner von M. A. NEUMARK, M. G. KREIN und M. S. LIWSCHITZ dargestellt werden.

In Anhang I werden die selbstadjungierten Erweiterungen eines symmetrischen Operators in einen größeren HILBERTschen Raum studiert, die zu verallgemeinerten Spektraldarstellungen jedes symmetrischen Operators führen. Ebenso besitzt ein symmetrischer Operator verallgemeinerte Resolventen, die genau untersucht werden. Auch die Theorie der quasiselbstadjungierten Erweiterungen und der charakteristischen Funktion eines symmetrischen Operators von M. S. LIWSCHITZ wird dargestellt.

Anhang II enthält eine ausführliche Theorie der selbsadjungierten Differentialausdrücke $2n$-ter Ordnung, sowohl den regulären wie den singulären Fall. Die selbstadjungierten Erweiterungen der zugehörigen symmetrischen Operatoren und ihre Resolventen werden ausführlich studiert. Die Methode der Richtungsfunktionale von M. G. KREIN gestattet, Umkehrformeln für Differentialoperatoren beliebiger Ordnung abzuleiten und so die klassischen Ergebnisse von H. WEYL und M. H. STONE für reguläre Differentialoperatoren zweiter Ordnung zu verallgemeinern. Das Buch schließt mit einer Reihe von Beispielen von Differentialoperatoren zweiter Ordnung.

An Vorkenntnissen werden aus der Analysis neben einigen funktionentheoretischen Sätzen vor allem das STIELTJES-Integral und die Grundbegriffe der Theorie von LEBESGUE vorausgesetzt. In Nr. 68 werden die beiden Sätze von HELLY ohne Beweis benützt, ebenso wird die Umkehrformel von STIELTJES (S. 194) mehrfach herangezogen. Es sei bemerkt, daß man Beweise für diese Sätze in dem oben zitierten Buch von A. WINTNER findet, für die Sätze von HELLY auch in dem in deutscher Übersetzung erschienenen Buch von I. P. NATANSON, Funktionen einer reellen Veränderlichen.

Die Kenntnis der Theorie der Operatoren des HILBERTschen Raumes ist heute für viele Fragen der Analysis und der theoretischen Physik unentbehrlich. Für alle, die sich ein gründliches Wissen dieser Dinge aneignen wollen, ist das hier in vorzüglicher Übersetzung vorgelegte Werk ein vielseitiger und zuverlässiger Führer, der sie bis an die heutige Forschung heranbringt.

An der Übersetzung und deutschen Bearbeitung beteiligten sich unter der Leitung von Herrn L. KALOUJNINE die Herren H. L. BURMESTER (Rostock), W. RICHTER (Berlin), G. SCHWARZE (Berlin). Verschiedene wertvolle Ratschläge gab Herr B. v. Sz.-NAGY (Szeged). Die Korrekturen las Herr H. BECKER (Berlin). Ihnen allen sei an dieser Stelle herzlich gedankt.

Mainz, den 10. Mai 1954 G. KÖTHE

VORWORT ZUR RUSSISCHEN AUSGABE

Das vorliegende Buch ist aus Vorlesungen und Vorträgen am Charkower Mathematischen Institut entstanden. Es erhebt keinen Anspruch auf Vollständigkeit. Besser wäre es vielleicht, den Titel „Einführung in die Theorie linearer Operatoren im HILBERT-Raum" zu wählen. Übrigens ist die Geometrie des HILBERT-Raumes und die Spektraltheorie unitärer und selbstadjungierter Operatoren ziemlich ausführlich dargestellt. Außerdem gibt das Buch einige neuere Resultate sowjetischer Mathematiker wieder.

Ursprünglich hatten wir die Absicht, als Anwendung die Theorie der JACOBIschen Matrizen (im Zusammenhang mit dem Potenzen-Momentproblem auf der ganzen Achse) und die Theorie der Integralgleichungen mit Kernen vom CARLEMANschen Typ darzustellen. Da das Buch auch ohne dies einen erheblichen Umfang angenommen hat, mußten wir von unserem Vorhaben ablassen. Besonders bedauerlich war es für uns, daß wir auf die Darstellung des Momentproblems verzichten mußten. Dieses Problem hat einerseits eine große Rolle als Leitstern in der Entwicklung der Operatorentheorie gespielt und ist andererseits ein vorzügliches Beispiel zur Illustration der allgemeinen Aussagen der Theorie. Wir empfehlen dem Leser nach dem Studium des vorliegenden Buches sich sowohl mit dem Momentproblem als auch mit der Theorie der CARLEMANschen Integraloperatoren vertraut zu machen.[1])

Das Buch enthält sieben Kapitel Haupttext und zwei Anhänge. Der erste Anhang ist den verallgemeinerten Erweiterungen symmetrischer Operatoren gewidmet. Die diesbezüglichen Resultate stammen von M. A. NEUMARK (Moskau) und M. G. KREIN (Odessa). Sie haben klassischen Charakter und sind nur deshalb im Anhang angebracht, damit der Haupttext seinen völlig elementaren Charakter bewahrt. Der zweite Anhang ist der Theorie der Differentialoperatoren gewidmet, die hier als Anwendungsbeispiele erscheinen.

Wir geben kein vollständiges Literaturverzeichnis zur Operatorentheorie und zitieren nur einige neuere oder wenig bekannte Arbeiten. Als grundlegende Werke und allgemeine zusammenfassende Darstellungen wollen wir auf die

---

[1]) Siehe z. B. N. I. ACHIESER, Unendliche Jacobische Matrizen und das Momentproblem (Uspechi mat. nauk 9 (1941)); M. G. KREIN und M. A. KRASNOSELSKI, Hauptsätze über die Erweiterung hermitescher Operatoren und einige Anwendungen auf die Theorie der orthogonalen Polynome und das Momentenproblem (Uspechi mat. nauk 2, 3 (19) (1947)); N. I. ACHIESER, Integraloperatoren mit Carlemanschem Kern (Uspechi mat. nauk 2, 5 (21) (1947)).

folgenden hinweisen: F. Riesz, Über die linearen Transformationen des komplexen Hilbertschen Raumes (Acta Szeged 5 (1930)), Sur les fonctions des transformations hermitiennes dans l'espace de Hilbert (Acta Szeged 7 (1935)); T. Carleman, Sur les équations intégrales singulières à noyau réel et symétrique (Uppsala 1923); J. v. Neumann, Allgemeine Eigenwerttheorie Hermitescher Funktionaloperatoren (Math. Ann. 102 (1929)), Über Funktionen von Funktionaloperatoren (Ann. of Math. 32 (1932)); M. H. Stone, Linear Transformations in Hilbert Space (1932); A. I. Plessner, Spektraltheorie linearer Operatoren I (Uspechi mat. nauk 9 (1941)); A. I. Plessner und W. A. Rochlin, Spektraltheorie linearer Operatoren II (Uspechi mat. nauk 1, Heft 1 (11) (1946)); W. I. Smirnow, Lehrbuch der höheren Mathematik, Bd. V (Berlin 1962).

Dem aufmerksamen Leser wird es auffallen, daß wir zuweilen Formulierungen und Beweise wiederholen. Wir tun dies, um den Leser nicht durch zu häufige Hinweise auf den vorhergehenden Text zu ermüden.

Den Umfang des Buches hätten wir auf Kosten des Kapitels V etwas kürzen können. In diesem wird die Spektralanalysis vollstetiger selbstadjungierter Operatoren behandelt. Wir hielten es jedoch für günstig, dieses Kapitel beizubehalten, da es eine äußerst natürliche Einführung in die allgemeine Spektraltheorie bietet.

Die ersten drei Kapitel, Kapitel V und VI (außer den Nummern 69—73) wurden von N. I. Achieser geschrieben, alles übrige von I. M. Glasmann. Die endgültige Redaktion des gesamten Textes wurde jedoch gemeinsam durchgeführt. Daher ist jeder von uns für das ganze Buch verantwortlich.

Wir halten es für unsere Pflicht, M. G. Krein für eine Reihe wertvoller Bemerkungen unsere tiefe Dankbarkeit auszudrücken. Wir fühlen uns außerdem verpflichtet gegenüber G. I. Drinfeld, M. A. Krasnoselski, W. A. Martschenko und A. J. Powsner für Bemerkungen, die zur Verbesserung mehrerer Stellen des Buches beigetragen haben.

Charkow, den 17. März 1950

Die Verfasser

VORWORT ZUR ZWEITEN AUFLAGE

Die Autoren stellten sich in diesem Buch, ebenso wie in der ersten Auflage, die vor 15 Jahren erschien, die Aufgabe, die grundlegenden Begriffe und Sätze der Theorie linearer Operatoren im HILBERT-Raum systematisch und leicht verständlich darzulegen. Bei der Vorbereitung der vorliegenden Auflage wurde der ursprüngliche Text verbessert und teilweise ergänzt. Die Ergänzungen beziehen sich auf neue und auch auf klassische Theorien. Die wesentlichste Erweiterung erfuhr die Theorie der vollstetigen Operatoren, die Spektralanalysis und die Theorie der Ringe selbstadjungierter Operatoren, ebenso die Theorie der halbbeschränkten Operatoren. Neu hinzugekommen sind ein Kapitel über Störungen und Wellenoperatoren und ein Kapitel über Integraloperatoren.

F. S. ROFE-BEKETOW war den Autoren bei der Vorbereitung des Manuskripts eine große Hilfe, er verbesserte manche Beweise wesentlich und beseitigte eine Reihe von Fehlern. Dafür und für die höchst sorgfältige Redaktion des Buches sagen ihm die Autoren tiefen Dank.

Die Autoren sind auch allen Kollegen und Schülern sehr verbunden, die nach dem Erscheinen der ersten Auflage auf verschiedene in ihr enthaltene Unstimmigkeiten hingewiesen haben.

Schließlich sind die Autoren A. Z. RYBKIN aufrichtig dankbar für die aufmerksame Durchsicht des Manuskripts während der Drucklegung.

Charkow, Dezember 1965

INHALTSVERZEICHNIS

KAPITEL I

DER HILBERT-RAUM

1. Lineare Systeme. Eine Menge R von Elementen $f, g, h, \ldots$ (die man auch Punkte oder Vektoren nennt) bilden ein *lineares System*, wenn

a) in R eine Operation definiert ist, die man Addition nennt und durch das Zeichen + bezeichnet, wobei

$$f + g = g + f,$$
$$(f + g) + h = f + (g + h)$$

gilt, und ein Einheitselement 0 (Nullelement) existiert, so daß

$$f + 0 = f$$

gilt;

b) eine Multiplikation der Elemente der Menge R mit komplexen Zahlen $\alpha, \beta, \ldots$ so definiert ist, daß die Beziehungen

$$\alpha(f + g) = \alpha f + \alpha g,$$
$$(\alpha + \beta) f = \alpha f + \beta f,$$
$$\alpha(\beta f) = (\alpha \beta) f,$$
$$1 \cdot f = f$$

erfüllt sind.

Die Elemente $f_1, f_2, \ldots, f_\nu \in$ R heißen *linear unabhängig*, wenn die Relation

$$\alpha_1 f_1 + \alpha_2 f_2 + \cdots + \alpha_n f_n = 0 \qquad (1)$$

nur im trivialen Fall $\alpha_1 = \alpha_2 = \cdots = \alpha_n = 0$ möglich ist; andernfalls nennt man die Elemente $f_1, f_2, \ldots, f_n$ *linear abhängig*.

Die linke Seite der Gleichung (1) wird eine *Linearkombination* der Elemente $f_1, f_2, \ldots, f_n$ genannt. Die lineare Unabhängigkeit der Elemente $f_1, f_2, \ldots, f_n$ bedeutet also, daß jede nichttriviale Linearkombination dieser Elemente von Null verschieden ist.

Wenn unter den Elementen $f_1, f_2, \ldots, f_n$ das Nullelement vorkommt, so sind die Elemente offensichtlich linear abhängig. Ist z. B. $f_1 = 0$, so erhalten wir für $\alpha_1 = 1$, $\alpha_2 = \alpha_3 = \cdots = \alpha_n = 0$ eine nichttriviale Relation (1).

Ein lineares System R heißt *endlich-dimensional* und zwar n-dimensional, wenn es n linear unabhängige Elemente enthält und wenn je $n + 1$ Elemente linear abhängig sind. Endlich-dimensionale Räume werden in der linearen Algebra untersucht. Besitzt ein lineares System beliebig viele linear unabhängige Elemente, so heißt es *unendlich-dimensional*.

2. Lineare Mannigfaltigkeiten. Man betrachtet oft gewisse Gesamtheiten von Elementen aus R. Eine solche Gesamtheit L nennen wir eine *lineare Mannigfaltigkeit*, wenn aus $f \in L$, $g \in L$ für alle Zahlen α, β die Beziehung $\alpha f + \beta g \in L$ folgt. Eines der häufigsten Konstruktionsverfahren linearer Mannigfaltigkeiten ist die Bildung der *linearen Hülle*. Man geht dabei aus von irgendeiner endlichen oder unendlichen Menge M von Elementen aus R. Dann bildet man alle möglichen Linearkombinationen

$$\alpha_1 f_1 + \alpha_2 f_2 + \cdots + \alpha_n f_n$$

von Elementen $f_1, f_2, \ldots, f_n$ aus M. Die Gesamtheit L dieser Linearkombinationen ist offensichtlich eine lineare Mannigfaltigkeit aus R, die M enthält. Sie ist die kleinste lineare Mannigfaltigkeit, die M enthält und heißt lineare Hülle der Menge M.

Eine Menge $M \subset R$ nennt man *direkte Summe* einer endlichen Zahl linearer Mannigfaltigkeiten $M_k \subset R$ $(k = 1, 2, \ldots, n)$ und schreibt

$$M = M_1 \oplus M_2 \oplus \cdots \oplus M_n\,,$$

wenn sich jedes Element $g \in M$ eindeutig als Summe

$$g = g_1 + g_2 + \cdots + g_n$$

mit $g_k \in M_k$ $(k = 1, 2, \ldots, n)$ darstellen läßt.

Es ist klar, daß M eine lineare Mannigfaltigkeit ist.

Wir wollen die linearen Mannigfaltigkeiten $M_1, M_2, \ldots, M_n$ $(n < \infty)$ linear unabhängig nennen, wenn die Gleichung

$$f_1 + f_2 + \cdots + f_n = 0 \qquad (f_k \in M_k;\quad k = 1, 2, \ldots, n)$$

nur für

$$f_1 = f_2 = \cdots = f_n = 0$$

möglich ist.

Die lineare Unabhängigkeit der linearen Mannigfaltigkeiten $M_1, M_2, \ldots, M_n$ ist offensichtlich notwendig und hinreichend dafür, daß wir ihre direkte Summe bilden können.

Es seien ferner M und $\tilde{M}$ zwei lineare Mannigfaltigkeiten, und es sei $M \subset \tilde{M}$. Die Vektoren $f_1, f_2, \ldots, f_k$ aus $\tilde{M}$ heißen *linear unabhängig modulo* M, wenn aus der Bedingung

$$\alpha_1 f_1 + \alpha_2 f_2 + \cdots + \alpha_k f_k \in M$$

folgt, daß

$$\alpha_1 = \alpha_2 = \cdots = \alpha_k = 0$$

ist.

Offenbar sind die modulo M linear unabhängigen Vektoren aus $\tilde{M}$ erst recht im gewöhnlichen Sinne linear unabhängig.

Als *Dimension von* $\tilde{M}$ *modulo* M bezeichnen wir die Maximalzahl m modulo M linear unabhängiger Vektoren aus $\tilde{M}$ und schreiben

$$\dim \tilde{M} = m \pmod{M}\,.$$

Gibt es in $\tilde{M}$ beliebig viele modulo M linear unabhängige Vektoren, so schreiben wir

$$\dim \tilde{M} = \infty \pmod{M}.$$

Es ist klar, daß die Dimension modulo M nicht größer ist als die gewöhnliche Dimension.

Anstatt $f \in M$ können wir schreiben

$$f \equiv 0 \pmod{M};$$

die Gleichung

$$f \equiv g \pmod{M} \tag{1}$$

bedeutet dann, daß $f - g \in M$.

Die Mannigfaltigkeit $\tilde{M}$ kann man in Teilmengen von Elementen aufspalten; die Elemente f und g gehören zur gleichen Teilmenge, wenn sie der Bedingung (1) genügen, andernfalls gehören sie verschiedenen Teilmengen an. Diese Teilmengen heißen *Äquivalenzklassen* der Mannigfaltigkeit $\tilde{M}$ modulo M.

Die Gesamtheit der Äquivalenzklassen (jede als ein Element betrachtet) bildet selbst eine lineare Mannigfaltigkeit. Sie heißt *Faktormannigfaltigkeit* der Mannigfaltigkeit $\tilde{M}$ bezüglich M und wird mit

$$\tilde{M}/M$$

bezeichnet.

Eine lineare Operation in $\tilde{M}/M$ ist dabei in der folgenden Weise definiert. Sind $\mathfrak{f} \in \tilde{M}/M$, $\mathfrak{g} \in \tilde{M}/M$ irgendwelche Klassen modulo M und f, g irgendwelche Elemente aus $\tilde{M}$, die den entsprechenden Klassen $\mathfrak{f}$ und $\mathfrak{g}$ angehören, dann sind

$$\alpha\,\mathfrak{f} \quad \text{und} \quad \mathfrak{f} + \mathfrak{g}$$

als diejenigen Klassen definiert, denen αf und entsprechend $f + g$ angehören.

Es ist leicht zu sehen, daß diese Definition nicht von der konkreten Wahl der Repräsentanten f aus $\mathfrak{f}$ oder g aus $\mathfrak{g}$ abhängt und daß die oben definierte Dimension $\tilde{M}$ modulo M die gewöhnliche Dimension der Faktormannigfaltigkeit $\tilde{M}/M$ ist.

3. Das Skalarprodukt. Ein lineares System R heißt *metrisiert*, wenn jedem Elementepaar $f, g \in R$ eine wohlbestimmte komplexe Zahl (f, g) so zugeordnet ist, daß die folgenden Bedingungen erfüllt sind[1]):

a) $(g, f) = \overline{(f, g)}$,

b) $(\alpha_1 f_1 + \alpha_2 f_2, g) = \alpha_1 (f_1, g) + \alpha_2 (f_2, g)$,

c) $(f, f) \geqq 0$, wobei das Gleichheitszeichen nur für $f = 0$ gilt.

Die Zahl (f, g) heißt *das Skalarprodukt* der Elemente f und g.

---

[1]) Der Querstrich über einer Größe bedeutet den Übergang zum konjugiert komplexen Wert.

Die Eigenschaft b) des Skalarproduktes drückt seine Linearität bezüglich des ersten Argumentes aus. Die analoge Eigenschaft für das zweite Argument hat die Form

$\bar{\text{b}}$) $$(f, \beta_1 g_1 + \beta_2 g_2) = \bar{\beta}_1(f, g_1) + \bar{\beta}_2(f, g_2) .$$

Es gilt nämlich

$$(f, \beta_1 g_1 + \beta_2 g_2) = \overline{(\beta_1 g_1 + \beta_2 g_2, f)} = \overline{\beta_1(g_1, f) + \beta_2(g_2, f)} = \bar{\beta}_1(f, g_1) + \bar{\beta}_2(f, g_2) .$$

Die positive Wurzel $\sqrt{(f, f)}$ heißt die *Norm* des Elementes (Vektors) f und wird durch das Symbol $||f||$ bezeichnet. Diese Größe ist einer Streckenlänge analog. So ist z. B., ähnlich wie bei der Streckenlänge, die Norm eines Vektors genau dann Null, wenn der Vektor der Nullvektor ist. Außerdem gilt

1. $$||\alpha f|| = |\alpha| \cdot ||f|| .$$

Aus den Eigenschaften b) und $\bar{\text{b}}$) folgt nämlich

$$(\alpha f, \alpha f) = \alpha(f, \alpha f) = \alpha \bar{\alpha}(f, f) = |\alpha|^2 (f, f) ,$$

und hieraus ergibt sich 1.

Wir zeigen, daß für zwei beliebige Vektoren f, g

2. $$|(f, g)| \leqq ||f|| \cdot ||g||$$

ist. Dabei gilt das Gleichheitszeichen nur dann, wenn die Vektoren f, g linear abhängig sind. Diese Ungleichung heißt *Ungleichung von* CAUCHY-BUNJAKOWSKI oder *Ungleichung von* SCHWARZ.

Beim Beweis der Ungleichung 2 darf man $(f, g) \neq 0$ annehmen. Wir setzen

$$\vartheta = \frac{(f, g)}{|(f, g)|}$$

und finden für ein beliebiges reelles λ

$$0 \leqq (\bar{\vartheta} f + \lambda g, \bar{\vartheta} f + \lambda g) = \lambda^2(g, g) + 2\lambda|(f, g)| + (f, f) .$$

Rechts steht ein Polynom in λ. Dieses ist für alle reellen λ nicht negativ. Daher gilt die Ungleichung

$$|(f, g)|^2 \leqq (f, f) \cdot (g, g) ,$$

aus der die Relation 2 unmittelbar folgt. Das Gleichheitszeichen steht nur in dem Falle, wenn das Polynom eine Doppelwurzel hat; anders ausgedrückt, nur dann, wenn für ein gewisses reelles λ die Gleichung

$$\bar{\vartheta} f + \lambda g = 0$$

gilt. Diese Gleichung besagt aber, daß die Vektoren f, g linear abhängig sind.

Wegen der Ungleichung 2 gestattet das Skalarprodukt, einen Winkel zwischen zwei Vektoren zu definieren. Wir benötigen ihn im weiteren jedoch nicht und beschränken uns auf den Begriff der *Orthogonalität*: zwei Vektoren f, g heißen orthogonal, wenn

$$(f, g) = 0$$

ist.

Wir beweisen noch eine Eigenschaft der Norm, nämlich die Ungleichung

3. $$\|f + g\| \leqq \|f\| + \|g\| .$$

Diese gilt für beliebige Vektoren f, g und geht in eine Gleichung über, wenn $f = 0$ oder $g = \lambda f$ mit $\lambda \geqq 0$ ist. Die Ungleichung 3 heißt *Dreiecksungleichung*, da sie der aus der Elementargeometrie bekannten Ungleichung zwischen Dreiecksseiten analog ist.

Um die Dreiecksungleichung zu beweisen, betrachten wir die Relation

$$\|f + g\|^2 = (f + g, f + g) = (f, f) + (f, g) + (g, f) + (g, g) .$$

Hieraus folgt auf Grund der Ungleichung von CAUCHY-BUNJAKOWSKI

$$\|f + g\|^2 \leqq \|f\|^2 + 2 \|f\| \cdot \|g\| + \|g\|^2 = \{\|f\| + \|g\|\}^2$$

und somit

$$\|f + g\| \leqq \|f\| + \|g\| .$$

Damit das Gleichheitszeichen steht, muß die Bedingung

$$(g, f) = \|f\| \cdot \|g\|$$

erfüllt sein. Sie ist trivialerweise für $f = 0$ erfüllt. Ist $f \neq 0$, so folgt aus dem weiter oben Bewiesenen, daß die Gleichung

$$g = \lambda f$$

gilt. Dabei ist offenbar

$$\lambda(f, f) = \|f\| \cdot \|\lambda f\| ,$$

und es ergibt sich $\lambda \geqq 0$.

Manchmal werden lineare Systeme betrachtet, in denen jedem Elementepaar f, g eine Zahl $\langle f, g\rangle$ zugeordnet ist, die die Forderungen a), b) und anstatt c) die Forderung

c′) $$\langle f, f\rangle \geqq 0$$

erfüllt ohne die Nebenbedingung, daß das Gleichheitszeichen für $f \neq 0$ unmöglich ist. Solche linearen Systeme nennen wir *quasimetrisiert* und die Zahl $\langle f, g\rangle$ heißt *Quasiskalarprodukt*.

Es ist leicht zu sehen, daß das Quasiskalarprodukt die Bedingung $\bar{\text{b}}$) erfüllt. Es gilt auch die Ungleichung von CAUCHY-BUNJAKOWSKI, jedoch ohne die Nebenbedingung für den Fall des Gleichheitszeichens.

Wegen der Ungleichung von CAUCHY-BUNJAKOWSKI bildet die Menge $\mathfrak{N}$ aller Elemente f, für die $\langle f, f\rangle = 0$ ist, eine lineare Mannigfaltigkeit. Ist nämlich

$$\langle f, f\rangle = 0 ,$$

dann gilt wegen der Ungleichung von CAUCHY-BUNJAKOWSKI bei beliebigem h

$$\langle f, h\rangle = 0 .$$

Deshalb folgt aus

$$\langle f, f\rangle = 0 , \qquad \langle g, g\rangle = 0 ,$$

daß

$$\langle\alpha f + \beta g, \alpha f + \beta g\rangle = |\alpha|^2\langle f, f\rangle + |\beta|^2\langle g, g\rangle + \alpha\bar{\beta}\langle f, g\rangle + \beta\bar{\alpha}\langle g, f\rangle = 0$$

gilt.

Wir bemerken noch: in einem gegebenen quasimetrisierten System R′ können wir die Faktormannigfaltigkeit $\mathrm{R} = \mathrm{R}'/\mathfrak{N}$ bilden. Sie erweist sich als metrisiertes (nicht quasimetrisiertes) System, wenn in ihr das Skalarprodukt $(\mathfrak{f}, \mathfrak{g})$ durch die Formel

$$(\mathfrak{f}, \mathfrak{g}) = \langle f, g\rangle$$

definiert wird, wobei $\mathfrak{f} \in \mathrm{R}'/\mathfrak{N}$, $\mathfrak{g} \in \mathrm{R}'/\mathfrak{N}$, $f \in \mathfrak{f}$, $g \in \mathfrak{g}$.

Diese Definition ist unabhängig von der Wahl der $f \in \mathfrak{f}$, $g \in \mathfrak{g}$.

4. Einige topologische Begriffe. In der vorliegenden Nr. erwähnen wir einige Begriffe, die bei der Untersuchung von Punktmengen in beliebigen metrischen Räumen auftreten. Wir erinnern daran, daß wir eine Menge einen *metrischen Raum* nennen, wenn für je zwei Elemente f, g ein *Abstand* $D[f, g]$ definiert ist, der die folgenden Forderungen erfüllt:

a) $D[f, g] = D[g, f] > 0$ (für $f \neq g$),

b) $D[f, f] = 0$,

c) $D[f, g] \leqq D[f, h] + D[h, g]$ (Dreiecksungleichung).

Ein lineares metrisiertes System R wird ein metrischer Raum, wenn wir

$$D[f, g] = \|f - g\|$$

setzen. Daß der so definierte Abstand alle genannten Forderungen erfüllt, ist eine Folge der oben eingeführten Norm. Wir werden einen metrischen Raum mit E bezeichnen und vom Abstand $D[f, g]$ sprechen; wir wollen aber im Auge behalten, daß wir es im weiteren stets mit dem Fall $\mathrm{E} = \mathrm{R}$ und $D[f, g] = \|f - g\|$ zu tun haben werden, d. h. mit dem Fall, daß die Metrik durch das Skalarprodukt erzeugt wird.

Ist f_0 ein fester Punkt von E und ist ϱ eine positive Zahl, so heißt die Menge aller Punkte, für die

$$D[f, f_0] < \varrho$$

gilt, eine *Kugel* in E; ϱ ist der *Radius* der Kugel und f_0 ihr *Mittelpunkt*. Eine solche Kugel nennt man eine *Umgebung*, genau: eine ϱ-Umgebung von f_0.

Wir wollen sagen, eine Punktfolge $f_n \in \mathrm{E}$ $(n = 1, 2, \ldots)$ habe einen Punkt $f \in \mathrm{E}$ als *Grenzwert*, und dies

$$f_n \to f \quad \text{oder} \quad \lim_{n\to\infty} f_n = f \tag{1}$$

schreiben, wenn

$$\lim_{n\to\infty} D[f_n, f] = 0 \tag{2}$$

ist. Man sieht leicht, daß aus (1), d. h. aus (2), die Beziehung

$$\lim_{m,\,n\to\infty} D[f_m, f_n] = 0 \tag{3}$$

folgt, wenn m, n unabhängig voneinander unbeschränkt wachsen.

In der Tat gilt auf Grund der Dreiecksungleichung

$$D[f_m, f_n] \leqq D[f_m, f] + D[f_n, f]\,.$$

Die umgekehrte Aussage ist im allgemeinen nicht richtig, d. h. wenn für eine Folge $f_n \in \mathrm{E}$ $(n = 1, 2, 3, \ldots)$ die Relation (3) gilt, so folgt hieraus nicht die Existenz eines Elementes $f \in \mathrm{E}$, gegen das die Folge konvergiert. Wenn (3) gilt, so nennen wir die Folge eine *Fundamentalfolge*. Eine Fundamentalfolge braucht also nicht gegen ein Element des Raumes zu konvergieren.

Ein metrischer Raum heißt *vollständig*, wenn in ihm jede Fundamentalfolge gegen ein Element des Raumes konvergiert.

Ist ein metrischer Raum nicht vollständig, so kann man ihn durch Hinzunahme neuer Elemente vervollständigen. Diese Operation ist der Einführung irrationaler Zahlen nach der Methode von CANTOR völlig analog.

Wir nennen einen Punkt $f \in \mathrm{E}$ *Häufungspunkt* einer Menge M in E, wenn in jeder Umgebung von f unendlich viele Punkte von M liegen.

Enthält eine Menge alle ihre Häufungspunkte, so heißt sie *abgeschlossen*. Das Hinzufügen der Häufungspunkte zu einer Menge M heißt das *Abschließen* von M. Die so entstehende Menge heißt die abgeschlossene Hülle von M und wird mit $\overline{\mathrm{M}}$ bezeichnet.

Ist ein lineares System ein vollständiger metrischer Raum, so kann man die abgeschlossene Hülle der linearen Hülle einer Menge betrachten. Diese heißt *abgeschlossene lineare Hülle*.

Gibt es in einem metrischen Raume eine abzählbare Menge, deren abgeschlossene Hülle der ganze Raum ist, so heißt der Raum *separabel*.

Mit anderen Worten, in einem separablen Raum gibt es eine solche abzählbare Punktmenge N, daß für jedes $f \in \mathrm{E}$ und $\varepsilon > 0$ ein $g \in \mathrm{N}$ existiert, für das die Ungleichung

$$D[g, f] < \varepsilon$$

gilt. Diesen Umstand drückt man manchmal auch folgendermaßen aus: Ein Raum heißt separabel, wenn er eine abzählbare *überall dichte Menge* enthält.

5. Der HILBERT-Raum. Die wichtigsten metrischen Räume sind diejenigen, die lineare Systeme sind und bei denen der Abstand zwischen zwei Elementen durch die Norm der Differenz dieser Elemente, d. h. durch den Abstand dieser Differenz vom Nullpunkt, definiert ist. Vollständige metrische Räume dieser Art heißen BANACH-*Räume*.

Der HILBERT-Raum, dem das vorliegende Buch gewidmet ist, ist ein wichtiger Spezialfall des BANACH-Raumes. In ihm ist außer dem Abstand zwischen zwei Elementen noch das Skalarprodukt definiert.

Definition. Ein unendlich-dimensionales lineares metrisiertes System H, das durch die vom Skalarprodukt erzeugte Metrik ein vollständiger metrischer Raum ist, heißt HILBERT-*Raum*.

Jede abgeschlossene lineare Mannigfaltigkeit G in H ist ein lineares System, das mit Hilfe des in H erklärten Skalarproduktes metrisiert ist.

G ist außerdem vollständig. In der Tat besitzen alle Fundamentalfolgen von Elementen aus G Grenzwerte in H, weil H vollständig ist, und diese Grenzwerte müssen zu G gehören, da G abgeschlossen ist.

Aus dem Gesagten folgt, daß G selbst ein Hilbert-Raum ist, wenn es unendlich viele linear unabhängige Elemente enthält; andernfalls ist es ein Euklidischer Raum.

Man nennt G deshalb einen *Teilraum* des Raumes H.

Diese Definition des Hilbert-Raumes hat axiomatischen Carakter. Verschiedene konkrete lineare Systeme erfüllen die Bedingungen dieser Definition. Man nennt deshalb H häufig den *abstrakten* Hilbert-Raum und die erwähnten konkreten Systeme *Realisierungen* dieses abstrakten Raumes.

Eine der wichtigsten Realisierungen von H ist der Raum l^2. Hilbert hat in seiner Theorie der linearen Integralgleichungen diesen konkreten Raum erstmalig eingeführt. Von ihm ging der Aufbau der allgemeinen Theorie aus, der das vorliegende Buch gewidmet ist.

Die Elemente des Raumes l^2 sind komplexe Zahlenfolgen

$$f = \{x_n\}_1^\infty, \qquad g = \{y_n\}_1^\infty, \ldots,$$

für die

$$\sum_{n=1}^\infty |x_n|^2 < \infty, \qquad \sum_{n=1}^\infty |y_n|^2 < \infty, \ldots$$

ist. Die Zahlen $x_1, x_2, x_3, \ldots$ kann man als *Komponenten* des Vektors f oder als *Koordinaten* des Punktes f auffassen. Der Nullvektor ist der Vektor, dessen sämtliche Komponenten gleich Null sind. Die Addition der Vektoren wird durch die Formel

$$f + g = \{x_n + y_n\}_1^\infty$$

definiert. Die Beziehung

$$\sum_{n=1}^\infty |x_n + y_n|^2 < \infty$$

folgt aus der Ungleichung

$$|x + y|^2 \leqq 2\,|x|^2 + 2\,|y|^2 .$$

Die Multiplikation eines Vektors f mit einer Zahl λ wird durch die Formel

$$\lambda f = \{\lambda\, x_n\}_1^\infty$$

festgelegt. Das Skalarprodukt im Raume l^2 hat die Form

$$(f, g) = \sum_{n=1}^\infty x_n\,\overline{y}_n .$$

Die Reihe auf der rechten Seite dieser Formel konvergiert absolut, denn es ist

$$|x\,y| \leqq \frac{1}{2}\,|x|^2 + \frac{1}{2}\,|y|^2 .$$

Die Ungleichung

$$|(f, g)| \leqq \|f\| \cdot \|g\|$$

erhält im betrachteten Fall die Form

$$\left|\sum_{n=1}^{\infty} x_n \bar{y}_n\right| \leqq \sqrt{\sum_{n=1}^{\infty} |x_n|^2} \sqrt{\sum_{n=1}^{\infty} |y_n|^2}$$

und stammt von Cauchy.

Der Raum l^2 ist separabel. Eine in l^2 dichte abzählbare Menge ist die Gesamtheit aller Vektoren mit endlich vielen von Null verschiedenen Komponenten (die Anzahl dieser Komponenten hängt vom Vektor ab) und von der Art, daß diese Komponenten von der Form $\xi + i\eta$ sind, wo ξ und η rationale Zahlen bedeuten.

Außerdem ist der Raum l^2 vollständig. Wenn nämlich

$$f^{(k)} = \{x_n^{(k)}\}_{n=1}^{\infty} \qquad (k = 1, 2, \ldots)$$

eine Fundamentalfolge von Vektoren ist, dann läßt sich für jedes $\varepsilon > 0$ ein solches $\mathcal{N}$ finden, daß für $r > \mathcal{N}$, $s > \mathcal{N}$ gilt

$$\sqrt{\sum_{n=1}^{\infty} |x_n^{(r)} - x_n^{(s)}|^2} < \varepsilon .$$

Folglich ist für jedes m a fortiori

$$\sqrt{\sum_{n=1}^{m} |x_n^{(r)} - x_n^{(s)}|^2} < \varepsilon . \tag{1}$$

Deshalb konvergiert auch jede Zahlenfolge

$$\{x_n^{(k)}\}_{k=1}^{\infty} \qquad (n = 1, 2, \ldots)$$

gegen einen gewissen Grenzwert x_n $(n = 1, 2, \ldots)$.

Läßt man in (1) s gegen ∞ streben, so erhält man

$$\sqrt{\sum_{n=1}^{m} |x_n^{(r)} - x_n|^2} \leqq \varepsilon .$$

Da dies für jedes m gilt, so folgt

$$\sqrt{\sum_{n=1}^{\infty} |x_n^{(r)} - x_n|^2} \leqq \varepsilon .$$

Hieraus ergibt sich

$$f = \{x_n\}_1^{\infty} \in l^2 ,$$

und da $\varepsilon > 0$ beliebig gewählt war, auch

$$f^{(k)} \to f .$$

Somit ist die Vollständigkeit des Raumes l^2 bewiesen.

Wie wir gezeigt haben, ist l^2 separabel. Ursprünglich war in der Definition des abstrakten Hilbert-Raumes die Forderung der Separabilität enthalten. Später erwies es sich jedoch, daß diese Bedingung für den Aufbau der Theorie nicht notwendig ist, und daher haben wir sie in die Definition des Raumes H nicht mit eingeschlossen.

Die Vollständigkeit dagegen ist für alle folgenden Betrachtungen wesentlich. Daher nimmt man diese Forderung mit in die Definition von H auf und hebt ausdrücklich hervor, wenn diese Forderung überflüssig ist.

Der Raum l^2 ist unendlich-dimensional. Die *Einheitsvektoren*

$$\begin{aligned} e_1 &= \{1, 0, 0, \ldots\}, \\ e_2 &= \{0, 1, 0, \ldots\}, \\ e_3 &= \{0, 0, 1, \ldots\}, \\ &\ldots\ldots\ldots\ldots \end{aligned}$$

sind, wie man leicht sieht, linear unabhängig.

Der Raum l^2 ist ein unendlich-dimensionales Analogon des Raumes E_m, dessen Elemente endliche Folgen

$$f = \{x_n\}_1^m$$

sind. E_m ist ein m-dimensionaler komplexer euklidischer Raum.

Ein großer Teil der von uns dargelegten Theorie ist eine Übertragung wohlbekannter Eigenschaften von E_m auf H.

6. Die Entfernung eines Punktes von einer konvexen Menge. Eine Menge K von Punkten eines linearen Systems R heißt *konvex*, wenn mit beliebigen Punkten f, g dieser Menge auch alle Punkte der *Verbindungsstrecke* $\lambda f + (1 - \lambda) g$ mit $0 \leqq \lambda \leqq 1$ zu ihr gehören. Eine beliebige lineare Mannigfaltigkeit in R ist eine konvexe Menge. Die abgeschlossene Hülle $\overline{K}$ einer konvexen Menge K in einem vollständigen metrischen Raum E ist ebenfalls konvex. Ein Beispiel für eine abgeschlossene konvexe Menge in E ist insbesondere die Menge der Elemente f, die der Ungleichung $D[f, f_0] \leqq \varrho$ genügen.

Wir betrachten im HILBERT-Raum H eine konvexe Menge K, die ein echter Teil von H ist. Sei $h \overline{\in} K$ irgendein Element aus H, und es sei

$$\delta = \inf_{f \in K} \|h - f\| .$$

Nun erhebt sich die Frage, ob es in K einen Punkt g gibt, für den

$$\|h - g\| = \delta$$

ist; mit anderen Worten, ob in L ein zu h *nächstgelegener* Punkt existiert.

Wir zeigen zuerst, daß für jeden Punkt g höchstens ein nächstgelegener Punkt existiert. Dazu wollen wir annehmen, es gäbe in K zwei Punkte g', g'', deren Entfernung von h gleich δ ist. Da $\frac{1}{2}(g' + g'') \in K$ ist, so gilt

$$\left\| h - \frac{g' + g''}{2} \right\| \geqq \delta;$$

andererseits

$$\left\| h - \frac{g' + g''}{2} \right\| \leqq \frac{1}{2} \|h - g'\| + \frac{1}{2} \|h - g''\| = \delta .$$

Hieraus folgt

$$\left\| h - \frac{g' + g''}{2} \right\| = \delta$$

und daher

$$\left\| h - \frac{g' + g''}{2} \right\| = \frac{1}{2} \|h - g'\| + \frac{1}{2} \|h - g''\| .$$

Hier gilt also das Gleichheitszeichen in der Dreiecksungleichung. Da

$$h - g' \neq 0 ,$$

so gilt

$$h - g'' = \alpha (h - g') \tag{1}$$

mit $\alpha \geqq 0$ und folglich

$$\delta = \left\| h - \frac{g' + g''}{2} \right\| = \frac{1 + \alpha}{2} \|h - g'\| = \frac{1 + \alpha}{2} \delta .$$

Das bedeutet $\alpha = 1$.

Nun folgt aus (1)

$$g' = g'' ,$$

was zu zeigen war.

Gibt es aber tatsächlich einen zum Punkt h nächstgelegenen Punkt $g \in \mathrm{K}$? Die Antwort auf diese Frage gibt der folgende

Satz. *Ist* K *eine abgeschlossene konvexe Menge im Raum* H *und*

$$\delta = \inf_{f \in \mathrm{K}} \|h - f\| ,$$

dann existiert in K *ein Vektor* g (seine Eindeutigkeit wurde weiter oben schon bewiesen), *für den*

$$\|h - g\| = \delta$$

gilt.

Beweis. Auf Grund der Definition der unteren Grenze gibt es in G eine unendliche Vektorfolge $\{g_n\}_1^\infty$, für die

$$\lim_{n \to \infty} \|h - g_n\| = \delta$$

ist. Aber es besteht die Ungleichung

$$\left\| h - \frac{g_m + g_n}{2} \right\| \leqq \frac{1}{2} \|h - g_m\| + \frac{1}{2} \|h - g_n\| .$$

Hieraus folgt

$$\overline{\lim_{m, n \to \infty}} \left\| h - \frac{g_m + g_n}{2} \right\| \leqq \delta ,$$

und da

$$\left\| h - \frac{g_m + g_n}{2} \right\| \geqq \delta$$

ist, so ergibt sich

$$\lim_{m, n \to \infty} \left\| h - \frac{g_m + g_n}{2} \right\| = \delta .$$

Andererseits finden wir aus der leicht zu verifizierenden Beziehung

$$2 \|f'\|^2 + 2 \|f''\|^2 = \|f' + f''\|^2 + \|f' - f''\|^2 ,$$

wenn wir

$$f' = h - g_m , \qquad f'' = h - g_n$$

setzen, die Gleichung

$$\|g_n - g_m\|^2 = 2 \|h - g_m\|^2 + 2 \|h - g_n\|^2 - 4 \left\| h - \frac{g_m + g_n}{2} \right\|^2 .$$

Also ist

$$\lim_{m, n \to \infty} \|g_n - g_m\| = 0 .$$

Daher muß die Vektorfolge $\{g_n\}_1^\infty$ gegen einen Vektor $g \in G$ konvergieren. Nun bleibt

$$\|h - g\| = \delta$$

zu zeigen. Es gilt aber

$$\lim_{n \to \infty} \|g - g_n\| = 0 , \qquad \lim_{n \to \infty} \|h - g_n\| = \delta$$

und

$$\|h - g\| \leqq \|h - g_n\| + \|g - g_n\| ;$$

hieraus folgt

$$\|h - g\| \leqq \delta .$$

Das $<$-Zeichen ist hierbei offenbar ausgeschlossen. Der Satz ist somit bewiesen.

7. Die Projektion eines Vektors auf einen Teilraum. Sei G ein Teilraum von H. Auf Grund der vorigen Nr. entspricht jedem Element $h \in H$ ein wohlbestimmtes Element $g \in G$, für das

$$\|h - g\| = \inf_{g' \in G} \|h - g'\| \tag{1}$$

ist. Wir betrachten h und g als Punkte und sagen, g sei der zu h nächstgelegene Punkt des Teilraumes G. Wenn wir dagegen h und g als Vektoren betrachten, so sagen wir, g sei der von h am wenigsten abweichende Vektor von G. Wir werden jetzt zeigen, daß auf Grund von (1) der Vektor $h - g$ zum Teilraum G, d. h. zu jedem Vektor $g' \in G$, orthogonal ist.

Zum Beweise nehmen wir an, der Vektor $h - g$ wäre nicht zu jedem Vektor von G orthogonal. Sei

$$(h - g, g_0) = \sigma \neq 0 \qquad (g_0 \in G) .$$

Nehmen wir den Vektor

$$g^* = g + \frac{\sigma}{(g_0, g_0)} g_0 \in \mathrm{G}.$$

Dann gilt

$$\|h - g^*\|^2 = \left(h - g - \frac{\sigma}{(g_0, g_0)} g_0, h - g - \frac{\sigma}{(g_0, g_0)} g_0\right)$$
$$= \|h - g\|^2 - \frac{\bar\sigma}{(g_0, g_0)}(h - g, g_0) - \frac{\sigma}{(g_0, g_0)}(g_0, h - g) + \frac{|\sigma|^2}{(g_0, g_0)}$$
$$= \|h - g\|^2 - \frac{|\sigma|^2}{(g_0, g_0)},$$

und also auch

$$\|h - g^*\| < \|h - g\|,$$

was der Beziehung (1) widerspricht.

Aus dem Bewiesenen folgt, daß der Vektor h in der Form

$$h = g + f$$

darstellbar ist, wo $g \in \mathrm{G}$ und wo f zu G orthogonal ist (dies werden wir zuweilen in der Form $f \perp \mathrm{G}$ schreiben). Daneben sieht man leicht die Beziehung

$$\|h\|^2 = \|g\|^2 + \|f\|^2$$

ein. Es ist natürlich, den Vektor g als eine *Komponente* von h bezüglich des Teilraumes G oder auch als *Projektion* von h auf G zu bezeichnen.

Wir bezeichnen mit F die Gesamtheit aller Vektoren f, die zum Teilraum G orthogonal sind. Man sieht leicht, daß F eine lineare Mannigfaltigkeit ist. Wir zeigen, daß F abgeschlossen und folglich ein Teilraum ist. In der Tat, sei $f_n \in \mathrm{F}$ $(n = 1, 2, 3, \ldots)$, d. h. $(f_n, g) = 0$ für jedes $g \in \mathrm{G}$ und möge $f_n \to f$ streben, dann gilt die Gleichung

$$(f, g) = (f - f_n, g).$$

Die rechte Seite dieser Gleichung ist dem Betrage nach nicht größer als

$$\|f - f_n\| \cdot \|g\|$$

und strebt daher für $n \to \infty$ gegen Null. Also ist $(f, g) = 0$, woraus $f \in \mathrm{F}$ folgt. Die Mannigfaltigkeit F ist also abgeschlossen.

Wir erhalten eine Darstellung des Raumes H in Form der direkten Summe

$$\mathrm{H} = \mathrm{G} \oplus \mathrm{F}.$$

Im vorliegenden Fall sind die Summanden G und F orthogonal und ihre direkte Summe ist eine *orthogonale Summe*. Man nennt F (bzw. G) das *orthogonale Komplement* zu G (bzw. F) in H und bezeichnet es mit

$$\mathrm{F} = \mathrm{H} \ominus \mathrm{G} \qquad (\text{bzw.} \quad \mathrm{G} = \mathrm{H} \ominus \mathrm{F}).$$

Durch Induktion läßt sich die orthogonale Summe einer beliebigen endlichen Zahl paarweise orthogonaler Räume definieren.

Weiterhin: Die orthogonale Summe einer unendlichen (abzählbaren oder nichtabzählbaren) Menge G_a paarweise orthogonaler Teilräume von H ist die abgeschlossene Hülle der Mannigfaltigkeit aller endlichen Summen der Gestalt

$$g_{\alpha'} + g_{\alpha''} + \cdots,$$

wobei $g_{\alpha'} \in G_{\alpha'}$, $g_{\alpha''} \in G_{\alpha''}$ usw.

Offensichtlich ist die orthogonale Summe einer endlichen Zahl von Summanden ein Spezialfall der direkten Summe.

Wir können auch die orthogonale Summe beliebiger HILBERT-Räume betrachten, die nicht Teilräume eines gegebenen HILBERT-Raumes sind. Zum Beispiel ist die orthogonale Summe der Räume H_1 und H_2 der HILBERT-Raum $H = H_1 \oplus H_2$, dessen Elemente alle möglichen Paare $\{f, g\}$ mit $f \in H_1$ und $g \in H_2$ sind. Dabei gilt

$$\alpha\{f, g\} = \{\alpha f, \alpha g\}, \ \{f_1, g_1\} + \{f_2, g_2\} = \{f_1 + f_2, g_1 + g_2\}$$

(das Nullelement ist demnach $\{0, 0\}$), und das Skalarprodukt ist durch die Gleichung

$$(\{f_1, g_1\}, \{f_2, g_2\}) = (f_1, f_2) + (g_1, g_2)$$

definiert.

Aus den oben angeführten Betrachtungen folgt ein einfacher Beweis des folgenden Satzes: *Ein beliebiger Teilraum* G *eines separablen* HILBERT-*Raumes* H *ist separabel.*[1])

In der Tat, sei $\{h_k\}_1^\infty$ eine abzählbare, überall in H dichte Menge von Vektoren und $\{g_k\}_1^\infty$ die Folge der Projektionen dieser Vektoren auf den Teilraum G. Dann ist

$$g - h_k = (g - g_k) + (g_k - h_k).$$

Nun ist $g_k - h_k \perp G$, so daß $(g_k - h_k, g - g_k) = 0$ bei beliebigem $g \in G$ und deshalb

$$\|g - h_k\|^2 = \|g - g_k\|^2 + \|g_k - h_k\|^2$$

gilt. Daraus folgt

$$\|g - g_k\| \leqq \|g - h_k\|.$$

Aus dieser Ungleichung ist ersichtlich, daß die Folge $\{g_k\}_1^\infty$ eine abzählbare Menge bildet, die im Teilraum G überall dicht ist.

Es ist oft notwendig, die Projektion eines Vektors auf einen endlichdimensionalen Teilraum zu bestimmen. Wir betrachten diesen Fall etwas genauer.

Seien G ein n-dimensionaler Teilraum und

$$g_1, g_2, \ldots, g_n \tag{2}$$

irgendwelche n linear unabhängigen Elemente aus G. Da je $n + 1$ Elemente des Teilraumes G linear abhängig sind, läßt sich jeder Vektor $g \in G$ in der

---

[1]) Diese Behauptung gilt für einen beliebigen Teilraum eines separablen metrischen Raumes E.

Form

$$g = \lambda_1 g_1 + \lambda_2 g_2 + \cdots + \lambda_n g_n$$

darstellen. Mit anderen Worten: G ist die lineare Hülle der Vektormenge (2).

Wir wählen einen beliebigen Vektor $h \in H$ und bezeichnen mit g seine Projektion auf G. g hat die Form

$$g = \lambda_1 g_1 + \lambda_2 g_2 + \cdots + \lambda_n g_n .$$

Wegen der Eigenschaft der Projektion muß die Differenz $h - g = f$ orthogonal sein zum Teilraum G; d. h. für jeden Vektor $g_1, g_2, \ldots, g_n$ muß gelten

$$(f, g_k) \equiv (h, g_k) - \lambda_1(g_1, g_k) - \lambda_2(g_2, g_k) - \cdots - \lambda_n(g_n, g_k) = 0$$
$$(k = 1, 2, \ldots, n) . \tag{3}$$

Wir haben somit ein System von n linearen Gleichungen für die $\lambda_1, \lambda_2, \ldots, \lambda_n$. Die Matrix $(\alpha_{jk})_{j,k=1}^{n}$ dieses Systems, $\alpha_{jk} = (g_k, g_j)$, heißt GRAMsche *Matrix* und ihre Determinante

$$\Gamma(g_1, g_2, \ldots, g_n) = \begin{vmatrix} (g_1, g_1) & (g_2, g_1) & \cdots & (g_n, g_1) \\ (g_1, g_2) & (g_2, g_2) & \cdots & (g_n, g_2) \\ \cdots & \cdots & \cdots & \cdots \\ (g_1, g_n) & g_2, g_n) & \cdots & (g_n, g_n) \end{vmatrix}$$

GRAMsche *Determinante* der Vektoren $g_1, \ldots, g_n$. Wie aus den oben angestellten Betrachtungen hervorgeht, hat das System (3) eine eindeutige Lösung für jeden Vektor h. Die GRAMsche Determinante der Vektoren $g_1, g_2, \ldots, g_n$ ist deshalb von Null verschieden.

Es ist leicht zu sehen, daß die GRAMsche Determinante für linear abhängige Vektoren verschwindet. *Für die lineare Unabhängigkeit von Vektoren ist also notwendig und hinreichend, daß ihre* GRAMsche *Determinante von Null verschieden ist.*

Wir suchen nun die Größe

$$\delta = \min_{g' \in G} \|h - g'\| .$$

Wir werden sehen, daß sie sich leicht mit Hilfe der GRAMschen Determinante ausdrücken läßt.

Die Größe δ ist gleich $\|f\| = \|h - g\|$ unter der Bedingung, daß sich die in g auftretenden Koeffizienten λ_i aus den Gleichungen (3) bestimmen. Folglich gilt

$$\delta^2 = (f, f) = (f, h) ,$$

und hieraus folgt

$$\delta^2 = (h, h) - \lambda_1(g_1, h) - \lambda_2(g_2, h) - \cdots - \lambda_n(g_n, h) . \tag{4}$$

Wir sehen, daß die Bestimmung von δ^2 auf eine Elimination der Größen λ_i aus den Gleichungen (3), (4) hinausläuft.

Diese Elimination ergibt

$$\begin{vmatrix} (h, h) - \delta^2 & (g_1, h) & (g_2, h) & \dots (g_n, h) \\ (h, g_1) & (g_1, g_1) & (g_2, g_1) & \dots (g_n, g_1) \\ \dots & \dots & \dots & \dots \\ (h, g_n) & (g_1, g_n) & (g_2, g_n) & \dots (g_n, g_n) \end{vmatrix} = 0 .$$

Hieraus folgt

$$\delta^2 = \frac{\Gamma(h, g_1, g_2, \dots, g_n)}{\Gamma(g_1, g_2, \dots, g_n)} . \tag{5}$$

Das ist die gesuchte Formel.

Da $\Gamma(g_1) = (g_1, g_1) > 0$ (für $g_1 \neq 0$) ist, so folgt aus Formel (5) durch Induktion, daß die GRAMsche Determinante linear unabhängiger Vektoren stets positiv ist. Diese Tatsache kann man als Verallgemeinerung der Ungleichung von CAUCHY-BUNJAKOWSKI ansehen. Letztere sagte aus, daß für linear unabhängige Vektoren g_1, g_2 die Ungleichung $\Gamma(g_1, g_2) > 0$ gilt.

8. Die Orthogonalisierung einer Vektorfolge. Zwei Mengen M und N von Vektoren aus R heißen *äquivalent*, wenn ihre linearen Hüllen zusammenfallen. Die Mengen M und N sind also genau dann äquivalent, wenn jedes Element einer dieser Mengen eine Linearkombination einer endlichen Zahl von Vektoren der anderen Menge ist.

Eine Folge von Vektoren

$$e_1, e_2, e_3, \dots \tag{1}$$

des Raumes H nennt man *orthogonal*, wenn die Vektoren dieser Folge paarweise orthogonal sind. Ist außerdem die Norm jedes Elementes der Folge (1) gleich Eins, dann nennt man die Folge *orthonormiert*.

Jede Vektorfolge

$$g_1, g_2, g_3, \dots \tag{2}$$

linear unabhängiger Vektoren kann mit Hilfe des aus der linearen Algebra bekannten Verfahrens nach SCHMIDT-SONINE[1]) orthogonalisiert werden. D. h., es ist möglich, eine orthonormierte Folge (1) derart zu konstruieren, daß für jedes n die Teilfolgen $\{g_k\}_1^n$ und $\{e_k\}_1^n$ äquivalent sind.

Zur Konstruktion der Folge (1) wählen wir als e_1 den Vektor

$$e_1 = \frac{g_1}{\|g_1\|} ,$$

dessen Norm offensichtlich gleich Eins ist. Die Vektoren e_1 und g_1 erzeugen denselben Teilraum E_1 der Dimension Eins. Den Vektor e_2 konstruieren wir in zwei Schritten. Zuerst subtrahieren wir von g_2 seine Projektion auf E_2. Wir erhalten den Vektor

$$h_2 = g_2 - (g_2, e_1)\, e_1 ,$$

---

[1]) Im deutschen Sprachgebrauch ist die Bezeichnung SCHMIDTsches Orthogonalisierungsverfahren üblich (Anm. d. Red.).

der zu E_1 orthogonal ist (d. h. zum Vektor e_1) und der nicht gleich Null ist, da sonst g_2 zu E_1 gehören würde, was der linearen Unabhängigkeit der Vektoren (1) widerspricht. Aus h_2 erhalten wir e_2, indem wir

$$e_2 = \frac{h_2}{||h_2||}$$

setzen. Die Vektoren e_1, e_2 erzeugen denselben zweidimensionalen Teilraum E_2 wie die Vektoren g_1, g_2.

Wir konstruieren jetzt den Vektor e_3. Wir subtrahieren zuerst von g_3 seine Projektion auf E_2 und erhalten einen von Null verschiedenen Vektor

$$h_3 = g_3 - (g_3, e_1)\, e_1 - (g_3, e_2)\, e_2\,,$$

der zu E_2 (d. h. zu den Vektoren e_1, e_2) orthogonal ist. Dann setzen wir

$$e_3 = \frac{h_3}{||h_3||}.$$

In derselben Weise fahren wir fort. Sind die Vektoren

$$e_1, e_2, \ldots, e_n$$

schon konstruiert, so setzen wir

$$h_{n+1} = g_{n+1} - \sum_{k=1}^{n} (g_{n+1}, e_k)\, e_k\,,$$

und dann

$$e_{n+1} = \frac{h_{n+1}}{||h_{n+1}||}.$$

In konkreten Fällen wird oft nicht verlangt, daß die paarweise orthogonalen Elemente der Folge (1), deren Teilfolgen $\{e_k\}_1^n$ $(n = 1, 2, \ldots)$ äquivalent sind den entsprechenden Teilfolgen $\{g_k\}_1^n$, normiert sind. Der Übergang zn einer solchen Folge (1) heißt ebenfalls Orthogonalisierung (siehe weiter unten Nr. 12).

Aus den Betrachtungen von Nr. 7 folgt, daß die Gramsche Matrix $(\alpha_{jk})_{j,k=1}^n$ eines Systems linear unabhängiger Vektoren $g_1, g_2, \ldots, g_n$ den folgenden Bedingungen genügt:

1. Sie ist hermitesch, d. h., es gilt $\alpha_{jk} = \bar{\alpha}_{kj}$.
2. Ihre Abschnittsdeterminanten sind positiv.

Wir zeigen jetzt, daß *eine beliebige Matrix* $(\alpha_{jk})_{j,k=1}^n$, *die diesen Bedingungen genügt, die Gramsche Matrix eines Systems von Vektoren* $g_1, g_2, \ldots, g_n$ *ist.*

Zum Beweis benutzen wir den folgenden Satz aus der linearen Algebra: Wenn alle Abschnittsdeterminanten einer hermiteschen Matrix $(\alpha_{jk})_{j,k=1}^n$ positiv sind, dann kann man mit Hilfe einer nichtausgearteten Transformation

$$\eta_s = \sum_{r=1}^{n} \tau_{rs}\, \xi_r \qquad (s = 1, 2, \ldots, n) \tag{3}$$

die hermitesche Form

$$\sum_{j,k=1}^{n} \alpha_{jk} \bar{\xi}_j \xi_k$$

in die Gestalt

$$\sum_{j,k=1}^{n} \alpha_{jk} \bar{\xi}_j \xi_k = |\eta_1|^2 + |\eta_2|^2 + \cdots + |\eta_n|^2$$

überführen.

Wir wählen nun ein beliebiges orthonormiertes Vektorsystem $\{e_s\}_1^n$ und zeigen, daß die Gramsche Matrix der Vektoren

$$g_r = \sum_{s=1}^{n} \tau_{rs} e_s \qquad (r = 1, 2, \ldots, n)$$

mit der gegebenen Matrix $(\alpha_{jk})_{j,k=1}^n$ übereinstimmt.

Es ist

$$(g_k, g_j) = \left(\sum_{r=1}^{n} \tau_{kr} e_r, \sum_{s=1}^{n} \tau_{js} e_s\right) = \sum_{s=1}^{n} \tau_{ks} \bar{\tau}_{js}.$$

Andererseits folgt aus (3) und (4)

$$\sum_{j,k=1}^{n} \alpha_{jk} \bar{\xi}_j \xi_k = \sum_{s=1}^{n} \left|\sum_{r=1}^{n} \tau_{rs} \xi_r\right|^2 = \sum_{j,k=1}^{n} \bar{\xi}_j \xi_k \sum_{s=1}^{n} \tau_{ks} \bar{\tau}_{js}$$

und deshalb

$$\alpha_{jk} = \sum_{s=1}^{n} \tau_{ks} \bar{\tau}_{js} = (g_k, g_j) \qquad (j, k = 1, 2, \ldots, n),$$

was zu beweisen war.

9. Die Besselsche Ungleichung und die Abgeschlossenheitsrelation. In H sei eine orthonormierte Vektorfolge

$$e_1, e_2, e_3, \ldots, e_n, \ldots \tag{1}$$

gegeben. Jeder Vektor $h \in H$ kann für beliebiges natürliches n in der Form

$$h = \sum_{k=1}^{n} (h, e_k) e_k + f_n$$

dargestellt werden, wobei der Vektor f_n orthogonal ist zu den Vektoren $e_1, e_2, \ldots, e_n$. Dabei ist der Vektor

$$s_n = \sum_{k=1}^{n} (h, e_k) e_k \tag{2}$$

unter allen Vektoren der Form

$$\lambda_1 e_1 + \lambda_2 e_2 + \cdots + \lambda_n e_n \tag{3}$$

derjenige, der minimal von h abweicht. Die Größe der Abweichung ist

$$\delta_n = \min_{\lambda_k} \|h - \lambda_1 e_1 - \lambda_2 e_2 - \cdots - \lambda_n e_n\| = \|f_n\| = \sqrt{\|h\|^2 - \sum_{k=1}^{n} |(h, e_k)|^2}. \tag{4}$$

δ_n ist die Entfernung des Punktes h von der linearen Hülle G_n der ersten n Vektoren der Folge (1).

Wenn wir anstelle der Linearkombination n-ter Ordnung (2) eine von h minimal abweichende der Ordnung $n+1$

$$\mu_1 e_1 + \mu_2 e_2 + \cdots + \mu_n e_n + \mu_{n+1} e_{n+1} \tag{3'}$$

angeben wollen, dann müssen wir den Vektor

$$s_{n+1} = \sum_{k=1}^{n+1} (h, e_k)\, e_k$$

nehmen; d. h., ohne die Koeffizienten der Linearkombination (2) zu ändern, müssen wir noch ein weiteres Glied

$$(h, e_{n+1})\, e_{n+1}$$

hinzunehmen. Diese Betrachtung zeigt: Haben wir in H eine unendliche orthonormierte Folge (1), so ist es zweckmäßig, jedem Vektor $h \in H$ die unendliche Reihe

$$\sum_{k=1}^{\infty} (h, e_k)\, e_k \tag{5}$$

zuzuordnen. Die Koeffizienten (h, e_k) kann man als FOURIER-*Koeffizienten* des Vektors h bezüglich der orthonormierten Folge (1) bezeichnen. Dabei folgt aus (4) die Ungleichung

$$\sum_{k=1}^{\infty} |(h, e_k)|^2 \leqq \|h\|^2 . \tag{6}$$

Diese Ungleichung heißt die BESSEL*sche Ungleichung*, weil sie der unter diesem Namen bekannten Ungleichung aus der Theorie der trigonometrischen FOURIER-Reihen analog ist.

Wenn wir mit G den Teilraum bezeichnen, der durch die Vektoren (1), d. h. durch ihre abgeschlossene lineare Hülle, definiert ist, dann stellt die Größe

$$\sqrt{\|h\|^2 - \sum_{k=1}^{\infty} |(h, e_k)|^2}$$

den Abstand des Punktes h von G dar. Für die Zugehörigkeit des Vektors h zur Mannigfaltigkeit G ist notwendig und hinreichend, daß in Formel (6) das Gleichheitszeichen steht.

Wir wollen ein System von Vektoren in H *abgeschlossen* nennen, wenn dessen lineare Hülle in H dicht liegt.

Aus unseren Betrachtungen ergibt sich das folgende Resultat: *Für die Abgeschlossenheit eines orthonormierten Systems in* H *ist notwendig und hinreichend, daß für jeden Vektor* $h \in H$ *die Gleichung*

$$\|h\|^2 = \sum_{k=1}^{\infty} |(h, e_k)|^2 \tag{7}$$

gilt. Diese Gleichung nennt man häufig die PARSEVAL*sche Gleichung*, weil unter diesem Namen eine analoge Gleichung aus der Theorie der trigonometrischen FOURIER-Reihen bekannt ist. Wir wollen die Gleichung (7) die *Abgeschlossenheitsrelation* nennen und folgen dabei W. A. STEKLOV, der diese Beziehung für konkrete Systeme benutzte.

Wir beweisen, daß aus der Gültigkeit der Abgeschlossenheitsrelation für jeden Vektor $h \in H$ die verallgemeinerte Abgeschlossenheitsrelation

$$(g, h) = \sum_{k=1}^{\infty} (g, e_k)(e_k, h) \tag{8}$$

für jedes Vektorpaar $g, h \in H$ folgt.

Die Abgeschlossenheitsrelation gilt nämlich für den Vektor $g + \lambda h$ bei beliebigem λ:

$$\|g + \lambda h\|^2 = \sum_{k=1}^{\infty} |(g + \lambda h, e_k)|^2 ;$$

hieraus folgt

$$(g, g) + \lambda(h, g) + \bar{\lambda}(g, h) + |\lambda|^2 (h, h)$$
$$= \sum_{k=1}^{\infty} \{ |(g, e_k)|^2 + \lambda(h, e_k)(e_k, g) + \bar{\lambda}(g, e_k)(e_k, h) + |\lambda|^2 |(h, e_k)|^2 \}$$

und somit

$$\lambda(h, g) + \bar{\lambda}(g, h) = \lambda \sum_{k=1}^{\infty} (h, e_k)(e_k, g) + \bar{\lambda} \sum_{k=1}^{\infty} (g, e_k)(e_k, h) .$$

Da λ beliebig ist, ergibt sich daraus die Gleichung (8).

Wir verallgemeinern jetzt nach S. S. LEWIN [1] die BESSELsche Ungleichung und die Abgeschlossenheitsrelation auf den Fall, daß anstelle der orthonormierten Folge (1) in H eine beliebige Folge linear unabhängiger Vektoren

$$g_1, g_2, g_3, \ldots, g_n, \ldots \tag{9}$$

vorliegt. Zu diesem Zweck führen wir für $n = 1, 2, 3, \ldots$ die GRAMschen Matrizen

$$\gamma_n = (\alpha_{jk})_{j,k=1}^{n}, \qquad \alpha_{jk} = (g_k, g_j)$$

und ihre Reziproken

$$\gamma_n^{-1} = (\beta_{jk}^{(n)})_{j,k=1}^{n}$$

ein. Die Existenz der letzteren folgt aus der Tatsache, daß die Determinanten aller GRAMschen Matrizen $\Gamma(g_1, g_2, \ldots, g_n)$ von Null verschieden sind (siehe Nr. 7). Aus der Definition der Zahlen $\beta_{jk}^{(n)}$ folgt, daß

$$\sum_{k=1}^{\infty} \beta_{qk}^{(n)}(g_p, g_k) = \delta_{qp} \qquad (p, q = 1, 2, \ldots, n) \tag{10}$$

gilt.

Mit den bisherigen Bezeichnungen lautet die verallgemeinerte Besselsche Ungleichung: *Für beliebige Vektoren* $h \in H$ *und für beliebiges natürliches* n *gilt*

$$(0 \leqq) \sum_{j,k=1}^{n} \beta_{jk}^{(n)}(g_j, h)(h, g_k) \leqq \|h\|^2 . \tag{11}$$

Beweis. Wir bezeichnen mit g die Projektion des Vektors h auf die lineare Hülle der Vektoren $g_1, g_2, \ldots, g_n$, und es sei

$$g = \lambda_1 g_1 + \lambda_2 g_2 + \cdots + \lambda_n g_n .$$

Aus Gleichung (3) von Nr. 7 und aus (10) folgt, daß

$$\lambda_j = \sum_{k=1}^{n} \beta_{jk}^{(n)}(h, g_k) \qquad (j = 1, 2, \ldots, n)$$

gilt. Deshalb ist

$$0 \leqq \|h - g\|^2 = (h - g, h) = \|h\|^2 - \sum_{j=1}^{n} \lambda_j(g_j, h)$$
$$= \|h\|^2 - \sum_{j,k=1}^{n} \beta_{jk}^{(n)}(g_j, h)(h, g_k) , \tag{12}$$

womit die Behauptung bewiesen ist.

Die Größe

$$\sqrt{\|h\|^2 - \sum_{j,k=1}^{n} \beta_{jk}^{(n)}(g_j, h)(h, g_k)}$$

stellt den Abstand des Punktes h von der linearen Hülle der Vektoren $g_1, g_2, \ldots, g_n$ dar. Diese Größe wächst deshalb nicht mit wachsendem n. Das bedeutet, daß die linke Seite von (11) nicht abnimmt bei wachsendem n. Da sie aber beschränkt ist, besitzt sie einen Grenzwert. Folglich *existiert für jeden Vektor* h

$$\lim_{n\to\infty} \sum_{j,k=1}^{n} \beta_{jk}^{(n)}(g_j, h)(h, g_k) .$$

Aus der Ungleichung (12) können wir auch schließen, daß *für die Abgeschlossenheit einer Vektorfolge* (9) *in* H *notwendig und hinreichend ist, daß für jeden Vektor* $h \in H$

$$\lim_{n\to\infty} \sum_{j,k=1}^{n} \beta_{jk}^{(n)}(g_j, h)(h, g_k) = \|h\|^2$$

gilt. Diese Gleichung ist die Verallgemeinerung der Abgeschlossenheitsrelation (7). Sie geht in (7) über, wenn die Folge (9) orthonormiert ist.

Im Zusammenhang mit der Besselschen Ungleichung entsteht die folgende Frage: Gegeben seien eine orthonormierte Vektorfolge (1) in H und eine Zahlenfolge $\{\xi_k\}_1^\infty$ mit

$$\sum_{k=1}^{\infty} |\xi_k|^2 < \infty . \tag{13}$$

Existiert nun ein Vektor $h \in H$ mit

$$(h, e_p) = \xi_p \qquad (p = 1, 2, 3, \ldots)\,?$$

Die Antwort auf diese Frage ist positiv. Wir betrachten dazu die Vektorfolge

$$s_n = \sum_{k=1}^{n} \xi_k e_k \qquad (n = 1, 2, 3, \ldots)\,.$$

Da für $n > m$

$$\|s_n - s_m\|^2 = \left\| \sum_{k=m+1}^{n} \xi_k e_k \right\|^2 = \sum_{k=m+1}^{n} |\xi_k|^2$$

gilt, so ist $\{s_n\}_1^\infty$ wegen (13) eine Fundamentalfolge. Wegen der Vollständigkeit des Raumes H hat sie einen Grenzwert[1]) $h \in \mathrm{H}$. In diesem Fall gilt aber bei beliebigen natürlichen p und $q > p$

$$(h, e_p) = (h - s_q, e_p) + (s_q, e_p) = (h - s_q, e_p) + \xi_p\,.$$

Wegen

$$|(h - s_q, e_p)| \leqq \|h - s_q\|$$

gilt

$$\lim_{q\to\infty} (h - s_q, e_p) = 0$$

und folglich

$$(h, e_p) = \xi_p \qquad (p = 1, 2, 3, \ldots)\,.$$

Wir betrachten dieselbe Frage, aber angewandt auf die verallgemeinerte Besselsche Ungleichung (11) hinsichtlich der Vektorfolge (9).

Sei $\{\xi_k\}_1^\infty$ eine Zahlenfolge, für die

$$\sum_{j,k=1}^{n} \beta_{jk}^{(n)} \bar{\xi}_j \xi_k \leqq \mathcal{M} \qquad (n = 1, 2, 3, \ldots) \tag{14}$$

gilt, wobei $\mathcal{M} < \infty$ unabhängig von n ist. Wir zeigen, daß in diesem Fall ein Vektor $h \in \mathrm{H}$ existiert, für den

$$(h, g_p) = \xi_p \qquad (p = 1, 2, 3, \ldots) \tag{15}$$

gilt.

Wenn die Gleichung (15) nur bis zu einer endlichen Zahl q zu gelten braucht, d. h. wenn nur

$$(h, g_p) = \xi_p \qquad (p = 1, 2, 3, \ldots, q)$$

[1]) Die Konvergenz in H der Folge $\{s_n\}_1^\infty$ berechtigt dazu, von der Konvergenz in H der Reihe

$$\sum_1^\infty \xi_k e_k$$

zu sprechen. Wir wollen bemerken, daß die Konvergenz in H einer beliebigen Reihe

$$f_1 + f_2 + f_3 + \cdots,$$

wo

$$(f_i, f_k) = 0 \qquad (i \neq k)\,,$$

mit der Konvergenz der Zahlenreihe

$$\|f_1\|^2 + \|f_2\|^2 + \|f_3\|^2 + \cdots$$

gleichwertig ist.

gefordert wird, dann kann der gesuchte Vektor unmittelbar konstruiert werden, und zwar nach der Formel

$$f_q = \sum_{j=1}^{q} \left(\sum_{k=1}^{q} \beta_{jk}^{(q)} \xi_k \right) g_j .$$

In der Tat gilt für $p \leqq q$ wegen (10)

$$(f_q, g_p) = \sum_{j=1}^{q} \left(\sum_{k=1}^{q} \beta_{jk}^{(q)} \xi_k \right) (g_j, g_p)^* = \sum_{j=1}^{q} \sum_{k=1}^{q} \alpha_{pj} \beta_{jk}^{(q)} \xi_k = \xi_p .$$

Weiterhin gilt für $p \leqq q$

$$(f_p, f_q) = \left(\sum_{j,k=1}^{p} \beta_{jk}^{(p)} \xi_k g_j, f_q \right) = \sum_{j,k=1}^{p} \beta_{jk}^{(p)} \bar{\xi}_j \xi_k = (f_p, f_p) .$$

Deshalb ist

$$\begin{aligned} \|f_q - f_p\|^2 &= (f_q, f_q) - (f_q, f_p) - (f_p, f_q) + (f_p, f_p) \\ &= \sum_{j,k=1}^{q} \beta_{jk}^{(q)} \bar{\xi}_j \xi_k - \sum_{j,k=1}^{p} \beta_{jk}^{(p)} \bar{\xi}_j \xi_k . \end{aligned} \tag{16}$$

Man erkennt daraus, daß die linke Seite der Ungleichung (14) bei wachsendem n nicht abnimmt und deshalb gegen einen Grenzwert strebt. Aus (16) folgt aber, daß $\{f_n\}_1^\infty$ eine Fundamentalfolge ist, d. h. einen Grenzwert $h \in \mathrm{H}$ besitzt. Für diesen Grenzwert gilt, wie auch oben,

$$(h, g_p) = \lim_{n \to \infty} (f_n, g_p) = \xi_p \qquad (p = 1, 2, 3, \ldots) .$$

10. Vollständige orthogonale Vektorsysteme in H. Die Vektoren eines orthonormierten Systemes können nicht linear abhängig sein. In einem euklidischen Raum der Dimension n enthält daher jedes orthonormierte System höchstens n Vektoren.

Wir nennen ein orthonormiertes System M *vollständig* in H, wenn M kein echter Teil irgendeines orthonormierten Systems in H ist. Wir nennen allgemein ein Vektorsystem N (nicht notwendig orthonormiert) vollständig, wenn es in H keinen von Null verschiedenen Vektor gibt, der zu jedem Vektor des Systems orthogonal ist.

Im n-dimensionalen euklidischen Raum ist jedes orthonormierte System von n Vektoren vollständig.

In einem Hilbert-Raum enthält ein vollständiges orthonormiertes System unendlich viele Elemente, und es erhebt sich die Frage nach der Mächtigkeit dieses Systems.

Für separable Räume ist die Frage leicht zu beantworten. Mit diesem Fall beginnen wir.

Satz 1. *Ist der Raum H separabel, so besteht jedes orthonormierte System von Vektoren aus höchstens abzählbar vielen Elementen.*

Beweis.

$$f_1, f_2, f_3, \ldots \tag{1}$$

sei eine abzählbare, in H dichte Menge und M eine gegebene Menge paarweise orthogonaler und normierter Vektoren. Wir zeigen, daß M eine abzählbare Menge ist. Es sei $e \in$ M. In (1) wählen wir einen Vektor f_k, für den

$$||e - f_k|| < \frac{1}{2}\sqrt{2} \tag{2}$$

ist. Entsprechend sei für einen Vektor $e' \in$ M ein Vektor $f_{k'}$ gewählt. Wir zeigen, daß für $e \neq e'$ auch $k \neq k'$ ist. In der Tat gilt

$$||e - e'||^2 = ||e||^2 + ||e'||^2 = 2$$

und folglich

$$\sqrt{2} = ||e - e'|| \leqq ||e - f_k|| + ||e' - f_k|| < \frac{1}{2}\sqrt{2} + ||e' - f_k||\,.$$

Somit ist

$$||e' - f_k|| > \frac{1}{2}\sqrt{2}$$

und folglich $f_{k'} \neq f_k$, so daß $k' \neq k$ ist.

In dieser Weise können wir mit Hilfe der Beziehung (2) jedem Vektor aus M eine natürliche Zahl zuordnen, wobei verschiedenen Vektoren aus M verschiedene natürliche Zahlen entsprechen. Damit ist die Abzählbarkeit von M bewiesen.

Das Vorhandensein einer nicht abzählbaren Menge paarweise orthogonaler und normierter Vektoren in einem HILBERT-Raum ist ein Kriterium dafür, daß der betreffende Raum nicht separabel ist.

Ein wichtiges Beispiel dieser Art wird später betrachtet werden (siehe Nr. 15).

Satz 2. *Eine unendliche Vektorfolge ist genau dann vollständig in* H, *wenn sie in* H *abgeschlossen ist.*

Beweis. Ohne Beschränkung der Allgemeinheit nehmen wir an, daß die gegebene Vektorfolge orthonormiert ist. Wir bezeichnen sie mit

$$e_1, e_2, e_3, \ldots\,. \tag{3}$$

A. Das System (3) sei in H abgeschlossen. Dies bedeutet, daß für jeden Vektor aus H die Abgeschlossenheitsrelation gilt. Wir nehmen an, das System (3) sei nicht vollständig und bezeichnen mit h einen von Null verschiedenen Vektor, der zu allen Vektoren von (3) orthogonal ist. Dann ist $(h, e_k) = 0$ $(k = 1, 2, \ldots)$, und die Abgeschlossenheitsrelation für h führt zum Widerspruch

$$0 \neq ||h||^2 = 0\,.$$

B. Jetzt nehmen wir an, das System (3) sei vollständig. Wir nehmen einen beliebigen Vektor $h \in H$ und betrachten die Vektorfolge

$$s_n = \sum_{k=1}^{n} (h, e_k)\, e_k \qquad (n = 1, 2, \ldots)\,.$$

Auf Grund der vorigen Nr. ist dies eine Fundamentalfolge, die daher gegen einen gewissen Vektor konvergiert. g sei der Grenzwert. Dann ist erstens

$$(g, e_k) = \lim_{n\to\infty} (s_n, e_k) = (h, e_k) \qquad (k = 1, 2, \ldots), \tag{4}$$

und zweitens gehört g zu der abgeschlossenen linearen Hülle der Folge (3). Somit gilt für g die Abgeschlossenheitsrelation

$$||g||^2 = \sum_{k=1}^{\infty} |(g, e_k)|^2 = \sum_{k=1}^{\infty} |(h, c_k)|^2 . \tag{5}$$

Der Vektor $g - h$ ist wegen (4) zu allen Vektoren der Folge (3) orthogonal. Da angenommen wurde, daß die Folge vollständig ist, ergibt sich hieraus, daß der Vektor $g - h$ gleich Null ist, d. h., es ist $g = h$, und (5) ist von der Form

$$||h||^2 = \sum_{k=1}^{\infty} |(h, e_k)|^2 .$$

Somit haben wir bewiesen, daß für jeden Vektor $h \in H$ die Abgeschlossenheitsrelation gilt. Also ist gezeigt, daß (3) eine in H abgeschlossene Folge ist.

Satz 3. *Der Raum* H *enthält eine vollständige orthonormierte Folge genau dann, wenn er separabel ist.*

Beweis. A. H sei separabel. Wir bezeichnen mit N eine abzählbare Menge von Vektoren, die in H dicht liegt. In der Folge N schließen wir nacheinander jeden Vektor aus, der eine Linearkombination der vorhergehenden ist. Die erhaltene Folge orthogonalisieren wir und erhalten eine orthonormierte Folge M, die vollständig ist. Ist nämlich $h \in H$ zu jedem Element von M orthogonal, so ist h auch zu jedem Vektor aus N orthogonal. Für jedes $\varepsilon > 0$ gibt es aber einen Vektor $f \in N$, für welchen

$$||h - f|| < \varepsilon$$

ist. Folglich gilt

$$||h||^2 = (h, h) = (h - f, h) \leqq ||h - f|| \cdot ||h|| < \varepsilon \, ||h||$$

und somit

$$||h|| < \varepsilon .$$

Da $\varepsilon > 0$ beliebig ist, bedeutet dies, daß $h = 0$ ist. Damit ist die Vollständigkeit von M in H bewiesen.

B. Möge jetzt in H eine vollständige orthonormierte Folge (3) vorhanden sein. Mit N bezeichnen wir die Gesamtheit aller Linearkombinationen der Form

$$\gamma_1^{(n)} e_1 + \gamma_2^{(n)} e_2 + \cdots + \gamma_n^{(n)} e_n \qquad (n = 1, 2, 3, \ldots),$$

wo jeder Koeffizient von der Form $\gamma_k^{(r)} = \alpha_k^{(r)} + i\,\beta_k^{(r)}$ mit rationalen Zahlen $\alpha_k^{(r)}, \beta_k^{(r)}$ ist. Die Menge N ist abzählbar. Andererseits kann man für jedes $\varepsilon > 0$ und jedes $h \in H$ zuerst ein solches n bestimmen, daß

$$\left\| h - \sum_{k=1}^{n} (h, e_k)\, e_k \right\| < \frac{\varepsilon}{2}$$

gilt. Dann ersetze man die Zahlen (h, e_k) $(k = 1, 2, \ldots, n)$ durch solche Zahlen $\gamma_k^{(n)}$, daß

$$\left\| \sum_{k=1}^{n} \{(h, e_k) - \gamma_k^{(n)}\} e_k \right\| < \frac{\varepsilon}{2}$$

ist.

So erhalten wir in N einen Vektor

$$f = \sum_{k=1}^{n} \gamma_k^{(n)} e_k ,$$

für den

$$\|h - f\| < \varepsilon$$

gilt, und das beweist die Separabilität von H.

Damit haben wir die Frage nach der Mächtigkeit der orthonormierten Systeme in einem separablen Raume vollständig gelöst: Jedes vollständige orthonormierte System in einem separablen Raume ist eine unendliche Folge.

Wir gehen jetzt zu beliebigen HILBERT-Räumen über.

Zuerst bemerken wir, daß *jeder Vektor f höchstens abzählbar viele von Null verschiedene Projektionen auf die Elemente von* M *besitzt, wie groß auch die Mächtigkeit des orthonormierten Systems* M *sein mag.*

Dies folgt nämlich daraus, daß bei beliebiger Wahl der Elemente $e', e'', e''', \ldots$ aus M die Ungleichung

$$|(f, e')|^2 + |(f, e'')|^2 + |(f, e''')|^2 + \cdots \leqq \|f\|^2$$

gilt. Diese zeigt, daß sich die Menge der von Null verschiedenen Zahlen (f, e) mit $e \in M$ durchnumerieren läßt.

Außerdem gilt

Satz 4. *Zwei vollständige orthonormierte Systeme eines* HILBERT-*Raumes haben dieselbe Mächtigkeit.*

Der Beweis braucht nur für den Fall geführt zu werden, daß der Raum H nicht separabel ist.

Seien M und N zwei in H vollständige orthonormierte Systeme der Mächtigkeiten $\mathfrak{m}$ und $\mathfrak{n}$.

Zu jedem Element $f \in$ N gibt es ein Element $e \in$ M mit $(e, f) \neq 0$, da man andernfalls M durch das Element f ergänzen könnte. Nachdem man für ein f ein zugehöriges e gewählt hat, wählt man aus N alle Elemente, die nicht zu e orthogonal sind. Das kann höchstens eine abzählbare Folge sein; wir bezeichnen sie mit

$$f_1, f_2, \ldots, f_n \qquad (1 \leqq n \leqq \infty) . \tag{S}$$

Da die Menge N nichtabzählbar ist, gibt es in ihr ein Element f', das von den Elementen der Gesamtheit S verschieden ist und folglich orthogonal ist zu e. Wir wählen nun in M ein Element e', für das $(e', f') \neq 0$ und wählen aus N alle Elemente, die nicht orthogonal zu e' sind und nicht zu S gehören. Wir numerieren sie in der folgenden Weise:

$$f'_1, f'_2, \ldots, f'_{n'} \qquad (1 \leqq n' \leqq \infty). \tag{S'}$$

Die unbegrenzte (transfinite) Fortsetzung dieses Prozesses führt zu einer Menge von Gesamtheiten $S_\alpha \subset N$ mit den folgenden Eigenschaften:

1. Jedes Element aus N gehört zu genau einer Gesamtheit S_α.

2. Jede Gesamtheit S_α entspricht einem Element $e_\alpha \in M$, wobei verschiedene Gesamtheiten S_α, S_β verschiedenen Elementen e_α, e_β entsprechen.

3. Jede Gesamtheit S_α enthält wenigstens ein Element, aber höchstens abzählbar viele Elemente.

Sei $\mathfrak{p}$ die Mächtigkeit der Menge der Gesamtheiten S_α. Wenn jede Gesamtheit unendlich ist, dann folgt aus einem bekannten Satz der Mengenlehre

$$\mathfrak{n} = \aleph_0 \mathfrak{p} = \mathfrak{p}.$$

Da die Gleichung

$$\mathfrak{n} = \mathfrak{p}$$

offensichtlich auch im anderen Extremfall erfüllt ist, wenn nämlich jede Gesamtheit S_α nur ein Element enthält, so gilt allgemein

$$\mathfrak{n} = \mathfrak{p}.$$

Andererseits ist klar, daß

$$\mathfrak{p} \leqq \mathfrak{m};$$

deshalb gilt

$$\mathfrak{n} \leqq \mathfrak{m}.$$

Vertauschen wir die Systeme M und N, dann erhalten wir

$$\mathfrak{m} \leqq \mathfrak{n}.$$

Folglich ist

$$\mathfrak{m} = \mathfrak{n}.$$

Damit ist der Satz bewiesen.

Auf Grund dieses Satzes geben wir die folgende

Definition. Als *Dimension eines* Hilbert-*Raumes* bezeichnet man die Mächtigkeit eines vollständigen orthonormierten Systems in ihm.

Die Dimension eines Teilraumes $G \subset H$ braucht man nun nicht mehr zu definieren. Was dagegen die Dimension einer beliebigen linearen Mannigfaltigkeit L anbelangt, so versteht man darunter die Dimension des Teilraumes $\overline{L}$.

Wenn zwei Hilbert-Räume H und H' dieselbe Dimension haben, so sind sie im folgenden Sinne einander *isomorph*: Man kann zwischen ihren Elementen eine eineindeutige Zuordnung derart herstellen, daß, wenn den Elementen f, $g \in H$ die Elemente f', $g' \in H'$ entsprechen, 1. dem Element $\alpha f + \beta g$ das Element $\alpha f' + \beta g'$ zugeordnet ist und 2. die Skalarprodukte $(f, g)_H$ und $(f', g')_{H'}$ einander gleich sind.

Da nämlich die Räume H und H' dieselbe Dimension haben, so besitzen sie vollständige orthonormierte Systeme derselben Mächtigkeit. Wir stellen irgendeine eineindeutige Zuordnung zwischen den Elementen dieser beiden orthonormierten Systeme her und dehnen diese Beziehung auf die linearen Hüllen so aus, daß die Bedingung 1. erfüllt ist. Dann ist die Bedingung 2. automatisch erfüllt. Mit Hilfe eines Grenzüberganges kann man die gesuchte Zuordnung zwischen allen Elementen der Räume H, H' erhalten.

Insbesondere folgt aus dem Bewiesenen, daß jeder separable Raum dem Raume l^2 isomorph ist.

Offensichtlich sind zwei HILBERT-Räume verschiedener Dimension einander nicht isomorph.

Zwei abstrakte HILBERT-Räume (ähnlich wie zwei abstrakte euklidische Räume) unterscheiden sich voneinander nur durch ihre Dimension.

11. Der Raum L^2. Eine äußerst wichtige Realisierung eines separablen HILBERT-Raumes erhalten wir, wenn wir Funktionen betrachten, deren Definitionsgebiet irgendeine meßbare Menge von positivem Maß (endlich oder unendlich) auf der Zahlengeraden, der Ebene oder in einem euklidischen Raum beliebiger Dimension ist. Da alle folgenden Betrachtungen nicht davon abhängen, welches Definitionsgebiet den Funktionen zugrunde liegt, wählen wir ein endliches oder unendliches Intervall (a, b) der Zahlengeraden. Wir bezeichnen mit $L^2(a, b)$ oder einfach mit L^2 die Gesamtheit aller auf (a, b) meßbaren Funktionen, für die das Quadrat des absoluten Betrages im Sinne von LEBESGUE integrierbar ist. Dabei wollen wir zwei Funktionen, die sich voneinander nur auf einer Menge von Maße Null unterscheiden, als nicht verschieden ansehen.

Auf Grund der Ungleichung

$$|\alpha + \beta|^2 \leqq 2\,|\alpha|^2 + 2\,|\beta|^2$$

folgt, daß $f(t) + g(t) \in L^2$ ist, wenn $f(t), g(t) \in L^2$ ist. Ist außerdem λ eine beliebige Zahl und $f(t) \in L^2$, so ist auch $\lambda f(t) \in L^2$. Somit ist L^2 ein linearer Raum, dessen Nullelement eine Funktion ist, die auf (a, b) fast überall Null ist. Der lineare Raum wird metrisiert, wenn man durch die Formel

$$(f, g) = \int_a^b f(t)\,\overline{g(t)}\,dt$$

ein Skalarprodukt erklärt. Die Existenz des Integrals auf der rechten Seite folgt aus der Ungleichung

$$|\alpha\beta| \leqq \frac{1}{2}\,|\alpha|^2 + \frac{1}{2}\,|\beta|^2 .$$

Die Ungleichung

$$|(f, g)| \leqq \|f\| \cdot \|g\|$$

hat im vorliegenden Fall die Form

$$\left|\int_a^b f(t)\,\overline{g(t)}\,dt\right| \leqq \sqrt{\int_a^b |f(t)|^2\,dt}\;\sqrt{\int_a^b |g(t)|^2\,dt} .$$

Diese Ungleichung wurde von BUNJAKOWSKI[1]) (für RIEMANNsche Integrale) angegeben.

Wir beweisen jetzt die Vollständigkeit von L^2; hieraus folgt dann, daß L^2 ein HILBERT-Raum ist.

Sei $f_n(t) \in L^2$ $(n = 1, 2, 3, \ldots)$ eine Fundamentalfolge, d. h., es gelte

$$\lim_{m,n\to\infty} \int_a^b |f_n(t) - f_m(t)|^2 \, dt = 0 .$$

Aus dieser Bedingung folgt die Existenz einer unendlichen Folge natürlicher Zahlen

$$k_1 < k_2 < k_3 < \cdots < k_r < \cdots ,$$

für die

$$\int_a^b |f_{k_{r+1}}(t) - f_{k_r}(t)|^2 \, dt < \frac{1}{8^r} \qquad (r = 1, 2, 3, \ldots)$$

ist. Aus dieser Ungleichung folgt, daß die Menge der Punkte des Intervalls (a, b), für die

$$|f_{k_{r+1}}(t) - f_{k_r}(t)| \geqq \frac{1}{2^r}$$

gilt, ein Maß kleiner als $\frac{1}{2^r}$ hat. Die Ungleichungen

$$|f_{k_{s+1}}(t) - f_{k_s}(t)| < \frac{1}{2^s},$$

$$|f_{k_{s+2}}(t) - f_{k_{s+1}}(t)| < \frac{1}{2^{s+1}},$$

$$\cdots\cdots\cdots\cdots\cdots\cdots\cdots\cdots$$

sind also gleichzeitig erfüllt auf einer Punktmenge I_s von der Art, daß das Komplement von I_s bezüglich $I = (a, b)$ das Maß

$$\operatorname{mes}(I \setminus I_s) < \sum_{n=s}^{\infty} \frac{1}{2^n} = \frac{1}{2^{s-1}}$$

hat. Da $I_n \subset I_{n+1} \subset \ldots$ ist, existiert $\lim\limits_{n\to\infty} I_n = I^*$, und es gilt $\operatorname{mes}(I \setminus I^*) = 0$. Die Folge $\{f_{k_r}(t)\}_{r=1}^{\infty}$ konvergiert auf I_s gleichmäßig für jedes s. Dies folgt aus den Ungleichungen

$$|f_{k_n}(t) - f_{k_m}(t)| \leqq \sum_{r=m}^{n-1} |f_{k_{r+1}}(t) - f_{k_r}(t)| < \sum_{r=m}^{n-1} \frac{1}{2^r} < \frac{1}{2_{m-1}} \qquad (n > m > s) .$$

[1]) In der deutschen Literatur wird diese Gleichung als SCHWARZsche Ungleichung oder CAUCHY-SCHWARZsche Ungleichung bezeichnet (Anm. d. Red.).

Folglich konvergiert $\{f_{k_r}(t)\}_{r=1}^{\infty}$ auf I* (d. h. fast überall auf I). Wir setzen

$$f(t) = \begin{cases} \lim\limits_{r\to\infty} f_{k_r}(t) & (t \in I^*), \\ 0 & (t \in I - I^*). \end{cases}$$

Jetzt betrachten wir die Ungleichungen

$$\int\limits_{I_s(\alpha)} |f_m(t) - f_{k_r}(t)|^2\, dt \leqq \|f_m - f_{k_r}\|^2 < \varepsilon$$

für $m, k_r > N(\varepsilon)$. Ist (a, b) ein endliches Intervall, so bedeutet $I_s(\alpha)$ dasselbe wie I_s; ist dagegen (a, b) unendlich, so ist $I_s(\alpha)$ gleich dem Durchschnitt $I_s \cap (-\alpha, \alpha)$. Auf $I_s(\alpha)$ konvergiert die Folge $\{f_{k_r}(t)\}_{r=1}^{\infty}$ gleichmäßig. Daher ist in dem obigen Integral der Grenzübergang unter dem Integralzeichen zulässig, und wir erhalten

$$\int\limits_{I_s(\alpha)} |f_m(t) - f(t)|^2\, dt \leqq \varepsilon \qquad (m > N(\varepsilon)).$$

Läßt man α wachsen, so erhält man

$$\int\limits_{I_s} |f_m(t) - f(t)|^2\, dt \leqq \varepsilon,$$

wobei s beliebig ist. Hieraus folgt

$$\int\limits_a^b |f_m(t) - f(t)|^2\, dt \leqq \varepsilon.$$

Dies bedeutet aber, daß $f_m - f \in L^2$ und somit auch $f \in L^2$ ist. Da $\varepsilon > 0$ beliebig, so ist damit gezeigt, daß

$$\lim_{m\to\infty} \int\limits_a^b |f_m(t) - f(t)|^2\, dt = 0$$

ist.

Wir bemerken, daß wir im Beweise gleichzeitig die folgenden Tatsachen festgestellt haben: 1. Wenn eine Folge $f_n(t) \in L^2$ $(n = 1, 2, 3, \ldots)$ der Norm nach gegen $f(t)$ konvergiert (d. h. wenn $\|f_n - f\| \to 0$ $(n \to \infty)$ gilt), so enthält die Folge eine Teilfolge $\{f_{k_r}(t)\}_{r=1}^{\infty}$, die fast überall gegen $f(t)$ konvergiert. 2. Wenn man aus dem Intervall (a, b) eine geeignete Menge von beliebig kleinem Maß ausschließt, so konvergiert auf der verbliebenen Menge die Teilfolge $\{f_{k_r}(t)\}_{r=1}^{\infty}$ gegen $f(t)$ gleichmäßig.

Zum Schluß der vorliegenden Nr. bemerken wir, daß man $L^2(a, b)$ als einen Teilraum von $L^2(a_1, b_1)$ betrachten kann, wenn $a_1 \leqq a < b \leqq b_1$ ist; insbesondere kann man $L^2(a, b)$ als Teilraum von $L^2(-\infty, +\infty)$ ansehen. Dazu genügt es, jede Funktion aus $L^2(a, b)$ außerhalb des Intervalls (a, b) fortzusetzen, indem man sie außerhalb von (a, b) gleich Null setzt.

Die Konvergenz in der Metrik des Raumes L^2 heißt *Konvergenz im Mittel.* Man schreibt

$$f(t) = \underset{n\to\infty}{\text{l. i. m.}}\, f_n(t),$$

wenn

$$\lim_{n\to\infty} \int_a^b |f(t) - f_n(t)|^2 \, dt = 0$$

ist (l. i. m. bedeutet limes in medio, d. h. *Grenzwert im Mittel*).

12. Vollständige orthonormierte Systeme in L^2. In der vorliegenden Nr. zeigen wir, daß im Raume L^2 bezüglich eines endlichen oder unendlichen Intervalls vollständige orthonormierte Folgen existieren. Hieraus folgt auf Grund des Satzes 3 in Nr. 10, daß L^2 separabel ist. Die letzte Tatsache könnte man auch unmittelbar beweisen. Auf Grund der Definition des LEBESGUEschen Integrals beweist man nämlich leicht, daß die lineare Hülle der Funktionen, die gleich Null außerhalb eines endlichen Intervalls (das Intervall hängt von der Funktion ab) und gleich Eins auf diesem Intervall sind, in L^2 dicht liegt. Hieraus folgt unmittelbar die Separabilität von L^2.

A. Wir beginnen mit dem Raum $L^2(0, 2\pi)$. In diesem Raume bilden die Funktionen

$$\frac{1}{\sqrt{2\pi}} e^{ikt} \qquad (\pm k = 0, 1, 2, \ldots)$$

ein orthonormiertes System. Man nennt es das *trigonometrische System*. Um seine Vollständigkeit zu zeigen, nehmen wir an, daß eine Funktion $f(t) \in L^2(0, 2\pi)$ existiert, für die

$$\int_0^{2\pi} f(t)\, e^{-ikt}\, dt = 0 \qquad (\pm k = 0, 1, 2, \ldots) \tag{1}$$

gilt. Aus (1) folgt durch partielle Integration, daß die Funktion

$$F(t) = \int_0^t f(t)\, dt$$

den Gleichungen

$$\int_0^{2\pi} \{F(t) - C\}\, e^{-ikt}\, dt = 0 \qquad (\pm k = 1, 2, 3, \ldots) \tag{2}$$

für jede Konstante C genügt. Diese Konstante wählen wir so, daß (2) auch für $k = 0$ gilt. Wir erhalten eine stetige Funktion

$$\Phi(t) = F(t) - C,$$

und folglich läßt sich nach einem bekannten Satz von WEIERSTRASS für jedes $\varepsilon > 0$ eine solche trigonometrische Summe

$$\sigma(t) = \sum_{k=-n}^{n} A_k\, e^{ikt}$$

finden, daß

$$|\Phi(t) - \sigma(t)| < \varepsilon$$

ist. Mit Hilfe der Gleichung (2) erhalten wir

$$\int_0^{2\pi} |\Phi(t)|^2\, dt = \int_0^{2\pi} \overline{\Phi(t)}\, \{\Phi(t) - \sigma(t)\}\, dt \leqq \varepsilon \int_0^{2\pi} |\Phi(t)|\, dt \leqq \varepsilon \sqrt{2\pi} \sqrt{\int_0^{2\pi} |\Phi(t)|^2\, dt}$$

und hieraus

$$\int_0^{2\pi} |\Phi(t)|^2 \, dt \leq 2\pi\varepsilon^2 .$$

Da $\varepsilon > 0$ beliebig ist, bedeutet dies, daß $\Phi(t) = 0$, d. h. $F(t) = C$, und folglich fast überall $f(t) = 0$ ist. Das aber widerspricht unserer Annahme. Somit ist die Vollständigkeit des trigonometrischen Systems bewiesen.

B. Wir betrachten jetzt den Raum $L^2(a, b)$, wobei (a, b) ein beliebiges endliches Intervall ist. Die Funktionenfolge

$$1, t, t^2, \ldots \tag{3}$$

ist ein vollständiges System in diesem Raum.

Ist nämlich für eine Funktion $f(t) \in L^2(a, b)$

$$\int_a^b f(t)\, t^k \, dt = 0 \qquad (k = 0, 1, 2, \ldots),$$

so erhalten wir nach partieller Integration die Gleichungen

$$\int_a^b F(t)\, t^k \, dt = 0 \qquad (k = 0, 1, 2, \ldots).$$

Dabei ist

$$F(t) = \int_a^t f(t) \, dt .$$

Wenden wir auf die stetige Funktion $F(t)$ den Satz von WEIERSTRASS an, dann finden wir — wie oben — daß $F(t) = 0$ ist; das bedeutet aber auch $f(t) = 0$.

Aus der eben bewiesenen Vollständigkeit der Funktionenfolge (3) folgt die Vollständigkeit jeder Folge $\{P_k(t)\}_0^\infty$, wobei $P_k(t)$ ein Polynom k-ten Grades ist. Wir erhalten insbesondere eine vollständige Polynomfolge, wenn wir die Folge (3) orthogonalisieren. Diese orthogonalen Polynome heißen LEGENDRE*sche Polynome* und können in der Form

$$C_k \frac{d^k \{(t-a)(t-b)\}^k}{dt^k} \qquad (k = 0, 1, 2, \ldots)$$

dargestellt werden, wobei die C_k gewisse positive Konstanten sind. Gewöhnlich betrachtet man diese Polynome für $a = 1$, $b = -1$.

C. Wir betrachten den Raum $L^2(-\infty, \infty)$. Durch Orthogonalisierung des Systems

$$e^{-\frac{t^2}{2}}, \; t\, e^{-\frac{t^2}{2}}, \; t^2 e^{-\frac{t^2}{2}}, \ldots$$

erhalten wir die Folge der *Funktionen von* TSCHEBYSCHEW-HERMITE

$$\varphi_k(t) = (-1)^k e^{\frac{t^2}{2}} \frac{d^k e^{-t^2}}{dt^k} = H_k(t)\, e^{-\frac{t^2}{2}} \qquad (k = 0, 1, 2, \ldots),$$

wo $H_k(t)$ ein Polynom des Grades k, ein sogenanntes *Polynom von* TSCHEBYSCHEW-HERMITE, ist. Die Funktionen von TSCHEBYSCHEW-HERMITE erfüllen die Relationen

$$\int_{-\infty}^{\infty} \varphi_k(t)\, \varphi_m(t)\, dt = \begin{cases} 0 & (k \neq m)\,, \\ 2^m\, m!\, \sqrt{\pi} & (k = m)\,, \end{cases}$$

und sind folglich orthogonal, aber nicht normiert.

Nun zeigen wir, daß die Folge der Funktionen von TSCHEBYSCHEW-HERMITE vollständig ist.

Es existiere eine von der Nullfunktion verschiedene Funktion $f(t)$ aus $L^2(-\infty, \infty)$, für die

$$\int_{-\infty}^{\infty} f(t)\, \varphi_k(t)\, dt = 0 \qquad (k = 0, 1, 2, \ldots)$$

gilt, oder was dasselbe ist, für welche die Gleichungen

$$\int_{-\infty}^{\infty} f(t)\, e^{-\frac{t^2}{2}}\, t^k\, dt = 0 \qquad (k = 0, 1, 2, \ldots) \tag{4}$$

bestehen. Wir führen die Funktion

$$F(z) = \int_{-\infty}^{\infty} f(t)\, e^{-\frac{t^2}{2}}\, e^{itz}\, dt$$

ein, die offensichtlich für jedes endliche komplexe z definiert ist. Die Funktion $F(z)$ besitzt in der ganzen komplexen Zahlenebene eine endliche Ableitung

$$F'(z) = \int_{-\infty}^{\infty} f(t)\, e^{-\frac{t^2}{2}}\, e^{itz}\, i\, t\, dt\,.$$

Also ist $F(z)$ im Endlichen überall holomorph.

Da auf Grund von (4)

$$F^{(k)}(0) \equiv \int_{-\infty}^{\infty} f(t)\, e^{-\frac{t^2}{2}}\, (i\, t)^k\, dt = 0 \qquad (k = 0, 1, 2, \ldots)$$

gilt, ist $F(z)$ identisch gleich Null und daher

$$\int_{-\infty}^{\infty} f(t)\, e^{-\frac{t^2}{2}}\, e^{itx}\, dt = 0 \qquad (-\infty < x < \infty)\,.$$

Multiplizieren wir diese Gleichung mit e^{-ixy}, wo y reell ist, und integrieren nach x von $-\omega$ bis ω, so erhalten wir die Gleichung

$$\int_{-\infty}^{\infty} f(t)\, e^{-\frac{t^2}{2}}\, \frac{\sin \omega\, (t - y)}{t - y}\, dt = 0\,,$$

die für alle reellen y und ω gilt. Wie man in den Lehrbüchern der Analysis beweist, folgt hieraus, daß fast überall $f(t) = 0$ ist, und dies widerspricht unserer Annahme.

D. Im Raum $L^2(0, \infty)$ haben wir das orthonomierte System der *Funktionen von* Tschebyschew-Laguerre

$$\psi_k(t) = \frac{e^{-\frac{t}{2}} L_k(t)}{k!} \qquad (k = 0, 1, 2, \ldots),$$

wo L_k die *Polynome von* Tschebyschew-Laguerre sind. Letztere werden durch die Formel

$$L_k(t) = e^t \frac{d^k}{dt^k}(t^k e^{-t}) \qquad (k = 0, 1, 2, \ldots)$$

definiert.

Die Vollständigkeit dieses Systems kann man aus der Vollständigkeit des Systems von Tschebyschew-Hermite herleiten. Wir überlassen den Beweis dem Leser.

13. Biorthogonale Vektorsysteme in H. Ein Folgenpaar $\{f_k\}_1^\infty$, $\{g_k\}_1^\infty$ aus H bildet ein *biorthogonales System*, wenn

$$(f_j, g_k) = \delta_{jk} \qquad (j, k = 1, 2, 3, \ldots).$$

Der Kürze halber wollen wir sagen daß die beiden Folgen $\{f_k\}_1^\infty$, $\{g_k\}_1^\infty$ zueinander *biorthogonal* sind.

Man darf nicht annehmen, daß man zu jeder linear unabhängigen Vektorfolge eine biorthogonale Folge findet. Zum Beispiel besitzt die Funktionenfolge $\{t^k\}_0^\infty$ im Raum $L^2(0, 1)$ keine biorthogonale Folge. Wenn nämlich eine solche Folge existierte, müßten die Gleichungen

$$\int_0^1 g_m(t)\, t^m\, dt = 1, \tag{1}$$

$$\int_0^1 g_m(t)\, t^k\, dt = 0 \qquad (k \neq m) \tag{2}$$

gelten. Aus (2) würde aber insbesondere folgen, daß

$$\int_0^1 \{g_m(t)\, t^{m+1}\}\, t^j\, dt = 0 \qquad (j = 0, 1, 2, \ldots)$$

gilt. Wegen der Vollständigkeit der Folge $\{t^j\}_0^\infty$ in $L^2(0, 1)$ ist diese Gleichung nur möglich, falls

$$g_m(t)\, t^{m+1} = 0;$$

das widerspricht aber der Gleichung (1).

Satz. *Die Vektorfolge $\{f_k\}_1^\infty$ besitzt genau dann eine biorthogonale Folge, wenn für jedes natürliche j der Vektor f_j nicht zur abgeschlossenen linearen Hülle der übrigen Vektoren*

$$f_1, f_2, \ldots, f_{j-1}, f_{j+1}, \ldots \tag{3}$$

gehört.

Beweis. Wir bezeichnen die abgeschlossene lineare Hülle der Vektoren (3) mit M_j und die abgeschlossene lineare Hülle aller Vektoren f_k ($k = 1, 2, 3, \ldots$) mit M.

Wenn für jedes natürliche j

$$M_j \neq M$$

gilt, dann wählen wir aus dem orthogonalen Komplement $M \ominus M_j$ einen Vektor g_j und normieren ihn durch die Bedingung

$$(f_j, g_j) = 1\,.$$

Es gilt dann offensichtlich

$$(f_j, g_k) = \delta_{jk}\,,$$

und wir erhalten eine Folge $\{g_k\}_1^\infty$, die zur Folge $\{f_k\}_1^\infty$ biorthogonal ist.

Ist umgekehrt die Folge $\{g_k\}_1^\infty$ biorthogonal zur Folge $\{f_k\}_1^\infty$, dann kann bei beliebigem j der Vektor f_j nicht zur abgeschlossenen linearen Hülle M_j der Vektoren (3) gehören, da er dann orthogonal zum Vektor g_j wäre, der orthogonal zu allen Vektoren von (3) ist.

Damit ist der Satz bewiesen.

Wir wollen noch bemerken, daß *die Bedingungen dieses Satzes, nämlich die Ungleichungen*

$$M_j \neq M \qquad (j = 1, 2, 3, \ldots)\,,$$

genau dann erfüllt sind, wenn für jedes natürliche j *die Größe*

$$\delta_j^2 = \lim_{n\to\infty} \frac{\Gamma(f_j, f_{j+1}, \ldots, f_n)}{\Gamma(f_{j+1}, f_{j+2}, \ldots, f_n)} \tag{4}$$

verschieden von Null ist.

Beweis. In Übereinstimmung mit Formel (5) von Nr. 7 stellt die Größe

$$\frac{\Gamma(f_j, f_{j+1}, \ldots, f_n)}{\Gamma(f_{j+1}, f_{j+2}, \ldots, f_n)} = \delta_j^2(n)$$

das Quadrat der Entfernung des Punktes f_j von der linearen Hülle der Elemente $f_{j+1}, f_{j+2}, \ldots, f_n$ dar. Daraus folgt, daß die Größe $\delta_j(n)$ für jedes j mit wachsendem n monoton abnimmt. Der Grenzwert (4) existiert deshalb.

Wenn $f_j \,\bar{\in}\, M_j$ gilt, so gehört f_j erst recht nicht zur abgeschlossenen linearen Hülle der Vektoren

$$f_{j+1}, f_{j+2}, \ldots,$$

und deshalb ist $\delta_j \neq 0$.

Sei umgekehrt $\delta_j \neq 0$ für beliebiges j. Bei $j = 1$ bedeutet diese Ungleichung, daß $f_1 \,\bar{\in}\, M_1$. Bei $j = 2$ bedeutet sie, daß f_2 nicht zur abgeschlossenen linearen Hülle der Vektoren

$$f_3, f_4, \ldots$$

gehört. Da aber die Vektoren f_2, f_1 linear unabhängig sind, folgt aus $\delta_2 \neq 0$, daß $f_2 \,\bar{\in}\, M_2$ gilt. Führen wir diese Überlegung fort, dann ergibt sich $f_j \,\bar{\in}\, M_j$ für jedes natürliche j.

Damit ist die Behauptung bewiesen.

Wir betrachten ein Beispiel, das den eben bewiesenen Satz illustriert. Welche Bedingungen muß die unendliche Folge natürlicher Zahlen

$$r_1 < r_2 < \cdots < r_n < \cdots$$

erfüllen, damit die Funktionenfolge

$$t^{r_1}, t^{r_2}, \ldots, t^{r_n}, \ldots \tag{5}$$

in $L^2(0, 1)$ eine biorthogonale Folge besitzt?

Im vorliegenden Fall bereitet die Berechnung der Größen $\delta_j^2(n)$ keine Schwierigkeiten und ergibt[1])

$$\delta_j^2(n) = \frac{1}{2r_j + 1} \prod_{k=j+1}^{n} \left(\frac{r_j - r_k}{r_j + r_k + 1}\right)^2.$$

Die Bedingung

$$\delta_j = \lim_{n\to\infty} \delta_j(n) \neq 0 \qquad (j = 1, 2, 3, \ldots)$$

ist genau dann erfüllt, wenn

$$\sum_{k=1}^{\infty} \frac{1}{r_k} < \infty. \tag{6}$$

Die Bedingung (6) ist nach dem bekannten Satz von MÜNZ[2]) notwendig und hinreichend dafür, daß (5) in $L^2(0, 1)$ nicht vollständig ist. Die Folge (5) hat deshalb genau dann eine biorthogonale Folge in $L^2(0, 1)$, wenn sie in $L^2(0, 1)$ nicht vollständig ist.

14. Der Raum L^2_σ. Vorgegeben sei eine nichtabnehmende Funktion von beschränkter Variation $\sigma(t)$ $(-\infty < t < \infty)$. Wir nehmen an, daß sie durch die Bedingung

$$\sigma(t - 0) = \sigma(t)$$

normiert ist. Eine solche Funktion nennt man häufig *Verteilungsfunktion.*

Mit Hilfe dieser Funktion läßt sich ein Maß konstruieren, das dem LEBESGUEschen völlig analog ist und das sich von dem letzteren nur dadurch unterscheidet, daß die Länge des Intervalls $[a, b]$ $(a \leq b)$[3]) nicht $b - a$, sondern $\sigma(b + 0) - \sigma(a)$ ist. In dieser Weise ist es möglich, daß gewisse Punkte eine von Null verschiedene Länge haben (*Sprungstellen* von $\sigma(t)$) und daß gewisse Intervalle die Länge Null besitzen können (*Konstanzintervalle* von $\sigma(t)$). Die so eingeführte Länge nennt man *σ-Länge*; mit ihrer Hilfe konstruiert man das *σ-Maß*, die *σ-meßbaren Funktionen* und das entsprechende LEBESGUE-STIELTJES-Integral. Daraufhin definiert man den linearen Raum aller σ-meßbaren Funk-

[1]) Siehe z. B. N. I. ACHIESER [2], S. 28–30.

[2]) Siehe N. I. ACHIESER [2], S. 53.

[3]) Für $a = b$ erhalten wir ein *uneigentliches* Intervall – einen Punkt.

tionen $f(t)$, für die das LEBESGUE-STIELTJES-Integral

$$\int_{-\infty}^{\infty} |f(t)|^2 \, d\sigma(t)$$

existiert. In der Metrik, die durch das Skalarprodukt

$$(f, g) = \int_{-\infty}^{\infty} f(t) \overline{g(t)} \, d\sigma(t)$$

erzeugt wird, ist dieser Raum vollständig und ist folglich ein HILBERT-Raum. Man bezeichnet ihn durch L_σ^2. Seine Vollständigkeit läßt sich wörtlich so beweisen, wie die Vollständigkeit von L^2 in Nr. 11.

Eine besondere Rolle spielen die *charakteristischen Funktionen*. Das sind Funktionen, die gleich Eins sind auf einem Intervall mit von Null verschiedener endlicher σ-Länge und außerhalb dieses Intervalles verschwinden. Dabei schließen wir uneigentliche Intervalle nicht aus. Mit Hilfe der in der Theorie des LEBESGUEschen Integrales üblichen Betrachtungen läßt sich zeigen, daß die lineare Hülle der Gesamtheit aller charakteristischen Funktionen in L_σ^2 dicht ist. Dabei kann man sich auf die charakteristischen Funktionen eines abzählbaren Systems von Intervallen beschränken, deren linke und rechte Endpunkte je eine dichte Menge auf der Zahlengeraden bilden. Damit läßt sich leicht die Separabilität des Raumes L_σ^2 zeigen.

Eine andere Tatsache, die eng mit der Betrachtung der charakteristischen Funktionen verbunden ist, ist die folgende: Ist die Funktion $F(t)$ σ-meßbar und gilt für jedes x einer auf der ganzen Achse dichten Menge

$$\int_0^x F(t) \, d\sigma(t) = 0 \,, \tag{1}$$

dann ist $F(t)$ überall Null mit Ausnahme höchstens einer Menge vom σ-Maß Null.

Ist $F(t) \in L_\sigma^2$, dann folgt diese Behauptung daraus, daß die linke Seite von (1) das Skalarprodukt der Funktion $F(t)$ und der charakteristischen Funktion des Intervalles $(0, x)$ $\big($oder $(x, 0)$, falls $x < 0\big)$ ist. Dann ist nämlich $F(t)$ orthogonal zu allen charakteristischen Funktionen, deren lineare Hülle aber in L_σ^2 dicht ist. Folglich muß $F(t)$ überall Null sein, mit Ausnahme höchstens einer Menge vom σ-Maß Null.

Von großem Interesse ist der Fall, wenn die Verteilungsfunktion $\sigma(t)$ so beschaffen ist, daß alle Integrale

$$s_k = \int_{-\infty}^{\infty} t^k \, d\sigma(t) \qquad (k = 0, 1, 2, \ldots)$$

existieren. Diese Integrale nennt man im Anschluß an Begriffsbildungen der Mechanik die *Momente*[1]) der Verteilungsfunktion $\sigma(t)$. Besitzt $\sigma(t)$ nur endlich

[1]) Das Problem, die Funktion $\sigma(t)$ aus ihren Momenten s_k $(k = 0, 1, 2, \ldots)$ zu bestimmen, heißt algebraisches Momentenproblem.

viele Wachstumspunkte, so gehen die STIELTJES-Integrale in endliche Summen über. Wir wollen diesen uninteressanten Fall ausschließen.

Durch Orthogonalisierung der Folge

$$1, t, t^2, \ldots$$

in L^2_σ erhalten wir eine Polynomfolge $\{P_k(t)\}_{k=1}^{\infty}$ (wo $P_k(t)$ ein Polynom des Grades k ist), welche die Relationen

$$\int_{-\infty}^{\infty} P_k(t)\, P_m(t)\, d\sigma(t) = \delta_{km}$$

befriedigt. Solche Polynome heißen orthogonale und normierte Polynome bezüglich der Verteilungsfunktion $\sigma(t)$. Wenn die Funktion $\sigma(t)$ absolut stetig ist und wenn

$$\sigma'(t) = w(t)$$

gilt, so erhalten die obigen Relationen die Form

$$\int_{-\infty}^{\infty} P_k(t)\, P_m(t)\, w(t)\, dt = \delta_{km}\,.$$

In diesem Falle spricht man von orthonormierten Polynomen bezüglich des *Gewichtes* $w(t)$.

Zum Beispiel sind die Polynome von TSCHEBYSCHEW-HERMITE orthogonal (aber nicht normiert) bezüglich des Gewichtes e^{-t^2} $(-\infty < t < \infty)$.

Wenn das Orthogonalitätsintervall endlich ist (d. h. wenn $\sigma(t)$ konstant ist für $t < a$ und $t > b$), dann ist die Folge

$$1, t, t^2, \ldots \tag{2}$$

vollständig in L^2_σ. Damit bilden auch die orthogonalen Polynome

$$P_0(t), P_1(t), P_2(t), \ldots \tag{3}$$

ein vollständiges System. In der Tat: Nehmen wir an, daß eine Funktion $\varphi(t) \in L^2_\sigma$ existiert, für die

$$\int_a^b \varphi(t)\, t^k\, d\sigma(t) = 0 \qquad (k = 0, 1, 2, \ldots)$$

gilt, so folgt nach partieller Integration

$$\int_a^b \psi(x)\, x^j\, dx = 0 \qquad (j = 0, 1, 2, \ldots)\,, \tag{4}$$

wobei

$$\psi(x) = \int_a^x \varphi(t)\, d\sigma(t)\,.$$

$\psi(x)$ ist eine beschränkte Funktion und gehört deshalb zu $L^2(a, b)$. Wegen der Vollständigkeit der Funktionenfolge (2) in $L^2(a, b)$ folgt aus (4), daß

$$\psi(x) = 0$$

gilt fastüberall in (a, b). Es ist deshalb $\varphi(t) = 0$ im Sinne der Metrik in L^2_σ.

Wenn das Orthogonalitätsintervall unendlich ist, braucht das Polynomsystem (3) nicht vollständig zu sein.

Wir beschränken uns auf ein von H. Hamburger [1] stammendes Beispiel. Wir betrachten das Intervall $(0, \infty)$ und zeigen, daß die orthogonalen Polynome bezüglich des Gewichtes

$$w(t) = e^{-\frac{\pi\sqrt{t}}{\ln^2 t + \pi^2}}$$

ein unvollständiges System bilden. Zu diesem Zweck betrachten wir die Funktion

$$g(t) = e^{\frac{\ln t}{\ln^2 t + \pi^2}} \sin \frac{\sqrt{t}\,\ln t + \pi}{\ln^2 t + \pi^2},$$

die offensichtlich die Bedingung

$$\int_0^\infty |g(t)|^2\, w(t)\, dt < \infty$$

erfüllt, und zeigen, daß

$$\int_0^\infty t^k g(t)\, w(t)\, dt = 0 \qquad (k = 0, 1, 2, \ldots)$$

gilt. In der Tat ist

$$\int_0^\infty t^k g(t)\, w(t)\, dt = \int_0^\infty t^k e^{\frac{\ln t - \pi\sqrt{t}}{\ln^2 t + \pi^2}} \sin \frac{\sqrt{t}\,\ln t + \pi}{\ln^2 t + \pi^2}\, dt$$

$$= \Im \int_0^\infty e^{\frac{1 + i\sqrt{t}}{\ln t - \pi i}}\, t^k\, dt = \Im \int_{-\infty}^\infty e^{\frac{1 + i e^{x/2}}{x - \pi i}}\, e^{(k+1)x}\, dx$$

$$= \Im \int_{\pi i - \infty}^{\pi i + \infty} e^{\frac{1 + i e^{x/2}}{x - i\pi}}\, e^{(k+1)x}\, dx = \Im \int_{-\infty}^\infty e^{\frac{1 - e^{x/2}}{x}}\, e^{(k+1)x}\, (-1)^{k+1}\, dx = 0$$

$$(k = 0, 1, 2, \ldots).$$

15. Der Raum der fastperiodischen Funktionen. Wir betrachten die Menge der Funktionen der Form $e^{i\lambda t}$ $(-\infty < t < \infty)$, wo der Parameter λ beliebige reelle Werte annimmt. Mit L bezeichnen wir die lineare Hülle dieser Menge, d. h. die Gesamtheit aller „Polynome" der Form

$$\sum_k A_k\, e^{i\lambda_k t}.$$

Zu L nehmen wir die Grenzwerte aller auf der ganzen Achse gleichmäßig konvergierenden Folgen von Funktionen aus L hinzu. Wir erhalten so eine Menge B von Funktionen, die auf der ganzen reellen Achse stetig sind. Wie zuerst H. BOHR gezeigt hat, gehört eine auf der ganzen reellen Achse stetige Funktion $f(t)$ zu B genau dann, wenn sie *fastperiodisch* ist, d. h., wenn es für jedes $\varepsilon > 0$ ein solches $l = l(\varepsilon)$ gibt, daß in jedem Intervall der Länge l mindestens eine Zahl τ liegt, für die

$$|f(t+\tau) - f(t)| < \varepsilon \qquad (-\infty < t < \infty)$$

ist.

Den linearen Raum L kann man metrisieren, indem man das Skalarprodukt zweier Polynome

$$f(t) = \sum_{r=1}^{m} A_r e^{i\lambda_r t},$$

$$g(t) = \sum_{s=1}^{n} B_s e^{i\mu_s t}$$

durch die Formel

$$(f, g) = \lim_{T\to\infty} \frac{1}{2T} \int_{-T}^{T} f(t)\,\overline{g(t)}\,dt$$

$$= \lim_{T\to\infty} \sum_{r,s=1}^{m,n} A_r \overline{B_s} \frac{1}{2T} \int_{-T}^{T} e^{it(\lambda_r - \mu_s)}\,dt = \sum_{r,s=1}^{m,n} \delta(\lambda_r, \mu_s) A_r \overline{B_s}$$

mit

$$\delta(\lambda, \mu) = \begin{cases} 0 & (\lambda \neq \mu), \\ 1 & (\lambda = \mu) \end{cases}$$

definiert.

Wenn man in der durch das Skalarprodukt erzeugten Metrik den Raum L vervollständigt, so erhält man einen gewissen HILBERT-Raum B^2, der, wie man leicht sieht, B als lineare Mannigfaltigkeit enthält.

Der Raum B^2 ist nicht separabel. Dies folgt daraus, daß es in B^2 kontinuumviele orthonormierte Vektoren $e^{i\lambda t}$ $(-\infty < \lambda < \infty)$ gibt; wie wir aber weiter oben bewiesen haben (siehe Nr. 10), enthält jedes orthonormierte System in einem separablen Raume höchstens abzählbar viele Vektoren.

16. Der Begriff der Basis eines Raumes. Wenn in einem BANACH-Raum E eine Vektorfolge $\{f_k\}_1^\infty$ existiert, so daß sich jeder Vektor $f \in$ E eindeutig in der Form

$$f = \sum_{k=1}^{\infty} c_k f_k = \lim_{n\to\infty} \sum_{k=1}^{\infty} c_k f_k$$

darstellen läßt[1]), dann heißt die Folge $\{f_k\}_1^\infty$ eine *Basis* des Raumes E.

Aus dieser Definition folgt, daß eine notwendige Bedingung für die Existenz einer Basis die Separabilität des Raumes E ist.

---

[1]) Konvergenz natürlich im Sinne der Metrik des Raumes E.

Wir bemerken, daß eine Folge $\{f_k\}_1^\infty \subset E$, die keine linear abhängigen Elemente enthält und in E abgeschlossen ist, noch keine Basis zu sein braucht.

Wir wählen z. B. den Raum C der stetigen Funktionen $f(t)$, $0 \leqq t \leqq 1$, mit der Norm $\|f\| = \max_{0 \leqq t \leqq 1} |f(t)|$. Die Folge der Potenzen $\{t^k\}_0^\infty$ ist nach dem Satz von WEIERSTRASS in diesem Raum abgeschlossen. Sie ist aber keine Basis, da aus der Darstellung

$$f(t) = \sum_{k=0}^{\infty} c_k t^k$$

im Sinne der Metrik von C folgt, daß $f(t)$ analytisch ist für $|t| < 1$.

Die Folge $\{t^k\}_0^\infty$ ist auch keine Basis im Raum $L^2(0, 1)$. Sei $f(t) \in L^2(0, 1)$ in der Form

$$f(t) = \sum_{k=0}^{\infty} c_k t^k$$

darstellbar. Dann multiplizieren wir beide Seiten dieser Gleichung skalar mit der Funktion

$$g(t) = \begin{cases} 1 & (t \leqq s) \\ 0 & (t > s) . \end{cases}$$

Wir erhalten dann für jedes s, $0 \leqq s \leqq 1$, die Gleichung

$$\int_0^s f(t)\, dt = \sum_{k=0}^{\infty} \frac{c_k}{k+1} s^{k+1} .$$

Aus ihr folgt, daß die Funktion

$$F(s) = \int_0^s f(t)\, dt$$

für $|s| < 1$ analytisch ist; dieselbe Eigenschaft hat dann auch die Funktion $f(t)$ für $|t| < 1$.

Die Frage der Existenz einer Basis in einem beliebigen separablen BANACH-Raum ist noch offen.[1])

In einem separablen HILBERT-Raum ist offensichtlich jede vollständige, orthonormierte Vektorfolge eine Basis (eine sog. *orthonormierte Basis*). Es gilt der folgende

Satz. $\{f_k\}_1^\infty$ *sei ein vollständiges Vektorsystem im* HILBERT-*Raum* H *und* $\lambda_{1n}^{(1)}$, $\lambda_{1n}^{(n)}$ *seien die kleinsten und größten Eigenwerte der* GRAM*schen Matrizen*

$$(\alpha_{jk})_{j,k=1}^{n}, \qquad \alpha_{jk} = (f_k, f_j) . \tag{1}$$

[1]) Diese Frage stellt das sog. Basis-Problem dar. Der Begriff der Basis wurde von J. SCHAUDER eingeführt, der auch das erste Beispiel einer Basis des Raumes C angab. Die Basis in C von SCHAUDER besteht aus stückweise linearen Funktionen (siehe J. SCHAUDER [1]).

Ist

$$\underline{\lim}_{n\to\infty} \lambda_{1n}^{(1)} = \mathscr{L} > 0$$

und

$$\overline{\lim}_{n\to\infty} \lambda_{1n}^{(n)} = \mathscr{M} < \infty ,$$

dann gilt

a) *die Folge* $\{f_k\}_1^\infty$ *ist eine Basis in* H*;*

b) *es existiert eine Folge* $\{g_k\}_1^\infty$*, die ebenfalls Basis in* H *und zu* $\{f_k\}_1^\infty$ *biorthogonal ist.*

Beweis. Wir bemerken zuerst, daß wegen der Extremaleigenschaften der Eigenwerte der quadratischen Formen die Folge $\lambda_{1n}^{(1)}$ nicht wächst und die Folge $\lambda_{1n}^{(n)}$ nicht abnimmt für $n = 1, 2, 3, \ldots$. Deshalb existieren stets

$$\lim_{n\to\infty} \lambda_{1n}^{(1)} \geqq 0 \qquad \text{und} \qquad \lim_{n\to\infty} \lambda_{1n}^{(n)} \leqq \infty .$$

Das bedeutet, daß bei der Formulierung des Satzes anstelle des unteren und oberen Grenzwertes der Grenzwert schlechthin benutzt werden kann.

Wir bezeichnen jetzt die Folge der Eigenwerte der Matrizen

$$(\alpha_{jk})_{j,k=r}^n$$

mit

$$\lambda_{rn}^{(1)} \leqq \lambda_{rn}^{(2)} \leqq \cdots \leqq \lambda_{rn}^{(n-r+1)} .$$

Wegen der oben erwähnten Extremaleigenschaften der Eigenwerte gilt

$$\lambda_{1n}^{(1)} \leqq \lambda_{rn}^{(1)}, \qquad \lambda_{rn}^{(n-r+1)} \leqq \lambda_{1n}^{(n)} \tag{2}$$

und

$$\lambda_{rn}^{(1)} \leqq \lambda_{r+1,n}^{(1)} \leqq \lambda_{rn}^{(2)} \leqq \cdots \leqq \lambda_{r+1,n}^{(n-r)} \leqq \lambda_{rn}^{(n-r+1)} . \tag{3}$$

Wegen

$$\Gamma(f_r, f_{r+1}, \ldots, f_n) = \lambda_{rn}^{(1)} \lambda_{rn}^{(2)} \ldots \lambda_{rn}^{(n-r+1)}$$

folgt aus den Ungleichungen (2), (3) und nach Voraussetzung des Satzes, daß

$$\mathscr{L} \leqq \lambda_{1n}^{(1)} \leqq \frac{\Gamma(f_r, f_{r+1}, \ldots, f_n)}{\Gamma(f_{r+1}, \ldots, f_n)} \leqq \lambda_{1n}^{(n)} \leqq \mathscr{M}$$

gilt. Nach den Überlegungen der Nr. 13 folgt daraus, daß die Folge $\{f_k\}_1^\infty$ biorthogonal ist zur Folge $\{g_k\}_1^\infty$.

Wir zeigen, daß die Ungleichung

$$\frac{1}{\mathscr{M}} \sum_{k=1}^{r} |\xi_k|^2 \leqq \sum_{j,k=1}^{r} (g_k, g_j)\, \bar{\xi}_j \xi_k \leqq \frac{1}{\mathscr{L}} \sum_{k=1}^{r} |\xi_k|^2 \tag{4}$$

für beliebiges natürliches r und beliebige komplexe Zahlen ξ_k $(k = 1, 2, \ldots, r)$ gilt.

Mit den vorgegebenen Zahlen $\xi_1, \xi_2, \ldots, \xi_r$ bilden wir den Vektor

$$h = \sum_{k=1}^{r} \xi_k g_k$$

und wenden auf ihn die verallgemeinerte Abgeschlossenheitsrelation

$$\lim_{n\to\infty} \sum_{j,k=1}^{n} \beta_{jk}^{(n)} (f_j, h)(h, f_k) = ||h||^2$$

an. Das ist möglich, da die Folge $\{f_k\}_1^\infty$ vollständig ist. Hierbei sind $(\beta_{jk}^{(n)})_{j,k=1}^{n}$ die zu (1) reziproken Matrizen. Wegen der Gestalt des Vektors h hat diese Gleichung die Form

$$\lim_{n\to\infty} \sum_{j,k=1}^{n} \beta_{jk}^{(n)} \bar{\xi}_j \xi_k = \sum_{j,k=1}^{r} (g_k, g_j) \bar{\xi}_j \xi_k .$$

Dabei ist

$$\xi_k = 0 \qquad (k = r+1, r+2, \ldots, n).$$

Da alle Eigenwerte der Matrizen (1) im Intervall $[\mathcal{L}, \mathcal{M}]$ liegen, liegen die Eigenwerte der reziproken Matrizen $(\beta_{jk}^{(n)})_{j,k=1}^{n}$ im Intervall $[1/\mathcal{M}, 1/\mathcal{L}]$, und es gilt

$$\frac{1}{\mathcal{M}} \sum_{k=1}^{r} |\xi_k|^2 \leqq \sum_{j,k=1}^{n} \beta_{jk}^{(n)} \bar{\xi}_j \xi_k \leqq \frac{1}{\mathcal{L}} \sum_{k=1}^{r} |\xi_k|^2 .$$

Beim Grenzübergang $n \to \infty$ erhalten wir

$$\frac{1}{\mathcal{M}} \sum_{k=1}^{r} |\xi_k|^2 \leqq \lim_{n\to\infty} \sum_{j,k=1}^{n} \beta_{jk}^{(n)} \bar{\xi}_j \xi_k \leqq \frac{1}{\mathcal{L}} \sum_{k=1}^{r} |\xi_k|^2,$$

und das ist gerade die Ungleichung (4).

Wir zeigen jetzt, daß die Folge $\{g_k\}_1^\infty$ eine Basis des Raumes H ist.

Wenn wir ein Element $h \in$ H in der Form

$$h = \sum_{k=1}^{\infty} \xi_k g_k \tag{5}$$

darstellen und beide Seiten dieser Gleichung mit f_j multiplizieren, erhalten wir

$$\xi_j = (h, f_j) . \tag{5'}$$

Daraus folgt die Eindeutigkeit der Darstellung (5). Es bleibt zu zeigen, daß jedes Element $h \in$ H in der Form (5) dargestellt werden kann.

Wir wählen ein Element $h \in$ H, bestimmen die Zahlen ξ_j $(j = 1, 2, 3, \ldots)$ nach Formel (5′) und bilden die Reihe

$$\sum_{j=1}^{\infty} \xi_j g_j . \tag{6}$$

Aus der Ungleichung (4) und der verallgemeinerten BESSELschen Ungleichung für das Element h folgt die Konvergenz der Zahlenfolge

$$\sum_{j=1}^{\infty} |\xi_j|^2 .$$

Daraus und aus der Ungleichung

$$\left\| \sum_{k=p}^{p+s} \xi_k g_k \right\|^2 = \sum_{j,k=p}^{p+s} (g_k, g_j) \bar{\xi}_j \xi_k \leqq \frac{1}{\mathscr{L}} \sum_{k=p}^{p+s} |\xi_k|^2$$

folgt die Konvergenz der Reihe (6).

Wir bezeichnen die Summe der Reihe (6) mit g. Dann gilt

$$(g - h, f_k) = 0 \qquad (k = 1, 2, 3, \ldots) ,$$

und aus der Vollständigkeit des Systems $\{f_k\}_1^\infty$ folgt, daß $g = h$. Damit ist die Behauptung (5) bewiesen.

Auf diese Weise ergibt sich, daß die Folge $\{g_k\}_1^\infty$ eine Basis des Raumes H ist. Daraus folgt insbesondere, daß $\{g_k\}_1^\infty$ in H vollständig ist.

Zum endgültigen Beweis des Satzes bleibt noch zu zeigen, daß die gegebene Folge $\{f_k\}_1^\infty$ eine Basis ist.

Da alle Eigenwerte der Matrizen (1) im Intervall $[\mathscr{L}, \mathscr{M}]$ liegen, gilt für jedes natürliche n und beliebige Zahlen η_k $(k = 1, 2, 3, \ldots)$

$$\mathscr{L} \sum_{k=1}^{n} |\eta_k|^2 \leqq \sum_{j,k=1}^{n} (f_k, f_j) \bar{\eta}_j \eta_k \leqq \mathscr{M} \sum_{k=1}^{n} |\eta_k|^2 . \tag{7}$$

Wir wählen ein Element $h \in$ H, bestimmen die Zahlen

$$\eta_k = (h, g_k)$$

und bilden die Reihe

$$\sum_{k=1}^{\infty} \eta_k f_k .$$

Unter Benutzung der Ungleichung (7) zeigen wir wie oben die Konvergenz dieser Reihe. Wegen der Vollständigkeit der Folge $\{g_k\}_1^\infty$ gilt die Gleichung

$$h = \sum_{k=1}^{\infty} \eta_k f_k .$$

Die Eindeutigkeit dieser Darstellung ist offensichtlich.

Damit ist die Folge $\{f_k\}_1^\infty$ eine Basis des Raumes H, und der Satz ist vollständig bewiesen.

Wir bringen noch einige abschließende Bemerkungen.

Da die Folge $\{f_k\}_1^\infty \subset$ H eine Basis in H ist, wird jedem Vektor $h \in$ H durch die Darstellung

$$h = \sum_{k=1}^{\infty} c_k f_k \tag{8}$$

eindeutig eine Zahlenfolge $\{c_k\}_1^\infty$, d. h. ein Punkt eines unendlich dimensionalen Raumes, zugeordnet. Wenn die Basis $\{f_k\}_1^\infty$ den Voraussetzungen unseres Satzes genügt, d. h. wenn bei beliebigem n und beliebigen c_k $(k = 1, 2, \ldots, n)$ die Ungleichung

$$\mathcal{L} = \sum_{k=1}^{n} |c_k|^2 \leqq \sum_{j,\, k=1}^{n} (f_k, f_j)\, \bar{c}_j\, c_k \leqq \mathcal{M} \sum_{k=1}^{n} |c_k|^2 \qquad (0 < \mathcal{L},\ \mathcal{M} < \infty)$$

gilt, dann ist notwendig und hinreichend für die Konvergenz der Reihe (8), daß die Zahlenreihe

$$\sum_{k=1}^{\infty} |c_k|^2$$

konvergiert. Auf diese Weise entspricht in unserem Fall jedem Element $h \in \mathrm{H}$ ein Punkt $\{c_k\}_1^\infty \in l^2$ und umgekehrt. Diese eineindeutige Abbildung von H auf l^2, die durch die Basis geleistet wird, ist im allgemeinen nicht isometrisch. Dies ist dann der Fall, wenn die Basis orthonormiert ist. Anstelle der PARSEVALschen Gleichung, die man im Falle der isometrischen Abbildung erhält, ergibt sich hier die Ungleichung

$$\mathcal{L} \sum_{k=1}^{\infty} |c_k|^2 \leqq \|h\|^2 \leqq \mathcal{M} \sum_{k=1}^{\infty} |c_k|^2 \qquad (0 \leqq \mathcal{L},\ \mathcal{M} < \infty)\,.$$

Eine Basis, für die diese Ungleichung gilt, heißt RIESZ*sche Basis*.

KAPITEL II

LINEARE FUNKTIONALE UND BESCHRÄNKTE LINEARE OPERATOREN

17. Punktfunktionen. In den Elementen der Mathematik werden zwei Arten von Punktfunktionen (des drei- oder n-dimensionalen Raumes) betrachtet: *Skalarfunktionen*, deren Werte Zahlen sind, und *Vektorfunktionen*, die den Punkten eines Raumes wiederum Punkte desselben oder eines anderen Raumes zuordnen.

In diesem Buch wollen wir Punktfunktionen im HILBERT-Raum studieren. Entsprechend der Einteilung der Funktionen in der elementaren Analysis in Skalar- und Vektorfunktionen führen wir in H sog. *Funktionale* und *Operatoren* ein. Wir geben die entsprechenden Definitionen.

Im Raum H sei eine gewisse Punktmenge D gegeben.

Eine Funktion Φ, die jedem Punkte $f \in$ D eine bestimmte Zahl $\Phi(f)$ zuordnet, heißt ein *Funktional* im Raum H mit dem *Definitionsbereich* D.

Eine Funktion T, die jedem Element $f \in$ D ein gewisses Element $Tf = g \in \Delta \subseteq$ H zuordnet, heißt ein *Operator*[1]) im Raum H mit dem *Definitionsbereich* D und dem *Wertebereich* Δ. Δ besteht aus allen $g = Tf$, wo f ganz D durchläuft.

Der Definitionsbereich eines Funktionals Φ bzw. der Definitionsbereich und der Wertebereich eines Operators T werden manchmal auch mit D_Φ bzw. D_T, Δ_T bezeichnet.

Den identischen Operator, d. h. den Operator, der jeden Vektor in sich überführt, wollen wir mit E bezeichnen. O sei der Operator, der jeden Vektor in die Null überführt.

Wenn ein Operator T je zwei verschiedenen Elementen aus D verschiedene Elemente zuordnet, so besitzt T einen inversen Operator, der den Elementen aus Δ Elemente aus D zuordnet. Den inversen Operator bezeichnet man mit T^{-1}; somit ist

$$D_{T^{-1}} = \Delta_T\,, \qquad \Delta_{T^{-1}} = D_T\,.$$

Zwei Funktionale (oder Operatoren) heißen gleich, wenn ihre Definitionsbereiche zusammenfallen und wenn in jedem Punkt ihres Definitionsbereichs die Werte dieser Funktionale (Operatoren) übereinstimmen. Ist der Definitions-

[1]) Man betrachtet manchmal auch Funktionen, die den Elementen des Raumes H Elemente eines anderen HILBERT-Raumes zuordnen. Auch solche Funktionen heißen *Operatoren*. Sie werden bei uns selten auftreten.

bereich D_T eines Operators T größer als der Definitionsbereich D_S eines Operators S, d. h. $D_S \subset D_T$, und ist

$$Tf = Sf$$

für jedes $f \in D_S$, so heißt der Operator T eine *Erweiterung* des Operators S, und man schreibt

$$S \subset T.$$

Analog führt man den Begriff der Erweiterung eines Funktionals ein.

Ausgehend von dem elementaren Begriff der Stetigkeit einer Funktion kommen wir zu der folgenden Definition der *Stetigkeit eines Operators*:

Ein Operator T heißt *stetig* im Punkte f_0 ($f_0 \in D_T$), wenn

$$\lim_{f \to f_0} Tf = Tf_0 \qquad (f \in D_T)$$

ist. Das bedeutet, daß es zu jedem $\varepsilon > 0$ ein solches $\delta = \delta(\varepsilon) > 0$ gibt, so daß aus

$$\|f - f_0\| < \delta, \qquad f \in D_T$$

die Beziehung

$$\|Tf - Tf_0\| < \varepsilon$$

folgt.

Analog definiert man die Stetigkeit eines Funktionals.

Wenn das Element f_0 nicht zu D_T gehört, jedoch $\lim Tf = g_0$ für $f \to f_0$ und $f \in D_T$ existiert, kann man den Operator T auf dem Element f_0 definieren, indem man $Tf_0 = g_0$ setzt. Verfährt man in derselben Weise mit allen Elementen, die wie f_0 die obigen Eigenschaften haben, so erhält man die sog. *stetige Erweiterung des Operators* T. Diese Erweiterung ist durch den Operator T eindeutig bestimmt.

Analog definiert man die stetige Erweiterung eines Funktionals.

Ein Operator T heißt *beschränkt*, wenn in jeder Kugel $\|f\| \leqq R$ eine Ungleichung

$$\|Tf\| \leqq C_R < \infty \qquad (f \in D_T)$$

erfüllt ist.

Analog ist ein beschränktes Funktional definiert.

Weitere Begriffe über Funktionale und Operatoren werden wir später im Zusammenhang mit den sog. linearen Funktionalen und linearen Operatoren einführen. Diese werden der Hauptgegenstand unserer Untersuchungen sein.

Hier wollen wir nur bei dem Analogon der „Funktion einer Funktion" im Bereich der Operatoren etwas verweilen. Seien zwei Operatoren S und T gegeben. Der Wertebereich des zweiten Operators habe Punkte mit dem Definitionsbereich des ersten gemeinsam (d. h. die Menge $\Delta_T \cap D_S$ sei nicht leer). Dann kann man von dem Operator ST sprechen; dieser führt das Element f in das Element

$$STf = S(Tf)$$

über. Dieser Operator $S\,T$ heißt das *Produkt der Operatoren* S und T. Sein Definitionsbereich ist die Gesamtheit aller $f \in D_T$, für die $T\,f \in D_S$ ist. Analog definiert man das Produkt $T\,S$. $T\,S$ hat einen Sinn, sobald die Menge $\Delta_S \cap D_T$ nicht leer ist. Es ist selbstverständlich, daß die Operatoren $S\,T$ und $T\,S$ im allgemeinen verschieden sind. Dies trifft selbst auf ihre Definitionsbereiche zu. Sogar wenn ein Element g existiert, das beiden Definitionsbereichen angehört, braucht die Gleichung

$$S\,T\,g = T\,S\,g$$

noch nicht zu gelten.

Es ist recht schwer, eine geeignete Definition der Vertauschbarkeit zweier Operatoren zu geben. Wir beschränken uns hier auf den Fall, daß von zwei Operatoren S, T wenigstens einer (z. B. S) überall in H definiert ist. In diesem Fall heißen die Operatoren S, T *vertauschbar*, wenn

$$S\,T \subseteq T\,S$$

ist, d. h. wenn aus $f \in D_T$ sowohl $S\,f \in D_T$ als auch die Gleichung

$$S\,T\,f = T\,S\,f$$

folgt.

Sind insbesondere beide Operatoren überall in H definiert, so ist ihre Vertauschbarkeit mit der Gleichung $S\,T = T\,S$ äquivalent.

18. Lineare Funktionale. Ein Funktional Φ heißt *homogen* und *additiv*, wenn sein Definitionsbereich eine lineare Mannigfaltigkeit ist und die Gleichung

$$\Phi(\alpha f + \beta g) = \alpha\,\Phi(f) + \beta\,\Phi(g)$$

für beliebige komplexe α, β und beliebige $f, g \in D$ besteht.

Ein homogenes und additives Funktional heißt *linear*, wenn es beschränkt ist. Man erkennt ohne weiteres, daß die Eigenschaft der Beschränktheit eines homogenen und additiven Funktionals durch die Ungleichung

$$\sup_{f \in D,\, \|f\| \leq 1} |\Phi(f)| < \infty$$

ausgedrückt wird.

Die auf der linken Seite dieser Ungleichung stehende Größe heißt die *Norm des Funktionals* Φ und wird mit dem Symbol $\|\Phi\|_D$ bezeichnet. Ist $D = H$, so schreibt man einfach $\|\Phi\|$.

Für $f \in D$ gilt nach der Definition der Norm eines Funktionals

$$\left|\Phi\left(\frac{f}{\|f\|}\right)\right| \leqq \|\Phi\|_D\,.$$

Hieraus folgt

$$|\Phi(f)| \leqq \|\Phi\|_D \cdot \|f\|\,. \tag{1}$$

Die Relation (1) zeigt, daß ein lineares Funktional auch stetig ist. Nach (1) gilt nämlich

$$|\Phi(f) - \Phi(f_0)| = |\Phi(f - f_0)| \leqq \|\Phi\|_D\,\|f - f_0\|$$

für beliebige $f, f_0 \in D$.

Aus (1) folgt ferner, daß in der Relation

$$|\Phi(f)| \leqq ||\Phi||_D ,$$

wo $f \in D$ und $||f|| \leqq 1$ ist, das Gleichheitszeichen für $||f|| < 1$ nicht gelten kann. Daher kann die Norm $||\Phi||_D$ durch die Gleichung

$$\sup_{f \in D,\, ||f||=1} |\Phi(f)| = ||\Phi||_D \tag{2}$$

oder, was dasselbe ist, durch die Gleichung

$$\sup_{f \in D} \frac{|\Phi(f)|}{||f||} = ||\Phi||_D \tag{2'}$$

definiert werden.

Sind Φ, Ψ zwei lineare Funktionale mit den Definitionsbereichen D_Φ, D_Ψ, so ist $\alpha\, \Phi + \beta\, \Psi$ (α, β konstant) wieder ein lineares Funktional mit dem Durchschnitt $D_\Phi \cap D_\Psi$ der Bereiche D_Φ, D_Ψ als Definitionsbereich (es interessiert uns natürlich nur der Fall, daß $D_\Phi \cap D_\Psi$ von $f = 0$ verschiedene Punkte enthält).

Wenn ein Funktional homogen und additiv ist, und wenn es mindestens in einem Punkt $f_0 \in D$ stetig ist, dann ist es auch beschränkt und deshalb ein lineares Funktional.

In der Tat ist nach Voraussetzung

$$|\Phi(h) - \Phi(f_0)| \leqq \delta$$

für $||h - f_0|| \leqq \varepsilon$ und $h \in D$. Da aber für beliebige $f \in D$, $f \neq 0$

$$\Phi(f) = \frac{||f||}{\varepsilon}\, \Phi\left(\frac{\varepsilon f}{||f||}\right) = \frac{||f||}{\varepsilon} \left\{\Phi\left(\frac{\varepsilon f}{||f||} + f_0\right) - \Phi(f_0)\right\}$$

ist, der Vektor $\frac{\varepsilon f}{||f||} + f_0 = h$ jedoch der Relation $||h - f_0|| = \varepsilon$ genügt, gilt

$$|\Phi(f)| \leqq \frac{\delta}{\varepsilon}\, ||f||;$$

mit anderen Worten ist also

$$\frac{|\Phi(f)|}{||f||} \leqq \frac{\delta}{\varepsilon}.$$

Damit ist auch unsere Behauptung bewiesen.

Ist die lineare Mannigfaltigkeit D, auf der ein lineares Funktional Φ definiert ist, nicht abgeschlossen, so kann man Φ auf die abgeschlossene Hülle der Mannigfaltigkeit D erweitern. Wie man leicht einsieht, führt diese Erweiterung zu einem linearen Funktional mit der Norm des Ausgangsfunktionals.

Es ist leicht, Beispiele homogener und additiver, aber nicht beschränkter Funktionale anzugeben. In $L^2(-\infty, \infty)$ ist das Funktional

$$\Phi(f) = \int_{-\infty}^{\infty} f(t)\, dt \tag{3}$$

ein solches Beispiel. Es ist definiert auf der linearen Mannigfaltigkeit D aller der Elemente $f \in L^2(-\infty, \infty)$, für die die rechte Seite von (3) einen Sinn hat. Ein verwandtes Beispiel im abstrakten separablen HILBERT-Raum H ist das Funktional

$$\Phi(f) = \lim_{n\to\infty} (f, e_1 + e_2 + \cdots + e_n),$$

wobei $\{e_k\}_1^\infty$ eine orthonormierte Basis in H ist.

In beiden Beispielen ist der Definitionsbereich der Funktionale dicht im Raum, aber er fällt nicht mit dem Gesamtraum zusammen. Ein homogenes und lineares Funktional kann jedoch auch nichtbeschränkt sein, wenn es auf dem ganzen Raum definiert ist.

Wir beweisen diese Behauptung mit Hilfe der folgenden Konstruktion.

Wir betrachten die Einheitskugel[1]) $S \subset H$ und numerieren alle Elemente dieser Kugel unter Benutzung transfiniter Induktion durch. Dann konstruieren wir die Menge $M \subset S$, zu der das erste Element von S und weiterhin jedes Element von S gehören soll, das keine endliche Linearkombination der bereits zu M gehörenden Elemente ist. Da jedem Element $h \neq 0$ aus H das Element $\frac{1}{\|h\|} h$ der Einheitskugel entspricht, können wir jedes $h \neq 0$ eindeutig darstellen als endliche Linearkombination von Elementen aus M. Nun wählen wir aus M eine beliebige unendliche Folge $\{g_n\}_1^\infty$ und setzen $\Phi(g_n) = n$; auf den übrigen Elementen $g \in M$ definieren wir Φ in beliebiger Weise. Außerdem setzen wir $\Phi(0) = 0$. Da sich jedes Element $h \in H$ eindeutig in der Form

$$h = \sum_{k=1}^{m} c_k f_k \qquad (f_k \in M,\ m < \infty)$$

darstellen läßt, wird das Funktional Φ durch die Formel

$$\Phi(h) = \sum_{k=1}^{m} c_k\, \Phi(f_k)$$

auf den ganzen Raum fortgesetzt. Dabei ist es homogen und additiv, aber nicht beschränkt.

19. Der Satz von F. Riesz charakterisiert die allgemeine Gestalt eines linearen Funktionals in H und lautet: *Jedes lineare Funktional in einem* HILBERT*raum* H *ist von der Form*

$$\Phi(h) = (h, f),$$

wobei f ein durch das Funktional Φ eindeutig bestimmtes Element aus H *ist; dabei gilt*

$$\|\Phi\| = \|f\|.$$

Beweis. Wir bezeichnen mit G die Menge aller derjenigen Elemente $g \in H$, für die

$$\Phi(g) = 0$$

ist. Wegen der Linearität des Funktionals Φ ist diese Menge eine lineare Mannigfaltigkeit. Sie ist abgeschlossen und damit ein Teilraum. Wenn näm-

[1]) Im Unterschied zu Nr. 4 verstehen wir hier unter der Einheitskugel die Menge der Elemente f, für die $\|f\| = 1$ gilt.

lich $g_n \to g$, so ist wegen der Stetigkeit des Funktionals

$$\Phi(g) = \lim_{n\to\infty} \Phi(g_n)\,,$$

daher folgt aus $\Phi(g_n) = 0$, d. h. aus $g_n \in \mathrm{G}$, daß $\Phi(g) = 0$, d. h. $g \in \mathrm{G}$ ist.

Ist $\mathrm{G} = \mathrm{H}$, so ist das Funktional Φ überall gleich Null; dann setzt man $f = 0$, und der Satz von Riesz ist bewiesen. Wir nehmen daher $\mathrm{G} \neq \mathrm{H}$ an. Dann existiert ein von Null verschiedenes Element $f_0 \in \mathrm{H} \ominus \mathrm{G}$. Nun betrachten wir die Elemente der Form

$$\Phi(h)\, f_0 - \Phi(f_0)\, h\,,$$

wo h ganz H durchläuft. Diese Elemente gehören wegen

$$\Phi[\Phi(h)\, f_0 - \Phi(f_0)\, h] = \Phi(h)\, \Phi(f_0) - \Phi(f_0)\, \Phi(h) = 0$$

zu G. Folglich ist

$$\big(\Phi(h)\, f_0 - \Phi(f_0)\, h, f_0\big) = 0$$

und damit

$$\Phi(h)\,(f_0, f_0) = (h, \overline{\Phi(f_0)}\, f_0)\,.$$

Wenn wir

$$f = \frac{\overline{\Phi(f_0)}}{(f_0, f_0)}\, f_0$$

setzen, dann folgt aus der so erhaltenen Gleichung die Relation

$$\Phi(h) = (h, f)\,.$$

Dies ist aber gerade die geforderte Darstellung des Funktionals.

Wir beweisen noch, daß sie eindeutig ist. Nehmen wir das Gegenteil an, so kommen wir zu der für alle $h \in \mathrm{H}$ gültigen Gleichung

$$(h, f') = (h, f'')$$

mit zwei verschiedenen Vektoren f' und f''. Dies ist jedoch unmöglich. Es genügt nämlich, $h = f' - f''$ zu setzen; dann erhalten wir

$$\|f' - f''\|^2 = 0\,.$$

Es bleibt die Gleichung

$$\|\Phi\| = \|f\|$$

zu beweisen. Aus

$$\Phi(h) = (h, f)$$

folgt

$$\|\Phi(h)\| \leqq \|f\| \cdot \|h\|$$

und somit

$$\|\Phi\| \leqq \|f\|\,.$$

Wählen wir $h = f$, so erhalten wir andererseits

$$\Phi(f) = \|f\|^2\,,$$

und hieraus folgt

$$\|\Phi\| \geqq \|f\|.$$

Damit ist der Satz von F. Riesz bewiesen.

Jetzt nehmen wir an, daß in H ein lineares Funktional Ψ mit einem abgeschlossenen Definitionsbereich D_Ψ vorgegeben sei. Da D_Ψ ein Teilraum des Raumes H ist, gibt es nach dem bewiesenen Theorem von F. Riesz ein eindeutig bestimmtes Element $g \in D_\Psi$ derart, daß

$$\Psi(h) = (h, g) \qquad (h \in D_\Psi) \tag{1}$$

und

$$\|\Psi\|_{D_\Psi} = \|g\|$$

ist. Durch die Gleichung (1) wird das lineare Funktional Ψ auf *den ganzen* Raum H ohne Vergrößerung der Norm[1]) erweitert. Jede andere Erweiterung des linearen Funktionals Ψ auf den ganzen Raum H vergrößert bereits die Norm des Funktionals. In der Tat, ist Φ eine Erweiterung von Ψ auf den ganzen Raum, so ist

$$\Phi(h) = (h, f)$$

und

$$\|\Phi\| = \|f\|.$$

Für $h \in D_\Psi$ muß dann die Gleichung

$$(h, g) = (h, f)$$

gelten; daraus sieht man aber, daß $f - g \perp D_\Psi$ ist. Da nun $g \in D_\Psi$ ist, so folgt

$$\|f\|^2 = \|g\|^2 = \|f - g\|^2$$

und damit

$$\|\Phi\| \geqq \|\Psi\|_{D_\Psi},$$

wobei für $f \neq g$ das Gleichheitszeichen ausgeschlossen ist.

20. Ein Kriterium für die Abgeschlossenheit in H eines vorgegebenen Systems von Vektoren. Ein System M von Vektoren aus H nennt man (wie schon in Nr. 9 ausgeführt) *abgeschlossen in* H, wenn man jeden Vektor $f \in$ H mit beliebiger Genauigkeit durch eine Linearkombination von Vektoren aus M approximieren kann.

Satz. *Die Menge* M *ist in* H *abgeschlossen genau dann, wenn jedes lineare Funktional* Φ *in* H, *das für jeden Vektor* $g \in$ M *verschwindet, identisch gleich Null ist.*

Beweis. Der erste Teil des Satzes ist eine unmittelbare Folgerung aus der Stetigkeit des linearen Funktionals.

---

[1]) Da jedes lineare Funktional ohne Vergrößerung der Norm auf den ganzen Raum erweitert werden kann, so spricht man gewöhnlich von einem linearen Funktional in H und meint damit, daß der Definitionsbereich dieses linearen Funktionals der ganze Raum ist.

Um den zweiten Teil des Satzes zu beweisen, nehmen wir an, daß M nicht abgeschlossen sei. Dann existiert ein Vektor $h_0 \in$ H, für den die Ungleichung

$$\inf_{n, \alpha_i} ||h_0 - \alpha_1 g_1 - \alpha_2 g_2 - \cdots - \alpha_n g_n|| = \delta > 0 \qquad (g_i \in \mathrm{M})$$

besteht. Wir bezeichnen mit G die abgeschlossene lineare Hülle von M. Auf Grund von Nr. 6 existiert in G ein Vektor g derart, daß

$$||h_0 - g|| = \delta$$

ist. Wir setzen

$$f = h_0 - g\,.$$

Dann ist $f \perp$ G. Jetzt nehmen wir das Funktional

$$\Phi(h) = (h, f)\,,$$

dessen Norm gleich $||f|| = \delta > 0$ ist. Dieses von Null verschiedene Funktional verschwindet auf jedem Vektor aus G und insbesondere auf jedem Vektor aus M.

Damit ist auch der zweite Teil des Satzes bewiesen.

21. Ein Hilfssatz über konvexe Funktionale. [1])

Definition. Ein in H vorgegebenes reelles Funktional $p(h)$ heißt *konvex*, wenn die Beziehungen

1. $$p(f+g) \leqq p(f) + p(g)$$

und

2. $$p(\alpha f) = |\alpha|\, p(f)$$

für alle $f, g \in$ H und jede beliebige komplexe Zahl α gelten.

Aus dieser Definition folgt, daß ein konvexes Funktional keine negativen Werte annimmt. In der Tat ist

$$0 = p(f-f) \leqq p(f) + p(-f) = 2\,p(f)\,.$$

Ein einfaches Beispiel eines konvexen Funktionals ist $p(h) = ||h||$.

Hilfssatz. *Ist ein konvexes Funktional $p(h)$ unterhalb stetig, d. h. existiert für ein beliebiges $h_0 \in$ H und für jedes $\varepsilon > 0$ ein $\delta > 0$ derart, daß*

$$p(h) - p(h_0) > -\varepsilon$$

für $||h - h_0|| < \delta$ gilt, so läßt sich eine Konstante $\mathcal{M}$ so bestimmen, daß für ein beliebiges $h \in$ H

$$p(h) \leqq \mathcal{M}||h||$$

ist.

Beweis. Zuerst bemerken wir folgendes: Ist das Funktional $p(h)$ in der Einheitskugel ($||h|| < 1$) nicht beschränkt, so ist es in keiner Kugel $S(\varrho, g)$ (g — Mittelpunkt, ϱ — Radius) beschränkt. Nehmen wir nämlich an, es wäre $p(h) < C$ für $||h - g|| < \varrho$, dann finden wir, daß für $||h - g|| < \varrho$ die Un-

[1]) In dieser Nr. folgen wir I. M. Gelfand [1].

gleichung

$$p(h-g) \leqq p(h) + p(-g) = p(h) + p(g) < 2C$$

gilt. Setzen wir

$$f = \frac{h-g}{\varrho},$$

so folgt

$$p(f) < \frac{2C}{\varrho}$$

für $f \in S(1, 0)$. Wir sehen aber, daß dann das Funktional $p(h)$ in der Einheitskugel beschränkt ist.

Wegen der Eigenschaft 2. brauchen wir nur zu beweisen, daß das Funktional $p(h)$ in der Kugel $S(1, 0)$ beschränkt ist. Wir nehmen das Gegenteil an. Es läßt sich dann ein Punkt $f_1 \in S(1, 0)$ finden, für den $p(f_1) > 1$ ist. Da das Funktional $p(h)$ unterhalb stetig ist, so läßt sich eine Kugel $S(\varrho_1, f_1) \subset S(1, 0)$ mit einem Radius $\varrho_1 < \frac{1}{2}$ bestimmen, so daß in allen Punkten von $S(\varrho_1, f_1)$ die Ungleichung $p(h) < 1$ gilt. Da das Funktional $p(h)$ in dieser Kugel nicht beschränkt ist, so existiert ein Punkt $f_2 \in S(\varrho_1, f_1)$ und damit eine ganze Kugel $S(\varrho_2, f_2) \subset S(\varrho_1, f_1)$ mit dem Radius $\varrho_2 < \frac{1}{2}\varrho_1$, in der $p(h) > 2$. Setzen wir diesen Prozeß fort, so erhalten wir eine unendliche Folge von Kugeln

$$S(1, 0) \supset S(\varrho_1, f_1) \supset S(\varrho_2, f_2) \supset \cdots$$

mit $\varrho_n < \frac{1}{2}\varrho_{n-1}$ $(n = 1, 2, 3, \ldots; \varrho_0 = 1)$, für die jeweils $p(h) > n$ für $h \in S(\varrho_n, f_n)$ ist. Die Folge der Kugelmittelpunkte $\{f_n\}_1^\infty$ ist aber eine Fundamentalfolge und konvergiert daher gegen ein Element f. Dabei ist $p(f) > n$ für jedes noch so große n. Dies ist aber unmöglich.

Damit ist der Hilfssatz bewiesen.

Wir wollen noch bemerken, daß dieser Hilfssatz auch folgendermaßen formuliert werden kann: *Ist ein konvexes Funktional unterhalb stetig, so ist es schlechthin stetig.* In der Tat gilt für $||h - h_0|| \leqq \delta$:

$$p(h_0) - \varepsilon \leqq p(h) = p(h_0 + [h - h_0])$$
$$\leqq p(h_0) + p(h - h_0) \leqq p(h_0) + \mathcal{M}\,||h - h_0||\,.$$

Folgerung. *$p_k(h)$ $(k = 1, 2, 3, \ldots)$ sei eine Folge konvexer und stetiger Funktionale in H. Ist diese Folge in jedem Punkt $h \in$ H beschränkt, so ist das Funktional*

$$p(h) = \sup_n p_n(h)$$

ebenfalls konvex und stetig.

Beweis. Es ist klar, daß $p(h)$ ein konvexes Funktional ist. Andererseits kann man bei festem $h_0 \in \mathrm{H}$ und beliebigem $\varepsilon > 0$ ein N derart finden, daß

$$p(h_0) - p_N(h_0) < \frac{\varepsilon}{2}$$

ist. Danach läßt sich ein $\delta > 0$ so bestimmen, daß für $\|h - h_0\| < \delta$

$$|p_N(h) - p_N(h_0)| < \frac{\varepsilon}{2}$$

ist. Dann ist für $\|h - h_0\| < \delta$

$$p(h) - p(h_0) > \sup_n p_n(h) - p_N(h_0) - \frac{\varepsilon}{2} \geqq p_N(h) - p_N(h_0) - \frac{\varepsilon}{2} > -\varepsilon\,.$$

Das Funktional $p(h)$ ist somit unterhalb stetig. Nun braucht man nur noch den Hilfssatz anzuwenden.

Wir geben nun zwei einfache Anwendungen der bewiesenen Sätze:

Wir wissen, daß jedes lineare Funktional in $\mathrm{L}^2(a, b)$ die Form

$$\Phi(h) = \int_a^b h(t)\,\varphi(t)\,dt \tag{1}$$

hat. Hierbei ist $\varphi(t)$ eine das Funktional $\Phi(h)$ definierende Funktion aus $\mathrm{L}^2(a, b)$.

Jetzt können wir beweisen: *Ist ein Funktional* $\Phi(h)$ *überall in* $\mathrm{L}^2(a, b)$ *mit Hilfe der Formel* (1) *definiert, wo* $\varphi(t)$ *irgendeine feste Funktion ist, von der nur bekannt ist, daß sie meßbar ist, dann gilt* $\varphi(t) \in \mathrm{L}^2(a, b)$; *d. h.* (1) *ist ein lineares Funktional in* $\mathrm{L}^2(a, b)$.

Diese Tatsache ist ein Spezialfall eines allgemeineren Satzes von F. Riesz.[1])

Zum Beweis bezeichnen wir mit E_n die Menge der Punkte $t \in [a, b]$, für die

$$|\varphi(t)| \leqq n$$

gilt und die zum Intervall $[-n, n]$ gehören, falls das Intervall $[a, b]$ unendlich ist. Ferner setzen wir

$$p_n(h) = \int_{E_n} |h(t)\,\varphi(t)|\,dt\,.$$

Dies ist ein stetiges und konvexes Funktional $\mathrm{L}^2(a, b)$.

Da der Ausdruck

$$p(h) = \sup_n p_n(h) = \lim_{n\to\infty} p_n(h) = \int_a^b |h(t)\,\varphi(t)|\,dt$$

für beliebige $h(t) \in \mathrm{L}^2(a, b)$ endlich ist, so ist nach der Folgerung aus dem Hilfssatz das Funktional $p(h)$ stetig, d. h., es gilt $p(h) \leqq \mathcal{M}\,\|h\|$. Andererseits ist aber $|\Phi(h)| \leqq p(h)$, und da Homogenität und Additivität des Funktionals $\Phi(h)$ offensichtlich sind, ist $\Phi(h)$ ein lineares Funktional.

---

1) Dieser Satz bezieht sich auf den Raum $\mathrm{L}^p(a, b)$ bei beliebigem $p > 1$ (der Raum $\mathrm{L}^p(a, b)$ ist definiert als Raum der in (a, b) meßbaren Funktionen, für die $\int_a^b |f(x)|^p\,dx$ existiert).

Ein analoger Satz gilt auch im Raume l^2. Wir beschränken uns auf seine Formulierung.

Ein Funktional $\Phi(f)$ sei durch die Formel

$$\Phi(f) = \sum_{k=1}^{\infty} a_k x_k \qquad (f = \{x_k\}_1^{\infty})$$

überall in l^2 definiert. Dabei ist $\{a_k\}_1^{\infty}$ irgendeine festgewählte Folge. Dann gilt die Ungleichung

$$\sum_{k=1}^{\infty} |a_k|^2 < \infty, \tag{2}$$

und $\Phi(f)$ ist ein lineares Funktional.

Anders ausgedrückt: Wenn die Reihe

$$\sum_{k=1}^{\infty} a_k x_k$$

konvergiert, wobei die Folge $\{x_k\}_1^{\infty}$ bis auf die Bedingung

$$\sum_{k=1}^{\infty} |x_k|^2 < \infty$$

ganz beliebig wählbar ist, so muß notwendig die Ungleichung (2) gelten.

Diese Tatsache ist ein Spezialfall eines viel allgemeineren Satzes von E. Landau[1]).

22. Beschränkte lineare Operatoren. Ein Operator T heißt *linear*, wenn sein Definitionsbereich D eine lineare Mannigfaltigkeit ist und die Gleichung

$$T(\alpha f + \beta g) = \alpha T f + \beta T g$$

für beliebige $f, g \in$ D und beliebige komplexe α, β gilt.

Wir weisen besonders darauf hin, daß im Gegensatz zur Definition eines linearen Funktionals diese Definition nicht die Beschränktheit des Operators verlangt. Dies hängt damit zusammen, daß viele wichtige Operationen in der Analysis — z. B. die Differentiation — unbeschränkte Operatoren erzeugen, die jedoch zugleich homogen und additiv, d. h. linear im Sinne der hier gegebenen Definition sind.

In Übereinstimmung mit der allgemeinen Definition der Beschränktheit eines Operators (siehe Nr. 17) nennen wir einen linearen Operator T beschränkt, wenn

$$\sup_{f \in \mathrm{D}, \|f\| \leq 1} \|T f\| < \infty$$

gilt.

Die auf der linken Seite dieser Ungleichung stehende Größe heißt die *Norm des Operators* T in D und wird mit dem Symbol $\|T\|_{\mathrm{D}}$ oder $\|T\|$ bezeichnet.

[1]) Dieser Satz bezieht sich auf den Raum l^p bei beliebigem $p > 1$ (der Raum l^p ist der Raum aller Zahlenfolgen $x_1, x_2, \ldots$, für die die Reihe $\sum_{i=1}^{\infty} |x_i|^p$ konvergiert).

Wie man leicht einsieht, übertragen sich die bezüglich linearer Funktionale in Nr. 15 getroffenen Feststellungen auf beschränkte lineare Operatoren:

1. Die Norm eines beschränkten linearen Operators T kann durch die Gleichungen

$$||T|| = \sup_{f \in \mathrm{D}, ||f||=1} ||Tf|| = \sup_{f \in \mathrm{D}} \frac{||Tf||}{||f||}$$

definiert werden.

2. Jeder beschränkte lineare Operator ist stetig.

3. Ist ein linearer Operator in einem einzigen Punkt stetig, so ist er beschränkt.

4. Die stetige Erweiterung eines beschränkten linearen Operators T führt zu einem linearen Operator mit der Norm des Ausgangsoperators.

5. Sind S und T lineare Operatoren und α, β beliebige komplexe Zahlen, so ist $\alpha S + \beta T$ wieder ein linearer Operator mit dem Durchschnitt $\mathrm{D}_S \cap D_T$ der Gebiete D_S, D_T als Definitionsbereich. Lineare Operatoren sind ebenfalls die Produkte $S\,T$, $T\,S$ (s. Nr. 17).

Sind S, T beschränkte, überall in H definierte lineare Operatoren, dann sind die Operatoren S, T, $T\,S$ auch beschränkte lineare, überall in H definierte Operatoren. Dabei ist

$$||S\,T|| \leqq ||S|| \cdot ||T||\,, \qquad ||T\,S|| \leqq ||T|| \cdot ||S||\,.$$

Ein linearer Operator T in H heißt *endlich-dimensional*, wenn er beschränkt ist und wenn sein Wertebereich Δ_T ein endlich-dimensionaler Teilraum von H ist.

Endlich-dimensionale Operatoren lassen sich durch die Darstellung

$$T f = \sum_{k=1}^{n} (f, g_k)\, h_k \tag{1}$$

charakterisieren. Dabei bedeuten n die Dimension von Δ_T, $\{h_k\}_1^n$ eine Basis in Δ_T und $\{g_k\}_1^n$ ein endliches System von Vektoren, die nicht von f abhängen.

Wir beweisen den nichttrivialen Teil dieser Behauptung; nämlich, daß sich jeder endlich-dimensionale Operator T in der Form (1) darstellen läßt. Zu diesem Zweck wählen wir in Δ_T eine orthonomierte Basis $\{h_k\}_1^n$. Bei beliebigem $f \in$ H gilt dann die Gleichung

$$T f = \sum_{k=1}^{n} \alpha_k h_k\,,$$

wobei die α_k offensichtlich die Zahlen sind, die man aus der Beziehung

$$\alpha_k = (T f, h_k)$$

gewinnt. Die α_k sind deshalb lineare Funktionale von f und nach dem Satz von Riesz existieren Elemente g_k $(k = 1, 2, \ldots, n)$, mit deren Hilfe man die α_k darstellen kann als

$$\alpha_k = (f, g_k)\,.$$

Eindimensionale Operatoren, wie sie auf der rechten Seite von (1) eingeführt wurden, lassen sich auch in der Form $(\cdot, g_k)\, h_k$ schreiben. Damit kann man (1) darstellen als

$$T = \sum_{k=1}^{n} (\cdot, g_k)\, h_k .$$

Zum Schluß der vorliegenden Nr. führen wir den Begriff der orthogonalen Summe von Operatoren ein. Der HILBERT-Raum H möge sich als orthogonale Summe zweier Teilräume darstellen lassen:

$$\mathrm{H} = \mathrm{H}_1 \oplus \mathrm{H}_2 .$$

In H_1 sei der Operator T_1 und in H_2 der Operator T_2 vorgegeben; dabei soll gelten: $\mathrm{D}_{T_k} \subseteq \mathrm{H}_k$ und $\Delta_{T_k} \subseteq \mathrm{H}_k$ $(k = 1, 2)$.

Als *orthogonale Summe der Operatoren T_1 und T_2* bezeichnet man den Operator

$$T = T_1 \oplus T_2 ,$$

der in H auf den Elementen $h = f + g$ durch die Formel

$$T h = T_1 f + T_2 g$$

definiert ist. Dabei ist $f \in \mathrm{D}_{T_1}$ und $g \in \mathrm{D}_{T_2}$.

23. Bilineare Funktionale. Wir sagen, daß in H ein *bilineares Funktional Ω* definiert ist, wenn jedem Paar von Elementen $f, g \in \mathrm{H}$ eine bestimmte (im allgemeinen komplexe) Zahl $\Omega(f, g)$ derart zugeordnet ist, daß die Relationen

a) $\Omega(\alpha_1 f_1 + \alpha_2 f_2, g) = \alpha_1\, \Omega(f_1, g) + \alpha_2\, \Omega(f_2, g)$,

b) $\Omega(f, \beta_1 g_1 + \beta_2 g_2) = \overline{\beta}_1\, \Omega(f, g_1) + \overline{\beta}_2\, \Omega(f, g_2)$,

c) $\sup\limits_{\|f\| \leq 1,\, \|g\| \leq 1} |\Omega(f, g)| < \infty$

bestehen.

Ein Beispiel eines bilinearen Funktionals ist das Skalarprodukt (f, g).

Die Größe

$$\sup_{\|f\| \leq 1,\, \|g\| \leq 1} |\Omega(f, g)|$$

heißt *Norm des bilinearen Funktionals* und wird mit dem Symbol $\|\Omega\|$ bezeichnet.

Man zeigt leicht die Beziehung

$$\|\Omega\| = \sup_{\|f\| = 1,\, \|g\| = 1} |\Omega(f, g)| = \sup \frac{|\Omega(f, g)|}{\|f\| \cdot \|g\|} .$$

Daher gilt für beliebige $f, g \in \mathrm{H}$

$$|\Omega(f, g)| \leq \|\Omega\| \cdot \|f\| \cdot \|g\| .$$

Ein bilineares Funktional ist eine stetige Funktion seiner Argumente. Es ist nämlich

$$\begin{aligned} &|\Omega(f, g) - \Omega(f_0, g_0)| \\ &\quad = |\Omega(f - f_0, g - g_0) + \Omega(f - f_0, g_0) + \Omega(f_0, g - g_0)| \\ &\quad \leq \|\Omega\| \{\|f - f_0\| \cdot \|g - g_0\| + \|f - f_0\| \cdot \|g_0\| + \|f_0\| \cdot \|g - g_0\|\} . \end{aligned}$$

Oft ist der folgende einfache Satz sehr nützlich:

Satz. *Genügt eine komplexwertige Skalarfunktion $\omega(f, g)$ den Bedingungen*

a) $\omega(\alpha_1 f_1 + \alpha_2 f_2, g) = \alpha_1 \omega(f_1, g) + \alpha_2 \omega(f_2, g)$,

b) $\omega(f, \beta_1 g_1 + \beta_2 g_2) = \bar{\beta}_1 \omega(f, g_1) + \bar{\beta}_2 \omega(f, g_2)$,

c) $|\omega(f, f)| \leqq C \, \|f\|^2$,

d) $|\omega(f, g)| = |\omega(g, f)|$,

wo C eine Konstante ist, f, f_1, f_2, g, g_1, g_2 beliebige Elemente aus H und $\alpha_1, \alpha_2, \beta_1, \beta_2$ willkürliche Zahlen bedeuten, so ist ω ein bilineares Funktional mit einer Norm $\|\omega\| \leqq C$.

Beweis. Man verifiziert unmittelbar, daß wegen a) und b)

$$\omega(f, h) + \omega(h, f) = \frac{1}{2} \{\omega(f + h, f + h) - \omega(f - h, f - h)\}$$

gilt[1]). Damit ist

$$|\omega(f, h) + \omega(h, f)| \leqq \frac{1}{2} C \{\|f + h\|^2 + \|f - h\|^2\} = C \{\|f\|^2 + \|h\|^2\}. \quad (1)$$

Sei $\|f\| \leqq 1$. $\|h\| \leqq 1$ und $h = \lambda g$, wo λ ein noch unbestimmter Parameter mit $|\lambda| = 1$ ist; dann ergibt (1) die Beziehung

$$|\bar{\lambda} \omega(f, g) + \lambda \omega(g, f)| \leqq 2 C. \quad (2)$$

Wir setzen voraus, es sei $\omega(f, g) \neq 0$ und nach d)

$$\omega(f, g) = |\omega(f, g)| e^{i\alpha}, \qquad \omega(g, f) = |\omega(f, g)| e^{i\beta}.$$

Dann ist nach (2)

$$|\omega(f, g)| \cdot |\bar{\lambda} e^{i\alpha} + \lambda e^{i\beta}| \leqq 2 C.$$

Setzen wir

$$\lambda = e^{i\frac{\alpha - \beta}{2}},$$

so finden wir, daß

$$\bar{\lambda} e^{i\alpha} + \lambda e^{i\beta} = e^{i\frac{\alpha+\beta}{2}} + e^{i\frac{\alpha+\beta}{2}} = 2 e^{i\frac{\alpha+\beta}{2}}$$

und damit

$$|\omega(f, g)| \leqq C \qquad (\|f\| \leqq 1, \ \|g\| \leqq 1)$$

ist. Damit ist der Beweis vollendet, da für $\omega(f, g) = 0$ diese Beziehung ebenfalls gilt.

---

[1]) Aus dieser Gleichung und der analogen

$$\omega(f, h) - \omega(h, f) = \frac{i}{2} \{\omega(f + i h, f + i h) - \omega(f - i h, f - i h)\}$$

folgt allein wegen der Eigenschaft c), daß ω ein bilineares Funktional mit einer Norm $\leqq 2\,C$ ist. Auf Grund der Bedingung d) läßt sich feststellen, daß die Norm von ω nicht C übersteigt.

Folgerung. *Genügt ein bilineares Funktional Ω bei beliebigen $f, g \in \mathrm{H}$ der Bedingung*

$$|\Omega(f, g)| = |\Omega(g, f)|,$$

so ist

$$||\Omega|| = \sup_{f \in \mathrm{H}} \frac{|\Omega(f, f)|}{(f, f)}.$$

Beweis. Nach dem oben bewiesenen Satz ist

$$||\Omega|| \leq \sup_{f \in \mathrm{H}} \frac{|\Omega(f, f)|}{(f, f)},$$

aber andererseits gilt die Abschätzung

$$\sup_{f \in \mathrm{H}} \frac{|\Omega(f, f)|}{(f, f)} \leq \sup_{f, g \in \mathrm{H}} \frac{|\Omega(f, g)|}{||f|| \cdot ||g||} = ||\Omega||.$$

24. Die allgemeine Form eines bilinearen Funktionals.

Satz. *Jedes bilineare Funktional $\Omega(f, g)$ ist von der Form*

$$\Omega(f, g) = (A f, g).$$

Dabei ist A ein beschränkter, überall in H definierter linearer Operator, der durch das bilineare Funktional eindeutig bestimmt ist und für den

$$||A|| = ||\Omega||$$

gilt.

Beweis. Die Eindeutigkeit von A läßt sich leicht beweisen. Wäre nämlich für beliebige $f, g \in \mathrm{H}$

$$\Omega(f, g) = (A' f, g), \qquad \Omega(f, g) = (A'' f, g),$$

so würde für beliebige $f, g \in \mathrm{H}$ die Beziehung

$$(A' f - A'' f, g) = 0$$

gelten. Daraus folgt

$$A' f - A'' f = 0,$$

d. h. $A' = A''$.

Zum Beweis der Gleichung (1) betrachten wir ein festes f. Dann ist die Größe $\overline{\Omega(f, g)}$ ein lineares, überall in H definiertes Funktional von g. Folglich existiert nach dem Satz von F. Riesz (siehe Nr. 19) ein durch das Element f eindeutig bestimmtes Element h, für das

$$\overline{\Omega(f, g)} = (g, h)$$

oder

$$\Omega(f, g) = (h, g)$$

für beliebiges $g \in \mathrm{H}$ gilt. Jedem $f \in \mathrm{H}$ entspricht ein Element h. Also ist $h = A f$ und

$$\Omega(f, g) = (A f, g).$$

Mit

$$\Omega(\alpha_1 f_1 + \alpha_2 f_2, g) = \alpha_1 \Omega(f_1, g) + \alpha_2 \Omega(f_2, g)$$

gilt bei beliebigem $g \in H$

$$(A \{\alpha_1 f_1 + \alpha_2 f_2\} - \alpha_1 A f_1 - \alpha_2 A f_2, g) = 0 .$$

Da $g \in H$ beliebig ist, folgt hieraus

$$A(\alpha_1 f_1 + \alpha_2 f_2) = \alpha_1 A f_1 + \alpha_2 A f_2 ,$$

und die Linearität des Operators A ist bewiesen.

Der Definitionsbereich des Operators A ist der ganze Raum. Wegen

$$|(A f, g)| \leqq \|A f\| \cdot \|g\|$$

gilt

$$\|\Omega\| = \sup \frac{|\Omega(f, g)|}{\|f\| \cdot \|g\|} = \sup \frac{|(A f, g)|}{\|f\| \cdot \|g\|} \leqq \sup \frac{\|A f\|}{\|f\|} .$$

Andererseits ist

$$\|\Omega\| = \sup \frac{|(A f, g)|}{\|f\| \cdot \|g\|} \geqq \sup \frac{(A f, A f)}{\|f\| \cdot \|A f\|} = \sup \frac{\|A f\|}{\|f\|} .$$

Diese Relationen zeigen, daß der Operator A beschränkt ist und die Gleichung

$$\|\Omega\| = \|A\|$$

gilt.

25. Adjungierte Operatoren. A sei ein beschränkter, überall in H definierter linearer Operator. Der Ausdruck

$$(f, A g)$$

ist offenbar ein bilineares Funktional von f, g mit der Norm $\|A\|$. Nach dem in der vorigen Nr. bewiesenen Satz läßt sich eindeutig ein beschränkter, überall in H definierter linearer Operator A^* mit der Norm $\|A^*\| = \|A\|$ bestimmen, so daß

$$(f, A g) = (A^* f, g) \tag{1}$$

für alle $f, g \in H$ gilt.

Somit entspricht jedem überall in H definierten beschränkten linearen Operator A ein analoger Operator A^* mit derselben Norm und der Eigenschaft, daß für alle $f, g \in H$ die Beziehung (1) gilt. Dieser Operator A^{**} heißt der zu A *adjungierte* Operator. Man sieht leicht, daß $(A^*)^* = A^{**}$ der Ausgangsoperator A ist.

Ist $A^* = A$, so heißt der Operator A *selbstadjungiert* und das Skalarprodukt $(A f, f)$ ist für beliebiges $f \in H$ reell.

Ein überall in H definierter linearer Operator A heißt *normal*, wenn er mit seinem adjungierten Operator vertauschbar ist, d. h., wenn die Gleichung

$$A^* A = A A^*$$

gilt.

A, B seien zwei beschränkte, lineare, überall in H definierte Operatoren. In diesem Fall ist

$$(A B f, g) = (B f, A^* g) = (f, B^* A^* g),$$

woraus

$$(A B)^* = B^* A^*$$

folgt.

Daher ist das Produkt zweier beschränkter selbstadjungierter Operatoren ein selbstadjungierter Operator genau dann, wenn diese Operatoren vertauschbar sind.

Satz. *Ist A ein beschränkter selbstadjungierter Operator, so ist*

$$\sup_{\|f\|=\|g\|=1} |(A f, g)| = \sup_{\|f\|=1} |(A f, f)| .$$

Mit anderen Worten: Für einen beschränkten selbstadjungierten Operator A gilt

$$\|A\| = \max\{|\Lambda|, \lambda|\}$$

mit

$$\Lambda = \sup_{\|f\|=1} (A f, f), \qquad \lambda = \inf_{\|f\|=1} (A f, f) .$$

Beweis. Das bilineare Funktional

$$\Omega(f, g) = (A f, g)$$

genügt der Beziehung

$$|\Omega(f, g)| = |\Omega(g, f)| .$$

Daher kann man die Folgerung aus Nr. 23 anwenden, und der Satz ist bewiesen.

Wenn $\lambda \geqq 0$, d. h. wenn bei beliebigem $f \in$ H die Ungleichung $(A f, f) \geqq 0$ gilt, dann nennt man den beschränkten und selbstadjungierten Operator A *positiv* und schreibt

$$A \geqq 0 .$$

Dieser Begriff getattet es, Ungleichungen zwischen beschränkten, selbstadjungierten Operatoren einzuführen und insbesondere *monotone Folgen* solcher Operatoren zu betrachten.

Ist A ein positiver Operator, dann gilt für beliebige f, g $\in$ H

$$|(A f, g)|^2 \leqq (A f, f)(A g, g) .$$

Die Form $(A f, g)$ erzeugt nämlich in diesem Fall ein Quasiskalarprodukt in H (siehe Nr. 3):

$$\langle f, g\rangle \equiv (A f, g),$$

und die angegebene Ungleichung ist einfach die Ungleichung von CAUCHY-BUNJAKOWSKI.

Der folgende einfache Satz (Hilfssatz 1), der auf den Überlegungen der vorliegenden Nr. basiert, charakterisiert die allgemeine Form eines beschränkten linearen Operators, der überall in L^2 definiert ist.

Hilfssatz 1. *Jedem linearen beschränkten Operator T in $L^2(-\infty, \infty)$ entspricht eine Funktion $G(s, t)$, die für jedes $s \in (-\infty, \infty)$ als Funktion von t zum Raum $L^2(-\infty, \infty)$ gehört und die folgenden Eigenschaften hat:*

1. *Für fast alle t ist $G(0, t) = 0$;*
2. *für jedes $s \in (-\infty, \infty)$ ist*

$$\int_{-\infty}^{\infty} |G(s, t)|^2 \, dt < M^2 \, |s| \, ,$$

wobei M die Norm des Operators T ist;

3. *für jede Funktion $f(t) \in L^2$ und für fast alle s gilt*

$$(T f)(s) = \frac{d}{ds} \int_{-\infty}^{\infty} G(s, t) \, f(t) \, dt \, .$$

Beweis. Wir bezeichnen mit $e_s(t)$ die Funktion, die gleich $\operatorname{sgn} s$ ist, falls t zwischen 0 und s liegt, und die außerhalb dieses Intervalls verschwindet. Dann gilt für jede Funktion $f(t) \in L^2$

$$\int_0^s (T f)(t) \, dt = (T f, e_s) = (f, T^* e_s) \, ,$$

und deshalb $T^* e_s = \overline{G_s(t)} = \overline{G(s, t)}$; dabei ist $G(s, t)$ die gesuchte Funktion, deren Existenz im Hilfssatz 1 behauptet wurde.

Wie aus dem Hilfssatz 1 folgt, kann die Funktion $G(s, t)$ für jedes s auf einer Menge von t-Werten vom Maß Null verändert werden. Mit einer solchen Veränderung kann man erreichen, daß die Funktion auf der Ebene meßbar wird. Diese Behauptung ergibt sich als Spezialfall des folgenden Satzes.

Hilfssatz 2. *$G(s, t) = G_s(t)$ gehöre als Funktion von t für jedes $s \in (-\infty, \infty)$ zum Raum L^2, und für jede Funktion $f(t) \in L^2$ sei das Integral*

$$\int_{-\infty}^{\infty} G(s, t) \, f(t) \, dt \tag{2}$$

eine meßbare Funktion von s. Dann können wir durch Änderung von $G(s, t)$ für jedes s auf einer Menge von t-Werten vom Maß Null eine auf der (s, t)-Ebene meßbare Funktion gewinnen.

Der vollständige Beweis dieses Hilfssatzes kann im vorliegenden Buch nicht wiedergegeben werden. Wir bringen nur das Schema des Beweises und verweisen den Leser für die Begründung der Einzelheiten des Beweises auf das Buch von HILLE und PHILLIPS „Functional-analysis and semigroups". Zuerst bemerken wir, daß $G_s(t)$ eine Vektorfunktion des skalaren Argumentes $s \in (-\infty, \infty)$ ist. Die Meßbarkeit der Funktion (2) bei beliebigem $f(t) \in L^2$ bedeutet die sog. *schwache Meßbarkeit*[1]) der Vektorfunktion $G_s(t)$. Da der Wertebereich der Vektorfunktion in L^2 enthalten ist und dieser separabel ist, folgt aus der schwachen Meßbarkeit der Funktion $G_s(t)$ ihre *starke Meßbarkeit*[2]). Das letztere bedeutet[3]),

---

[1]) E. HILLE und R. S. PHILLIPS [1].

[2]) Ebendort, Satz 3.5.3, Folgerung 2.

[3]) Ebendort, Satz 3.5.3, Folgerung 1.

daß eine Folge abzählbarwertiger Vektorfunktionen[1]) $\{g_s^{(n)}(t)\}_1^\infty$ und eine Menge e vom Maß Null existiert, so daß

$$\lim_{n\to\infty} ||G_s - g_s^{(n)}|| = 0 \tag{3}$$

gleichmäßig in $s \in (-\infty, \infty)\setminus e$ gilt. Wir bemerken jetzt, daß jede der Funktionen $g_s^{(n)}(t) = g^{(n)}(s, t)$ in (s, t) meßbar ist, und wählen eine beliebige Menge $E \subset (-\infty, \infty)\setminus e$ mit endlichem Maß. Da die Beziehung (3) gleichmäßig in s gilt, folgt

$$\lim_{m,n\to\infty} \int_E \int_{-\infty}^{\infty} |g^{(n)}(s, t) - g^{(m)}(s, t)|^2 \, ds \, dt = 0 .$$

Deshalb existiert eine bezüglich (s, t) meßbare Funktion $g(s, t)$ derart, daß für jede Menge E mit endlichem Maß

$$\lim_{n\to\infty} \int_E ds \int_{-\infty}^{\infty} |g(s, t) - g^{(n)}(s, t)|^2 \, dt = 0$$

gilt. Andererseits folgt aus der Beziehung

$$\int_{-\infty}^{\infty} |G(s, t) - g(s, t)|^2 \, dt$$
$$\leqq 2 \int_{-\infty}^{\infty} |G(s, t) - g^{(n)}(s, t)|^2 \, dt + 2 \int_{-\infty}^{\infty} |g^{(n)}(s, t) - g(s, t)|^2 \, dt ,$$

wobei jedes Integral eine bezüglich s meßbare Funktion darstellt[2]), daß

$$\int_E ds \int_{-\infty}^{\infty} |G(s, t) - g(s, t)|^2 \, dt$$
$$\leqq 2 \sup_{s \in E} ||G_s - g_s^{(n)}||^2 \operatorname{mes} E + 2 \int_E ds \int_{-\infty}^{\infty} |g(s, t) - g^{(n)}(s, t)|^2 \, dt$$

ist. Deshalb gilt

$$\int_E ds \int_{-\infty}^{\infty} |G(s, t) - g(s, t)|^2 \, dt = 0 .$$

Da die Menge E beliebig ist, gilt für fast alle s

$$\int_{-\infty}^{\infty} |G(s, t) - g(s, t)|^2 \, dt = 0 ,$$

und das bedeutet, daß für fast alle s die Funktion $G(s, t)$ für fast alle t mit der bezüglich (s, t) meßbaren Funktion $g(s, t)$ übereinstimmt. Daraus folgt die Behauptung des Hilfssatzes.

26. Schwache Konvergenz in H. Wir sagen, daß eine Folge von Vektoren $f_k \in \mathrm{H}$ $(k = 1, 2, \ldots)$ *schwach* gegen einen Vektor f *konvergiert*, wenn für jedes $h \in \mathrm{H}$

$$\lim_{k\to\infty} (f_k, h) = (f, h)$$

ist. Dies schreiben wir in der Form $f_k \xrightarrow{\text{schw.}} f$.

Analog führt man den Begriff der Fundamentalfolge im Sinne der schwachen Konvergenz und den Begriff der schwachen Vollständigkeit ein.

---

[1]) Eine Vektorfunktion $g_s(t) \in \mathrm{L}_t^2$ heißt *abzählbarwertig*, wenn sie in L_t^2 höchstens eine abzählbare Menge (vektorieller) Werte annimmt und dabei jeden Wert auf einer meßbaren Menge der s-Achse. Siehe das oben zitierte Buch, Definition 3.5.2(3).

[2]) Infolge der Meßbarkeit der Norm einer meßbaren Vektorfunktion mit separablem Wertebereich. Siehe das oben zitierte Buch, Satz 3.5.2.

Wenn eine Folge $\{f_k\}_1^\infty$ gegen f im gewöhnlichen Sinne (oder, wie wir jetzt sagen werden, *stark*) konvergiert, d. h., wenn

$$\lim_{k\to\infty} \|f_k - f\| = 0$$

ist (was wir nach dem früheren in der Form $f_k \to f$ schreiben), so konvergiert sie auch schwach gegen f. Den umgekehrten Schluß kann man jedoch nicht machen. In der Tat: $\{e_k\}_1^\infty$ sei irgendeine unendliche orthonormierte Folge von Vektoren aus H. Da für jedes $h \in$ H

$$\sum_{k=1}^{\infty} |(h, e_k)|^2 \leqq (h, h)$$

gilt (s. Nr. 8), so ist für jedes $h \in$ H

$$\lim_{k\to\infty} (e_k, h) = 0 .$$

Die Folge $\{e_k\}_1^\infty$ konvergiert demnach schwach gegen den Vektor 0. Sie konvergiert jedoch nicht stark, da

$$\|e_k - e_i\|^2 = 2 \qquad (i \neq k)$$

ist und somit $\|e_k - e_i\|$ für $i, k \to \infty$ nicht gegen Null strebt.

Jedoch gilt der folgende

Satz 1. *Konvergiert eine Vektorfolge $\{f_k\}_1^\infty$ schwach gegen einen Vektor f und gilt*

$$\lim_{k\to\infty} \|f_k\| = \|f\| ,$$

so ist

$$\lim_{k\to\infty} \|f_k - f\| = 0 ,$$

d. h., die Folge $\{f_k\}_1^\infty$ konvergiert stark gegen den Vektor f.

Der Beweis folgt aus der Gleichung

$$\|f_k - f\|^2 = \|f_k\|^2 - (f_k, f) - (f, f_k) - (f, f_k) + \|f\|^2 .$$

In der Tat, unter der Voraussetzung des Satzes ist

$$\lim_{k\to\infty} \{ \|f_k\|^2 - (f_k, f) - (f, f_k) + \|f\|^2\} = 0 .$$

Eine wichtige Eigenschaft jeder schwach konvergenten Folge von Vektoren ist ihre Beschränktheit. Der Beweis dieser Eigenschaft bietet keine Schwierigkeiten, wenn man vorher den folgenden allgemeinen Satz beweist:

Satz 2. *Sind die linearen Funktionale $\Phi_1, \Phi_2, \Phi_3, \ldots$ im Raum* H *so gewählt, daß für beliebiges $h \in$* H *die Zahlenfolge $\{\Phi_k(h)\}_1^\infty$ beschränkt ist, so ist auch die Folge der Normen $\{\|\Phi_k\|\}_1^\infty$ der betrachteten Funktionale beschränkt.*

Der Beweis ergibt sich unmittelbar aus dem in Nr. 21 bewiesenen Hilfssatz über konvexe Funktionale. Wir setzen nämlich

$$p_n(h) = |\Phi_n(h)| \qquad (n = 1, 2, 3, \ldots) .$$

Das sind konvexe und stetige Funktionale in H. Auf Grund der Folgerung aus dem zitierten Hilfssatz ist das konvexe Funktional

$$p(h) = \sup_n p_n(h)$$

auch ein stetiges Funktional, d. h., es ist

$$\mathcal{M} = \sup_{\|h\| \leq 1} p(h) < \infty .$$

Folglich ist

$$\|\Phi_n\| \leq \mathcal{M} \qquad (n = 1, 2, 3, \ldots),$$

und der Satz ist bewiesen.

Folgerung 1. *Jede schwach konvergente Folge $\{f_k\}_1^\infty$ ist beschränkt.*

Jeder Vektor f_k erzeugt nämlich ein Funktional $\Phi_k(h) = (h, f_k)$. Da die Folge $\{f_k\}_1^\infty$ schwach konvergiert, so konvergiert für beliebiges $h \in$ H die Zahlenfolge $\{\Phi_k(h)\}_1^\infty$ und ist daher beschränkt. Jetzt genügt es, den Satz 2 anzuwenden und die Gleichung $\|\Phi_k\| = \|f_k\|$ zu berücksichtigen.

Folgerung 2. *Der* HILBERT-*Raum ist schwach vollständig.*

Beweis. Ist die Folge $\{f_k\}_1^\infty$ eine Fundamentalfolge im Sinne der schwachen Konvergenz, dann existiert nach Folgerung 1 ein $\mathcal{M} < \infty$ derart, daß

$$\|f_k\| \leq \mathcal{M} \qquad (k = 1, 2, 3, \ldots)$$

gilt.

Daher ist der für $h \in$ H existierende Grenzwert

$$\lim_{k \to \infty} (h, f_k)$$

ein lineares Funktional $\Phi(h)$ mit einer Norm $\leq \mathcal{M}$. Nach dem Satz von RIESZ ist $\Phi(h) = (h, f)$, wo f ein Element des Raumes H ist. Dieses Element ist gerade der schwache Grenzwert der Folge $\{f_k\}_1^\infty$.

27. Kompaktheit. Eine Punktmenge heißt *kompakt*, wenn man aus jeder ihr angehörenden Folge eine konvergente Teilfolge auswählen kann. Entsprechend den zwei Arten der Konvergenz (der starken und der schwachen) kann man von einer *starken Kompaktheit* (oder einfach Kompaktheit) und von einer *schwachen Kompaktheit* sprechen.

Ein höchst wichtiger Satz der Analysis, der Satz von BOLZANO-WEIERSTRASS, besagt, daß in einem endlich-dimensionalen Raum jede unendliche beschränkte Punktmenge kompakt ist. Dieser Satz ist für den HILBERT-Raum bezüglich der starken Konvergenz nicht mehr richtig. Um sich davon zu überzeugen, braucht man nur eine unendliche orthonormierte Folge von Vektoren $e_1, e_2, e_3, \ldots$ zu betrachten. Diese Menge ist beschränkt, jedoch ist keine ihrer Teilfolgen stark konvergent.

Im Zusammenhang damit ist sehr bemerkenswert, daß der folgende Satz gilt:

Satz 1. *Jede beschränkte Punktmenge in* H *ist schwach kompakt.*

Beweis. Wir betrachten irgendeine Folge $\{g_k\}_1^\infty$, deren Elemente einer vorgegebenen beschränkten Punktmenge angehören, so daß für sie

$$\|g_k\| \leqq C < \infty \qquad (k = 1, 2, 3, \ldots).$$

Wir bezeichnen mit L die lineare Hülle der Menge $\{g_k\}_1^\infty$ und setzen

$$\mathrm{F} = \mathrm{H} \ominus \overline{\mathrm{L}}.$$

Daraufhin betrachten wir die Zahlenfolge

$$(g_1, g_k) \qquad (k = 1, 2, 3, \ldots). \tag{1}$$

Sie ist beschränkt, da die Abschätzung

$$|(g_1, g_k)| \leqq \|g_1\| \cdot \|g_k\| \leqq C^2 \qquad (k = 1, 2, 3, \ldots)$$

besteht. Daher enthält die Folge (1) eine konvergente Teilfolge, anders ausgedrückt: Die Folge $\{g_k\}_1^\infty$ enthält eine Teilfolge $\{g_{1k}\}_{k=1}^\infty$, für die der Grenzwert

$$\lim_{k\to\infty} (g_1, g_{1k})$$

existiert. Gehen wir von der beschränkten Zahlenfolge

$$(g_2, g_{1k}) \tag{2}$$

aus, so schließen wir ganz analog, daß die Folge $\{g_{1k}\}_{k=1}^\infty$ eine Teilfolge $\{g_{2k}\}_{k=1}^\infty$ enthält, für die der Grenzwert

$$\lim_{k\to\infty} (g_2, g_{2k})$$

existiert. Wiederholen wir diese Überlegung, so erhalten wir eine unendliche Folge von Folgen

$$\begin{array}{l} g_{11}, g_{12}, g_{13}, \ldots, \\ g_{21}, g_{22}, g_{23}, \ldots, \\ g_{31}, g_{32}, g_{33}, \ldots, \\ \ldots\ldots\ldots\ldots\ldots . \end{array}$$

Jede dieser Folgen ist eine Teilfolge der vorhergehenden. Die Diagonalfolge

$$g_{11}, g_{22}, g_{33}, \ldots$$

besitzt nun offenbar die Eigenschaft, daß für beliebiges r der Grenzwert

$$\lim_{k\to\infty} (g_r, g_{kk})$$

existiert. Hieraus folgt schon, daß der Limes

$$\lim_{k\to\infty} (g, g_{kk})$$

zunächst für ein beliebiges g aus L, dann aber auch für jedes g aus $\overline{\mathrm{L}}$ existiert. Ist $f \in \mathrm{F}$, so ist

$$(f, g_{kk}) = 0 \qquad (k = 1, 2, 3, \ldots).$$

Also existiert

$$\lim_{k \to \infty} (f, g_{kk})$$

auch dann, wenn $f \in$ F ist. Daher existiert für beliebiges $h \in$ H der Grenzwert

$$\lim_{k \to \infty} (h, g_{kk}) .$$

Die Folge $\{g_{kk}\}_{k=1}^{\infty}$ ist somit eine Fundamentalfolge im Sinne der schwachen Konvergenz. Wegen der schwachen Vollständigkeit des Raumes konvergiert diese Folge schwach gegen ein gewisses Element des Raumes H. Damit ist unser Satz bewiesen.

Satz 2. *Eine Folge von Vektoren* $\{g_k\}_1^{\infty}$ *ist schwach konvergent genau dann, wenn*

1. *die Zahlenfolge*

$$(g_k, f) \qquad (k = 1, 2, 3, \ldots)$$

für beliebiges f *aus einer in* H *dichten Menge* M *konvergiert, und wenn*

2. *die Folge* $\{g_k\}_1^{\infty}$ *beschränkt ist, d. h. die Ungleichungen*

$$\|g_k\| \leqq C < \infty \qquad (k = 1, 2, 3, \ldots)$$

bestehen.

Beweis. Die Notwendigkeit der Bedingung 1. ist klar. Die Notwendigkeit der Bedingung 2. wurde in Folgerung 1 des Satzes 2 der Nr. 26 aufgezeigt.

Wir beweisen, daß die angegebenen Bedingungen auch hinreichend sind. Nach Satz 1 dieser Nr. kann man aus der Folge $\{g_k\}_1^{\infty}$ eine schwach konvergente Teilfolge $\{g_{k_i}\}_{i=1}^{\infty}$ auswählen. Es sei g der schwache Grenzwert dieser Folge. Nach Definition gilt für jedes $h \in$ H die Gleichung

$$\lim_{i \to \infty} (h, g_{k_i}) = (h, g) .$$

Andererseits existiert für jedes $f \in$ M der Grenzwert

$$\lim_{k \to \infty} (f, g_k) .$$

Daher gilt für beliebiges $f \in$ M

$$\lim_{k \to \infty} (f, g_k) = (f, g) .$$

Es bleibt nur noch zu beweisen, daß die aufgeschriebene Gleichung auch noch gilt, wenn f durch ein beliebiges Element $h \in$ H ersetzt wird. Diesen Beweis überlassen wir dem Leser.

Zum Schluß dieser Nr. erwähnen wir ein einfaches Kriterium der starken Kompaktheit.

Satz 3. H *sei ein separabler Raum und* $\{e_k\}_1^{\infty}$ *eine orthonormierte Basis in ihm.* M *sei eine beschränkte Menge von Elementen* f *aus* H, *und es existiere zu* *jedem $\varepsilon > 0$ eine Zahl $n = n(\varepsilon)$, so daß für jedes $f \in M$*

$$\|f - \sum_{k=1}^{n} (f, e_k)\, e_k\| \leqq \varepsilon$$

gilt. Dann ist die Menge M kompakt.

Beweis. Wir schreiben zur Abkürzung

$$f^{(n)} = \sum_{k=1}^{n} (f, e_k)\, e_k\,,$$

wählen eine unendliche Folge von Elementen $\{f_i\}_1^\infty \subset M$, weiterhin eine monoton gegen Null strebende Zahlenfolge ε_i und eine Folge zugehöriger Zahlen $n_i = n(\varepsilon_i)$.

Wir betrachten die Folge der Elemente

$$f_1^{(n_1)}, f_2^{(n_1)}, \ldots, f_m^{(n_1)}, \ldots,$$

die Vektoren eines endlich-dimensionalen, und zwar n_1-dimensionalen, Raumes sind. Da diese Folge eine beschränkte Menge darstellt, enthält sie nach dem Satz von BOLZANO-WEIERSTRASS eine unendliche konvergente Teilfolge, die wir mit

$$f_{11}^{(n_1)}, f_{12}^{(n_1)}, \ldots, f_{1m}^{(n_1)}, \ldots$$

bezeichnen. Der entsprechende Teil der Folge $\{f_i\}_1^\infty$ ist

$$f_{11}, f_{12}, \ldots, f_{1m}, \ldots \tag{3}$$

Dabei gilt

$$\|f_{1m} - f_{1m}^{(n_1)}\| \leqq \varepsilon_1 \qquad (m = 1, 2, 3, \ldots)\,.$$

Jetzt wählen wir ε_2 und verfahren mit der Folge (3) genauso wie mit der Folge $\{f_i\}_1^\infty$. Wir erhalten eine Folge

$$f_{21}, f_{22}, \ldots, f_{2m}, \ldots,$$

die ein Teil der Folge (3) ist, und die konvergente Folge

$$f_{21}^{(n_2)}, f_{22}^{(n_2)}, \ldots, f_{2m}^{(n_2)}, \ldots.$$

Dabei gelten die Ungleichungen

$$\|f_{2m} - f_{2m}^{(n_1)}\| \leqq \varepsilon_1\,, \quad \|f_{2m} - f_{2m}^{(n_2)}\| \leqq \varepsilon_2 \qquad (m = 1, 2, 3, \ldots)\,.$$

Wir führen diesen Prozeß unbegrenzt weiter und erhalten ein Schema

$$\begin{array}{l} f_{11}, f_{12}, \ldots, f_{1m}, \ldots, \\ f_{21}, f_{22}, \ldots, f_{2m}, \ldots, \\ \ldots\ldots\ldots\ldots\ldots\ldots \\ f_{k1}, f_{k2}, \ldots, f_{km}, \ldots, \\ \ldots\ldots\ldots\ldots\ldots\ldots \end{array}$$

von unendlich vielen Folgen, von denen jede ein Teil der vorhergehenden ist. Dabei ist für jedes k und $i \leqq k$ erstens die Folge $\{f_{km}^{(n_i)}\}_{m=1}^\infty$ konvergent, und zweitens gelten die Ungleichungen

$$\|f_{km} - f_{km}^{(n_i)}\| \leqq \varepsilon_i \qquad (m = 1, 2, \ldots)\,. \tag{4}$$

Nun zeigen wir, daß die Diagonalfolge $\{f_{kk}\}_1^\infty$ konvergiert. Daraus folgt dann die Richtigkeit des Satzes. Zu diesem Zweck bemerken wir, daß bei jedem i die Diagonalfolge $\{f_{kk}^{(n_i)}\}_{k=1}^\infty$ konvergiert und daß weiterhin aus den Ungleichungen (4) bei beliebigem $k \geqq i$ die Ungleichung

$$\|f_{kk} - f_{kk}^{(n_i)}\| \leqq \varepsilon_i$$

folgt. Deshalb gilt für beliebige $p \geqq i, q \geqq i$

$$\|f_{pp} - f_{qq}\| \leqq \|f_{pp} - f_{pp}^{(n_i)}\| + \|f_{qq} - f_{qq}^{(n_i)}\| + \|f_{pp}^{(n_i)} - f_{qq}^{(n_i)}\| \leqq 2\varepsilon_i + \|f_{pp}^{(n_i)} - f_{qq}^{(n_i)}\|.$$

Zu jedem $\varepsilon > 0$ können wir zu Anfang das i so wählen, daß $2\,\varepsilon_i \leqq 1/2\,\varepsilon$; wir können weiterhin ein solches $\mathfrak{N}(\varepsilon) \geqq i$ finden, daß für beliebige $p \geqq \mathfrak{N}(\varepsilon)$, $q \geqq \mathfrak{N}(\varepsilon)$ die Ungleichung

$$\|f_{pp}^{(n_i)} - f_{qq}^{(n_i)}\| \leqq \frac{\varepsilon}{2}$$

gilt. Aus der so gewonnenen Abschätzung folgt die Konvergenz der Folge $\{f_{kk}\}_1^\infty$.

28. Ein Kriterium für die Beschränktheit eines Operators.

Satz. *Ein linearer Operator A sei im ganzen Raum definiert, und es existiere ein zweiter linearer Operator — wir wollen ihn mit A^* bezeichnen —, der auch im ganzen Raum definiert ist und für den die Gleichung*

$$(A f, g) = (f, A^* g)$$

für alle $f, g \in H$ besteht. Dann ist der Operator A beschränkt; A^* ist damit der zu ihm adjungierte Operator.

Beweis. Wir nehmen das Gegenteil an und setzen voraus, daß eine Folge von Vektoren $\{f_k\}_1^\infty$ existiere, so daß

$$\|f_k\| = 1\,, \quad \|A f_k\| > k \qquad (k = 1, 2, 3, \ldots)\,.$$

Die Größen

$$(g, A f_k) = \Phi_k(g) \qquad (k = 1, 2, 3, \ldots)$$

sind lineare Funktionale in H. Nun ist

$$\Phi_k(g) = (A^* g, f_k) \qquad (k = 1, 2, 3, \ldots)\,,$$

und für jedes $g \in$ H ist die Zahlenfolge $\{\Phi_k(g)\}_{k=1}^\infty$ beschränkt. Auf Grund des Satzes 2, Nr. 26, ist die Folge der Normen $\|\Phi_k\|$ $(k = 1, 2, 3, \ldots)$, d. h. die Folge der Zahlen $\|A f_k\|$, ebenfalls beschränkt, was der Annahme widerspricht. Damit ist der Satz bewiesen.

29. Lineare Operatoren im separablen Raum. In dieser Nr. betrachten wir lineare Operatoren in einem separablen Hilbert-Raum H. Wir wollen voraussetzen, daß der Definitionsbereich eines Operators stets der ganze Raum sei. Wir werden zeigen, daß die beschränkten Operatoren eine Darstellung durch Matrizen gestatten, ganz analog der aus der linearen Algebra bekannten Darstellung von Operatoren in endlich-dimensionalen Räumen durch Matrizen.

Dazu wählen wir in H irgendeine orthonormierte Basis $\{e_k\}_1^\infty$ und setzen

$$A e_k = g_k \qquad (k = 1, 2, 3, \ldots)$$

und

$$(A e_k, e_j) = a_{jk} \qquad (j, k = 1, 2, 3, \ldots)\,. \tag{1}$$

Man erhält somit die Gleichungen

$$g_k = \sum_{j=1}^{\infty} a_{jk}\, e_j \qquad (k = 1, 2, 3, \ldots)\,.$$

Dabei ist

$$\sum_{j=1}^{\infty} |a_{jk}|^2 < \infty \qquad (k = 1, 2, 3, \ldots)\,.$$

Wir wollen bemerken, daß auch dann, wenn der Operator A nicht überall in H, sondern nur auf einer in H dichten Menge D definiert ist, in H eine orthonormierte Basis $\{e_k\}_1^\infty$ existiert, deren Elemente zu D gehören.

Wir führen die unendliche Matrix

$$\begin{pmatrix} a_{11} & a_{12} & a_{13} & \ldots \\ a_{21} & a_{22} & a_{23} & \ldots \\ a_{31} & a_{32} & a_{33} & \ldots \\ \ldots & \ldots & \ldots & \ldots \end{pmatrix} (a_{jk})_{j,k=1}^{\infty} = (a_{jk})$$

ein. Hier sind die Elemente der k-ten Spalte die Komponenten des Vektors, in den der Operator A den k-ten Koordinatenvektor überführt.

Ist der Operator A beschränkt, dann ist er durch die Matrix (a_{jk}) vollständig bestimmt. Zum Beweis muß man zeigen, wie man aus der Matrix (a_{jk}) und der orthonormierten Basis den Operator erhält. Zunächst setzen wir

$$A e_k = \sum_{j=1}^{\infty} a_{jk}\, e_j \qquad (k = 1, 2, 3, \ldots)\,.$$

Da der Operator A linear ist, können wir ihn mittels der Werte auf den Elementen der Basis für die lineare Hülle der Basis bestimmen, d. h. für alle Vektoren, die in der betrachteten Basis nur endlich viele von Null verschiedene Komponenten haben. Der Wert des Operators A auf einem beliebigen Vektor $f \in H$ läßt sich wegen der Stetigkeit des Operators durch Grenzübergang bestimmen.

Es ist nicht schwer, die Komponenten des Vektors Af durch die Komponenten des Vektors f auszudrücken. Wenn nämlich

$$f = \sum_{k=1}^{\infty} x_k\, e_k \tag{2}$$

gilt, so ist

$$A f = \sum_{k=1}^{\infty} y_k\, e_k \tag{3}$$

mit

$$y_k = \sum_{j=1}^{\infty} a_{kj}\, x_j\,. \tag{4}$$

Setzen wir nämlich

$$f_n = \sum_{k=1}^{n} x_k e_k ,$$

so ist

$$A f_n = \sum_{k=1}^{\infty} y_k^{(n)} e_k$$

mit

$$y_k^{(n)} = \sum_{j=1}^{n} a_{kj} x_j .$$

Wegen der Beschränktheit des Operators folgen die Relationen

$$y_k = (A f, e_k) = \lim_{n\to\infty} (A f_n, e_k) = \lim_{n\to\infty} y_k^{(n)} = \lim_{n\to\infty} \sum_{j=1}^{n} a_{kj} x_j = \sum_{j=1}^{\infty} a_{kj} x_j .$$

Definition. Ist ein Operator A überall in H definiert und sein Wert auf einem beliebigen Vektor (2) durch die Formeln (3) und (4) gegeben, dann sagt man, der Operator A besitze eine *Matrixdarstellung in der orthogonalen Basis* $\{e_k\}_1^\infty$.

Damit haben wir festgestellt, daß *jeder beschränkte, im ganzen Raum definierte lineare Operator in jeder orthogonalen Basis eine Matrixdarstellung zuläßt.* Darin besteht gerade die am Anfang dieser Nr. angedeutete Analogie zwischen einem separablen Hilbert-Raum und einem endlich-dimensionalen Raum in bezug auf beschränkte lineare Operatoren.

Satz 1. *Besitzt ein in einem separablen Raum* H *überall definierter Operator* A *eine Matrixdarstellung in irgendeiner orthogonalen Basis, so ist er beschränkt.*

Beweis. Die Reihen

$$(A f, e_k) = \sum_{j=1}^{\infty} a_{kj} x_j \qquad (k = 1, 2, 3, \ldots)$$

konvergieren nach Voraussetzung für jeden Vektor der Form

$$f = \sum_{k=1}^{\infty} x_k e_k ,$$

wenn dabei $\{e_k\}_1^\infty$ die im Satz genannte orthogonale Basis ist, in der der Operator A eine Matrixdarstellung besitzt. Nach dem Satz von Landau (s. Nr. 21) gilt daher die Beziehung

$$\sum_{j=1}^{\infty} |a_{kj}|^2 < \infty \qquad (k = 1, 2, 3, \ldots) . \tag{5}$$

Wegen dieser Ungleichungen sind die Ausdrücke

$$\Phi_k(f) = \sum_{j=1}^{\infty} a_{kj} x_j \qquad (k = 1, 2, 3, \ldots)$$

lineare Funktionale von

$$f = \sum_{j=1}^{\infty} x_j e_j .$$

Daher ist

$$p_n(f) = \sqrt{\sum_{k=1}^{n} |\Phi_k(f)|^2} \qquad (n = 1, 2, \ldots)$$

ein konvexes und stetiges Funktional von f. Da aber die Gleichung

$$\sum_{k=1}^{n} |\Phi_k(f)|^2 = \sum_{k=1}^{n} |(A f, e_k)|^2 \leqq ||A f||^2$$

gilt, ist für jedes $f \in \mathrm{H}$ die Folge $\{p_n(f)\}_{n=1}^{\infty}$ beschränkt. Auf Grund der Folgerung aus dem Hilfssatz über konvexe Funktionale ist das Funktional

$$p(f) = \sup_n p_n(f) = \lim_{n \to \infty} p_n(f) = \sqrt{\sum_{k=1}^{\infty} |\Phi_k(f)|^2} = ||A f||$$

stetig, d. h., es existiert eine Konstante $\mathcal{M} < \infty$ derart, daß

$$p(f) \leqq \mathcal{M} \, ||f||$$

ist. Das bedeutet aber, daß der Operator A beschränkt ist.

Der eben bewiesene Satz kann auch so formuliert werden: *Wenn für alle x_k $(k = 1, 2, 3, \ldots)$, die der Ungleichung*

$$\sum_{k=1}^{\infty} |x_k|^2 < \infty$$

genügen, die Ungleichung

$$\sum_{k=1}^{\infty} \left| \sum_{j=1}^{\infty} a_{kj} x_j \right|^2 < \infty$$

gilt, dann existiert eine Konstante $\mathcal{M}$ derart, daß

$$\sum_{k=1}^{\infty} \sum_{j=1}^{\infty} |a_{kj} x_j|^2 \leqq \mathcal{M}^2 \sum_{k=1}^{\infty} |x_k|^2 .$$

Das ist eine Verallgemeinerung eines Satzes von LANDAU für $p = 2$ auf Matrizen (siehe Nr. 21).

Letzteren erhält man, wenn man $a_{kj} = 0$ für $k > 1$ setzt.

Wir verabreden,

$$A \sim (a_{jk})$$

zu schreiben, wenn dem beschränkten, überall in H definierten linearen Operator A nach (1) die Matrix (a_{jk}) entspricht. Dabei soll die orthogonale Basis $\{e_k\}_1^{\infty}$ invariant bleiben.

Wenn

$$A \sim (a_{jk}) , \quad B \sim (b_{jk})$$

gilt, so ist, wie man leicht sieht,

$$A B \sim (c_{jk})$$

mit

$$c_{jk} = \sum_{r=1}^{\infty} a_{jr} b_{rk} \qquad (j, k = 1, 2, 3, \ldots) .$$

Definieren wir mit Hilfe dieser Gleichung die Matrizenmultiplikation, so ist

$$A B \sim (a_{jr}) \cdot (b_{rk}) .$$

Ist weiter

$$A \sim (a_{jk})$$

und

$$A^* \sim (a_{jk}^*) ,$$

so folgt

$$a_{jk}^* = \bar{a}_{kj} \qquad (j, k = 1, 2, 3, \ldots) .$$

Ein beschränkter Operator ist daher selbstadjungiert, wenn die Gleichung

$$a_{jk} = a_{kj} \tag{6}$$

gilt. Matrizen, für die die Gleichung (6) gilt, heißen *hermitesch*.

Ein durch den Operator A erzeugtes bilineares Funktional ist von der Form

$$(A f, g) = \sum_{k=1}^{\infty} \sum_{j=1}^{\infty} (a_{kj} x_j) \bar{y}_k .$$

Hierbei ist

$$f = \sum_{k=1}^{\infty} x_k e_k , \qquad g = \sum_{k=1}^{\infty} y_k e_k .$$

In der Doppelsumme kann man die Reihenfolge der Summation vertauschen. Die Gleichung

$$(A f, g) = (f, A^* g)$$

besagt nämlich, daß

$$\sum_{k=1}^{\infty} \left(\sum_{j=1}^{\infty} a_{kj} x_j \right) y_k = \sum_{j=1}^{\infty} \left(\sum_{k=1}^{\infty} a_{kj} \bar{y}_k \right) x_j$$

gilt. Aus der Ungleichung

$$|(A f, g)| \leq \mathcal{M} \, ||f|| \cdot ||g|| \tag{7}$$

folgt, daß

$$\left| \sum_{j=1}^{\infty} \sum_{k=1}^{\infty} a_{kj} x_j \bar{y}_k \right| \leq \mathcal{M} \sqrt{\sum_{j=1}^{\infty} |x_j|^2} \sqrt{\sum_{k=1}^{\infty} |y_k|^2}$$

richtig ist. Besitzen die Vektoren f und g nur endlich viele von Null verschiedene Komponenten, so geht die letzte Ungleichung in die Formel

$$\left| \sum_{j=1}^{p} \sum_{k=1}^{q} a_{kj} x_j \bar{y}_k \right| \leq \mathcal{M} \sqrt{\sum_{j=1}^{p} |x_j|^2} \sqrt{\sum_{k=1}^{q} |y_k|^2} \tag{8}$$

über.

Satz 2. *Eine Matrix* (a_{jk}) *stellt genau dann einen überall in* H *definierten beschränkten linearen Operator dar, wenn für beliebige endliche* p, q *und beliebige* $x_1, x_2, \ldots, x_p; y_1, y_2, \ldots, y_q$ *die Ungleichung* (8) *erfüllt ist. Dabei ist* $\mathcal{M}$ *eine Konstante.*

Beweis. Ist der Operator A beschränkt und gilt

$$a_{jk} = (A e_k, e_j) \qquad (j, k = 1, 2, 3, \ldots),$$

so folgt (8) aus (7).

Jetzt sei eine Matrix (a_{jk}) vorgelegt, die der Bedingung (8) genügt. Wir zeigen, daß die Matrix (a_{jk}) einen beschränkten Operator A definiert. Zunächst erhalten wir aus (8) für

$$x_1 = x_2 = \cdots = x_{p-1} = 0\,, \qquad x_p \neq 0\,,$$
$$y_1 = y_2 = \cdots = y_{n-1} = 0$$

die Ungleichung

$$\left|\sum_{j=n}^{q} a_{jk}\,\overline{y}_j\right| \leqq \mathcal{M} \sqrt{\sum_{j=n}^{q} |y_j|^2}\,.$$

Hieraus folgt die Konvergenz der Reihe

$$\sum_{j=1}^{\infty} a_{jk}\,\overline{y}_j$$

für eine beliebige Folge $\{y_j\}_1^\infty$ aus l^2. Nach dem Satz von LANDAU (s. Nr. 21) schließen wir hieraus auf die Konvergenz der Reihen

$$\sum_{j=1}^{\infty} |a_{jk}|^2 \qquad (k = 1, 2, 3, \ldots)\,.$$

Jetzt definieren wir einen Operator A_0 für die Basiselemente durch die Formeln

$$A_0\, e_k = \sum_{j=1}^{\infty} a_{jk}\, e_j \qquad (k = 1, 2, 3, \ldots),$$

danach wegen der Linearität für alle Vektoren mit endlich vielen von Null verschiedenen Komponenten.

Nun beweisen wir die Beschränktheit des Operators A_0.

Wegen der Formel (8) gilt für alle f, g mit endlich vielen von Null verschiedenen Komponenten die Abschätzung

$$|(A_0 f, g)| \leqq \mathcal{M}\, \|f\| \cdot \|g\|\,. \tag{9}$$

Aus dieser Ungleichung folgt schon unsere Behauptung.

Wegen der Stetigkeit des Skalarprodukts ist nämlich die Ungleichung (9) für alle $g \in \mathrm{H}$ erfüllt. Setzen wir in (9)

$$g = A_0 f$$

ein, so erhalten wir die Ungleichung

$$\|A_0 f\|^2 \leqq \mathcal{M}\, \|f\| \cdot \|A_0 f\|$$

oder

$$\|A_0 f\| \leqq \mathcal{M}\, \|f\|\,.$$

Dehnen wir schließlich A_0 stetig auf den ganzen Raum H aus, so erhalten wir einen beschränkten Operator A. Dabei ist

$$A \sim (a_{jk})\,.$$

Damit ist der Satz bewiesen.

Bemerkung: Wenn die Matrix (a_{jk}) hermitesch, d. h. wenn

$$a_{jk} = \bar{a}_{kj}$$

ist, kann man die Bedingung (8) durch die Ungleichung

$$\left| \sum_{j,k=1}^{p} a_{jk}\, x_k\, \bar{x}_j \right| \leqq \mathcal{M} \sum_{j=1}^{p} |x_j|^2$$

ersetzen (s. Nr. 25).

30. Der Begriff des vollstetigen Operators. HILBERT beschäftigte sich als erster mit einer wichtigen Klasse von Operatoren, nämlich den vollstetigen Operatoren. Ein in ganz H definierter linearer Operator A heißt *vollstetig*, wenn er jede beschränkte Punktmenge in eine kompakte Menge (im Sinne der starken Konvergenz) überführt.

Jeder vollstetige Operator ist beschränkt. Sonst würde nämlich eine Folge von Punkten f_k $(k = 1, 2, \ldots)$ mit den Eigenschaften

$$\|f_k\| = 1\,, \qquad \|A f_k\| > k \qquad (k = 1, 2, 3, \ldots)$$

existieren. Die Punktmenge $\{A f_k\}_1^\infty$ muß jedoch kompakt sein; dies ist ersichtlich unmöglich.

Die vollstetigen Operatoren lassen sich noch anders definieren: Ein in ganz H definierter linearer Operator A heißt vollstetig, wenn er jede schwach konvergente Folge in eine stark konvergente Folge überführt.

Den Beweis für die Äquivalenz beider Definitionen überlassen wir dem Leser.

Ebenso überlassen wir dem Leser den Beweis der folgenden einfachen Tatsachen:

1. Ist der Operator A vollstetig, der Operator B in ganz H definiert und beschränkt, so sind auch die Operatoren AB und BA vollstetig.

2. Sind A_1, A_2 vollstetige Operatoren, so ist auch $\alpha_1 A_1 + \alpha_2 A_2$ ein vollstetiger Operator.

Satz 1. *Ist A ein in ganz* H *definierter beschränkter linearer Operator und der Operator A^*A vollstetig, so ist auch der Operator A vollstetig.*

Beweis. M sei irgendeine unendliche beschränkte $(\|f\| \leqq C)$ Menge von Punkten f. $\{f_k\}_1^\infty$ sei eine Folge von Elementen dieser Menge, die durch den Operator A^*A in eine (stark) konvergente Folge übergeführt wird.

Nun besteht die Abschätzung

$$\begin{aligned} \|A f_n - A f_m\|^2 &= \big(A(f_n - f_m), A(f_n - f_m)\big) \\ &= \big(A^* A(f_n - f_m), f_n - f_m\big) \leqq \|A^* A f_n - A^* A f_m\| \cdot \|f_n - f_m\|\,, \end{aligned}$$

und es gilt die Gleichung

$$\lim_{m,n\to\infty} \|A^* A f_n - A^* A f_m\| = 0$$

mit

$$\|f_n - f_m\| \leqq 2\,C\,.$$

Dann ist aber auch

$$\lim_{m,n\to\infty} ||A f_n - A f_m|| = 0 ,$$

d. h., die Folge $\{A f_n\}_1^\infty$ konvergiert. Damit ist auch der Satz bewiesen.

Folgerung. *Ist der Operator A vollstetig, so ist es auch der Operator A^*.*

Ist nämlich der Operator A vollstetig, dann gilt dies auch für den Operator $AA^* = (A^*)^* A^*$. Jetzt braucht man nur noch den bewiesenen Satz anzuwenden.

Um festzustellen, ob ein Operator vollstetig ist, erweist sich häufig der folgende Satz als nützlich.

Satz 2. *Wenn es zu jedem $\varepsilon > 0$ einen vollstetigen Operator A_ε gibt, der die Ungleichung*

$$||A - A_\varepsilon|| \leqq \varepsilon$$

erfüllt, dann ist auch der Operator A vollstetig.

Beweis. Wir nehmen eine Folge positiver Zahlen $\varepsilon_1 > \varepsilon_2 > \dots \left(\lim_{n\to\infty} \varepsilon_n = 0\right)$ und betrachten die ihr (nach Voraussetzung) entsprechende Folge vollstetiger Operatoren $A_{\varepsilon_1}, A_{\varepsilon_2}, \dots$ Sei M eine beliebige beschränkte Menge von Punkten $f\,(||f|| \leqq C)$ unseres Raumes H. Jetzt betrachten wir eine beliebige unendliche Folge $\{f_k\}_1^\infty$ von Punkten aus M. Nach Voraussetzung kann man aus dieser Folge eine Teilfolge

$$f_{11}, f_{12}, f_{13}, \dots \tag{1}$$

auswählen, die durch den Operator A_{ε_1} zu einer konvergenten Folge wird. Aus der Folge (1) wählen wir die Teilfolge

$$f_{21}, f_{22}, f_{23}, \dots \tag{2}$$

aus, die von dem Operator A_{ε_2} in eine konvergente Folge übergeführt wird. Setzen wir diesen Prozeß fort, so erhalten wir eine unendliche Folge von Folgen

$$\begin{array}{l} f_{11}, f_{12}, f_{13}, \dots, \\ f_{21}, f_{22}, f_{23}, \dots, \\ f_{31}, f_{32}, f_{33}, \dots, \\ \dots\dots\dots\dots, \end{array}$$

von denen jede eine Teilfolge der vorhergehenden ist. Die Diagonalfolge

$$f_{11}, f_{22}, f_{33}, \dots$$

wird durch jeden der Operatoren A_{ε_i} in eine stark konvergente Folge übergeführt. Wir beweisen, daß auch der Operator A die Diagonalfolge $\{f_{kk}\}_{k=1}^\infty$ in eine konvergente Folge übergeführt. Dafür genügt es zu zeigen, daß die Beziehung

$$\lim_{m,n\to\infty} ||A f_{nn} - A f_{mm}|| = 0 \tag{3}$$

besteht. Es gilt die Ungleichung

$$\|A f_{nn} - A f_{mm}\| \leqq \|(A - A_{\varepsilon_k}) f_{nn}\| + \|A_{\varepsilon_k} f_{nn} - A_{\varepsilon_k} f_{mm}\| \\ + \|(A - A_{\varepsilon_k}) f_{mm}\| \leqq 2\,\varepsilon_k\, C + \|A_{\varepsilon_k} f_{nn} - A_{\varepsilon_k} f_{mm}\| .$$

Wählen wir k genügend groß, so können wir das erste Glied der rechten Seite beliebig klein machen. Danach können wir $\mathfrak{N}$ so groß wählen, daß das zweite Glied der rechten Seite für $m, n > \mathfrak{N}$ beliebig klein wird. Damit ist die Relation (3) bewiesen.

31. Die Hilbert-Schmidtsche Norm. Wir setzen voraus, daß der Raum H separabel ist. A sei ein überall in H definierter beschränkter, linearer Operator, und $\{f_k\}_1^\infty$, $\{e_i\}_1^\infty$ seien zwei beliebige orthonormierte Basen in H. Wir werden uns für den Fall interessieren, daß

$$\sum_{i,k=1}^{\infty} |(A f_k, e_i)|^2 < \infty$$

erfüllt ist. Da $(A f_k, e_i)$ $(i = 1, 2, 3, \ldots)$ die Fourier-Koeffizienten des Vektors $A f_k$ bezüglich der Basis $\{e_i\}_1^\infty$ sind, gilt

$$\sum_{i,k=1}^{\infty} |(A f_k, e_i)|^2 = \sum_{k=1}^{\infty} \|A f_k\|^2 . \tag{1}$$

Wenn wir andererseits die Skalarprodukte $(A^* e_i, f_k) = (e_i, A f_k)$ als Fourier-Koeffizienten des Vektors $A^* e_i$ bezüglich der Basis $\{f_k\}_1^\infty$ betrachten, gilt

$$\sum_{i,k=1}^{\infty} |(A f_k, e_i)|^2 = \sum_{i=1}^{\infty} \|A^* e_i\|^2 . \tag{1'}$$

Aus dem Vergleich von (1) und (1′) ist ersichtlich, daß die Größe

$$\sqrt{\sum_{i,k=1}^{\infty} |(A f_k, e_i)|^2} = N(A) \tag{2}$$

(ob endlich oder unendlich) nicht von der Wahl der Basen $\{f_k\}_1^\infty$, $\{e_i\}_1^\infty$, sondern nur vom Operator A abhängt. Diese Größe heißt die Hilbert-Schmidt*sche Norm* des Operators A. Aus unseren Betrachtungen folgt, daß

$$N(A^*) = N(A) . \tag{3}$$

Da f_1 ein beliebiger Einheitsvektor sein kann, gilt wegen (1)

$$\|A f_1\| \leqq N(A) ,$$

damit

$$\|A\| \leqq N(A) ,$$

d. h., *die gewöhnliche Norm eines Operators kann seine* Hilbert-Schmidt*sche Norm nicht übersteigen.*

Es ist weiterhin leicht zu sehen, daß für einen beschränkten Operator C die Ungleichung

$$N(C A) \leqq \|C\| \cdot N(A)$$

und wegen (3) auch die Ungleichung

$$N(A\,C) \leqq \|C\|\, N(A)$$

gilt. Die HILBERT-SCHMIDTsche Norm besitzt die Grundeigenschaften der Norm, insbesondere erfüllt sie die Dreiecksungleichung

$$N(A + B) \leqq N(A) + N(B)\,.$$

In der Tat ist

$$N(A + B) = \sqrt{\sum_{j=1}^{\infty} \|A f_j + B f_j\|^2} \leqq \sqrt{\sum_{j=1}^{\infty} \{\|A f_j\| + \|B f_j\|\}^2}$$
$$\leqq \sqrt{\sum_{j=1}^{\infty} \|A f_j\|^2} + \sqrt{\sum_{j=1}^{\infty} \|B f_j\|^2} = N(A) + N(B)\,.$$

Wenn $\{A_k\}_1^\infty$ *eine unendliche Folge von Operatoren mit endlicher* HILBERT-SCHMIDT*scher Norm ist und wenn*

$$\sum_1^\infty N(A_k) < \infty$$

gilt, dann konvergiert die Operatorreihe

$$A = \sum_1^\infty A_k\,,$$

und es gilt

$$N(A) \leqq \sum_1^\infty N(A_k)\,.$$

Der Beweis dieses Satzes sei dem Leser überlassen.

Da $N(A)$ nicht von der Wahl der orthonormierten Basen $\{f_k\}_1^\infty$, $\{e_j\}_1^\infty$ abhängt, können wir auch identische Basen nehmen. In der Definition der HILBERT-SCHMIDTschen Norm treten dann die Zahlen

$$(A\,e_k, e_j) = a_{jk} \qquad (j, k = 1, 2, 3, \ldots)$$

auf, d. h. die Elemente der Matrix, die den Operator A bezüglich der Basis $\{e_i\}_1^\infty$ darstellt (siehe Nr. 29).

Wir sehen damit, daß Operatoren mit endlicher HILBERT-SCHMIDTscher Norm eine sehr spezielle Klasse bilden. Es sind Operatoren, die eine Matrixdarstellung mit der Eigenschaft

$$\sum_{j,k=1}^{\infty} |a_{jk}|^2 < \infty$$

besitzen.

Satz. *Wenn* $N(A) < \infty$, *dann ist der Operator* A *vollstetig.*

Beweis. Sei $\{g_k\}_1^\infty$ irgendeine orthonormierte Basis in H. Wegen

$$N(A) = \sqrt{\sum_{k=1}^{\infty} \|A^* g_k\|^2}$$

können wir zu jedem $\varepsilon > 0$ ein n_ε finden, für das

$$\sum_{k=n_\varepsilon+1}^{\infty} \|A^* g_k\|^2 < \varepsilon^2$$

gilt. Nun führen wir den Operator A_ε durch die Formel

$$A_\varepsilon f = \sum_{k=1}^{n_\varepsilon} (A f, g_k)\, g_k$$

ein. Dieser Operator ist überall in H definiert. Er führt jede beschränkte Menge von Vektoren $f \in$ H über in eine beschränkte Vektormenge eines endlich-dimensionalen Raumes (der Dimension n_ε). Die letztgenannte Menge ist kompakt wegen des klassischen Satzes von BOLZANO-WEIERSTRASS; der Operator A_ε ist deshalb vollstetig. Da aber für jedes $f \in$ H

$$\|A f - A_\varepsilon f\|^2 = \sum_{k=n_\varepsilon+1}^{\infty} |(A f, g_k)|^2 = \sum_{k=n_\varepsilon+1}^{\infty} |(f, A^* g_k)|^2$$
$$\leqq \|f\|^2 \sum_{k=n_\varepsilon+1}^{\infty} \|A^* g_k\|^2 \leqq \varepsilon^2 \|f\|^2,$$

können wir Satz 2 aus Nr. 30 anwenden. Demnach ist der Operator A vollstetig.

Wir betonen, daß die Endlichkeit der HILBERT-SCHMIDTschen Norm oder, was dasselbe ist, die Konvergenz der Reihe

$$\sum_{j,k=1}^{\infty} |a_{jk}|^2$$

nur eine hinreichende, aber keine notwendige Bedingung für die Vollstetigkeit des Matrixoperators ist. Falls die Zahlen a_{jk} die Beziehung

$$a_{jk} = 0 \quad \text{für} \quad |j - k| > r \qquad (j, k = 1, 2, 3, \ldots)$$

(r const) erfüllen, kann eine notwendige und hinreichende Bedingung angegeben werden. Sie lautet

$$\lim_{j,k\to\infty} a_{jk} = 0\,.$$

Der Einfachheit halber führen wir den Beweis nur für $r = 1$. In diesem Fall hat die Matrix, die den Operator definiert, die Gestalt

$$\begin{pmatrix} \alpha_1 & \beta_1 & 0 & 0 & 0 & \ldots \\ \gamma_1 & \alpha_2 & \beta_2 & 0 & 0 & \ldots \\ 0 & \gamma_2 & \alpha_3 & \beta_3 & 0 & \ldots \\ 0 & 0 & \gamma_3 & \alpha_4 & \beta_4 & \ldots \\ \ldots & \ldots & \ldots & \ldots & \ldots & \ldots \end{pmatrix}$$

und heißt JACOBIsche *Matrix*. Für $r > 1$ heißt sie *verallgemeinerte* JACOBI*sche Matrix*.

Nun sei der durch die Matrix (4) erzeugte Operator A vollstetig. Die Folge der Vektoren

$$A e_j = \beta_{j-1} e_{j-1} + \alpha_j e_j + \gamma_j e_{j+1}$$

$$(\beta_0 = 0, j = 1, 2, 3, \ldots)$$

muß also stark konvergieren. Angenommen, die zu beweisende Behauptung wäre falsch. Dann wählen wir eine Folge $j_1, j_2, \ldots$ so, daß dabei

$$j_k \geqq j_{k-1} + 3$$

und

$$|\beta_{j_k-1}|^2 + |\alpha_{j_k}|^2 + |\gamma_{j_k}|^2 \geqq \varepsilon > 0$$

gilt. Eine einfache Rechnung ergibt

$$||A e_{j_n} - A e_{j_m}||^2 = |\beta_{j_n-1}|^2 + |\alpha_{j_n}|^2 + |\gamma_{j_n}|^2 + |\beta_{j_m-1}|^2 + |\alpha_{j_m}|^2 + |\gamma_{j_m}|^2 \geqq 2\varepsilon .$$

Dies widerspricht jedoch der starken Konvergenz der Folge $\{A e_k\}_1^\infty$.

Jetzt beweisen wir den zweiten Teil der Behauptung. Es sei

$$\alpha_k \to 0, \quad \beta_k \to 0, \quad \gamma_k \to 0 \qquad (k \to \infty),$$

und die Folge $\{f^{(k)}\}_1^\infty$ konvergiere schwach gegen f. Da die Gleichung

$$A f^{(n)} = \sum_{k=1}^{\infty} x_k^{(n)} A\ e_k = \sum_{k=1}^{\infty} x_k^{(n)} (\beta_{k-1} e_{k-1} + \alpha_k e_k + \gamma_k e_{k+1})$$

$$= \sum_{k=1}^{\infty} (\beta_k x_{k+1}^{(n)} + \alpha_k x_k^{(n)} + \gamma_{k-1} x_{k-1}^{(n)}) e_k \qquad (\gamma_0 = 0)$$

besteht, gilt

$$||A f^{(n)} - A f^{(m)}||^2 = \sum_{k=1}^{q} |\beta_k \{x_{k+1}^{(n)} - x_{k+1}^{(m)}\} + \alpha_k \{x_k^{(n)} - x_k^{(m)}\}$$

$$+ \gamma_{k-1} \{x_{k-1}^{(n)} - x_{k-1}^{(m)}\}|^2 + \sum_{k=q+1}^{\infty} |\beta_k \{x_{k+1}^{(n)} - x_{k+1}^{(m)}\}$$

$$+ \alpha_k \{x_k^{(n)} - x_k^{(m)}\} + \gamma_{k-1} \{x_{k-1}^{(n)} - x_{k-1}^{(m)}\}|^2 .$$

Das erste Glied der rechten Seite strebt für $m, n \to \infty$ bei festem q gegen Null. Daher genügt es zu zeigen, daß man das zweite Glied der rechten Seite bei genügend großem q für alle m, n beliebig klein machen kann. Ist aber q hinreichend groß und $k > q$, so ist

$$|\beta_k| < \varepsilon, \quad |\alpha_k| < \varepsilon, \quad |\gamma_{k-1}| < \varepsilon .$$

Daraus folgt die Ungleichung

$$\sum_{k=q+1}^{\infty} |\beta_k \{x_{k+1}^{(n)} - x_{k+1}^{(m)}\} + \alpha_k \{x_k^{(n)} x_k^{(m)}\} + \gamma_{k-1} \{x_{k-1}^{(n)} - x_{k-1}^{(m)}\}|^2$$

$$\leqq 9\, \varepsilon^2\, ||f^{(n)} - f^{(m)}||^2 .$$

Damit ist unsere Behauptung bewiesen.

32. Hilbert-Schmidtsche Operatoren. Wir betrachten den Integraloperator im $L^2(-\infty, \infty)$, der durch die Formel

$$g = Kf = \int_{-\infty}^{\infty} K(s, t) f(t)\, dt$$

definiert ist. Wenn

$$\iint_{-\infty}^{\infty} |K(s, t)|^2\, ds\, dt < \infty \tag{1}$$

gilt, dann heißt der Kern $K(s, t)$ ein Hilbert-Schmidt*scher Kern* und der von ihm erzeugte Operator ein Hilbert-Schmidt*scher Integraloperator*.

Wir nehmen an, daß die Bedingung (1) erfüllt ist und zeigen zunächst, daß der Operator K in diesem Fall ein beschränkter, überall in $L^2(-\infty, \infty)$ definierter Operator ist. In der Tat gilt nach dem Satz von Fubini und der Ungleichung von Cauchy-Bunjakowski für fast alle s

$$|g(s)|^2 \leqq ||f||^2 \int_{-\infty}^{\infty} |K(s, t)|^2\, dt\,.$$

Daraus folgt nach Integration

$$||g||^2 \leqq ||f||^2 \iint_{-\infty}^{\infty} |K(s, t)|^2\, ds\, dt\,,$$

und das bedeutet

$$||K|| \leqq \sqrt{\iint_{-\infty}^{\infty} |K(s, t)|^2\, ds\, dt}\,. \tag{2}$$

Wir zeigen jetzt, daß der Operator K eine endliche Hilbert-Schmidtsche Norm hat, die mit der rechten Seite der Ungleichung (2) identisch ist.

Dazu wählen wir in $L^2(-\infty, \infty)$ ein vollständiges orthonormiertes System $\{\varphi_k(t)\}_1^\infty$ als Basis und berechnen die Elemente a_{jk} der Matrix des Operators K. Für sie gilt

$$a_{jk} = (K\varphi_k, \varphi_j) = \iint_{-\infty}^{\infty} K(s, t)\, \overline{\Phi_{jk}(s, t)}\, ds\, dt\,. \tag{3}$$

Dabei ist

$$\Phi_{jk}(s, t) = \varphi_j(s)\, \overline{\varphi_k(t)}\,. \tag{4}$$

Die Funktionen $\Phi_{jk}(s, t)$ bilden ein vollständiges orthonormiertes System im Hilbert-Raum $L^2 \times L^2$ der Funktionen zweier Variabler mit summierbarem Quadrat des Absolutbetrages in der st-Ebene. Deshalb gilt wegen der Abgeschlossenheitsrelation

$$N^2(K) \equiv \sum_{j,k=1}^{\infty} |a_{jk}|^2 = \iint_{-\infty}^{\infty} |K(s, t)|^2\, ds\, dt\,,$$

was zu beweisen war.

Die Hilbert-Schmidt*schen Integraloperatoren umfassen die ganze Klasse der Operatoren in* $L^2(-\infty, \infty)$ *mit endlicher* Hilbert-Schmidt*scher Norm.*

In der Tat, sei A ein beliebiger linearer Operator mit endlicher HILBERT-SCHMIDTscher Norm im Raum $L^2(-\infty, \infty)$. Wir wählen die orthonormierte Basis (4) in $L^2 \times L^2$ und bilden

$$K(s, t) \sim \sum_{j,k=1}^{\infty} (A\,\varphi_k, \varphi_j)\,\Phi_{jk}(s, t)\,.$$

Die Reihe auf der rechten Seite konvergiert im Raum $L^2 \times L^2$, und es ist

$$\sum_{j,k=1}^{\infty} |(A\,\varphi_k, \varphi_j)|^2 = N^2(A) < \infty\,.$$

Deshalb gilt

$$\iint_{-\infty}^{\infty} |K(s, t)|^2\, ds\, dt < \infty\,,$$

so daß $K(s, t)$ ein HILBERT-SCHMIDTscher Kern ist. Es bleibt zu zeigen, daß Af für jedes $f \in L^2(-\infty, \infty)$ mit

$$Kf = \int_{-\infty}^{\infty} K(s, t)\, f(t)\, dt$$

zusammenfällt, Das folgt aber daraus, daß für alle k, j $(= 1, 2, 3, \ldots)$ die Gleichung

$$(K\,\varphi_k, \varphi_j) = \int_{-\infty}^{\infty} \overline{\varphi_j(s)}\, ds \int_{-\infty}^{\infty} K(s, t)\,\varphi_k(t)\, dt = (A\,\varphi_k, \varphi_j)$$

gilt.

Die Überlegungen der vorliegenden Nr. geben die Begründung dafür, daß man jeden linearen Operator in einem separablen Raum mit endlicher HILBERT-SCHMIDTscher Norm als HILBERT-SCHMIDT*schen Operator* bezeichnet.

33. Konvergente Folgen beschränkter linearer Operatoren. Man unterscheidet drei Arten der Konvergenz einer Folge $\{A_n\}_1^\infty$ beschränkter linearer, überall in H definierter Operatoren: 1. Die *schwache* Konvergenz, 2. die *starke* Konvergenz (oder einfach: Konvergenz) und 3. die *gleichmäßige* Konvergenz.

Eine Folge $\{A_n\}_1^\infty$ heißt

schwach konvergent gegen den Operator A: $A_n \xrightarrow{\text{schw.}} A$	wenn für jedes $f \in$ H $A_n f \xrightarrow{\text{schw.}} Af \quad (n \to \infty)$
stark konvergent gegen den Operator A: $A_n \to A$	wenn für jedes $f \in$ H $A_n f \to Af \quad (n \to \infty)$
gleichmäßig konvergent gegen den Operator A: $A_n \Rightarrow A$	wenn $\|A_n - A\| \to 0 \quad (n \to \infty)$

Konvergiert eine Folge von Operatoren gleichmäßig, so konvergiert sie erst recht stark; wenn sie stark konvergiert, so ist sie erst recht schwach konvergent.

Aus der schwachen Konvergenz von A_n gegen A und von B_n gegen B folgt die schwache Konvergenz von $A_n \pm B_n$ gegen $A \pm B$, jedoch nicht die schwache Konvergenz des Produktes $A_n B_n$.

Satz 1. *Wenn die Folge* $\{A_n\}_1^\infty$ *beschränkter, linearer, überall in H definierter Operatoren schwach konvergiert, dann ist die Folge* $\{||A_n||\}_1^\infty$ *der Normen dieser Operatoren beschränkt.*

In der Tat: $p_n(h) = ||A_n h||$ ist ein konvexes stetiges Funktional. In jedem Punkt $h \in$ H ist die Folge $\{p_n(h)\}_1^\infty$ wegen der Folgerung 1 aus Nr. 26 beschränkt, da die Folge der Elemente $\{A_n h\}_1^\infty$ schwach konvergiert. Deshalb ist

$$\sup_{n\to\infty} ||A_n h|| = p(h)$$

auf Grund der Folgerung von Hilfssatz Nr. 21 ein konvexes stetiges Funktional, und es gilt

$$p(h) \leqq \mathcal{M} \, ||h|| \, .$$

Das bedeutet, daß für jedes n

$$||A_n h|| \leqq \mathcal{M} \, ||h||$$

und damit

$$||A_n|| \leqq \mathcal{M}$$

gilt.

Satz 2. *Ist die Folge bilinearer Funktionale* $\{\Omega_n(f, g)\}_1^\infty$ *so beschaffen, daß für alle* f, g *ein endlicher Grenzwert*

$$\lim_{n\to\infty} \Omega_n(f, g) = \omega(f, g)$$

existiert, dann ist dieser Grenzwert ein bilineares Funktional.

Wie man leicht sieht, genügt es zu beweisen, daß für alle von Null verschiedenen $f, g \in$ H die Ungleichung

$$\frac{|\omega(f, g)|}{||f|| \cdot ||g||} \leqq C < \infty$$

gilt.

Jedes bilineare Funktional $\Omega_n(f, g)$ wird durch einen beschränkten, linearen Operator

$$\Omega_n(f, g) = (A_n f, g)$$

erzeugt. Die Folge der Operatoren $\{A_n\}_1^\infty$ konvergiert somit schwach. Es bestehen damit für alle $f, g \in$ H die Ungleichungen

$$|(A_n f, g)| \leqq C \, ||f|| \cdot ||g|| \, ,$$

d. h.

$$|\Omega_n(f, g)| \leqq C ||f|| \cdot ||g|| \, .$$

Daraus folgt

$$|\omega(f, g)| \leqq C \, ||f|| \cdot ||g|| \, .$$

Zum Schluß bringen wir noch einen einfachen Satz, der im folgenden eine wichtige Rolle spielen wird.

Satz 3. *Jede monoton fallende Folge beschränkter positiver Operatoren konvergiert stark.*

Beweis. Sei A_k $(k = 1, 2, \ldots)$ eine Folge beschränkter, selbstadjungierter Operatoren, für die

$$A_k \geqq 0\,, \qquad A_{k+1} \leqq A_k$$

gilt. Wegen

$$A_m - A_n \geqq 0 \qquad (n \geqq m)$$

gilt für alle f, g

$$|((A_m - A_n) f, g)| \leqq \sqrt{((A_m - A_n) f, f)}\, \sqrt{((A_m - A_n) g, g)}$$
$$\leqq \sqrt{\|A_1\| \cdot \|g\|}\, \sqrt{((A_m - A_n) f, f)}\,.$$

Setzen wir

$$g = (A_m - A_n) f\,,$$

dann erhalten wir daraus die Ungleichung

$$\|(A_n - A_m) f\| \leqq \sqrt{\|A_1\|}\, \sqrt{(A_m f, f) - (A_n f, f)}\,.$$

Da die Zahlenfolge

$$(A_n f, f) \qquad (n = 1, 2, \ldots)$$

monoton fällt und nach unten beschränkt ist (durch 0), gilt

$$\lim_{\substack{n > m \\ m \to \infty}} \sqrt{(A_m f, f) - (A_n f, f)} = 0\,.$$

Daraus folgt, daß für jedes $f \in \mathrm{H}$

$$\lim_{\substack{n > m \\ m \to \infty}} \|(A_n - A_m) f\| = 0$$

gilt. Aus dieser Gleichung ist ersichtlich, daß für alle $f \in \mathrm{H}$ der Grenzwert im starken Sinne

$$\lim_{n \to \infty} A_n f = A f$$

existiert. Es ist klar, daß der Grenzoperator A linear und beschränkt ist.

Damit ist der Satz bewiesen.

Bemerkung. Statt der Positivität der Operatoren genügt es, zu fordern, daß sie nach unten gleichmäßig beschränkt sind. Man kann den Satz auch für monoton wachsende Folgen formulieren.

34. Mengen beschränkter linearer Operatoren im separablen Hilbert-Raum.

Satz 1. *Eine beliebige Menge linearer Operatoren im separablen Raum* H, *deren Normen eine feste Zahl nicht übersteigen, ist schwach kompakt* (d. h., sie enthält eine schwach konvergente Folge).

Sei $\{A_n\}_1^\infty$ eine Folge von Operatoren mit der Eigenschaft $\|A_n\| < C$ und $\{f_i\}_1^\infty$ eine in H dichte Elementfolge. Wegen Satz 1 aus Nr. 27 können wir aus der Folge

$\{A_n\}_1^\infty$ eine Teilfolge $\{A_{1k}\}_{k=1}^\infty$ auswählen, die auf dem Element f_1 schwach konvergiert.[1]) Weiterhin können wir eine Teilfolge $\{A_{2k}\}_{k=1}^\infty$ auswählen, die auf f_2 schwach konvergiert usw. Nun bilden wir die Diagonalfolge $\{A_{kk}\}_1^\infty$ und zeigen, daß sie auf einem beliebigen Element von H schwach konvergiert. Dazu wählen wir zu dem willkürlichen Element f und zu einem beliebigen $\varepsilon > 0$ ein N, so daß gilt

$$\|f - f_N\| < \varepsilon .$$

Dann ist für jedes $g \in$ H

$$(A_{nn} f - A_{mm} f, g) = (A_{nn} f_N - A_{mm} f_N, g) + \delta ,$$

wobei

$$|\delta| = |(A_{nn}(f - f_N), g) + (A_{mm}(f_N - f), g)| \leqq 2\, C\, \varepsilon\, \|g\|$$

gilt. Andererseits strebt

$$(A_{nn} f_N - A_{mm} f_N, g)$$

gegen Null bei $n \to \infty$, $m \to \infty$. Wegen der schwachen Dichtheit des Raumes H folgt daraus, daß die Folge

$$\{A_{nn} f\}_1^\infty$$

schwach gegen irgendein Element h konvergiert. Wir setzen $h = A f$ und erhalten die Beziehung

$$A_{nn} f \xrightarrow{\text{schw.}} A f .$$

Da für jedes n die Ungleichung

$$|(A_{nn} f, g)| \leqq C\, \|f\| \cdot \|g\|$$

gilt, ist

$$|(A f, g)| \leqq C\, \|f\| \cdot \|g\| ,$$

und daraus folgt, daß

$$\|A\| \leqq C$$

gilt. Damit ist der Satz bewiesen.

Bevor wir weitergehen, bezeichnen wir mit $\{e_p\}_1^\infty$ ein vollständiges orthonormiertes System von Vektoren in H. Jeder beschränkte Operator A, der überall in H definiert ist, wird vollständig bestimmt durch die Matrix $\{a_{pq}\}_{p,q=1}^\infty$, wobei $a_{pq} = (A\, e_q, e_p)$. Wir wollen jeden Operator mit R bezeichnen, für den die $r_{pq} = (R\, e_q, e_p)$ komplexe Zahlen mit rationalen Koordinaten sind und außerdem verschwinden, wenn mindestens einer der beiden Indizes eine gewisse Zahl überschreitet, die noch vom Operator abhängen kann. Die Menge aller dieser Operatoren ist abzählbar. Wir numerieren sie durch $(R_1, R_2, R_3, \ldots)$ und setzen

$$(R_k\, e_q, e_p) = r_{pq}^{(k)} .$$

---

[1]) Die Vektorfolge $\{A_{1k} f_1\}_{k=1}^\infty$ konvergiert somit schwach.

Hilfssatz. *Zu jedem beschränkten, linearen, im ganzen Raum definierten Operator existiert eine Teilfolge* $\{R_{j_k}\}_{k=1}^{\infty}$, *so daß gilt*

$$\lim_{k\to\infty} ||R_{j_k} e_m - A e_m|| = \lim_{k\to\infty} ||R_{j_k}^* e_m - A^* e_m|| = 0$$
$$(m = 1, 2, 3, \ldots).$$

Beweis. Wir wählen j_k so, daß

$$|r_{pq}^{(j_k)} - a_{pq}| < \frac{1}{k} \qquad (p, q = 1, 2, 3, \ldots, k)$$

und

$$r_{pq}^{(j_k)} = 0 \quad \text{bei} \quad \max\{p, q\} > k$$

gilt. Dann ist

$$||R_{j_k} e_m - A e_m||^2 = ||\sum_{n=1}^{k} r_{mn}^{(j_k)} e_n - \sum_{n=1}^{\infty} a_{mn} e_n||^2$$
$$= \sum_{n=1}^{k} |r_{mn}^{(j_k)} - a_{mn}|^2 + \sum_{n=k+1}^{\infty} |a_{mn}|^2 < \frac{1}{k} + \sum_{n=k+1}^{\infty} |a_{mn}|^2, \quad (1)$$

falls $m \leqq k$. Da die Reihe

$$\sum_{n=1}^{\infty} |a_{mn}|^2$$

für jedes m konvergiert, strebt die rechte Seite von (1) bei $k \to \infty$ gegen Null. Folglich gilt

$$\lim_{k\to\infty} ||R_{j_k} e_m - A e_m|| = 0 \qquad (m = 1, 2, \ldots).$$

In analoger Weise kann man auch die zweite Behauptung des Hilfssatzes beweisen.

Satz 2. *Jede unendliche Menge* $\mathfrak{M}$ *beschränkter, in ganz* H *definierter Operatoren enthält eine Folge* $\{A_k\}_1^{\infty}$, *die dicht ist in* $\mathfrak{M}$ *in dem Sinne, daß für jeden Operator* $A \in \mathfrak{M}$, *der nicht selbst zu* $\{A_k\}_1^{\infty}$ *gehört, eine Teilfolge* $\{A_{k_q}\}_{q=1}^{\infty}$ *existiert, die für alle* $f \in$ H *der Beziehung*

$$\lim_{q\to\infty} ||A_{k_q} f - A f|| = \lim_{q\to\infty} ||A_{k_q}^* f - A^* f|| = 0$$

genügt.

Beweis. Die Menge $\mathfrak{M}$ kann als Summe von Mengen $\mathfrak{M}_n$ dargestellt werden, wobei die Norm jedes zu $\mathfrak{M}_n$ gehörenden Operators die Zahl n nicht übersteigt. Da es hinreichend ist, wenn der Satz für jede der Mengen $\mathfrak{M}_n$ bewiesen wird, können wir annehmen, daß die Ausgangsmenge $\mathfrak{M}$ eine der Mengen $\mathfrak{M}_n$ ist, d. h., wir können annehmen, daß für jeden Operator $A \in \mathfrak{M}$ die Ungleichung $||A|| \leqq \mathscr{C}$ erfüllt ist, wobei $\mathscr{C}$ eine Konstante ist.

Wir wählen nun ein beliebiges Paar natürlicher Zahlen p, q und untersuchen, ob in $\mathfrak{M}$ Operatoren B existieren, für die die Ungleichungen

$$||R_p g - B g|| \leqq \frac{1}{q}, \qquad ||R_p^* g - B^* g|| \leqq \frac{1}{q} \qquad (g = e_1, e_2, \ldots, e_q)$$

gelten. Wenn Operatoren mit diesen Eigenschaften existieren, wählen wir einen von ihnen und bezeichnen ihn mit $B_{p,q}$; das Paar p, q nennen wir in diesem Fall zulässig. Aus dem Hilfssatz folgt, daß für jedes q eine unendliche Menge von p-Werten existiert, für die das Paar p, q zulässig ist. Aus diesem Grunde ist die Menge der Operatoren $B_{p,q}$ nicht leer. Sie ist offensichtlich abzählbar. Wir zeigen nun, daß wir sie als Folge $\{A_k\}_1^\infty$ nehmen können.

Zu diesem Zweck wählen wir einen Operator $A \in \mathfrak{M}$, $A \bar{\in} \{A_k\}_1^\infty$. Wegen des Hilfssatzes existiert eine Folge $\{R_{n_q}\}_{q=1}^\infty$, für die

$$\|R_{n_q} g - A g\| \leqq \frac{1}{q}, \qquad \|R_{n_q}^* g - A^* g\| \leqq \frac{1}{q}$$

$$(g = e_1, e_2, \ldots, e_q)$$

gilt. Daher ist bei beliebigem q das Paar n_q, q zulässig. Das bedeutet: Es existiert ein Operator $B_{n_q,q} = A_{k_q}$, für den die Ungleichungen

$$\|R_{n_q} g - A_{k_q} g\| \leqq \frac{1}{q}, \qquad \|R_{n_q}^* g - A_{k_q}^* g\| \leqq \frac{1}{q}$$

$$(g = e_1, e_2, \ldots, e_q)$$

gelten. Folglich ist für $q = 1, 2, \ldots$

$$\|A g - A_{k_q} g\| \leqq \frac{2}{q}, \qquad \|A^* g - A_{k_q}^* g\| \leqq \frac{2}{q}$$

$$(g = e_1, e_2, \ldots, e_q)\,.$$

Wir wählen jetzt ein beliebiges Element

$$f = \sum_{n=1}^{\infty} \xi_n e_n$$

aus H. Zu jedem $\varepsilon > 0$ finden wir dann ein $\mathcal{N}$, so daß

$$f = \sum_{n=1}^{\mathcal{N}} \xi_n e_n + f', \qquad \|f'\| < \varepsilon\,.$$

Da die Normen der betrachteten Operatoren $\leqq \mathcal{C}$ waren, gilt für $q > \mathcal{N}$

$$\|A f - A_{k_q} f\| < \frac{2}{q} \sum_{n=1}^{\mathcal{N}} |\xi_n| + 2\,\mathcal{C}\,\varepsilon \leqq \frac{2\sqrt{\mathcal{N}}}{q} \|f\| + 2\,\mathcal{C}\,\varepsilon$$

und analog

$$\|A^* f - A_{k_q}^* f\| < \frac{2\sqrt{\mathcal{N}}}{q} \|f\| + 2\,\mathcal{C}\,\varepsilon\,.$$

Der Beweis ist beendet, wenn wir zunächst ε hinreichend klein und danach q hinreichend groß wählen.

KAPITEL III

PROJEKTOREN UND UNITÄRE OPERATOREN

35. Definition eines Projektors. Es sei G ein Teilraum von H und

$$F = H \ominus G,$$

so daß

$$H = G \oplus F$$

gilt. Dies bedeutet, daß jeder Vektor $h \in H$ eindeutig in der Form

$$h = g + f$$

mit $g \in G$ und $f \in F$ darstellbar ist. In Nr. 7 nannten wir den Vektor g die Projektion von h auf G. Einen im ganzen Raume H definierten Operator, der jedem Vektor $h \in H$ seine Projektion auf den Teilraum G zuordnet, nennen wir einen *Projektor*[1]) (auf G) und bezeichnen ihn mit dem Symbol P oder P_G. Also gilt definitionsgemäß

$$g = P h = P_G h .$$

Ein Projektor ist offensichtlich ein linearer Operator. Außerdem ist er beschränkt, und seine Norm ist gleich Eins. In der Tat, aus

$$||h||^2 = ||g||^2 + ||f||^2$$

folgt

$$||g|| \leqq ||h|| , \tag{1}$$

so daß

$$||P|| \leqq 1$$

ist. Wenn aber $h \in G$ ist, so ist $g = h$, so daß in (1) das Gleichheitszeichen auftritt. Daher ist

$$||P|| = 1 .$$

36. Die Eigenschaften der Projektoren. Aus der Definition eines Projektors entnimmt man leicht, daß

1. $P^2 = P$;
2. $P^* = P$.

---

[1]) Im weiteren werden wir auch die allgemeine Parallelprojektion (oder schiefwinklige Projektion) betrachten. Die hier als Projektoren bezeichneten Operatoren werden wir dann manchmal *Orthoprojektoren* nennen, um Mißverständnisse zu vermeiden.

Für jeden beliebigen Vektor $h \in \mathrm{H}$ gehört $g = P\,h$ schon zu G, so daß $P\,g = g$ gilt, d. h. $P^2 h = P\,h$; dies bedeutet aber $P^2 = P$. Um zu zeigen, daß P selbstadjungiert ist, nehmen wir zwei beliebige Vektoren $h_1, h_2 \in \mathrm{H}$. Es sei

$$h_1 = g_1 + f_1\,, \qquad h_2 = g_2 + f_2\,.$$

In diesem Falle gilt

$$(g_1, h_2) = (g_1, g_2) = (h_1, g_2)\,,$$

d. h.

$$(P\,h_1, h_2) = (h_1, P\,h_2)$$

für beliebige $h_1, h_2 \in \mathrm{H}$. Dies bedeutet aber $P^* = P$.

Aus den bewiesenen Eigenschaften folgt

$$(P\,h, h) \geqq 0\,.$$

In der Tat gilt

$$(P\,h, h) = (P^2 h, h) = (P\,h, P^* h) = (P\,h, P\,h) \geqq 0\,.$$

Jetzt zeigen wir, daß die Eigenschaften 1., 2. für Projektoren charakteristisch sind.

Satz. *Ist P ein überall in* H *definierter Operator, für den die Beziehungen*

1. $$(P^2 h_1, h_2) = (P\,h_1, h_2)\,, \tag{1}$$

2. $$(P\,h_1, h_2) = (h_1, P\,h_2) \tag{2}$$

für beliebige $h_1, h_2 \in \mathrm{H}$ gelten, so existiert ein Teilraum $\mathrm{G} \subseteq \mathrm{H}$, für den P ein Projektor ist.

Beweis. Der Operator P ist beschränkt. Dies folgt aus dem Satz in Nr. 28, da

$$(P\,h_1, h_2) = (h_1, P\,h_2)\,.$$

Es ist aber einfacher, sich davon folgendermaßen zu überzeugen: Es gilt

$$\|P\,h\|^2 = (P\,h, P\,h) = (P^2 h, h) = (P\,h, h)$$

und daher

$$\|Ph\|^2 \leqq \|P\,h\| \cdot \|h\|\,,$$

folglich ist

$$\|P\,h\| \leqq \|h\|\,.$$

Der Operator P ist also beschränkt, und seine Norm ist nicht größer als 1.

Wir bezeichnen mit G die Menge aller Vektoren $g \in \mathrm{H}$, für die

$$P\,g = g$$

gilt. Es ist klar, daß G ein linearer Raum ist. Wir zeigen, daß G abgeschlossen und somit ein Teilraum von H ist. Es sei $g_n \in G$ $(n = 1, 2, 3, \ldots)$ und $g_n \to g$. Dann gilt

$$g_n = P\, g_n$$

und somit

$$P\, g - g_n = P\, g - P\, g_n = P\,(g - g_n)\,,$$

woraus

$$\|P\, g - g_n\| \leqq \|g - g_n\|$$

folgt. Für $n \to \infty$ ergibt sich

$$\|P\, g - g\| \leqq 0\,,$$

d. h.

$$P\, g = g$$

und somit $g \in G$. Damit ist die Abgeschlossenheit von G bewiesen.

Sei P_G der Projektionsoperator auf G. Es ist die Gleichung $P_G = P$ zu beweisen. Für beliebiges $h \in H$ gehört $P\, h = g$ zu G, weil $P(P\, h) = P\, h$ ist. $P_G\, h$ gehört auch zu G. Daher genügt es,

$$(P\, h - P_G\, h, g') = 0$$

oder

$$(P\, h, g') = (P_G\, h, g')$$

für ein beliebiges $g' \in G$ zu zeigen. Dies folgt aber aus den folgenden Beziehungen

$$(P\, h, g') = (h, P\, g') = (h, g')\,,$$

$$(P_G\, h, g') = (h, P_G\, g') = (h, g')\,.$$

Zum Schluß der vorliegenden Nr. bemerken wir folgendes: Ist P ein Projektor und G der Teilraum, auf den dieser projiziert, so ist auch $I - P$ (I der identische Operator) ein Projektor, der auf $H \ominus G$ projiziert.

37. Operationen mit Projektoren. In der vorliegenden Nr. beweisen wir einige einfache Eigenschaften bezüglich der Multiplikation, der Addition und der Subtraktion von Projektoren.

Satz 1. *Das Produkt zweier Projektoren P_{G_1}, P_{G_2} ist wieder ein Projektor dann und nur dann, wenn P_{G_1} und P_{G_2} vertauschbar sind:*

$$P_{G_1} P_{G_2} = P_{G_2} P_{G_1}\,.$$

Ist diese Bedingung erfüllt, so ist

$$P_{G_1} P_{G_2} = P_G\,,$$

wo $G = G_1 \cap G_2$ [1]) *bedeutet.*

[1]) Geometrisch ausgedrückt, bedeutet die Vertauschbarkeit der Operatoren P_{G_1} und P_{G_2}, daß die Teilräume $G_1 \ominus (G_1 \cap G_2)$ und $G_2 \ominus (G_1 \cap G_2)$ orthogonal sind.

Beweis. Ist das Produkt $P_{G_1} P_{G_2}$ ein Projektor, so ist

$$P_{G_1} P_{G_2} = (P_{G_1} P_{G_2})^* = P^*_{G_2} P^*_{G_1} = P_{G_2} P_{G_1} .$$

Der Vektor

$$g = P_{G_1} P_{G_2} h = P_{G_2} P_{G_1} h$$

gehört auf Grund der ersten Darstellung zu G_1, auf Grund der zweiten zu G_2, d. h., er gehört zum Durchschnitt $G_1 \cap G_2$ dieser Räume.

In einer Richtung ist der Satz somit bewiesen.

Jetzt nehmen wir an, daß

$$P_{G_1} P_{G_2} = P_{G_2} P_{G_1} = P .$$

Hieraus folgt

$$P^2 = (P_{G_1} P_{G_2})^2 = P_{G_1} P_{G_2} P_{G_1} P_{G_2} = P_{G_1} P_{G_1} P_{G_2} P_{G_2} = P_{G_1} P_{G_2} = P$$

und

$$(P h_1, h_2) = (P_{G_1} P_{G_2} h_1, h_2) = (P_{G_2} h_1, P_{G_1} h_2)$$
$$= (h_1, P_{G_2} P_{G_1} h_2) = (h_1, P_{G_1} P_{G_2} h_2) = (h_1, P h_2) .$$

Diese Gleichungen zeigen, daß $P_{G_1} P_{G_2}$ den Bedingungen des Satzes der vorigen Nr. genügt und deshalb ein Projektor ist.

Folgerung. *Zwei Teilräume* G_1, G_2 *sind orthogonal dann und nur dann, wenn*

$$P_{G_1} P_{G_2} = 0$$

gilt.

Satz 2. *Die Summe der Projektoren*

$$P_{G_1} + P_{G_2} + \cdots + P_{G_n} = Q \qquad (n < \infty)$$

ist wieder ein Projektor genau dann, wenn

$$P_{G_i} P_{G_k} = 0 \qquad (i \neq k)$$

gilt, d. h. dann und nur dann, wenn die Teilräume G_j $(j = 1, 2, \ldots, n)$ *paarweise orthogonal sind. In diesem Falle gilt*

$$Q = P_G ,$$

wo

$$G = G_1 \oplus G_2 \oplus \cdots \oplus G_n$$

bedeutet.

Beweis. Wenn die Teilräume G_j paarweise orthogonal sind, so ist $Q^2 = Q$. Die Hinlänglichkeit der Bedingung ist also offensichtlich. Die letzte Behauptung des Satzes ist auch klar.

Wir zeigen daher die Notwendigkeit der Bedingung. Q sei ein Projektor. Dann ist

$$||f||^2 \geqq (Qf, f) = \sum_{j=1}^{n} (P_{G_j} f, f) \geqq (P_{G_i} f, f) + (P_{G_k} f, f)$$

für alle voneinander verschiedenen Indizes i, k. Aus der erhaltenen Ungleichung folgt

$$||P_{G_i} f||^2 + ||P_{G_k} f||^2 \leqq ||f||^2 .$$

Wir setzen hier

$$f = P_{G_k} h .$$

Dies ergibt

$$||P_{G_i} P_{G_k} h||^2 + ||P_{G_k} h||^2 \leqq ||P_{G_k} h||^2$$

und daher

$$||P_{G_i} P_{G_k} h|| = 0$$

für beliebiges $h \in H$, womit die Gleichung

$$P_{G_i} P_{G_k} = 0 ,$$

d. h. die Orthogonalität der Teilräume G_i, G_k, bewiesen ist.

Satz 3. *Die Differenz zweier Projektoren*

$$P_{G_1} - P_{G_2} \tag{1}$$

ist wieder ein Projektor genau dann, wenn $G_2 \subseteq G_1$ *gilt; in diesem Falle ist* $P_{G_1} - P_{G_2}$ *der Projektor auf* $G_1 \ominus G_2$.

Beweis. Sei

$$P_{G_1} - P_{G_2} \equiv P_G$$

ein Projektor. Dann ist auch die Summe

$$P_G + P_{G_2} = P_{G_1}$$

ein Projektor, und es ist nach Satz 2

$$G \perp G_2 , \qquad G \oplus G_2 = G_1 .$$

Daraus folgt, daß

$$G_2 \subseteq G_1 \quad \text{und} \quad G = G_1 \ominus G_2$$

gilt.

Sei nun andererseits

$$G_2 \subseteq G_1 \quad \text{und} \quad G \equiv G_1 \ominus G_2 .$$

Dann ist

$$G \perp G_2 \quad \text{und} \quad G_1 = G \oplus G_2$$

und deshalb

$$P_{G_1} = P_G + P_{G_2} ,$$

d. h.

$$P_{G_1} - P_{G_2} = P_G .$$

Damit ist der Satz bewiesen.

Bemerkung. *Die Beziehung* $G_2 \subseteq G_1$ *ist der Ungleichung*

$$\|P_{G_2} f\| \leqq \|P_{G_1} f\| \tag{2}$$

(*für alle* $f \in H$) *und auch der Ungleichung*

$$P_{G_2} \leqq P_{G_1} \tag{3}$$

äquivalent.

Die Äquivalenz der Ungleichungen (2) und (3) untereinander folgt aus ihrer Äquivalenz mit der Ungleichung

$$(P_{G_2} f, f \leqq (P_{G_1} f, f) .$$

Sei zunächst $G_2 \subseteq G_1$. Dann ist

$$P_{G_2} = P_{G_2} P_{G_1} .$$

Deshalb gilt für jedes $f \in H$

$$\|P_{G_2} f\| = \|P_{G_2} (P_{G_1} f)\| \leqq \|P_{G_1} f\| ,$$

und damit ist die Ungleichung (2) bewiesen.

Nun gelte andererseits die Ungleichung (2) für jedes $f \in H$. Aus $P_{G_1} f = 0$ folgt dann $P_{G_2} f = 0$; mit anderen Worten: wenn

$$F_1 = H \ominus G_1 \quad \text{und} \quad F_2 = H \ominus G_2$$

gilt, dann folgt aus $f \in F_1$, daß auch $f \in F_2$ erfüllt ist. Das bedeutet aber $F_1 \subseteq F_2$, und deshalb folgt

$$G_2 = H \ominus F_2 \subseteq H \ominus F_1 = G_1 ,$$

was zu zeigen war.

38. Folgen von Projektoren.

Satz 1. *Eine unendliche monotone Folge von Projektoren* $\{P_k\}_1^\infty$ *konvergiert für* $k \to \infty$ *stark gegen einen gewissen Projektor* P.

Beweis. Die Folge $\{P_k\}_1^\infty$ sei z. B. nichtfallend, d. h., es sei $P_k \leqq P_{k+1}$ ($k = 1, 2, \ldots$). Da sie wegen $P_k \leqq I$ für alle k beschränkt ist, folgt aus Satz 3 aus Nr. 33 und aus der Bemerkung zu diesem Satz, daß der Grenzwert

$$\lim_{k \to \infty} P_k \equiv P$$

im Sinne der starken Konvergenz existiert.[1]) Andererseits gilt für jedes k und für alle $f, g \in H$

$$(P_k f, P_k g) = (P_k f, g) = (f, P_k g) .$$

---

[1]) Davon kann man sich auch mit Hilfe der Beziehung

$$\|P_n f - P_m f\|^2 = ([P_n - P_m] f, f) = \|P_n f\|^2 - \|P_m f\|^2$$

überzeugen, ohne den erwähnten Satz aus Nr. 33 zu benutzen. Diese Beziehung folgt daraus, daß die Differenz $P_n - P_m$ für $m < n$ ein Projektor ist.

Demnach gilt für den Grenzwert

$$(Pf, Pg) = (Pf, g) = (f, Pg),$$

und das bedeutet

$$P = P^* = P^2,$$

womit gezeigt ist, daß P ein Projektor ist.

Der folgende Satz betrifft Folgen von Projektoren, die nicht monoton zu sein brauchen.

Satz 2. *Wenn die Folge von Projektoren* $\{P_k\}_1^\infty$ *schwach gegen irgendeinen Projektor konvergiert, dann konvergiert sie auch stark gegen ihn.*

Beweis. Nach Voraussetzung gilt für jedes $h \in \mathrm{H}$

$$(P_k h, h) \to (Ph, h).$$

Das bedeutet

$$\|P_k h\| \to \|Ph\|.$$

Da aber die Folge $\{P_k h\}_1^\infty$ schwach gegen Ph konvergiert, konvergiert sie nach Satz 1 aus Nr. 26 auch stark, was zu zeigen war.

39. Die Öffnung zweier linearer Mannigfaltigkeiten.[1])

Definition. Unter der *Öffnung* zweier linearer Mannigfaltigkeiten in H versteht man die Norm der Differenz der Projektoren, die H auf die Abschließungen dieser linearen Mannigfaltigkeiten projizieren.

Die Öffnung der linearen Mannigfaltigkeiten M_1, M_2 wird durch das Symbol $\Theta(\mathrm{M}_1, \mathrm{M}_2)$ bezeichnet. Es ist daher

$$\Theta(\mathrm{M}_1, \mathrm{M}_2) = \|P_1 - P_2\| = \|P_2 - P_1\|,$$

wo P_1, P_2 die Projektoren auf die Abschließungen der linearen Mannigfaltigkeiten (Teilräume) $\overline{\mathrm{M}}_1$, $\overline{\mathrm{M}}_2$ sind.

Aus der gegebenen Definition folgt

$$\Theta(\mathrm{M}_1, \mathrm{M}_2) = \Theta(\overline{\mathrm{M}}_1, \overline{\mathrm{M}}_2) = \Theta(\mathrm{H} \ominus \overline{\mathrm{M}}_1, \mathrm{H} \ominus \overline{\mathrm{M}}_2).$$

Wir betrachten die Identität

$$P_2 - P_1 = P_2(I - P_1) - (I - P_2)P_1.$$

Ihre Anwendung auf das Element $h \in \mathrm{H}$ ergibt

$$(P_2 - P_1)h = P_2(I - P_1)h - (I - P_2)P_1 h.$$

Hieraus folgt auf Grund der leicht zu bestätigenden Orthogonalität der Vektoren $P_2(I - P_1)h$, $(I - P_2)P_1 h$

$$\begin{aligned} \|(P_2 - P_1)h\|^2 &= \|P_2(I - P_1)h\|^2 + \|(I - P_2)P_1 h\|^2 \\ &\leq \|(I - P_1)h\|^2 + \|P_1 h\|^2 = \|h^2\|. \end{aligned} \tag{1}$$

[1]) M. G. Krein und M. A. Krasnoselski [1], B. Sz.-Nagy [3].

Diese Ungleichung zeigt, daß die Öffnung zweier linearer Mannigfaltigkeiten den Wert 1 nicht übertrifft:

$$\Theta(\mathrm{M}_1, \mathrm{M}_2) \leqq 1 .$$

Wir sehen sogar noch mehr. Die Öffnung ist sicherlich gleich 1, wenn eine der Mannigfaltigkeiten einen von Null verschiedenen Vektor enthält, der zu der anderen Mannigfaltigkeit orthogonal ist. Diese Bemerkung gestattet es, das folgende Kriterium für die Gleichheit der Dimensionen zweier linearer Mannigfaltigkeiten zu geben.

Satz. *Ist die Öffnung zweier linearer Mannigfaltigkeiten* M_1, M_2 *kleiner als* 1, *so gilt*

$$\dim \mathrm{M}_1 = \dim \mathrm{M}_2 ,$$

d. h., die Dimensionen dieser linearen Mannigfaltigkeiten sind einander gleich.

Beweis. Es genügt zu beweisen, daß aus der Ungleichung

$$\dim \mathrm{M}_2 > \dim \mathrm{M}_1$$

die Existenz eines von Null verschiedenen Vektors in $\overline{\mathrm{M}}_2$ folgt, der zu $\overline{\mathrm{M}}_1$ orthogonal ist. Um dies zu zeigen, projizieren wir $\overline{\mathrm{M}}_1$ auf $\overline{\mathrm{M}}_2$. Wir erhalten den Teilraum

$$\mathrm{G} = P_2 \overline{\mathrm{M}}_1 ,$$

dessen Dimension offenbar nicht diejenige von $\overline{\mathrm{M}}_1$ übertrifft und folglich kleiner als die Dimension von $\overline{\mathrm{M}}_2$ ist. Daher existieren in $\overline{\mathrm{M}}_2 \ominus \mathrm{G}$ von Null verschiedene Vektoren, d. h., in $\overline{\mathrm{M}}_2$ gibt es einen von Null verschiedenen Vektor, der zu G orthogonal ist. Dieser Vektor wird zum ganzen Raum $\overline{\mathrm{M}}_1$ orthogonal sein, da der Unterraum $\overline{\mathrm{M}}_1 \ominus \mathrm{G}$ zu $\overline{\mathrm{M}}_2$ orthogonal ist.

Die Öffnung zweier linearer Mannigfaltigkeiten gestattet auch eine andere Definition:

$$\Theta(\mathrm{M}_1, \mathrm{M}_2) = \max \left\{ \sup_{f \in \overline{\mathrm{M}}_2,\, \|f\| = 1} \|(I - P_1) f\| ,\ \sup_{g \in \overline{\mathrm{M}}_1,\, \|g\| = 1} \|(I - P_2) g\| \right\} . \tag{2}$$

Die Größe

$$\|(I - P_1) f\| = D[f, \overline{\mathrm{M}}_1]$$

stellt die Entfernung des Punktes f von $\overline{\mathrm{M}}_1$ dar. Man kann daher die Formel (2) in der Form[1])

$$\Theta(\mathrm{M}_1, \mathrm{M}_2) = \max \left\{ \sup_{f \in \overline{\mathrm{M}}_2,\, \|f\| = 1} D[f, \overline{\mathrm{M}}_1] ,\ \sup_{g \in \overline{\mathrm{M}}_1,\, \|g\| = 1} D[g, \overline{\mathrm{M}}_2] \right\}$$

schreiben.

---

[1]) Die Bedeutung dieser Formel besteht darin, daß sie gestattet, die Öffnung zweier linearer Mannigfaltigkeiten nicht nur in einem HILBERT-Raum, sondern in einem beliebigen BANACH-Raum zu definieren. Siehe M. G. KREIN, M. A. KRASNOSELSKI, D. P. MILMAN [1].

Nun beweisen wir die Formel (2). Auf Grund der ursprünglichen Definition der Öffnung und der Formel (1) gilt

$$\begin{aligned}\Theta(\mathrm{M}_1, \mathrm{M}_2) &= \sup_{h \in \mathrm{H}} \frac{\|(P_2 - P_1) h\|}{\|h\|} \\ &= \sup_{h \in \mathrm{H}} \frac{\sqrt{\|P_2 (I - P_1) h\|^2 + \|(I - P_2) P_1 h\|^2}}{\|h\|}. \end{aligned} \tag{3}$$

Wir lassen den Vektor h nicht den ganzen Raum H, sondern nur den Teilraum $\overline{\mathrm{M}}_1$ durchlaufen. Die auf der rechten Seite stehende obere Grenze bleibt entweder ungeändert oder wird kleiner, d. h., es gilt

$$\begin{aligned}\Theta(\mathrm{M}_1, \mathrm{M}_2) &\geqq \sup_{h \in \overline{\mathrm{M}}_1} \frac{\sqrt{\|P_2 (I - P_1) h\|^2 + \|(I - P_2) P_1 h\|^2}}{\|h\|} \\ &= \sup_{h \in \overline{\mathrm{M}}_1} \frac{\|(I - P_2) h\|}{\|h\|} = \varrho_2 . \end{aligned}$$

Genau so beweist man die Ungleichung

$$\Theta(\mathrm{M}_1, \mathrm{M}_2) \geqq \sup_{h \in \overline{\mathrm{M}}_2} \frac{\|(I - P_1) h\|}{\|h\|} = \varrho_1 .$$

Damit ist schon die Ungleichung

$$\Theta(\mathrm{M}_1, \mathrm{M}_2) \geqq \max\{\varrho_1, \varrho_2)$$

bewiesen, und es ist noch die Gültigkeit der Ungleichung

$$\Theta(\mathrm{M}_1, \mathrm{M}_2) \leqq \max\{\varrho_1, \varrho_2\}$$

zu zeigen. Dazu bemerken wir, daß nach Definition der Größe ϱ_2 die Ungleichung

$$\|(I - P_2) P_1 h\|^2 \leqq \varrho_2^2 \|P_1 h\|^2 \tag{4}$$

gilt. Andererseits ist aber

$$\begin{aligned}\|P_2 (I - P_1) h\|^2 &= (P_2 \{I - P_1\} h, P_2 \{I - P_1\} h) \\ &= (P_2 \{I - P_1\} h, \{I - P_1\} h) \\ &= (P_2 \{I - P_1\} h, \{I - P_1\}^2 h) \\ &= (\{I - P_1\} P_2 \{I - P_1\} h, \{I - P_1\} h) \\ &\leqq \|(I - P_1) P_2 (I - P_1) h\| \cdot \|(I - P_1) h\| ,\end{aligned}$$

und folglich gilt nach Definition von ϱ_1

$$\|P_2 (I - P_1) h\|^2 \leqq \varrho_1 \|P_2 (I - P_1) h\| \cdot \|(I - P_1) h\| ,$$

d. h.

$$\|P_2 (I - P_1) h\| \leqq \varrho_1 \|(I - P_1) h\| . \tag{5}$$

Aus den Ungleichungen (4) und (5) folgt

$$\begin{aligned}||(I-P_2)P_1h||^2+||P_2(I-P_1)h||^2 &\leqq \varrho_2^2\,||P_1h||^2+\varrho_1^2\,||(I-P_1)h||^2\\ &\leqq \max\{\varrho_1^2,\varrho_2^2\}\,[||P_1h||^2+||(I-P_1)h||^2]\\ &= ||h||^2\max\{\varrho_1^2,\varrho_2^2\},\end{aligned}$$

und die Formel (3) ergibt

$$\Theta(\mathrm{M}_1,\mathrm{M}_2)\leqq\max\{\varrho_1,\varrho_2\}.$$

40. Unitäre Operatoren. Im dreidimensionalen euklidischen Raum ist nach der Projektion die nächsteinfache Operation die Drehung des Raumes. Diese Operation ändert die Längen der Vektoren und die Winkel zwischen ihnen nicht. Wir betrachten eine analoge Operation im HILBERT-Raum.

Definition. Ein auf dem ganzen Raum definierter Operator U ($\mathrm{D}_U=\mathrm{H}$), der den Raum auf sich abbildet ($\Delta_U=\mathrm{H}$), heißt *unitär*, wenn für beliebige $f,g\in\mathrm{H}$ die Gleichung

$$(Uf,Ug)=(f,g) \tag{1}$$

gilt.

Wir unterstreichen die Tatsache, daß in dieser Definition nicht die Linearität des Operators gefordert wird.

Zuerst beweisen wir, daß ein unitärer Operator einen inversen Operator besitzt, der ebenfalls unitär ist. Für die Existenz eines Inversen zum Operator T ist notwendig und hinreichend, daß aus $Tf=Tg$ die Gleichung $f=g$ folgt (siehe Nr. 17). Wir nehmen also an, es sei $Uf=Ug$. Dann gilt

$$\begin{aligned}0&=(Uf-Ug\,,\,Uf-Ug)\\ &=(Uf\,,\,Uf)-(Uf\,,\,Ug)-(Ug\,,\,Uf)+(Ug\,,\,Ug)\\ &=(f,f)-(f,g)-(g,f)+(g,g)=(f-g,f-g),\end{aligned}$$

d. h. $f=g$.

Der inverse Operator U^{-1} existiert also. Da $\mathrm{D}_{U^{-1}}=\Delta_U$, $\Delta_{U^{-1}}=\mathrm{D}_U$ ist, so ist U^{-1} genauso wie U auf dem ganzen Raum definiert und bildet ihn auf sich ab. Setzt man

$$Uf=f',\qquad Ug=g',$$

so läßt sich die Gleichung (1) in der Form

$$(f',g')=(U^{-1}f',U^{-1}g')$$

schreiben. Damit ist gezeigt, daß U^{-1} unitär ist, da f',g' beliebige Elemente von H sein können.

Aus dem Bewiesenen folgt, daß für beliebige $f,g\in\mathrm{H}$

$$(Uf,g)=(f,U^{-1}g). \tag{2}$$

Es sei nämlich $U^{-1}g=g'$, so daß $g=Ug'$ gilt. In diesem Falle ist

$$(Uf,Ug')=(f,g'),$$

und das ist mit (2) identisch.

Wir zeigen, daß ein unitärer Operator notwendig linear ist. Es sei nämlich

$$f = \alpha_1 f_1 + \alpha_2 f_2 .$$

In diesem Falle erhalten wir nach (2):

$$(U f, g) = (f, U^{-1} g) = \alpha_1 (f_1, U^{-1} g) + \alpha_2 (f_2, U^{-1} g)$$
$$= \alpha_1 (U f_1, g) + \alpha_2 (U f_2, g) = (\alpha_1 U f_1 + \alpha_2 U f_2, g) .$$

Da g beliebig ist, bedeutet dies, daß

$$U f = \alpha_1 U f_1 + \alpha_2 U f_2 .$$

Also ist ein unitärer Operator linear. Die Gleichung (2) zeigt, daß für einen unitären Operator der adjungierte mit dem inversen Operator zusammenfällt. Es gilt

$$U^* = U^{-1} ,$$

d. h.

$$U^* U = U U^* = I .$$

Oft ist die folgende einfache Aussage nützlich: *Wenn ein Operator linear ist, der Bedingung*

$$(T f, T f) = (f, f) \tag{3}$$

genügt und wenn $\mathrm{D}_T = \Delta_T = \mathrm{H}$ *ist, so ist* T *unitär.*

Beweis. Nach (3) gilt

$$(T \{f + \alpha g\}, T \{f + \alpha g\}) = (f + \alpha g, f + \alpha g) .$$

Hieraus folgt auf Grund der Linearität des Operators

$$(T f, T f) + \alpha (T g, T f) + \bar{\alpha} (T f, T g) + |\alpha|^2 (T g, T g)$$
$$= (f, f) + \alpha (g, f) + \bar{\alpha} (f, g) + |\alpha|^2 (g, g) .$$

Wieder gilt nach (3)

$$\alpha (T g, T f) + \bar{\alpha} (T f, T g) = \alpha (g, f) + \bar{\alpha} (f, g) .$$

Da α beliebig ist, so ergibt sich

$$(T f, T g) = (f, g) ,$$

und wir haben damit gezeigt, daß T unitär ist.

41. Isometrische Operatoren. Vorgegeben seien zwei HILBERT-Räume H_1 und H_2. Wir wollen die Skalarprodukte in den beiden Räumen dadurch unterscheiden, daß wir ihnen die Indizes 1 und 2 anfügen.

Definition. Ein auf dem ganzen Raum H_1 definierter Operator V ($\mathrm{D}_V = \mathrm{H}_1$), der diesen Raum auf den ganzen Raum H_2 abbildet ($\Delta_V = \mathrm{H}_2$), heißt *isometrisch*, wenn für beliebige $f, g \in \mathrm{H}_1$

$$(V f, V g)_2 = (f, g)_1 \tag{1}$$

gilt.

Insbesondere können H_1 und H_2 Teilräume desselben Raumes H sein. In diesem Falle erübrigt es sich, die Skalarprodukte durch Indizes zu unterscheiden. Oft wird der Ausdruck *isometrischer Operator* nur für diesen speziellen Fall verwendet; im allgemeinen Falle spricht man dann von einer *isometrischen Abbildung*.

Ein unitärer Operator in H ist ein Spezialfall eines isometrischen Operators; er ergibt sich, wenn beide Räume H_1 und H_2 mit H zusammenfallen.

Viele Eigenschaften unitärer Operatoren lassen sich auf beliebige isometrische Operatoren übertragen. Wir formulieren einige dieser Eigenschaften, wobei wir die Beweise, sobald sie sich nicht von den Beweisen entsprechender Eigenschaften unitärer Operatoren unterscheiden, weglassen.

1. *Ein isometrischer Operator besitzt einen inversen Operator, der ebenfalls isometrisch ist.*

2. *Wenn ein Operator V linear ist und den ganzen Raum* H_1 *auf den ganzen Raum* H_2 *abbildet und wenn für beliebige* $f \in H_1$

$$(Vf, Vf)_2 = (f, f)_1$$

gilt, so ist V ein isometrischer Operator.

3. *Jeder isometrische Operator ist linear.*

Es sei nämlich $f', f'' \in H_1$ und $f = \alpha' f' + \alpha'' f''$. Dann gilt für beliebiges $g \in H_1$

$$\begin{aligned}(Vf, Vg)_2 &= (f, g)_1 = \alpha'(f', g)_1 + \alpha''(f'', g)_1 \\ &= \alpha'(Vf', Vg)_2 + \alpha''(Vf'', Vg)_2 = (\alpha' Vf' + \alpha'' Vf'', Vg)_2 .\end{aligned}$$

Da $\Delta_V = H_2$ ist, so folgt aus der erhaltenen Gleichung

$$Vf = \alpha' Vf' + \alpha'' Vf'';$$

also ist V ein linearer Operator.

Implizit sind wir isometrischen Operatoren schon in Nr. 10 begegnet, als wir vom Begriff des Isomorphismus zweier Hilbert-Räume sprachen.

Manchmal betrachtet man sog. *partiell isometrische* Operatoren. Das sind lineare Operatoren U im Hilbert-Raum H, die auf einem Teilraum $D_V \subset H$ mit einem isometrischen Operator übereinstimmen und auf dem orthogonalen Komplement $H \ominus D_V$ Null sind. Die Teilräume D_V bzw. $\Delta_U \equiv \Delta_V$ heißen *Anfangsbereich* bzw. *Endbereich* des partiell isometrischen Operators.

Man macht sich leicht klar, daß mit U auch U^* ein partiell isometrischer Operator ist. Für U^* ist Δ_V der Anfangsbereich und D_V der Endbereich. Die beiden Operatoren U, U^* realisieren eine eineindeutige Abbildung dieser Bereiche aufeinander; es gilt deshalb

$$U^* U = P, \qquad U U^* = Q, \tag{2}$$

wo P und Q Projektoren auf D_V und Δ_V sind. Fällt einer der Räume D_V, Δ_V mit H zusammen, dann heißt der partiell isometrische Operator U *halbunitär*.

Zum Schluß der vorliegenden Nr. führen wir einen wichtigen Begriff ein, der im weiteren mehrfach vorkommen wird.

Definition. T_1 und T_2 seien lineare Operatoren, die in den Räumen H_1 und H_2 definiert sind, so daß $\mathrm{D}_{T_1} \subseteq \mathrm{H}_1$, $\Delta_{T_1} \subseteq \mathrm{H}_1$, $\mathrm{D}_{T_2} \subseteq \mathrm{H}_2$, $\Delta_{T_2} \subseteq \mathrm{H}_2$ (insbesondere können die Räume H_1, H_2 zusammenfallen).

Die Operatoren T_1 und T_2 heißen *unitär äquivalent*, wenn es einen isometrischen Operator V gibt, der H_1 in H_2 und D_{T_1} in D_{T_2} überführt, so daß folgendes gilt: Ist g Bild von $f \in \mathrm{D}_{T_1}$ bei V, so ist $T_2 g$ Bild von $T_1 f$ bei V. Mit anderen Worten: Die unitäre Äquivalenz bedeutet, daß

$$\mathrm{D}_{T_2} = V\,\mathrm{D}_{T_1}$$

und

$$T_1 = V^{-1}\,T_2\,V$$

ist.

42. Der FOURIER-PLANCHEREL-Operator. Gegenstand der vorliegenden Nr. ist der Beweis des folgenden Satzes von PLANCHEREL: *Für jede Funktion* $g(t) \in \mathrm{L}^2(-\infty, \infty)$ *existiert für fast alle* t $(-\infty < t < \infty)$ *die Funktion*

$$\frac{1}{\sqrt{2\pi}}\frac{d}{dt}\int\limits_{-\infty}^{\infty}\frac{e^{-ist}-1}{-is}\,g(s)\,ds = h(t)\,. \tag{1}$$

Diese gehört zu $\mathrm{L}^2(-\infty, \infty)$. *Der durch diese Formel definierte Operator* $\mathfrak{F}$, *der* $g(t)$ *in* $h(t)$ *überführt, ist unitär. Der inverse Operator hat die Form*

$$g(t) = \mathfrak{F}^{-1}\,h(t) = \frac{1}{\sqrt{2\pi}}\frac{d}{dt}\int\limits_{-\infty}^{\infty}\frac{e^{ist}-1}{is}\,h(s)\,ds\,.$$

Der Operator $\mathfrak{F}$ heißt FOURIER-PLANCHEREL-*Operator*. Wenn man annimmt, daß die Funktion $g(t)$ auf der ganzen reellen Achse absolut integrierbar ist, so läßt sich Formel (1) in der Form

$$h(t) = \frac{1}{\sqrt{2\pi}}\int\limits_{-\infty}^{\infty} e^{-ist}g(s)\,ds \tag{2}$$

schreiben. In diesem Falle ist also $h(t)$ das FOURIER-*Integral* im elementaren Sinne. Die auf der ganzen Zahlenachse absolut integrierbaren und zu $\mathrm{L}^2(-\infty, \infty)$ gehörigen Funktionen bilden in $\mathrm{L}^2(-\infty, \infty)$ eine überall dichte lineare Mannigfaltigkeit L. Die Bedeutung des Satzes von PLANCHEREL besteht darin, daß mit seiner Hilfe der elementare FOURIER-Operator, der auf L durch (2) gegeben wird, auf ganz $\mathrm{L}^2(-\infty, \infty)$ ausgedehnt wird.

Dieser Zugang gestattet es, eine andere Definition des FOURIER-PLANCHEREL-Operators zu geben. $g(t)$ sei eine beliebige Funktion aus $\mathrm{L}^2(-\infty, \infty)$, und es sei

$$g_N(t) = \begin{cases} g(t) & (-N \leqq t \leqq N), \\ 0 & (|t| > N)\,. \end{cases}$$

Eine Funktion, die außerhalb eines endlichen Intervalles (das von der Funktion abhängt) verschwindet, wird als *finite* Funktion bezeichnet.

$g_N(t)$ ist deshalb eine finite Funktion. Da sie absolut integrierbar ist, gilt also

$$\mathfrak{F}\, g_N(t) = \frac{1}{\sqrt{2\pi}} \int_{-\infty}^{\infty} e^{-ist} g_N(s)\, ds = \frac{1}{\sqrt{2\pi}} \int_{-N}^{N} e^{-ist} g(s)\, ds\,.$$

Auf Grund der Beschränktheit des Operators $\mathfrak{F}$ ist

$$\lim_{N\to\infty} \|\mathfrak{F}\, g - \mathfrak{F}\, g_N\| = 0$$

oder

$$h(t) = \mathfrak{F}\, g(t) = \lim_{N\to\infty} \frac{1}{\sqrt{2\pi}} \int_{-N}^{N} e^{-ist} g(s)\, ds\,. \tag{3}$$

Dies ist die sich aus (1) ergebende Definition des FOURIER-PLANCHEREL-Operators.

Man sieht leicht, daß Definition (1) ihrerseits aus Definition (3) folgt. In der Tat gilt für beliebiges $f(t) \in L^2(-\infty, \infty)$

$$\lim_{N\to\infty} (\mathfrak{F}\, g_N, f) = (\mathfrak{F}\, g, f)\,. \tag{4}$$

Wir setzen

$$f(t) = \begin{cases} 1 & (0 \leqq t \leqq \tau)\,, \\ 0 & \text{außerhalb des Intervalls } [0, \tau] \end{cases}$$

und schreiben (4) in der Form

$$\lim_{N\to\infty} \int_0^{\tau} dt\, \frac{1}{\sqrt{2\pi}} \int_{-N}^{N} e^{-ist} g(s)\, ds = \int_0^{\tau} (\mathfrak{F}\, g)(t)\, dt$$

oder nach Integration, Grenzübergang und Ersetzung von τ durch t in der Form

$$\frac{1}{\sqrt{2\pi}} \int_{-\infty}^{\infty} \frac{e^{-ist} - 1}{-is}\, g(s)\, ds = \int_0^{t} (\mathfrak{F}\, g)(t)\, dt\,.$$

Diese Beziehung zeigt aber, daß

$$(\mathfrak{F}\, g)(t) = \frac{1}{\sqrt{2\pi}} \frac{d}{dt} \int_{-\infty}^{\infty} \frac{e^{-ist} - 1}{-is}\, g(s)\, ds\,.$$

Es gibt verschiedene Beweise des Satzes von PLANCHEREL. Der wesentliche Punkt in allen diesen Beweisen besteht jedoch darin, daß der durch (2) auf der Menge $L \subset L^2(-\infty, \infty)$ definierte Operator $\mathfrak{F}_0$ die Norm der Vektoren ungeändert läßt und daß dieser Operator die Mannigfaltigkeit L in eine in $L^2(-\infty, \infty)$ dichte Menge überführt. Ist dies bewiesen und dehnt man den Operator $\mathfrak{F}_0$ durch Stetigkeit auf ganz $L^2(-\infty, \infty)$ aus, so erhält man den durch die Formel (3) definierten Operator $\mathfrak{F}$. Der Definitionsbereich dieses Operators ist dann der ganze Raum $L^2(-\infty, \infty)$. Da aber $\mathfrak{F}$ die Normen der Vektoren invariant läßt und sein Wertebereich in $L^2(-\infty, \infty)$ dicht liegt, ist sein Wertebereich offensichtlich der ganze Raum.[1]) Um den Beweis zu Ende zu führen, genügt es zu zeigen, daß der inverse Operator $\mathfrak{F}^{-1}$ durch Ersetzen von i durch $-i$ entsteht.

Es genügt, den angedeuteten Beweis für irgendeine Menge $L_0 \subset L$ durchzuführen, wenn nur diese Menge in $L^2(-\infty, \infty)$ dicht liegt und durch den Operator $\mathfrak{F}_0$ in eine in $L^2(-\infty, \infty)$ dichte Menge übergeführt wird. Man kann z. B. für L_0 die Menge aller stückweise konstanten finiten Funktionen wählen.

Vom Standpunkt der Geometrie des HILBERT-Raumes ist es besonders lehrreich, für L_0 die in $L^2(-\infty, \infty)$ dichte Menge der Funktionen

$$f(t) = P(t)\, e^{-\frac{t^2}{2}} \tag{5}$$

zu wählen, wo $P(t)$ die Gesamtheit aller Polynome durchläuft. Jede Funktion (5) kann in der Form

$$f(t) = \alpha_0 \varphi_0(t) + \alpha_1 \varphi_1(t) + \cdots + \alpha_n \varphi_n(t) \tag{6}$$

dargestellt werden, wo die $\varphi_k(t)$ $(k = 0, 1, 2, \ldots)$ die Funktionen von TSCHEBYSCHEW-HERMITE sind. Aus der Orthogonalität dieser Funktionen (s. Nr. 12) folgt

$$\int_{-\infty}^{\infty} |f(t)|^2\, dt = \sqrt{\pi} \sum_{k=0}^{n} 2^k \cdot k!\, |\alpha_k|^2 .$$

Wir wenden jetzt den Operator $\mathfrak{F}_0$ auf die Funktion $f(t)$ an. Dazu bedienen wir uns der Identität

$$\frac{1}{\sqrt{2\pi}} \int_{-\infty}^{\infty} e^{-ist} (-1)^k e^{\frac{s^2}{2}} \frac{d^k e^{-s^2}}{ds^k}\, ds = i^k e^{\frac{t^2}{2}} \frac{d^k e^{-t^2}}{dt^k} \tag{7}$$

$$(k = 0, 1, 2, \ldots),$$

die weiter unten bewiesen wird. (7) hat

$$\mathfrak{F}_0 \varphi_k = (-i)^k \varphi_k \qquad (k = 0, 1, 2, \ldots)$$

zur Folge. Auf Grund dieser Relation gilt

$$h(t) \equiv \mathfrak{F}_0 f(t) = \alpha_0 \varphi_0(t) + (-i)^1 \alpha_1 \varphi_1(t) + \cdots + (-i)^n \alpha_n \varphi_n(t) \tag{8}$$

---

[1]) Würde nämlich das Gegenteil gelten, so könnte man den inversen Operator $\mathfrak{F}^{-1}$ auf den ganzen Raum $L^2(-\infty, +\infty)$ ausdehnen. Der erhaltene isometrische Operator würde zwei gleiche Werte in mindestens zwei verschiedenen Punkten annehmen. Dies ist aber unmöglich.

und somit

$$\int_{-\infty}^{\infty} |h(t)|^2 \, dt = \int_{-\infty}^{\infty} |f(t)|^2 \, dt \, .$$

Daraus ersieht man, daß der Operator $\mathfrak{F}_0$ die Normen der Elemente von L_0 unverändert läßt und daß der Wertebereich von $\mathfrak{F}_0$ die Menge L_0 enthält und folglich in $\mathrm{L}^2(-\infty, \infty)$ dicht liegt. (6) und (8) zeigen auch, daß man beim Übergang von $\mathfrak{F}_0$ zu $\mathfrak{F}_0^{-1}$ lediglich i durch $-i$ ersetzen muß.

Damit ist alles auf den Beweis der Identität (7) zurückgeführt, der sich so ergibt[1]):

$$\begin{aligned}
\frac{1}{\sqrt{2\pi}} \int_{-\infty}^{\infty} e^{-ist}(-1)^k e^{\frac{s^2}{2}} \frac{d^k e^{-s^2}}{ds^k} \, ds &= \frac{1}{\sqrt{2\pi}} \int_{-\infty}^{\infty} e^{-s^2} \frac{d^k}{ds^k} \left(e^{-ist+\frac{s^2}{2}}\right) ds \\
&= \frac{1}{\sqrt{2\pi}} e^{\frac{t^2}{2}} \int_{-\infty}^{\infty} e^{-s^2} \frac{d^k}{ds^k} e^{\frac{(s-it)^2}{2}} \, ds \\
&= \frac{1}{\sqrt{2\pi}} e^{\frac{t^2}{2}} \int_{-\infty}^{\infty} i^k \, e^{-s^2} \frac{d^k}{dt^k} e^{\frac{(s-it)^2}{2}} \, ds \\
&= \frac{i^k}{\sqrt{2\pi}} e^{\frac{t^2}{2}} \frac{d^k}{dt^k} \int_{-\infty}^{\infty} e^{-\frac{s^2}{2}-\frac{t^2}{2}-ist} \, ds = i^k e^{\frac{t^2}{2}} \frac{d^k e^{-t^2}}{dt^k} \, .
\end{aligned}$$

Als Übungsaufgabe empfehlen wir dem Leser zu verifizieren, daß im Raume $\mathrm{L}^2(0, \infty)$ die durch die Formeln

$$(\mathfrak{F}_c \, g)(t) = \sqrt{\frac{2}{\pi}} \frac{d}{dt} \int_0^{\infty} \frac{\sin s\,t}{s} g(s) \, ds = \sqrt{\frac{2}{\pi}} \underset{N\to\infty}{\mathrm{l.\,i.\,m.}} \int_0^N g(s) \cos s\,t \, ds \, ,$$

$$(\mathfrak{F}_s \, g)(t) = \sqrt{\frac{2}{\pi}} \frac{d}{dt} \int_0^{\infty} \frac{1-\cos s\,t}{s} g(s) \, ds = \sqrt{\frac{2}{\pi}} \underset{N\to\infty}{\mathrm{l.\,i.\,m.}} \int_0^N g(s) \sin s\,t \, ds$$

definierten Operatoren $\mathfrak{F}_c$, $\mathfrak{F}_s$ unitär sind.

Diese Operatoren genügen den Relationen

$$\mathfrak{F}_c^* = \mathfrak{F}_c^{-1} = \mathfrak{F}_c \, ,$$

$$\mathfrak{F}_s^* = \mathfrak{F}_s^{-1} = \mathfrak{F}_s$$

und sind folglich sogar selbstadjungiert.

---

[1]) Im Grunde genommen benutzt man zum Beweis die Gleichung

$$\frac{1}{\sqrt{2\pi}} \int_{-\infty}^{\infty} e^{-\frac{s^2}{2}} e^{-ist} ds = e^{-\frac{t^2}{2}} \, ,$$

die einen Spezialfall ($k = 0$) der Identität (7) darstellt und die aus der elementaren Analysis oder der Funktionentheorie bekannt ist.

KAPITEL IV

EINIGE ALLGEMEINE BEGRIFFE UND SÄTZE AUS DER THEORIE DER LINEAREN OPERATOREN

43. Abgeschlossene Operatoren. Im Kapitel II wurde die allgemeine Definition eines linearen Operators gegeben. Wir haben jedoch bisher nur beschränkte, d. h. stetige, überall in H definierte Operatoren betrachtet.

In diesem Kapitel kommen wir zur Untersuchung linearer Operatoren, von denen wir keine Stetigkeit verlangen. Es zeigt sich, daß in vielen Fällen statt der Stetigkeit das Bestehen einer verwandten, jedoch weniger einschränkenden Eigenschaft, der sog. Abgeschlossenheit, völlig ausreicht.

Definition. Ein (nicht notwendig linearer) Operator T heißt *abgeschlossen*, wenn aus dem Bestehen der Relationen

$$f_n \in \mathrm{D}_T\,, \quad \lim_{n\to\infty} f_n = f\,, \quad \lim_{n\to\infty} T f_n = g$$

die Eigenschaften

$$f \in \mathrm{D}_T\,, \qquad T f = g$$

folgen.

Der Unterschied zwischen Abgeschlossenheit und Stetigkeit besteht also in folgendem: Ist ein Operator T stetig, so folgt aus der Existenz des Grenzwertes $\lim\limits_{n\to\infty} f_n$ $(f_n \in \mathrm{D}_T)$ notwendigerweise die Existenz von $\lim\limits_{n\to\infty} T f_n$; ist jedoch der Operator T nur abgeschlossen, dann folgt nicht unbedingt aus der Konvergenz der Folge

$$f_1, f_2, f_3, \ldots \qquad (f_n \in \mathrm{D}_T) \tag{1}$$

die Konvergenz der Folge

$$T f_1, T f_2, T f_3, \ldots\,. \tag{2}$$

Die Eigenschaft der Abgeschlossenheit besagt nur, daß zwei Folgen von der Form (2) nicht gegen zwei verschiedene Grenzwerte konvergieren können, sobald die entsprechenden Folgen (1) gegen denselben Grenzwert konvergieren.

Diese letzte Forderung bedeutet noch nicht, daß der Operator T abgeschlossen ist; sie garantiert jedoch die Existenz von *abgeschlossenen Erweiterungen* des Operators T, wenn T selbst nicht abgeschlossen ist.

Unter diesen abgeschlossenen Erweiterungen ist eine *minimale abgeschlossene Erweiterung* ausgezeichnet, die in jeder abgeschlossenen Erweiterung des Operators T enthalten ist. Die minimale abgeschlossene Erweiterung ist eindeutig durch den Operator T bestimmt. Sie wird mit T bezeichnet und heißt die

Abschließung von T. Um $\overline{T}$ zu erhalten, braucht man nur zu D_T alle Elemente $f \in \overline{D}_T$ hinzuzufügen, welche Limites von solchen Folgen (1) sind, die konvergente Folgen (2) erzeugen. Nun hat man nur noch

$$\overline{T} f = \lim_{n \to \infty} T f_n$$

zu setzen.

Man beweist leicht (den Beweis überlassen wir dem Leser), daß folgende Behauptung richtig ist: Wenn ein Operator T abgeschlossen ist, dann sind auch die Operatoren $T - \lambda I$ und T^{-1} abgeschlossen (wenn der letztere überhaupt existiert).

Zum Schluß bringen wir ein einfaches Beispiel eines Operators im $L^2(0, 1)$, der keine Abschließung erlaubt. Dieser Operator ist durch die Formel

$$T f = x f(1)$$

auf allen in $[0, 1]$ stetigen Funktionen $f(x)$ definiert. Der Definitionsbereich D_T ist deshalb dicht in $L^2(0, 1)$. Man überzeugt sich leicht davon, daß der Operator T nicht abgeschlossen ist und auch nicht abschließbar ist. In der Tat: Wir können zwei Folgen stetiger Funktionen $\{f_n(x)\}_1^\infty$ und $\{h_n(x)\}_1^\infty$ konstruieren, die in $L^2(0, 1)$ gegen einen gemeinsamen Grenzwert konvergieren; jedoch so, daß $f_n(1) \to 1$ und $h_n(1) \to 0$ gilt. Dann ergibt sich $T f_n \to x$ und $T h_n \to 0$, d. h., die Grenzwerte der Folgen $\{T f_n\}_1^\infty$ und $\{T h_n\}_1^\infty$ existieren, sind aber verschieden.

44. Allgemeine Definition eines adjungierten Operators. Als wir in Nr. 25 den adjungierten Operator eines in ganz H definierten beschränkten Operators A definierten, gingen wir davon aus, daß jedem Element g eindeutig ein Element g^* zugeordnet ist, für das bei beliebigem f die Gleichung

$$(A f, g) = (f, g^*)$$

gilt. Nehmen wir einen beliebigen Operator T, so können wir wieder das Skalarprodukt

$$(T f, g) \tag{1}$$

betrachten. f durchlaufe dabei ganz D_T. Jetzt kann man noch nicht behaupten, daß für jedes Element g der Ausdruck (1) als Funktion des Vektors f, der D_T durchläuft, in der Form

$$(f, g^*)$$

darstellbar ist. Es lassen sich jedoch im allgemeinen Paare g, g^* so bestimmen, daß die Gleichung

$$(T f, g) = (f, g^*) \tag{2}$$

für alle $f \in D_T$ besteht. Diese Gleichung gilt nämlich bestimmt für $g = g^* = 0$.

Allein auf Grund der Existenz von Paaren g, g^*, für welche die Gleichung (2) für alle $f \in D_T$ gilt, kann man noch nicht den zu T adjungierten Operator T^* einführen. Es ist noch notwendig, daß das Element g^* eindeutig durch das Element g bestimmt wird. Diese Forderung kann erfüllt werden genau dann, wenn D_T in H dicht liegt. Ist nämlich D_T in H nicht dicht und ist z. B. das Element h orthogonal zu D_T, so würde neben der Gleichung (2) für alle $f \in D_T$

die Gleichung

$$(Tf, g) = (f, g^* + h)$$

gelten.

Ist dagegen D_T in H dicht und bestehen für alle $f \in D_T$ die Beziehungen

$$(Tf, g) = (f, g_1^*),$$
$$(Tf, g) = (f, g_2^*),$$

so ist für alle $f \in D_T$

$$(f, g_1^* - g_2^*) = 0.$$

Dies ist jedoch nur möglich, falls $g_1^* \neq g_2^*$ ist.

Ist D_T dicht in H, so besitzt also T einen adjungierten Operator T^*; sein Definitionsbereich ist die Menge aller g, für die ein g^* der Eigenschaft (2) bei beliebigem $f \in D_T$ existiert, und es ist

$$T^* g = g^*.$$

Wir bringen jetzt eine Reihe von einfachen Sätzen über adjungierte Operatoren. Der Beweis dieser Sätze folgt unmittelbar aus der Definition.

1. Der Operator T^* ist linear.
2. Wenn $S \subset T$ ist, so ist $S^* \supseteq T^*$.
3. Der Operator T^* ist stets abgeschlossen, ohne daß dabei der Operator T abgeschlossen zu sein braucht.
4. Wenn der Operator T eine Abschließung $\overline{T}$ besitzt, dann ist $(\overline{T})^* = T^*$.
5. Wenn der Operator T^{**} existiert, dann ist

$$T \subseteq T^{**}.$$

Dieser letzte Satz zeigt, daß die Möglichkeit, den Operator T abzuschließen, eine notwendige Bedingung für die Existenz des Operators T^{**} ist. Ist diese Bedingung auch hinreichend für die Existenz des Operators T^{**}? Diese Frage lassen wir bis zur Nr. 51 offen. Dort werden wir untersuchen, ob eine Verallgemeinerung der in Nr. 25 für in ganz H definierte beschränkte Operatoren bewiesenen Gleichung $T^{**} = T$ auf den Fall beliebiger Operatoren möglich ist.

T sei jetzt ein beliebiger linearer Operator mit in H dichtem Definitionsbereich D_T und G die Menge aller $g \in D_T$, für die $Tg = 0$ gilt. Offenbar ist die Menge G linear (falls T abgeschlossen ist, ist sie auch abgeschlossen). Sie heißt *Nullmannigfaltigkeit* des Operators T; falls T abgeschlossen ist, heißt sie *Nullteilraum*. Wir überlassen es dem Leser, den folgenden einfachen aber wichtigen Satz zu beweisen.

Satz 1. *Die Nullmannigfaltigkeit* G^* *des zu* T *adjungierten Operators* T^* *und der Wertebereich des Operators* T *sind zueinander orthogonal. Dabei ist*

$$G^* = H \ominus \overline{\Delta}_T$$

(*unabhängig davon, ob* Δ_T *abgeschlossen ist oder nicht*).

Zum Schluß der vorliegenden Nr. beweisen wir den folgenden Satz.

Satz 2. *Der lineare Operator T habe einen inversen Operator T^{-1}, und es seien D_T und $D_{T^{-1}}$ dicht in H, so daß die Operatoren T^* und $(T^{-1})^*$ existieren. Dann gilt die Gleichung*

$$(T^*)^{-1} = (T^{-1})^* . \tag{3}$$

Beweis. Wir vereinbaren zunächst, daß f den Bereich D_T und g den Bereich $D_{(T^{-1})^*}$ durchläuft. Dann gilt

$$(f, g) = (T^{-1} T f, g) = \big(T f, (T^{-1})^* g\big) .$$

Aus dieser Gleichung ist aber zu erkennen, daß

$$(T^{-1})^* g \in D_{T^*}$$

und

$$T^*(T^{-1})^* g = g \tag{4'}$$

gilt.

Wenn andererseits f den Bereich $D_{T^{-1}}$ und h den Bereich D_{T^*} durchläuft, dann gilt

$$(f, h) = (T T^{-1} f, h) = (T^{-1} f, T^* h) .$$

Daraus folgt, daß

$$T^* h \in D_{(T^{-1})^*}$$

und

$$(T^{-1})^* T^* h = h \tag{4''}$$

gilt.

Aus den Beziehungen (4′) und (4″) ist ersichtlich, daß

$$(T^*)^{-1} = (T^{-1})^*$$

erfüllt ist.

45. Eigenvektoren, invariante Teilräume und Reduzibilität linearer Operatoren. Eine Zahl λ heißt *Eigenwert* eines linearen Operators T, wenn ein Vektor $f \neq 0$ derart existiert, daß

$$T f = \lambda f \tag{1}$$

ist. Dabei heißt der Vektor f ein *Eigenvektor* des Operators T (genau ein zum Eigenwert λ gehöriger Eigenvektor).

Wenn der Operator T abgeschlossen ist, dann bildet die durch Hinzunahme des Nullvektors entstehende Menge aller zu einem vorgegebenen Eigenwert λ gehörigen Eigenvektor einen (endlich- oder unendlich-dimensionalen) Teilraum. Dieser Teilraum heißt *Raum der Eigenlösungen* des Operators T; seine Dimension heißt die *Vielfachheit des Eigenwertes* λ.

Allgemeiner als der Begriff des Raums der Eigenlösungen ist der Begriff des invarianten Teilraums.

Ein Teilraum $H_1 \subseteq H$ heißt ein *invarianter Teilraum* eines Operators T, wenn dieser Operator jedes zu H_1 gehörige Element aus D_T wieder in ein Element aus H_1 überführt, d. h., wenn aus der Beziehung

$$f \in D_T \cap H_1$$

gleichzeitig

$$T f \in \mathrm{H}_1$$

folgt.

Man kann sagen, der Operator T *erzeugt* im invarianten Teilraum H_1 einen Operator T_1 mit den Eigenschaften

$$\mathrm{D}_{T1} = \mathrm{D}_T \cap \mathrm{H}_1 , \qquad T_1 \subseteq T .$$

Dieser Operator T_1 heißt der in H_1 gelegene *Teil des Operators* T.

Wir bemerken, daß jeder *endlich-dimensionale* invariante Teilraum wenigstens einen Eigenwert enthält, wie aus der linearen Algebra bekannt ist.

Wenn H_1 ein invarianter Teilraum des Operators T ist, so braucht das orthogonale Komplement $\mathrm{H} \ominus \mathrm{H}_1$ kein invarianter Teilraum des betrachteten Operators zu sein. Wir nehmen jedoch an, daß die beiden Teilräume

$$\mathrm{H}_1, \mathrm{H}_2 = \mathrm{H} \ominus \mathrm{H}_1$$

invariante Teilräume des Operators T sind. T_1, T_2 seien die in H_1 bzw. in H_2 gelegenen Teile des Operators T.

Läßt sich nun die Untersuchung des Operators T auf die Untersuchung der beiden Operatoren T_1, T_2 zurückführen?

Die Antwort ist offenbar positiv, wenn der Operator T in ganz H definiert ist. Denn wählen wir $h \in \mathrm{H}$ beliebig aus, so können wir

$$h = h_1 + h_2$$

setzen mit $h_1 \in \mathrm{H}_1$, $h_2 \in \mathrm{H}_2$. Damit erhalten wir die Darstellung

$$T h = T_1 h_1 + T_2 h_2 .$$

Ist der Operator T nicht überall in H definiert, so bleibt dieser Schluß nur unter der Bedingung richtig, daß die Projektion auf H_1 keine Elemente aus D_T hinausführt. Es gilt nämlich der Satz:

Satz 1. *Wenn der Teilraum* H_1 *und sein orthogonales Komplement* H_2 *invariante Teilräume des Operators T sind und wenn die Projektion auf* H_1 *keine Elemente aus* D_T *hinausführt, dann gilt für alle* $f \in \mathrm{D}_T$

$$T f = T_1 f_1 + T_2 f_2 .$$

T_1, T_2 *sind hier die in* H_1 *bzw. in* H_2 *gelegenen Teile von* T, f_1 *und* f_2 *die Projektionen von* f *auf* H_1 *bzw.* H_2.

Definition. Erfüllt ein Teilraum H_1 die Bedingungen des Satzes 1, so sagt man, er *reduziere* den Operator T.

Man sieht die folgende Aussage leicht ein. Wenn der Teilraum H_1 den Operator T reduziert, so reduziert auch das orthogonale Komplement H_2 den Operator T.

Triviale Teilräume, die T reduzieren, sind der Nullraum und H selbst. Wenn der Operator T keine weiteren reduzierenden Teilräume besitzt, so heißt er irreduzibel.

Satz 2. *P sei der Projektionsoperator auf den Teilraum* G. *Dann ist der Operator T durch den Raum* G *reduzibel genau dann, wenn aus $f \in \mathrm{D}_T$ die Beziehungen*

$$1.\ Pf \notin D_T \quad \textit{und} \quad 2.\ PTf = TPf$$

folgen, d. h., wenn T mit dem Operator P vertauschbar ist.

Beweis. Die Bedingung ist notwendig. Wenn nämlich der Teilraum G den Operator T reduziert, dann folgt aus $f \in \mathrm{D}_T$, daß $Pf \in D_T$ ist; damit ist 1. bewiesen. Um 2. zu beweisen, setzen wir

$$f = g + h$$

mit

$$g = Pf .$$

Da G den Operator T reduziert, ist

$$Tf = Tg + Th$$

($Tg \in \mathrm{G}$, $Th \in \mathrm{H} \ominus \mathrm{G}$). Daher gilt

$$PTf = PTg = Tg$$

und damit die Gleichung

$$PTf = TPf .$$

Genau so einfach beweist man, daß die Bedingung des Satzes auch hinreichend ist.

Man sagt, der Projektionsoperator P *reduziere* T, wenn der Teilraum G, auf den der Operator P projiziert, den Operator T reduziert.

Man kann nun die Strukturuntersuchung des Operators T auf die Untersuchung der ihn reduzierenden Teilräume und der in diesen Räumen gelegenen Teil des Operators T zurückführen. Dies geschieht mit Hilfe des folgenden Satzes.

Satz 3. *Die Teilräume H_k ($k = 1, 2, \ldots, n$; $n \leqq \infty$) seien paarweise orthogonal, und es sei*

$$\mathrm{H} = \sum_k \oplus \mathrm{H}_k .$$

Ferner sei T ein linearer Operator, der durch jeden der Teilräume H_k reduziert wird. Für $n = \infty$ setzen wir ihn als abgeschlossen voraus. Schließlich sei P_k der auf H_k projizierende Operator und T_k der in H_k gelegene Teil von T.

Unter diesen Voraussetzungen gehört ein Element f genau dann zu D_T, wenn die Relationen

$$P_k f \in \mathrm{D}_{T_k} \quad \textit{und} \quad \sum_{k=1}^{n} \|T_k P_k f\|^2 < \infty \tag{2}$$

erfüllt sind; dabei gilt die Gleichung

$$Tf = \sum_{k=1}^{n} T_k P_k f . \tag{3}$$

Beweis. Sei $f \in \mathrm{D}_T$. Da H_k den Operator T reduziert, so ist $P_k f \in \mathrm{D}_T$ und damit

$$P_k f \in \mathrm{D}_T \cap \mathrm{H}_k = \mathrm{D}_{T_k}.$$

Außerdem ist $P_k T f = T P_k f$. Daher gilt die Gleichung

$$T f = \sum_{k=1}^{n} P_k T f = \sum_{k=1}^{n} T P_k f = \sum_{k=1}^{n} T_k P_k f.$$

Hieraus ergibt sich für $n = \infty$ die Konvergenz der Reihe

$$\sum_{k=1}^{\infty} ||T_k P_k f||^2.$$

Wir nehmen jetzt an, die Bedingungen (2) seien erfüllt. Für $n < \infty$ folgt aus der Linearität von D_T, daß f zu D_T gehört und die Gleichung (3) richtig ist. Für $n = \infty$ folgt aus der Linearität von D_T zunächst, daß die Summe

$$\sum_{k=1}^{r} P_k f \qquad (r = 1, 2, 3, \ldots)$$

zu D_T gehört. Aus der Konvergenz der Reihe

$$\sum_{k=1}^{\infty} ||T_k P_k f||^2$$

folgt die Konvergenz der Reihe

$$\sum_{k=1}^{\infty} T_k P_k f = \lim_{r \to \infty} T \left(\sum_{k=1}^{r} P_k f\right).$$

Hieraus ergeben sich wegen der Abgeschlossenheit des Operators T die Beziehungen

$$f \in \mathrm{D}_T \quad \text{und} \quad T f = \sum_{k=1}^{\infty} T_k P_k f.$$

Bemerkung: Der Satz gilt auch dann noch, wenn der Raum H in eine nichtabzählbare Menge von Teilräumen H_α zerfällt. Dies folgt schon daraus, daß jeder der Vektoren f, $T f$ höchstens abzählbar viele, von Null verschiedene Projektionen auf die Teilräume H_α besitzt (s. Nr. 10).

Zum Schluß dieser Nr. betrachten wir ein charakteristisches Beispiel.

Der Raum H sei separabel und $\{e_k\}_{k=-\infty}^{\infty}$ eine orthonormierte Basis von H. Wir betrachten einen linearen Operator U_0. An den Stellen e_k sei er durch die Gleichungen

$$U_0 e_k = e_{k+1} \qquad (-\infty < k < \infty)$$

gegeben und dann stetig erweitert. U_0 ist ein unitärer Operator. Die abgeschlossene lineare Hülle G der Gesamtheit der Vektoren $\{e_k\}_{k=q}^{\infty}$ ist für irgendein $q > -\infty$ ein invarianter Teilraum des Operators U_0; G reduziert jedoch den Operator U_0 nicht. In der Tat, ist P der auf G projizierende Operator, so gilt offenbar

$$U_0 P e_{q-1} = 0, \quad P U_0 e_{q-1} = P e_q = e_q,$$

also ist

$$U_0 P \neq P U_0 .$$

Der Operator U_0 ist ein Beispiel für einen Operator, der keine Eigenvektoren besitzt.

Nehmen wir nämlich an, es sei

$$U_0 f = \lambda f, \quad f = \sum_{k=-\infty}^{\infty} \alpha_k e_k \neq 0,$$

so bedeutet dies, daß die Gleichung

$$\sum_{k=-\infty}^{\infty} \alpha_k e_{k+1} = \lambda \sum_{k=-\infty}^{\infty} \alpha_k e_k$$

besteht, aus der

$$\alpha_k = \lambda \alpha_{k+1} \qquad (-\infty < k < \infty)$$

folgt. Wegen

$$(f, f) = (U_0 f, U_0 f) = (\lambda f, \lambda f) = |\lambda|^2 (f, f)$$

und $f \neq 0$ ergibt sich nun $|\lambda| = 1$ und daher

$$|\alpha_k| = |\alpha_0| \qquad (\pm k = 1, 2, 3, \ldots),$$

was jedoch der Voraussetzung

$$0 < \sum_{k=-\infty}^{\infty} |\alpha_k|^2 < \infty$$

widerspricht.

Da U_0 keine Eigenvektoren besitzt, gibt es offenbar keine endlich-dimensionalen Teilräume, die U_0 reduzieren. Später (s. Nr. 54) werden wir die Existenz unendlich-dimensionaler Teilräume zeigen, die U_0 reduzieren.

46. Symmetrische Operatoren. Ein linearer Operator A heißt *symmetrisch*[1]), wenn

a) der Definitionsbereich D_A in H dicht liegt

und

b) für je zwei Elemente f, g aus D_A die Gleichung

$$(A f, g) = (f, A g)$$

besteht.

Aus der Definition folgt, daß das Skalarprodukt $(A f, f)$ für alle $f \in D_A$ reell ist. Es kann vorkommen, daß für ein reelles γ die Beziehung

$$(A f, f) \geqq \gamma (f, f)$$

für alle $f \in D_A$ erfüllt ist. In diesem Fall heißt der symmetrische Operator A *halbbeschränkt nach unten* und der größte γ-Wert, bei dem diese Ungleichung noch erfüllt ist, heißt *untere Grenze*[2]) des Operators A. (Analog kann man einen

[1]) Statt „symmetrisch" sagt man oft auch „hermitesch".

[2]) Für beschränkte selbstadjungierte Operatoren wurde dieser Begriff in Nr. 25 eingeführt.

nach oben halbbeschränkten Operator und seine *obere Grenze* definieren.) Wenn insbesondere

$$(Af, f) \geqq 0 \qquad (f \in D_A)$$

gilt, dann heißt der Operator A *positiv*.

Ist ein symmetrischer Operator beschränkt, so ist seine stetige Erweiterung überall in H definiert. Sie ist dann offenbar ein beschränkter selbstadjungierter Operator (s. Nr. 25).

Wenn jedoch ein symmetrischer Operator unbeschränkt ist, dann kann nach dem Theorem aus Nr. 28 sein Definitionsbereich nicht mit dem ganzen Raum zusammenfallen.

Für spätere Hinweise formulieren wir dieses Ergebnis als

Satz 1. *Wenn ein symmetrischer Operator A in ganz H definiert ist, dann ist er selbstadjungiert und beschränkt.*

Ist A ein symmetrischer Operator, so ist offenbar

$$A \subseteq A^* .$$

Da aber ein adjungierter Operator stets abgeschlossen ist, so zeigt diese Relation, daß ein symmetrischer Operator stets eine Abschließung gestattet.

Ist B eine symmetrische Erweiterung eines Operators A, so ist $B \subseteq A^*$, d. h., *jede symmetrische Erweiterung des Operators A ist in dem adjungierten Operator A^* enthalten.*

Es folgt nämlich aus $B \supseteq A$ die Beziehung $B^* \subseteq A^*$. Dabei beachte man, daß $B \subseteq B^*$ ist.

Ein Operator, der mit seinem adjungierten Operator zusammenfällt ($A = A^*$), heißt *selbstadjungiert*. Er besitzt keine symmetrischen Erweiterungen.

Ein symmetrischer Operator, der keine symmetrischen Erweiterungen besitzt, aber nicht mit seinem adjungierten Operator übereinstimmt ($A \subset A^*$), heißt ein *maximaler* symmetrischer Operator.

Satz 2. *Ein symmetrischer Operator A, dessen Wertebereich Δ_A der ganze Raum ist, ist ein selbstadjungierter Operator.*

Beweis. Es ist zu zeigen, daß jedes Element g aus D_{A^*} zu D_A gehört. Es sei also $g \in D_{A^*}$ und $A^* g = g^*$. Da nach Voraussetzung $\Delta_A = H$ ist, gibt es ein Element $h \in D_A$ derart, daß $A h = g^*$ ist. Damit ergibt sich für alle $f \in D_A$ die Gleichung

$$(Af, g) = (f, g^*) = (f, Ah) = (Af, h) .$$

Da aber $\Delta_A = H$ ist, so ist $g = h$, d. h. $g \in D_A$, und der Satz ist bewiesen.

Satz 3. *Besitzt ein selbstadjungierter Operator A einen inversen Operator, dann ist dieser inverse Operator selbstadjungiert* (beschränkt oder unbeschränkt).

Beweis. Wir zeigen, daß der Definitionsbereich des inversen Operators oder, was dasselbe ist, der Wertebereich von A in H dicht liegt. Die letzte Bedingung gilt in der Tat, da sonst ein zu Δ_A orthogonaler Vektor $h \neq 0$ existieren würde. Dann würde jedoch aus der für alle $f \in D_A$ gültigen Gleichung $(Af, h) = 0$ folgen, daß $h \in D_A$ und $A h = 0$ gilt. Das widerspricht aber der Existenz des inversen Operators.

Nun braucht nur noch Satz 2 aus Nr. 44 angewandt zu werden.

Satz 4. *Die Eigenwerte eines symmetrischen Operators sind reell. Die zu zwei verschiedenen Eigenwerten λ_1, λ_2 eines symmetrischen Operators gehörenden Eigenvektoren f_1, f_2 sind orthogonal.*

Ist nämlich

$$A f = \lambda f \qquad (f \neq 0)\,,$$

dann gilt

$$(A f, f) = \lambda(f, f)\,.$$

Da für symmetrische Operatoren $(A f, f)$ reell ist und da $(f, f) > 0$, muß λ reell sein.

Damit ist die erste Behauptung bewiesen.

Zum Beweis der zweiten Behauptung setzen wir

$$A f_1 = \lambda_1 f_1\,, \qquad A f_2 = \lambda_2 f_2\,, \qquad \lambda_1 \neq \lambda_2\,.$$

Dann gilt

$$\lambda_1(f_1, f_2) = (A f_1, f_2) = (f_1, A f_2) = \lambda_2(f_1, f_2)$$

und damit

$$(\lambda_1 - \lambda_2)(f_1, f_2) = 0\,.$$

Daraus folgt aber

$$(f_1, f_2) = 0\,.$$

Satz 5. *Ist* G *ein invarianter Teilraum des symmetrischen Operators A und führt die Projektion auf* G *keine Elemente aus* D_A *hinaus, so reduziert der Teilraum* G *den Operator A.*

Beweis. Auf Grund des Satzes 1 in Nr. 45 genügt es zu beweisen, daß der Teilraum $H \ominus G$ ein invarianter Teilraum des Operators A ist.

Wir betrachten ein beliebiges Element f aus D_A, das zu $H \ominus G$ gehört. Unter den Voraussetzungen des Satzes gilt dann die Gleichung

$$(A f, P g) = (f, A P g) = 0\,,$$

wo g ganz D_A durchläuft. P ist der auf G projizierende Operator. Damit ergibt sich für alle $g \in D_A$ die Gleichung

$$(A f, P g) = 0$$

oder

$$(P A f, g) = 0\,.$$

Da D_A in H dicht liegt, ist

$$P A f = 0$$

und daher

$$A f \in H \ominus G\,,$$

womit der Satz bewiesen ist.

Zum Schluß erwähnen wir den folgenden Hilfssatz, den wir später gebrauchen werden.

Hilfssatz. *Eine lineare Mannigfaltigkeit* $\mathrm{D}\,(\mathrm{D}_A \subset \mathrm{D} \subset \mathrm{D}_{A^*})$ *ist der Definitionsbereich einer selbstadjungierten Erweiterung eines symmetrischen Operators A genau dann, wenn* D *gleich der Gesamtheit aller Elemente f aus* D_{A^*} *ist, die für alle* $g \in \mathrm{D}$ *der Bedingung*

$$(A^* f, g) = (f, A^* g)$$

genügen.

Der Beweis dieses Hilfssatzes folgt unmittelbar aus den Betrachtungen des vorliegenden Paragraphen.

47. Einige Sätze über isometrische und unitäre Operatoren. In diesem Paragraphen betrachten wir isometrische Operatoren im engeren Sinne, d. h. solche Operatoren V, deren Definitionsbereich D_V und Wertebereich Δ_V Unterräume desselben Raumes H sind. Ein isometrischer Operator heißt *maximal*, wenn er keine isometrischen Erweiterungen besitzt.

Satz 1[1]). *Die Eigenwerte eines isometrischen Operators haben den absoluten Betrag* 1.

Beweis. Setzt man

$$Vf = \lambda f,$$

so besteht die Gleichung

$$(f, f) = (Vf, Vf) = (\lambda f, \lambda f) = |\lambda|^2 (f, f),$$

aus der $|\lambda| = 1$ folgt, da $(f, f) \neq 0$ ist.

Satz 2. *Die zu zwei verschiedenen Eigenwerten* λ_1, λ_2 *gehörigen Eigenvektoren* f_1, f_2 *sind orthogonal.*

Beweis. Setzen wir

$$Vf_1 = \lambda_1 f_1, \qquad Vf_2 = \lambda_2 f_2,$$

so gilt die Gleichung

$$(f_1, f_2) = (Vf_1, Vf_2) = (\lambda_1 f_1, \lambda_2 f_2) = \lambda_1 \overline{\lambda_2} (f_1, f_2),$$

und es ergibt sich

$$(1 - \lambda_1 \overline{\lambda_2})(f_1, f_2) = 0.$$

Also ist

$$(f_1, f_2) = 0,$$

da $1 - \lambda_1 \overline{\lambda_2} \neq 0$ ist.

Satz 3. *Ein Teilraum* G *reduziert einen unitären Operator U genau dann, wenn der Teilraum für die beiden Operatoren* U, U^{-1} *invariant ist.*

Beweis. Reduziert G den Operator U, so ist $\mathrm{H} \ominus \mathrm{G}$ ein invarianter Teilraum des Operators U; d. h., für jedes $f \in \mathrm{H} \ominus \mathrm{G}$ und jedes $g \in G$ gilt die Gleichung

$$(Uf, g) = 0,$$

und es folgt daraus

$$(f, U^{-1} g) = 0.$$

[1]) Im wesentlichen haben wir diesen Umstand schon in Nr. 45 aufgedeckt.

Dies bedeutet aber gerade, daß $U^{-1} g \in G$ ist, d. h., daß G ein invarianter Teilraum für U^{-1} ist.

Sei umgekehrt G invariant bezüglich des Operators U^{-1}. Dann gilt für jedes $f \in H \ominus G$ und jedes $g \in G$ die Gleichung

$$(U f, g) = (f, U^{-1} g) = 0 .$$

Es zeigt sich also, daß der Teilraum $H \ominus G$ bezüglich des Operators U invariant ist. Nach Voraussetzung ist G außerdem bezüglich U invariant; also reduziert G den Operator U.

48. Der Begriff des Spektrums. In der linearen Algebra versteht man unter dem Spektrum einer quadratischen Form die Gesamtheit ihrer Eigenwerte. Ganz ähnlich wird in der elementaren Theorie der Integralgleichungen das Spektrum einer Gleichung als Gesamtheit der Eigenwerte des entsprechenden Integraloperators definiert. Dabei zeigt sich, daß eine inhomogene (Vektor- oder Funktional-) Gleichung, die den Parameter λ enthält, für jede beliebige rechte Seite lösbar und sogar eindeutig lösbar ist, wenn λ nicht zum Spektrum gehört. Sie ist stets dann nicht eindeutig lösbar, wenn λ ein Element des Spektrums ist.

Wir wenden uns jetzt den allgemeinen Betrachtungen zu. Es sei ein auf einer in H dichten Mannigfaltigkeit D_T definierter linearer abgeschlossener Operator T vorgegeben. Wir bezeichnen mit λ einen komplexwertigen Parameter und betrachten die Operatorgleichung

$$T f - \lambda f = g .$$

Die Untersuchung dieser Gleichung wird auf die Untersuchung der linearen Mannigfaltigkeit $\Delta_T(\lambda)$ zurückgeführt, welche der Vektor $(T - \lambda I) f$ durchläuft, wenn f den Bereich D_T überstreicht. Man kann $\Delta_T(\lambda)$ auch kurz in der Form $\Delta_T(\lambda) = (T - \lambda I) D_T$ schreiben. Der Operator $T - \lambda I = T_\lambda$ stellt eine (nicht notwendig eineindeutige) Zuordnung zwischen D_T und $\Delta_T(\lambda)$ her. Ist diese Zuordnung eineindeutig, so besitzt der Operator $(T - \lambda I)$ einen inversen Operator $(T - \lambda I)^{-1}$ mit dem Definitionsbereich $\Delta_T(\lambda)$ und dem Wertebereich D_T.

Definition 1. Diejenigen Werte des Parameters λ, für die der inverse Operator $(T - \lambda I)^{-1}$ existiert, in ganz H definiert $(\Delta_T(\lambda) = H)$ und beschränkt ist, heißen *reguläre Werte* (oder *reguläre Punkte*) des Operators T. Alle übrigen Punkte der komplexen Ebene bilden das *Spektrum* des Operators T.

In den obengenannten, der linearen Algebra und der elementaren Theorie der Integralgleichungen entnommenen Beispielen besteht das Spektrum des Operators aus allen seinen Eigenwerten. Allgemein jedoch wird das Spektrum durch die Gesamtheit der Eigenwerte noch nicht erschöpft. Der folgende Satz 1 charakterisiert gerade die Eigenwerte eines Operators als solche Parameterwerte λ, für die der Operator $T - \lambda I$ kein Inverses besitzt. Daneben kann aber noch der Fall eintreten, daß für den betrachteten Parameterwert λ wohl der inverse Operator $(T - \lambda I)^{-1}$ existiert, dieser jedoch nicht überall in H definiert oder unbeschränkt ist.

Satz 1. *Die durch den Operator $T - \lambda I$ hergestellte Zuordnung zwischen D_T und $\Delta_T(\lambda)$ ist genau dann eineindeutig, wenn λ kein Eigenwert des Operators T ist.*

Beweis. Wenn der Operator $T - \lambda I$ keine eineindeutige Zuordnung zwischen D_T und $\Delta_T(\lambda)$ herstellt, so gibt es Vektoren $f_1, f_2 \in D_T$ $(f_1 \neq f_2)$ derart, daß die Beziehungen

$$T f_1 - \lambda f_1 = g\,, \qquad T f_2 - \lambda f_2 = g$$

bestehen. Folglich ist

$$T f = \lambda f\,,$$

wo $f = f_1 - f_2 \neq 0$ ist, d. h., λ ist ein Eigenwert des Operators T.

Der Beweis der umgekehrten Behauptung ist genau so leicht und kann vom Leser selbst durchgeführt werden.

Ohne die Untersuchungen im allgemeinen Falle auszuführen, die eine genaue Betrachtung aller möglichen Voraussetzungen bezüglich des Operators $(T - \lambda I)^{-1}$ und des Gebietes $\Delta_T(\lambda)$ erfordern würde, beschränken wir uns auf den wichtigen Fall, daß der Ausgangsoperator ein selbstadjungierter Operator ist. (Wir werden ihn nicht mit T, sondern mit A bezeichnen.)

Satz 2. *Eine Zahl λ ist ein Eigenwert des selbstadjungierten Operators A genau dann, wenn*

$$\overline{\Delta_A(\lambda)} \neq H$$

ist.

Beweis. Es sei λ ein Eigenwert des Operators A, so daß

$$A f = \lambda f \qquad (f \neq 0)$$

ist. Dann gilt für jedes $h \in D_A$ die Gleichung

$$(f, \{A - \lambda I\} h) = (A f - \lambda f, h) = 0\,,$$

und damit ist

$$f \perp \Delta_A(\lambda)\,.$$

Dies ist jedoch nur für $\overline{\Delta_A(\lambda)} \neq H$ möglich.

Nehmen wir umgekehrt $\overline{\Delta_A(\lambda)} \neq H$ an, so gibt es einen von Null verschiedenen Vektor f, der zur Mannigfaltigkeit $\Delta_A(\lambda)$ orthogonal ist. Daher gilt für jedes $h \in D_A$ die Gleichung

$$(f, \{A - \lambda I\} h) = 0\,.$$

Hieraus folgt, daß $f \in D_{A^*}$ und

$$A^* f = \bar{\lambda} f$$

ist. Es ist jedoch $A^* = A$ und damit

$$A f = \bar{\lambda} f\,,$$

d.h., $\bar{\lambda}$ ist ein Eigenwert des Operators A (und kann folglich nur reell sein).

In diesem Beweis haben wir auch schon die Gültigkeit des folgenden Satzes gezeigt.

Satz 2*. *Der zum Eigenwert λ des Operators A gehörige Eigenraum ist das orthogonale Komplement in* H *der linearen Mannigfaltigkeit* $\Delta_A(\lambda) = (A - \lambda I)\,\mathrm{D}_A$.

Satz 3. *Alle nicht reellen Punkte λ der komplexen Ebene sind reguläre Punkte des selbstadjungierten Operators A.*

Beweis. Die Zahl $\lambda = \xi + i\eta\ (\eta \neq 0)$ kann nicht Eigenwert des Operators A sein. Daher existiert nach Satz 1 der Operator $(A - \lambda I)^{-1}$.
Setzen wir

$$(A - \lambda I) f = g\,,$$

so gilt die Beziehung

$$\begin{aligned}\|g\|^2 &= (\{A - \xi I\} f - i\eta f, \{A - \xi I\} f - i\eta f)\\ &= \|\{A - \xi I\} f\|^2 + i\eta(\{A - \xi I\} f, f) - i\eta(f, \{A - \xi I\} f) + \eta^2 \|f\|^2\\ &= \|\{A - \xi I\} f\|^2 + \eta^2 \|f\|^2\,,\end{aligned}$$

aus der

$$\|f\| \leqq \frac{1}{|\eta|}\|g\|$$

und somit

$$\|(A - \lambda I)^{-1} g\| \leqq \frac{1}{|\eta|}\|g\|$$

folgt.

Da diese Beziehung für alle $g \in \Delta_A(\lambda)$ richtig ist, ist der Operator $(A - \lambda I)^{-1}$ beschränkt.

λ ist kein Eigenwert des Operators A. Daher gilt nach Satz 2

$$\overline{\Delta_A(\lambda)} = \mathrm{H}\,.$$

Es bleibt noch zu beweisen, daß die Mannigfaltigkeit $\Delta_A(\lambda)$ abgeschlossen ist. Wir nehmen an, es sei $\Delta_A(\lambda) \neq \overline{\Delta_A(\lambda)}$. Da der Operator $(A - \lambda I)^{-1}$ beschränkt ist, kann man ihn auf $\overline{\Delta_A(\lambda)}$ erweitern. Diese Erweiterung fällt mit der Abschließung des Operators $(A - \lambda I)^{-1}$ zusammen. Dieser ist also nicht abgeschlossen. Dies ist jedoch unmöglich, da die Abgeschlossenheit des Operators A schon die Abgeschlossenheit des Operators $(A - \lambda I)^{-1}$ nach sich zieht.

Folgerung 1. *Das Spektrum eines selbstadjungierten Operators liegt auf der reellen Achse.*

Folgerung 2. *Einen regulären Punkt eines selbstadjungierten Operators A kann man als einen solchen Wert des Parameters λ definieren, für den $\Delta_A(\lambda) = \mathrm{H}$ ist.*

Beweis. Ist λ ein nicht reeller Punkt, dann ist er nach Satz 3 ein regulärer Punkt. Ist λ reell und $\Delta_A(\lambda) = \mathrm{H}$, so ist nach Satz 2 λ kein Eigenwert des Operators A. Daher existiert nach Satz 1 ein in ganz H definierter inverser Operator $(A - \lambda I)^{-1}$. Dieser Operator ist selbstadjungiert und folglich beschränkt (s. den Anfang der Nr. 46). Jetzt kann man die Definition 1 anwenden.

Ohne mit der Definition 1 in Widerspruch zu kommen, können wir die folgende Definition aufstellen.

Definition 2. Ist A ein selbstadjungierter Operator, so ist λ ein *regulärer* Punkt für $\Delta_A(\lambda) = \mathrm{H}$ und ein Punkt des *Spektrums* für $\Delta_A(\lambda) \neq \mathrm{H}$.

Eine Klassifizierung der Punkte des Spektrums eines selbstadjungierten Operators gibt die folgende

Definition 3. Der Wert λ gehört zum *Punktspektrum* des selbstadjungierten Operators A, wenn $\overline{\Delta_A(\lambda)} \neq \mathrm{H}$; λ gehört zum *kontinuierlichen Spektrum*, wenn $\Delta_A(\lambda) \neq \overline{\Delta_A(\lambda)}$ oder wenn λ ein Eigenwert mit unendlicher Vielfachheit ist.

Wir bemerken, daß mit dieser Definition der Fall nicht ausgeschlossen ist, daß λ gleichzeitig zu beiden Teilen des Spektrums gehört, selbst in dem Fall, wenn λ kein Eigenwert unendlicher Vielfachheit ist.

Nach Satz 2 fällt das Punktspektrum eines Operators mit der Gesamtheit seiner Eigenwerte zusammen. Die Menge aller isolierten Punkte des Spektrums, ausgenommen Eigenwerte unendlicher Vielfachheit, wird manchmal als *diskretes* Spektrum bezeichnet.[1])

Zum Schluß dieser Nr. beweisen wir den folgenden Satz:

Satz 4. *Das Spektrum eines selbstadjungierten Operators ist abgeschlossen.*

Beweis. Es genügt zu zeigen, daß die Menge der regulären Punkte eines selbstadjungierten Operators A offen ist.

Es sei λ_0 ein regulärer Punkt. Dann gibt es eine Zahl $k > 0$ derart, daß für alle $f \in \mathrm{D}_A$ die Ungleichung

$$\|Af - \lambda_0 f\| \geqq k\,\|f\|$$

gilt. Wenn $0 < \delta \leqq \frac{1}{2} k$ ist, so besteht für $|\lambda - \lambda_0| \leqq \delta$ und für alle $f \in \mathrm{D}_A$ die Ungleichung

$$\|Af - \lambda f\| \geqq \|Af - \lambda_0 f\| - \delta\,\|f\| \geqq \frac{1}{2} k\,\|f\|\,.$$

Hieraus sieht man erstens, daß λ kein Eigenwert des Operators A ist, so daß $\overline{\Delta_A(\lambda)} = \mathrm{H}$ ist, zweitens, daß der inverse Operator $(A - \lambda I)^{-1}$ beschränkt ist. Die Gleichung $\Delta_A(\lambda) = \overline{\Delta_A(\lambda)}$ folgt aus der Abgeschlossenheit des Operators A. Damit sind alle Punkte λ der Umgebung $|\lambda - \lambda_0| < \delta$ regulär, und der Satz ist bewiesen.

49. Die Resolvente. Wie in der vorigen Nr. beginnen wir mit einem beliebigen abgeschlossenen linearen Operator T, dessen Definitionsbereich in H dicht liegt. Danach wenden wir uns einem selbstadjungierten Operator A zu.

Als *Resolvente* eines Operators T bezeichnet man den vom Parameter λ abhängigen Operator

$$R_\lambda = (T - \lambda I)^{-1}\,.$$

---

[1]) Im weiteren ergibt sich (siehe Nr. 93), daß das diskrete Spektrum ein Teil des Punktspektrums ist.

Er wird auf der Menge aller Werte λ betrachtet, für die er existiert und für die sein Definitionsbereich, d. h. $\Delta_T(\lambda)$, in H dicht liegt.

In jedem regulären Punkt des Operators T ist die Resolvente R_λ ein im ganzen Raum definierter beschränkter Operator.

Der Operator R_λ stellt eine eineindeutige Zuordnung zwischen $\Delta_T(\lambda)$ und D_T her. Hieraus folgt insbesondere, daß $h = 0$ ist, wenn für einen regulären Punkt λ des Operators T die Gleichung $R_\lambda h = 0$ gilt.

Satz 1. *Für je zwei reguläre Werte λ, μ des Operators T gilt die Gleichung*

$$R_\mu - R_\lambda = (\mu - \lambda) R_\mu R_\lambda$$

(die sog. Hilbert-Relation).

Beweis. Da λ, μ reguläre Punkte des Operators T sind, bestehen für jedes $h \in H$ die Gleichungen

$$R_\lambda h = R_\mu (T - \mu I) R_\lambda h ,$$

$$R_\mu h = R_\mu (T - \lambda I) R_\lambda h .$$

Ziehen wir die erste Gleichung von der zweiten ab, so erhalten wir die gesuchte Relation.

Aus der Hilbert-Relation folgt die Vertauschbarkeit der Resolventen für alle regulären Werte λ, μ:

$$R_\lambda R_\mu = R_\mu R_\lambda .$$

Dies ist ein Spezialfall des folgenden allgemeinen Satzes.

Satz 2. *Notwendig für die Vertauschbarkeit eines Operators T mit einem beschränkten, überall in H definierten Operator S ist die Vertauschbarkeit des Operators S mit der Resolvente $R_\lambda = (T - \lambda I)^{-1}$ für jeden regulären Wert λ; hinreichend dafür ist, daß S und R_λ wenigstens für einen regulären Wert λ vertauschbar sind.*

Beweis. Wir nehmen zunächst an, die beiden Operatoren T und S seien vertauschbar, d. h., die Gleichung

$$T S f = S T f$$

gelte für jedes $f \in D_T$.

Ist λ ein regulärer Punkt des Operators T und gilt

$$f = R_\lambda h ,$$

so durchläuft f den Bereich D_T, wenn h den ganzen Raum H durchläuft. Aus der Vertauschbarkeit der Operatoren T und S folgt für jedes $f \in D_T$ die Gleichung

$$(T - \lambda I) S f = S (T - \lambda I) f$$

und damit auch die Formel

$$R_\lambda (T - \lambda I) S f = R_\lambda S (T - \lambda I) f .$$

Dies zeigt, daß im Falle der Vertauschbarkeit der Operatoren T und S

$$S R_\lambda h = R_\lambda S h .$$

Der Beweis des zweiten Teils der Behauptung ist genau so einfach.

Wir wenden uns jetzt einem selbstadjungierten Operator A zu und wollen seine Resolvente R_λ auch für die Eigenwerte (d. h. für die Punkte des diskreten Spektrums) erklären. Danach ist dann die Resolvente eines selbstadjungierten Operators für alle Punkte λ der Ebene definiert.

Es sei also λ' ein Eigenwert des Operators A. Wir bezeichnen mit $G_{\lambda'}$ den zu λ' gehörigen Eigenraum des Operators A, der bekanntlich A reduziert. A' sei der in $\mathrm{H} \ominus \mathrm{G}_{\lambda'} = \mathrm{H}'$ gelegene Teil des Operators A. Man sieht leicht ein, daß A' ein selbstadjungierter Operator in H' ist, für den λ' kein Eigenwert ist. Wir definieren $R_{\lambda'}$ durch die Gleichung

$$R_{\lambda'} = (A' - \lambda' I)^{-1} .$$

Der Definitionsbereich des Operators $R_{\lambda'}$ ist eine in H' dichte Mannigfaltigkeit $\Delta_{A'}(\lambda')$. Sie ist gleich der Menge aller Punkte

$$(A' - \lambda' I) f' = (A - \lambda' I) f' ,$$

wenn der Punkt f' den Bereich $\mathrm{D}_{A'}$ durchläuft. Offenbar wird dieselbe Mannigfaltigkeit durch den Punkt

$$(A - \lambda' I) f$$

beschrieben, wenn der Punkt f die Menge D_A durchläuft. Es gilt daher die Gleichung

$$\Delta_{A'}(\lambda') = \Delta_A(\lambda') .$$

Den Wertebereich des Operators $R_{\lambda'}$ erhält man durch Projektion von D_A auf das orthogonale Komplement des zum Eigenwert λ' gehörigen Eigenraumes.

Wir zeigen zum Schluß dieser Nr., daß die Gleichung

$$(R_\lambda)^* = R_{\bar\lambda} \tag{1}$$

besteht, sobald λ nicht zum Punktspektrum gehört (R_λ besitzt dann nämlich keinen adjungierten Operator.)

In der Tat gilt wegen Satz 2 aus Nr. 44

$$(R_\lambda)^* = [(A - \lambda I)^{-1}]^* = [(A - \lambda I)^*]^{-1} = (A - \bar\lambda I)^{-1} = R_{\bar\lambda} ,$$

womit Formel (1) bewiesen ist.

50. Die Konjugation.[1]) So nennt man einen in ganz H definierten Operator J, der für alle $f, g \in \mathrm{H}$ die Eigenschaften

1. $(J f, J g) = \overline{(f, g)}$,
2. $J^2 f = f$

besitzt.

Aus 2. folgt, daß der Wertebereich des Operators J wieder der ganze Raum ist. Man kann nämlich jeden Vektor $h \in \mathrm{H}$ in der Form $h = J g$ darstellen; man setze nur $g = J h$.

[1]) Die Ergebnisse der vorliegenden Nr. werden nur im Anhang II benutzt.

Statt der gewöhnlichen Linearität hat der Operator J die folgende Eigenschaft: Es ist stets

$$J(\alpha f + \beta g) = \overline{\alpha}\, J f + \overline{\beta}\, J g .$$

Setzen wir nämlich in 1.

$$g = J h$$

ein (dabei durchlaufe h ganz H), so erhalten wir die Gleichung

$$(J f, h) = \overline{(f, J h)} .$$

Hieraus ergibt sich die Gleichung

$$\begin{aligned}(J(\alpha f + \beta g), h) &= \overline{(\alpha f + \beta g, J h)} = \overline{\alpha}\overline{(f, J h)} + \overline{\beta}\overline{(g, J h)} \\ &= \overline{\alpha}(J f, h) + \overline{\beta}(J g, h) = (\overline{\alpha}\, J f + \overline{\beta}\, J g, h) ,\end{aligned}$$

womit die Behauptung bewiesen ist.

Ein Beispiel einer Konjugation in L^2 ist die Operation des Übergangs zur konjugiert-komplexen Funktion:

$$J \varphi(t) = \overline{\varphi(t)} .$$

Zu jeder Konjugation in einem separablen Raum kann man eine orthonormierte Basis $\{e_k\}_1^\infty$ so wählen, daß aus

$$f = \sum_{k=1}^{\infty} x_k e_k$$

die Gleichung

$$J f = \sum_{k=1}^{\infty} \overline{x}_k e_k$$

folgt. Den Beweis dieser einfachen Tatsache überlassen wir dem Leser.

Definition. Ein symmetrischer Operator A heißt *reell* bezüglich einer gegebenen Konjugation J, wenn die Operatoren A und J vertauschbar sind, d. h., wenn mit $f \in D_A$ auch $J f \in D_A$ und

$$J A f = A J f$$

gilt.

Satz. *Ist A ein bezüglich einer gegebenen Konjugation J reeller selbstadjungierter Operator, so genügt die Resolvente des Operators A für alle nicht reellen λ der Gleichung*

$$R_\lambda = J R_\lambda^* J . \tag{1}$$

Beweis. Wenden wir die Konjugation auf beide Seiten der Gleichung

$$(A - \lambda I) R_\lambda = E$$

an, so erhalten wir die Gleichung

$$J(A - \lambda I) R_\lambda = J .$$

Da der Operator A bezüglich des Operators J reell ist, finden wir die Beziehung

$$(A - \overline{\lambda} I) J R_\lambda = J .$$

Wenden wir jetzt wieder auf beide Seiten den Operator $J R_{\bar{\lambda}}$ an, so ergibt sich die Gleichung

$$R_\lambda = J R_{\bar{\lambda}} J .$$

Dies war aber gerade zu beweisen, da $R_{\bar{\lambda}} = R_\lambda^*$ ist.

Ist T ein linearer Operator mit einem in H dichten Definitionsbereich, J eine vorgegebene Konjugation, dann kann man in Analogie zur Terminologie der Matrizentheorie den Operator $J T^* J$ den zu T *transponierten* Operator nennen und mit T' bezeichnen. Die soeben bewiesene Relation (1) schreibt sich dann in der Form

$$R'_\lambda = R_\lambda .$$

51. Die Methode der Graphen. Wir betrachten die Menge der Paare $\{f, g\}$, wobei die *Abszisse* f und die *Ordinate* g einen HILBERT-Raum H durchlaufen. Wir wollen diese Paare auffassen als Elemente der orthogonalen Summe der Räume $H_1 \oplus H_2$, wo $H_1 = H_2 = H$ (siehe Nr. 7).

Den HILBERT-Raum $H \oplus H$, der durch diese Paare gebildet wird, bezeichnen wir mit $\mathbf{H}$.

Es sei T irgendein Operator in H. Dann nennt man die Gesamtheit $\mathbf{M}(T)$ aller Punkte der Form $\{f, T f\}$ den *Graphen* des Operators T.

Alle Punkte der Menge $\mathbf{M}(T)$ sind durch ihre Abszissen eindeutig bestimmt. Sind umgekehrt alle Punkte einer Menge $\mathbf{M}$ aus $\mathbf{H}$ eindeutig durch ihre Abszissen bestimmt, so existiert in H ein Operator T, dessen Graph die Menge $\mathbf{M}$ ist.

Ganz einfach zeigt sich am Graphen, ob ein Operator T abgeschlossen ist oder nicht; ein Operator T ist nämlich genau dann abgeschlossen, wenn in $\mathbf{H}$ die Punktmenge $\mathbf{M}(T)$ abgeschlossen ist. Da man jede Menge in $\mathbf{H}$ abschließen kann, mag es auf Grund des Gesagten so erscheinen, als gestattet jeder Operator T in H eine Abschließung. Es ist jedoch so, daß die Abschließung des Graphen $\mathbf{M}(T)$ eines Operators T zu einer Menge $\overline{\mathbf{M}(T)}$ führen kann, bei der die Punkte nicht mehr eindeutig durch die Abszissen bestimmt sind. Dann ist aber die Menge $\overline{\mathbf{M}(T)}$ kein Graph, d. h., sie wird durch keinen Operator erzeugt. Wenn jedoch die Menge $\overline{\mathbf{M}(T)}$ keine zwei Punkte mit gleichen Abszissen enthält, so besitzt der Operator T eine Abschließung $\overline{T}$, und es ist $\mathbf{M}(\overline{T}) = \overline{\mathbf{M}(T)}$.

Man sieht die folgende Tatsache leicht ein. Ist der Operator T linear, so ist die Menge $\mathbf{M}(T)$ eine lineare Mannigfaltigkeit in H.

Nun definieren wir überall in $\mathbf{H}$ einen Operator $\mathbf{U}$ durch die Gleichung

$$\mathbf{U}\{f, g\} = \{g, -f\} .$$

$\mathbf{U}$ ist ein unitärer Operator. Sein Wertebereich ist nämlich der ganze Raum $\mathbf{H}$, andererseits gilt

$$\begin{aligned}(\mathbf{U}\{f_1, g_1\}, \mathbf{U}\{f_2, g_2\}) &= (\{g_1, -f_1\}, \{g_2, -f_2\}) \\ &= (g_1, g_2) + (f_1, f_2) = (\{f_1, g_1\}, \{f_2, g_2\}) .\end{aligned}$$

Wir bemerken ferner, daß $\mathbf{U}^2 = -\mathbf{I}$ ist.

Jetzt wenden wir die Methode der Graphen zur Lösung der in Nr. 44 aufgestellten Fragen bezüglich der Existenz von T^{**} und der Gleichung $T^{**} = \overline{T}$ an.

Dazu betrachten wir die Gleichung

$$(Tf, g) - (f, g^*) = (\{Tf, -f\}, \{g, g^*\}) = (\mathbf{U}\{f, Tf\}, \{g, g^*\}),$$

die für jedes $f \in D_T$ und jedes Paar von Elementen g, g^* aus H richtig ist.

Aus der aufgeschriebenen Gleichung ergeben sich mehrere Folgerungen:

1. Die Elemente $g, g^* \in H$ genügen bei beliebigem $f \in D_T$ genau dann der Gleichung

$$(Tf, g) = (f, g^*),$$

wenn das Element $\{g, g^*\}$ des Raumes **H** zur Menge $\mathbf{U}\,\mathbf{M}(T)$ orthogonal ist, in die der Operator U den Graphen des Operators T überführt.

2. Wenn der Operator T^* existiert, so ist sein Graph die Menge

$$\mathbf{M}(T^*) = \mathbf{H} \ominus \overline{\mathbf{U}\,\mathbf{M}(T)}.$$

3. Der Operator T^* existiert genau dann, wenn die Punkte der Menge

$$\mathbf{H} \ominus \overline{\mathbf{U}\,\mathbf{M}(T)}$$

eindeutig durch ihre Abszissen definiert sind.

Die Folgerung 3 ist ein weiteres Kriterium für die Existenz des adjungierten Operators (das erste Kriterium — die Dichtheit der Mannigfaltigkeit D_T in H — wurde in Nr. 44 aufgestellt).

Satz 1. *Gestattet ein linearer Operator T mit einem in* H *dichten Definitionsbereich eine Abschließung, dann existiert der Operator T^{**} und ist die Abschließung*[1]) *des Operators T:*

$$T^{**} = \overline{T}.$$

(Wenn insbesondere der Operator T abgeschlossen und $\overline{D}_T = H$ ist, so ist $T = T^{**}$.)

Beweis. Wir nehmen zunächst an, der Operator T sei abgeschlossen. In diesem Falle ist die Menge $\mathbf{M}(T)$ und damit die Menge $\mathbf{U}\mathbf{M}(T)$ abgeschlossen. Daher läßt sich die in Folgerung 2 aufgestellte Relation in der Form

$$\mathbf{H} = \mathbf{U}\,\mathbf{M}(T) \oplus \mathbf{M}(T^*)$$

schreiben. Unter Anwendung des Operators U erhalten wir hieraus die Gleichung

$$\mathbf{H} = \mathbf{M}(T) \oplus \mathbf{U}\,\mathbf{M}(T^*) \tag{1}$$

oder, anders ausgedrückt,

$$\mathbf{H} \ominus \mathbf{U}\,\mathbf{M}(T^*) = \mathbf{M}(T). \tag{2}$$

Da die Punkte der Menge $\mathbf{M}(T)$ als Punkte des Graphen eindeutig durch ihre Abszissen bestimmt sind, existiert nach Folgerung 3 der Operator T^{**}, auf

[1]) Damit gibt uns der Satz 1 ein Mittel zur Auffindung der Abschließung eines Operators in die Hand. Dieses Verfahren wird manchmal in den Anwendungen benutzt (s. Nr. 54).

Grund der Folgerung 2 und der Relation (2) fällt er mit T zusammen. Damit ist der Satz für den Fall bewiesen, daß der Operator T abgeschlossen ist.

Jetzt sei der Operator T nicht abgeschlossen; er gestatte jedoch eine Abschließung. Dann gilt nach dem Bewiesenen die Gleichung

$$(\overline{T})^{**} = \overline{T}\,.$$

Andererseits ist aber

$$(\overline{T})^{**} = [(\overline{T})^*]^* = (T^*)^* = T^{**}$$

und damit

$$T^{**} = \overline{T}\,,$$

q.e.d.

Zum Schluß dieser Nr. beweisen wir mit der Methode der Graphen noch einen bemerkenswerten Satz.

Satz 2. *Ist T ein abgeschlossener linearer Operator mit einem in* H *dichten Definitionsbereich, so ist das Produkt $T^* T$ ein selbstadjungierter (und dabei positiv-definiter) Operator.*

Beweis. Zunächst bemerken wir, daß für alle $f, g \in D_{T^*T}$ die Beziehung

$$(T^* T f, g) = (T f, T g) = (f, T^* T g)$$

gilt. Insbesondere ist

$$(T^* T f, f) = (T f, T f) \geqq 0\,.$$

Damit ist schon bewiesen, daß $T^* T$ positiv-definit ist.

Es sei h ein beliebiges Element aus H. Nach der wegen der Abgeschlossenheit des Operators T gültigen Beziehung (1) stellen wir dann das Element $\{h, 0\} \in \mathrm{H}$ eindeutig in der Form

$$\{h, 0\} = \{f_0, T f_0\} + \mathrm{U}\{g_0, T^* g_0\}$$

oder

$$\{h, 0\} = \{f_0, T f_0\} + \{T^* g_0, -g_0\}$$

dar. Folglich ist

$$h = f_0 + T^* g_0\,, \qquad 0 = T f_0 - g_0$$

und damit

$$h = (I + T^* T) f_0\,.$$

Bei beliebigem $h \in \mathrm{H}$ ist also die Gleichung

$$(I + T^* T) f = h \tag{3}$$

(eindeutig) lösbar. Es ergibt sich hieraus, daß D_{T^*T} in H dicht liegt. Nehmen wir nämlich einmal an, es gäbe einen zu D_{T^*T} orthogonalen Vektor $h \neq 0$. Diesen Vektor kann man in der Form (3) darstellen. Folglich gilt für jedes $g \in D_{T^*T}$ die Gleichung

$$0 = (h, g) = (\{I + T^* T\} f, g) = (f, \{I + T^* T\} g)\,.$$

Setzen wir $g = f$, so erhalten wir die Gleichung

$$0 = (f, f) + (f, T^* T f) = (f, f) + (T f, T f)\,.$$

Es wäre also $f = 0$ und damit auch $h = 0$; dies ist aber unmöglich.

D_{T^*T} liegt also in H dicht. Damit ist $T^* T$ (und auch $I + T^* T$) ein symmetrischer Operator. Der Wertebereich des Operators $I + T^* T$ fällt aber, wie bewiesen, mit dem ganzen Raum H zusammen. Daher ist (s. Nr. 46) $I + T^* T$ ein selbstadjungierter Operator; mit ihm ist natürlich auch der Operator

$$T^* T = (I + T^* T) - I$$

selbstadjungiert. Damit ist der Beweis beendet.

Ganz analog beweist man, daß unter den Voraussetzungen dieses Satzes der Operator $T T^*$ ein positiver selbstadjungierter Operator ist.

Das Ergebnis der vorliegenden Nr. erlaubt eine Verallgemeinerung des Satzes 1 aus Nr. 46 auf den Fall eines beliebigen abgeschlossenen Operators. Es gilt der

Satz 3. *Wenn ein abgeschlossener, linearer Operator T überall in* H *definiert ist, dann ist er beschränkt.*

Beweis. Wir zeigen zuerst, daß der adjungierte Operator T^* beschränkt ist. Wir nehmen das Gegenteil an. Dann existiert eine Folge $\{g_k\}_1^\infty \subset D_{T^*}$ ($\|g_k\| = 1$), für die

$$\lim_{k\to\infty} \|T^* g_k\| = \infty \tag{4}$$

gilt. Wir betrachten nun die Folge der Funktionale

$$\Phi_k(f) = (f, T^* g_k) = (T f, g_k) \qquad (k = 1, 2, 3, \ldots)\,.$$

Da für jedes $f \in$ H die Zahlenfolge $\{\Phi_k(f)\}_1^\infty$ beschränkt ist, existiert nach Satz 2 aus Nr. 26 ein $\mathcal{M} < \infty$, so daß

$$\|\Phi_k\| \leqq \mathcal{M} \qquad (k = 1, 2, 3, \ldots)$$

gilt. Das widerspricht aber (4), da $\|\Phi_k\| = \|T^* g_k\|$ ist.

Somit ist der Operator T^* beschränkt. Da er abgeschlossen ist, ist sein Definitionsbereich D_{T^*} ein Teilraum. Andererseits folgt aus der Abgeschlossenheit des ursprünglichen Operators T nach Satz 1 dieser Nr., daß D_{T^*} in H dicht ist. Damit ist $D_{T^*} =$ H.

Weil aber $T = (T^*)^*$, ist auch T ein beschränkter Operator, was zu zeigen war.

Wir bemerken noch, daß Satz 3 ein Spezialfall eines allgemeinen Satzes von Banach ist.[1])

52. Eine Verallgemeinerung des Begriffs des Projektors. Die Verallgemeinerung, von der hier die Rede sein soll, entspricht dem Übergang von der orthogonalen Projektion zur beliebigen Parallelprojektion.

H sei die direkte Summe der (nicht notwendig orthogonalen) Teilräume G und F:

$$\mathrm{H} = \mathrm{G} \oplus \mathrm{F}\,,$$

---

[1]) S. Banach [1].

so daß jedes Element $h \in H$ eindeutig in der Form

$$h = g + f$$

mit $g \in G$ und $f \in F$ dargestellt werden kann.

Ein in ganz H definierter Operator P, der jedem Vektor h seine Komponente $g \in G$ zuordnet, heißt Projektionsoperator (auf G parallel zu F) oder kurz *Projektor*.

Wenn die Teilräume F, G orthogonal sind, dann stimmt P mit dem in Nr. 35 eingeführten Projektor überein, den wir jetzt als *Orthoprojektor* bezeichnen.

Die Gleichung $\|P\| = 1$, die für Orthoprojektoren gilt, bleibt beim Übergang zu beliebigen Projektoren nicht erhalten, da schon im endlich-dimensionalen Raum die Norm eines Projektors beliebig groß werden kann. Im Zusammenhang damit entsteht die Frage, ob ein beliebiger Projektor in H ein beschränkter Operator ist. Die positive Antwort auf diese Frage folgt aus Satz 3 der vorhergehenden Nr. Um sich davon zu überzeugen, braucht man nur zu zeigen, daß jeder Projektor P ein abgeschlossener Operator ist.

Wir nehmen das Gegenteil an; dann muß eine Folge $\{h_n\}_1^\infty$ existieren, für die

$$h_n \to h\,, \qquad P\,h_n \to g' \neq P\,h \tag{1}$$

gilt. Wegen

$$h_n = P\,h_n + f_n'$$

(mit $f_n' \in F$) folgt aus (1) die Beziehung $f_n' \to f' \in F$. Also erhält man folgende Zerlegung von h in zwei Komponenten:

$$h = g' + f'\,.$$

Andererseits gilt aber die zweite Darstellung

$$h = P\,h + f \qquad (f \in F)\,.$$

Das widerspricht der Definition der direkten Summe.

Es ist nicht schwierig, die wesentlichen Eigenschaften der Orthoprojektoren (Nr. 36 und 37) auf Projektoren zu übertragen. (Wir überlassen es dem Leser.) Insbesondere gilt:

1. Ein überall in H definierter Operator P ist genau dann ein Projektor, wenn er beschränkt ist und der Beziehung $P^2 = P$ genügt.

2. Ist P ein Projektor auf G parallel zu F, dann ist $I - P$ ein Projektor auf F parallel zu G.

3. Wenn die Projektoren P_1, P_2 vertauschbar sind, dann ist ihr Produkt $P = P_1\,P_2$ ebenfalls ein Projektor.

Wir bemerken jedoch, daß im Gegensatz zu den Orthoprojektoren ein schiefwinkliger Projektor kein selbstadjungierter Operator ist.

Zum Schluß betrachten wir den Fall, daß die direkte (nicht orthogonale) Summe zweier Teilräume G und F in H dicht ist, aber nicht mit H zusammenfällt. Man kann in diesem Fall durch die Formel

$$P h = g \tag{2}$$

auf der in H dichten Mannigfaltigkeit $D_P = G \oplus F$ den Operator P definieren; dabei ist

$$h = g + f, \quad g \in G, \quad f \in F. \tag{3}$$

Der Operator P erfüllt, wie die oben betrachteten Projektoren, die Bedingung

$$P^2 = P. \tag{4}$$

Im Unterschied zu den Projektoren, die auf ganz H definiert sind, ist der Operator P jedoch nicht beschränkt.

Wir wollen nur solche Operatoren als Projektoren bezeichnen, die auf ganz H definiert sind. Operatoren, die die Bedingung (4) erfüllen, darunter auch alle Projektoren, heißen *idempotente* Operatoren.

Wir bringen nun ein Beispiel eines nichtbeschränkten idempotenten Operators P. Die beiden Gesamtheiten $\{e_i\}_1^\infty$ und $\{f_i\}_1^\infty$ mögen zusammen eine orthonormierte Basis in H bilden. Wir konstruieren die Folge $g_n = f_n + \frac{1}{n} e_n$ und bezeichnen mit F den Teilraum, der durch die Gesamtheit $\{f_i\}_1^\infty$ und mit G den Teilraum, der durch die Gesamtheit $\{g_i\}_1^\infty$ aufgespannt wird. Offensichtlich ist H die abgeschlossene lineare Hülle der Teilräume F und G, H fällt jedoch nicht mit ihrer direkten Summe zusammen. Wählen wir nämlich den Vektor

$$h_0 = \sum_{n=1}^{\infty} \frac{1}{n} e_n \in H,$$

dann ist

$$h_0 = \sum_{n=1}^{\infty} (g_n - f_n).$$

h_0 läßt sich aber nicht in der Form (3) darstellen, da wir dann setzen müßten

$$g = \sum_1^\infty g_n, \quad f = -\sum_1^\infty f_n;$$

keine dieser beiden Summen existiert aber. Es ist leicht zu sehen, daß der durch die Formeln (2), (3) definierte idempotente Operator P auf der Mannigfaltigkeit $D_P = G \oplus F$ nicht beschränkt ist.

53. Matrixdarstellung unbeschränkter symmetrischer Operatoren. Diese Nr. schließt sich inhaltlich an die Nr. 29 an. Wir setzen wieder voraus, daß der Raum H separabel sei, und beschäftigen uns erneut mit der Frage der Matrixdarstellung eines Operators A, der nun zwar unbeschränkt, dafür aber symmetrisch und abgeschlossen sein soll.

Wie in Nr. 29 wählen wir in H eine orthonormierte Basis $\{e_k\}_1^\infty$, die jetzt nicht beliebig sein darf, sondern der (in H dichten) Menge D_A angehören soll. Dann setzen wir

$$A e_k = c_k \qquad (k = 1, 2, 3, \ldots) \tag{1}$$

und

$$(A e_k, e_i) = a_{ik} \qquad (i, k = 1, 2, 3, \ldots). \tag{2}$$

Wir wollen versuchen, den Operator A aus den auf den Vektoren e_k angenommenen Werten oder, was dasselbe ist, aus der Matrix (a_{ik}) zu bestimmen. Dazu führen wir die lineare Hülle $\mathrm{L} = \mathrm{L}(e_1, e_2, \ldots)$ der Gesamtheit aller Vektoren e_k $(k = 1, 2, \ldots)$ ein und bilden einen linearen Operator B mit dem Definitionsbereich $\mathrm{D}_B = \mathrm{L}$, der den Gleichungen

$$B e_k = c_k \qquad (k = 1, 2, 3, \ldots) \tag{3}$$

genügt. Der Operator B ist durch diese Bedingungen eindeutig festgelegt; es ist $B \subset A$. Da B (wegen $\bar{a}_{ik} = a_{ki}$) ein symmetrischer Operator ist, besitzt er eine Abschließung $\bar{B}$, die durch den Operator B, d. h. durch die Bedingungen (3), und die Relation

$$\bar{B} \subseteq A$$

eindeutig bestimmt ist. $\bar{B}$ ist ein minimaler den Gleichungen (1) genügender abgeschlossener linearer Operator. Wenn wir die Matrix (a_{ik}) als Darstellung eines linearen abgeschlossenen Operators in der Basis $\{e_k\}_1^\infty$ ansehen, dann muß dieser Operator offenbar der Operator $\bar{B}$ sein und keine andere Erweiterung von B, die offenbar auch den Beziehungen (1) und (2) genügt. Es kann sein, daß $\bar{B} = A$ ist. Dann kann man sagen, der Operator A sei durch die Matrix (a_{ik}) in der Basis $\{e_k\}_1^\infty$ dargestellt. Bei einer Änderung der Basis $\{e_k\}_1^\infty$ ändert sich auch die Matrix (a_{ik}) sowie der Operator $\bar{B}$. Es erhebt sich daher die Frage, ob es nicht möglich ist, zu einem vorgegebenen abgeschlossenen symmetrischen Operator A eine orthonormierte Basis $\{e_k\}_1^\infty$ so zu finden, daß in dieser Basis $\bar{B} = A$ ist, d. h., daß in dieser Basis der Operator A eine Matrixdarstellung besitzt. Weiter unten werden wir im Satz 3 diese Frage positiv beantworten.

Definition. Eine orthonormierte Basis $\{e_k\}_1^\infty$ heißt *Basis* einer *Matrixdarstellung* eines abgeschlossenen symmetrischen Operators A, wenn

1. die Elemente dieser Basis zu D_A gehören und

2. A der minimale abgeschlossene lineare Operator ist, der auf den Basisvektoren e_k die Werte $A e_k$ annimmt.

Im Unterschied zu Nr. 29 berührten wir bisher noch nicht die Frage nach der Konstruktion der Komponenten des Vektors $A f$ mittels der Komponenten des Vektors f. Die beiden folgenden Sätze beschäftigen sich mit dieser Frage.

Satz 1. *Es sei A ein abgeschlossener symmetrischer Operator*; $\{e_k\}_1^\infty$ *sei eine beliebige orthonormierte Basis, deren Elemente zu* D_A *gehören. Ferner mögen die Gleichungen*

$$(A e_k, e_i) = a_{ik} \qquad (i, k = 1, 2, 3, \ldots)$$

gelten. Dann läßt sich auf jedem Element $f \in D_A$ der Wert des Operators A durch die Formeln

$$A f = \sum_{i=1}^{\infty} y_i e_i , \tag{4'}$$

$$y_i = \sum_{k=1}^{\infty} a_{ik} x_k \qquad (i = 1, 2, 3, \ldots) \tag{4''}$$

bestimmen, wenn

$$f = \sum_{k=1}^{\infty} x_k e_k \tag{5}$$

ist.

Beweis. Es gilt die Gleichung

$$y_i = (A f, e_i) = (f, A e_i) = \sum_{k=1}^{\infty} (f, e_k)(e_k, A e_i)$$

$$= \sum_{k=1}^{\infty} (f, e_k)(A e_k, e_i) = \sum_{k=1}^{\infty} a_{ik} x_k \qquad (i = 1, 2, 3, \ldots) .$$

Satz 2. *Es sei A ein abgeschlossener symmetrischer Operator, $\{e_k\}_1^{\infty}$ sei eine Basis einer Matrixdarstellung und*

$$a_{ik} = (A e_k, e_i) \qquad (i, k = 1, 2, 3, \ldots) .$$

Ferner sei der Operator T durch die Relationen

$$T f = \sum_{i=1}^{\infty} z_i e_i ,$$

$$z_i = \sum_{k=1}^{\infty} a_{ik} x_k$$

definiert, und zwar auf der Gesamtheit D_T aller Vektoren

$$f = \sum_{k=1}^{\infty} x_k e_k ,$$

für welche die Ungleichung

$$\sum_{i=1}^{\infty} \left| \sum_{k=1}^{\infty} a_{ik} x_k \right|^2 < \infty$$

besteht. Dann ist $T = A^*$, d. h., T ist der zu A adjungierte Operator.

Beweis. Wir beweisen zunächst die Beziehung

$$A^* \subseteq T . \tag{6'}$$

Es sei $g \in D_{A^*}$ und $A^* g = g^*$. Setzen wir

$$g = \sum_{k=1}^{\infty} x_k e_k , \qquad g^* = \sum_{i=1}^{\infty} z_i e_i ,$$

so erhalten wir die Gleichung

$$z_i = (g^*, e_i) = (g, A\,e_i) = \sum_{k=1}^{\infty} (g, e_k)\,(e_k, A\,e_i) = \sum_{k=1}^{\infty} (g, e_k)\,(A\,e_k, e_i) = \sum_{k=1}^{\infty} a_{ik}\,x_k\,.$$

Nun gilt aber die Ungleichung

$$\sum_{i=1}^{\infty} |z_i|^2 = \|g^*\|^2 < \infty\,.$$

Also gehört der Vektor g zu D_T, und es ist $T\,g = g^*$.

Damit haben wir die Relation (6') bewiesen, und zwar ohne die Voraussetzung zu benutzen, daß $\{e_k\}_1^\infty$ eine Basis der Matrixdarstellung ist.

Jetzt beweisen wir auch die Relation

$$T \subseteq A^*\,. \tag{6''}$$

Es sei $g \in D_T$ und g durch die Basis in der Form

$$g = \sum_{k=1}^{\infty} x_k\,e_k$$

dargestellt. Dann besteht die Gleichung

$$(A\,e_i, g) = \sum_{k=1}^{\infty} \bar{x}_k (A\,e_i, e_k) = \sum_{k=1}^{\infty} a_{ki}\,\bar{x}_k\,.$$

Da aber andererseits

$$(T\,g, e_i) = \sum_{k=1}^{\infty} a_{ik}\,x_k = \sum_{k=1}^{\infty} \bar{a}_{ki}\,x_k$$

ist, so folgt

$$(A\,e_i, g) = \overline{(T\,g, e_i)} = (e_i, T\,g)\,.$$

Die Gleichung

$$(A\,f, g) = (f, T\,g) \tag{7}$$

gilt also für $f = e_i$ ($i = 1, 2, \ldots$) und somit auch für alle f aus der linearen Hülle der Basisvektoren e_i ($i = 1, 2, \ldots$). Da aber $\{e_k\}_1^\infty$ die Basis einer Matrixdarstellung des Operators A ist, ist die Gleichung (7) für alle $f \in D_A$ richtig. Also ist $g \in D_{A^*}$ und $A^*\,g = T\,g$. Damit ist die Beziehung (6'') bewiesen.

Wir bemerken noch, daß nach Satz 2 für jeden Vektor $\sum_{k=1}^{\infty} x_k\,e_k$ aus D_A und jeden Vektor $\sum_{i=1}^{\infty} y_i\,e_i$ aus D_{A^*} die Gleichung

$$\sum_{i=1}^{\infty} \left(\sum_{k=1}^{\infty} a_{ik}\,x_k\right) \bar{y}_i = \sum_{k=1}^{\infty} x_k \overline{\left(\sum_{i=1}^{\infty} a_{ki}\,y_i\right)} \tag{8}$$

gilt. Man kann die Gleichung (8) auch in der Form

$$\sum_{i=1}^{\infty} \left(\sum_{k=1}^{\infty} a_{ik}\,x_k\right) \bar{y}_i = \sum_{k=1}^{\infty} \left(\sum_{i=1}^{\infty} a_{ik}\,\bar{y}_i\right) x_k$$

schreiben. Wenn diese Vertauschung der Reihenfolge der Summation für alle Vektoren aus D_{A^*} zulässig ist, dann ist der Operator A^* symmetrisch. In diesem Falle (und nur in diesem) ist der Operator A selbstadjungiert.

Die bewiesenen Sätze lassen erkennen, wieso man für unbeschränkte symmetrische Operatoren die Darstellbarkeit durch Matrizen noch nicht auf Grund des Bestehens der Formeln (4′), (4″), (5) definieren kann, wie dies in Nr. 29 für beschränkte Operatoren geschah.

Satz 3. *Zu jedem abgeschlossenen symmetrischen Operator A existiert eine Basis einer Matrixdarstellung.*

Beweis. Wir beweisen, daß es eine Folge $\{f_k\}_1^\infty \subset D_A$ mit folgender Eigenschaft gibt: Zu jedem $f \in D_A$ läßt sich eine Teilfolge $\{f_{k_i}\}_{i=1}^\infty$ so finden, daß

$$\lim_{i\to\infty} f_{k_i} = f, \qquad \lim_{i\to\infty} A f_{k_i} = A f$$

gilt. Danach braucht man für den Beweis des Satzes nur noch die Folge $\{f_k\}_1^\infty$ zu orthogonalisieren.

Nun wollen wir die Folge $\{f_k\}_1^\infty$ konstruieren. Dazu wählen wir uns eine in H dichte Folge $\{h_k\}_1^\infty$ aus. Wenn zu einem Tripel m, n, p natürlicher Zahlen Elemente $f \in D_A$ existieren, die den Ungleichungen

$$||h_m - f|| \leqq \frac{1}{p}, \qquad ||h_n - A f|| \leqq \frac{1}{p}$$

genügen, dann ordnen wir diesem Tripel eines dieser Elemente f zu und nennen es $f_{m,n,p}$.

Wir erhalten so eine Folge $\{f_{m,n,p}\}$. Es spielt im folgenden keine Rolle, daß dabei nicht jedem Tripel m, n, p ein Element zugeordnet ist und andererseits verschiedenen Tripeln ein und dasselbe Element entsprechen kann. Zählen wir nun die Folge $\{f_{m,n,p}\}$ mit einem neuen Index ab, so erhalten wir gerade die gesuchte Folge $\{f_k\}_1^\infty$. Zum Beweis betrachten wir ein beliebiges Element $f \in D_A$ und ein willkürlich gewähltes positives ε. Dazu wählen wir eine natürliche Zahl $p' \geqq \frac{2}{\varepsilon}$. Da die Folge $\{h_k\}_1^\infty$ in H dicht liegt, gibt es natürliche Zahlen m', n' derart, daß die Ungleichungen

$$||h_{m'} - f|| \leqq \frac{1}{p'}, \qquad ||h_{n'} - A f|| \leqq \frac{1}{p'} \tag{9'}$$

bestehen. Diese Ungleichungen zeigen, daß bei der Konstruktion der Folge $\{f_{m,n,p}\}$ dem Tripel m', n', p' ein Element $f_{m',n',p'}$ so zugeordnet wurde, daß die Ungleichungen

$$||h_{m'} - f_{m',n',p'}|| \leqq \frac{1}{p'}, \qquad ||h_{n'} - A f_{m',n',p'}|| \leqq \frac{1}{p'} \tag{9''}$$

gelten. Aus (9′) und (9″) ergeben sich die Beziehungen

$$\|f_{m',n',p'} - f\| \leqq \varepsilon, \qquad \|A f_{m',n',p'} - A f\| \leqq \varepsilon.$$

Da $\varepsilon > 0$ beliebig war, ist somit die Existenz der gesuchten Teilfolge $\{f_{k_i}\}_{i=1}^{\infty}$ bewiesen. Der Beweis des Satzes ist damit beendet.

Wir haben bewiesen, daß jedem abgeschlossenen symmetrischen Operator eine (hermitesche) Matrix entspricht, die den Operator in einer bestimmten Basis darstellt. Dagegen stellt nicht jede hermitesche Matrix einen symmetrischen Operator dar.

Satz 4. *Genügt eine hermitesche Matrix* (a_{ik}) *den Ungleichungen*

$$\sum_{i=1}^{\infty} |a_{ik}|^2 < \infty \qquad (k = 1, 2, 3, \ldots), \tag{10}$$

so stellt sie bei einer vorgegebenen orthonormierten Basis einen abgeschlossenen symmetrischen Operator dar.

Beweis. Es genügt,

$$A\, e_k = \sum_{i=1}^{\infty} a_{ik}\, e_i \qquad (k = 1, 2, 3, \ldots)$$

zu setzen und danach den Operator $\bar{B}$ auf die am Anfang dieser Nr. erwähnte Art zu konstruieren.

Hermitesche Matrizen, die der Bedingung (10) genügen, jedoch unbeschränkt sind, heißen unbeschränkte hermitesche Matrizen.

Bei unbeschränkten hermiteschen Matrizen (a_{ik}) kann man im allgemeinen keine Transformation mit einer unitären Matrix nach dem Schema

$$(\mathring{a}_{ik}) = (u_{ir}^{*}) \cdot (a_{rs}) \cdot (u_{sk})$$

ausführen. Konvergieren die entsprechenden unendlichen Reihen und ist folglich eine solche Transformation formal zulässig, so kann es immer noch vorkommen, daß die hermitesche Matrix

$$(\mathring{a}_{ik})$$

schon nicht mehr der Bedingung (10) genügt, also überhaupt keinen Operator in H definiert.

Selbst wenn die transformierte Matrix die Bedingung (10) erfüllt, braucht der dadurch definierte Operator A nicht mit $\mathring{A}$ zusammenzufallen. (Es sei noch erwähnt, daß der Durchschnitt $D_A \cap D_{\mathring{A}}$ leer sein kann.)

Diese Möglichkeiten bilden die Grundlage für die sog. *pathologischen* Eigenschaften unbeschränkter hermitescher Matrizen.[1]) Diese Eigenschaften sind der Grund dafür, daß es unzweckmäßig ist, unbeschränkte symmetrische Operatoren mit Hilfe von Matrizen zu untersuchen.

[1]) Siehe J. v. Neumann [1].

54. Der Operator der Multiplikation mit einer unabhängigen Veränderlichen. (a, b) sei ein endliches Intervall. Dann definiert man den Operator Q der Multiplikation mit einer unabhängigen Veränderlichen auf allen Funktionen $\varphi = \varphi(t) \in L^2(a, b)$ durch die Gleichung

$$Q\,\varphi(t) = t\,\varphi(t)\,. \tag{1}$$

Q ist ein beschränkter selbstadjungierter Operator, dessen Norm gleich dem Maximum der Zahlen $|a|$ und $|b|$ ist. Wenn (a, b) ein unendliches Intervall ist, dann sei der Multiplikationsoperator Q der durch die Formel (1) auf der Mannigfaltigkeit D_Q definierte Operator. D_Q besteht dabei aus allen Funktionen $\varphi(t) \in L^2(a, b)$, für die auch $t\,\varphi(t) \in L^2(a, b)$ ist.

Bei einem unendlichen Intervall ist der Multiplikationsoperator Q auf einer überall dichten Menge definiert (da er z. B. auf der Menge $D \subset D_Q$ aller finiten Funktionen aus $L^2(a, b)$ definiert ist). Q ist offenbar ein unbeschränkter symmetrischer Operator. Wir zeigen nun, daß Q selbstadjungiert ist.

Es sei $\psi \in D_{Q^*}$ und $\psi^* = Q^*\,\psi$. Dann besteht für alle $\varphi \in D_Q$ die Gleichung

$$(Q\,\varphi, \psi) = (\varphi, \psi^*)\,.$$

Dies bedeutet, daß

$$\int_a^b t\,\varphi(t)\,\overline{\psi(t)}\,dt = \int_a^b \varphi(t)\,\overline{\psi^*(t)}\,dt$$

oder

$$\int_a^b \varphi(t)\,\{\overline{t\,\psi(t)} - \overline{\psi^*(t)}\}\,dt = 0\,.$$

Die letzte Gleichung ist insbesondere für jede finite Funktion $\varphi(t)$ aus $L^2(a, b)$ richtig.

Es gilt also für jedes α, β aus dem Intervall (a, b) die Gleichung

$$\int_a^b \varphi(t)\,\{\overline{t\,\psi(t)} - \overline{\psi^*(t)}\}\,dt = 0\,.$$

Hieraus folgt fast überall in (a, b) die Gleichung

$$\psi^*(t) = t\,\psi(t)\,;$$

das bedeutet, daß

$$t\,\psi(t) \in L^2(a, b)$$

und somit

$$\psi \in D_Q, \qquad \psi^* = Q\,\psi\,.$$

Damit ergibt sich die Relation $Q^* \subseteq Q$; da aber wegen der Symmetrie des Operators Q schon $Q \subseteq Q^*$ gilt, so ist $Q = Q^*$.

Aus dieser Gleichheit $Q = Q^*$ folgt insbesondere die Abgeschlossenheit des Operators Q.

Wenn wir den Definitionsbereich des Multiplikationsoperators nur auf finite Funktionen aus L^2 beschränken, d. h., wenn wir setzen

$$Q_1\,\varphi = t\,\varphi(t)\,, \qquad D_{Q_1} = \dot{D}\,,$$

dann erhalten wir nach Wiederholung der obigen Überlegungen die Gleichung

$$Q_1^* = Q .$$

Dann ist (siehe Nr. 51, Satz 1)

$$Q = Q^* = Q^{**} = \overline{Q_1} ,$$

d. h., der früher definierte Operator Q ist die Abschließung des Operators Q_1.

Der Operator der Multiplikation mit einer unabhängigen Veränderlichen besitzt keine Eigenfunktionen. In der Tat, die Voraussetzung

$$Q\varphi = \lambda\varphi$$

bedeutet, daß die Gleichung

$$\int_a^b |t - \lambda|^2 \, |\varphi(t)|^2 \, dt = 0$$

gelten müßte. Dann wäre aber $\varphi(t) = 0$ überall mit Ausnahme einer Menge vom Maße Null, d. h., es wäre $\varphi = 0$.

Alle Punkte des Intervalls (a, b) gehören zum kontinuierlichen Spektrum des Operators Q, denn die Mannigfaltigkeit

$$\Delta_Q(\lambda) = (Q - \lambda I)\, \mathrm{D}_Q \qquad (a < \lambda < b)$$

besteht aus allen Funktionen $\psi(t)$ aus $\mathrm{L}^2(a, b)$, die auch nach Division durch $t - \lambda$ noch in $\mathrm{L}^2(a, b)$ liegen, d. h. für die

$$\psi(t) \in \mathrm{L}^2(a, b)$$

und

$$\frac{\psi(t)}{t - \lambda} \in \mathrm{L}^2(a, b)$$

gilt. Offenbar ist $\Delta_Q(\lambda)$ in $\mathrm{L}^2(a, b)$ dicht, fällt jedoch nicht mit $\mathrm{L}^2(a, b)$ zusammen, da es z. B. die Funktionen nicht enthält, die in einer Umgebung des Punktes $t = \lambda$ gleich Eins sind.

Der Teilraum $\mathrm{M} = \mathrm{M}_e$ aller Funktionen aus $\mathrm{L}^2(a, b)$, die außerhalb einer gewissen Punktmenge $e \subset (a, b)$ gleich Null sind, reduziert offensichtlich den Operator Q.

Ist $\beta - \alpha \leqq \varepsilon$, dann genügt andererseits der Operator Q auf $\mathrm{L}^2(\alpha, \beta)$ bei beliebig gewähltem festem λ_0 aus dem Intervall $[\alpha, \beta]$ der Beziehung

$$\|Q\varphi - \lambda_0 \varphi\| \leqq \varepsilon \, \|\varphi\| ,$$

d. h., der Operator Q unterscheidet sich in diesem Raum um nicht mehr als ε von der Ähnlichkeitstransformation $\lambda_0 E$.

Zerlegt man also das Intervall (a, b) in Teile genügend kleiner Länge, so erhält man eine Zerlegung von $\mathrm{L}^2(a, b)$ in eine Summe höchstens abzählbar vieler Q reduzierender Teilräume. In jedem dieser Teilräume unterscheidet sich der genannte Operator hinreichend wenig von einem Ähnlichkeitsoperator.[1])

[1]) Später (s. Kap. VI) werden wir sehen, daß jeder selbstadjungierte Operator eine analoge angenäherte Darstellung durch Ähnlichkeitstransformationen besitzt. Dieser Umstand spielt in der ganzen Theorie eine fundamentale Rolle.

Statt des Operators der Multiplikation mit einer unabhängigen Veränderlichen könnte man den Operator der Multiplikation mit einer Funktion einer unabhängigen Veränderlichen betrachten. Wir beschränken uns hier auf einen Spezialfall.

Ein Operator U sei für alle Funktionen $\varphi(t)$ aus $L^2(0, 2\pi)$ durch die Gleichung

$$U\varphi(t) = e^{it}\varphi(t)$$

definiert. Jedes Element der orthonormierten Basis $\left\{\frac{1}{\sqrt{2\pi}} e^{ikt}\right\}_{k=-\infty}^{\infty}$ wird durch den Operator U in das folgende Element abgebildet:

$$U e^{ikt} = e^{i(k+1)t} \qquad (-\infty < k < \infty).$$

Damit ist der Operator U dem von uns in Nr. 45 betrachteten Operator U_0 in einem separablen Raum H unitär äquivalent. Definieren wir nämlich den isometrischen Operator V, der H in $L^2(0, 2\pi)$ überführt, durch die Gleichungen

$$V e_k = \frac{1}{\sqrt{2\pi}} e^{ikt} \qquad (-\infty < k < \infty), \tag{2}$$

so ist

$$U = V U_0 V^{-1}.$$

Mit Hilfe der Realisierung U des Operators U_0 lassen sich jetzt alle U_0 reduzierenden (unendlich-dimensionalen) Teilräume auffinden.[1]) Dabei stützen wir uns auf den folgenden allgemeinen Satz (den Beweis überlassen wir dem Leser): *Wenn ein Teilraum G eines Raumes* H *den linearen Operator T reduziert und der in* H_1 *definierte Operator T_1 dem Operator T unitär äquivalent ist ($T_1 = V T V^{-1}$), dann reduziert der Teilraum* $G_1 = V G$ *des Raumes* H_1 *den Operator T_1.*

Nach diesem Satz sind die den Operator U_0 reduzierenden Teilräume alle Mengen G_e, die aus Elementen f der Form

$$f(t) = V^{-1}\varphi(t)$$

bestehen. Hier ist $\varphi(t) = 0$ außerhalb der Menge $e \in [0, 2\pi]$ und der Operator V durch die Formeln (2) bestimmt.

Bemerkung: Statt des Multiplikationsoperators Q im Raum $L^2(a, b)$ könnte man auch den Operator Q_σ der Multiplikation mit einer unabhängigen Veränderlichen im Raume $L^2_\sigma(a, b)$ betrachten.

Es läßt sich leicht zeigen, daß Q_σ ein selbstadjungierter Operator ist.

Dem Leser schlagen wir vor, die folgenden Sätze als leichte Übung selbst zu beweisen:

a) Die reellen Regularitätsstellen des Operators Q_σ fallen mit den Punkten zusammen, in denen $\sigma(t)$ konstant ist.

b) Die Eigenwerte des Operators Q_σ sind die Unstetigkeitsstellen der Funktion $\sigma(t)$.

c) Das kontinuierliche Spektrum des Operators Q_σ ist gleich der Menge der nicht-isolierten Wachstumspunkte der Funktion $\sigma(t)$.

Die Operatoren Q_σ spielen in der Theorie der selbstadjungierten Operatoren eine besondere Rolle: Im Kapitel VI werden wir sehen, daß man die Untersuchung jedes beliebigen selbstadjungierten Operators auf die Untersuchung der Operatoren Q_σ zurückführen kann.

---

[1]) S. Ende der Nr. 45.

55. Der Differentiationsoperator. Der in $L_2(a, b)$ definierte Operator $\mathcal{P}$ mit dem Definitionsbereich $D_{\mathcal{P}}$, der einer Funktion $\varphi(t)$ die Funktion

$$\mathcal{P}\,\varphi = i\,\frac{d\varphi}{dt}$$

zuordnet, heißt *Differentiationsoperator.*

Eine Funktion $\varphi(t)$ gehört nur dann zum Bereich $D_{\mathcal{P}}$, wenn sie die folgende Bedingung erfüllt:

(A) Die Funktion $\varphi(t)$ muß in jedem endlichen Teil des Intervalls (a, b) absolut stetig sein. Außerdem muß sie zusammen mit $\varphi'(t)$ zu $L^2(a, b)$ gehören.

Wir betrachten getrennt den Fall eines endlichen Intervalls (a, b), der Halbgeraden und der ganzen Achse. In den ersten beiden Fällen besteht der Definitionsbereich aus solchen Funktionen, die außer der Bedingung (A) noch eine gewisse Randbedingung (B) erfüllen.

1. Endliches Intervall. Wir nehmen als endliches Intervall $(0, 2\pi)$ mit der Randbedingung

(B) $$\varphi(0) = \varphi(2\pi) = 0\,.$$

Die Gesamtheit $D_{\mathcal{P}}$ aller Funktionen, die den Bedingungen (A) und (B) genügen, liegt in $L^2(0, 2\pi)$ dicht. Dabei ist $\mathcal{P}$ ein symmetrischer (unbeschränkter) Operator. Es gilt nämlich für alle $\varphi, \psi \in D_{\mathcal{P}}$ die Gleichung

$$(\mathcal{P}\varphi, \psi) = \int_0^{2\pi} i\,\varphi'(t)\,\overline{\psi(t)}\,dt = i\,\{\varphi(2\pi)\,\overline{\psi(2\pi)} - \varphi(0)\,\overline{\psi(0)}\} + \int_0^{2\pi} \varphi(t)\,\overline{\{i\,\psi'(t)\}}\,dt\,,$$

d. h., es ist

$$(\mathcal{P}\varphi, \psi) = (\varphi, \mathcal{P}\psi)\,,$$

da der ausintegrierte Term verschwindet. Dieser Ausdruck wird auch dann gleich Null, wenn φ zu $D_{\mathcal{P}}$ gehört und ψ dagegen nur der Bedingung (A) genügt. Folglich gehört jede Funktion $\psi(t)$, welche der Bedingung (A) genügt, zu $D_{\mathcal{P}^*}$, und es ist

$$\mathcal{P}^*\,\psi(t) = i\,\psi'(t)\,.$$

Sei umgekehrt $\psi \in D_{\mathcal{P}^*}$ und $\mathcal{P}^*\psi = \psi^*$. Dann besteht für alle $\varphi \in D_{\mathcal{P}}$ die Formel

$$(\mathcal{P}\varphi, \psi) = (\varphi, \psi^*) = \int_0^{2\pi} \varphi(t)\,\overline{\psi^*(t)}\,dt = -i \int_0^{2\pi} \varphi(t)\,\frac{d}{dt}\overline{\left\{-\int_0^t i\,\psi^*(s)\,ds + C\right\}}\,dt\,.$$

Dabei ist C eine willkürliche Konstante. Integrieren wir partiell, dann erhalten wir die Gleichung

$$(\mathcal{P}\varphi, \psi) = \int_0^{2\pi} i\,\varphi'(t)\,\overline{\left\{-\int_0^t i\,\psi^*(s)\,ds + C\right\}}\,dt\,, \tag{1}$$

da $\varphi(t)$ in den Endpunkten des Intervalls verschwindet. Aus (1) ergibt sich bei beliebigem $\varphi(t) \in D_{\mathcal{P}}$ die Beziehung

$$\int_0^{2\pi} \varphi'(t) \overline{\left\{\psi(t) + \int_0^t i\,\psi^*(s)\,ds - C\right\}}\,dt = 0\,. \tag{2}$$

Wir bestimmen C aus der Gleichung

$$\int_0^{2\pi} \left\{\psi(t) + \int_0^t i\,\psi^*(s)\,ds - C\right\} dt = 0$$

und nehmen dann für $\varphi(t)$ die Funktion

$$\varphi_0(t) = \int_0^t \left\{\psi(t) + \int_0^t i\,\psi^*(s)\,ds - C\right\} dt\,,$$

die offenbar zu $D_{\mathcal{P}}$ gehört; dann geht die Formel (2) in die Formel

$$\int_0^{2\pi} \left|\psi(t) + \int_0^t i\,\psi^*(s)\,ds - C\right|^2 dt = 0$$

über. Folglich ist

$$\psi(t) + \int_0^t i\,\psi^*(s)\,ds - C = 0\,.$$

Damit gilt fast überall die Gleichung

$$i\,\psi'(t) = \psi^*(t)\,.$$

Wir haben somit bewiesen, daß der Definitionsbereich des Operators $\mathcal{P}^*$ die Gesamtheit aller Funktionen $\psi(t)$ ist, die der Bedingung (A) genügen, und daß die Gleichung

$$\mathcal{P}^*\,\psi(t) = i\,\psi'(t)$$

besteht.

Es ergibt sich daraus, daß der symmetrische Operator $\mathcal{P}$ nicht selbstadjungiert ist. Die Funktionen aus $D_{\mathcal{P}}$ genügen nämlich den beiden Bedingungen (A), (B), die Funktionen aus $D_{\mathcal{P}^*}$ aber nur der einen Bedingung (A).

Jetzt beweisen wir, daß der Operator $\mathcal{P}$ abgeschlossen ist. Statt diese Tatsache unmittelbar nachzuweisen, zeigen wir (s. Nr. 51), daß

$$\mathcal{P}^{**} = \mathcal{P}\,.$$

Aus der Relation

$$\mathcal{P} \subset \mathcal{P}^*$$

folgt die Beziehung

$$\mathcal{P}^{**} \subseteq \mathcal{P}^*\,.$$

Daher genügen die Funktionen $\chi(t)$ aus $D_{\mathcal{P}^{**}}$ der Bedingung (A), und es gilt für sie die Gleichung

$$\mathcal{P}^{**}\,\chi(t) = i\,\chi'(t)\,.$$

Ferner gilt bei beliebigem $\psi \in D_{\mathcal{P}^*}$ die Gleichung

$$\int_0^{2\pi} \psi(t)\, \overline{i\,\chi'(t)}\, dt = (\psi, \mathcal{P}^{**}\chi) = (\mathcal{P}^*\psi, \chi) = \int_0^{2\pi} i\,\psi'(t)\, \overline{\chi(t)}\, dt$$

$$= i\,[\psi(2\pi)\,\overline{\chi(2\pi)} - \psi(0)\,\overline{\chi(0)}] + \int_0^{2\pi} \psi(t)\, \overline{i\,\chi'(t)}\, dt\,,$$

aus der

$$\psi(2\pi)\,\overline{\chi(2\pi)} - \psi(0)\,\overline{\chi(0)} = 0$$

folgt. Da die Werte $\psi(0)$ und $\psi(2\pi)$ völlig willkürlich sind, ist diese Gleichung nur für

$$\chi(0) = \chi(2\pi) = 0\,,$$

d. h. für $\chi(t) \in D_{\mathcal{P}}$ möglich. Wir haben damit bewiesen, daß

$$\mathcal{P}^{**} \subseteq \mathcal{P}$$

ist. Da aber stets

$$\mathcal{P} \subseteq \mathcal{P}^{**}$$

gilt, so ist

$$\mathcal{P} = \mathcal{P}^{**}\,,$$

womit die Abgeschlossenheit des Operators $\mathcal{P}$ bewiesen ist.

Man könnte die Bedingungen (A) und (B) auch durch noch schärfere ersetzen, indem man z. B. verlangt, daß die Funktionen des Definitionsbereichs des Operators mehrfach (oder sogar unendlich oft) differenzierbar sein sollen und daß für $t = 0$ und $t = 2\pi$ die Ableitungen aller Ordnungen verschwinden sollen. In diesem Falle würden wir nach der Abschließung des Operators wiederum den Operator $\mathcal{P}$ erhalten. Zum Beweis braucht man nur zu zeigen, daß der neue Operator mit zwei Sternchen mit $\mathcal{P}$ zusammenfällt.

Natürlich kann man die Bedingungen (A), (B) derart verschärfen, daß der erhaltene Operator nach der Abschließung nicht mehr mit dem Operator $\mathcal{P}$ zusammenfällt.

Läßt man z. B. die Bedingung (A) ungeändert und ersetzt die Bedingung (B) durch die Forderung

$$\varphi(0) = \varphi(\pi) + \varphi(2\pi) = 0\,,$$

so ist der auf diese Weise erhaltene Operator $\mathcal{P}_0$ abgeschlossen, jedoch ist $\mathcal{P}_0 \neq \mathcal{P}$ (selbstverständlich ist $\mathcal{P}_0 \subseteq \mathcal{P}$).

Folgende Bemerkung erscheint uns hier angebracht: Der Teilraum aller Funktionen aus $L^2(0, 2\pi)$, die für $\pi < t \leq 2\pi$ verschwinden (wir können ihn mit $L^2(0, \pi)$ identifizieren), reduziert den Operator $\mathcal{P}_0$, jedoch nicht den Operator $\mathcal{P}$.

Wir gehen jetzt zur Untersuchung der symmetrischen Erweiterungen des Operators $\mathcal{P}$ über. $\tilde{\mathcal{P}}$ sei eine solche. Da $\tilde{\mathcal{P}} \subset \mathcal{P}^*$ ist, genügen die Funktionen aus $D_{\tilde{\mathcal{P}}}$ der Bedingung (A). Folglich gelten für je zwei beliebige Funktionen

$\varphi, \psi \in D_{\tilde{\mathcal{P}}}$ die Gleichungen

$$(\tilde{\mathcal{P}}\varphi, \psi) = \int_0^{2\pi} i\,\varphi'(t)\,\overline{\psi(t)}\,dt = i[\varphi(2\pi)\,\overline{\psi(2\pi)} - \varphi(0)\,\overline{\psi(0)}] + \int_0^{2\pi} \varphi(t)\,\overline{i\,\psi'(t)}\,dt$$
$$= i\,[\varphi(2\pi)\overline{\psi(2\pi)} - \varphi(0)\,\overline{\psi(0)}] + (\varphi, \tilde{\mathcal{P}}\psi)\,.$$

Der Operator $\tilde{\mathcal{P}}$ war nach Voraussetzung symmetrisch. Daher muß die Beziehung

$$\varphi(2\pi)\,\overline{\psi(2\pi)} - \varphi(0)\,\overline{\psi(0)} = 0 \tag{3}$$

erfüllt sein. Ist nun $\tilde{\mathcal{P}} \neq \mathcal{P}$, so existiert in $D_{\tilde{\mathcal{P}}}$ eine Funktion $\psi_0(t)$, die nicht der Bedingung (B) genügt; nehmen wir an, es sei $\psi_0(2\pi) \neq 0$. Setzen wir dann in (3) $\psi(t) = \psi_0(t)$ ein, so finden wir für eine beliebige Funktion $\varphi(t) \in D_{\tilde{\mathcal{P}}}$ die Beziehung

$$(\tilde{\mathrm{B}}) \qquad \varphi(2\pi) = \vartheta\,\varphi(0)$$

mit

$$\vartheta = \frac{\overline{\psi_0(0)}}{\overline{\psi_0(2\pi)}}\,.$$

Da die Bedingung $(\tilde{\mathrm{B}})$ auch für $\varphi(t) = \psi_0(t)$ erfüllt sein muß, ist $|\vartheta| = 1$.

Unser Ergebnis lautet also: Alle Funktionen $\varphi(t)$ aus $D_{\tilde{\mathcal{P}}}$ müssen den Bedingungen (A) und $(\tilde{\mathrm{B}})$ genügen. Dabei ist ϑ eine Konstante mit $|\vartheta| = 1$, deren Wert bei einer vorgegebenen Erweiterung $\tilde{\mathcal{P}}$ festgehalten wird.

Jetzt beweisen wir, daß auch die Umkehrung richtig ist, d. h., daß jede Funktion $\psi(t)$, die den Bedingungen (A) und $(\tilde{\mathrm{B}})$ genügt, zu $D_{\tilde{\mathcal{P}}}$ gehört.

Dazu wählen wir eine Konstante α derart, daß die Gleichung

$$\psi(0) - \alpha\,\psi_0(0) = 0$$

erfüllt ist, und setzen

$$\varphi(t) = \psi(t) - \alpha\,\psi_0(t)\,.$$

Wie man leicht einsieht, genügt $\varphi(t)$ den Bedingungen (A) und (B) und gehört damit zu $D_{\mathcal{P}}$. Da aber $D_{\mathcal{P}} \subset D_{\tilde{\mathcal{P}}}$ ist, so ist $\varphi(t) \in D_{\tilde{\mathcal{P}}}$. Also gehört auch die Funktion

$$\psi(t) = \varphi(t) + \alpha\,\psi_0(t)$$

zu $D_{\tilde{\mathcal{P}}}$.

Damit ist jede symmetrische Erweiterung $\tilde{\mathcal{P}}$ des Operators $\mathcal{P}$ durch die Bedingungen (A) und $(\tilde{\mathrm{B}})$ charakterisiert. Die Erweiterung des Operators $\mathcal{P}$ hat zu einer Abschwächung der Bedingung (B) geführt.

Da jede Erweiterung durch die in der Bedingung $(\tilde{\mathrm{B}})$ vorkommende Zahl ϑ ($|\vartheta| = 1$) bestimmt ist, wollen wir von nun ab statt $\tilde{\mathcal{P}}$ stets $\mathcal{P}_\vartheta$ schreiben.

Wie man leicht beweisen kann, enthält $D_{\mathcal{P}_\vartheta^*}$ genau die Funktionen $\psi(t)$ aus $D_{\mathcal{P}^*}$, die für jede Funktion $\varphi(t) \in D_{\mathcal{P}_\vartheta}$ der Gleichung

$$\varphi(2\pi)\,\overline{\psi(2\pi)} - \varphi(0)\,\overline{\psi(0)} = 0$$

genügen. $D_{\mathcal{P}_\vartheta}$ und $D_{\mathcal{P}^*_\vartheta}$ fallen also zusammen, und jede Erweiterung $\mathcal{P}_\vartheta$ des Operators $\mathcal{P}$ ist ein selbstadjungierter Operator.

Jetzt suchen wir das Spektrum des Operators $\mathcal{P}_\vartheta$ — der Einfachheit halber für $\vartheta = 1$. Die Gleichung

$$\mathcal{P}_1 \varphi = \lambda \varphi$$

besagt, daß

$$i\, \varphi'(t) = \lambda\, \varphi(t)$$

und

$$\varphi(2\pi) = \varphi(0)$$

gilt. Hieraus erhalten wir

$$\lambda = \lambda_k = k\,,$$

$$\varphi(t) = \varphi_k(t) = e^{-ikt} \qquad (\pm k = 0, 1, 2, \ldots)\,.$$

Man überzeugt sich leicht davon, daß für $\lambda \neq \lambda_k$ die Gleichung

$$(P_1 - \lambda I) f = g$$

oder

$$i f'(t) - \lambda f(t) = g(t) \qquad [f(2\pi) = f(0)]$$

für jede Funktion $g(t) \in L^2(0, 2\pi)$ lösbar ist. Folglich hat $\mathcal{P}_1$ kein kontinuierliches Spektrum.

2. **Die Halbgerade** $(0, \infty)$. Genügt die Funktion $\varphi(t)$ der Bedingung (A) für den Fall der Halbgeraden, dann ist das Produkt $\varphi(t)\,\overline{\varphi'(t)}$ auf der ganzen Halbgeraden absolut integrierbar. Die Formel

$$\int_0^t \varphi(s)\,\overline{\varphi'(s)}\,ds = |\varphi(t)|^2 - |\varphi(0)|^2 - \int_0^t \varphi'(s)\,\overline{\varphi(s)}\,ds$$

zeigt uns daher, daß $|\varphi(t)|$ für $t \to \infty$ einem Grenzwert zustrebt. Da aber $\varphi(t) \in L^2(0, \infty)$ ist, gilt notwendigerweise die Gleichung

$$\lim_{t\to\infty} \varphi(t) = 0\,.$$

Wie man sieht, ist die Randbedingung auf dem rechten unendlich-fernen Ende der Halbgeraden automatisch erfüllt.

Als zweite Bedingung zur Definition des Bereichs $D_{\mathcal{P}}$ nehmen wir daher

(B) $$\varphi(0) = 0\,.$$

Für alle $\varphi, \psi \in D_{\mathcal{P}}$ gilt dann die Gleichung

$$(\mathcal{P}\varphi, \psi) = i \int_0^\infty \varphi'(t)\,\overline{\psi(t)}\,dt = \int_0^\infty \varphi(t)\,\overline{i\,\psi'(t)}\,dt = (\varphi, \mathcal{P}\psi)\,.$$

Folglich ist $\mathcal{P}$ ein symmetrischer Operator.

Wie im Falle des endlichen Intervalls kann man jetzt zeigen, daß $D_{\mathcal{P}^*}$ die Gesamtheit aller Funktionen ist, die allein der Bedingung (A) genügen, und daß

$$\mathcal{P}^* \psi = i\,\psi'$$

ist. Daher ist $\mathcal{P} \neq \mathcal{P}^*$, d. h., der Operator $\mathcal{P}$ ist nicht selbstadjungiert. Im Unterschied zum Fall des endlichen Intervalls besitzt dabei der Differentiationsoperator auf der Halbgeraden keine symmetrischen Erweiterungen.

Der Definitionsbereich einer solchen Erweiterung $\tilde{\mathcal{P}}$ müßte nämlich eine für $t = 0$ von Null verschiedene Funktion $\psi_0(t)$ enthalten. Dann würde aber die Beziehung

$$(\tilde{\mathcal{P}}\psi_0, \psi_0) = i\int_0^\infty \psi_0'(s)\,\overline{\psi_0(s)}\,ds = i\,|\psi_0(0)|^2 + \int_0^\infty \psi_0(s)\,\overline{i\,\psi_0'(s)}\,ds \neq (\psi_0, \tilde{\mathcal{P}}\psi_0)$$

gelten, was unmöglich ist.

Somit ist der Differentiationsoperator auf der Halbachse ein maximaler symmetrischer Operator. Später (in Nr. 104) werden wir zeigen, daß er irreduzibel ist.

3. Die volle Achse. Jede Funktion $\varphi(t)$, die der Bedingung (A) genügt, erfüllt automatisch die Randbedingungen

$$\lim_{t\to\infty}\varphi(t) = \lim_{t\to-\infty}\varphi(t) = 0\,.$$

Damit ist der Bereich $D_{\mathcal{P}}$ allein durch die Forderung (A) festgelegt. Es läßt sich leicht zeigen, daß $\mathcal{P}$ ein selbstadjungierter Operator ist.

Der Operator $\mathcal{P}$ hat keine Eigenwerte, denn die Gleichung

$$i\,\frac{d\varphi}{dt} = \lambda\,\varphi$$

hat in $L^2(-\infty, \infty)$ keine nichttriviale Lösung.

Nun untersuchen wir den Zusammenhang zwischen dem Operator Q (der Multiplikation mit einer unabhängigen Veränderlichen) und dem Operator $\mathcal{P}$. Daraus ergibt sich dann unter anderem, daß jeder Punkt der reellen Achse zum kontinuierlichen Spektrum des Operators $\mathcal{P}$ gehört.

Daß ein Zusammenhang zwischen dem Differentiationsoperator und dem Multiplikationsoperator überhaupt besteht, genau, daß diese beiden Operatoren unitär äquivalent[1]) sind, zeigen uns die Formeln

$$\psi(t) = \frac{1}{\sqrt{2\pi}}\int_{-\infty}^{\infty}\varphi(s)\,e^{-ist}\,ds\,,$$

$$i\,\psi'(t) = \frac{1}{\sqrt{2\pi}}\int_{-\infty}^{\infty}s\,\varphi(s)\,e^{-ist}\,ds\,.$$

Danach entspricht der Multiplikation der Funktion $\varphi(s)$ mit s die Differentiation der Funktion $\psi(t)$.

Satz. *Es gilt die Gleichung*

$$\mathcal{P} = \mathfrak{F}\,Q\,\mathfrak{F}^{-1}\,,$$

wobei $\mathfrak{F}$ der Fourier-Plancherel*sche Operator ist.*

---

[1]) Siehe Nr. 41.

Der **Beweis** zerfällt in zwei Teile. Zuerst müssen wir beweisen, daß aus $h \in \mathrm{D}_Q$ die Beziehungen

$$\mathfrak{F} h \in \mathrm{D}_{\mathcal{P}}, \qquad \mathcal{P} \mathfrak{F} h = \mathfrak{F} Q h$$

folgen. Zweitens muß gezeigt werden, daß sich aus $g \in \mathrm{D}_{\mathcal{P}}$ die Relationen

$$\mathfrak{F}^{-1} g \in \mathrm{D}_Q, \qquad \mathfrak{F}^{-1} \mathcal{P} g = Q \mathfrak{F}^{-1} g$$

ergeben.

Ist $h \in \mathrm{D}_Q$, so besteht die Beziehung

$$\mathfrak{F} Q h = \frac{d}{dt} \frac{1}{\sqrt{2\pi}} \int_{-\infty}^{\infty} \frac{e^{-ist} - 1}{-is} s\, h(s)\, ds = i \frac{d}{dt} \frac{1}{\sqrt{2\pi}} \int_{-\infty}^{\infty} \{e^{-ist} - 1\}\, h(s)\, ds, \tag{4}$$

und da $h \in \mathrm{D}_Q$ ist, gilt ferner

$$\int_{-\infty}^{\infty} |h(s)|\, ds < \infty.$$

Daher ist

$$\mathfrak{F} h = \frac{1}{\sqrt{2\pi}} \int_{-\infty}^{\infty} e^{-ist} h(s)\, ds,$$

und man kann die Formel (4) in der Form

$$\mathfrak{F} Q h = i \frac{d}{dt} \frac{1}{\sqrt{2\pi}} \int_{-\infty}^{\infty} e^{-ist} h(s)\, ds$$

darstellen. Als Folgerung ergibt sich hieraus, daß $\mathfrak{F} h \in \mathrm{D}_{\mathcal{P}}$ ist und die Gleichung

$$\mathfrak{F} Q h = \mathcal{P} \mathfrak{F} h$$

gilt.

Jetzt sei $g \in \mathrm{D}_{\mathcal{P}}$. Dann gilt die folgende Gleichung:

$$\begin{aligned}
\mathfrak{F}^{-1} \mathcal{P} g &= \frac{d}{dt} \frac{1}{\sqrt{2\pi}} \int_{-\infty}^{\infty} \frac{e^{ist} - 1}{is} i\, g'(s)\, ds \\
&= -\frac{d}{dt} \frac{1}{\sqrt{2\pi}} \int_{-\infty}^{\infty} \frac{e^{ist}\, i s t - (e^{ist} - 1)}{s^2} g(s)\, ds \\
&= \frac{d}{dt} \frac{t}{\sqrt{2\pi}} \int_{-\infty}^{\infty} \frac{e^{ist} - 1}{is} g(s)\, ds + \frac{d}{dt} \frac{1}{\sqrt{2\pi}} \int_{-\infty}^{\infty} \frac{e^{ist} - 1 - ist}{s^2} g(s)\, ds \\
&= t \frac{d}{dt} \frac{1}{\sqrt{2\pi}} \int_{-\infty}^{\infty} \frac{e^{ist} - 1}{is} g(s)\, ds = t\, \mathfrak{F}^{-1} g.
\end{aligned}$$

Da die linke Seite zu $L^2(-\infty, \infty)$ gehört, ist dies auch für die rechte Seite erfüllt. Damit ist bewiesen, daß $\mathfrak{F}^{-1} g \in D_Q$ ist und die Beziehung

$$\mathfrak{F}^{-1} \mathcal{P} g = Q \mathfrak{F}^{-1} g$$

gilt.

Unter Benutzung der Eigenschaft der unitären Äquivalenz der Operatoren Q und $\mathcal{P}$ kann man leicht die $\mathcal{P}$ reduzierenden Teilräume angeben. Diese bestehen aus allen Funktionen $\psi(t)$, die eine Darstellung

$$\psi(t) = \mathfrak{F} \varphi(t)$$

gestatten, wobei $\varphi(t)$ außerhalb einer festen Menge der Zahlengeraden verschwindet.

KAPITEL V

SPEKTRALANALYSIS VOLLSTETIGER OPERATOREN

56. Zwei Hilfssätze. Das vorliegende Kapitel ist der Spektraltheorie einiger Klassen vollstetiger Operatoren gewidmet. Die Spektraltheorie vollstetiger Operatoren ist eine direkte und leicht zu übersehende Verallgemeinerung entsprechender Gebiete der linearen Algebra und der elementaren Theorie der Integralgleichungen. Sie stellt die natürlichste Einführung in die allgemeine Spetraltheorie der Operatoren im Hilbert-Raum dar.

Wir werden sehen, daß beim Aufbau der Spektraltheorie vollstetiger Operatoren die Vollständigkeit des Raumes im allgemeinen nicht benutzt wird. Andererseits wird durch den Verzicht auf die Vollständigkeitsforderung das Anwendungsgebiet der Theorie wesentlich größer. In dem vorliegenden Kapitel werden daher neben Aussagen über Operatoren in einem Hilbert-Raum H eine Reihe von Sätzen über Operatoren in einem beliebigen linearen metrisierten System R abgeleitet. Zu diesen Sätzen gehören auch die beiden Hilfssätze, denen die vorliegende Nr. gewidmet ist.

Hilfssatz 1. *Wenn* $\{g_k\}_0^\infty$ *eine unendliche orthonormierte Vektorfolge in* R *ist und*

$$A g_k = \beta_{k0} g_0 + \beta_{k1} g_1 + \cdots + \beta_{kk} g_k \qquad (k = 1, 2, 3, \ldots)$$

für einen vollstetigen Operator A *in* R *gilt, so ist*

$$\lim_{k\to\infty} \beta_{kk} = 0 .$$

Beweis. Es sei $n > m$. Dann ist

$$\begin{aligned}||A g_n - A g_m||^2 &= ||\beta_{nn} g_n + \cdots + \beta_{n,m+1} g_{m+1} \\ &\qquad + (\beta_{nm} - \beta_{mm}) g_m + \cdots + (\beta_{n0} - \beta_{m0}) g_0||^2 \\ &= |\beta_{nn}|^2 + \cdots + |\beta_{n,m+1}|^2 + |\beta_{nm} - \beta_{mm}|^2 + \cdots + |\beta_{n0} - \beta_{m0}|^2 \geqq |\beta_{nn}|^2 .\end{aligned}$$

Wenn β_{kk} für $k \to \infty$ nicht gegen Null strebt, so gibt es eine unendliche Folge von Indizes

$$n_1 < n_2 < n_3 < \cdots ,$$

für die

$$|\beta_{n_j n_j}| \geqq \delta > 0 \qquad (j = 1, 2, 3, \ldots)$$

gilt. Daher ist

$$||A g_{n_k} - A g_{n_l}||^2 \geqq \delta^2 > 0 ,$$

und folglich enthält die Vektorfolge $\{A\,g_{n_j}\}_{j=1}^{\infty}$ keine konvergente Teilfolge. Dies aber widerspricht der Kompaktheit der Vektormenge $\{A\,g_k\}_0^{\infty}$ und somit der Vollstetigkeit des Operators A.

Hilfssatz 2. *Ist $\lambda \neq 0$, A ein vollstetiger Operator in* R *und $\{f_k\}_0^{\infty}$ eine unendliche Vektorfolge in* R, *die den Bedingungen*

$$A\,f_0 - \lambda\,f_0 = 0\,,$$
$$A\,f_n - \lambda\,f_n = f_{n-1} \qquad (n = 1, 2, 3, \ldots)$$

genügt, dann ist $f_0 = 0$ und damit auch $f_n = 0$ für $n = 1, 2, \ldots$.

Beweis. Wir zeigen zunächst, daß die Vektoren f_k für $f_0 \neq 0$ linear unabhängig sind. Gäbe es nämlich in der Reihe

$$f_0, f_1, f_2, \ldots, f_k, \ldots$$

Elemente, die eine Linearkombination der vorhergehenden sind, und ist f_n das erste unter ihnen, dann müßte eine Beziehung

$$f_n = \alpha_0 f_0 + \alpha_1 f_1 + \cdots + \alpha_{n-1} f_{n-1} \tag{1}$$

gelten. Wenden wir auf beiden Seiten den Operator A an, dann erhalten wir die Gleichung

$$\lambda\,f_n + f_{n-1} = \alpha_0\,\lambda\,f_0 + \alpha_1 (\lambda\,f_1 + f_0) + \cdots + \alpha_{n-1} (\lambda\,f_{n-1} + f_{n-2})\,.$$

Daraus folgt aber

$$f_{n-1} = \alpha_1 f_0 + \alpha_2 f_1 + \cdots + \alpha_{n-1} f_{n-2}\,,$$

im Gegensatz zu unserer Annahme.

Nehmen wir also an, daß der Hilfssatz falsch und $f_0 \neq 0$ ist, dann ist die Vektorfolge $f_0, f_1, f_2, \ldots$ linear unabhängig, und wir können sie orthogonalisieren. Sei

$$\begin{aligned} g_0 &= \alpha_{00} f_0\,, \\ g_1 &= \alpha_{10} f_0 + \alpha_{11} f_1\,, \\ &\ldots\ldots\ldots\ldots, \\ g_k &= \alpha_{k0} f_0 + \alpha_{k1} f_1 + \cdots + \alpha_{kk} f_k\,, \\ &\ldots\ldots\ldots\ldots\ldots\ldots \end{aligned}$$

die dabei gewonnene orthonormierte Folge. Wir bemerken jetzt, daß

$$\begin{aligned} A\,g_k &= \alpha_{k0}\,\lambda\,f_0 + \alpha_{k1} (\lambda\,f_1 + f_0) + \cdots + \alpha_{kk} (\lambda\,f_k + f_{k-1}) \\ &= \alpha_{k1} f_0 + \alpha_{k2} f_1 + \cdots + \alpha_{kk} f_{k-1} + \lambda\,g_k \\ &= \beta_{k0}\,g_0 + \beta_{k1}\,g_1 + \cdots + \beta_{k,k-1}\,g_{k-1} + \lambda\,g_k \qquad (k = 1, 2, \ldots) \end{aligned}$$

gilt. Diese Beziehung widerspricht jedoch dem Hilfssatz 1, und damit ist unser Satz bewiesen.

57. Einige Aussagen über Eigenwerte vollstetiger Operatoren in R. In dieser Nr. betrachten wir, wie die Überschrift besagt, Operatoren in einem beliebigen linearen metrisierten System R. In den folgenden beiden Nr. werden wir dann voraussetzen, daß das System R vollständig, d. h. ein HILBERT-Raum H ist.

Satz 1. *Jeder vollstetige Operator A in R besitzt für beliebiges reelles $\varrho > 0$ nur endlich viele linear unabhängige Eigenvektoren, deren zugehörige Eigenwerte dem Betrage nach ϱ übertreffen.*

Beweis. Entgegen der Behauptung nehmen wir an, es existiere eine unendliche Menge linear unabhängiger Vektoren f_n $(n = 1, 2, 3, \ldots)$, für die

$$A f_n = \lambda_n f_n, \qquad |\lambda_n| > \varrho > 0 \qquad (n = 1, 2, 3, \ldots)$$

ist. Orthogonalisieren wir die Folge $\{f_n\}_1^\infty$, so erhalten wir eine orthonormierte Vektorfolge

$$\begin{aligned} g_1 &= \alpha_{11} f_1, \\ g_2 &= \alpha_{21} f_1 + \alpha_{22} f_2, \\ &\ldots\ldots\ldots\ldots\ldots\ldots, \\ g_k &= \alpha_{k1} f_1 + \alpha_{k2} f_2 + \cdots + \alpha_{kk} f_k, \\ &\ldots\ldots\ldots\ldots\ldots\ldots\ldots\ldots \end{aligned}$$

Dabei ist

$$A g_k = \alpha_{k1} A f_1 + \alpha_{k2} A f_2 + \cdots + \alpha_{kk} A f_k = \alpha_{k1} \lambda_1 f_1 + \alpha_{k2} \lambda_2 f_2 + \cdots + \alpha_{kk} \lambda_k f_k$$

und folglich

$$\begin{aligned} A g_k - \lambda_k g_k &= \alpha_{k1} (\lambda_1 - \lambda_k) f_1 + \cdots + \alpha_{k,k-1} (\lambda_{k-1} - \lambda_k) f_{k-1} \\ &= \beta_{k1} g_1 + \beta_{k2} g_2 + \cdots + \beta_{k,k-1} g_{k-1}. \end{aligned}$$

Daher gilt

$$A g_k = \beta_{k1} g_1 + \beta_{k2} g_2 + \cdots + \beta_{k,k-1} g_{k-1} + \lambda_k g_k.$$

Nach dem Hilfssatz 1 der vorigen Nr. widerspricht aber diese Gleichung der Annahme $|\lambda_k| > \varrho > 0$ $(k = 1, 2\ 3, \ldots)$.

Folgerung 1. *Die Null ist der einzige Punkt, der Häufungspunkt von Eigenwerten eines vollstetigen Operators in R sein kann.*

Folgerung 2. *Zu jedem von Null verschiedenen Eigenwert eines vollstetigen Operators in R gehört nur eine endliche Anzahl linear unabhängiger Eigenvektoren. Mit anderen Worten, die Vielfachheit jedes von Null verschiedenen Eigenwertes eines vollstetigen Operators in R ist endlich.*

Folgerung 3. *Jeder vollstetige Operator in R hat höchstens abzählbar viele linear unabhängige Eigenvektoren, die zu von Null verschiedenen Eigenwerten gehören.*

Satz 2. *Ist A ein vollstetiger Operator in R und ist die Gleichung*

$$A f - \lambda f = h \tag{1}$$

für irgendein $\lambda \neq 0$ für jedes $h \in \mathrm{R}$ lösbar, so hat die Gleichung

$$A f - \lambda f = 0 \tag{2}$$

als einzige Lösung $f = 0$, d. h., λ ist kein Eigenwert von A.

Beweis. Entgegen der Behauptung nehmen wir an, daß ein $f_0 \neq 0$ die Gleichung (2) befriedigt. Lösen wir nun Gleichung (1) mit $h = f_0$, so erhalten wir einen Vektor f_1, für den

$$A f_1 - \lambda f_1 = f_0$$

gilt. Dann finden wir einen Vektor f_2, für den

$$A f_2 - \lambda f_2 = f_1$$

gilt. Setzen wir diesen Prozeß fort, so erhalten wir eine unendliche Vektorfolge $\{f_k\}_0^\infty$, die den Beziehungen

$$A f_k - \lambda f_k = f_{k-1} \qquad (k = 1, 2, 3, \ldots),$$
$$A f_0 - \lambda f_0 = 0, \qquad f_0 \neq 0$$

genügt. Diese Gleichungen widersprechen aber dem Hilfssatz 2 der vorhergehenden Nr.; damit ist der Satz bewiesen.

Folgerung 4. *Ist für ein $\lambda \neq 0$ die Gleichung* (1) *für jedes beliebige $h \in \mathrm{R}$ lösbar, so ist diese Gleichung für jedes $h \in \mathrm{R}$ eindeutig lösbar; folglich besitzt in diesem Fall $A - \lambda I$ einen inversen Operator $(A - \lambda I)^{-1}$ (in ganz* R).

Satz 3. *Es existiert eine nur vom Operator A* (*vollstetig in* R) *und von der Zahl $\lambda \neq 0$ abhängige Konstante $\mathcal{L}$, so daß folgendes gilt: Ist die Gleichung*

$$A f - \lambda f = h \tag{1}$$

lösbar, so gilt für mindestens eine Lösung f die Ungleichung

$$\|f\| \leqq \mathcal{L} \, \|h\| .$$

Beweis.

$$f_1, f_2, \ldots, f_k$$

seien alle linear unabhängigen Eigenvektoren von A, die zu λ gehören. Den Fall, daß λ kein Eigenwert von A ist, wollen wir nicht ausschließen; dann ist $k = 0$. f^* sei irgendeine Lösung von (1). Die allgemeine Lösung dieser Gleichung ist dann von der Form

$$f = f^* + \alpha_1 f_1 + \alpha_2 f_2 + \cdots + \alpha_k f_k ,$$

wo $\alpha_1, \alpha_2, \ldots, \alpha_k$ beliebige Zahlen sind. Diese wählen wir so, daß die Norm $\|f\|$ den kleinstmöglichen Wert hat. Die so erhaltene Lösung bezeichnen wir mit $\overset{0}{f}$; im Falle $k = 0$ fällt sie mit f^* zusammen. h durchlaufe nun die Gesamtheit M aller Vektoren, für die (1) lösbar ist. Jedem Vektor $h \in \mathrm{M}$ entspricht ein gewisser Vektor $\overset{0}{f}$, und wir müssen zeigen, daß

$$\sup_{h \in \mathrm{M}} \frac{\|\overset{0}{f}\|}{\|h\|} < \infty$$

ist. Nehmen wir das Gegenteil an. Dies bedeutet, daß eine Folge von Vektoren $\{h_k\}_1^\infty$ existiert, für die

$$\frac{\|\overset{0}{f}\|}{\|h\|} \to \infty$$

strebt. Dividieren wir beide Seiten der Gleichung

$$A \overset{0}{f}_k - \lambda \overset{0}{f}_k = h_k \qquad (k = 1, 2, 3, \ldots)$$

durch $||\overset{0}{f}_k||$, so ergibt sich

$$A \overset{0}{f'}_k - \lambda \overset{0}{f'}_k = h'_k \qquad (k = 1, 2, 3, \ldots)$$

mit

$$h'_k = \frac{h_k}{||\overset{0}{f}_k||}, \qquad ||\overset{0}{f'}_k|| = 1 \qquad (k = 1, 2, 3, \ldots).$$

Dabei ist die Eins das Minimum der Norm der Lösungen von (1), wenn die rechte Seite gleich h'_k ist. Da A vollstetig ist, so läßt sich eine Teilfolge

$$\overset{0}{f'}_{n_1}, \overset{0}{f'}_{n_2}, \ldots$$

bestimmen, für die der Grenzwert

$$\lim_{i \to \infty} A \overset{0}{f'}_{n_i}$$

existiert. Da außerdem

$$h_k \to 0,$$

so existiert auch

$$\lim_{i \to \infty} \overset{0}{f'}_{n_i} = g,$$

und folglich gilt

$$A g - \lambda g = 0$$

für $||g|| = 1$. Das heißt aber, daß g ein Eigenvektor von A ist.

Wie $\overset{0}{f'}_{n_i}$ ist der Vektor $\overset{0}{f'}_{n_i} - g$ eine Lösung von (1) für den Fall, daß die rechte Seite gleich h'_{n_i} ist. Da aber das Minimum der Normen der Lösungen dieser Gleichung gleich Eins ist, so ist

$$||\overset{0}{f'}_{n_i} - g|| \geqq 1.$$

Dies ist aber unmöglich, und somit ist der Satz bewiesen.

58. Weitere Eigenschaften vollstetiger Operatoren.

Satz 1. *Ist $\lambda \neq 0$ ein Eigenwert eines vollstetigen Operators A im Raume* H, *so ist $\bar{\lambda}$ ein Eigenwert von A^*.*

Beweis. Der Vektor h möge H durchlaufen. Der Vektor

$$A h - \lambda h = g$$

wird dann nicht den ganzen Raum durchlaufen, sondern nur eine gewisse lineare Mannigfaltigkeit $\mathrm{G} \subset \mathrm{H}$; denn die Gleichung

$$A f - \lambda f = g$$

ist nicht für jedes beliebige g lösbar. Man sieht mühelos, daß G abgeschlossen und folglich ein Teilraum ist. In der Tat, wenn $g_n \in G$ $(n = 1, 2, 3, \ldots)$, so existieren nach Satz 3 der vorigen Nr. Vektoren $\overset{0}{h}_n$, für die

$$A\overset{0}{h}_n - \lambda\overset{0}{h}_n = g_n \qquad (n = 1, 2, 3, \ldots)$$

und

$$\|\overset{0}{h}_n\| \leqq \mathscr{L}\, \|g_n\| \qquad (n = 1, 2, 3, \ldots)\,.$$

Wenn $g_n \to g$, so ist die Folge der Vektoren $\{\overset{0}{h}_n\}_{n=1}^{\infty}$ beschränkt, und es läßt sich daher eine Teilfolge $\{\overset{0}{h}_{n_i}\}_{i=1}^{\infty}$ bestimmen, für die

$$\lim_{i\to\infty} A\overset{0}{h}_{n_i}$$

existiert. Folglich existiert auch

$$h = \lim_{i\to\infty} \overset{0}{h}_{n_i}\,,$$

und es gilt somit die Gleichung

$$A h - \lambda h = g\,.$$

Damit ist bewiesen, daß $g \in G$, d. h., daß die Mannigfaltigkeit G abgeschlossen ist.

Da der Teilraum G nicht mit H zusammenfällt, so existiert ein von Null verschiedener Vektor $f \in H$, der zu G orthogonal ist. Das bedeutet, daß für beliebiges $h \in H$ die Beziehung

$$(A h - \lambda h, f) = 0$$

gilt. Hieraus schließt man

$$(A h, f) = (\lambda h, f)$$

oder

$$(h, A^* f) = (h, \bar{\lambda} f)\,.$$

Die letzte Beziehung zeigt, daß $f \in D_{A^*}$ und

$$A^* f = \bar{\lambda} f\,.$$

Der Satz ist somit bewiesen.

Jetzt können wir Satz 2 der vorigen Nr. etwas verschärfen. Dieser stellte folgendes fest: Wenn $\lambda \neq 0$ Eigenwert eines vollstetigen Operators A in R ist, so ist die Gleichung

$$A f - \lambda f = g \tag{1}$$

nicht für jedes $g \in R$ lösbar. Wenn wir jetzt annehmen, daß A in H operiert, so können wir auch zeigen, für welche Vektoren g die Gleichung (1) lösbar ist.

S a t z 2. *A sei ein vollstetiger Operator in H. Für die Lösbarkeit der Gleichung* (1) *für $\lambda \neq 0$ ist notwendig und hinreichend, daß der Vektor g orthogonal zum*

Eigenraum F *des Operators* A^* *ist, der zum Eigenwert* $\bar{\lambda}$ *gehört. Sollte* $\bar{\lambda}$ *kein Eigenwert von* A^* *sein, so ist unter* F *der Nullraum zu verstehen; in diesem Falle ist also die Gleichung* (1) *bei beliebiger rechter Seite lösbar.*

Beweis. Sei G die Gesamtheit aller Vektoren g, die sich in der Form

$$g = Ah - \lambda h$$

darstellen lassen. Beim Beweis des Satzes 1 haben wir gesehen, daß G einen Teilraum bildet. Es genügt deshalb zu zeigen, daß $H \ominus G$ mit dem Eigenraum F des Operators A^* zum Eigenwert $\bar{\lambda}$ zusammenfällt.

Der Vektor f sei zu G orthogonal. In diesem Falle erhalten wir durch die Wiederholung der entsprechenden Stelle aus dem Beweise von Satz 1 die Gleichung

$$A^* f = \bar{\lambda} f .$$

Somit ist $f \in F$ und folglich

$$H \ominus G \subseteq F .$$

Hieraus folgt insbesondere für den Fall, daß $\bar{\lambda}$ kein Eigenwert von A^* ist, die Beziehung $H \ominus G = 0$. In diesem Falle ist also $G = H$ und folglich die Gleichung (1) bei beliebiger rechter Seite lösbar.

Es bleibt zu zeigen: Wenn $\bar{\lambda}$ Eigenwert von A^* ist, so gilt die Inklusion

$$F \subseteq H \ominus G . \tag{2}$$

F sei nicht leer, und der Vektor $f \neq 0$ gehöre zu F. Wir wählen einen beliebigen Vektor der Form

$$g = Ah - \lambda h .$$

Dann gilt

$$(f, g) = (f, Ah - \lambda h) = (f, Ah) - \bar{\lambda}(f, h) = (A^* f - \bar{\lambda} f, h) = 0 .$$

Dies bedeutet aber, daß $f \perp G$ ist. Damit ist die Beziehung (2) und mithin der Satz selbst bewiesen.

Der Leser, der die elementare Theorie der Integralgleichungen kennt, hat selbstverständlich gemerkt, daß die soeben bewiesenen Aussagen die Verallgemeinerungen zweier Sätze von Fredholm sind.

Auch die Verallgemeinerung des dritten Fredholmschen Satzes ist richtig. Diese wird wie folgt formuliert: *Die Dimensionen der Eigenräume der vollstetigen Operatoren* A^* *und* A *in* H, *die zu den Eigenwerten* $\bar{\lambda}$ *bzw.* λ *gehören, sind einander gleich.*

Dieser Satz wird in der folgenden Nr. bewiesen.

59. Die Methode von F. Riesz in der Theorie der linearen Funktionalgleichungen. Sei A ein vollstetiger Operator in H. Wir wählen irgendeine Zahl $\lambda \neq 0$ und bezeichnen mit K_λ die Gesamtheit aller Vektoren g, für die die Gleichung

$$(A - \lambda I)^n x = g$$

bei beliebigem natürlichem n lösbar ist. Wir bezeichnen weiterhin mit N_λ die

Gesamtheit aller Vektoren f, die für irgendein natürliches m die Gleichung

$$(A - \lambda I)^m f = 0 \tag{1}$$

erfüllen.

Ist λ kein Eigenwert des Operators A, dann ist $K_\lambda = H$, und N_λ enthält nur den Nullvektor. Aus diesem Grunde sind die eingeführten Gesamtheiten nur dann von Interesse, wenn λ ein Eigenwert von A ist. Wir werden auch die Mannigfaltigkeiten $K_{\bar\lambda}^*$, $N_{\bar\lambda}^*$ benötigen, die man erhält, wenn A und λ durch den adjungierten Operator A^* und die zu λ konjugiertkomplexe Zahl $\bar\lambda$ ersetzt werden.

Wir geben zunächst einige Eigenschaften dieser Mannigfaltigkeiten an.

1. K_λ *und* N_λ *sind Teilräume von* H.
2. *Jeder Vektor* $h \in H$ *läßt sich eindeutig darstellen als*

$$h = g + f$$

mit $g \in K_\lambda$ *und* $f \in N_\lambda$; *d. h.*, H *zerfällt in die direkte Summe der Teilräume* K_λ *und* N_λ.

3. N_λ *ist endlich-dimensional.*
4. $N_{\bar\lambda}^* = H \ominus K_\lambda$.
5. *Die Räume* N_λ *und* $N_{\bar\lambda}^*$ *haben gleiche Dimension.*

Die Dimension von N_λ nennen wir den *Rang*[1]) des Eigenwertes λ. Wir erinnern daran, daß die Dimension des zu λ gehörenden Eigenraumes (d. h. die Maximalzahl linear unabhängiger Eigenvektoren) als *Vielfachheit* des Eigenwertes bezeichnet wird. Es ist klar, daß der Rang größer oder gleich der Vielfachheit ist. Der Teilraum N_λ heißt *algebraischer Eigenraum* von A in H und jeder von Null verschiedene Vektor $f \in N_\lambda$ heißt *verallgemeinerter Eigenvektor*[2]) des Operators A.

Wir wollen im Moment die oben angeführten Eigenschaften der Mannigfaltigkeiten K_λ, N_λ als richtig hinnehmen und mit ihnen das Analogon zum dritten FREDHOLMschen Satz beweisen, der am Ende von Nr. 58 formuliert wurde. Zu diesem Zweck bemerken wir, daß jeder zum Eigenwert λ gehörende Eigenvektor e von A in der Form

$$e = \xi_1 f_1 + \xi_2 f_2 + \cdots + \xi_n f_n$$

dargestellt werden kann, wobei $f_1, f_2, \ldots, f_n$ eine Basis in N_λ ist. Zur Bestimmung der Koeffizienten $\xi_1, \xi_2, \ldots, \xi_n$ haben wir die Gleichung

$$(A - \lambda I)\, e = \xi_1 [A f_1 - \lambda f_1] + \xi_2 [A f_2 - \lambda f_2] + \cdots + \xi_n [A f_n - \lambda f_n] = 0.$$

Da der Vektor, der die linke Seite dieser Gleichung darstellt (wir nennen ihn h),

---

[1]) Auch als algebraische Vielfachheit (engl.: algebraic multiplicity) bezeichnet (Anmerk. d. Red.).

[2]) Manchmal betrachtet man verallgemeinerte Eigenvektoren zum Eigenwert $\lambda = 0$. Die Mannigfaltigkeit dieser Eigenvektoren ist die Nullmannigfaltigkeit des Operators. In unseren Betrachtungen ist jedoch stets $\lambda \neq 0$.

zu N_λ gehört, ist er wegen 1. orthogonal zu K_λ^*. Nun ist aber wegen 2.

$$h = g + f$$

mit $g \in K_\lambda^*$, $f \in N_\lambda^*$. Folglich gilt

$$(h, h) = (h, g + f) = (h, f)\,.$$

Für die Gleichung $h = 0$ ist deshalb hinreichend, daß $h \perp N_\lambda^*$ gilt. Diese Bedingung ist aber offenbar auch notwendig. Für die Bestimmung der Koeffizienten ξ_k $(k = 1, 2, \ldots, n)$ müssen wir deshalb fordern, daß h orthogonal ist zu allen linear unabhängigen Vektoren f_k^*, die N_λ^* erzeugen. Da nach 5. n solche Vektoren existieren, erhalten wir das System

$$\xi_1 (A f_1 - \lambda f_1, f_i^*) + \xi_2 (A f_2 - \lambda f_2, f_i^*) + \cdots + \xi_n (A f_n - \lambda f_n, f_i^*) = 0 \qquad (2)$$
$$(i = 1, 2, \ldots, n)\,.$$

In ähnlicher Weise gewinnen wir zur Bestimmung der Eigenvektoren

$$e^* = \eta_1 f_1^* + \eta_2 f_2^* + \cdots + \eta_n f_n^*$$

von A^* zum Eigenwert $\bar{\lambda}$ das System

$$\eta_1 (A^* f_1^* - \bar{\lambda} f_1^*, f_i) + \eta_2 (A^* f_2^* - \bar{\lambda} f_2^*, f_i) + \cdots + \eta_n (A^* f_n^* - \bar{\lambda} f_n^*, f_i) = 0$$
$$(i = 1, 2, \ldots, n)\,,$$

das wir in der Form

$$\bar{\eta}_1 (A f_i - \lambda f_i, f_1^*) + \bar{\eta}_2 (A f_i - \lambda f_i, f_2^*) + \cdots + \bar{\eta}_n (A f_i - \lambda f_i, f_n^*) = 0$$
$$(i = 1, 2, \ldots, n) \qquad (3)$$

schreiben können. Die Systeme (2) und (3) sind zueinander transponiert; sie haben demnach die gleiche Zahl linear unabhängiger Lösungen. Aus diesem Grunde stimmen die Vielfachheiten der Eigenwerte λ von A und $\bar{\lambda}$ von A^* überein. Das ist aber die Aussage des dritten Fredholmschen Satzes, der am Ende von Nr. 58 zitiert wurde.

Wir wenden uns jetzt dem Beweis der aufgezählten Eigenschaften der Mannigfaltigkeiten K_λ, N_λ zu und beginnen mit der Untersuchung von K_λ. Ganz offensichtlich ist diese Mannigfaltigkeit linear. Ebenso klar ist, daß für jedes natürliche n

$$K_\lambda \subseteq G^{(n)}$$

gilt, wobei $G^{(n)}$ die lineare Mannigfaltigkeit ist, die vom Vektor

$$g_n = (A - \lambda I)^n h$$

durchlaufen wird, wenn h den ganzen Raum H durchläuft. Beim Beweis des Satzes 1 aus Nr. 58 wurde gezeigt, daß die Mannigfaltigkeit $G^{(1)}$, die vom Vektor

$$g_1 = (A - \lambda I)\, h$$

durchlaufen wird, abgeschlossen ist und deshalb ein Teilraum von H ist. Dann ist auch $G^{(n)}$ für beliebige n abgeschlossen und damit Teilraum von H. In der

Tat können wir den Vektor g_n, der $\mathrm{G}^{(n)}$ durchläuft, in der Form

$$g_n = \left(B + (-1)^n \lambda^n I\right) h$$

darstellen, wobei der Operator

$$B = A^n - \binom{n}{1} \lambda A^{n-1} + \cdots + (-1)^{n-1} \binom{n}{n-1} \lambda^{n-1} A$$

vollstetig ist, weil A vollstetig ist.

Es ist leicht zu sehen, daß $\mathrm{G}^{(n+1)} \subseteq \mathrm{G}^{(n)}$ $(n = 1, 2, 3, \ldots)$ gilt. Mehr noch: für ein gewisses natürliches k gilt

$$\mathrm{G}^{(k+1)} = \mathrm{G}^{(k)},$$

und damit

$$\mathrm{G}^{(k)} = \mathrm{G}^{(k+1)} = \mathrm{G}^{(k+2)} = \cdots.$$

Das bedeutet aber

$$\mathrm{G}^{(k)} = \mathrm{K}_\lambda;$$

K_λ ist deshalb ein Teilraum. Für die Methode von F. Riesz ist gerade diese Tatsache, daß das Konstruktionsverfahren der Teilräume $\mathrm{G}^{(n)}$ in dieser Weise abbricht, besonders wesentlich und charakteristisch.

Wir beweisen die Existenz des erwähnten k-Wertes, indem wir das Gegenteil annehmen; d. h., indem wir voraussetzen, daß $\mathrm{G}^{(n+1)} \neq \mathrm{G}^{(n)}$ für alle natürlichen n. Dann existiert eine unendliche Vektorfolge $\{g_i^*\}_0^\infty$ mit den folgenden Eigenschaften:

a) $g_i^* \in \mathrm{G}^{(i)}$;

b) $\|g_i^*\| = 1 \qquad (i = 0, 1, 2, \ldots; \mathrm{G}^{(0)} = \mathrm{H})$;

c) $g_i^* \perp \mathrm{G}^{(i+1)}$.

Für $j > i$ ist $\mathrm{G}^{(j)} \subseteq \mathrm{G}^{(i+1)}$ und deshalb wegen c) $g_i^* \perp \mathrm{G}^{(j)}$. Das bedeutet

$$(g_i^*, g_j^*) = 0 \qquad (i \neq j). \tag{4}$$

Andererseits gilt wegen $(A - \lambda I)\, \mathrm{G}^{(i)} = \mathrm{G}^{(i+1)}$

$$A g_i^* - \lambda g_i^* \in \mathrm{G}^{(i+1)}$$

und

$$A g_j^* - \lambda g_j^* \in \mathrm{G}^{(j+1)} \subset \mathrm{G}^{(i+1)} \qquad (j > i).$$

Deshalb ist

$$(A g_i^* - \lambda g_i^*, g_i^*) = 0$$

und wegen (4)

$$(A g_j^*, g_i^*) = 0.$$

Aus diesen Beziehungen folgt, daß für beliebige $j > i$

$$\begin{aligned} \|A g_j^* - A g_i^*\|^2 &= \|\lambda g_i^* + (A g_i^* - \lambda g_i^*) - A g_j^*\|^2 \\ &= |\lambda|^2 + \|(A g_i^* - \lambda g_i^*) - A g_j^*\|^2 \geq |\lambda|^2 \end{aligned}$$

gilt. Diese Ungleichung widerspricht der Kompaktheit der Vektormenge

$$A g_1^*, A g_2^*, \ldots, A g_i^*, \ldots.$$

Damit ist bewiesen, daß für ein gewisses natürliches k die Gleichung

$$G^{(k)} = K_\lambda$$

gilt.

Wir zeigen jetzt, daß man die Reihe der m-Werte in der Definition (1) der Mannigfaltigkeit N_λ ebenfalls abbrechen kann. Ist nämlich $f \in N_\lambda$, dann ist die Gleichung (1) schon für $m = k$ erfüllt (sie braucht aber nicht für $m < k$ erfüllt zu sein). Daraus kann man leicht schließen, daß N_λ ein Teilraum ist. Sei

$$(A - \lambda I)^m f = 0 \tag{5}$$

für $m > k$. Dann ist $m - 1 \geq k$, folglich gilt

$$g \equiv (A - \lambda I)^{m-1} f \in K_\lambda,$$

und wegen (5)

$$A g - \lambda g = 0 .$$

Wegen $g \in K_\lambda = G^{(k)}$ ist $g \in G^{(k+1)}$; das bedeutet

$$g = (A - \lambda I) g_1$$

mit $g_1 \in G^{(k)} = K_\lambda$. Es ist deshalb $g_1 \in G^{(k+1)}$; demnach

$$g_1 = (A - \lambda I) g_2$$

mit $g_2 \in G^{(k)} = K_\lambda$. Setzen wir diesen Prozeß fort, dann erhalten wir die Gleichungen

$$A g_n - \lambda g_n = g_{n-1} \qquad (n = 1, 2, \ldots; g_0 = g),$$
$$A g = \lambda g .$$

Aus ihnen folgt $g = 0$ nach Hilfssatz 2 aus Nr. 56.[1] Damit ist gezeigt, daß für $m > k$ aus (5) die Gleichung

$$(A - \lambda I)^{m-1} f = 0$$

folgt. Wiederholen wir diese Überlegung, dann erhalten wir schließlich die Gleichung

$$(A - \lambda I)^k f = 0 .$$

Nun zeigen wir, daß k nicht weiter verkleinert werden kann. Zu diesem Zweck wählen wir einen Vektor h derart, daß

$$(A - \lambda I)^{k-1} h \,\bar{\in}\, G^{(k)}$$

gilt. Das ist möglich, denn es ist $G^{(k-1)} \neq G^{(k)}$ und $(A - \lambda I)^{k-1} f$ durchläuft $G^{(k-1)}$, wenn f H durchläuft. Der Vektor

$$h_1 = (A - \lambda I)^k h$$

---

[1]) Damit ist gleichzeitig bewiesen: Gilt

$$A g = \lambda g$$

und

$$g \in K_\lambda,$$

dann ist $g = 0$. Wir benutzen diesen Satz weiter unten.

gehört schon zu K_λ und kann deshalb in der Form

$$h_1 = (A - \lambda I)^{2k} h_0 = (A - \lambda I)^k g$$

mit $g = (A - \lambda I)^k h_0 \in G^{(k)} = K_\lambda$ dargestellt werden. Wir sehen, daß der Vektor $f = h - g$ der Beziehung

$$(A - \lambda I)^k f = 0$$

genügt, d. h. zu N_λ gehört. Damit gilt

$$(A - \lambda I)^{k-1} f = (A - \lambda I)^{k-1} h - (A - \lambda I)^{k-1} g .$$

Die rechte Seite dieser Gleichung ist aber verschieden von Null, da das zweite Glied dem Teilraum $G^{(k)}$ angehört, das erste jedoch nicht.

Die erste Eigenschaft der Mannigfaltigkeiten K_λ, N_λ ist damit gezeigt. Zum Beweis der zweiten Eigenschaft wählen wir einen beliebigen Vektor h aus H und setzen

$$h_1 = (A - \lambda I)^k h .$$

Da $h_1 \in G^{(k)} = G^{(k+1)}$ gilt, läßt sich, wie oben schon benutzt, eine Darstellung der Form

$$h_1 = (A - \lambda I)^k g$$

mit $g \in G^{(k)} = K_\lambda$ finden. Wir setzen

$$f = h - g$$

und erhalten $(A - \lambda I)^k f = (A - \lambda I)^k h - (A - \lambda I)^k g = 0$, d. h. $f \in N_\lambda$. Damit ist gezeigt, daß sich jedes Element $h \in H$ in der Form

$$h = f + g$$

darstellen läßt. Dabei ist

$$f \in N_\lambda , \quad g \in K_\lambda .$$

Wäre diese Zerlegung nicht eindeutig, dann müßte es einen Vektor $f \neq 0$ geben, der beiden Teilräumen N_λ, K_λ angehört. Aus der Bedingung $f \in N_\lambda$ würde folgen, daß für irgendein natürliches $p \leqq k$ die Gleichung

$$(A - \lambda I)^p f = 0$$

und die Beziehung

$$g = (A - \lambda I)^{p-1} f \neq 0$$

gelten. Das bedeutet

$$A g = \lambda g , \quad g \neq 0$$

und

$$g \in K_\lambda .$$

Das ist aber unmöglich, wie wir oben sahen (Fußnote S. 155).

Damit ist auch die Eigenschaft 2. bewiesen.

Jeder Vektor $f \in N_\lambda$ genügt der Gleichung

$$\left(B - (-1)^{k-1} \lambda^k I\right) f = 0 ,$$

wobei

$$B = A^k - \lambda \binom{k}{1} A^{k-1} + \cdots + (-\lambda)^{k-1} \binom{k}{k-1} A$$

gilt. Wenn $f \neq 0$ ist, dann ist f ein Eigenwert des vollstetigen Operators B zum Eigenwert $(-1)^{k-1}\lambda^k \neq 0$. Wegen Folgerung 2 aus Nr. 57 ist die Zahl der linear unabhängigen Vektoren mit dieser Eigenschaft endlich.

Damit ist 3. bewiesen.

Zum Beweis der Eigenschaft 4. wählen wir einen Vektor $f^* \perp \mathrm{K}_\lambda$. Bei beliebigem $h \in \mathrm{H}$ gilt dann

$$(f^*, (A - \lambda I)^k h) = 0\,,$$

was auch in der Form

$$((A^* - \bar{\lambda} I)^k f^*, h) = 0$$

geschrieben werden kann. Wegen der Willkür von h folgt daraus

$$(A^* - \bar{\lambda} I)^k f^* = 0\,.$$

Mit anderen Worten, es ist $f^* \in \mathrm{N}_{\bar{\lambda}}^*$, d. h., wir haben gezeigt, daß

$$\mathrm{H} \ominus \mathrm{K}_\lambda \subseteq \mathrm{N}_{\bar{\lambda}}^*$$

gilt. Nun nehmen wir an, daß $f^* \in \mathrm{N}_{\bar{\lambda}}^*$ ist. Das bedeutet, daß

$$(A^* - \bar{\lambda} I)^m f^* = 0$$

gilt, wobei wir offenbar $m \geqq k$ wählen können. Bei beliebigem $h \in \mathrm{H}$ erhalten wir dann die Gleichung

$$((A^* - \bar{\lambda} I)^m f^*, h) = 0\,,$$

die wir auch in der Form

$$(f^*, A - \lambda I)^m h) = 0$$

schreiben können. Wenn h den Raum H durchläuft, dann durchläuft $(A - \lambda I)^m h$ den Teilraum K_λ. Es ist deshalb $f^* \perp \mathrm{K}_\lambda$, und wir haben gezeigt, daß

$$\mathrm{N}_{\bar{\lambda}}^* \subseteq \mathrm{H} \ominus \mathrm{K}_\lambda$$

gilt. Zusammen mit der oben gewonnenen Inklusion ergibt sich

$$\mathrm{N}_{\bar{\lambda}}^* = \mathrm{H} \ominus \mathrm{K}_\lambda\,;$$

das ist aber gerade die Eigenschaft 4.

Zum Beweis der letzten Eigenschaft wählen wir irgendeine Basis $f_1, f_2, \ldots, f_n$ im Teilraum N_λ. Wir bezeichnen mit g_i die orthogonale Projektion von f_i auf K_λ und setzen

$$f_i^* = f_i - g_i \qquad (i = 1, 2, 3, \ldots, n)\,.$$

Wegen $f_i^* \perp \mathrm{K}_\lambda$ gilt auf Grund von Eigenschaft 4. $f_i^* \in \mathrm{N}_{\bar{\lambda}}^*$. Die Vektoren f_i^* sind linear unabhängig, weil im entgegengesetzten Fall die Gleichung

$$\alpha_1 f_1 + \alpha_2 f_2 + \cdots + \alpha_n f_n = \alpha_1 g_1 + \alpha_2 g_2 + \cdots + \alpha_n g_n$$

gelten müßte, wobei nicht alle α_i Null sind. Die linke Seite gehört zu N_λ, die rechte aber zu K_λ. Diese Gleichung widerspricht damit der Eigenschaft 2. Die f_i^* sind deshalb linear unabhängig, und das bedeutet, daß die Dimension von $\mathrm{N}_{\bar{\lambda}}^*$ nicht kleiner ist als die von N_λ. Nun ist aber $(A^*)^* = A$, d. h., die Dimension von N_λ ist nicht kleiner als die von $\mathrm{N}_{\bar{\lambda}}^*$.

Damit ist auch die letzte Eigenschaft bewiesen.

60. Der Satz von der Existenz eines Eigenvektors eines vollstetigen selbstadjungierten Operators. Der Hauptsatz über selbstadjungierte vollstetige Operatoren lautet:

Jeder vollstetige selbstadjungierte, von Null verschiedene Operator A in R *besitzt mindestens einen Eigenvektor e, der zu einem von Null verschiedenen Eigenwert λ gehört.*

Für diesen Satz geben wir zwei verschiedene Beweise.

Erster Beweis. Wir setzen

$$M = \sup_{\|g\|=1} |(A\,g, g)| = \sup_{\|g\|=1} \|A\,g\|\,.$$

Auf Grund der Definition der oberen Grenze läßt sich eine Folge normierter Vektoren $\{g_n\}_1^\infty$ auswählen, für die

$$\lim_{n\to\infty} (A\,g_n, g_n)$$

existiert und gleich $+ M$ oder $- M$ ist. Diesen von Null verschiedenen Grenzwert bezeichnen wir mit λ.

Aus der beschränkten Folge $\{g_n\}_1^\infty$ wählen wir eine Teilfolge $\{g_{n_i}\}_{i=1}^\infty$ aus, für die

$$\lim_{i\to\infty} A\,g_{n_i} = h \tag{1}$$

existiert. Auf Grund der Definition des vollstetigen Operators ist dies möglich.

Da nun

$$\|A\,g_{n_i} - \lambda\,g_{n_i}\|^2 = \|A\,g_{n_i}\|^2 - 2\,\lambda\,(A\,g_{n_i}, g_{n_i}) + \lambda^2$$

gilt, so ist

$$\lim_{i\to\infty} \|A\,g_{n_i} - \lambda\,g_{n_i}\|^2 = \|h\|^2 - 2\,\lambda^2 + \lambda^2 = \|h\|^2 - \lambda^2\,. \tag{2}$$

Aber es ist auch

$$\|A\,g_{n_i}\| \leqq M\,\|g_{n_i}\| = M = |\lambda|$$

und somit

$$\|h\| \leqq |\lambda|\,.$$

Da die linke Seite von (2) nicht-negativ ist, so ist $\|h\| = |\lambda|$ und somit

$$\lim_{i\to\infty} \|A\,g_{n_i} - \lambda\,g_{n_i}\| = 0\,. \tag{3}$$

Hieraus folgt, daß $\lim\limits_{i\to\infty} g_{n_i}$ existiert und gleich $\frac{h}{\lambda}$ ist.

Jetzt führen wir noch den Vektor $e = \frac{h}{\lambda}$ mit der Norm Eins ein und schreiben (3) in der Form

$$A\,e - \lambda\,e = 0\,.$$

Damit ist der Beweis beendet.

Zweiter Beweis. Wir wählen irgendeinen Vektor f_0, für den $A f_0 \neq 0$ ist. Man sieht leicht, daß dann $A^n f_0 \neq 0$ für beliebiges natürliches n. Wäre nämlich für irgendein $k \geqq 1$

$$A^k f_0 \neq 0\,, \qquad A^{k+1} f_0 = 0\,,$$

dann würde

$$0 = (A^{k+1} f_0, A^{k-1} f_0) = (A^k f_0, A^k f_0) \neq 0$$

gelten, was unmöglich ist.

Aus dem Gesagten folgt, daß sich zwei Vektorfolgen

$$\{f_k\}_0^\infty\,, \qquad \{f'_k\}_0^\infty$$

einführen lassen, die durch die Gleichungen

$$f'_k = \frac{f_k}{\|f_k\|}\,, \qquad f_{k+1} = A f'_k \qquad (k = 0, 1, 2, \ldots)$$

definiert werden. Aus diesen Definitionen ergibt sich

$$\|f_k\| \leqq \|f_{k+1}\| \qquad (k = 1, 2, \ldots) \tag{4}$$

und

$$\|f_{k-1}\| \cdot \|f_k\| = (f_{k-1}, f_{k+1}) = (f_{k+1}, f_{k-1}) \qquad (k = 1, 2, 3, \ldots)\,. \tag{5}$$

Es gilt nämlich

$$\begin{aligned} \|f_k\| &= (f_k, f'_k) = (A f'_{k-1}, f'_k) = (f'_{k-1}, A f'_k) \\ &= (f'_{k-1}, f_{k+1}) \leqq \|f'_{k-1}\| \cdot \|f_{k+1}\| = \|f_{k+1}\|\,, \end{aligned}$$

womit die Ungleichung (4) bewiesen ist. Gleichzeitig ist

$$(f'_{k-1}, f_{k+1}) = \|f_k\|$$

gezeigt. Hieraus ergibt sich (5),

$$(f_{k-1}, f_{k+1}) = \|f|_{k-1}| \cdot \|f_k\|\,.$$

Da wir mit M die Norm von A bezeichnet haben, so ist

$$\|A f'_{k-1}\| \leqq M$$

und folglich

$$\|f_k\| \leqq M\,.$$

Somit ist die nicht abnehmende Folge der Normen $\{\|f_k\|\}_1^\infty$ beschränkt und besitzt daher einen endlichen Grenzwert

$$\lim_{k \to \infty} \|f_k\| = \lambda\,. \tag{6}$$

Auf Grund der Vollstetigkeit von A gibt es eine Teilfolge $\{f'_{n_i}\}_{i=1}^\infty$, für die die Folge

$$f_{n_i+1} = A f'_{n_i} \qquad (i = 1, 2, 3, \ldots)$$

einen Grenzwert besitzt, den wir mit g bezeichnen:

$$f_{n_i+1} \to g\,.$$

Es ist

$$f_{n_i+2} = A f'_{n_i+1} = \frac{A f_{n_i+1}}{\|f_{n_i+1}\|},$$

woraus man leicht schließt, daß die Folge $\{f_{n_i+2}\}_{i=1}^{\infty}$ konvergiert. Entsprechend zeigt man die Konvergenz von $\{f_{n_i+3}\}_{i=1}^{\infty}$. Wir setzen

$$f_{n_i+2} \to h, \quad f_{n_i+3} \to h'$$

und berechnen $\|h' - g\|^2$:

$$\begin{aligned}\|h' - g\|^2 &= \lim_{i\to\infty} \|f_{n_i+3} - f_{n_i+1}\|^2 \\ &= \lim_{i\to\infty} \{\|f_{n_i+3}\|^2 + \|f_{n_i+1}\|^2 - (f_{n_i+3}, f_{n_i+1}) - (f_{n_i+1}, f_{n_i+3})\} = 0 .\end{aligned}$$

Dabei benutzten wir die Beziehungen (5), (6). Also ist $h' = g$. Da andererseits

$$h = \frac{A g}{\lambda}, \quad h' = \frac{A h}{\lambda}$$

gilt, ist

$$A g = \lambda h, \quad A h = \lambda g,$$

und hieraus folgt

$$A(h + g) = \lambda(h + g), \quad A(h - g) = -\lambda(h - g).$$

Der Vektor g ist ungleich Null, da $\|g\| = \lambda$ ist. Daher ist wenigstens einer der Vektoren $h + g$, $h - g$ von Null verschieden. Dieser von Null verschiedene Vektor ist ein Eigenvektor von A, der entweder zum Eigenwert λ oder $-\lambda$ gehört.

Wir bemerken noch, daß dieser Satz für beliebige (nicht selbstadjungierte) vollstetige Operatoren nicht gilt. Zum Beispiel besitzt der VOLTERRAsche Integraloperator im $L^2(0, 1)$

$$T f = \int_0^x K(x, t) f(t)\, dt$$

mit stetigem Kern $K(x, t)$ keinen Eigenvektor.

61. Das Sepktrum vollstetiger selbstadjungierter Operatoren in R. In der vorigen Nr. haben wir bewiesen, daß ein von Null verschiedener vollstetiger selbstadjungierter Operator A in R mindestens einen Eigenwert $\lambda \neq 0$ besitzt. In der vorliegenden Nr. konstruieren wir das volle System der von Null verschiedenen Eigenwerte von A. Wir beweisen nämlich die Gültigkeit des folgenden Satzes:

Satz. *Der Operator A besitzt eine endliche oder unendliche Folge paarweise orthogonaler und normierter Eigenvektoren*

$$e_1, e_2, e_3, \ldots,$$

die zu den von Null verschiedenen Eigenwerten

$$\lambda_1, \lambda_2, \lambda_3, \ldots$$
$$(|\lambda_1| \geq |\lambda_2| \geq |\lambda_3| \geq \cdots)$$

gehören. Diese Folge von Eigenvektoren ist im Wertebereich Δ_A *des Operators* A *vollständig*, d. h. *für jeden Vektor* f *der Form* $f = A\,h$ *gilt die Abgeschlossenheitsrelation*

$$\|f\|^2 = \sum_k |(f, e_k)|^2 .$$

Beweis. Aus dem Satz der vorigen Nr. folgt die Existenz eines Vektors e_1 ($\|e_1\| = 1$), für den

$$A\,e_1 = \lambda_1\,e_1$$

gilt. Dabei ist

$$\lambda_1 = \pm \sup_{\|g\|=1} |(A\,g, g)| .$$

Nunmehr bezeichnen wir unser lineares System R mit R_1 und den Operator A mit A_1. Wir setzen

$$\mathrm{R}_2 = \mathrm{R}_1 \ominus e_1 .$$

Es ist klar, daß R_2 ebenfalls ein lineares metrisiertes System ist. Ist dabei $f \in \mathrm{R}_2$, so folgt $A_1 f \in \mathrm{R}_2$. Aus $(f, e_1) = 0$ folgt nämlich

$$(A_1 f, e_1) = (f, A_1\,e_1) = (f, \lambda_1\,e_1) = \lambda_1 (f, e_1) = 0 .$$

Es sei A_2 derjenige Teil von A_1, der in R_2 operiert. A_2 ist ebenfalls ein vollstetiger und selbstadjungierter Operator. Ist A_2 nicht Null, so läßt sich auf ihn der Satz aus der vorigen Nr. anwenden, und es folgt die Existenz eines Vektors e_2, für den

$$A_2\,e_2 = \lambda_2\,e_2 \qquad (\|e_2\| = 1) .$$

Da $e_2 \in \mathrm{R}_2$ ist, so ist $(e_2, e_1) = 0$. Dabei gilt

$$|\lambda_2| = \sup_{\|f\|=1,\, f\in\mathrm{R}_2} |(A_1 f, f)| \leqq \sup_{\|g\|=1} |(A_1\,g, g)| = |\lambda_1| .$$

Wir setzen diesen Prozeß fort, definieren das lineare metrisierte System

$$\mathrm{R}_3 = \mathrm{R}_2 \ominus e_2$$

und bestimmen einen Eigenvektor e_3 und einen Eigenwert λ_3 usw. Der Prozeß bricht ab, wenn für ein gewisses n der in R_n operierende Teil A_n von A_1 Null wird. In diesem Falle erhalten wir eine endliche Anzahl paarweise orthogonaler und normierter Vektoren

$$e_1, e_2, \ldots, e_{n-1} ,$$

die zu von Null verschiedenen Eigenwerten

$$\lambda_1, \lambda_2, \ldots, \lambda_{n-1}$$

gehören. Dabei ist

$$|\lambda_1| \geqq |\lambda_2| \geqq \cdots \geqq |\lambda_{n-1}|$$

und

$$|\lambda_k| = \sup_{\|f\|=1,\, f\in\mathrm{R}_k} |(A_1 f, f)| .$$

Wenn der Prozeß nicht abbricht, dann erhalten wir eine unendliche orthonormierte Folge $\{e_k\}_1^\infty$; dabei gilt nach Satz 1 aus Nr. 57 $\lim_{k\to\infty} \lambda_k = 0$.

Wir betrachten jetzt irgendeinen Vektor $f = A\,h$ und setzen

$$g = h - \sum_{k=1}^{m} (h, e_k)\, e_k .$$

Dabei ist m die Anzahl der Elemente der Folge $\{e_k\}$, wenn diese Anzahl endlich ist; anderenfalls ist m eine beliebige natürliche Zahl.

Aus

$$(g, e_k) = 0 \qquad (k = 1, 2, \ldots, m)$$

folgt $g \in \mathrm{R}_{m+1}$. Daher ist

$$\|A\,g\|^2 \leqq \|A_{m+1}\|^2_{\mathrm{R}_{m+1}} \cdot \|g\|^2$$

oder

$$\left\|A\,h - \sum_{k=1}^{m} (h, e_k)\, A\, e_k\right\|^2 \leqq \|A_{m+1}\|^2_{\mathrm{R}_{m+1}} \cdot \|g\|^2 . \tag{1}$$

Wir sehen, daß

$$(h, e_k)\, A\, e_k = (h, e_k)\, \lambda_k\, e_k = (h, \lambda_k\, e_k)\, e_k = (h, A\, e_k)\, e_k = (A\, h, e_k)\, e_k$$

und auch

$$\|g\| \leqq \|h\|$$

gilt. Unter Berücksichtigung von $f = A\,h$ schreiben wir (1) in der Gestalt

$$\left\|f - \sum_{k=1}^{m} (f, e_k)\, e_k\right\|^2 \leqq \|A_{m+1}\|^2_{\mathrm{R}_{m+1}} \cdot \|h\|^2 . \tag{2}$$

Wenn die Folge

$$e_1, e_2, e_3, \ldots \tag{3}$$

endlich ist, folgt hieraus die Gleichung

$$f = \sum_{k=1}^{m} (f, e_k)\, e_k .$$

Ist aber die Folge $\{e_k\}$ unendlich, so folgt aus (2)

$$\left\|f - \sum_{k=1}^{m} (f, e_k)\, e_k\right\|^2 \leqq \lambda_{m+1}^2 \|h\|^2$$

oder

$$0 \leqq \|f\|^2 - \sum_{k=1}^{m} |(f, e_k)|^2 \leqq \lambda_{m+1}^2\, \|h\|^2 .$$

Für $m \to \infty$ erhalten wir

$$\|f\|^2 = \sum_{k=1}^{\infty} |(f, e_k)|^2 ,$$

und der Satz ist bewiesen.

62. Vollstetige normale Operatoren. In einem linearen metrisierten System R sei ein vollstetiger Operator S gegeben, der den in ganz R definierten adjungierten Operator S^* besitzt; dabei soll $S^* S = S S^*$ gelten. Wir sagen dann, daß S ein vollstetiger normaler Operator ist. Wir betrachten den Operator $A = S^* S$. Er ist ein vollstetiger selbstadjungierter Operator, für den bei beliebigem $f \in$ R die Beziehungen $A S = S A$, $A S^* = S^* A$ und $(A f, f) \geqq 0$ gelten. Die letzte Relation folgt aus der Gleichung

$$(A f, f) = (S^* S f, f) = (S f, S f) .$$

Wir wollen hervorheben, daß auf Grund dieser Eigenschaft alle Eigenwerte von A nicht-negativ sind. Wir bezeichnen sie mit

$$\varrho_1^2 \geqq \varrho_2^2 \geqq \varrho_3^2 \geqq \cdots .$$

Auf Grund der Ergebnisse der vorigen Nr. besitzt der Operator A ein in Δ_A vollständiges orthonormiertes System von Eigenvektoren g_k:

$$A g_k = \varrho_k^2 g_k \qquad (k = 1, 2, 3, \ldots) .$$

Wir wählen irgendeinen Eigenwert ϱ^2 von A und nehmen an, daß er die Vielfachheit r hat. Wir bezeichnen weiterhin mit

$$g^{(1)}, g^{(2)}, \ldots, g^{(r)}$$

orthonormierte Eigenvektoren von A, die zu ϱ^2 gehören, und mit G den von ihnen aufgespannten Teilraum. Wir zeigen, daß G ein invarianter Teilraum sowohl von S als auch von S^* ist.

Sei $g \in$ G. Dann ist

$$A S g = S A g = \varrho^2 S g ,$$

und diese Gleichung besagt: Der Vektor $S g$ ist entweder gleich Null, was nur bei $g = 0$ möglich ist, oder er ist ein Eigenvektor von A zum Eigenwert ϱ^2; d. h. $S g \in$ G. Analog ergibt sich, daß $S^* g \in$ G gilt.

Wir bemerken jetzt, daß

$$(S g, S h) = (S^* S g, h) = (A g, h) = \varrho^2 (g, h)$$

gilt, wenn $g \in$ G und $h \in$ G. Auf dem Teilraum G ist deshalb $S = \varrho U$, wobei U ein unitärer Operator in G ist. Außerdem gilt die Gleichung

$$S^* = \varrho U^* = \varrho U^{-1}.$$

Wegen $U g^{(i)} \in$ G können wir setzen

$$U g^{(i)} = \alpha_{1i} g^{(1)} + \alpha_{2i} g^{(2)} + \cdots \alpha_{ri} g^{(r)} \qquad (i = 1, 2, \ldots, r).$$

Wir suchen nun die Eigenvektoren von U. Ist f Eigenvektor und

$$f = x_1 g^{(1)} + x_2 g^{(2)} + \cdots + x_r g^{(r)} ,$$

dann folgt aus der Gleichung

$$U f = \theta f$$

das Gleichungssystem

$$\begin{aligned} \alpha_{11} x_1 + \alpha_{21} x_2 + \cdots + \alpha_{r1} x_r &= \theta x_1 , \\ \alpha_{12} x_1 + \alpha_{22} x_2 + \cdots + \alpha_{r2} x_r &= \theta x_2 , \\ \cdots\cdots\cdots\cdots\cdots &\cdots , \\ \alpha_{1r} x_1 + \alpha_{2r} x_2 + \cdots + \alpha_{rr} x_r &= \theta x_r . \end{aligned}$$

Somit ergibt sich für θ die Gleichung

$$\begin{vmatrix} \alpha_{11} - \theta & \alpha_{21} & \ldots & \alpha_{r1} \\ \alpha_{12} & \alpha_{22} - \theta & \ldots & \alpha_{r2} \\ \cdots & \cdots & \cdots & \cdots \\ \alpha_{1r} & \alpha_{2r} & \ldots & \alpha_{rr} - \theta \end{vmatrix} = 0 .$$

Jeder Wurzel dieser Gleichung entspricht ein Eigenvektor von U; daher sind alle Wurzeln unserer Gleichung vom Betrage 1. $\theta^{(1)}$ sei eine dieser Wurzeln und $f^{(1)}$ der ihr entsprechende Eigenvektor. Wir bilden die Gesamtheit aller Vektoren von $\mathrm{G} \equiv \mathrm{G}_1$, die zu $f^{(1)}$ orthogonal sind. Diese Gesamtheit ist ein gewisser Teilraum G_2, und U ist ein unitärer Operator in G_2. Wenn wir daher die Überlegung wiederholen, so finden wir, daß U einen Eigenvektor in G_2 besitzt. Diesen bezeichnen wir mit $f^{(2)}$ und den entsprechenden Eigenwert mit $\theta^{(2)}$.

Setzt man diesen Abspaltungsprozeß fort, so ergibt sich ein System von r orthogonalen Vektoren, die man als normiert annehmen kann:

$$f^{(1)}, f^{(2)}, \ldots, f^{(r)} .$$

Für diese gilt

$$U f^{(i)} = \theta^{(i)} f^{(i)} \qquad (i = 1, 2, \ldots, r) .$$

Es ist aber

$$S f^{(j)} = \varrho\, U f^{(j)} = \varrho\, \theta^{(j)} f^{(j)} \qquad (j = 1, 2, \ldots, r) ,$$

deshalb ist $f^{(j)}$ Eigenvektor des Operators S zum Eigenwert $\varrho\, \theta^{(j)}$. Analog läßt sich zeigen, daß $f^{(j)}$ Eigenvektor von S^* zum Eigenwert $\varrho\, \overline{\theta^{(j)}}$ ist. Ersetzen wir im System der Eigenvektoren

$$g_1, g_2, g_3, \ldots$$

von A die Vektoren

$$g^{(1)}, g^{(2)}, \ldots, g^{(r)}$$

durch

$$f^{(1)}, f^{(2)}, \ldots, f^{(r)}$$

und verfahren wir in derselben Weise mit jedem Eigenwert von A, dessen Vielfachheit größer als 1 ist, so erhalten wir den Beweis des ersten Teiles des folgenden Satzes.

Satz. *Jedem vollstetigen normalen Operator* $S \neq 0$ *in* R *entspricht ein orthonormiertes System von Vektoren* $\{e_k\}$ *und ein System von Null verschiedener* *(komplexer) Zahlen* $\{\lambda_k\}$, *für die*

$$S e_k = \lambda_k e_k\,, \qquad S^* e_k = \bar{\lambda}_k e_k \qquad (k = 1, 2, 3, \ldots)$$

gilt. Dieses System ist vollständig in dem Sinne, daß jedes beliebige Element f *von der Form* $S\,h$ *oder* $S^*\,h$ *als Reihe*

$$f = \sum_k (f, e_k)\, e_k \tag{1}$$

darstellbar ist.

Um den zweiten Teil der Behauptung zu beweisen, setzen wir $f = S\,h$ und betrachten den Vektor

$$f' = S^* f = S^* S\,h = A\,h\,.$$

Auf Grund des Satzes über selbstadjungierte vollstetige Operatoren[1]) und aus der Tatsache, daß die Vektoren[2]) e_k ein (im Sinne der Formulierung des Satzes) vollständiges orthonormiertes System von Eigenvektoren zu A bilden, folgt die Abgeschlossenheitsrelation

$$\|f'\|^2 = \sum_{k=1}^{\infty} |(f', e_k)|^2\,.$$

Mit anderen Worten, f' ist der starke Limes der Folge

$$\sum_{k=1}^{n} (f', e_k)\, e_k \qquad (n = 1, 2, 3, \ldots)\,.$$

Daher ist

$$(f', h) = \lim_{n\to\infty} \sum_{k=1}^{n} (f', e_k)(e_k, h) = \sum_{k=1}^{\infty} (f', e_k)(e_k, h)\,.$$

Da aber

$$(f', h) = (S^* f, h) = (f, S\,h) = (f, f)\,,$$

$$(f', e_k) = (S^* f, e_k) = (f, S\,e_k) = \bar{\lambda}_k (f, e_k)\,,$$

$$(e_k, h) = \frac{1}{\bar{\lambda}_k}(S^* e_k, h) = \frac{1}{\bar{\lambda}_k}(e_k, S\,h) = \frac{1}{\bar{\lambda}_k}(e_k, f)$$

gilt, so läßt sich die erhaltene Beziehung in der Form

$$\|f\|^2 = \sum_{k=1}^{\infty} |(f, e_k)|^2$$

darstellen. Damit ist die Gleichung (4) für $f = S\,h$ bewiesen. Analog führt man den Beweis für $f = S^*\,h$.

63. Anwendungen auf die Theorie der fastperiodischen Funktionen. Wie schon in Nr. 15 gesagt wurde, heißt eine stetige, im allgemeinen komplexwertige Funktion $f(t)$ $(-\infty < t < \infty)$ fastperiodisch, wenn es zu jedem $\varepsilon > 0$ ein

[1]) Siehe Nr. 61. (Anm. d. Red.).

[2]) Um einen bestimmten Fall vor Augen zu haben, nehmen wir an, die Menge dieser Vektoren sei unendlich.

solches $l = l(\varepsilon) > 0$ gibt, daß in jedem Intervall der Länge l wenigstens eine Zahl τ (Verschiebungszahl) existiert, für die

$$|f(t+\tau) - f(t)| < \varepsilon$$

für alle t.

Ausgehend von dieser Definition ist es nicht schwer, eine Reihe einfacher Eigenschaften fastperiodischer Funktionen abzuleiten. Wir führen solche Eigenschaften ohne Beweis an.[1])

I. Jede fastperiodische Funktion ist beschränkt und auf der ganzen Achse gleichmäßig stetig.

II. Für jede fastperiodische Funktion $f(t)$ existiert und zwar gleichmäßig in α der sogenannte *Mittelwert*

$$\mathbf{M}\{f(t)\} = \lim_{T\to\infty} \frac{1}{2T} \int_{-T}^{T} f(t)\,dt = \lim_{T\to\infty} \frac{1}{2T} \int_{-T+\alpha}^{T+\alpha} f(t)\,dt\,.$$

III. Produkt und Summe zweier fastperiodischer Funktionen sind wieder fastperiodische Funktionen.

IV. Ist $f(t)$ eine fastperiodische Funktion und ist

$$\mathbf{M}\{|f(t)|^2\} = 0\,,$$

so ist $f(t) \equiv 0$.

Die Gesamtheit aller fastperiodischen Funktionen wird zu einem linearen metrisierten System R, wenn man in ihr ein Skalarprodukt durch die Formel

$$(f, g) = \mathbf{M}\{f(t)\,\overline{g(t)}\} \tag{1}$$

definiert. Die Tatsache, daß $f = 0$ aus $(f, f) = 0$ folgt, ist gerade der Inhalt der Eigenschaft IV.

In Nr. 15 wurde das Skalarprodukt (1) für alle Polynome der Form (2)

$$\sum_k A_k e^{i\lambda_k t} \tag{2}$$

eingeführt. Jedes zu unserem linearen System R gehörige Polynom dieser Form ist eine Summe rein periodischer Funktionen und ist daher selbst eine fastperiodische Funktion. Insbesondere gehören diesem linearen System kontinuum-viele Funktionen

$$e^{i\lambda t} \qquad (-\infty < \lambda < \infty)$$

an, die ein orthonormiertes System bilden. Ähnlich wie der in Nr. 15 erwähnte Raum B^2 ist deshalb auch das lineare System R nicht separabel. Ferner ist R nicht vollständig.

Eine zentrale Stellung in der Theorie der fastperiodischen Funktionen nimmt eine eigenartige harmonische Analyse ein.

---

[1]) Der Leser findet eine ausführliche Darstellung in B. M. Lewitan [1].

An Stelle der gewöhnlichen FOURIER-Koeffizienten rein periodischer Funktionen wird in der harmonischen Analyse einer fastperiodischen Funktion $f(t)$ die Größe

$$a(\lambda) = \lim_{T\to\infty} \frac{1}{2T} \int_{-T}^{T} f(t)\, e^{-i\lambda t}\, dt = \mathrm{M}\{f(t)\, e^{-i\lambda t}\} = (f, e^{i\lambda t})$$

eingeführt. Die Existenz dieser Größe für jedes beliebige reelle λ ergibt sich aus den Eigenschaften II und III. Auf Grund der Bemerkung auf Seite 26 (s. Nr. 10) gibt es für jede Funktion $f(t) \in \mathrm{R}$ höchstens abzählbar viele Werte des (reellen) Parameters λ, für den $a(\lambda) \neq 0$ ist. Diese Werte bezeichnen wir mit

$$\lambda_1, \lambda_2, \lambda_3, \ldots$$

und nennen sie die FOURIER-*Exponenten* der Funktion $f(t)$. Die ihnen entsprechenden Zahlen

$$C_k = a(\lambda_k) \qquad (k = 1, 2, 3, \ldots)$$

nennen wir die FOURIER-*Koeffizienten* der Funktion $f(t)$.

In dieser Weise gehört zu jeder Funktion $f(t) \in \mathrm{R}$ eine FOURIER-*Reihe*

$$f(t) \sim \sum_k C_k\, e^{i\lambda_k t},$$

und aus den allgemeinen Aussagen der Nr. 8 folgt

$$\sum_k |C_k|^2 \leqq \mathrm{M}\{|f(t)|^2\}. \tag{3}$$

Das ist eine Verallgemeinerung der sogenannten BESSELschen Ungleichung.

Der Fundamentalsatz der BOHRschen Theorie ist der Satz, nach dem *in der Ungleichung* (3) *stets das Gleichheitszeichen gilt.* Wir geben einen von H. WEYL stammenden Beweis dieses Satzes, der sich auf die Theorie vollstetiger Operatoren stützt.

Dazu setzen wir

$$v(s) = \lim_{T\to\infty} \frac{1}{2T} \int_{-T}^{T} f(s-t)\, u(t)\, dt = \mathrm{M}\{f(s-t)\, u(t)\}.$$

Diese Formel ordnet jeder Funktion $u(t) \in \mathrm{R}$ eine gewisse Funktion $v(t)$ zu, die offensichtlich ebenfalls zu R gehört. Wir haben also einen linearen Operator, der durch die Funktion $f(t)$ erzeugt wird und $u(t)$ in $v(t)$ überführt. Diesen Operator bezeichnen wir mit A.

Zuerst zeigen wir, daß A ein normaler Operator ist. Dazu führen wir einen zweiten Operator ein. Wir setzen $w = B\,u$, wenn

$$w(s) = \mathop{\mathrm{M}}_{t}\{\overline{f(t-s)}\, u(t)\}$$

ist, und beweisen, daß

a) $(A\,u_1, u_2) = (u_1, B\,u_2)$ für beliebige $u_1(t), u_2(t) \in \mathrm{R}$,

b) $A\,B = B\,A$.

Die Eigenschaft a) beweist man mit Hilfe der folgenden einfachen Umformungen. Die Gültigkeit dieser Umformungen ergibt sich aus der gleichmäßigen Existenz der Mittelwerte:

$$(A u_1, u_2) = \underset{s}{\mathbf{M}} \{ \underset{t}{\mathbf{M}} [f(s-t)\, u_1(t)]\, \overline{u_2(s)} \}$$
$$= \underset{t}{\mathbf{M}} \{ u_1(t)\, \underset{s}{\mathbf{M}} [f(s-t)\, \overline{u_2(s)}] \}$$
$$= \underset{t}{\mathbf{M}} \{ u_1(t)\, \overline{\underset{s}{\mathbf{M}} [\overline{f(s-t)}\, u_2(s)]} \} = (u_1, B u_2) .$$

Wir beweisen jetzt die Eigenschaft b). Dazu bemerken wir zuerst, daß die Beziehung

$$A B u = \underset{t}{\mathbf{M}} \{ f(s-t)\, \underset{\tau}{\mathbf{M}} [\overline{f(\tau - t)}\, u(\tau)] \}$$
$$= \underset{\tau}{\mathbf{M}} \{ u(\tau)\, \underset{t}{\mathbf{M}} [f(s-t)\, \overline{f(\tau - t)}] \}$$

gilt. Dann betrachten wir eingehender die Funktion

$$\varphi = \underset{t}{\mathbf{M}} [f(s-t)\, \overline{f(\tau - t)}] = \lim_{T \to \infty} \frac{1}{2T} \int_{-T}^{T} f(s-t)\, \overline{f(\tau - t)}\, dt .$$

Durch die Substitution

$$\tau - t = \sigma - s$$

erhält man

$$\varphi = \lim_{T \to \infty} \frac{1}{2T} \int_{\tau + s - T}^{\tau + s + T} f(\sigma - \tau)\, \overline{f(\sigma - s)}\, d\sigma$$
$$= \lim_{T \to \infty} \frac{1}{2T} \int_{-T}^{T} f(\sigma - \tau)\, \overline{f(\sigma - s)}\, d\sigma = \underset{\sigma}{\mathbf{M}} [f(\sigma - \tau)\, \overline{f(\sigma - s)}] .$$

Daher ist

$$A B u = \underset{\tau}{\mathbf{M}} \{ u(\tau)\, \underset{\sigma}{\mathbf{M}} [f(\sigma - \tau)\, \overline{f(\sigma - s)}] \}$$
$$= \underset{\sigma}{\mathbf{M}} \{ \overline{f(\sigma - s)}\, \underset{\tau}{\mathbf{M}} [f(\sigma - \tau)\, u(\tau)] \} = B A u ,$$

und Eigenschaft b) ist bewiesen.

Jetzt beweisen wir, daß A ein vollstetiger Operator ist. Es sei eine Menge von Funktionen $u(t) \in \mathrm{R}$ gegeben, für die

$$\|u\|^2 = \mathbf{M} \{ |u(t)|^2 \} \leqq 1$$

ist. Wir müssen zeigen, daß diese Menge eine Folge $\{u_n(t)\}_1^\infty$ enthält, die durch A in eine Folge $\{v_n(t)\}_1^\infty$ übergeführt wird, die in der Metrik von R gegen eine gewisse Funktion $V(t) \in \mathrm{R}$ konvergiert. Die Funktion $u(t)$ wird durch den

Operator A in die Funktion

$$v(s) = \lim_{T\to\infty} \frac{1}{2\,T} \int_{-T}^{T} f(s-t)\, u(t)\, dt \tag{4}$$

übergeführt. Aus dieser Formel folgt

$$v(s) \leqq \lim_{T\to\infty} \sqrt{\frac{1}{2\,T} \int_{-T}^{T} |f(s-t)|^2\, dt}\ \sqrt{\frac{1}{2\,T} \int_{-T}^{T} |u(t)|^2\, dt}$$

oder

$$|v(s)| \leqq \sqrt{\mathbf{M}\{|f(t)|^2\}} = C\,.$$

Die transformierten Funktionen $v(s)$ sind also gleichmäßig beschränkt.

Weiter folgt aus der Formel (4)

$$v(s') - v(s'') = \lim_{T\to\infty} \frac{1}{2\,T} \int_{-T}^{T} \{f(s'-t) - f(s''-t)\}\, u(t)\, dt$$

und hieraus

$$|v(s') - v(s'')| \leqq \sqrt{\mathbf{M}_t\{|f(s'-t) - f(s''-t)|^2\}}\,.$$

Diese Ungleichung zeigt, daß die Funktionen $v(s)$ gleichgradig stetig sind. In der Tat, da $f(t)$ gleichmäßig stetig ist, gilt für $|s' - s''| \leqq \delta = \delta(\varepsilon)$ die Ungleichung

$$|f(s'-t) - f(s''-t)| \leqq \varepsilon \qquad (-\infty < t < \infty)$$

und folglich für $|s' - s''| \leqq \delta = \delta(\varepsilon)$ auch die Ungleichung

$$|v(s') - v(s'')| \leqq \sqrt{\mathbf{M}\{\varepsilon^2\}} = \varepsilon\,.$$

Nach einem bekannten Satz von ARZELÀ enthält die Menge der Funktionen $v(t)$ eine Folge $\{v_n(t)\}_1^\infty$, die gleichmäßig auf der ganzen Achse konvergiert. Die Grenzfunktion sei $V(t)$. Auch sie genügt der Ungleichung

$$|V(s') - V(s'')| \leqq \sqrt{\mathbf{M}_t\{|f(s'-t) - f(s''-t)|^2\}}\,.$$

Deshalb ist erstens $V(t)$ auf der ganzen Zahlenachse gleichmäßig stetig. Zweitens: Ist τ die Verschiebungszahl von $f(t)$ zu ε und $s' - s'' = \tau$, so gilt

$$|V(s') - V(s'')| \leqq \varepsilon\,.$$

Wir zeigen, daß wegen dieser beiden Tatsachen die Folge $\{v_n(t)\}_1^\infty$ gleichmäßig auf der ganzen Achse gegen $V(t)$ konvergiert. In der Tat finden wir zunächst zu einer vorgegebenen Zahl $\varepsilon > 0$ für die Funktion $f(t)$ eine Zahl $l = l\left(\frac{\varepsilon}{3}\right)$, gemäß Definition einer fastperiodischen Funktion. Diese Zahl l gehört auch zu jeder Funktion $v_n(t)$ und zur Funktion $V(t)$ im Sinne der Definition fastperiodischer Funktionen. Danach bestimmen wir eine Zahl $\mathcal{N} = \mathcal{N}\left(\frac{\varepsilon}{3}\right)$ derart, daß für $n \geqq \mathcal{N}$ die Ungleichung

$$|v_n(t) - V(t)| \leqq \frac{\varepsilon}{3} \qquad (-l \leqq t \leqq l)$$

gilt. Das ist möglich, da die Folge $\{v_n(t)\}_1^\infty$ in jedem endlichen Intervall gleichmäßig konvergiert. Nun wählen wir einen beliebigen Punkt x der Zahlenachse, schließen ihn in ein Intervall der Länge l ein und bestimmen in diesem Intervall einen Punkt τ, der die Verschiebungszahl zu $\frac{\varepsilon}{3}$ darstellt. Dann ist $x = \tau + t$ mit $-l \leqq t \leqq l$, und deshalb gilt

$$|v_n(x) - V(x)| \leqq |v_n(\tau + t) - v_n(t)| + |v_n(t) - V(t)|$$
$$+ |V(t) - V(\tau + t)| \leqq \frac{\varepsilon}{3} + \frac{\varepsilon}{3} + \frac{\varepsilon}{3} = \varepsilon .$$

Somit ist unsere Behauptung bewiesen. Wegen

$$\sqrt{\mathbf{M}\{|w_1(t) - w_2(t)|^2\}} \leqq \sup_{-\infty<t<\infty} |w_1(t) - w_2(t)|$$

konvergiert die Folge $\{v_n(t)\}_1^\infty$ nicht nur gleichmäßig auf der ganzen Achse, sondern erst recht im Sinne der Metrik in R. Damit ist die Vollstetigkeit des Operators A bewiesen.

Sei μ irgendein von Null verschiedener Eigenwert von A und

$$g_1(t), g_2(t), \ldots, g_n(t) \tag{5}$$

irgendein vollständiges orthonormiertes System von Eigenvektoren des Operators A zum Eigenwert μ. Ist $g(t)$ einer dieser Eigenvektoren, so gilt

$$\lim_{T\to\infty} \frac{1}{2T} \int_{-T}^{T} f(s - t)\, g(t)\, dt = \mu\, g(s) .$$

Hieraus sieht man, daß für beliebiges (reelles) σ die Funktion $g(t + \sigma)$ ebenfalls ein Eigenvektor zum Eigenwert μ ist. Dieser Umstand ergibt die Beziehung

$$g_r(t + \sigma) = \sum_{k=1}^{n} c_{rk}(\sigma)\, g_k(t) \qquad (r = 1, 2, \ldots, n) . \tag{6}$$

Paarweise orthogonale normierte fastperiodische Funktionen (5) genügen daher den Funktionalgleichungen (6). Hieraus läßt sich auf verschiedene Art und

Weise[1]) feststellen, daß jede Funktion $g_r(t)$ von der Form

$$g_r(t) = \sum_{k=1}^{n} c_r^{(k)} e^{i\lambda_k t}$$

ist, wo $c_r^{(k)}$ Konstanten bedeuten. Wenn es notwendig ist, kann man an Stelle der ursprünglichen Eigenvektoren $g_r(t)$ geeignete Linearkombinationen von ihnen einführen und daher die Funktionen

$$e^{i\lambda_1 t}, e^{i\lambda_2 t}, \ldots, e^{i\lambda_n t}$$

als Eigenvektoren annehmen. Aus der Definition von $a(\lambda)$ ergibt sich

$$\lim_{T\to\infty} \frac{1}{2T} \int_{-T}^{T} f(s-t)\, e^{i\lambda_r t}\, dt = e^{i\lambda_r s} \lim_{T\to\infty} \frac{1}{2T} \int_{-T}^{T} f(s-t)\, e^{i\lambda_r (t-s)}\, dt = e^{i\lambda_r s}\, a(\lambda_r)\,.$$

Damit haben wir die allgemeinste Form der Eigenvektoren von A gefunden und festgestellt, daß dem Eigenvektor $e^{i\lambda_r t}$ als Eigenwert der Fourier-Koeffizient

$$a(\lambda_r) = \mathbf{M}\,\{f(t)\, e^{-i\lambda_r t}\}$$

entspricht.

$$e^{i\lambda_1 t}, e^{i\lambda_2 t}, e^{i\lambda_3 t}, \ldots$$

sei die Folge aller Eigenvektoren von A, und

$$C_1 = a(\lambda_1)\,, \qquad C_2 = a(\lambda_2)\,, \qquad C_3 = a(\lambda_3)\,, \ldots$$

seien die entsprechenden Eigenwerte. Wir betrachten die Reihe

$$\sum_{k=1}^{\infty} C_k(\Phi, e^{i\lambda_k t})\, e^{i\lambda_k t}\,, \tag{7}$$

wo $\Phi \in \mathrm{R}$ ist. Aus

$$\sum_{k=m}^{\infty} |C_k(\Phi, e^{i\lambda_k t})| \leqq \sqrt{\sum_{k=m}^{\infty} |C_k|^2}\, \sqrt{\sum_{k=m}^{\infty} |(\Phi, e^{i\lambda_k t})|^2}$$
$$\leqq \sqrt{\sum_{k=m}^{\infty} |C_k|^2}\, \sqrt{\mathbf{M}\,\{|\Phi(t)|^2\}}$$

---

[1]) Dazu muß man zuerst zeigen, daß die Funktionen $c_{rk}(\sigma)$ stetig differenzierbar sind. Dann läßt sich aus dem Gleichungssystem (6) das Differentialgleichungssystem

$$g_r'(t) = \sum_{k=1}^{n} c_{rk}'(0)\, g_k(t) \qquad (r = 1, 2, \ldots, n)$$

ableiten. Lösungen dieses Systems sind Linearkombinationen von Funktionen der Form

$$(\alpha_0 + \alpha_1 t + \cdots + \alpha_m t^m)\, e^{\beta t}\,.$$

Weiter muß man berücksichtigen, daß die Funktionen $g_k(t)$ auf der ganzen Achse beschränkt sind. Auf Grund dieser Tatsache muß β rein imaginär sein, und der Polynomfaktor bei $e^{\beta t}$ muß sich auf das erste Glied reduzieren. Ein anderer, mehr ideenreicher Weg stützt sich auf die simultane Reduktion von abelschen Gruppen unitärer Matrizen

$$(c_{rk}(\sigma))_{r,k=1}^{n}$$

auf die Diagonalform.

folgt, daß die Reihe (7) gleichmäßig in t konvergiert. Jetzt betrachten wir die Funktion

$$\mathop{\mathbf{M}}_{s} \{f(t-s)\overline{f(-s)}\}.$$

Sie ist von der Form $A\,g$ für $g(t) \in \mathrm{R}$. Nach dem Satz aus Nr. 62 ist diese Funktion im Sinne der Metrik von R durch die Reihe

$$\sum_{k=1}^{\infty} C_k \mathop{\mathbf{M}}_{s} \{\overline{f(-s)\, e^{-i\lambda_k s}}\}\, e^{i\lambda_k t}$$

darstellbar. Da nach dem Obengesagten[1]) diese Reihe gleichmäßig konvergiert, so besteht die Gleichung

$$\mathop{\mathbf{M}}_{s} \{f(t-s)\overline{f(-s)}\} = \sum_{k=1}^{\infty} C_k \mathop{\mathbf{M}}_{s} \{\overline{f(-s)\, e^{-i\lambda_k s}}\}\, e^{i\lambda_k t}.$$

Hieraus folgt für $t = 0$

$$\mathbf{M} \{|f(-s)|^2\} = \sum_{k=1}^{\infty} C_k \mathop{\mathbf{M}}_{s} \{\overline{f(-s)\, e^{-i\lambda_k s}}\}$$

oder

$$\mathbf{M} \{|f(t)|^2\} = \sum_{k=1}^{\infty} |C_k|^2,$$

und der Fundamentalsatz von Bohr ist bewiesen.

64. Die Entwicklung eines beliebigen vollstetigen Operators in eine Reihe nach eindimensionalen Operatoren. In Nr. 22 hatten wir gesehen, daß ein endlich-dimensionaler Operator T als Summe eindimensionaler Operatoren

$$T\,h = (h, f_1)\, g_1 + (h, f_2)\, g_2 + \cdots + (h, f_n)\, g_n \tag{1}$$

dargestellt werden kann. Eine Verallgemeinerung dieser elementaren Tatsache ist der folgende

Satz 1. *T sei ein beliebiger vollstetiger Operator in H und H_0 sein Nullteilraum. Es existieren dann zwei orthonormierte Vektorsysteme $\{e_k\}_1^\infty$, $\{g_k\}_1^\infty$ und eine monoton fallende Folge positiver Zahlen $\{\mu_k\}_1^\infty$, $\mu_k \to 0$, mit folgender Eigenschaft: Für jeden Vektor $h \in \mathrm{H}$ gelten die Entwicklungen*

$$\left.\begin{aligned} h &= h_0 + (h, e_1)\, e_1 + (h, e_2)\, e_2 + \dots \qquad (h_0 \in \mathrm{H}_0),\\ T\,h &= \mu_1(h, e_1)\, g_1 + \mu_2(h, e_2)\, g_2 + \dots \end{aligned}\right\} \tag{2}$$

im Sinne der starken Konvergenz.

Beweis. Wir beginnen mit der Feststellung, daß unser Satz eine Folge des Satzes aus Nr. 61 ist, falls T selbstadjungiert ist. Setzen wir nämlich in diesem Fall $T = A$ (um nicht von der Bezeichnung von Nr. 61 abzuweichen) und wählen wir die zu den von Null verschiedenen Eigenwerten $\lambda_1, \lambda_2, \dots$ ($\lambda_k \to 0$) gehören-

[1]) Die Rolle der Funktion $\Phi(t)$ spielt hier $\overline{f(-t)}$.

den Eigenvektoren $e_1, e_2, e_3, \ldots$ von A, dann erhalten wir in Übereinstimmung mit Nr. 61 für jeden Vektor der Form $f = A h$ die Darstellung

$$f = \sum_{k=1}^{\infty} (f, e_k)\, e_k$$

mit

$$(f, e_k) = (A h, e_k) = (h, A e_k) = \lambda_k (h, e_k)\,.$$

Deshalb gilt für jedes $h \in \mathrm{H}$

$$A h = \sum_{k=1}^{\infty} \lambda_k (h, e_k)\, e_k\,.$$

Setzen wir

$$h_0 = h - \sum_{k=1}^{\infty} (h, e_k)\, e_k\,,$$

so daß

$$h = h_0 + \sum_{k=1}^{\infty} (h, e_k)\, e_k$$

ist, dann gilt

$$A h_0 = A h - \sum_{k=1}^{\infty} (h, e_k)\, A e_k = 0\,.$$

Somit ist unser Satz richtig, wenn $T = A$ ein selbstadjungierter Operator ist; wir können dabei annehmen, daß $\mu_k = \lambda_k$ und $g_k = e_k$ ist.

Wir widmen uns jetzt dem Fall, daß T ein beliebiger vollstetiger Operator ist. Zunächst bilden wir den vollstetigen selbstadjungierten Operator $A = T^* T$ und betrachten die Folge der von Null verschiedenen Eigenwerte $\{\lambda_k\}_1^\infty$ $(\lambda_k \to 0)$ dieses Operators und die orthonormierte Folge $\{e_k\}_1^\infty$ der entsprechenden Eigenvektoren:

$$(e_k, e_j) = \delta_{kj}\,.$$

Wir bemerken dabei, daß

$$\lambda_k = (A e_k, e_k) = (T^* T e_k, e_k) = (T e_k, T e_k) > 0$$

gilt. Wir können deshalb $\lambda_k = \mu_k^2$ setzen, wobei $\mu_k > 0$, $\mu_1 \geqq \mu_2 \geqq \ldots$. Wie bereits gezeigt, können wir jedes Element $h \in \mathrm{H}$ in der Form

$$h = h_0 + \sum_{k=1}^{\infty} (h, e_k)\, e_k \tag{3}$$

darstellen, wobei h_0 zum Nullteilraum des Operators A gehört. Da für beliebige $f_1, f_2 \in \mathrm{H}$

$$(T f_1, T f_2) = (T^* T f_1, f_2) = (A f_1, f_2)$$

gilt, fallen die Nullteilräume von T und A zusammen. Aus (3) folgt deshalb, daß

$$T h = \sum_{k=1}^{\infty} (h, e_k)\, T e_k \tag{4}$$

gilt. Setzen wir

$$T e_k = \mu_k g_k ,$$

dann erhalten wir die Beziehung

$$\mu_k \mu_j (g_k, g_j) = (T e_k, T e_j) = (A e_k, e_j) = \lambda_k (e_k, e_j) ,$$

aus der folgt, daß

$$(g_k, g_j) = \delta_{kj}$$

gilt. Da wir (4) in der Form

$$T h = \sum_{k=1}^{\infty} \mu_k (h, e_k) g_k$$

schreiben können, ist unser Satz vollständig bewiesen.

Aus dem eben bewiesenen Satz und aus Satz 2 von Nr. 30 ergibt sich das folgende wichtige Resultat:

Satz 2. *Ein überall in* H *definierter linearer Operator* T *ist genau dann vollstetig, wenn zu jedem* $\varepsilon > 0$ *ein endlich-dimensionaler linearer Operator* T_ε *existiert, der die Ungleichung*

$$\|T - T_\varepsilon\| < \varepsilon \tag{5}$$

erfüllt.

Beweis der Notwendigkeit. T sei vollstetig. Dann läßt er sich in der Form (2) darstellen. Daraus ist ersichtlich, daß für jedes $\varepsilon > 0$ der durch die Gleichung

$$T_\varepsilon h = \mu_1 (h, e_1) g_1 + \mu_2 (h, e_2) g_2 + \cdots + \mu_n (h, e_n) g_n$$

definierte endlich-dimensionale Operator der Ungleichung

$$\|T h - T_\varepsilon h\|^2 \leqq \mu_{n+1}^2 \{ |(h, e_{n+1})|^2 + |(h, e_{n+2})|^2 + \cdots \} = \mu_{n+1}^2 \|h\|^2$$

genügt. Daraus folgt (5), falls $\mu_{n+1} < \varepsilon$.

Daß unsere Bedingung hinreichend ist, folgt aus Satz 2 von Nr. 30, da ein endlich-dimensionaler Operator immer vollstetig ist.

65. Der Satz von der Existenz eines invarianten Teilraumes eines beliebigen vollstetigen Operators in H. Hat ein Operator einen Eigenvektor, so bedeutet das: er besitzt einen invarianten (eindimensionalen) Teilraum. Wie wir am Schluß von Nr. 60 gesehen haben, braucht ein vollstetiger Operator keinen Eigenvektor und damit keinen eindimensionalen invarianten Teilraum zu haben. Daraus folgt aber keineswegs, daß ein solcher Operator überhaupt keine invarianten Teilräume besitzt. Der in Nr. 60 eingeführte Integraloperator

$$T f = \int_0^x K(x, t) f(t)\, dt , \qquad f(t) \in L_2(0, 1) ,$$

der keinen Eigenvektor hat, besitzt eine ganze Reihe stetiger invarianter Teilräume. Tatsächlich ist bei beliebigem a, $0 < a < 1$, die Gesamtheit aller Funktionen $f(t) \in L^2(0, 1)$, die im Intervall $0 < t < a$ gleich Null sind, ein solcher invarianter Teilraum.

Es entsteht deshalb die Frage, ob nicht jeder vollstetige Operator einen nichttrivialen invarianten Teilraum besitzt. Die positive Antwort auf diese Frage gab 1935 v. NEUMANN. In der vorliegenden Nr. bringen wir seinen bemerkenswerten Satz.

Satz 1. *Jeder vollstetige Operator A in* H *besitzt einen nichttrivialen invarianten Teilraum.*

Beweis. Ist der Raum H inseparabel, dann ist die Behauptung des Satzes fast trivial. Wir wählen dann irgendein Element $h_0 \neq 0$ und bilden die Elemente

$$h_0, A\,h_0 = h_1\,, \quad A\,h_1 = h_2, \ldots .$$

Ihre abgeschlossene lineare Hülle stellt einen separablen und deshalb von H verschiedenen Teilraum dar, dessen Dimension $\geqq 1$ ist und der offensichtlich invariant ist bezüglich A.

Wir können deshalb annehmen, daß der Raum H separabel ist. Zum Beweis des Satzes konstruieren wir mit Hilfe einiger Grenzübergänge die Operatoren $S \neq I$ und $T \neq 0$, die überall in H definiert sind und den folgenden Bedingungen genügen:

$$\left.\begin{array}{l} \|S\| \leqq 1\,, \quad \|T\| \leqq 1\,, \quad T - S \neq I\,, \\ S\,A\,S = A\,S\,, \quad T\,A\,T = A\,T\,. \end{array}\right\} \tag{1}$$

Nun führen wir den Teilraum G aller Elemente $g \in$ H ein, für die

$$S\,g = g\,,$$

und den Teilraum F aller Elemente $f \in$ H, für die

$$T\,f = f\,.$$

Jeder dieser Teilräume ist invariant bezüglich A. Ist z. B. $g \in$ G, dann ist

$$A\,g = A\,S\,g\,;$$

wegen (1) gilt aber $A\,S\,h \in$ G für jedes $h \in$ H und deshalb $A\,g \in$ G. Nun ist der Verlauf des Beweises schon zu erkennen; wir brauchen uns nur noch davon zu überzeugen, daß wir auf diesem Wege nichttriviale invariante Teilräume erhalten. Zu diesem Zweck bemerken wir, daß wegen der Eigenschaften der Operatoren S, T stets mindestens einer der beiden Fälle

$$\text{I.} \quad S \neq 0\,, \quad S \neq I\,,$$
$$\text{II.} \quad T \neq 0\,, \quad T \neq I$$

realisiert ist. Da sie völlig analog sind, beschränken wir uns auf die Untersuchung des ersten.

Aus $S \neq I$ folgt G $\neq$ H. Wenn sich überdies erweist, daß $G \neq \{0\}$, dann ist der Teilraum G nichttrivial, und der Satz ist richtig.

Wir nehmen jetzt an, daß G $= \{0\}$. Dann wählen wir einen Vektor $h \in$ H, für den $S\,h \neq 0$ (ein solcher Vektor existiert, da $S \neq 0$). Nun benutzen wir, daß $A\,S\,h \in$ G, was gleichbedeutend ist mit $A\,S\,h = 0$. $S\,h$ ist folglich Eigenvektor von A zum Eigenwert 0. Der eindimensionale Teilraum, der durch diesen Eigenvektor erzeugt wird, ist in diesem Fall der invariante Teilraum, dessen Existenz unser Satz behauptet.

Unsere Aufgabe besteht nun in der Konstruktion der Operatoren S und T, die die oben angegebenen Bedingungen erfüllen. Zu diesem Zweck wählen wir in H eine orthonormierte Basis $\{h_n\}_1^\infty$. Wir bezeichnen mit H_k die (k-dimensionale) lineare Hülle der Vektoren $h_1, h_2, \ldots, h_k$ und mit P_k den Operator der orthogonalen Projektion auf H_k. In jedem Teilraum H_k definieren wir den Operator $A_k = P_k A$. Nach dem bekannten Satz von SCHUR läßt sich A_k in einer gewissen Basis (des Raumes H_k) als Dreiecksmatrix darstellen. Geometrisch bedeutet das: In H_k existiert eine streng wachsende Folge von Teilräumen

$$\{0\} = \mathrm{H}_{k0} \subset \mathrm{H}_{k1} \subset \cdots \subset \mathrm{H}_{kk} = \mathrm{H}_k\,,$$

von denen jeder invariant ist bezüglich A_k. Wir bezeichnen mit P_{kj} den Projektor von H auf H_{kj} und bemerken, daß $h_1 \in \mathrm{H}_k$ ist für jedes $k = 1, 2, \ldots$, wobei h_1 der erste Vektor der gewählten Basis in H ist. Es gilt folglich für jedes k die Beziehung

$$0 = \|h_1 - P_{kk} h_1\| \leqq \|h_1 - P_{k,k-1} h_1\| \leqq \cdots \leqq \|h_1 - P_{k0} h_1\| = 1\,.$$

Aus ihr folgt, daß bei festem θ $(0 < \theta < 1)$ für jedes natürliche k genau eine Zahl $r(k) < k$ existiert, so daß

$$\|h_1 - P_{k,r(k)+1} h_1\| < \theta \leqq \|h_1 - P_{k,r(k)} h_1\|\,. \tag{2}$$

Nach Satz 1 aus Nr. 34 über die schwache Kompaktheit von Mengen gleichmäßig beschränkter Operatoren können wir eine Folge $\{k_i\}_{i=1}^\infty$ derart finden, daß die beiden Operatorfolgen $\{P_{k_i, r(k_i)}\}_{i=1}^\infty$, $\{P_{k_i, r(k_i)+1}\}_{i=1}^\infty$ schwach konvergieren.

Die Grenzoperatoren bezeichnen wir mit S und T. Es gilt deshalb bei beliebigem $h \in \mathrm{H}$ und $i \to \infty$

$$P_{k_i, r(k_i)} h \xrightarrow{\text{schw.}} S h\,, \qquad P_{k_i, r(k_i)+1} h \xrightarrow{\text{schw.}} T h\,. \tag{3}$$

Nach Nr. 34 ist $\|S\| \leqq 1$, $\|T\| \leqq 1$. Wir zeigen jetzt, daß $T \neq 0$, $S \neq I$ und $T - S \neq I$. Da nämlich 0 ein Projektor ist, wäre im Fall $T = 0$ die Konvergenz der Folge $P_{k_i, r(k_i)+1} h \to 0$ nach Satz 2 aus Nr. 38 sogar stark. Es würde deshalb aus (2) folgen, daß

$$\lim_{i\to\infty} \|h_1 - P_{k_i, r(k_i)+1} h_1\| = \|h_1\| \leqq \theta$$

gilt, was wegen $\|h_1\| = 1$ unmöglich ist.

Analog wäre im Fall $S = I$ die Konvergenz der Folge $P_{k_i, r(k_i)} h \to h$ stark, und aus (2) ergäbe sich in Form der Ungleichung

$$\theta \leqq \lim_{i\to\infty} \|h_1 - P_{k_i, r(k_i)} h_1\| = 0$$

ein Widerspruch.

Schließlich würde im Fall $T - S = I$ ebenfalls nach Satz 2 aus Nr. 38 die Folge der eindimensionalen Projektoren $\{P_{k_i, r(k_i)+1} - P_{k_i, r(k_i)}\}_{i=1}^{\infty}$ stark gegen I konvergieren; das ist aber offensichtlich unmöglich.

Zu zeigen bleiben noch die Beziehungen (1). Da beide analog sind, beschränken wir uns auf den Beweis der ersten. Wir bemerken zunächst, daß für jeden vollstetigen Operator B die Relation

$$P_{k_i, r(k_i)} B P_{k_i, r(k_i)} \xrightarrow{\text{schw.}} S B S \tag{4}$$

für $i \to \infty$ gilt. In der Tat konvergiert für jedes $h \in \mathrm{H}$ die Folge $\{P_{k_i, r(k_i)} h\}_{i=1}^{\infty}$ schwach, und deshalb führt sie der vollstetige Operator B in eine stark konvergente über:

$$f_i \equiv B P_{k_i, r(k_i)} h \to B S h \equiv f .$$

Andererseits ist

$$P_{k_i, r(k_i)} f_i = P_{k_i, r(k_i)} f + P_{k_i, r(k_i)} (f_i - f) ,$$

wobei der erste Summand der rechten Seite mit $i \to \infty$ schwach gegen $S f$ und der zweite stark gegen Null konvergiert, weil $\|f_i - f\| \to 0$ gilt. Deshalb gilt für $i \to \infty$

$$P_{k_i, r(k_i)} f_i \xrightarrow{\text{schw.}} S f .$$

Das bedeutet aber, daß für $i \to \infty$ die Relation

$$P_{k_i, r(k_i)} B P_{k_i, r(k_i)} h \xrightarrow{\text{schw.}} S B S h$$

gilt, d. h., die Beziehung (4) ist für jeden vollstetigen Operator B gezeigt. Wenn wir $B = A$ setzen, dann erhalten wir noch die Gleichung

$$P_{k_i, r(k_i)} A P_{k_i, r(k_i)} = P_{k_i} A P_{k_i, r(k_i)} . \tag{5}$$

P_k konvergiert aber mit $k \to \infty$ stark gegen I; daraus folgt, daß im Sinne der starken Konvergenz die Relation

$$P_{k_i} A P_{k_i, r(k_i)} \to A S \tag{6}$$

gilt. Benutzen wir (4) mit $B = A$, dann erhalten wir zusammen mit den Beziehungen (5) und (6) noch die Gleichung

$$S A S = A S .$$

Damit ist Satz 1 vollständig bewiesen. Aus ihm folgt noch ein wichtiger Satz über die Existenz eines invarianten Zwischenteilraumes.

Satz 2. *Wenn die Teilräume* G' *und* $\mathrm{G}'' \supset \mathrm{G}'$ *invariant sind bezüglich des vollstetigen Operators* A *und wenn*

$$\dim (\mathrm{G}'' \ominus \mathrm{G}') > 1$$

ist, dann besitzt A *einen invarianten Teilraum* G, *für den*

$$\mathrm{G}' \subset \mathrm{G} \subset \mathrm{G}''$$

gilt.

Beweis. Wir bezeichnen mit A'' den Teil von A, der in G'' liegt. Dann ist G' ein invarianter Teilraum von A'', und das bedeutet: $G'' \ominus G'$ ist invarianter Teilraum von $(A'')^*$. Nach Satz 1 muß in $G'' \ominus G'$ ein invarianter Teilraum F des Operators $(A'')^*$ existieren, der von Null und von $G'' \ominus G'$ verschieden ist. Dann erfüllt $G = G'' \ominus F$ alle unsere Forderungen, und der Satz ist bewiesen.

Die hier wiedergegebenen Resultate von v. Neumann wurden zuerst in einer Arbeit von Aronszajn und Smith veröffentlicht, die sich mit der Verallgemeinerung des Neumannschen Satzes auf Banach-Räume beschäftigt.[1])

66. Nukleare Operatoren. In dieser Nr., in der wir den Raum H wieder als separabel voraussetzen, widmen wir uns einer Klasse vollstetiger Operatoren, die noch spezieller ist als die Klasse der Hilbert-Schmidtschen Operatoren.

Bei der Untersuchung eines beliebigen vollstetigen Operators T ist es von Nutzen, den positiven vollstetigen Operator $A = T^* T$ einzuführen, wie wir schon in Nr. 64 gesehen hatten. Seine von Null verschiedenen Eigenwerte sind positiv. Sei

$$\mu_1^2 \geqq \mu_2^2 \geqq \mu_3^2 = \cdots \qquad (\mu_k > 0)$$

die vollständige Folge dieser Eigenwerte und

$$e_1, e_2, e_3, \ldots$$

die orthonormierte Folge der entsprechenden Eigenvektoren. Die Zahlen μ_k nennt man häufig *s-Zahlen* (*singuläre Zahlen*) des Operators T und schreibt

$$\mu_k = s_k(T) \qquad (k = 1, 2, 3, \ldots).$$

Aus der Definition des größten Eigenwertes folgt unmittelbar

$$\|T\| = \sqrt{\|A\|} = \mu_1 .$$

Auch die Hilbert-Schmidtsche Norm von T läßt sich leicht mit Hilfe des Spektrums von A angeben; es ist nämlich

$$N^2(T) = \sum_{k=1}^{\infty} \|T e_k\|^2 = \sum_{k=1}^{\infty} (T e_k, T e_k)$$
$$= \sum_{k=1}^{\infty} (T^* T e_k, e_k) = \sum_{k=1}^{\infty} (A e_k, e_k) = \sum_{k=1}^{\infty} \mu_k^2 .$$

Demnach ist T genau dann ein Hilbert-Schmidtscher Operator, wenn

$$\sum_{k=1}^{\infty} \mu_k^2 < \infty \tag{1}$$

gilt.

Wir geben nun die folgende

Definition. Ein vollstetiger Operator T heißt *nuklear*, wenn

$$\sum_{k=1}^{\infty} \mu_k < \infty \tag{2}$$

[1]) N. Aronszajn und K. T. Smith [1].

erfüllt ist. Da (1) aus (2) folgt, ist jeder nukleare Operator ein HILBERT-SCHMIDT-scher Operator.

Satz 1. *T sei ein nuklearer Operator. Dann konvergiert die Reihe*

$$\sum_1^\infty (T f_k, f_k)$$

für jede orthonormierte Basis $\{f_k\}_1^\infty$ *in* H *absolut; ihre Summe hängt nicht von der gewählten Basis ab, und es gilt die Ungleichung*

$$\sum_1^\infty |(T f_k, f_k)| \leqq \sum_1^\infty \mu_k\,. \tag{3}$$

Beweis. Nach Satz 1 aus Nr. 64 gelten für jeden Vektor $h \in$ H die Entwicklungen

$$h = h_0 + (h, e_1)\, e_1 + (h, e_2)\, e_2 + \cdots,$$

$$T h = \mu_1(h, e_1)\, g_1 + \mu_2(h, e_2)\, g_2 + \cdots,$$

wobei

$$T e_k = \mu_k\, g_k \qquad (k = 1, 2, 3, \ldots)$$

gilt und h_0 zum Nullteilraum von T gehört. Aus diesen Entwicklungen folgt

$$(T f_k, f_k) = \sum_{i=1}^\infty \mu_i\, (f_k, e_i)\, (g_i, f_k)\,; \tag{4}$$

das bedeutet

$$\sum_1^\infty |(T f_k, f_k)| \leqq \sum_{i=1}^\infty \mu_i \left\{\sum_{k=1}^\infty |(f_k, e_i)|^2\right\}^{1/2} \left\{\sum_{k=1}^\infty |(f_k, g_i)|^2\right\}^{1/2} = \sum_{i=1}^\infty \mu_i\,.$$

Damit sind die erste und die dritte Behauptung bewiesen. Die zweite Behauptung folgt aus der Relation

$$\sum_{k=1}^\infty (f_k, e_i)\, (g_i, f_k) = (g_i, e_i) \qquad (i = 1, 2, 3, \ldots)\,.$$

In der Tat erhalten wir wegen dieser Beziehungen bei Summation von (4) die Gleichung

$$\sum_1^\infty (T f_k, f_k) = \sum_1^\infty \mu_i (g_i, e_i)\,,$$

aus der ersichtlich ist, daß die linke Seite nicht von der Wahl der orthonormierten Basis $\{f_k\}_1^\infty$ abhängt.

In Analogie zur Terminologie der linearen Algebra können wir sagen, daß jeder nukleare Operator eine endliche *Spur*

$$\operatorname{Sp} T \equiv \sum_{k=1}^\infty (T f_k, f_k)$$

besitzt.

Unser Satz behauptet wesentlich weniger als der entsprechende Satz der Algebra. Es gibt jedoch auch in dem uns interessierenden Fall weitere wichtige Aussagen; in erster Linie den folgenden

Satz 2. *Ist T ein überall in* H *definierter beschränkter Operator und konvergiert die Reihe*

$$\sum_1^\infty (T f_k, f_k)$$

für eine orthonormierte Basis $\{f_k\}_1^\infty$ *absolut, dann ist T ein nuklearer Operator.*

Den vollständigen Beweis dieses Satzes findet der Leser in dem kürzlich erschienenen Buch von I. Z. Gochberg und M. G. Krein[1]).

Wir begnügen uns hier mit dem Beweis des Satzes 2 für den Spezialfall, daß T ein überall in H definierter beschränkter positiver Operator ist. Dann erfüllt T die Beziehung

$$|(T f_j, f_k)|^2 \leqq (T f_j, f_j)\,(T f_k, f_k)\,.$$

Wegen

$$\sum_1^\infty (T f_k, f_k) < \infty \tag{4'}$$

folgt daraus die Ungleichung

$$\sum_{j,\,k=1}^\infty |(T f_j, f_k)|^2 < \infty\,.$$

Daraus folgt wiederum, daß T ein Hilbert-Schmidtscher Operator, d. h., daß er vollstetig ist. Sei $\{\lambda_k\}$ die vollständige Menge seiner positiven Eigenwerte und $\{e_k\}$ die orthonormierte Folge der zugehörigen Eigenvektoren. Wir konstruieren nun den für alle $h \in$ H definierten Operator S durch die Formel

$$S\,h = \sum_1^\infty \sqrt{\lambda_k}\,(h, e_k)\,e_k \qquad (\sqrt{\lambda_k} > 0)\,.$$

Es ist klar, daß S ein positiver vollstetiger Operator ist und daß $S^2 = T$ gilt.

Da

$$\sum_1^\infty (T f_k, f_k) = \sum_1^\infty (S^2 f_k, f_k) = \sum_1^\infty \|S f_k\|^2$$

ist, gilt wegen (4′)

$$\sum_1^\infty \|S f_k\|^2 < \infty\,.$$

Das bedeutet, daß S ebenfalls ein Hilbert-Schmidtscher Operator ist und daß deshalb für jede orthonormierte Basis $\{g_k\}_1^\infty$ die Gleichung

$$\sum_1^\infty \|S g_k\|^2 = \sum_1^\infty \|S f_k\|^2 = \sum_1^\infty \|S e_k\|^2 = \sum_1^\infty \lambda_k \tag{5}$$

[1]) I. Z. Gochberg und M. G. Krein [1].

gilt. Dabei bedarf ein Schritt einer Erläuterung. Dies hängt damit zusammen, daß die orthonormierte Folge $\{e_k\}$ keine Basis in H ist. Wenn wir sie jedoch durch eine Vektorfolge e'_i zu einer Basis ergänzen würden, so lägen jedenfalls alle Vektoren e'_i im Nullteilraum von T, und wir hätten dann die Gleichung

$$\|S\, e'_i\|^2 = (S\, e'_i, S\, e'_i) = (T\, e'_i, e'_i) = 0\,.$$

Aus Gleichung (5) folgt, daß

$$\sum_1^\infty (T\, g_k, g_k) = \sum_1^\infty \lambda_k$$

gilt. Dadurch ist die Behauptung des Satzes 2 bewiesen, wenn T positiv ist.

Zum Beweis des Satzes im allgemeinen Fall muß man den Operator T in Form einer Summe darstellen. Die Hauptstütze des Beweises ist dabei die Ungleichung von Ky Fan[1]). Sie sagt aus, daß

$$\sum_{k=1}^\infty s_k\,(T' + T'') \leqq \sum_{k=1}^\infty s_k(T') + \sum_{k=1}^\infty s_k(T'')$$

für beliebige vollstetige Operatoren T' und T'' gilt.

In dem erwähnten Buch von I. Z. Gochberg und M. G. Krein wird auch der Beweis des folgenden interessanten Satzes von W. B. Lidski angegeben, der eine Verallgemeinerung eines bekannten Satzes aus der Matrizentheorie darstellt.

Satz 3. *Ist T ein nuklearer Operator und $\{\lambda_k\}$ die Gesamtheit seiner Eigenwerte, so gilt*

$$\operatorname{Sp} T = \sum_k \lambda_k\,.$$

Insbesondere ist $\operatorname{Sp} T = 0$, wenn T keinen Eigenwert hat, was z. B. für die Volterraschen Integraloperatoren zutrifft.

---

[1]) Siehe Ky Fan [1].

KAPITEL VI

SPEKTRALANALYSIS UNITÄRER UND SELBSTADJUNGIERTER OPERATOREN

Das Hauptziel des vorliegenden Kapitels ist es, den Begriff der Entwicklung nach Eigenvektoren, wie wir ihn im vorigen Kapitel für vollstetige Operatoren betrachtet haben, auf beliebige selbstadjungierte (und unitäre) Operatoren in H zu verallgemeinern. Wir werden dabei im Rahmen der klassischen Theorie bleiben und keine Fragen berühren, die mit der Entwicklung nach verallgemeinerten Eigenvektoren (oder verallgemeinerten Eigenfunktionen in L^2) zusammenhängen, die in den letzten 15 bis 20 Jahren eine breite Entwicklung erfahren haben (hauptsächlich im Zusammenhang mit der Theorie partieller Differentialoperatoren). Diese Fragen werden in einer Reihe von grundlegenden Monographien[1]) ausführlich behandelt, die auch umfassende Literaturhinweise enthalten.

67. Die Zerlegung der Einheit. Wir erinnern uns an die Ergebnisse über vollstetige selbstadjungierte Operatoren aus Nr. 61, die in Nr. 64 noch in anderer Form dargestellt wurden. In Übereinstimmung mit diesen Ergebnissen können wir den HILBERT-Raum H, in dem ein vollstetiger selbstadjungierter Operator A wirkt, als orthogonale Summe

$$H = H_0 \oplus H_1 \oplus H_2 \oplus \cdots$$

von Teilräumen H_k darstellen, von denen alle, außer H_0, endlich-dimensional sind. H_0 kann sogar inseparabel sein. Jedem Teilraum H_k entspricht eine reelle Zahl λ_k; dabei ist $\lambda_0 = 0$ und $\lambda_k \neq \lambda_i$, falls $k \neq i$. In jedem Teilraum H_k reduziert sich die Anwendung des Operators A auf die Multiplikation der Elemente mit der Zahl λ_k, d. h., es gilt

$$A f = \lambda_k f,$$

falls $f \in H_k$. Wir bezeichnen den Projektor auf H_k mit P_k und können dann

$$I = P_0 + P_1 + P_2 + \cdots, \tag{1}$$

$$A = \lambda_1 P_1 + \lambda_2 P_2 + \cdots \tag{2}$$

schreiben. Die Zahlen λ_k können als einzigen Häufungspunkt nur den Punkt 0 haben. Zur weiteren Verallgemeinerung ist es bequem, die Gleichungen (1), (2) als STIELTJES-Integrale zu schreiben.

---

[1]) I. M. GELFAND und G. E. SCHILOW [1]; I. M. GELFAND und N. J. WILENKIN [1]; J. M. BERESANSKI [1].

Dazu führen wir für ein beliebiges reelles t den Teilraum G_t ein, der durch sämtliche Eigenvektoren erzeugt wird, die zu Eigenwerten kleiner als t gehören. Dabei betrachten wir auch die Null als denjenigen Eigenwert, der zum Eigenraum H_0 gehört. Es sei E_t der Projektor auf G_t. E_t besitzt einen Grenzwert sowohl für wachsendes als auch für abnehmendes t. Daher existieren E_{t-0} und E_{t+0}. Man sieht leicht, daß E_t eine von links stetige Funktion von t ist. Ist λ_k ein Eigenwert, so ist die Differenz

$$E_{\overline{\lambda_k+0}} - E_{\lambda_k} = P_k$$

der Projektor auf den Eigenraum H_k. Die Formeln (1), (2) kann man jetzt in der Form

$$f = If = \int_\alpha^\beta dE_t f, \tag{1'}$$

$$Af = \int_\alpha^\beta t\, dE_t f \tag{2'}$$

schreiben, wobei die Integrale über ein Intervall $[\alpha, \beta]$ erstreckt werden, das alle Eigenwerte des Operators enthält.

Diese Integrale sind nichts anderes als Summen gewisser Reihen. Wenn wir sie als Integrale geschrieben haben, so taten wir dies deswegen, weil gerade die Formeln (1'), (2'), wie wir später sehen werden, eine Verallgemeinerung auf beliebige (nicht notwendig vollstetige) selbstadjungierte Operatoren in H gestatten. Im Hinblick auf diese Verallgemeinerung geben wir die folgende

Definition. Als *Zerlegung der Einheit* bezeichnet man eine einparametrige Schar von Projektoren E_t, die auf einem endlichen oder unendlichen Intervall[1]) $[\alpha, \beta]$ definiert ist und den folgenden Bedingungen genügt:

a) $E_u E_v = E_s \qquad (s = \min\{u, v\})$,

b) im Sinne der starken Konvergenz gilt

$$E_{t-0} = E_t \qquad (\alpha < t < \beta),$$

c) $E_\alpha = 0, \quad E_\beta = I$.

Aus der Definition folgt, daß für beliebige $f \in H$ der Ausdruck

$$(E_t f, f) = \sigma(t)$$

eine von links stetige, nicht abnehmende Funktion beschränkter Variation ist, für die

$$\sigma(\alpha) = 0, \quad \sigma(\beta) = (f, f)$$

gilt.

---

[1]) Ist das Intervall $[\alpha, \beta]$ unendlich, so setzt man definitionsgemäß

$$E_{-\infty} = \lim_{t\to-\infty} E_t, \quad E_\infty = \lim_{t\to\infty} E_t$$

(im Sinne der starken Konvergenz).

Für $s < t$ ergibt sich nämlich

$$(E_s f, f) = \|E_s f\|^2 = \|E_s E_t f\|^2 \leqq \|E_t f\|^2 = (E_t f, f) .$$

Für ein Intervall $\Delta = [t', t''] \subset [\alpha, \beta]$ werden wir die Differenz $E_{t''} - E_{t'}$ mit $E(\Delta)$ bezeichnen.

Haben wir zwei Intervalle Δ_1, Δ_2, so folgt aus a) die Gleichung

$$E(\Delta_1)\, E(\Delta_2) = E(\Delta) ,$$

wo Δ der Durchschnitt von Δ_1 und Δ_2 ist. Besitzen insbesondere die Intervalle Δ_1, Δ_2 keine gemeinsamen inneren Punkte, so ist

$$E(\Delta_1)\, E(\Delta_2) = 0 ,$$

d. h., die Teilräume zu den Projektoren $E(\Delta_1)$ und $E(\Delta_2)$ sind orthogonal. Auf Grund dieser Tatsache nennt man die Eigenschaft a) die *Orthogonalitätseigenschaft* der Zerlegung der Einheit.

Die Überlegungen, die wir unserer allgemeinen Definition vorausschicken, zeigen, daß jeder vollstetige selbstadjungierte Operator eine Zerlegung der Einheit erzeugt und durch sie dargestellt werden kann. Im vorliegenden Kapitel werden diese Ergebnisse auf unitäre Operatoren U und beliebige selbstadjungierte Operatoren A in H verallgemeinert. Es wird sich nämlich zeigen, daß jeder solche Operator eine wohlbestimmte Zerlegung der Einheit E_t besitzt und durch sie in Form eines Stieltjes-Integrales dargestellt werden kann:

$$U = \int_0^{2\pi} e^{it}\, dE_t , \qquad A = \int_{-\infty}^{\infty} t\, dE_t .$$

Die genaue Bedeutung dieser Darstellungen wird später noch dargelegt.

Es gibt verschiedene Wege, um die uns interessierenden allgemeinen Resultate zu gewinnen. Der chronologisch erste steht im Zusammenhang mit dem sog. Momentenproblem. Ihm sind die Nummern 71—75 gewidmet. Ihnen vorangestellt wird die Erläuterung aller notwendigen funktionentheoretischen Fakten (Nummern 68—70). Weiterhin wird in den Nummern 77—79 der direkte, rein operatormäßige Aufbau der Theorie wiedergegeben.[1])

68. Das trigonometrische Momentproblem. In allgemeiner Form kann das Momentproblem folgendermaßen formuliert werden: Es sei eine gewisse Menge von Funktionen $u_\alpha(t)$ $(a \leqq t \leqq b)$ und eine gewisse Menge von Zahlen c_α gegeben; zwischen diesen Mengen soll eine umkehrbar-eindeutige Beziehung bestehen: es wird verlangt, eine nicht abnehmende Funktion beschränkter Variation $\sigma(t)$ $(a \leqq t \leqq b)$ zu finden, die dem System der Gleichungen

$$\int_a^b u_\alpha(t)\, d\sigma(t) = c_\alpha \tag{1}$$

genügt.

---

[1]) Die Darlegung ist unabhängig von den Nummern 68—75 (außer Nr. 72).

Dieses Problem zerfällt in mehrere Teilprobleme. Das grundlegendste von ihnen ist die Bestimmung der Auflösbarkeitsbedingungen des obigen Gleichungssystems in der gegebenen Klasse von Funktionen $\sigma(t)$.

In der vorliegenden Nr. betrachten wir das trigonometrische Momentproblem. In diesem Fall hat das System (1) die Form

$$c_k = \int_0^{2\pi} e^{ikt}\, d\sigma(t) \qquad (\pm k = 0, 1, 2, \ldots; \overline{c_k} = c_{-k}). \tag{2}$$

Satz 1. *Für die Existenz einer nicht abnehmenden Funktion*[1]) $\sigma(t)$, *die den Gleichungen* (2) *genügt, ist notwendig, daß aus der Nicht-Negativität der trigonometrischen Summe*

$$\sum_{k=-n}^{n} \xi_k e^{ikt} \qquad (n = 0, 1, 2, \ldots)$$

im ganzen Intervall $[0, 2\pi]$ *stets die Ungleichung*

$$\sum_{k=-n}^{n} \xi_k c_k \geqq 0$$

folgt; und hinreichend, daß für jede beliebige reelle Zahl v *die Ausdrücke*

$$\sum_{k=-n}^{n} \left(1 - \frac{|k|}{n}\right) e^{-ikv} c_k \qquad (n = 1, 2, 3, \ldots)$$

nicht negativ sind, welche den speziellen trigonometrischen Summen

$$\sum_{k=-n}^{n} \left(1 - \frac{|k|}{n}\right) e^{ik(t-v)} = \frac{1}{n} \left| \sum_{k=0}^{n-1} e^{ik(t-v)} \right|^2$$

entsprechen.

Beweis. Die Notwendigkeit der Bedingung ist klar, da im Falle der Auflösbarkeit von (2) die Gleichung

$$\sum_{k=-n}^{n} \xi_k c_k = \int_0^{2\pi} \sum_{k=-n}^{n} \xi_k e^{ikt}\, d\sigma(t)$$

gilt.

Um den zweiten Teil des Satzes zu beweisen, betrachten wir eine Folge trigonometrischer Summen

$$\psi_n(v) = \sum_{k=-n}^{n} \left(1 - \frac{|k|}{n}\right) c_k e^{-ikv} \qquad (n = 1, 2, 3, \ldots),$$

die nach Voraussetzung nicht negativ sind. Wir setzen

$$\sigma_n(t) = \frac{1}{2\pi} \int_0^t \psi_n(v)\, dv \qquad (n = 1, 2, 3, \ldots).$$

---

[1]) Daß die Variation beschränkt ist, folgt automatisch aus der Gleichung (2) für $k = 0$.

Dies sind nicht abnehmende Funktionen, für die

$$\sigma_n(0) = 0\,, \qquad \sigma_n(2\pi) = c_0 \qquad (n = 1, 2, 3, \ldots)$$

gilt.

Wir haben auf diese Weise eine Folge von Funktionen $\sigma_n(t)$ konstruiert, die im Intervall $[0, 2\pi]$ nicht abnehmen und der Ungleichung

$$0 \leqq \sigma_n(t) \leqq c_0 \qquad (n = 1, 2, 3, \ldots)$$

genügen. Auf Grund des ersten Satzes von Helly existieren daher eine nicht abnehmende Funktion $\sigma(t)$ und eine Teilfolge $\{\sigma_{n_j}(t)\}_{j=1}^{\infty}$, so daß in allen Stetigkeitspunkten von $\sigma(t)$ die Gleichung

$$\lim_{j\to\infty} \sigma_{n_j}(t) = \sigma(t)$$

gilt. Auf Grund des zweiten Satzes von Helly erhalten wir dann

$$\int_0^{2\pi} e^{ikt}\,d\sigma(t) = \lim_{j\to\infty} \int_0^{2\pi} e^{ikt}\,d\sigma_{n_j}(t) = \lim_{j\to\infty} \frac{1}{2\pi} \int_0^{2\pi} e^{ikt}\,\psi_{n_j}(t)\,dt$$

$$= \lim_{j\to\infty} \left(1 - \frac{|k|}{n_j}\right) c_k = c_k\,,$$

und unsere Aussage ist vollständig bewiesen.

Jetzt wenden wir uns der Frage nach der Anzahl der Lösungen von (2) zu. Dazu nehmen wir an, (2) besitze zwei verschiedene nicht abnehmende Lösungen $\sigma(t)$, $\sigma^*(t)$. Ihre Differenz

$$\omega(t) = \sigma(t) - \sigma^*(t)$$

ist eine Funktion beschränkter Variation, für die

$$\int_0^{2\pi} e^{ikt}\,d\omega(t) = 0 \qquad (\pm k = 0, 1, 2, \ldots)\,. \tag{3}$$

Satz 2. Genügt die (reelle oder komplexe) Funktion beschränkter Variation $\omega(t)$ den Relationen (3), so ist sie in allen ihren Stetigkeitspunkten gleich einer Konstanten.

Beweis. Wir betrachten die für beliebige ganze $k \neq 0$ gültige Gleichung

$$\int_0^{2\pi} e^{ikt}\,d\omega(t) = e^{ikt}\,\omega(t)\Big|_0^{2\pi} - i\,k \int_0^{2\pi} e^{ikt}\,\omega(t)\,dt$$

$$= \int_0^{2\pi} d\omega(t) - i\,k \int_0^{2\pi} e^{ikt}\,\omega(t)\,dt\,.$$

Aus ihr folgt auf Grund von (3)

$$\int_0^{2\pi} e^{ikt}\,\omega(t)\,dt = 0 \qquad (\pm k = 1, 2, 3, \ldots)\,.$$

Setzt man

$$C = \frac{1}{2\pi} \int_0^{2\pi} \omega(t)\, dt\,,$$

so erhält man

$$\int_0^{2\pi} e^{ikt} \{\omega(t) - C\}\, dt = 0 \qquad (\pm k = 0, 1, 2, \ldots)\,.$$

Auf Grund des Eindeutigkeitssatzes der Theorie der FOURIER-Reihen folgt aus den letzten Gleichungen, daß in allen Stetigkeitspunkten von $\omega(t)$ die Gleichung

$$\omega(t) - C = 0$$

gilt.

Aus dem Bewiesenen folgt insbesondere, daß die Differenz zweier verschiedener Lösungen $\sigma(t)$, $\sigma^*(t)$ von (2) in allen ihren Stetigkeitspunkten konstant ist. Wir können sagen, daß die Lösung von (2) *im wesentlichen* eindeutig ist.

Die Lösung wird sogar vollständig eindeutig (nicht nur im wesentlichen), wenn man die gesuchte Funktion $\sigma(t)$ den folgenden zusätzlichen Normierungsbedingungen unterwirft:

1. Stetigkeit von links, d. h. $\sigma(t) = \sigma(t - 0)$ $(0 < t \leqq 2\pi)$,
2. $\sigma(0) = 0$.

Um von irgendeiner Lösung $\sigma_1(t)$ des Systems (2) zu einer normierten Lösung $\sigma(t)$ zu kommen, setzen wir

$$\sigma(t) = \begin{cases} \sigma_1(t-0) - \sigma_1(0) + \sigma_1(2\pi) - \sigma_1(2\pi - 0) & (0 < t \leqq 2\pi)\,, \\ 0 \quad (t = 0)\,. \end{cases} \tag{4}$$

Die Funktion $\sigma(t)$ erfüllt offenbar die Normierungsbedingungen. Andererseits gilt für jede stetige Funktion $f(t)$ mit der Periode 2π

$$\int_0^{2\pi} f(t)\, d\sigma(t) = \int_0^{2\pi} f(t)\, d\sigma_1(t)\,.$$

In der Tat gilt

$$\begin{aligned} \int_0^{2\pi} f(t)\, d\sigma(t) - \int_0^{2\pi} f(t)\, d\sigma_1(t) &= \int_{+0}^{2\pi-0} f(t)\, d\sigma(t) - \int_{+0}^{2\pi-0} f(t)\, d\sigma_1(t) \\ &+ f(0)\,\sigma(+0) - f(0)\,[\sigma_1(+0) - \sigma_1(0)] - f(2\pi)\,[\sigma_1(2\pi) - \sigma_1(2\pi - 0)] \\ &= f(0)\,\{\sigma(+0) - [\sigma_1(+0) - \sigma_1(0)] - [\sigma_1(2\pi) - \sigma_1(2\pi - 0)]\}\,, \end{aligned}$$

und das ist Null wegen (4).

Im folgenden werden wir stets voraussetzen, daß für die betrachteten Lösungen des trigonometrischen Momentenproblems die Normierungsbedingungen erfüllt sind.

69. Analytische Funktionen mit Werten auf einer Halbebene. In der vorliegenden Nr. betrachten wir analytische Funktionen, die im Innern eines

Kreises oder einer Halbebene regulär sind und die Werte annehmen, die gleichfalls in einer gewissen Halbebene liegen.

Satz 1. *Damit eine im Kreise* $|\zeta| < 1$ *definierte und endliche Funktion* $f(\zeta)$ *sich in der Form*

$$f(\zeta) = i\beta + \int_0^{2\pi} \frac{e^{it} + \zeta}{e^{it} - \zeta} d\sigma(t) \tag{1}$$

darstellen läßt, wo β *eine reelle Konstante und* $\sigma(t)$ *eine nicht abnehmende Funktion*[1]) *ist, ist notwendig und hinreichend, daß* $f(\zeta)$ *im Kreise* $|\zeta| < 1$ *regulär ist und in diesem Kreise einen nicht negativen Realteil besitzt.*

Vorbereitende Bemerkungen. Wir haben hier ein gewisses Momentproblem bezüglich der Funktionen

$$u_\zeta(t) = \frac{e^{it} + \zeta}{e^{it} - \zeta} .$$

Die Rolle der Momente spielen die Zahlen

$$c_\zeta = f(\zeta) - i\beta ,$$

wobei der Parameter ζ diesmal nicht eine diskrete Folge durchläuft, sondern das ganze Kreisgebiet $|\zeta| < 1$ überstreicht.

Wir bemerken noch, daß $\beta = \Im f(0)$ ist.

Beweis. Die Notwendigkeit der Bedingung des Satzes ist klar, da die rechte Seite der Formel (1) im Gebiet $|\zeta| < 1$ regulär ist und da

$$\Re\left\{ \int_0^{2\pi} \frac{e^{it} + \zeta}{e^{it} - \zeta} d\sigma(t) \right\} = \int_0^{2\pi} \frac{1 - r^2}{1 - 2r\cos(t - \varphi) + r^2} d\sigma(t) \geqq 0$$

gilt, wo $r = |\zeta| < 1$ und $\varphi = \arg\zeta$ gesetzt wird.

Wir beweisen nun, daß die Bedingung auch hinreichend ist. Wenn $f(\zeta)$ im Kreise $|\zeta| < 1$ regulär ist, so besteht, wie aus der Funktionentheorie bekannt ist, für $|\zeta| \leqq R < 1$ die Darstellung

$$f(\zeta) = i\beta + \frac{1}{2\pi} \int_0^{2\pi} \frac{R\,e^{it} + \zeta}{R\,e^{it} - \zeta} u(R\,e^{it})\,dt .$$

Hier ist

$$u\,(r\,e^{it}) = \frac{f(r\,e^{it}) + \overline{f(r\,e^{it})}}{2}$$

der Realteil von $f(\zeta)$. Dabei gilt

$$\Re f(0) = \frac{1}{2\pi} \int_0^{2\pi} u(Re^{it})\,dt .$$

[1]) Die Beschränktheit der Variation von $\sigma(t)$ ergibt sich von selbst aus der Tatsache, daß $f(0)$ endlich ist.

Die obige Darstellung läßt sich in die Form

$$f(\zeta) = i\,\beta + \int_0^{2\pi} \frac{R\,e^{it} + \zeta}{R\,e^{it} - \zeta}\, d\sigma_R(t) \tag{2}$$

umschreiben, wo

$$\sigma_R(t) = \frac{1}{2\pi} \int_0^t u\,(R\,e^{is})\, ds\,.$$

Da nach Voraussetzung $u(R\,e^{is}) \geqq 0$ ist, so ist $\sigma_R(t)$ eine nicht abnehmende Funktion von t, und für beliebiges t aus $[0, 2\pi]$ besteht die Ungleichung

$$0 \leqq \sigma_R(t) \leqq \sigma_R(2\pi) = \Re f(0)\,.$$

Das bedeutet, daß die Menge der Funktionen $\sigma_R(t)$ $(0 < R < 1)$ gleichmäßig beschränkt ist. Nach dem Satz von Helly existiert daher eine nicht abnehmende Funktion $\sigma(t)$ und eine solche Folge

$$R_1 < R_2 < R_3 < \cdots \qquad (R_j \to 1)\,,$$

daß in allen Stetigkeitspunkten von $\sigma(t)$

$$\lim_{j\to\infty} \sigma_{R_j}(t) = \sigma(t)$$

gilt. Durch die Anwendung des zweiten Satzes von Helly auf (2) finden wir, daß überall im Kreise $|\zeta| < 1$ die Gleichung

$$f(\zeta) = i\,\beta + \int_0^{2\pi} \frac{e^{it} + \zeta}{e^{it} - \zeta}\, d\sigma(t) \tag{3}$$

gilt, und der Satz ist bewiesen.

Wenn man $f(\zeta)$ in eine MacLaurinsche Reihe

$$f(\zeta) = c + 2\,c_{-1}\,\zeta + 2\,c_{-2}\,\zeta^2 + \cdots$$

entwickelt und $\dfrac{c + \bar{c}}{2} = c_0$ setzt, so erhält man auf Grund von (3) für die Koeffizienten die folgenden Ausdrücke:

$$c_0 = \int_0^{2\pi} d\sigma(t)\,, \qquad c_{-k} = \int_0^{2\pi} e^{-ikt}\, d\sigma(t) \qquad (k = 1, 2, 3, \ldots)\,.$$

Führen wir noch die Größen $c_k = \bar{c}_{-k}$ $(k = 1, 2, 3, \ldots)$ ein, so gelangen wir zu den Gleichungen, die beim trigonometrischen Momentproblem auftreten. Unter den Normierungsvoraussetzungen der vorigen Nr. wird daher die Funktion $\sigma(t)$ in (3) eindeutig durch $f(\zeta)$ bestimmt.

Von der Richtigkeit dieser Tatsache kann man sich auch mit Hilfe der folgenden aus der Theorie der FOURIER-Reihen bekannten Umkehrformel

$$\frac{\sigma(t-0)+\sigma(t+0)}{2} = \text{const} + \lim_{r\to 1}\frac{1}{2\pi}\int_0^t \Re f(r\,e^{is})\,ds$$

überzeugen.

Satz 2. *Damit eine in der Halbebene $\Im z > 0$ vorgegebene endliche Funktion $\varphi(z)$ in der Form*

$$\varphi(z) = \alpha + \mu z + \int_{-\infty}^{\infty} \frac{1+tz}{t-z}\,d\sigma(t)$$

(wo $\mu \geqq 0$ und $\alpha \lesseqgtr 0$ zwei reelle Konstanten und $\sigma(t)$ eine nicht abnehmende Funktion sind)[1]) *darstellbar sei, ist notwendig und hinreichend, daß $\varphi(z)$ in der Halbebene $\Im z > 0$ regulär ist und einen nicht negativen Imaginärteil besitzt.*

Dabei wird das STIELTJES-Integral mit den unendlichen Integrationsgrenzen im Sinne von

$$\lim_{\substack{A\to-\infty\\ B\to\infty}} \int_A^B \frac{1+tz}{t-z}\,d\sigma(t)$$

verstanden, was der Annahme

$$\sigma(-\infty) = \lim_{A\to-\infty} \sigma(A)\,,$$

$$\sigma(\infty) = \lim_{B\to\infty} \sigma(B)$$

entspricht. Wenn man außerdem die Normierung

$$\sigma(t-0) = \sigma(t)\,,\qquad \sigma(-\infty) = 0$$

fordert, so ist die Funktion $\sigma(t)$ eindeutig bestimmt.

Beweis. Wir setzen

$$z = i\,\frac{1+\zeta}{1-\zeta}\,,$$

$$\varphi(z) = i\,f(\zeta)\,.$$

Dann geht die Halbebene $\Im z > 0$ in das Kreisgebiet $|\zeta| < 1$ und die in obiger Halbebene reguläre Funktion $\varphi(z)$ mit nicht negativem Imaginärteil in eine

---

[1]) Die Beschränktheit der Variation von $\sigma(t)$ folgt aus der Endlichkeit des Wertes $\varphi(i)$.

im Kreis reguläre Funktion $f(\zeta)$ mit nicht negativem Realteil über. Die Integraldarstellung einer solchen Funktion wurde weiter oben betrachtet. Diese hat die Form

$$f(\zeta) = i\beta + \int_0^{2\pi} \frac{e^{is}+\zeta}{e^{is}-\zeta}\, d\varrho(s) = i\beta + \int_{+0}^{2\pi-0} \frac{e^{is}+\zeta}{e^{is}-\zeta}\, d\varrho(s)$$

$$+ \frac{1+\zeta}{1-\zeta}\{\varrho(2\pi) - \varrho(2\pi-0) + \varrho(+0) - \varrho(0)\}$$

$$= i\beta + \mu\frac{1+\zeta}{1-\zeta} + \int_{+0}^{2\pi-0} \frac{e^{is}+\zeta}{e^{is}-\zeta}\, d\varrho(s),$$

wobei wir die Verteilungsfunktion mit $\varrho(s)$ bezeichnet haben. Mit Hilfe der erwähnten Umformungen erhalten wir

$$\varphi(z) = -\beta + i\mu\frac{1+\zeta}{1-\zeta} + i\int_{+0}^{2\pi-0} \frac{e^{is}+\zeta}{e^{is}-\zeta}\, d\varrho(s) \tag{4}$$

oder

$$\varphi(z) = -\beta + \mu z + \int_{+0}^{2\pi-0} \frac{z\cot\frac{s}{2} - 1}{\cot\frac{s}{2} + z}\, d\varrho(s).$$

Setzt man

$$-\beta = \alpha, \quad -\cot\frac{s}{2} = t, \quad \varrho(s) = \sigma(t),$$

so ergibt sich für $\varphi(z)$ die Darstellung

$$\varphi(z) = \alpha + \mu z + \int_{-\infty}^{\infty} \frac{1+tz}{t-z}\, d\sigma(t). \tag{5}$$

Der Übergang von (4) zu (5) ist auch umgekehrt richtig. Wir können somit Satz 2 als bewiesen ansehen, einschließlich seiner Behauptung über die Eindeutigkeit von $\sigma(t)$. Die Eindeutigkeit von $\sigma(t)$ kann auch unmittelbar mit Hilfe der Umkehrformel von Stieltjes-Perron für das Integral

$$\varphi(x, y) = \int_{-\infty}^{\infty} \left\{\frac{y}{(x-t)^2+y^2} - \frac{y}{1+t^2}\right\} d\psi(t) \quad (-\infty < x < \infty,\ y > 0)$$

gezeigt werden. Dabei ist $\psi(t)$ eine Funktion beschränkter Variation in jedem endlichen Intervall, die der Bedingung

$$\int_{-\infty}^{\infty} \frac{|d\psi(t)|}{1+|t|^3} < \infty$$

genügt. Die Umkehrformel lautet[1])

$$\frac{\psi(t+0)+\psi(t-0)}{2} - \frac{\psi(c+0)+\psi(c-0)}{2} = \lim_{y\to 0} \frac{1}{\pi} \int_c^t \varphi(x, y)\, dx\,,$$

wobei c, t beliebige reelle Zahlen sind.

Satz 3. *Damit die Funktion $\varphi(z)$ in der Halbebene $\Im z > 0$ die Darstellung*

$$\varphi(z) = \int_{-\infty}^{\infty} \frac{d\omega(t)}{t-z}$$

mit einer nicht abnehmenden Funktion beschränkter Variation $\omega(t)$ gestattet, ist notwendig und hinreichend, daß $\varphi(z)$ in der Halbebene $\Im z > 0$ regulär ist, einen nicht negativen Imaginärteil besitzt und daß

$$\sup_{y\to\infty} |y\,\varphi(i\,y)| < \infty$$

ist. Dabei ist die Funktion $\omega(t)$ eindeutig durch $\varphi(z)$ bestimmt, wenn man außerdem

$$\omega(-\infty) = \lim_{A\to-\infty} \omega(A) = 0\,, \qquad \omega(t-0) = \omega(t) \qquad (-\infty < t \leqq \infty)$$

fordert.

Beweis. Die Notwendigkeit der Bedingung bestätigt man leicht. Wir beschäftigen uns daher mit dem Beweis der Hinlänglichkeit. Ist die Funktion $\varphi(t)$ in der Halbebene $\Im z > 0$ regulär und besitzt sie einen nicht negativen Imaginärteil, so gestattet sie jedenfalls die Darstellung

$$\varphi(z) = \alpha + \mu\,z + \int_{-\infty}^{\infty} \frac{1+t\,z}{t-z}\, d\sigma(t)\,,$$

wie wir im vorigen Satze sahen. Aus dieser Darstellung ergibt sich die Beziehung

$$y\,\varphi\,(i\,y) = \alpha\,y + i\,\mu\,y^2 + \int_{-\infty}^{\infty} \frac{y\,(1+i\,t\,y)}{t-i\,y}\, d\sigma(t)\,.$$

---

1) Wegen des Beweises siehe z. B. N. I. Achieser [3], S. 155–156.

Nach Voraussetzung des zu beweisenden Satzes existiert eine Konstante M, so daß

$$\left| \alpha y + i \mu y^2 + \int_{-\infty}^{\infty} \frac{y(1 + i t y)}{t - i y} \, d\sigma(t) \right| \leqq M \qquad (y > 0)\,.$$

Daher gilt a fortiori

$$\left.\begin{aligned} &\left| \alpha y + \int_{-\infty}^{\infty} \frac{y(1 - y^2)\, t}{t^2 + y^2} \, d\sigma(t) \right| \leqq M\,, \\ &\left| \mu y^3 + y^2 \int_{-\infty}^{\infty} \frac{1 + t^2}{t^2 + y^2} \, d\sigma(t) \right| \leqq M\,. \end{aligned}\right\} \tag{6}$$

Die zweite Ungleichung zeigt, daß sowohl $\mu = 0$ als auch

$$\int_{-\infty}^{\infty} \frac{y^2}{t^2 + y^2} (1 + t^2) \, d\sigma(t) \leqq M$$

ist. Also gilt für beliebiges $N > 0$

$$\int_{-N}^{N} \frac{y^2}{t^2 + y^2} (1 + t^2) \, d\sigma(t) \leqq M\,.$$

Für $y \to \infty$ folgt hieraus

$$\int_{-N}^{N} (1 + t^2) \, d\sigma(t) \leqq M$$

und somit

$$\int_{-\infty}^{\infty} (1 + t^2) \, d\sigma(t) \leqq M\,. \tag{7}$$

Wir können nun die nicht abnehmende Funktion

$$\omega(t) = \int_{-\infty}^{t} (1 + t^2) \, d\sigma(t)$$

einführen, für die offensichtlich

$$\lim_{t \to -\infty} \omega(t) = 0$$

gilt und die genauso wie $\sigma(t)$ von links stetig ist.

Aus der ersten Ungleichung (6) folgt

$$\alpha = \lim_{y \to \infty} \int_{-\infty}^{\infty} \frac{(y^2 - 1)\, t}{t^2 + y^2} \, d\sigma(t) = \lim_{y \to \infty} \int_{-\infty}^{\infty} \left[t - \frac{t(1 + t^2)}{t^2 + y^2} \right] d\sigma(t)\,.$$

Hieraus erhält man leicht

$$\alpha = \int_{-\infty}^{\infty} t \, d\sigma(t) \, .$$

Da, wie bewiesen, $\mu = 0$ ist, nimmt (5) die Form

$$\varphi(z) = \int_{-\infty}^{\infty} t \, d\sigma(t) + \int_{-\infty}^{\infty} \frac{1 + t z}{t - z} \, d\sigma(t)$$

oder

$$\varphi(z) = \int_{-\infty}^{\infty} \frac{d\omega(t)}{t - z}$$

an, was zu beweisen war.

Die Eindeutigkeit der Darstellung (bei unseren Normierungsvoraussetzungen) ergibt sich aus der Eindeutigkeit der Funktion $\sigma(t)$ im Satz 2, wie dies aus der Gleichung

$$\sigma(t) = \int_{-\infty}^{t} \frac{d\omega(t)}{1 + t^2}$$

folgt, die die Funktionen $\sigma(t)$ und $\omega(t)$ verbindet. Übrigens kann die Eindeutigkeit auch unmittelbar mit Hilfe der folgenden Umkehrformel von Stieltjes

$$\frac{\omega\,(t - 0) + \omega\,(t + 0)}{2} = \text{const} + \lim_{y \to 0} \frac{1}{\pi} \int_{0}^{t} \Im\, \varphi\,(x + i\, y)\, dx$$

festgestellt werden.

70. Der Satz von Bochner-Chintschin. In der vorliegenden Nr. betrachten wir das kontinuierliche Analogon des trigonometrischen Momentproblems. Das Problem besteht in der Aufstellung der Bedingungen, denen eine vorgegebene, auf der ganzen Achse $-\infty < t < +\infty$ endliche Funktion $F(t)$ genügen muß, damit die Darstellung

$$F(t) = \int_{-\infty}^{\infty} e^{ist} \, d\omega(s) \tag{1}$$

mit einer nicht abnehmenden Funktion $\omega(s)$ besteht.[1]) Bochner und A. J. Chintschin haben bewiesen, daß *eine solche Darstellung bei geeigneter Normierung*[2]) *eindeutig ist und genau dann existiert, wenn die Funktion $F(t)$ stetig ist und wenn für beliebiges natürliches n, beliebige reelle $t_1, t_2, \ldots, t_n$ und be-*

[1]) Die Beschränktheit ihrer Variation folgt aus der Endlichkeit des Wertes $F(0)$.

[2]) Siehe Satz 3 der vorigen Nr.

liebige komplexe $\varrho_1, \varrho_2, \ldots, \varrho_n$

$$\sum_{\alpha,\beta=1}^{n} F(t_\alpha - t_\beta)\,\varrho_\alpha \bar{\varrho}_\beta \geqq 0 \tag{2}$$

gilt. Funktionen, die der Bedingung (2) genügen, heißen *positiv-definit.*

Die Notwendigkeit dieser Bedingungen ist leicht nachzuprüfen. Die rechte Seite von (1) ist nämlich eine stetige Funktion von t, andererseits gilt nach (1) die Gleichung

$$\sum_{\alpha,\beta=1}^{n} F(t_\alpha - t_\beta)\,\varrho_\alpha \bar{\varrho}_\beta = \int_{-\infty}^{\infty} \Big|\sum_{k=1}^{n} \varrho_k e^{i s t_k}\Big|^2 d\omega(s)\,,$$

deren rechte Seite endlich und größer oder gleich Null ist.

Wir gehen jetzt zum Beweis der Hinlänglichkeit über; dieser ist weniger einfach.

$F(t)$ sei eine stetige Funktion, die der Bedingung (2) genügt. Man bemerkt, daß nach (2) für beliebiges t $(-\infty < t < +\infty)$ die Gleichung

$$\overline{F(t)} = F(-t)$$

und die Ungleichung

$$|F(t)| \leqq F(0) \tag{3}$$

gelten.[1])

Wir setzen

$$\Phi(z) = \int_0^\infty e^{itz} F(t)\,dt\,.$$

Nach (3) ist die Funktion $\Phi(z)$ im Gebiet $\Im z > 0$ regulär. Außerdem gilt für beliebiges $y > 0$

$$|y\,\Phi(i\,y)| \leqq \int_0^\infty y\,e^{-ty}\,|F(t)|\,dt \leqq F(0)\int_0^\infty y\,e^{-ty}\,dt = F(0)\,.$$

Jetzt wollen wir zeigen, daß für $y > 0$ $\Re\,\Phi(z) \geqq 0$ $(z = x + i\,y)$ ist. Dazu gehen wir von der Identität

$$\frac{1}{2y} = \int_0^\infty e^{izv}\,e^{-i\bar{z}v}\,dv$$

---

[1]) Es genügt, $n = 2$, $t_1 = t$, $t_2 = 0$ zu setzen. Wir finden, daß für beliebige ϱ_1, ϱ_2 die Ungleichung

$$F(0)\,|\varrho_1|^2 + F(t)\,\varrho_1\bar{\varrho}_2 + F(-t)\,\bar{\varrho}_1\varrho_2 + F(0)\,|\varrho_2|^2 \geqq 0$$

gilt. Das heißt, es ist

$$F(0) \geqq 0\,, \qquad F(-t) = \overline{F(t)}$$

und

$$\begin{vmatrix} F(0) & F(t) \\ F(-t) & F(0) \end{vmatrix} \geqq 0\,.$$

aus. Außerdem haben wir

$$\Phi(z) + \overline{\Phi(z)} = \int_0^\infty e^{izu} F(u)\, du + \int_0^\infty e^{-i\bar{z}u} F(-u)\, du .$$

Daher gilt

$$\frac{\Phi(z) + \overline{\Phi(z)}}{2y}$$

$$= \int_0^\infty \int_0^\infty e^{iz(u+v)} e^{-i\bar{z}v} F(u)\, du\, dv + \int_0^\infty \int_0^\infty e^{-i\bar{z}(u+v)} e^{izv} F(-u)\, du\, dv$$

$$= \int_0^\infty d\beta \int_\beta^\infty e^{i\alpha z} e^{-i\beta\bar{z}} F(\alpha - \beta)\, d\alpha + \int_0^\infty d\alpha \int_\alpha^\infty e^{i\alpha z} e^{-i\beta\bar{z}} F(\alpha - \beta)\, d\beta$$

$$= \int_0^\infty \int_0^\infty F(\alpha - \beta)\, e^{ix(\alpha-\beta)}\, e^{-y(\alpha+\beta)}\, d\alpha\, d\beta$$

$$= \lim_{A\to\infty} \int_0^A \int_0^A F(\alpha - \beta)\, e^{ix(\alpha-\beta)}\, e^{-y(\alpha+\beta)}\, d\alpha\, d\beta$$

$$= \lim_{A\to\infty} \lim_{n\to\infty} \frac{A^2}{n^2} \sum_{r,s=1}^{n} F\left(\frac{r-s}{n} A\right) e^{ix\frac{r-s}{n}A}\, e^{-y\frac{r+s}{n}A} ,$$

und unsere Behauptung folgt aus der Tatsache, daß die Summe auf der rechten Seite die Form (2) besitzt $\left(\text{es genügt, } t_k = \frac{kA}{n},\ \varrho_k = e^{-y\frac{kA}{n}} e^{ix\frac{kA}{n}} \text{ zu setzen}\right)$.

$\Phi(z)$ unterscheidet sich nur um den Faktor i von einer in der vorigen Nr. betrachteten Funktion (Satz 3). Bei unseren Normierungsvoraussetzungen wird daher eine nicht abnehmende Funktion $\omega(s)$, für die

$$\Phi(z) = i \int_{-\infty}^{\infty} \frac{d\omega(s)}{s+z} \qquad (\Im z > 0)$$

gilt, eindeutig bestimmt. Andererseits ist

$$\frac{i}{s+z} = \int_0^\infty e^{i(s+z)t}\, dt$$

und folglich

$$\int_0^\infty e^{itz} F(t)\, dt = \int_{-\infty}^{\infty} d\omega(s) \int_0^\infty e^{i(s+z)t}\, dt = \int_0^\infty e^{itz}\, dt \int_{-\infty}^{\infty} e^{ist}\, d\omega(s) .$$

Zwei stückweise stetige, absolut integrierbare Funktionen von t, die für $t < 0$ gleich Null und für $t \geqq 0$ gleich

$$e^{-ty} F(t) , \qquad e^{-ty} \int_{-\infty}^{\infty} e^{ist}\, d\omega(s)$$

sind, haben daher gleiche Fourier-Transformierte. Auf Grund eines bekannten Eindeutigkeitsgesetzes sind diese Funktionen identisch, d. h., es ist

$$F(t) = \int_{-\infty}^{\infty} e^{ist}\, d\omega(s)$$

zunächst für $t \geqq 0$ und dann auf der ganzen Zahlenachse $-\infty < t < +\infty$. Damit ist die Darstellung (1) gefunden und ihre Eindeutigkeit bewiesen.

Aus der Eindeutigkeit der Darstellung ergibt sich die folgende allgemeine Aussage: Sind zwei komplexwertige Funktionen beschränkter Variation $\omega_1(s)$, $\omega_2(s)$ in üblicher Weise normiert und gilt für $-\infty < t < +\infty$

$$\int_{-\infty}^{\infty} e^{ist}\, d\omega_1(s) = \int_{-\infty}^{\infty} e^{ist}\, d\omega_2(s)\,, \tag{4}$$

so ist

$$\omega_1(s) = \omega_2(s)\,.$$

Aus der Gültigkeit von (4) folgt nämlich für

$$\tilde{\omega}(s) = \omega_1(s) - \omega_2(s)$$

die Relation

$$\int_{-\infty}^{\infty} e^{ist}\, d\tilde{\omega}(s) = 0 \qquad (-\infty < t < \infty)\,.$$

Setzt man

$$\tilde{\omega}(s) = \varphi(s) + i\,\psi(s)\,,$$

wobei $\varphi(s)$ und $\psi(s)$ reell sind, so erhält man

$$\int_{-\infty}^{\infty} \cos s\,t\, d\varphi(s) = \int_{-\infty}^{\infty} \sin s\,t\, d\psi(s)\,,$$

$$\int_{-\infty}^{\infty} \sin s\,t\, d\varphi(s) = -\int_{-\infty}^{\infty} \cos s\,t\, d\psi(s)\,.$$

Da auf der einen Seite dieser Gleichungen eine gerade, auf der anderen Seite eine ungerade Funktion steht, gilt

$$\int_{-\infty}^{\infty} \cos s\,t\, d\varphi(s) = \int_{-\infty}^{\infty} \sin s\,t\, d\varphi(s) = \int_{-\infty}^{\infty} \cos s\,t\, d\psi(s) = \int_{-\infty}^{\infty} \sin s\,t\, d\psi(s) = 0\,.$$

Mit anderen Worten, für alle reellen t ist

$$\int_{-\infty}^{\infty} e^{ist}\, d\varphi(s) = 0\,, \quad \int_{-\infty}^{\infty} e^{ist}\, d\psi(s) = 0\,.$$

Da jede der Funktionen $\varphi(s)$, $\psi(s)$ die Differenz zweier nicht abnehmender Funktionen ist, so sind die Gleichungen

$$\varphi(s) = 0\,, \quad \psi(s) = 0 \qquad (-\infty < s < \infty)$$

eine unmittelbare Folge des Satzes von Bochner-Chintschin.

71. Die Spektraldarstellung eines unitären Operators. U sei ein unitärer Operator in H. Wir wählen ein beliebiges Element $f \in$ H und setzen

$$(U^k f, f) = c_k(f) = c_k \qquad (\pm\, k = 0, 1, 2, \ldots), \tag{1}$$

so daß

$$c_{-k} = (U^{-k} f, f) = (f, U^k f) = \bar{c}_k$$

ist. Wir zeigen, daß für jede beliebige natürliche Zahl n und jede beliebige reelle Zahl t

$$\Phi_n(t) \equiv \sum_{k=-n}^{n} \left(1 - \frac{|k|}{n}\right) c_k\, e^{-ikt} \geqq 0 \tag{2}$$

gilt. Auf Grund von (1) ist nämlich

$$\Phi_n(t) = \sum_{k=-n}^{n} \left(1 - \frac{|k|}{n}\right) e^{-ikt} (U^k f, f)\,.$$

Ist andererseits

$$T = I + e^{-it}\, U + e^{-2it}\, U^2 + \cdots + e^{-(n-1)it}\, U^{n-1}\,,$$

so folgt hieraus

$$\begin{aligned}(Tf, Tf) &= \sum_{r,s=0}^{n-1} e^{i(s-r)t} (U f, U f) \\ &= \sum_{r,s=0}^{n-1} e^{i(s-r)t} (U^{r-s} f, f) = \sum_{k=-n}^{n} (n - |k|)\, e^{-ikt} (U^k f, f)\,.\end{aligned}$$

Somit ist

$$\Phi_n(t) = \frac{1}{n} (Tf, Tf)\,,$$

womit die Gültigkeit der Ungleichung (2) bewiesen ist.

Man sieht, daß die Folge $\{c_k\}_{-\infty}^{\infty}$ der Voraussetzung des Satzes 1 aus Nr. 68 genügt. Daher gibt es eine eindeutig bestimmte normierte nicht abnehmende Funktion $\sigma(t)$, für die

$$c_k = \int_0^{2\pi} e^{ikt}\, d\sigma(t) \qquad (\pm\, k = 0, 1, 2, \ldots)$$

gilt. Für jedes t ist die Funktion $\sigma(t)$ ein gewisses Funktional von f:

$$\sigma(t) = \sigma(t; f)\,.$$

Mit Hilfe dieses Funktionals bestimmen wir ein anderes, von einem Vektorpaar $f, g \in$ H abhängiges. Wir setzen nämlich

$$\sigma(t; f, g) = \frac{1}{4}\sigma(t; f+g) - \frac{1}{4}\sigma(t; f-g) + \frac{i}{4}\sigma(t; f+ig) - \frac{i}{4}\sigma(t; f-ig)\,.$$

Die Veränderliche t variiert hier, wie auch oben, im Intervall $[0, 2\pi]$. Zieht man

$$\int_0^{2\pi} e^{ikt}\, d\sigma(t; h) = (U^k h, h) \qquad (\pm\, k = 0, 1, 2, \ldots)$$

in Betracht und setzt nacheinander

$$h = f + g\,,\quad f - g\,,\quad f + ig\,,\quad f - ig\,,$$

so findet man mühelos die Beziehung

$$\int_0^{2\pi} e^{ikt}\, d\sigma(t; f, g) = (U^k f, g) \qquad (\pm k = 0, 1, 2, \ldots)\,. \tag{3}$$

Somit erhalten wir in der Form trigonometrischer STIELTJES-Integrale nicht nur die Größen $(U^k f, f)$, sondern auch die Ausdrücke der Form $(U^k f, g)$. Diese Darstellung ist eindeutig (auf Grund der Normierungsvoraussetzungen über die Funktionen $\sigma(t; f, g)$), wie dies aus dem allgemeinen Satz am Ende von Nr. 68 folgt.

Ausgehend von der Eindeutigkeit der Darstellung (3) beweisen wir, daß $\sigma(t; f, g)$ ein bilineares Funktional von f, g ist, dessen Norm die Größe 1 nicht übertrifft.

Wir setzen

$$f = \alpha_1 f_1 + \alpha_2 f_2\,.$$

Dann ist

$$(U^k f, g) = \alpha_1 (U^k f_1, g) + \alpha_2 (U^k f_2, g)$$

und folglich

$$\int_0^{2\pi} e^{ikt}\, d\sigma(t; f, g) = \alpha_1 \int_0^{2\pi} e^{ikt}\, d\sigma(t; f_1, g) + \alpha_2 \int_0^{2\pi} e^{ikt}\, d\sigma(t; f_2, g)$$

$$= \int_0^{2\pi} e^{ikt}\, d_t \{\alpha_1 \sigma(t; f_1, g) + \alpha_2 \sigma(t; f_2, g)\}\,.$$

Da diese Beziehung für $\pm k = 0, 1, 2, \ldots$ gilt und da die Normierungsvoraussetzungen erfüllt sind, so ist

$$\sigma(t; f, g) = \alpha_1 \sigma(t; f_1, g) + \alpha_2 \sigma(t; f_2, g)\,.$$

σ ist also als Funktion von f, g im ersten Argument linear.

Jetzt bemerken wir, daß einerseits

$$(g, U^k f) = (U^{-k} g, f) = \int_0^{2\pi} e^{-ikt}\, d\sigma(t; g, f)$$

und andererseits

$$(g, U^k f) = \overline{(U^k f, g)} = \int_0^{2\pi} e^{-ikt}\, d\overline{\sigma(t; f, g)}$$

gilt. Für beliebiges ganzes k ist daher

$$\int_0^{2\pi} e^{-ikt}\, d\overline{\sigma(t; f, g)} = \int_0^{2\pi} e^{-ikt}\, d\sigma(t; g, f)\,.$$

Folglich ist

$$\overline{\sigma(t; f, g)} = \sigma(t; g, f)\,.$$

Die bewiesene Beziehung und die Linearität in dem Argument f ergeben

$$\sigma(t; f, \beta_1 g_1 + \beta_2 g_2) = \overline{\beta_1}\, \sigma(t; f, g_1) + \overline{\beta_2}\, \sigma(t; f, g_2)\,.$$

Erinnern wir uns an den Satz aus Nr. 23. Da $\sigma(t; f, f)$ eine nicht abnehmende Funktion von t ist und da

$$\sigma(0; f, f) = 0,$$

$$\sigma(t; f, f) \leqq \sigma(2\pi; f, f) = \int_0^{2\pi} d\sigma(t; f, f) = (f, f)$$

gilt, so folgt aus diesem Satz, daß $\sigma(t; f, g)$ ein bilineares Funktional von f, g mit einer Norm $\leqq 1$ ist.

Auf Grund des Satzes über die allgemeine Form eines bilinearen Funktionals existiert eine vom Parameter t $(0 \leqq t \leqq 2\pi)$ abhängige Schar von Operatoren E_t, so daß

$$\sigma(t; f, g) = (E_t f, g)$$

gilt. Wir zeigen jetzt, daß E_t eine Zerlegung der Einheit ist.

Dazu schließen wir zuerst aus der Gültigkeit der Gleichungen

$$\overline{\sigma(t; f, g)} = \sigma(t; g, f)$$

auf die Gleichung

$$(g, E_t f) = (E_t g, f).$$

Mit anderen Worten, E_t ist ein beschränkter selbstadjungierter Operator.

Die Formel (3) schreiben wir in der Form

$$(U^k f, g) = \int_0^{2\pi} e^{ikt} d(E_t f, g) \tag{3'}$$

und setzen

$$g = U^{-r} h \qquad (\pm r = 0, 1, 2, \ldots).$$

Dann ergibt sich die Gleichung

$$(U^k f, U^{-r} h) = \int_0^{2\pi} e^{ikt} d(E_t f, U^{-r} h)$$

oder

$$(U^{k+r} f, h) = \int_0^{2\pi} e^{ikt} d(U^r E_t f, h).$$

Da aber

$$(U^r E_t f, h) = \int_0^{2\pi} e^{irs} d_s(E_s E_t f, h)$$

ist, so folgt

$$(U^{k+r} f, h) = \int_0^{2\pi} e^{ikt} d_t \left\{ \int_0^{2\pi} e^{irs} d_s(E_s E_t f, h) \right\}. \tag{4}$$

Andererseits gilt aber

$$(U^{k+r} f, h) = \int_0^{2\pi} e^{i(k+r)t} d(E_t f, h) = \int_0^{2\pi} e^{ikt} d_t \left\{ \int_0^{t} e^{irs} d(E_s f, h) \right\}. \tag{5}$$

Aus der Gültigkeit der Darstellungen (4), (5) für jedes ganzzahlige k und aus den Normierungseigenschaften der Funktionen von t

$$\int_0^{2\pi} e^{irs}\, d_s(E_s E_t f, h)\,, \qquad \int_0^t e^{irs}\, d(E_s f, h)$$

folgt

$$\int_0^{2\pi} e^{irs}\, d_s(E_s E_t f, h) = \int_0^t e^{irs}\, d(E_s f, h)\,.$$

Diese Beziehungen werden für beliebiges ganzzahliges r erfüllt. Daher gilt wieder auf Grund der Eindeutigkeit der Darstellungen die Gleichung

$$(E_s E_t f, h) = (E_s f, h)$$

für beliebige $f, h \in \mathrm{H}$, wenn $s \leqq t$ ist. Wir haben also gezeigt, daß

$$E_s E_t = E_s \qquad (s \leqq t) \tag{6}$$

ist. Hieraus folgt

$$E_t^2 = E_t\,,$$

d. h., daß E_t ein Projektor ist und daß man an Stelle von (6) die allgemeinere Beziehung

$$E_u E_v = E_s \qquad (s = \min\{u, v\})$$

schreiben kann. Es bleiben noch die Relationen

$$E_0 = 0, \; E_{2\pi} = I, \qquad E_{t-0} = E_t \qquad (0 < t \leqq 2\pi)$$

nachzuprüfen. Damit ist dann bewiesen, daß E_t eine Zerlegung der Einheit ist. Die erste und die zweite Gleichung bedürfen keines Beweises; um die Richtigkeit der dritten zu zeigen, bedienen wir uns der Normierungsvoraussetzung, aus welcher

$$\lim_{\substack{s \to t \\ s < t}} (E_s f, g) = (E_t f, g)$$

folgt. Im Sinne der schwachen Konvergenz ist dann die Gleichung

$$E_{t-0} = E_t$$

bewiesen. Sie gilt aber auch im Sinne der starken Konvergenz, da für $t > s$

$$\|(E_t - E_s) f\|^2 = ((E_t - E_s) f, f) = (E_t f, f) - (E_s f, f)$$

gilt und folglich

$$\|(E_t - E_s) f\|$$

für $s \to t$ $(s < t)$ gegen Null strebt.

Wir haben eine gewisse Zerlegung der Einheit im Intervall $[0, 2\pi]$ erhalten. Diese gehört in dem Sinne zum Operator U, daß für beliebiges ganzzahliges k

und beliebige $f, g \in \mathrm{H}$ die Darstellung

$$(U^k f, g) = \int_0^{2\pi} e^{ikt}\, d(E_t f, g) \tag{3'}$$

gilt.

Oft schreibt man diese Gleichung in der Form

$$U^k f = \int_0^{2\pi} e^{ikt}\, dE_t f\,. \tag{3''}$$

Die Formeln (3′) und (3″) sind für $k = 1$ die gesuchte Spektraldarstellung des unitären Operators U. Bei beliebigem ganzen k sind sie die Spektraldarstellung des unitären Operators U^k.

Wir zeigen jetzt, daß das Integral auf der rechten Seite von (3″) als Grenzwert Riemann-Stieltjesscher Operator-Integral-Summen T_n existiert, und zwar im Sinne der gleichmäßigen Operatorkonvergenz. Wir können somit die Gleichung (3″) unmittelbar verstehen und nicht nur als symbolische Schreibweise der Darstellung (3′).

Wie in der elementaren Integralrechnung nehmen wir eine gewisse Zerlegung des Intervalles $[0, 2\pi]$ vor:

$$0 = t_0 < t_1 < t_2 < \cdots < t_n = 2\pi\,, \qquad \max_j (t_j - t_{j-1}) = \delta\,.$$

Zu dieser Zerlegung konstruieren wir den Operator

$$T_n = e^{ikt_1} E(\Delta_1) + e^{ikt_2} E(\Delta_2) + \cdots + e^{ikt_n} E(\Delta_n)\,,$$

wobei $\Delta_j = [t_{j-1}, t_j]$ ist. Für beliebiges $f \in \mathrm{H}$ gilt dann

$$((T_n - U^k) f, f) = (T_n f, f) - (U^k f, f) = \sum_{j=1}^{n} \int_{t_{j-1}}^{t_j} (e^{ikt_j} - e^{ikt})\, d(E_t f, f)\,.$$

Daraus folgt, daß

$$|((T_n - U^k) f, f)| \leqq \sum_{j=1}^{n} |k| \int_{t_{j-1}}^{t_j} (t_j - t)\, d(E_t f, f) \leqq \delta\, |k| \cdot \|f\|^2$$

und deshalb (vgl. Fußnote zu Satz Nr. 23)

$$\|T_n - U^k\| \leqq 2\, |k|\, \delta$$

gilt, d. h., der Operator T_n strebt gleichmäßig gegen U^k für $\delta \to 0$ $(n \to \infty)$. Den Grenzoperator der Folge T_n kann man also zur Definition des Integrals

$$\int_0^{2\pi} e^{ikt}\, dE_t$$

verwenden.

Aus unseren Überlegungen folgt, daß die Zerlegung der Einheit E_t $(0 \leqq t \leqq 2\pi)$ nicht nur vollständig durch den Operator U bestimmt wird, sondern daß diese Zerlegung ihrerseits eindeutig diesen Operator bestimmt.

Zum Schluß der vorliegenden Nr. zeigen wir, daß für jedes feste t der Operator E_t den Operator U und jede ganzzahlige Potenz von U reduziert. Unsere Behauptung läßt sich auf die Tatsache zurückführen, daß für beliebige $f, g \in \mathrm{H}$ die Gleichung

$$(U^k E_t f, g) = (E_t U^k f, g) \qquad (\pm k = 0, 1, 2, \ldots)$$

gilt oder, anders ausgedrückt, daß die Operatoren U^k und E_t vertauschbar sind. Der Beweis folgt sofort aus den Darstellungsformeln (3'). Es ist nämlich

$$(U^k E_t f, g) = \int_0^{2\pi} e^{iks} d_s(E_s E_t f, g) = \int_0^t e^{iks} d(E_s f, g)$$

und andererseits

$$(E_t U^k f, g) = (U^k f, E_t g) = \int_0^{2\pi} e^{iks} d_s(E_s f, E_t g)$$

$$= \int_0^{2\pi} e^{iks} d_s(E_t E_s f, g) = \int_0^t e^{iks} d(E_s f, g) .$$

72. Operator-Stieltjes-Integrale. In der vorigen Nr. hatten wir das Integral

$$\int_0^{2\pi} e^{ikt} dE_t$$

einerseits als gewisses Symbol im Zusammenhang mit dem bilinearen Funktional

$$\int_0^{2\pi} e^{ikt} d(E_t f, g)$$

und andererseits unmittelbar als Grenzwert des Operators

$$e^{ikt_1} E(\Delta_1) + e^{ikt_2} E(\Delta_2) + \cdots + e^{ikt_n} E(\Delta_n)$$

im Sinne der gleichmäßigen Operatorkonvergenz definiert, wobei dieser Operator nach dem Vorbild Stieltjesscher Integralsummen aufgebaut ist. Die spezielle Gestalt der Funktion unter dem Integral, in diesem Fall e^{ikt}, ist offensichtlich nicht wesentlich. In der vorliegenden Nr. zeigen wir, wie sich unsere Konstruktionen verallgemeinern lassen.

Wir betrachten irgendeine Zerlegung der Einheit E_t auf einem endlichen oder unendlichen Intervall $[\alpha, \beta]$. Mit Hilfe dieser Zerlegung der Einheit ordnen wir jedem Vektor $f \in \mathrm{H}$ die Verteilungsfunktion $\sigma(t) = (E_t f, f)$ $(\alpha \leqq t \leqq \beta)$ und damit ein σ-Maß zu, mit dem wir Lebesgue-Stieltjessche Integrale bilden können.

Wenn irgendeine Bedingung erfüllt ist bezüglich aller σ-Maße, die von verschiedenen Elementen $f \in \mathrm{H}$ erzeugt werden, dann wollen wir sagen, daß sie bezüglich des Operatormaßes E_t erfüllt ist. Wir wollen hinzufügen, daß im Falle eines separablen Raumes hier eine starke Vereinfachung eintritt. Zum Beispiel kann man in diesem Fall ein Element $g \in \mathrm{H}$ finden, so daß fast überall bezüglich des Maßes $(E_t g, g)$ dasselbe bedeutet, wie fast überall bezüglich des Operatormaßes E_t. Diesen Satz werden wir weiter unten (Nr. 76) beweisen.

Wir betrachten jetzt Funktionen $\varphi(t)$ $(\alpha \leqq t \leqq \beta)$, für die wir Operatorintegrale definieren wollen, und vereinbaren ein für allemal, daß diese Funktionen (reell oder nicht reell) definiert und endlich sein sollen fast überall bezüglich des Operatormaßes E_t und außerdem bezüglich E_t meßbar. Daraus folgt insbesondere, daß $\varphi(t)$ im Punkt t_0 $(\alpha \leqq t_0 \leqq \beta)$ nicht unendlich werden kann, wenn in diesem Punkt für ein Element $f \in \mathrm{H}$ die Funktion $(E_t f, f)$ einen Sprung erleidet.

Der einfachste Fall liegt offenbar dann vor, wenn die Funktion $\varphi(t)$ beschränkt ist. In diesem Fall ist das LEBESGUE-STIELTJESsche Integral

$$\int_\alpha^\beta \varphi(t)\, d(E_t f, f)$$

für alle $f \in \mathrm{H}$ definiert. Da aber für beliebige $f, h \in \mathrm{H}$

$$(E_t f, h) = \frac{1}{4}\{(E_t(f+h), f+h) - (E_t(f-h), f-h) \\ + i(E_t(f+ih), f+ih) - i(E_t(f-ih), f-ih)\}$$

gilt, ist offenbar das LEBESGUE-STIELTJESsche Integral

$$\int_\alpha^\beta \overline{\varphi(t)}\, d\overline{(E_t f, h)}$$

für alle $f, h \in \mathrm{H}$ definiert, und bei festem f ist dieses Integral ein lineares Funktional von h.

Nach dem Satz von F. RIESZ existiert dann ein von f abhängiges Element Tf, so daß die Beziehungen

$$\int_\alpha^\beta \overline{\varphi(t)}\, d\overline{(E_t f, h)} = (h, Tf)$$

oder

$$\int_\alpha^\beta \varphi(t)\, d(E_t f, h) = (Tf, h) \qquad (1)$$

gelten. Dabei ist leicht zu sehen, daß T ein linearer Operator ist; außerdem ist T beschränkt. Die letzte Eigenschaft ergibt sich in folgender Weise: Wir setzen $h = Tf$ und bemerken, daß

$$(E_t f, Tf) = \overline{(Tf, E_t f)} = \int_\alpha^\beta \overline{\varphi(s)}\, d_s\overline{(E_s f, E_t f)} = \int_\alpha^t \overline{\varphi(s)}\, d(E_s f, f)$$

gilt. Wegen dieser Gleichung nimmt (1) die Form

$$\|Tf\|^2 = \int_\alpha^\beta \varphi(t)\, d\int_\alpha^t \overline{\varphi(s)}\, d(E_s f, f) = \int_\alpha^\beta |\varphi(t)|^2\, d(E_t f, f) \qquad (2)$$

an, und hieraus folgt die Ungleichung

$$\|Tf\| \leqq \sup_{\alpha \leqq t \leqq \beta} |\varphi(t)| \cdot \|f\|,$$

aus der ersichtlich ist, daß T beschränkt ist.

Formel (1) läßt sich auch in der Form

$$\int_\alpha^\beta \overline{\varphi(t)}\, d(h, E_t f) = (h, T f)$$

schreiben. Da die linke Seite gleich dem Integral

$$\int_\alpha^\beta \overline{\varphi(t)}\, d(E_t h, f)$$

ist, können wir schließen, daß der adjungierte Operator T^* durch die Formel

$$\int_\alpha^\beta \overline{\varphi(t)}\, d(E_t h, f) = (T^* h, f) \tag{3}$$

definiert ist.

Wir können jetzt die Integrale

$$T = \int_\alpha^\beta \varphi(t)\, dE_t\,, \qquad T^* = \int_\alpha^\beta \overline{\varphi(t)}\, dE_t \tag{4}$$

im schwachen Sinne definieren, d. h. als diejenigen Operatoren, die den bilinearen Funktionalen (1) und (3) entsprechen, wo f, h beliebige Elemente aus H sind. Wenn wir voraussetzen, daß die Funktion $\varphi(t)$ nicht nur beschränkt, sondern auch stetig ist, dann sind die Integrale (4), wie leicht zu zeigen, auch unmittelbar als gleichmäßige Grenzwerte von Riemann-Stieltjesschen Operatorsummen definiert (man braucht nur die Überlegungen von Nr. 71 zu wiederholen).

Im nächsten Schritt verzichten wir auf die Voraussetzung der Beschränktheit der Funktion $\varphi(t)$. Statt dieser Voraussetzung nehmen wir an, daß die Menge D der Elemente f, für die

$$\int_\alpha^\beta |\varphi(t)|^2\, d(E_t f, f) < \infty \tag{5}$$

gilt, in H dicht ist. Zunächst läßt sich leicht zeigen, daß D eine lineare Mannigfaltigkeit ist. In der Tat folgt aus der Beziehung

$$\|E_t (f + g)\|^2 \leqq \|E_t (f + g)\|^2 + \|E_t (f - g)\|^2 = 2\, \|E_t f\|^2 + 2\, \|E_t g\|^2$$

die Ungleichung

$$(E_t (f + g), f + g) \leqq 2\, (E_t f, f) + 2\, (E_t g, g)\,.$$

Aus

$$\int_\alpha^\beta |\varphi(t)|^2\, d(E_t f, f) < \infty\,, \qquad \int_\alpha^\beta |\varphi(t)|^2\, d(E_t g, g) < \infty$$

ergibt sich deshalb

$$\int_\alpha^\beta |\varphi(t)|^2\, d(E_t (f + g), f + g) < \infty\,.$$

Wir führen die übliche Bezeichnung

$$\varphi_n(t) = \begin{cases} \varphi(t)\,, & \text{falls} \quad |\varphi(t)| \leqq n\,, \\ 0\,, & \text{falls} \quad |\varphi(t)| > n \end{cases}$$

ein und können wieder bilineare Funktionale konstruieren, die überall in H definiert sind und zu denen die beschränkten Operatoren

$$T_n = \int_\alpha^\beta \varphi_n(t)\, dE_t \tag{4'}$$

gehören. Wegen (2) gilt

$$\|T_n f - T_m f\|^2 = \int_\alpha^\beta |\varphi_n(t) - \varphi_m(t)|^2\, d(E_t f, f)\,.$$

Ist $f \in$ D, dann strebt die rechte Seite dieser Gleichung mit $m \to \infty$, $n \to \infty$ gegen Null. Die Elementfolge $T_n f$ strebt deshalb mit $n \to \infty$ gegen ein Element aus H. Dieses Element sei nach Definition der Wert des Operatorintegrals

$$\int_\alpha^\beta \varphi(t)\, dE_t = T$$

angewandt auf f. T ist demnach als Operator mit dem Definitionsbereich $\mathrm{D}_T = \mathrm{D}$ definiert.

Ersetzen wir in unseren Überlegungen $\varphi(t)$ durch $\overline{\varphi(t)}$, dann erhalten wir einen zweiten Operator

$$S = \int_\alpha^\beta \overline{\varphi(t)}\, dE_t\,,$$

dessen Definitionsbereich D_S ebenfalls mit D zusammenfällt. Wir zeigen, daß auch in diesem Fall $S = T^*$ gilt. Da für beliebige $f, g \in$ D

$$(T f, g) = \int_\alpha^\beta \varphi(t)\, d(E_t f, g)$$

und

$$(f, S g) = \overline{(S g, f)} = \overline{\int_\alpha^\beta \overline{\varphi(t)}\, d(E_t g, f)} = \int_\alpha^\beta \varphi(t)\, d(E_t f, g)\,,$$

d. h.

$$(T f, g) = (f, S g)\,,$$

gilt, so ist $S \subseteq T^*$. Wir zeigen nun, daß $\mathrm{D}_{T^*} \subseteq \mathrm{D}$ gilt; daraus folgt dann $T^* = S$. Zu diesem Zweck nehmen wir an, daß für ein Elementepaar $h, h^* \in$ H bei beliebigem $f \in$ D

$$(T f, h) = (f, h^*) \tag{6}$$

gilt. Danach definieren wir den Operator S_n durch die Funktion $\overline{\varphi(t)}$ in gleicher Weise, wie wir in Formel (4') den Operator T_n durch die Funktion $\varphi(t)$ definiert hatten. Wegen

$$(E_t S_n h, g) = (S_n h, E_t g) = \int_\alpha^\beta \overline{\varphi_n(u)}\, d_u(E_u h, E_t g) = \int_\alpha^t \overline{\varphi_n(u)}\, d(E_u h, g) \tag{7}$$

ist

$$(E_t S_n h, S_n h) = \int_\alpha^t \overline{\varphi_n(u)}\, d_u \left\{\int_\alpha^u \varphi_n(v)\, d(E_v h, h)\right\} = \int_\alpha^t |\varphi_n(u)|^2\, d(E_u h, h)\,.$$

Folglich gilt bei beliebigem $h \in \mathrm{H}$ für das Element $f_n = S_n h$ die Ungleichung

$$\int_\alpha^\beta |\varphi(t)|^2 \, d(E_t f_n, f_n) = \int_\alpha^\beta |\varphi_n(t)|^4 \, d(E_t h, h) < \infty ,$$

d. h. $f_n \in \mathrm{D}$, und wir können in Formel (6) $f = f_n$ setzen. Nun berücksichtigen wir, daß $\varphi(t)\,\varphi_n(t) = \varphi_n(t)^2$ gilt. Wir benutzen erneut die Identität (7) (für $g = h$) und finden

$$(T f_n, h) = (T S_n h, h) = \int_\alpha^\beta \varphi(t) \, d(E_t S_n h, h) = \int_\alpha^\beta |\varphi_n(t)|^2 \, d(E_t h, h) .$$

Wegen Formel (6) mit $f = f_n$ ergibt sich daraus

$$\int_\alpha^\beta |\varphi_n(t)|^2 \, d(E_t h, h) \leqq \|f_n\| \cdot \|h^*\| = \sqrt{\int_\alpha^\beta |\varphi_n(t)|^2 \, d(E_t h, h)} \cdot \|h^*\| .$$

Es gilt deshalb

$$\int_\alpha^\beta |\varphi_n(t)|^2 \, d(E_t h, h) \leqq \|h^*\|^2 ,$$

und das bedeutet

$$\int_\alpha^\beta |\varphi(t)|^2 \, d(E_t h, h) \leqq \|h^*\|^2 ,$$

d. h. $h \in \mathrm{D}$. Somit ist die Inklusion $\mathrm{D}_{T^*} \subseteq \mathrm{D}$ gezeigt, und mit ihr ist auch die oben formulierte Behauptung $S = T^*$ bewiesen.

Wir bemerken noch: Da der Übergang von T zu T^* geleistet wird, indem man $\varphi(t)$ durch die konjugiert komplexe Funktion $\overline{\varphi(t)}$ ersetzt, gilt in Übereinstimmung mit (4) die Gleichung $(T^*)^* = T$. Hieraus folgt insbesondere, daß der Operator T abgeschlossen ist.

Aus den Betrachtungen der vorliegenden Nr. erhalten wir als Spezialfall den folgenden

Satz. *Jeder Zerlegung der Einheit* E_t $(-\infty \leqq t \leqq \infty)$ *entspricht ein wohldefinierter selbstadjungierter Operator*

$$B = \int_{-\infty}^{\infty} t \, dE_t . \tag{8}$$

Der Definitionsbereich D_B *dieses Operators besteht aus der Gesamtheit aller Vektoren* f, *für die die Ungleichung*

$$\int_{-\infty}^{\infty} t^2 \, d(E_t f, f) < \infty \tag{9}$$

erfüllt ist. Die linke Seite dieser Ungleichung ist dabei $\|B f\|^2$.

73. Integraldarstellung einer Gruppe unitärer Operatoren. Die Methode, die wir in Nr. 71 zum Studium unitärer Operatoren anwandten, benutzen wir jetzt in einigen weiteren Fällen. Wir wenden sie jetzt an, um eine Integraldarstellung *einer Gruppe unitärer Operatoren* (vorliegende Nr.) und der *Resolvente eines selbstadjungierten Operators* (Nr. 74) zu erhalten.

Es sei eine Schar unitärer Operatoren U_s gegeben, die von einem Parameter s $(-\infty < s < \infty)$ abhängt und folgenden Bedingungen genügt:

1. $U_s U_t = U_{s+t}$,
2. $U_0 = I$,
3. $(U_t f, g)$ ist für alle $f, g \in \mathrm{H}$ eine stetige Funktion von t.

Aus 1. und 2. folgt $U_t^{-1} = U_{-t}$. Da aber $U_t^* = U_t^{-1}$ ist, so folgt $U_t^* = U_{-t}$. Die betrachtete Schar stellt also *eine kontinuierliche abelsche Gruppe* dar.

Wir nehmen ein beliebiges Element $f \in \mathrm{H}$ und betrachten die Funktion

$$F(t) = (U_t f, f).$$

Diese Funktion ist positiv-definit. Sie ist nämlich stetig, und für beliebige reelle t_α $(\alpha = 1, 2, 3, \ldots, n)$ und komplexe ϱ_α $(\alpha = 1, 2, 3, \ldots, n)$ gilt

$$\sum_{\alpha,\beta=1}^{n} F(t_\alpha - t_\beta)\, \varrho_\alpha \bar{\varrho}_\beta = \sum_{\alpha,\beta=1}^{n} (U_{t_\alpha} U_{-t_\beta} f, f)\, \varrho_\alpha \bar{\varrho}_\beta$$
$$= \sum_{\alpha,\beta=1}^{n} (\varrho_\alpha U_{t_\alpha} f, \varrho_\beta U_{t_\beta} f) = \left\| \sum_{\alpha=1}^{n} \varrho_\alpha U_{t_\alpha} f \right\|^2 \geqq 0 .$$

Man kann daher auf $F(t)$ den Satz von Bochner-Chintschin anwenden. Auf Grund dieses Satzes läßt sich eindeutig eine nicht abnehmende Funktion

$$\omega(s) = \omega(s; f)$$

bestimmen, die den Bedingungen

$$\omega(-\infty) = \lim_{s \to -\infty} \omega(s) = 0, \quad \omega(s - 0) = \omega(s) \qquad (-\infty < s < \infty)$$

genügt und durch welche die Funktion $F(t)$ in der Form

$$F(t) = \int_{-\infty}^{\infty} e^{ist}\, d\omega(s) \qquad (-\infty < t < \infty)$$

darstellbar ist. Für $t = 0$ folgt hieraus

$$(f, f) = F(0) = \int_{-\infty}^{\infty} d\omega(s) = \omega(\infty).$$

Mit Hilfe der Funktion $\omega(s; f)$ läßt sich dann weiter eine Funktion $\omega(s; f, g)$ bilden, so daß die Darstellung

$$(U_t f, g) = \int_{-\infty}^{\infty} e^{ist}\, d\omega(s; f, g)$$

gilt. Bei den angenommenen Normierungsvoraussetzungen

$$\left.\begin{aligned} \omega(-\infty; f, g) &= \lim_{s \to -\infty} \omega(s; f, g) = 0 \\ \omega(s - 0; f, g) &= \omega(s; f, g) \end{aligned}\right\} \qquad (-\infty < s \leqq \infty),$$

ist diese Darstellung eindeutig. Unter Benutzung der Eindeutigkeit läßt sich wie oben zeigen, daß $\omega(s; f, g)$ ein bilineares Funktional von f, g ist, dessen Norm Eins nicht übertrifft und das die Eigenschaft hat:

$$\overline{\omega(s; f, g)} = \omega(s; g, f) .$$

Es existiert daher eine einparametrige Schar selbstadjungierter Operatoren E_s, für die

$$\omega(s; f, g) = (E_s f, g) \qquad (-\infty \leqq s \leqq \infty)$$

gilt.

Der Beweis der Tatsache, daß E_s $(-\infty \leqq s \leqq \infty)$ eine Zerlegung der Einheit ist, unterscheidet sich nur wenig von dem analogen Beweis in Nr. 71. Es ist nämlich einerseits

$$(U_{t+\tau} f, g) = \int_{-\infty}^{\infty} e^{is(t+\tau)} \, d(E_s f, g) = \int_{-\infty}^{\infty} e^{ist} \, d_s \left\{ \int_{-\infty}^{s} e^{i\sigma\tau} \, d(E_\sigma f, g) \right\}$$

und andererseits

$$(U_{t+\tau} f, g) = (U_t \, U_\tau f, g) = \int_{-\infty}^{\infty} e^{ist} \, d_s(E_s \, U_\tau f, g) .$$

Auf Grund der Eindeutigkeit der Darstellung folgt hieraus

$$(E_s \, U_\tau f, g) = \int_{-\infty}^{s} e^{i\sigma\tau} \, d(E_\sigma f, g) .$$

Wir nehmen jetzt die Darstellung

$$(E_s \, U_\tau f, g) = (U_\tau f, E_s g) = \int_{-\infty}^{\infty} e^{i\sigma\tau} \, d_\sigma(E_\sigma f, E_s g)$$

zur Hilfe. Auf Grund ihrer Eindeutigkeit ergibt sich hieraus gerade die Gleichung

$$(E_\sigma f, g) = (E_\sigma f, E_s g) = (E_s \, E_\sigma f, g) \qquad (\sigma \leqq s) ,$$

aus der

$$E_u \, E_v = E_s \qquad (s = \min\{u, v\})$$

folgt.

Unter Beachtung der Normierungsvoraussetzungen über ω beweist man dann

$$E_{s-0} = E_s , \quad E_{-\infty} = 0 , \qquad E_\infty = I$$

zuerst im Sinne der schwachen und dann im Sinne der starken Konvergenz.

Damit ist gezeigt, daß die betrachtete Gruppe unitärer Operatoren die Integraldarstellung[1])

$$U_t f = \int_{-\infty}^{\infty} e^{ist} \, dE_s f \tag{1}$$

[1]) M. Stone erhielt zum erstenmal die Integraldarstellung einer Gruppe unitärer Operatoren.

besitzt. Wie man leicht sieht, gilt sie im Sinne der starken Konvergenz des uneigentlichen Integrals und ist nicht nur als symbolische Schreibweise der Gleichung

$$(U_t f, g) = \int_{-\infty}^{\infty} e^{ist}\, d(E_s f, g)$$

zu verstehen.

Wir überlassen dem Leser den Beweis, daß E_s den Operator U_t reduziert.

Abschließend bemerken wir, daß die Darstellung (1), wie wir weiter unten sehen werden, nach Einführung der Funktionen von selbstadjungierten Operatoren (Nr. 88) in der Form

$$U_t f = e^{iBt} f$$

geschrieben werden kann, wo B der selbstadjungierte Operator ist, der der Zerlegung der Einheit E_s nach dem Satz aus Nr. 72 entspricht.

74. Die Integraldarstellung der Resolvente eines selbstadjungierten Operators. A sei ein selbstadjungierter Operator und $R_z = (A - zI)^{-1}$ seine Resolvente, die wir nur für $\Im z \neq 0$ betrachten wollen. Wir wählen irgendein Element $f \in \mathrm{H}$ und bilden die von ihm in der oberen z-Halbebene erzeugte Funktion

$$(R_z f, f) = \varphi(z)\,.$$

Auf Grund der Hilbert-Relation

$$R_{z'} - R_z = (z' - z)\, R_{z'} R_z$$

erhalten wir

$$\frac{\varphi(z') - \varphi(z)}{z' - z} = (R_{z'} R_z f, f)\,,$$

woraus folgt, daß für $z' \to z$ der Grenzwert

$$\lim_{z' \to z} \frac{\varphi(z') - \varphi(z)}{z' - z} = (R_z R_z f, f)$$

existiert.

$\varphi(z)$ ist also eine in der oberen Halbebene reguläre analytische Funktion. Ihr Imaginärteil ist

$$\frac{\varphi(z) - \overline{\varphi(z)}}{2i} = \frac{(R_z f, f) - (f, R_z f)}{2i} = \frac{(R_z f, f) - (R_z^* f, f)}{2i}\,.$$

Es ist aber (s. Nr. 49)

$$R_z^* = R_{\bar z};$$

folglich ergibt sich wieder aus der Hilbert-Relation die Beziehung

$$(R_z f, f) - (R_z^* f, f) = (z - \bar z)\,(R_{\bar z} R_z f, f) = (z - \bar z)\,(R_z f, R_z f)\,.$$

Da aber $y = \Im z > 0$ ist, so gilt

$$\Im \varphi(z) = y\,(R_z f, R_z f) \geqq 0\,,$$

d. h., in der oberen Halbebene ist der Imaginärteil von $\varphi(z)$ nicht negativ; er ist sogar positiv, wenn $f \neq 0$ ist, da aus $R_z f = 0$ die Gleichung $f = 0$ folgt.

Ferner gilt noch

$$\sup_{y>0} y\,|\varphi(i\,y)| < \infty .$$

Wir sahen nämlich in Nr. 48, daß

$$\|R_z f\| \leqq \frac{1}{y} \|f\|$$

ist. Daher ist

$$y\,|\varphi(i\,y)| = y\,|(R_{iy} f, f)| \leqq (f, f) .$$

Erinnern wir uns jetzt an Satz 3 aus Nr. 68. Nach diesem Satz gibt es eine nicht abnehmende Funktion beschränkter Variation $\omega(t) = \omega(t; f)$, die eindeutig durch die Normierung

$$\omega(-\infty) = \lim_{t\to-\infty} \omega(t) = 0 , \qquad \omega(t-0) = \omega(t) \qquad (-\infty < t \leqq \infty)$$

bestimmt ist und für die

$$\varphi(z) = \int_{-\infty}^{\infty} \frac{d\omega(t)}{t-z} \qquad (\Im z > 0)$$

gilt. Damit ist gezeigt, daß für $\Im z > 0$

$$(R_z f, f) = \int_{-\infty}^{\infty} \frac{d\omega(t; f)}{t-z} \tag{1}$$

ist. Aus dieser Darstellung folgt

$$(f, R_{\bar z} f) = \int_{-\infty}^{\infty} \frac{d\omega(t; f)}{t-\bar z}$$

und also

$$(R_{\bar z} f, f) = \int_{-\infty}^{\infty} \frac{d\omega(t; f)}{t-\bar z} . \tag{2}$$

Wenn z in der oberen Halbebene liegt, so liegt $\bar z$ in der unteren. Daher folgt aus den Formeln (1), (2), daß die Darstellung

$$(R_z h, h) = \int_{-\infty}^{\infty} \frac{d\omega(t; h)}{t-z}$$

für beliebige nicht-reelle z und beliebiges $h \in \mathrm{H}$ richtig ist. Setzen wir

$$\omega(t; f, g) = \frac{1}{4}\,\omega(t; f+g) - \frac{1}{4}\,\omega(t; f-g) + \frac{i}{4}\,\omega(t; f+i\,g) - \frac{i}{4}\,\omega(t; f-i\,g) ,$$

so finden wir, daß für ein beliebiges nicht-reelles z und beliebige $f, g \in H$

$$(R_z f, g) = \int_{-\infty}^{\infty} \frac{d\omega(t; f, g)}{t - z} \tag{3}$$

gilt. Hier ist $\omega(t; f, g)$ eine gewisse komplexwertige Funktion beschränkter Variation, die für $t = -\infty$ gleich Null und in jedem Punkte $t > -\infty$ von links stetig ist. Man bestätigt leicht, daß bei diesen Normierungsvoraussetzungen die Integraldarstellung (3) eindeutig ist. Anderenfalls würde nämlich eine komplexwertige Funktion beschränkter Variation

$$\sigma(t) = \alpha(t) + i\,\beta(t)$$

existieren, für die

$$\int_{-\infty}^{\infty} \frac{d\sigma(t)}{t - z} = 0 \tag{4}$$

für beliebiges nicht-reelles z gelten würde. Folglich würde auch mit (4) die Gleichung

$$\int_{-\infty}^{\infty} \frac{d\sigma(t)}{t - \bar{z}} = 0$$

oder

$$\int_{-\infty}^{\infty} \frac{d\overline{\sigma(t)}}{t - z} = 0 \tag{4'}$$

bestehen. Der Vergleich von (4) mit (4') zeigt, daß für beliebiges nicht-reelles z

$$\int_{-\infty}^{\infty} \frac{d\alpha(t)}{t - z} = \int_{-\infty}^{\infty} \frac{d\beta(t)}{t - z} = 0$$

ist. Aber auf Grund von Satz 3 aus Nr. 68 und auf Grund der Normierungsvoraussetzungen folgt hieraus

$$\alpha(t) = \beta(t) = 0 \,.$$

Nachdem die Eindeutigkeit der Darstellung (3) bewiesen ist, läßt sich leicht

$$\overline{\omega(t; f, g)} = \omega(t; g, f) \tag{5}$$

und auch

$$\omega\,(t; \alpha_1 f_1 + \alpha_2 f_2, g) = \alpha_1\,\omega(t; f_1, g) + \alpha_2\,\omega(t; f_2, g)$$

nachweisen.

Jetzt zeigen wir, daß

$$\omega(t; f, f) \leqq (f, f)$$

ist. Dann wird aus dem Satz von Nr. 23 folgen, daß $\omega(t; f, g)$ ein bilineares Funktional von f, g ist, dessen Norm Eins nicht übertrifft.

Es wurde bereits darauf hingewiesen, daß die Ungleichung

$$y\,|(R_{iy} f, f)| \leqq (f, f) \qquad (y > 0)$$

besteht; mit anderen Worten, es gilt

$$\left| \int_{-\infty}^{\infty} \frac{y\, d\omega(t; f, f)}{t - iy} \right| \leqq (f, f)\,.$$

Wir zerlegen dieses Integral in drei Teile und finden

$$\left| \int_{-A}^{A} \frac{y\, d\omega(t; f, f)}{t - iy} \right| \leqq (f, f) + \int_{-\infty}^{-A} d\omega(t; f, f) + \int_{A}^{\infty} d\omega(t; f, f)\,.$$

Führt man den Grenzübergang $y \to \infty$ aus, so erhält man

$$\int_{-A}^{A} d\omega(t; f, f) \leqq (f, f) + \int_{-\infty}^{-A} d\omega(t; f, f) + \int_{A}^{\infty} d\omega(t; f, f)\,.$$

Hieraus folgt für $A \to \infty$

$$\omega(\infty; f, f) \leqq (f, f)\,.$$

Nun ist aber $\omega(t; f, f)$ eine nicht abnehmende Funktion von t, und daher ist die Ungleichung

$$\omega(t; f, f) \leqq (f, f)$$

bewiesen.

Auf Grund des Satzes über die allgemeine Form eines bilinearen Funktionals gibt es eine Schar E_t $(-\infty \leqq t \leqq \infty)$ von Operatoren, so daß

$$\omega(t; f, g) = (E_t f, g)$$

ist. Aus der Beziehung (5) ergibt sich

$$(E_t f, g) = (f, E_t g)\,,$$

d. h., E_t ist ein selbstadjungierter Operator. Außerdem nimmt die Funktion $(E_t f, f)$ für wachsendes t nicht ab.

Somit ergibt sich die Gleichung

$$(R_z f, g) = \int_{-\infty}^{\infty} \frac{1}{t - z}\, d(E_t f, g)\,,$$

die für beliebige $f, g \in \mathrm{H}$ und jedes beliebige nicht reelle z gilt.

Aus dieser Gleichung folgt

$$(R_z f, R_{\bar{z}'} g) = \int_{-\infty}^{\infty} \frac{1}{t-z}\, d(E_t f, R_{\bar{z}'} g) \tag{6}$$

und andererseits

$$(R_z f, R_{\bar{z}'} g) = (R_{z'} R_z f, g) = \frac{1}{z'-z} \{(R_{z'} f, g) - (R_z f, g)\}$$

$$= \frac{1}{z'-z} \int_{-\infty}^{\infty} \left(\frac{1}{t-z'} - \frac{1}{t-z}\right) d(E_t f, g)$$

$$= \int_{-\infty}^{\infty} \frac{1}{(t-z)(t-z')}\, d(E_t f, g)\,.$$

Auf diese Weise haben wir außer der Darstellung (6) auch die Darstellung

$$(R_z f, R_{\bar{z}'} g) = \int_{-\infty}^{\infty} \frac{1}{t-z}\, d_t \left\{ \int_{-\infty}^{t} \frac{1}{s-z'}\, d(E_s f, g) \right\}$$

erhalten.

Beide müssen identisch sein, da die Normierungsbedingung für beide Verteilungsfunktionen erfüllt ist. Daher ist

$$\int_{-\infty}^{t} \frac{1}{s-z'}\, d(E_s f, g) = (E_t f, R_{\bar{z}'} g) = (R_{z'} E_t f, g)$$

oder

$$\int_{-\infty}^{t} \frac{1}{s-z'}\, d(E_s f, g) = \int_{-\infty}^{\infty} \frac{1}{s-z'}\, d_s(E_s E_t f, g)\,.$$

Da auch diese Darstellungen identisch sind, ist

$$(E_s f, g) = (E_s E_t f, g) \qquad (s \leqq t)\,.$$

Hieraus ergibt sich

$$E_u E_v = E_s \qquad (s = \min\{u, v\})$$

und somit

$$E_s \leqq E_t \qquad (s \leqq t)\,.$$

Aus den Normierungsvoraussetzungen über die Funktion $\omega(t; f, g)$ folgt

$$E_{-\infty} = 0\,, \quad E_{t-0} = E_t$$

zuerst im Sinne der schwachen, dann im Sinne der starken Konvergenz.

Außerdem existiert der starke Grenzwert

$$\lim_{t \to \infty} E_t = E_\infty .$$

Wir wollen zeigen, daß

$$E_\infty = I$$

ist. Hieraus folgt dann, daß E_t eine gewisse Zerlegung der Einheit ist. Nehmen wir an, es sei

$$I - E_\infty = F .$$

Dann gilt

$$F E_t = (I - E_\infty) E_t = E_t - \lim_{s \to \infty} E_s E_t = E_t - E_t = 0 .$$

Folglich ist für beliebige $f, g \in \mathrm{H}$

$$(R_z F f, g) = \int_{-\infty}^{\infty} \frac{1}{t - z} d(E_t F f, g) = 0 .$$

Also gilt für beliebiges $f \in \mathrm{H}$

$$R_z F f = 0 .$$

Hieraus ergibt sich

$$F f = 0 .$$

Es ist also $F = 0$, was zu beweisen war.

Die von uns erhaltene Darstellung der Resolvente R_z eines selbstadjungierten Operators A ist ein weiteres Beispiel für die allgemeinen Konstruktionen aus Nr. 72, die sich auf Operatorintegrale bezogen. Die erhaltene Darstellung läßt sich in der Form

$$R_z = \int_{-\infty}^{\infty} \frac{1}{t - z} dE_t \qquad (\Im z \neq 0)$$

schreiben.

Wir überlassen es dem Leser nachzuprüfen, daß der Operator E_t für beliebige t die Resolvente R_z für jedes nicht-reelle z reduziert:

$$E_t R_z = R_z E_t .$$

75. Die Spektraldarstellung selbstadjungierter Operatoren. Am Ende von Nr. 72 stellten wir fest, daß jede Zerlegung der Einheit E_t $(-\infty \leqq t \leqq \infty)$ einen selbstadjungierten Operator B erzeugt. Die Hauptaufgabe dieser Nr. besteht im Beweis der umgekehrten Aussage, daß nämlich zu jedem selbstadjungierten Operator A eine Zerlegung der Einheit gehört, die ihn im Sinne des Satzes von Nr. 72 erzeugt. Mehr noch: Wir zeigen, daß diese Zerlegung der Einheit gerade diejenige der Resolvente des Operators A ist. Der erste Schritt dieses Beweises ist der folgende

Hilfssatz. *Ist E_t $(-\infty \leqq t \leqq \infty)$ eine Zerlegung der Einheit, die zur Resolvente R_z eines selbstadjungierten Operators A gehört, so fällt die Gesamtheit aller Vektoren $f \in \mathrm{H}$, für die die Ungleichung*

$$\int_{-\infty}^{\infty} t^2 \, d(E_t f, f) < \infty$$

gilt, mit dem Definitionsbereich D_A von A zusammen.

Beweis. Wie wir wissen, durchläuft der Vektor $f = R_z h$ die Mannigfaltigkeit D_A, wenn der Vektor h den Raum H durchläuft und z irgendeine feste nicht-reelle Zahl ist. Wir nehmen $z = i$ an und schreiben der Kürze halber

$$R_i = R\,, \quad R_{-i} = R^*\,.$$

Unsere Behauptung wird bewiesen sein, wenn wir die Äquivalenz der beiden folgenden Aussagen nachprüfen:

α) Das Element f hat die Eigenschaft

$$\int_{-\infty}^{\infty} t^2 \, d(E_t f, f) < \infty\,.$$

β) Es gibt einen Vektor h, für den

$$f = R\,h$$

gilt.

Wir beweisen zuerst, daß aus β) die Eigenschaft α) folgt. Es sei also

$$f = R\,h\,.$$

In diesem Falle gilt

$$\begin{aligned}(E_t f, f) &= (E_t\, R\, h, R\, h) = (R\, E_t\, h, R\, h) = (R^*\, R\, E_t\, h, h) \\ &= \frac{1}{2\,i}(\{R - R^*\}\, E_t\, h, h) = \frac{1}{2\,i} \int_{-\infty}^{\infty} \left(\frac{1}{s-i} - \frac{1}{s+i}\right) d_s(E_s\, E_t\, h, h) \\ &= \int_{-\infty}^{t} \frac{1}{1+s^2}\, d(E_s\, h, h)\end{aligned}$$

und folglich

$$\int_{-M}^{M} t^2 \, d(E_t f, f) = \int_{-M}^{M} \frac{t^2}{1+t^2}\, d(E_t\, h, h) \leqq \int_{-M}^{M} d(E_t\, h, h) \leqq (h, h)\,.$$

Diese Ungleichung zeigt gerade, daß

$$\int_{-\infty}^{\infty} t^2 \, d(E_t f, f) \leqq (h, h) < \infty$$

ist, und die Aussage α) ist bewiesen.

Jetzt zeigen wir, daß aus α) die Eigenschaft β) folgt. Es gelte also α). Dies bedeutet, daß der Vektor f zum Definitionsbereich des Operators B gehört, von dem im Satz aus Nr. 72 die Rede war.

Wir setzen

$$h = (B - iI)f.$$

Die Eigenschaft β) ist bewiesen, wenn wir

$$R(B - iI)f = f$$

bestätigen.

Wählt man einen beliebigen Vektor $g \in \mathrm{H}$, so gilt einerseits die Gleichung

$$(R(B - iI)f, g) = \int_{-\infty}^{\infty} \frac{1}{t - i} d(E_t(B - iI)f, g),$$

andererseits

$$((B - iI)f, E_t g) = \int_{-\infty}^{\infty} (s - i)\, d_s(E_s f, E_t g) = \int_{-\infty}^{t} (s - i)\, d(E_s f, g).$$

Daraus folgt

$$(R(B - iI)f, g) = \int_{-\infty}^{\infty} \frac{t - i}{t - i} d(E_t f, g) = (f, g).$$

Da g beliebig ist, so gilt

$$R(B - iI)f = f. \tag{1}$$

Satz 1. *Die Zerlegung der Einheit E_t ($-\infty \leqq t \leqq \infty$) der Resolvente R_z eines selbstadjungierten Operators A ist die Zerlegung der Einheit des Operators A. Dies bedeutet erstens, daß D_A die Gesamtheit aller Vektoren f ist, für die*

$$\int_{-\infty}^{\infty} t^2\, d(E_t f, f) < \infty$$

gilt, und zweitens, daß für beliebiges $f \in \mathrm{D}_A$ die Beziehung

$$Af = \int_{-\infty}^{\infty} t\, dE_t f$$

besteht.

Beweis. Wir konstruieren den Operator B, der im Sinne des Satzes aus Nr. 72 der Zerlegung der Einheit der Resolvente R_z von A entspricht. Auf Grund des Hilfssatzes ist $\mathrm{D}_B = \mathrm{D}_A$. Es bleibt daher zu zeigen, daß für beliebiges $f \in \mathrm{D}_A$ die Gleichung

$$Bf = Af \tag{2}$$

gilt. In Nr. 49 wurde festgestellt, daß die Gleichung

$$R_z g = 0$$

für irgendein nicht reelles z nur in dem Falle $g = 0$ möglich ist. An Stelle von (2) genügt es daher,

$$R\,B\,f = R\,A\,f$$

oder

$$R\,(B - i\,I)\,f = R\,(A - i\,I)\,f$$

zu beweisen. Diese Gleichung ist zweifellos richtig, da ihre linke Seite auf Grund von (1) gleich f ist, während die rechte Seite auf Grund der Definition der Resolvente gleich f ist.

Die Integraldarstellung des Operators A von Satz 1 heißt *Spektraldarstellung* dieses Operators. Die Spektraldarstellung eines beschränkten selbstadjungierten Operators wurde erstmalig von D. HILBERT angegeben; die Verallgemeinerung auf nichtbeschränkte selbstadjungierte Operatoren stammt von J. VON NEUMANN.

Satz 2. *Die Zerlegung der Einheit* E_t $(-\infty \leqq t \leqq \infty)$ *gehört zum selbstadjungierten Operator* A *genau dann, wenn*

1. $E(\Delta)$ *den Operator* A *für ein beliebiges Intervall*

$$\Delta \subset [-\infty, \infty]$$

reduziert

2. *und wenn aus der Relation*

$$f \in (E_t - E_s)\,\mathrm{H} \qquad (-\infty \leqq s < t \leqq \infty)$$

stets die Ungleichung

$$s\,\|f\|^2 \leqq (A\,f, f) \leqq t\,\|f\|^2$$

folgt.

Beweis. Die Notwendigkeit der Bedingung 1 wurde schon früher vermerkt. Die Notwendigkeit von 2 ergibt sich aus der Darstellung

$$(A\,f, f) = \int_s^t \tau\, d(E_\tau f, f)\,,$$

die für $f \in (E_t - E_s)\,\mathrm{H}$ richtig ist.

Wir wenden uns dem Beweise der Hinlänglichkeit der formulierten Bedingungen zu. Die Bedingungen 1, 2 mögen erfüllt sein. Wir wählen ein Element $f \in \mathrm{D}_A$. Nach 1 gehört $(E_\beta - E_\alpha)\,f$ für beliebige α, β zu D_A. Wir bilden die Zerlegung (α, β werden als endlich angenommen)

$$\alpha = \alpha_0 < \alpha_1 < \alpha_2 < \cdots < \alpha_{n-1} < \alpha_n = \beta \tag{3}$$

des Intervalls $[\alpha, \beta]$ und stellen $(E_\beta - E_\alpha)\,f$ in der Form

$$(E_\beta - E_\alpha)\,f = \sum_{k=0}^{n-1} (E_{\alpha_{k+1}} - E_{\alpha_k})\,f$$

dar. Nach 1 folgt hieraus

$$(E_\beta - E_\alpha)\,A\,f = \sum_{k=0}^{n-1} A\,(E_{\alpha_{k+1}} - E_{\alpha_k})\,f\,. \tag{4}$$

Aus der Bedingung 2 ergibt sich aber, daß für $f \in (E_t - E_s)\,\mathrm{H}$ die Beziehung

$$-\frac{t-s}{2}(f,f) \leqq \left(Af - \frac{s+t}{2}f, f\right) \leqq \frac{t-s}{2}(f,f)$$

gilt. Mit anderen Worten, der Teil des selbstadjungierten Operators

$$A - \frac{s+t}{2} I,$$

der in $(E_t - E_s)\,\mathrm{H}$ liegt, hat eine Norm $\leqq \frac{t-s}{2}$. Wir schreiben daher die Formel (4) in der Form

$$(E_\beta - E_\alpha) A f = \sum_{k=0}^{n-1} \frac{\alpha_k + \alpha_{k+1}}{2} (E_{\alpha_{k+1}} - E_{\alpha_k}) f$$
$$+ \sum_{k=0}^{n-1} \left(A - \frac{\alpha_k + \alpha_{k+1}}{2} I\right)(E_{\alpha_{k+1}} - E_{\alpha_k}) f \tag{5}$$

und bemerken, daß

$$\left\| \sum_{k=0}^{n-1} \left(A - \frac{\alpha_k + \alpha_{k+1}}{2} I\right)(E_{\alpha_{k+1}} - E_{\alpha_k}) f \right\|^2$$
$$\leqq \sum_{k=0}^{n-1} \left(\frac{\alpha_{k+1} - \alpha_k}{2}\right)^2 \|(E_{\alpha_{k+1}} - E_{\alpha_k}) f\|^2 \leqq \varepsilon^2 \|f\|^2$$

ist, wo

$$\varepsilon = \max_k \frac{\alpha_{k+1} - \alpha_k}{2}$$

bedeutet, und führen in (5) einen Grenzübergang durch, bei dem wir den Durchmesser der Zerlegung (3) (d. h. die Zahl 2ε) gegen Null streben lassen. Wir erhalten dann

$$(E_\beta - E_\alpha) A f = \int_\alpha^\beta t\, dE_t f$$

und

$$\|(E_\beta - E_\alpha) A f\|^2 = \int_\alpha^\beta t^2\, d(E_t f, f).$$

Die zweite dieser Beziehungen zeigt, daß

$$\int_{-\infty}^{\infty} t^2\, d(E_t f, f) = \|Af\|^2 < \infty$$

ist, und die erste ergibt

$$Af = \int_{-\infty}^{\infty} t\, dE_t f.$$

Der Satz ist damit bewiesen.

Bei der Aufstellung der Integraldarstellung der Resolvente eines selbstadjungierten Operators (Nr. 74) wurde nur benutzt, daß R_z ($\Im z \neq 0$) eine Schar von überall in H definierten Operatoren ist, die den folgenden Bedingungen genügen:

1. $\|R_z f\| \leq \frac{1}{|y|} \|f\| \qquad (y = \Im z)$.

2. $R_z^* = R_{\bar{z}}$.

3. $R_{z'} - R_z = (z' - z) R_{z'} R_z$.

4. Aus $R_z f = 0$ für ein beliebiges z folgt $f = 0$.

Jetzt können wir behaupten, daß jede diesen Bedingungen genügende Schar von Operatoren die Resolvente eines gewissen selbstadjungierten Operators darstellt.[1]) Wenn wir nämlich eine solche Operatorschar haben, so können wir ihre Integraldarstellung durch eine bestimmte Zerlegung der Einheit E_t finden und daraufhin einen selbstadjungierten Operator A für diese Zerlegung der Einheit konstruieren. Die Resolvente dieses Operators A ist dann gerade die Schar R_z.

Zum Schlusse der vorliegenden Nr. führen wir einige einfache Tatsachen über selbstadjungierte Operatoren an. Es sind unmittelbare Folgerungen aus der Integraldarstellung dieser Operatoren:

1. Ist A ein selbstadjungierter Operator, für den

$$\inf_{f \in D_A} \frac{(Af, f)}{(f, f)} = \alpha,$$

$$\sup_{f \in D_A} \frac{(Af, f)}{(f, f)} = \beta$$

gilt, so hat die Spektraldarstellung von A die Form

$$A = \int_\alpha^\beta t\, dE_t,$$

d. h., es ist

$$E_t = 0 \qquad (\text{für } t \leq \alpha),$$

$$E_t = I \qquad (\text{für } t \geq \beta).$$

2. Damit ein gewisser Vektor $f \in$ H die n-fache Anwendung des selbstadjungierten Operators A gestattet, d. h. damit

$$A^k f = A(A^{k-1} f) \qquad (k = 1, 2, \ldots, n)$$

[1]) Wir wollen bemerken, daß diese Tatsache ohne Benutzung der Integraldarstellung der Operatorschar R_z festgestellt werden kann. Wenn man sich auf die Eigenschaften 2, 3, 4 stützt, so läßt sich leicht zeigen, daß der durch die Gleichung $A = zI + R_z^{-1}$ bestimmte Operator A nicht von z abhängt, selbstadjungiert ist und daß seine Resolvente R_z ist. Dabei erweist sich, daß die Eigenschaft 1 eine Folgerung der übrigen ist.

einen Sinn hat, ist die Beziehung

$$\int_{-\infty}^{\infty} t^{2n}\, d(E_t f, f) < \infty$$

notwendig und hinreichend. Ist diese Ungleichung erfüllt, so gilt für $k = 1, 2, \ldots, n$

$$A^k f = \int_{-\infty}^{\infty} t^k\, dE_t f, \qquad \|A^k f\|^2 = \int_{-\infty}^{\infty} t^{2k}\, d(E_t f, f).$$

3. Es existiert eine in H überall dichte lineare Mannigfaltigkeit, auf der alle positiven ganzzahligen Potenzen eines selbstadjungierten Operators A definiert sind. Als eine solche Mannigfaltigkeit kann man die Gesamtheit der Vektoren der Form $E(\Delta)\, h$ wählen, wo h den Raum H und Δ die Menge aller endlichen Intervalle der Zahlengeraden durchlaufen.

Den Beweis dieser Aussagen überlassen wir dem Leser.

76. Über Mengen vom Operatormaß Null in separablen Räumen. Wir beweisen in dieser Nr. den Satz, der in Nr. 72 erwähnt wurde. Er lautet:

Satz 1. *Ist* H *ein separabler* HILBERT-*Raum und* E_t *irgendeine Zerlegung der Einheit auf einem endlichen oder unendlichen Intervall, dann gibt es ein Element* $g \in$ H, *so daß eine Menge vom Maß Null bezüglich der Verteilungsfunktion* $(E_t\, g, g)$ *auch das Maß Null hat bezüglich* $(E_t\, h, h)$ *bei beliebigem* $h \in$ H.

Beweis. Zunächst bemerken wir, daß es genügt, eine Zerlegung der Einheit auf einem endlichen Intervall zu betrachten. Ist nämlich E_t eine Zerlegung der Einheit auf der ganzen Achse $[-\infty, \infty]$, dann ist $F_s = E_t$ mit $t = \tan s$ eine Zerlegung der Einheit im Intervall $\left[-\frac{\pi}{2}, \frac{\pi}{2}\right]$. Dabei entspricht — unabhängig von $h \in$ H — jeder Punktmenge auf der Achse $-\infty \leqq t \leqq \infty$ vom σ_1-Maß Null, wobei $\sigma_1(t) = (E_t\, h, h)$, wegen $t = \tan s$ eine Menge vom σ_2-Maß Null im Intervall $-\frac{\pi}{2} \leqq s \leqq \frac{\pi}{2}$, wobei $\sigma_2(s) = (F_s\, h, h)$, und umgekehrt. Wir können deshalb voraussetzen, daß die Zerlegung der Einheit auf einem endlichen Intervall gegeben ist. Wir bezeichnen mit A den beschränkten selbstadjungierten Operator, der zu der Zerlegung der Einheit E_t gehört.

Da der Raum H separabel ist, existiert eine abzählbare Menge $\{g^{(i)}\}_1^{\infty}$, die in H dicht ist. Wir setzen $g_1 = g^{(1)}$ und betrachten den Teilraum

$$\mathrm{G}_1 = \{g_1, A\, g_1, A^2\, g_1, \ldots\},$$

der von den Vektoren $g_1, A\, g_1, A^2\, g_1, \ldots$ erzeugt wird. P_1 sei der Projektor auf G_1. Nun setzen wir

$$g_2 = g^{(2)} - P_1\, g^{(2)},$$

führen den Teilraum

$$\mathrm{G}_2 = \{g_2, A\, g_2, A^2\, g_2, \ldots\}$$

ein und bezeichnen den Orthoprojektor auf G_2 mit P_2. Weiterhin setzen wir

$$g_3 = g^{(3)} - P_1 g^{(3)} - P_2 g^{(3)},$$

führen G_3 und P_3 ein usw. Wir erhalten auf diese Weise eine unendliche Vektorfolge $\{g_k\}_1^\infty$; die entsprechenden Teilräume $\{G_k\}_1^\infty$ und die Orthoprojektoren $\{P_k\}_1^\infty$.

Wir bemerken, daß die Teilräume G_k (d. h. auch die Vektoren g_k) paarweise orthogonal sind und daß jeder der Orthoprojektoren P_k mit dem Operator A vertauschbar ist. Die zweite Behauptung läßt sich mit den Sätzen 1 und 2 aus Nr. 45 beweisen.

Wir wählen nun eine Folge positiver Zahlen γ_k so, daß

$$\sum_{k=1}^{\infty} \gamma_k^2 \, \|g_k\|^2 < \infty$$

gilt, und zeigen, daß wir als einen Vektor g mit den gewünschten Eigenschaften den Vektor

$$g = \sum_{k=1}^{\infty} \gamma_k \, g_k \tag{1}$$

nehmen können.

Der Beweis stützt sich auf die folgenden Hilfssätze.

1. Hat die Punktmenge $\mathfrak{M}$ das Maß Null bezüglich $(E_t f, f)$, dann hat sie auch das Maß Null bezüglich $(E_t\, C f,\, C f)$, wo C ein beliebiger beschränkter, selbstadjungierter Operator ist, der mit A und deshalb auch mit E_t vertauschbar ist.

2. Wenn die Menge $\mathfrak{M}$ bezüglich $(E_t f', f')$ und $(E_t f'', f'')$ das Maß Null hat, dann besitzt sie diese Eigenschaft auch bezüglich $(E_t f, f)$, wobei $f = f' + f''$.

3. Wenn die Menge $\mathfrak{M}$ vom Maß Null ist bezüglich jeder der Funktionen $(E_t f_n, f_n)$ $(n = 1, 2, 3, \ldots)$ und wenn $\|h - f_n\| \to 0$ mit $n \to \infty$, dann hat $\mathfrak{M}$ bezüglich $(E_t\, h, h)$ das Maß Null.

Zum Beweis der Hilfssätze 1 und 2 setzen wir $F = E_\mu - E_\lambda$ $(\mu \geqq \lambda)$. Dann gilt

$$(F\, C f, C f) = (F^2\, C f, C f) = (C\, F f, C\, F f) \leqq \|C\|^2 (F f, F f) = \|C\|^2 (F f, f),$$

und der Hilfssatz 1 ist bewiesen. Weiterhin ist

$$\begin{aligned}(F(f' + f''), f' + f'') &= (F(f' + f''), F(f' + f'')) \\ &\leqq \{(F f', F f')^{1/2} + (F f'', F f'')^{1/2}\}^2 \leqq 2 (F f', f') + 2 (F f'', f'') .\end{aligned}$$

Aus dieser Ungleichung folgt die Richtigkeit von Hilfssatz 2.

Zum Beweis von Hilfssatz 3 bemerken wir, daß die Funktion $\psi_n(t) = \big(E_t(h - f_n), h - f_n\big)$ bei wachsendem t nicht abnimmt und stets $\leqq \|h - f_n\|^2$ ist. Wir wählen n so groß, daß $\|h - f_n\|^2 \leqq \frac{\varepsilon}{4}$, und schließen $\mathfrak{M}$ in ein System von Intervallen ein, auf denen die Variation der Funktion $(E_t f_n, f_n)$ kleiner als $\frac{\varepsilon}{4}$

ist. Dann ist auf diesem System von Intervallen die Variation der Funktion $(E_t h, h)$ kleiner als ε.

Damit ist auch Hilfssatz 3 bewiesen.

Wir beweisen nun den eigentlichen Satz.

Die Menge $\mathfrak{M}$ habe das Maß Null bezüglich der Funktion $(E_t g, g)$, wo g der nach (1) konstruierte Vektor ist. Sei weiterhin h ein beliebiger Vektor aus H. Wir wollen zeigen, daß $\mathfrak{M}$ bezüglich $(E_t h, h)$ das Maß Null hat. Zu diesem Zweck bemerken wir, daß sich h in der Form

$$h = \sum_{k=1}^{\infty} h_k \tag{2}$$

darstellen läßt, wobei $h_k = P_k h$. In der Tat stellt der Vektor

$$h_1 + h_2 + \cdots + h_n$$

die Projektion von h auf den Teilraum

$$\mathrm{G}_1 \oplus \mathrm{G}_2 \oplus \cdots \oplus \mathrm{G}_n$$

dar, und jeder der Vektoren $g^{(k)}$ $(k = 1, 2, \ldots, n)$ gehört diesem Teilraum an. Deshalb gilt

$$\|h - h_1 - h_2 - \cdots - h_n\| \leqq \|h - g^{(k)}\| \qquad (k = 1, 2, \ldots, n).$$

Da aber die Menge $\{g^{(k)}\}_1^\infty$ in H dicht ist, heißt das: zu jedem $\varepsilon > 0$ gibt es ein $k = k_\varepsilon$, so daß $\|h - g^{(k)}\| < \varepsilon$. Dann gilt für $n \geqq k_\varepsilon$

$$\|h - h_1 - h_2 - \cdots - h_n\| < \varepsilon .$$

Somit ist die Behauptung (2) bewiesen.

Wegen der Hilfssätze 2 und 3 genügt es zu zeigen, daß die Menge $\mathfrak{M}$ vom Maß Null ist bezüglich der Funktionen $(E_t h_k, h_k)$ für jedes natürliche k. Zum Beweis benutzen wir die Gleichungen

$$g_n = \frac{1}{\gamma_n} P_n g, \qquad A P_n = P_n A,$$

aus denen nach Hilfssatz 1 folgt, daß $\mathfrak{M}$ das Maß Null hat bezüglich der Funktion $(E_t g_n, g_n)$. Wegen des gleichen Hilfssatzes hat $\mathfrak{M}$ das Maß Null auch bezüglich jeder der Funktionen $(E_t A^r g_n, A^r g_n)$ $(r = 0, 1, 2, \ldots)$. Deshalb ist $\mathfrak{M}$ wegen der Hilfssätze 2 und 3 vom Maß Null bezüglich der Funktion $(E_t f, f)$ für jedes $f \in \mathrm{G}_n$. Dann hat aber $\mathfrak{M}$ das Maß Null bezüglich $(E_t h_k, h_k)$ $(k = 1, 2, \ldots, n)$, und der Beweis ist erbracht, da n beliebig groß gewählt werden kann.

Die folgende Aussage, die später in Nr. 91 benutzt wird, schließt an Satz 1 an.

Satz 2. *H sei ein separabler* HILBERT-*Raum, E_t eine Zerlegung der Einheit auf einem endlichen Intervall und A der zugehörige selbstadjungierte Operator. Wenn der lineare abgeschlossene Operator T mit dem in H dichten Definitionsbereich D_T mit jedem beschränkten selbstadjungierten Operator vertauschbar ist,* *der seinerseits mit A vertauschbar ist, dann gibt es ein Element $g \in D_T$ derart, daß eine Menge vom Maß Null bezüglich der Verteilungsfunktion $(E_t\, g, g)$ auch das Maß Null bezüglich $(E_t\, h, h)$ hat bei beliebigem $h \in H$.*

Der Beweis wird analog dem Beweis des Satzes 1 geführt. Wir bemerken nur, daß jetzt die in H dichte abzählbare Vektormenge $\{g^{(i)}\}_1^\infty$ aus Elementen bestehen muß, die zu D_T gehören. Dann gehören die Vektoren g_k $(k = 1, 2, 3, \ldots)$, die wir wie im vorhergehenden Beweis durch den Operator A definieren, alle zu D_T, da aus der Vertauschbarkeit von P_j und A die Vertauschbarkeit von P_j und T und die Beziehung $P_j\, g^{(i)} \in D_T$ $(j < i;\ i, j = 1, 2, 3, \ldots)$ folgt. Deshalb gehört auch der Vektor

$$g = \sum_{k=1}^{\infty} \gamma_k\, g_k$$

zu D_T, wobei die Zahlen γ_k positiv und so gewählt sind, daß

$$\sum_{k=1}^{\infty} \gamma_k^2 \{ \|g_k\|^2 + \|T\, g_k\|^2 \} < \infty$$

erfüllt ist.

77. Funktionen von unitären Operatoren. Wir gehen von den einfachsten Begriffen und Definitionen aus und betrachten, wie auch in der linearen Algebra, Polynome von Operatoren, die überall in H definiert sind. Von größter Bedeutung ist für uns der Fall, wenn der Ausgangsoperator ein beschränkter selbstadjungierter Operator A oder ein unitärer Operator U ist. Im letzteren Fall, dem die vorliegende Nr. gewidmet ist[1]), können die Polynome auch negative Potenzen von Operatoren enthalten.

Ist

$$P(e^{it}) = \sum_{k=-m}^{n} c_k\, e^{ikt}$$

ein beliebiges „Quasipolynom" von e^{it}, dann setzen wir

$$P(U) = \sum_{k=-m}^{n} c_k\, U^k$$

und stellen auf diese Weise eine Beziehung zwischen trigonometrischen Summen von t und Funktionen des Operators U her. Diese Beziehung hat die folgenden Eigenschaften:

1. Ist

$$P_3(e^{it}) = P_1(e^{it}) + P_2(e^{it})\,, \qquad P_4(e^{it}) = P_1(e^{it})\, P_2(e^{it}),$$

dann gilt

$$P_3(U) = P_1(U) + P_2(U)\,, \qquad P_4(U) = P_1(U)\, P_2(U)\,.$$

---

[1]) Mit Hilfe der hier angewandten Methode kann man bei ganz unwesentlichen Änderungen auch den Fall behandeln, daß der Ausgangsoperator nicht unitär, sondern beschränkt und selbstadjungiert ist.

2. Ist

$$P(e^{it}) = \sum_{k=-m}^{n} c_k e^{ikt} \tag{1}$$

und $T = P(U)$, dann gilt

$$T^* = \sum_{k=-m}^{n} \bar{c}_k U^{-k} = \bar{P}(U^{-1}),$$

so daß der Operator $P(U)$ genau dann selbstadjungiert ist, wenn $m = n$ und $c_{-k} = \bar{c}_k$, d. h. wenn das Quasipolynom (1) reell ist.

3. Erfüllt das Quasipolynom (1) die Ungleichung

$$P(e^{it}) \geqq 0 \qquad (0 \leqq t \leqq 2\pi), \tag{2}$$

dann ist für beliebiges $f \in \mathrm{H}$

$$(P(U)f, f) = 0,$$

d. h., der Operator $P(U)$ ist positiv.

Nur die letzte Behauptung bedarf eines Beweises, den wir jetzt angeben. Zu diesem Zweck benutzen wir die Tatsache, daß ein Quasipolynom $P(e^{it})$, das der Ungleichung (2) genügt, in der Form[1])

$$P(e^{it}) = \left| \sum_{k=0}^{n} \xi_k e^{ikt} \right|^2 = \bar{Q}(e^{-it}) Q(e^{it})$$

dargestellt werden kann. Dabei ist

$$Q(e^{it}) = \sum_{k=0}^{n} \xi_k e^{ikt}.$$

Es gilt deshalb

$$P(U) = T^* T,$$

wobei

$$T = Q(U)$$

ist. Damit gilt für jedes $f \in \mathrm{H}$

$$(P(U)f, f) = (T^* T f, f) = (Tf, Tf) \geqq 0.$$

Wir wollen uns nun damit beschäftigen, die betrachteten Beziehungen auf Funktionen auszudehnen, die keine Quasipolynome sind. In der vorliegenden Nr. werden wir das für eine sehr spezielle Klasse von Funktionen tun. Einer allgemeineren Aufgabenstellung wird eine der nächsten Nummern gewidmet sein.

Wir bezeichnen mit K diejenige Klasse, die aus allen auf dem Einheitskreis stetigen reellen Funktionen besteht. Diese Funktionen wollen wir mit $\varphi(e^{it})$

[1]) Um diese Darstellung zu erhalten, muß man folgendes beachten: Da $P(z)$ auf dem Kreis $|z| = 1$ reell ist, gilt die Gleichung

$$\overline{P(z)} = \bar{P}\left(\frac{1}{z}\right),$$

und die Wurzeln von P liegen symmetrisch zum Kreis $|z| = 1$.

bezeichnen.[1] Weiterhin sollen auch alle stückweise stetigen Funktionen $\psi(e^{it})$ $(0 \leqq t \leqq 2\pi)$ zu **K** gehören, die sich als Grenzwerte monoton fallender, in jedem Punkt konvergenter Folgen $\{\varphi_n(e^{it})\}_1^\infty$ darstellen lassen.

Hilfssatz. *Zu jeder Funktion* $\psi(e^{it}) \in \mathbf{K}$ *kann man eine unendliche monoton fallende Folge von Quasipolynomen* $\{P_n(e^{it})\}_1^\infty$ *konstruieren, die in jedem Punkt gegen die Funktion* $\psi(e^{it})$ *konvergiert.*

Beweis. Nach Definition der Klasse **K** existiert eine monoton fallende Folge stetiger Funktionen $\{\varphi_n(e^{it})\}_1^\infty \subset \mathbf{K}$, die in jedem Punkt gegen die Funktion $\psi(e^{it})$ konvergiert. Zu jedem natürlichen n konstruieren wir gemäß dem Satz von WEIERSTRASS ein reelles Quasipolynom $P_n(e^{it})$, das für alle t der Ungleichung

$$\left| P_n(e^{it}) - \left[\varphi_n(e^{it}) + \frac{3}{2^{n+2}}\right]\right| \leqq \frac{1}{2^{n+2}}$$

genügt. Aus dieser Ungleichung folgt, daß in jedem Punkt t

$$\frac{1}{2^{n+1}} \leqq P_n(e^{it}) - \varphi_n(e^{it}) \leqq \frac{1}{2^n} \tag{3}$$

gilt, d. h., die Folge $\{P_n(e^{it})\}_1^\infty$ konvergiert in jedem Punkt gegen $\psi(e^{it})$. Andererseits gilt wegen der Ungleichung (3)

$$P_{n+1}(e^{it}) \leqq \varphi_{n+1}(e^{it}) + \frac{1}{2^{n+1}} \leqq \varphi_n(e^{it}) + \frac{1}{2^{n+1}} \leqq P_n(e^{it})\,; \tag{4}$$

damit ist der Hilfssatz bewiesen.

Jetzt bilden wir die Operatoren $P_n(U)$. Sie sind selbstadjungiert, haben die gemeinsame untere Grenze

$$\inf \psi(e^{it})$$

und bilden eine monoton fallende Folge. Nach Satz 3 aus Nr. 33 konvergiert diese Folge stark gegen einen Operator S, durch den wir $\psi(U)$ definieren wollen. Wir brauchen nur zu zeigen, daß der Operator S nicht von der Wahl der Folge der Quasipolynome abhängt, die die Funktion $\psi(e^{it})$ in der im Hilfssatz angegebenen Weise approximieren, sondern nur von dieser Funktion selbst. Zum Beweis nehmen wir an, daß neben der Folge $\{P_n(e^{it})\}_1^\infty$ eine zweite monoton fallende Folge von Quasipolynomen $\{Q_n(e^{it})\}_1^\infty$ existiert, die in jedem Punkt gegen die Funktion $\psi(e^{it})$ konvergiert.

Wir wählen ein beliebiges natürliches m und betrachten die Summe

$$P_m(e^{it}) + \frac{1}{m}.$$

Zu jedem t existiert offenbar ein N, für das

$$Q_N(e^{it}) < P_m(e^{it}) + \frac{1}{m}$$

gilt.

Wegen der Stetigkeit der beiden Funktionen $P_m(e^{it})$, $Q_N(e^{it})$ gilt diese Ungleichung nicht nur im Punkt e^{it}, sondern auch in einer gewissen Umgebung dieses Punktes. Es ist klar, daß überall in dieser Umgebung erst recht die Ungleichung

$$Q_n(e^{it}) < P_m(e^{it}) + \frac{1}{m} \tag{5}$$

für beliebiges $n \geqq N$ erfüllt ist. Nach dem Satz von BOREL kann der Kreis durch eine endliche Zahl solcher Umgebungen überdeckt werden. Wählen wir dann die größte der ihnen entsprechenden Zahlen N, so finden wir, daß für alle n, die diese Zahl übertreffen, die Ungleichung (5) in allen Punkten des Kreises erfüllt ist. Analog ergibt sich, daß für ein beliebiges natürliches m überall im Kreis die Ungleichung

$$P_n(e^{it}) < Q_m(e^{it}) + \frac{1}{m}$$

gilt, falls n hinreichend groß ist. Diesen Ungleichungen zwischen Quasipolynomen entsprechen die Ungleichungen

$$Q_n(U) < P_m(U) + \frac{1}{m} I, \qquad P_n(U) < Q_m(U) + \frac{1}{m} I \tag{6}$$

zwischen Operatoren. Setzen wir

$$\lim_{n\to\infty} Q_n(U) = T, \qquad \lim_{n\to\infty} P_n(U) = S$$

und halten wir m in den Ungleichungen (6) konstant, dann finden wir

$$T \leqq P_m(U) + \frac{1}{m} I, \qquad S \leqq Q_m(U) + \frac{1}{m} I.$$

Vergrößern wir nun m, dann ergibt sich

$$T \leqq S, \qquad S \leqq T,$$

und daraus folgt unsere Behauptung.

Damit haben wir die Zuordnung zwischen Funktionen und Operatoren auf die Klasse **K** ausgedehnt. Es ist leicht zu sehen, daß sich die oben erwähnten Eigenschaften dieser Zuordnung für Quasipolynome auf die ganze Klasse **K** übertragen. Ist nämlich $\psi_1(e^{it}), \psi_2(e^{it}) \in \mathbf{K}$ und

$$\psi_3(e^{it}) = \psi_1(e^{it}) + \psi_2(e^{it}), \qquad \psi_4(e^{it}) = \psi_1(e^{it})\,\psi_2(e^{it}),$$

dann gilt

$$\psi_3(U) = \psi_1(U) + \psi_2(U), \qquad \psi_4(U) = \psi_1(U)\,\psi_2(U);$$

und ist

$$\psi_1(e^{it}) \geqq \psi_2(e^{it}) \qquad (0 \leqq t \leqq 2\pi),$$

so gilt

$$\psi_1(U) \geqq \psi_2(U).$$

Nun bilden wir die lineare Hülle $\hat{\mathbf{K}}$ der Menge **K** und übertragen die Zuordnung auf sie: wir setzen

$$\psi(U) = \sum_{k=1}^{m} c_k\, \psi_k(U)\,,$$

falls

$$\psi(e^{it}) = \sum_{k=1}^{m} c_k\, \psi_k(e^{it})$$

gilt für beliebige Funktionen $\psi_k(e^{it}) \in \mathbf{K}$ und beliebige komplexe c_k. Jetzt müssen wir uns jedoch davon überzeugen, daß dabei der Operator $\psi(U)$ durch die Funktion $\psi(e^{it})$ eindeutig bestimmt wird. Es genügt, diese Tatsache für den Fall reeller Koeffizienten c_k zu prüfen, da der allgemeine Fall darauf zurückgeführt werden kann, indem wir den selbstadjungierten Teil des Operators $\psi(U)$ und den Realteil der Funktion $\psi(e^{it})$ abtrennen. (Wir erinnern daran, daß die Funktionen $\psi_k(e^{it})$ reell und deshalb die Operatoren $\psi_k(U)$ selbstadjungiert sind.) Die c_k seien also reell. Wir gruppieren die Terme mit positiven c_k und negativen c_k getrennt und kommen zu folgender Frage: die Funktion $\omega(e^{it})$ sei auf zweierlei Weisen als Differenz

$$\omega(e^{it}) = \psi_1(e^{it}) - \psi_2(e^{it})\,, \qquad \omega(e^{it}) = \psi_3(e^{it}) - \psi_4(e^{it})$$

zweier Funktionen aus **K** dargestellt. Gilt nun die Gleichung

$$\psi_1(U) - \psi_2(U) = \psi_3(U) - \psi_4(U)\,? \tag{7}$$

Die Antwort auf diese Frage ist positiv, da aus der Identität

$$\psi_1(e^{it}) - \psi_2(e^{it}) = \psi_3(e^{it}) - \psi_4(e^{it})$$

die Identität

$$\psi_1(e^{it}) + \psi_4(e^{it}) = \psi_2(e^{it}) + \psi_3(e^{it})$$

folgt; beide Seiten gehören zu **K**, deshalb ist

$$\psi_1(U) + \psi_4(U) = \psi_2(U) + \psi_3(U)\,.$$

Daraus folgt Gleichung (7).

Auf analogem Wege läßt sich zeigen, daß die Eigenschaft der Monotonie der konstruierten Zuordnung nicht nur in **K**, sondern auch in $\hat{\mathbf{K}}$ richtig ist. Darunter verstehen wir folgendes: Ist

$$\omega_1(e^{it}) \geqq \omega_2(e^{it}) \qquad (0 \leqq t \leqq 2\pi)\,,$$

wobei $\omega_1(e^{it})$, $\omega_2(e^{it}) \in \hat{\mathbf{K}}$ gilt, so folgt

$$\omega_1(U) \geqq \omega_2(U)\,.$$

Bemerkung. Ein unitärer Operator U ist vertauschbar mit allen Funktionen $\psi(U)$ mit $\psi(e^{it}) \in \hat{\mathbf{K}}$. In der Tat ist die Gleichung $U\,\psi(U) = \psi(U)\,U$ eine direkte Folge der Identität $z\,\psi(z) = \psi(z)\,z$ $(z = e^{it})$.

78. Direkter Beweis für die Spektraldarstellung eines unitären Operators. Wir führen bei beliebigem λ aus dem Intervall $0 < \lambda \leqq 2\pi$ die Funktion

$$\psi_\lambda(e^{it}) = \begin{cases} 1 & (0 \leqq t < \lambda)\,, \\ 0 & (\lambda \leqq t < 2\pi)\,, \\ 1 & (t = 2\pi) \end{cases}$$

ein und setzen

$$\psi_0(e^{it}) \equiv 0 \qquad (0 \leqq t \leqq 2\pi)\,.$$

Diese Funktion gehört zur Klasse **K** aus Nr. 77. Wir können ihr deshalb den Operator

$$E_\lambda = \psi_\lambda(U) \qquad (E_0 = 0\,,\ E_{2\pi} = I)$$

zuordnen. Da E_λ ein selbstadjungierter Operator ist und da $E_\lambda^2 = E_\lambda$ gilt, ist E_λ ein Projektor. Falls $0 \leqq \lambda < \mu \leqq 2\pi$ gilt, so ist

$$\psi_\mu(e^{it}) \geqq \psi_\lambda(e^{it}) \qquad (0 \leqq t \leqq 2\pi)$$

und deshalb

$$E_\lambda \leqq E_\mu\,,$$

d. h., wir haben eine monotone (nicht fallende) Folge von Orthoprojektoren. Es gilt weiter[1])

$$\lim_{\varepsilon \downarrow 0} \psi_{\lambda-\varepsilon}(e^{it}) = \psi_\lambda(e^{it}) \qquad (0 \leqq t \leqq 2\pi)$$

für beliebiges $\lambda \in (0, 2\pi]$ und deshalb

$$E_{\lambda-0} = E_\lambda \qquad (0 < \lambda \leqq 2\pi)\,.$$

$E_\lambda (0 \leqq \lambda \leqq 2\pi)$ stellt damit eine Zerlegung der Einheit dar. Es bleibt zu zeigen, daß sie eine Spektraldarstellung des betrachteten unitären Operators U erzeugt. Zu diesem Zweck bemerken wir, daß bei beliebigem festem r, beliebigem $t \in [0, 2\pi]$ und einer beliebigen Zerlegung

$$0 = t_0 < t_1 < t_2 < \cdots < t_n = 2\pi$$

die Ungleichung

$$\left| e^{irt} - \sum_{k=1}^{n} e^{irt_{k-1}} [\psi_{t_k}(e^{it}) - \psi_{t_{k-1}}(e^{it})] \right| \leqq |r| \max_s (t_s - t_{s-1})$$

gilt.

Ist nämlich $t_{s-1} \leqq t < t_s$ $(s = 1, 2, \ldots, n)$, dann gilt für die linke Seite dieser Ungleichung

$$|e^{irt} - e^{irt_{s-1}}| = 2 \left| \sin \frac{r(t - t_{s-1})}{2} \right| \leqq |r| \cdot |t_s - t_{s-1}|\,.$$

---

[1]) Hier und im folgenden heißt $x \downarrow a$, daß $x \to a$, $x > a$; analog bedeutet $x \uparrow b$, daß $x \to b$, $x < b$.

Diese Ungleichung gilt auch, falls $t = t_s$ und $s = n$.

Wenn die Zerlegung hinreichend fein gewählt wird, dann gilt überall im Intervall $[0, 2\pi]$

$$\{e^{irt} - \sum_{k=1}^{n} e^{irt_{k-1}} [\psi_{t_k}(e^{it}) - \psi_{t_{k-1}}(e^{it})]\}$$
$$\times \{e^{irt} - \sum_{k=1}^{n} e^{irt_{k-1}} [\psi_{t_k}(e^{it}) - \psi_{t_{k-1}}(e^{it})]\} \leqq \varepsilon^2 .$$

Gehen wir nun zu Operatoren über, dann ergibt sich die Ungleichung

$$0 \leqq \left\{U^r - \sum_{k=1}^{n} e^{irt_{k-1}} (E_{t_k} - E_{t_{k-1}})\right\}^*$$
$$\times \left\{U^r - \sum_{k=1}^{n} e^{irt_{k-1}} (E_{t_k} - E_{t_{k-1}})\right\} \leqq \varepsilon^2 I$$

oder

$$\left\| U^r - \sum_{k=1}^{n} e^{irt_{k-1}} (E_{t_k} - E_{t_{k-1}}) \right\| \leqq \varepsilon .$$

Daraus erhalten wir im Limes

$$U^r = \int_0^{2\pi} e^{irt}\, dE_t \qquad (\pm r = 0, 1, 2, \ldots),$$

und das ist für $r = 1$ gerade die Spektraldarstellung des Operators U.

Wegen $E_\lambda = \psi_\lambda(U)$ folgt aus der Bemerkung am Ende von Nr. 77, daß U mit seiner Zerlegung der Einheit vertauschbar ist.

Wir bemerken, daß auf analoge Weise auch die Spektraldarstellung eines beschränkten selbstadjungierten Operators gewonnen werden kann. Dafür besteht jedoch keine Notwendigkeit, da man die Spektraldarstellung eines selbstadjungierten Operators, wie wir in Nr. 79 sehen werden, mit Hilfe der sog. CAYLEY-Transformation aus der Spektraldarstellung eines unitären Operators gewinnen kann.

Als Anwendung unserer Überlegungen beweisen wir den folgenden Satz. *Die Folge $\{U_n\}_1^\infty$ unitärer Operatoren konvergiere stark gegen den unitären Operator U, für den der Punkt 1 kein Eigenwert sei. Dann gilt für alle λ $(0 < \lambda < 2\pi)$, für die $e^{i\lambda}$ kein Eigenwert von U ist, im Sinne der starken Konvergenz*

$$E_\lambda^{(n)} \to E_\lambda ,$$

wo $E_t^{(n)}$ die Spektralfunktion des Operators U_n und E_t die Spektralfunktion von U ist.

Wir betrachten die auf dem Einheitskreis $\zeta = e^{it}$, $0 \leqq t \leqq 2\pi$, stetige Funktion

$$\omega(e^{it}) = \psi_\lambda(e^{it})\,(e^{it} - e^{i\lambda})\,(e^{it} - 1)$$

und setzen

$$B_n = (U_n - e^{i\lambda} I)\,(U_n - I) ,$$
$$B = (U - e^{i\lambda} I)\,(U - I) .$$

Da nach Voraussetzung des Satzes im Sinne der starken Konvergenz die Beziehungen

$$\lim_{n\to\infty} \omega(U_n) = \omega(U) \qquad \text{und} \qquad \lim_{n\to\infty} B_n = B$$

gelten und da

$$\psi_\lambda(U) = E_\lambda\,, \qquad \psi_\lambda(U_n) = E_\lambda^{(n)}$$

gilt, so erhält man für beliebiges $f \in \mathrm{H}$

$$\lim_{n\to\infty} E_\lambda^{(n)} B_n f = E_\lambda B f\,.$$

Andererseits ist

$$\|E_\lambda^{(n)} B f - E_\lambda B f\| \leqq \|E_\lambda^{(n)} (B - B_n) f\| + \|E_\lambda^{(n)} B_n f - E_\lambda B f\|\,.$$

Daraus können wir schließen, daß

$$\lim_{n\to\infty} E_\lambda^{(n)} B f = E_\lambda B f \tag{1}$$

gilt. Nach Voraussetzung ist der Operator B^{-1} auf einer in H dichten Mannigfaltigkeit Δ_B definiert. Für ein beliebiges g aus dieser Mannigfaltigkeit gilt deshalb wegen (1)

$$\lim_{n\to\infty} E_\lambda^{(n)} g = \lim_{n\to\infty} E_\lambda^{(n)} B B^{-1} g = E_\lambda B B^{-1} g = E_\lambda g\,.$$

Damit ist der Satz bewiesen.

79. Die CAYLEY-Transformation. A sei ein abgeschlossener symmetrischer Operator, und es sei z eine nicht reelle Zahl. h möge D_A durchlaufen und sei

$$(A - \bar{z} I) h = f\,, \tag{1}$$

$$(A - z I) h = g\,. \tag{2}$$

Der Vektor f durchläuft dann eine gewisse lineare Mannigfaltigkeit F und der Vektor g eine gewisse lineare Mannigfaltigkeit G. Wir zeigen, daß F und G abgeschlossen und folglich Teilräume von H sind. Zu diesem Zwecke nehmen wir an, daß

$$f_n = (A - \bar{z} I) h_n \qquad (n = 1, 2, 3, \ldots)$$

ist und

$$f_n \to f \tag{3}$$

konvergiert. Wenn $z = x + i y$ und dabei $y \neq 0$ ist, so gilt

$$f_n = (A - x I) h_n + i y h_n$$

und folglich

$$\|f_n - f_m\|^2 = \|(A - x I)(h_n - h_m)\|^2 + y^2 \|h_n - h_m\|^2\,.$$

Aus (3) folgt daher, daß

$$\lim_{n\to\infty} (A - x I) h_n \qquad \text{und} \qquad \lim_{n\to\infty} h_n$$

existieren.

Wir bezeichnen den zweiten dieser Grenzwerte mit h und schließen auf Grund der Abgeschlossenheit von A, daß

$$f = (A - x I) h + i y h = (A - \bar{z} I) h$$

ist. Also ist $f \in \mathrm{F}$, d. h., F ist abgeschlossen. Entsprechend beweist man die Abgeschlossenheit von G.

Unter der Anwendung der Beziehung (1) wird D_A umkehrbar eindeutig auf F und mit Hilfe von (2) auf G abgebildet. Für beliebiges $f \in \mathrm{F}$ gibt es daher ein und nur ein Element $h \in \mathrm{D}_A$, das der Relation (1) genügt. Wir suchen dieses Element h und bestimmen nach Formel (2) das Element g. Auf diese Weise wird jedem Element $f \in \mathrm{F}$ eindeutig ein Element $g \in \mathrm{G}$ zugeordnet. Wir haben also einen Operator V mit dem Definitionsbereich $\mathrm{D}_V = \mathrm{F}$ und dem Wertebereich $\Delta_V = \mathrm{G}$:

$$g = V f .$$

Man sieht leicht, daß V ein isometrischer Operator ist. Er ist nämlich linear, und es gilt

$$\|f\|^2 = \|(A - x I) h\|^2 + y^2 \|h\|^2 = \|g\|^2 .$$

Den isometrischen Operator V nennt man die CAYLEY-Transformierte des symmetrischen Operators A.

Wir wollen $z = i$ annehmen. Dann erhalten die Gleichungen (1), (2) die Form

$$(A + i I) h = f , \tag{1'}$$

$$(A - i I) h = g = V f . \tag{2'}$$

Aus diesen Beziehungen folgt

$$h = \frac{1}{2 i} (f - g) = \frac{1}{2 i} (I - V) f ,$$

$$A h = \frac{1}{2} (f + g) = \frac{1}{2} (I + V) f .$$

Daher ist

$$A h = i (I + V) (I - V)^{-1} h . \tag{4}$$

In dieser Form drückt sich der symmetrische Operator A durch seine CAYLEY-Transformierte V aus.

Wir bemerken, daß die CAYLEY-Transformierte eines selbstadjungierten Operators ein unitärer Operator ist. Der folgende Satz zeigt, daß auch die Umkehrung richtig ist. Damit erhält man gleichzeitig einen neuen Zugang zur Spektralzerlegung eines selbstadjungierten Operators, auf den wir in Nr. 75 hingewiesen hatten.

Satz 1. *Die* CAYLEY*-Transformierte des symmetrischen Operators A sei ein unitärer Operator U mit einer Zerlegung der Einheit F_s $(0 \leqq s \leqq 2\pi)$. Dann ist der Operator A selbstadjungiert, und ihm entspricht die Zerlegung der Einheit*

$E_t = F_s$, $t = -\cot\frac{s}{2}$. *Das heißt: Der Definitionsbereich* D_A *von* A *kann durch die Menge der Vektoren* h *charakterisiert werden, für die*

$$\int_{-\infty}^{\infty} t^2\, d\,(E_t h, h) < \infty$$

gilt, und A *läßt sich in der Form*

$$A\,h = \int_{-\infty}^{\infty} t\, dE_t\, h$$

darstellen.

Beweis. Es sei $h \in \mathrm{D}_A$ und f das Bild von h bei der Abbildung (1′). Also ist

$$h = \frac{1}{2\,i}\,(I - U)\,f\,.$$

In diesem Falle gilt

$$F_s h = \frac{1}{2\,i}\,(I - U)\,F_s f = \frac{1}{2\,i}\int_0^{2\pi}(1 - e^{i\tau})\,d_\tau\,(F_\tau\,F_s f) = \frac{1}{2\,i}\int_0^{s}(1 - e^{i\tau})\,dF_\tau f \tag{5}$$

und

$$(F_s\,h, h) = \frac{1}{4}\,(\{I - U\}\,F_s f, \{I - U\} f) = \frac{1}{4}\,(\{I - U^{-1}\}\,\{I - U\}\,F_s f, f)$$

$$= \frac{1}{4}\,(\{2\,I - U - U^{-1}\}F_s f, f)$$

$$= \frac{1}{4}\int_0^{2\pi}(2 - e^{i\tau} - e^{-i\tau})\,d_\tau\,(F_\tau\,F_s f, f) = \int_0^{s}\sin^2\frac{\tau}{2}\,d\,(F_\tau f, f)\,. \tag{6}$$

Andererseits ist

$$A\,h = \frac{1}{2}\,(I + U)\,f = \frac{1}{2}\int_0^{2\pi}(1 + e^{is})\,dF_s f \tag{7}$$

und

$$\|A\,h\|^2 = \frac{1}{4}\,(\{I + U\} f, \{I + U\} f) = \frac{1}{4}\,(\{2\,I + U + U^{-1}\} f, f)$$

$$= \int_0^{2\pi}\cos^2\frac{s}{2}\,d\,(F_s f, f)\,. \tag{8}$$

Aus dem Vergleich von (6) und (8) folgt

$$||A\,h||^2 = \int\limits_0^{2\pi} \cot^2\frac{s}{2}\cdot\sin^2\frac{s}{2}\,d\,(F_s f, f) = \int\limits_0^{2\pi} \cot^2\frac{s}{2}\,d\,(F_s\,h, h)\,.$$

In derselben Weise ergibt sich aus (5) und (7) für beliebiges $h' \in \mathrm{H}$

$$(A\,h, h') = -\int\limits_0^{2\pi} \cot\frac{s}{2}\,d\,(F_s\,h, h')\,.$$

Wir setzen jetzt

$$t = -\cot\frac{s}{2}\,, \qquad E_t = F_s\,.$$

Dann ist E_t eine Zerlegung der Einheit im Intervall $[-\infty, \infty]$. Das von uns erhaltene Ergebnis besteht darin, daß aus der Beziehung $h \in \mathrm{D}_A$ die Ungleichung

$$\int\limits_{-\infty}^{\infty} t^2\,d\,(E_t\,h, h) < \infty \tag{9}$$

und die Darstellung

$$A\,h = \int\limits_{-\infty}^{\infty} t\,dE_t\,h \tag{10}$$

des Operators A folgt. Wir zeigen jetzt, daß aus der Ungleichung

$$\int\limits_{-\infty}^{\infty} t^2\,d\,(E_t\,h, h) = \int\limits_0^{2\pi} \cot^2\frac{s}{2}\,d\,(F_s\,h, h) < \infty \tag{11}$$

$h \in \mathrm{D}_A$ folgt.

Es gelte also (11). Dann ist der Operator

$$-\int\limits_0^{2\pi} e^{-\frac{is}{2}}\,\frac{1}{\sin\frac{s}{2}}\,dF_s$$

für das Element h definiert. Wir setzen

$$-\int\limits_0^{2\pi} e^{-\frac{is}{2}}\,\frac{1}{\sin\frac{s}{2}}\,dF_s\,h = f\,.$$

Für jedes $h' \in \mathrm{H}$ gilt dann

$$-\int\limits_0^{2\pi} e^{-\frac{is}{2}}\,\frac{1}{\sin\frac{s}{2}}\,d(F_s\,h, h') = (f, h')\,.$$

Setzt man

$$h' = -\frac{1}{2i}(I - U^{-1})f',$$

so folgt

$$\left(\frac{1}{2i}\{I - U\}f, f'\right) = (f, h') = -\frac{1}{2i}\int_0^{2\pi} \frac{e^{-\frac{is}{2}}}{\sin\frac{s}{2}}\, d(F_s h, \{I - U^{-1}\}f')$$

$$= -\frac{1}{2i}\int_0^{2\pi} \frac{e^{-\frac{is}{2}}}{\sin\frac{s}{2}}(1 - e^{is})\, d(F_s h, f') = \int_0^{2\pi} d(F_s h, f') = (h, f').$$

Da f' beliebig gewählt ist, so bedeutet dies

$$h = \frac{1}{2i}(I - U)f.$$

Mit anderen Worten, h läßt eine Darstellung zu, aus der seine Zugehörigkeit zu D_A folgt.

Damit wird die Spektraldarstellung des Operators A und dessen Definitionsbereich D_A durch eine Zerlegung der Einheit E_t nach den Formeln (10) und (9) bestimmt, und wegen des Satzes am Ende von Nr. 72 ist A selbstadjungiert.

Damit ist Satz 1 vollständig bewiesen.

Satz 2. *$\{A_n\}_1^\infty$ sei eine Folge beliebiger selbstadjungierter Operatoren, für die auf einer dichten Menge der Grenzwert $\lim_{n\to\infty} A_n$ im starken Sinne existiert. Die Abschließung dieses Grenzoperators sei ein selbstadjungierter Operator A mit einer Zerlegung der Einheit E_t. Dann gilt in jedem Punkt μ, der kein Eigenwert von A ist, im Sinne der starken Konvergenz*

$$\lim_{n\to\infty} E_\mu^{(n)} = E_\mu,$$

wo $E_\mu^{(n)}$ die Zerlegung der Einheit des Operators A_n $(n = 1, 2, \ldots)$ ist.

Beweis. Wir gehen von den betrachteten selbstadjungierten Operatoren zu ihren CAYLEY-Transformierten, den unitären Operatoren

$$U_n = (A_n - iI)(A_n + iI)^{-1}, \qquad U = (A - iI)(A + iI)^{-1}$$

über. Die Zerlegungen der Einheit der Operatoren U_n, U erhält man aus den Formeln

$$F_s^{(n)} = E_t^{(n)}, \qquad F_s = E_t, \qquad t = -\cot\frac{s}{2}.$$

Der Punkt $e^{i\lambda} = \dfrac{\mu - i}{\mu + i}$ ist nach Voraussetzung des Satzes kein Eigenwert von U, und der Punkt 1 ist wegen der Eigenschaft der CAYLEY-Transformation kein Eigenwert von irgendeinem der Operatoren U_n, U. Wir können deshalb den

Satz vom Ende der Nr. 78 anwenden, nach dem im Sinne der starken Konvergenz

$$\lim_{n\to\infty} F_\lambda^{(n)} = F_\lambda$$

gilt. Das heißt, es gilt im gleichen Sinne

$$\lim_{n\to\infty} E_\mu^{(n)} = E_\mu ,$$

womit unser Satz bewiesen ist.

80. Vertauschbare Operatoren. In Nr. 17 gaben wir die Definition der Vertauschbarkeit zweier Operatoren S, T, von denen mindestens einer (z. B. S) ein beschränkter Operator war. Auf Grund dieser Definition bedeutet die Vertauschbarkeit, daß aus $f \in \mathrm{D}_T$ die Relation $S f \in \mathrm{D}_T$ und die Gleichung

$$S\,T f = T\,S f$$

folgen.

Jetzt wählen wir für T irgendeinen selbstadjungierten Operator A. S sei wie vorher ein beliebiger, überall in H definierter beschränkter Operator.

Satz. *Die Vertauschbarkeit von S mit A ist äquivalent der Vertauschbarkeit von S mit der Zerlegung der Einheit E_t des Operators A für beliebiges t.*

Beweis. Die Operatoren A und S seien miteinander vertauschbar. Dann gilt für beliebiges nicht reelles z und jedes $f \in \mathrm{D}_A$

$$S\,(A - z\,I)\,f = (A - z\,I)\,S f .$$

Ist der Vektor f von der Form $R_z\,h$, wo R_z die Resolvente von A ist, so durchläuft er D_A, wenn h den Raum H durchläuft. Demnach ist für beliebiges $h \in \mathrm{H}$

$$S\,(A - z\,I)\,R_z\,h = (A - z\,I)\,S\,R_z\,h ,$$

damit

$$S\,h = (A - z\,I)\,S\,R_z\,h$$

und folglich

$$R_z\,S\,h = S\,R_z\,h .$$

Auf Grund der Integraldarstellung der Resolvente folgt hieraus für beliebiges $g \in \mathrm{H}$

$$\int_{-\infty}^{\infty} \frac{1}{t-z}\,d\,(E_t\,S\,h, g) = \int_{-\infty}^{\infty} \frac{1}{t-z}\,d\,(S\,E_t\,h, g).$$

Da diese Relation für beliebiges nicht reelles z gültig ist, folgt mit Hilfe einer schon einmal angewandten Schlußweise (siehe Nr. 74), daß für beliebige t die Gleichung

$$E_t\,S = S\,E_t$$

gilt.

Der Beweis ist beendet, wenn man die angegebenen Formeln in umgekehrter Reihenfolge betrachtet.

81. Spektraldarstellung beschränkter normaler Operatoren. T sei ein beschränkter normaler Operator. Wir betrachten seinen Real- und Imaginärteil

$$A = \frac{1}{2}(T + T^*), \qquad B = \frac{1}{2i}(T - T^*);$$

beide Operatoren sind beschränkt, selbstadjungiert und miteinander vertauschbar. Es gilt

$$T = A + iB. \tag{1}$$

Es seien

$$A = \int_a^b s\, dE_s, \qquad B = \int_c^d t\, dF_t$$

die Integraldarstellungen der Operatoren A, B. Nach Voraussetzung gilt

$$E_s F_t = F_t E_s \qquad (a \leqq s \leqq b,\ c \leqq t \leqq d).$$

Diese Beziehung zeigt, daß der von zwei Parametern abhängige Operator

$$\mathcal{E}_{st} = E_s F_t$$

nach Satz 1 aus Nr. 37 ein Orthoprojektor ist. Jedem Rechteck $Q = \Delta' \times \Delta''$ mit $\Delta' \subset [a, b]$, $\Delta'' \subset [c, d]$ können wir den Operator

$$E(\Delta')\, F(\Delta'') = \mathcal{E}(Q)$$

zuordnen, der offenbar ebenfalls ein Orthoprojektor ist. Wenn wir mit R das Rechteck bezeichnen, das durch die Ungleichungen $a \leqq s \leqq b$, $c \leqq t \leqq d$ definiert wird, dann können wir für jedes $f \in \mathrm{H}$ die folgenden Darstellungen angeben:

$$Af = \int_a^b s\, dE_s f = \int_a^b s\, dE_s \int_c^d dF_t f = \iint_R s\, d\mathcal{E}_{st} f,$$

$$Bf = \int_c^d t\, dF_t f = \int_c^d t\, dF_t \int_a^b dE_s f = \iint_R t\, d\mathcal{E}_{st} f.$$

Setzen wir diese Ausdrücke in (1) ein, so erhalten wir die folgende Integraldarstellung für Tf:

$$Tf = \iint_R (s + it)\, d\mathcal{E}_{st} f. \tag{2}$$

Damit haben wir die Spektraldarstellung eines normalen Operators gewonnen. Aus dieser Darstellung folgt unter anderem, daß

$$\|Tf\|^2 = \iint_R (s^2 + t^2)\, d(\mathcal{E}_{st} f, f).$$

Die Begründung für die oben ausgeführten Umformungen bereitet keine Mühe, wenn wir das Doppelintegral (2) als starken Grenzwert entsprechender vektorieller Integralsummen der Gestalt

$$\sum_{j,k} (s_j + i t_k)\, \mathcal{E}(Q_{jk}) f$$

definieren, wobei $Q_{jk} = \Delta'_j \times \Delta''_k$. Mit Hilfe des Verfahrens, das wir zum ersten Mal in Nr. 71 verwendet haben, können wir darüber hinaus zeigen, daß die Operatorsummen

$$\sum_{j,k} (s_j + i\, t_k)\, \mathscr{E}(Q_{jk})$$

gleichmäßig gegen den Operator T konvergieren, so daß wir

$$T = \iint_R (s + i\, t)\, d\mathscr{E}_{st}$$

schreiben können.

Die Gesamtheit der Operatoren $\mathscr{E}_{st}$, die das zweidimensionale Analogon zur Zerlegung der Einheit darstellt, besitzt in bezug auf den Operator T eine Reihe von Eigenschaften, die denen analog sind, die die eindimensionale Zerlegung der Einheit in bezug auf den zugehörigen selbstadjungierten Operator besitzt. Insbesondere gilt:

1. Bei beliebigem $Q = [s', s''] \times [t', t''] \subset R$ reduziert der Teilraum $\mathscr{E}(Q)\, \mathrm{H}$ den Operator T.

2. Wenn $f \in \mathscr{E}(Q)\, \mathrm{H}$ ist, dann gilt

$$s' \leqq \Re\,(T f, f) \leqq s'' , \quad t' \leqq \Im(T f, f) \leqq t'' .$$

Zum Schluß der vorliegenden Nr. sei noch folgendes gesagt: Ein unitärer Operator U ist normal; er besitzt deshalb eine Darstellung (2). Aus der Gleichung $\|U f\| = \|f\|$, die für jedes $f \in \mathrm{H}$ gilt, kann man jedoch leicht schließen, daß $\mathscr{E}(Q) = 0$ immer dann gelten muß, wenn das Rechteck Q keinen gemeinsamen Punkt mit dem Kreis $s^2 + t^2 = 1$ hat. Das bietet die Möglichkeit, das Doppelintegral (2) in ein Integral über den Einheitskreis umzuformen, in völliger Übereinstimmung mit der oben gewonnenen Spektralzerlegung eines unitären Operators.

82. Das Spektrum selbstadjungierter und unitärer Operatoren. E_t sei irgendeine Zerlegung der Einheit. Wir wollen annehmen, daß t auf der ganzen reellen Zahlengeraden variiert. Wenn nämlich t nur ein von der ganzen Achse verschiedenes Intervall $[\alpha, \beta]$ durchläuft, so können wir E_t über dieses Intervall hinaus fortsetzen, indem wir $E_t = I$ für $t \geqq \beta$ und $E_t = 0$ für $t < \alpha$ setzen.

Wir wollen einen Punkt t einen *Konstanzpunkt* der Zerlegung der Einheit nennen, wenn ein $\varepsilon > 0$ existiert, so daß $E_{t+\varepsilon} - E_{t-\varepsilon} = 0$ ist, andernfalls heißt dieser Punkt ein *Wachstumspunkt*. Weiter wollen wir folgendes vereinbaren: Ein Punkt heißt *Sprungpunkt*, wenn $E_{t+0} - E_t \neq 0$ gilt, und *Stetigkeitspunkt*, wenn $E_{t+0} - E_t = 0$ ist. (Wir erinnern daran, daß nach Definition überall $E_{t-0} - E_t = 0$ ist.)

E_t sei die Zerlegung der Einheit eines selbstadjungierten Operators A. Wir beweisen folgende Aussagen:

a) Eine reelle Zahl λ ist ein regulärer Punkt von A genau dann, wenn λ ein Konstanzpunkt der Zerlegung der Einheit ist;

b) eine reelle Zahl λ ist Eigenwert des Operators A genau dann, wenn λ ein Sprungpunkt der Zerlegung der Einheit ist.

Zum Beweis der Aussage a) verwenden wir die Gleichung

$$\|(A - \lambda I) f\|^2 = \int_{-\infty}^{\infty} (t - \lambda)^2 \, d\,(E_t f, f)\,, \tag{1}$$

die für beliebiges $f \in D_A$ richtig ist.

Ist λ ein Konstanzpunkt der Zerlegung der Einheit, so ist die Funktion $(E_t f, f)$ in einer gewissen Umgebung von λ konstant. ε sei der Radius dieser Umgebung. Aus (1) ergibt sich dann die Ungleichung

$$\|(A - \lambda I) f\|^2 \geqq \int_{-\infty}^{\lambda-\varepsilon} + \int_{\lambda+\varepsilon}^{\infty} (t - \lambda)^2 \, d\,(E_t f, f) \geqq \varepsilon^2 (f, f)\,,$$

aus der folgt, daß λ ein regulärer Punkt von A ist.

Ist umgekehrt λ ein regulärer Punkt, so gilt für ein gewisses $\varepsilon > 0$ und beliebiges $f \in D_A$ die Ungleichung

$$\|(A - \lambda I) f\| \geqq \varepsilon \, \|f\|$$

und folglich für ein beliebiges $f \in D_A$ auch

$$\int_{-\infty}^{\infty} (t - \lambda)^2 \, d\,(E_t f, f) \geqq \varepsilon^2 \int_{-\infty}^{\infty} d\,(E_t f, f)\,. \tag{2}$$

Angenommen, λ wäre kein Konstanzpunkt der Zerlegung der Einheit von A. Wählen wir dann ein gewisses Element g und irgendein positives $\eta < \varepsilon$ derart, daß

$$(E_{\lambda+\eta} - E_{\lambda-\eta})\, g \neq 0$$

gilt, so können wir die Ungleichung (2) auf das Element

$$f = (E_{\lambda+\eta} - E_{\lambda-\eta})\, g$$

anwenden, das bekanntlich zu D_A gehört. So erhalten wir die Ungleichung

$$\int_{\lambda-\eta}^{\lambda+\eta} (t - \lambda)^2 \, d\,(E_t g, g) \geqq \varepsilon^2 \int_{\lambda-\eta}^{\lambda+\eta} d\,(E_t g, g)\,.$$

Diese ist offenbar falsch, und wir können die Aussage a) als bewiesen betrachten.

Wir gehen jetzt zum Beweise der Aussage b) über.

λ sei ein Eigenwert von A und f ein zu ihm gehöriger Eigenvektor. Dann ist

$$0 = \|(A - \lambda I) f\|^2 = \int_{-\infty}^{\infty} (t - \lambda)^2 \, d\,(E_t f, f)\,.$$

Diese Gleichung zeigt, daß der einzige Wachstumspunkt der Funktion $(E_t f, f)$ nur der Punkt $t = \lambda$ sein kann. Da aber

$$0 \neq (f, f) = \int_{-\infty}^{\infty} d(E_t f, f)$$

ist, so ist $t = \lambda$ bestimmt ein Wachstumspunkt. Ein isolierter Wachstumspunkt ist immer ein Sprungpunkt. Folglich ist

$$(E_{\lambda+0} f, f) \neq (E_\lambda f, f)$$

und somit $E_{\lambda+0} \neq E_\lambda$. Besteht umgekehrt für λ die Beziehung $E_{\lambda+0} \neq E_\lambda$, so gilt für einen gewissen Vektor g

$$(E_{\lambda+0} - E_\lambda)\, g = f \neq 0\,.$$

Der Vektor f gehört zu D_A, und es ist

$$\|(A - \lambda I) f\|^2 = \int_{-\infty}^{\infty} (t - \lambda)^2\, d\,(E_t f, f)\,.$$

Aber die Funktion

$$(E_t f, f) = (E_t \{E_{\lambda+0} - E_\lambda\}\, g, f)$$

ist für $t < \lambda$ gleich Null und hängt für $t > \lambda$ nicht von t ab. Folglich gilt

$$\|(A - \lambda I) f\| = 0\,,$$

d. h., λ ist ein Eigenwert von A.

Eine triviale Folgerung aus unseren Betrachtungen ist die Tatsache, daß das Spektrum jedes selbstadjungierten Operators eine nicht leere Menge ist.

Aus den oben angeführten Überlegungen folgt auch, daß $(E_{\lambda+0} - E_\lambda)\,\mathrm{H}$ der zum Eigenwert λ des Operators A gehörende Eigenraum ist.

Unter Benutzung von Formel (1) können wir einen Satz beweisen, der als Spezialfall die weiter oben bewiesene Behauptung a) enthält. Bei der Formulierung des Satzes ist jeder Eigenwert bei der Abzählung der Menge der Punkte des Spektrums so oft berücksichtigt, wie seine Vielfachheit angibt.

Satz 1. *Die Anzahl r ($r \leqq \infty$) der Punkte des Spektrums eines selbstadjungierten Operators A, die im Intervall $\Delta = (\lambda_0 - \delta,\ \lambda_0 + \delta)$ liegen, ist gleich der maximalen Dimension s ($s \leqq \infty$) der linearen Mannigfaltigkeiten $\mathrm{G} \subset \mathrm{D}_A$, auf denen die Ungleichung*

$$\|(A - \lambda_0 I)\, g\| < \delta\, \|g\| \tag{3}$$

erfüllt ist.

Beweis. Da wir als G insbesondere den Teilraum $E(\Delta)\,\mathrm{H}$ nehmen können, dessen Dimension r ist, muß $r \leqq s$ gelten. Die Annahme $r < s$ führt leicht zu einem Widerspruch. In diesem Fall existiert nämlich eine Mannigfaltigkeit $\mathrm{G} \subset \mathrm{D}_A$, auf der die Ungleichung (3) erfüllt ist und deren Dimension größer ist als $r = \dim E(\Delta)\,\mathrm{H}$. Es muß deshalb in G einen Vektor $g \neq 0$ geben, der orthogonal zu $E(\Delta)\,\mathrm{H}$ ist. Für diesen Vektor ist aber wegen (1) die Ungleichung $\|(A - \lambda_0 I)\, g\| \geqq \delta\, \|g\|$ erfüllt, die der Gleichung (3) widerspricht.

Völlig analog kann man den folgenden Satz formulieren:

Satz 2. *Die Anzahl der Punkte des Spektrums eines selbstadjungierten Operators A, die links von einem gegebenen Punkt λ_0 liegen, ist gleich der maximalen*

Dimension der linearen Mannigfaltigkeiten $\mathfrak{G} \subset \mathfrak{D}_A$, *auf denen die Ungleichung*

$$(Af - \lambda_0 f, f) < 0$$

erfüllt ist.

Wir gehen jetzt von selbstadjungierten Operatoren zu unitären über und erinnern zunächst daran, daß jeder Eigenwert eines unitären Operators dem Betrage nach gleich Eins ist, also die Form $e^{i\lambda}$ hat. λ heißt dabei eine *Eigenfrequenz* des unitären Operators. Für jedes beliebige ganzzahlige k gilt dabei die Gleichung

$$U^k f = e^{ik\lambda} f,$$

wenn f ein zu λ gehöriger Eigenvektor ist.

$U_s \, (-\infty < s < +\infty)$ sei eine kontinuierliche Gruppe unitärer Operatoren. In diesem Falle heißt die Zahl λ eine Eigenfrequenz dieser Operatorgruppe, wenn ein Element $f \neq 0$ (Eigenvektor) existiert, so daß für beliebiges reelles s die Gleichung

$$U_s f = e^{is\lambda} f$$

gilt.

Wir zeigen jetzt: *Eine reelle Zahl λ ist eine Eigenfrequenz eines unitären Operators U (bzw. einer kontinuierlichen Gruppe unitärer Operatoren U_s) dann und nur dann, wenn λ ein Sprungpunkt der Zerlegung der Einheit ist.*

Wir wollen den Fall betrachten, daß eine Gruppe unitärer Operatoren vorliegt. λ sei eine Eigenfrequenz dieser Gruppe und f ein zugehöriger Eigenvektor, so daß also für beliebiges reelles s die Beziehung

$$U_s f - e^{is\lambda} f = 0$$

gilt. Da aber

$$\begin{aligned}
\|(U_s - e^{is\lambda} I) f\|^2 &= (\{U_{-s} - e^{-is\lambda} I\}\{U_s - e^{is\lambda} I\} f, f) \\
&= (\{2I - e^{is\lambda} U_{-s} - e^{-is\lambda} U_s\} f, f) \\
&= \int_{-\infty}^{\infty} (2 - e^{is(\lambda - t)} - e^{-is(\lambda - t)}\, d(E_t f, f) \\
&= \int_{-\infty}^{\infty} 4 \sin^2 \frac{s(\lambda - t)}{2}\, d(E_t f, f)
\end{aligned}$$

ist, so kann der einzige Wachstumspunkt der Funktion $(E_t f, f)$ nur der Punkt $t = \lambda$ sein. Dieser Punkt muß aber ein Wachstumspunkt sein, da andernfalls die Ungleichung

$$0 \neq (f, f) = \int_{-\infty}^{\infty} d(E_t f, f)$$

nicht gelten kann. Folglich ist

$$(E_{\lambda+0} f, f) \neq (E_\lambda f, f)$$

und somit

$$E_{\lambda+0} \neq E_\lambda .$$

Wir bemerken, daß die Rolle, die der nicht negative Faktor $(\lambda - t)^2$ im Falle der selbstadjungierten Operatoren spielt, jetzt vom Ausdruck $4 \sin^2 \frac{s(\lambda - t)}{2}$ übernommen wird. Im übrigen sind die Beweise nicht verschieden. Das bezieht sich auch auf den zweiten Teil der Behauptung und ebenso auf die folgende Aussage: *Der Punkt λ ist ein Konstanzpunkt der Zerlegung der Einheit eines unitären Operators U (bzw. einer Gruppe unitärer Operatoren U_s) genau dann, wenn $e^{ik\lambda}$ für beliebiges ganzzahliges k (bzw. $e^{is\lambda}$ für beliebiges reelles s) ein regulärer Punkt von U^k (bzw. von U_s) ist.*

Da die Zerlegung der Einheit eines selbstadjungierten oder eines unitären Operators das Spektrum dieses Operators vollständig bestimmt, so bezeichnet man die Zerlegung der Einheit oft als *Spektralfunktion.*

Die Zugehörigkeit eines gegebenen Punktes λ zum Spektrum eines selbstadjungierten Operators A kann man auch aus dem Verhalten seiner Resolvente R_z in der Umgebung von λ ermitteln.

Auf diesen Sachverhalt bezieht sich die folgende Aussage: *Ein reeller Punkt λ gehört nicht zum Spektrum eines selbstadjungierten Operators A und ist daher ein regulärer Punkt dieses Operators genau dann, wenn für jedes Element $f \in$ H die Funktion $(R_z f, f)$* erstens *in einer gewissen Umgebung von λ regulär ist und* zweitens *in einem gewissen Intervall $\lambda - \delta < t < \lambda + \delta$ reelle Werte annimmt.*

Die Notwendigkeit dieser Bedingungen ergibt sich unmittelbar aus der Integraldarstellung der Resolvente und der Aussage a) der vorliegenden Nr. Ihre Hinlänglichkeit folgt aus der Stieltjesschen Umkehrformel (s. Nr. 69) und der Aussage a) der vorliegenden Nr.

In der nächsten Nr. werden wir eine Klasse von Operatoren kennenlernen, für die es genügt, die formulierten Bedingungen nur für ein (in besonderer Weise gewähltes) Element f nachzuprüfen.

83. Das einfache Spektrum. In der linearen Algebra und in der elementaren Theorie der Integralgleichungen heißt das Spektrum eines Operators *einfach,* wenn die Vielfachheit jedes Eigenwertes des Operators gleich Eins ist. Diese Definition läßt sich nicht auf beliebige Operatoren im Hilbert-Raum übertragen, da im allgemeinen die Gesamtheit der Eigenwerte eines Operators nicht sein Spektrum erschöpft. Wir wollen die folgende Definition annehmen:

Definition. Das Spektrum eines selbstadjungierten (bzw. unitären) Operators heißt einfach, wenn ein Vektor $g \in$ H (*erzeugender Vektor*) existiert, so daß die lineare Hülle der Vektormenge $E(\Delta)\, g$ in H dicht liegt, wobei Δ die Gesamtheit aller Intervalle der Zahlengeraden (bzw. der Strecke $[0, 2\pi]$) durchläuft.

Auf Grund dieser Definition sind das Spektrum eines selbstadjungierten Operators und das seiner Cayley-Transformierten gleichzeitig einfach oder nicht einfach. Aus dieser Definition folgt, daß in einem nicht separablen

Raume ein selbstadjungierter (unitärer) Operator kein einfaches Spektrum haben kann.

Für Operatoren, die in der linearen Algebra und der elementaren Theorie der Integralgleichungen auftreten, ist charakteristisch, daß die lineare Hülle der Gesamtheit aller Eigenvektoren dieser Operatoren mit dem ganzen Raume zusammenfällt oder wenigstens in ihm dicht liegt. Man kann mühelos zeigen, daß für einen beliebigen selbstadjungierten (oder unitären) Operator von H, der diese Eigenschaft besitzt, die von uns gegebene Definition der Einfachheit eines Spektrums mit der im Anfang der vorliegenden Nr. erwähnten elementaren Definition übereinstimmt. Dieser Umstand kann als eine Rechtfertigung für die von uns gegebene Definition betrachtet werden.

Als Beispiel betrachten wir den Multiplikationsoperator Q in $L^2_\sigma(-\infty,\infty)$ (s. Nr. 57).[1] Die Spektralfunktion dieses Operators wird durch die Gleichung

$$E(\Delta)f(t) = \chi_\Delta(t)f(t) \qquad (f(t) \in L^2_\sigma)$$

bestimmt, wobei $\chi_\Delta(t)$ die charakteristische Funktion des Intervalls Δ ist. Um sich davon zu überzeugen, genügt es, sich des Satzes 2 aus Nr. 75 zu erinnern. Der Operator Q hat ein einfaches Spektrum. Wenn wir nämlich eine stückweise konstante Funktion $g(t)$ nehmen, die den Bedingungen

$$g(t) = \alpha_k > 0 \qquad (k-1 < t \leqq k),$$

$$\sum_{k=-\infty}^{\infty} \alpha_k^2 \{\sigma(k) - \sigma(k-1)\} < \infty$$

genügt, so ist diese eine erzeugende Funktion des Operators Q im Sinne unserer Definition. Die lineare Hülle der Menge der Funktionen $E(\Delta)\,g(t)$ fällt nämlich mit der Gesamtheit aller stückweise konstanten Funktionen, die außerhalb endlicher Intervalle Null sind, zusammen. Diese Gesamtheit liegt aber in $L^2_\sigma(-\infty,\infty)$ (s. Nr. 14) dicht.

Offensichtlich kann eine Funktion $g(t) \in L^2_\sigma(-\infty,\infty)$, die auf einer Menge von positivem σ-Maß gleich Null ist, nicht eine Erzeugende für den Operator Q sein.

Als erzeugendes Element kann man dagegen eine beliebige Funktion $g(t) \in L^2_\sigma(-\infty,\infty)$ wählen, die überall, evtl. mit Ausnahme einer Menge vom σ-Maße Null, von Null verschieden ist.

Zum Beweis dieser Tatsache genügt es festzustellen, daß man jede Funktion $f(t)$ aus $L^2_\sigma(a,b)$ mit beliebiger Genauigkeit durch Produkte der Form $g(t)\,q(t)$ mit einer stückweise konstanten Funktion $q(t)$ approximieren kann:

$$\int_a^b |f(t) - g(t)\,q(t)|^2\,d\sigma(t) < \varepsilon^2. \tag{1}$$

[1]) Neben der in Nr. 54 eingeführten Bezeichnung $\mathcal{Q}$ benutzen wir zur Bezeichnung des Multiplikationsoperators den Buchstaben Q. Zur Vereinfachung schreiben wir hier Q statt Q_σ.

Wir führen den Raum $L^2_\varrho(a, b)$ ein, wo

$$\varrho(t) = \int_a^t |g(s)|^2 \, d\sigma(s) \tag{2}$$

ist.

Die Funktion $\frac{f(t)}{g(t)}$ gehört zu $L^2_\varrho(a, b)$. Daher existiert eine stückweise konstante Funktion $q(t)$, für die

$$\int_a^b \left| \frac{f(t)}{g(t)} - q(t) \right|^2 d\varrho(t) < \varepsilon^2 .$$

Ersetzt man hier $\varrho(t)$ durch seine Integraldarstellung (2), so erhält man (1).

Satz 1. *Ist das Spektrum eines unitären Operators U einfach und g irgend ein erzeugendes Element, so liegt die lineare Hülle der Vektoren $U^k g$ ($\pm k = 0, 1, 2, \ldots$) in H dicht.*

Existiert umgekehrt ein Vektor g, so daß die lineare Hülle der Vektoren $U^k g$ ($\pm k = 0, 1, 2, \ldots$) in H dicht liegt, so ist das Spektrum von U einfach, und der Vektor g ist ein erzeugendes Element.

Beweis. Das Spektrum des Operators U sei einfach, und es sei g ein erzeugendes Element. Wir nehmen an, die lineare Hülle der Menge der Vektoren $U^k g$ ($\pm k = 0, 1, 2, \ldots$) liege nicht in H dicht, und wählen einen Vektor $h \neq 0$, für den

$$(U^k g, h) = 0 \qquad (\pm k = 0, 1, 2, \ldots)$$

gilt.

Auf Grund der Integraldarstellung eines unitären Operators folgt hieraus

$$\int_0^{2\pi} e^{ikt} \, d(E_t g, h) = 0 \qquad (\pm k = 0, 1, 2, \ldots) .$$

Aus diesen Gleichungen ergibt sich mit Hilfe des Eindeutigkeitssatzes

$$(E_t g, h) = 0 \qquad (0 \leqq t \leqq 2\pi) .$$

Somit ist der Vektor h zu jedem Vektor der Form $E(\Delta) g$ orthogonal. Dies ist aber unmöglich, da g ein erzeugendes Element ist. Damit ist die erste Aussage des Satzes bewiesen.

Die zweite Aussage läßt sich genauso einfach beweisen.

Satz 2. (Kanonische Form eines selbstadjungierten Operators mit einfachem Spektrum). *A sei ein selbstadjungierter Operator mit einfachem Spektrum, g ein erzeugendes Element und $\sigma(t) = (E_t g, g)$. Dann wird durch die Formel*

$$f = \int_{-\infty}^{\infty} f(t) \, dE_t \, g \tag{3}$$

jeder Funktion $f(t) \in L^2_\sigma(-\infty, \infty)$ ein Vektor $f \in$ H zugeordnet. Diese Zuordnung ist eine isometrische Abbildung von $L^2_\sigma(-\infty, \infty)$ auf H.

Sie führt den Definitionsbereich $D_Q \subset L^2_\sigma(-\infty, \infty)$ *des Multiplikationsoperators* Q *in den Definitionsbereich* $D_A \subset H$ *von* A *über. Entspricht dabei der Funktion* $f(t) \in L^2_\sigma(-\infty, \infty)$ *das Element* $f \in D_A$, *so entspricht der Funktion* $t\,f(t)$ *das Element* $A\,f$.

Beweis: Wir bezeichnen mit G die Gesamtheit aller Vektoren aus H, die eine Darstellung der Form (3) gestatten. G ist eine lineare Mannigfaltigkeit, die alle Vektoren der Form

$$\int_{-\infty}^{\infty} \chi_\Delta(t)\, dE_t\, g = E(\Delta)\, g$$

enthält und deshalb in H dicht liegt. Gehört $f(t)$ der in Nr. 72 eingeführten Funktionenmenge an (ist $f(t)$ z. B. stetig), so ist

$$(E_t\, g, f) = \int_{-\infty}^{\infty} \overline{f(s)}\, d_s(E_t\, g, E_s\, g) = \int_{-\infty}^{\infty} \overline{f(s)}\, d(E_s\, g, g)$$

und

$$(f, f) = \int_{-\infty}^{\infty} f(t)\, d(E_t g, f) = \int_{-\infty}^{\infty} |f(t)|^2\, d(E_t\, g, g) = \int_{-\infty}^{\infty} |f(t)|^2\, d\sigma(t)\,.$$

Eine in $L^2_\sigma(-\infty, \infty)$ dichte Linearmannigfaltigkeit wird durch die Transformation (3) isometrisch in eine gewisse in G dichte lineare Mannigfaltigkeit übergeführt. Aus der Vollständigkeit von $L^2_\sigma(-\infty, \infty)$ folgt daher die Abgeschlossenheit von G. Also fällt G mit H zusammen, und der erste Teil des Satzes ist bewiesen.

Um den zweiten Teil zu beweisen, lassen wir $f(t)$ die Gesamtheit aller finiten stetigen Funktionen durchlaufen. Ist $f(t)$ eine solche Funktion und f der ihr entsprechende Vektor aus H, so ist $f \in D_A$, und auf Grund von (3) gilt für beliebiges $h \in H$

$$(A\,f, h) = \int_{-\infty}^{\infty} t\, d(E_t\, f, h) = \int_{-\infty}^{\infty} t\, d(f, E_t\, h) = \int_{-\infty}^{\infty} t\, d\left\{\int_{-\infty}^{\infty} f(s)\, d_s(E_s\, g, E_t\, h)\right\}$$

$$= \int_{-\infty}^{\infty} t\, d\left\{\int_{-\infty}^{t} f(s)\, d(E_s\, g, h)\right\} = \int_{-\infty}^{\infty} t\, f(t)\, d(E_t\, g, h)\,. \tag{4}$$

Hieraus folgt

$$A\,f = \int_{-\infty}^{\infty} t\, f(t)\, dE_t\, g\,. \tag{5}$$

Setzt man in (4)

$$h = A\,f\,,$$

so erhält man

$$\|A\,f\|^2 = \int_{-\infty}^{\infty} |t\, f(t)|^2\, d\sigma(t)\,. \tag{6}$$

Wir erinnern uns an die Definition eines Operatorintegrals (Nr. 72). Mit ihrer Hilfe schließen wir auf Grund der Formeln (5), (6), daß eine beliebige Funktion

$f(t) \in L^2_\sigma(-\infty, \infty)$ genau dann zu D_Q gehört, wenn $f \in D_A$ ist. Wir sehen ebenfalls, daß der Anwendung des Operators A auf den Vektor f die Multiplikation der Funktion $f(t)$ mit t entspricht.

Auf Grund des bewiesenen Satzes ist jeder selbstadjungierte Operator mit einfachem Spektrum in einem separablen Raum dem Operator der Multiplikation mit einer unabhängigen Variablen in $L^2_\sigma(-\infty, \infty)$ isomorph. Der letztere wird als *kanonische Form* des Operators A bezeichnet.

Auf Grund dieser Isomorphie folgt aus

$$f = \int_{-\infty}^{\infty} f(t)\, dE_t\, g \tag{3}$$

die Beziehung

$$E(\Delta)\, f = \int_{\Delta} f(t)\, dE_t\, g \tag{3'}$$

zunächst für finite stetige Funktionen $f(t)$ und dann für beliebige $f(t) \in L^2_\sigma(-\infty, \infty)$.

Wählt man in (3) verschiedene erzeugende Elemente g, so erhält man eine ganze Klasse von Multiplikationsoperatoren, die zu A isomorph sind. In Nr. 84 werden wir alle Verteilungsfunktionen $\sigma(t) = (E_t\, g, g)$ charakterisieren.

Hier wollen wir jedoch auf eine gemeinsame Eigenschaft aller erzeugenden Elemente g hinweisen: Jeder Wachstumspunkt der Spektralfunktion E_t ist ein Wachstumspunkt der Funktion $(E_t\, g, g)$. Die Richtigkeit dieser Behauptung ergibt sich aus folgendem: Ist Δ_0 ein Konstanzintervall von $(E_t\, g, g)$, so ist die lineare Hülle der Vektormenge $E(\Delta)\, g$, wobei Δ die Gesamtheit aller Intervalle der Zahlengeraden durchläuft, zum Unterraum $E(\Delta_0)$ H orthogonal.

Hieraus ergibt sich u. a., daß es genügt, das am Ende festgestellte Kriterium für die Zugehörigkeit eines Punktes λ zum Spektrum eines selbstadjungierten Operators A im Falle eines einfachen Spektrums des Operators allein für irgendein erzeugendes Element nachzuprüfen.

Wir beenden diese Nr. mit einer Aussage über selbstadjungierte Operatoren, die dem Satz 1 analog ist.

Satz 3. *Hat ein selbstadjungierter Operator A ein einfaches Spektrum, so gibt es einen Vektor h, für den die Anwendungen aller positiven ganzzahligen Potenzen von A definiert ist, und zwar so, daß die lineare Hülle der Vektormenge $A^k\, h$ $(k = 0, 1, 2, \ldots)$ in* H *dicht liegt.*

Gibt es umgekehrt einen solchen Vektor h, auf den alle natürlichen Potenzen von A anwendbar sind, und liegt die lineare Hülle der Vektormenge $A^k\, h$ $(k = 0, 1, \ldots)$ in H *dicht, so ist das Spektrum von A einfach, und der Vektor h ist ein erzeugendes Element.*

Der Beweis des zweiten Teiles dieses Satzes ist sehr einfach. Liegt nämlich die lineare Hülle der Menge $A^k\, h$ $(k = 0, 1, 2, \ldots)$ in H dicht, so zeigt die Integraldarstellung

$$(A^k\, h, f) = \int_{-\infty}^{\infty} t^k\, d(E_t\, h, f)\,,$$

daß kein Vektor $f \neq 0$ existiert, der für alle t zu $E_t h$ orthogonal ist. Folglich ist die lineare Hülle der $E(\Delta) h$ in H dicht. Das Spektrum des Operators A ist also einfach, und h ist ein erzeugendes Element.

Wir gehen zum ersten Teil des Satzes über und beweisen, daß man für h den Vektor

$$h = \int_{-\infty}^{\infty} e^{-t^2} dE_t g$$

wählen kann mit irgendeinem erzeugenden Element g von A. In der Tat, es ist

$$A^k h = \int_{-\infty}^{\infty} t^k e^{-t^2} dE_t g \qquad (k = 0, 1, 2, \ldots).$$

Existiert ein Vektor $f \neq 0$, der zu allen Vektoren $A^k h$ orthogonal ist, so gelten die Gleichungen

$$\int_{-\infty}^{\infty} t^k e^{-t^2} f(t) \, d\sigma(t) = 0 \qquad (k = 0, 1, 2, \ldots),$$

wo $\sigma(t) = (E_t g, g)$ und $f(t)$ durch die Formel (3) definiert ist, und

$$0 \neq \int_{-\infty}^{\infty} |f(t)|^2 \, d\sigma(t) < \infty. \tag{7}$$

Setzt man hier

$$\omega(t) = \int_{-\infty}^{t} f(s) \, d\sigma(s) - C, \tag{8}$$

so findet man bei geeigneter Wahl der Konstanten C, daß

$$\int_{-\infty}^{\infty} t^k e^{-t^2} \omega(t) \, dt = 0 \qquad (k = 0, 1, 2, \ldots)$$

ist. Auf Grund der Vollständigkeit des Systems der Funktionen von Tschebyschew-Hermite folgt aus diesen Gleichungen $\omega(t) = 0$. Dies führt aber auf Grund von (7) und (8) zu dem Widerspruch

$$0 \neq \int_{-\infty}^{\infty} |f(t)|^2 \, d\sigma(t) = \int_{-\infty}^{\infty} \overline{f(t)} \, d\omega(t) = 0.$$

Orthogonalisieren wir die Folge der Vektoren $\{A^k h\}_0^\infty$, so erhalten wir eine orthonormierte Basis $\{e_k\}_0^\infty$, deren Elemente sämtlich zu D_A gehören. Offensichtlich ist für $i > k + 1$

$$(A e_k, e_i) = 0,$$

und da der Operator A symmetrisch ist, so gilt diese Gleichung auch für $i < k - 1$. Die Matrix $(A e_k, e_i)_{i,k=0}^\infty$ des Operators A bezüglich der Basis $\{e_k\}_0^\infty$ ist also eine Jacobische Matrix. Es muß aber hervorgehoben werden, daß die so konstruierte Basis im allgemeinen nicht die Basis der Matrixdarstellung von A im Sinne von Nr. 53 ist.

84. Spektraltypen. Wir erinnern daran, daß wir als Verteilungsfunktion eine beliebige, von links stetige, nichtabnehmende Funktion beschränkter Variation bezeichnet haben, die auf der ganzen Zahlengeraden definiert ist.

Wenn $\sigma(t)$ eine solche Funktion ist, so ist $\sigma(\Delta) = \sigma(t'') - \sigma(t')$ (t' und t'' seien die Endpunkte von Δ) eine *additive Funktion des Intervalls*. (Wir behalten auch für $\sigma(\Delta)$ die Bezeichnung Verteilungsfunktion bei.)

Wir wollen eine Verteilungsfunktion $\sigma(t)$ der Verteilungsfunktion $\varrho(t)$ *untergeordnet* nennen und dies durch

$$\sigma(t) \prec \varrho(t) \tag{1}$$

bezeichnen, wenn $\sigma(t)$ bezüglich $\varrho(t)$ absolut stetig ist. Dies bedeutet, daß für beliebiges $\Delta \subset (-\infty, \infty)$

$$\sigma(\Delta) = \int_{\Delta} \varphi(t)\, d\varrho(t)$$

mit einer ϱ-meßbaren nicht negativen Funktion $\varphi(t)$ ist.

Wenn

$$\varrho(t) \prec \sigma(t) \tag{2}$$

gleichzeitig mit (1) gilt, so sagt man, daß die Verteilungsfunktionen $\sigma(t)$ und $\varrho(t)$ gleichen *Spektraltyp* haben.

Gilt (1), jedoch nicht (2), so nennen wir den Spektraltyp von $\sigma(t)$ kleiner als den Spektraltyp von $\varrho(t)$.

Sei nun A ein beliebiger selbstadjungierter Operator und E_t seine Spektralfunktion.

Für beliebiges $f \in \mathrm{H}$ ist die Funktion $(E_t f, f)$ offenbar eine Verteilungsfunktion.

Den Spektraltyp der Funktion $(E_t f, f)$ wollen wir als den *Spektraltyp des Elementes* f (bzgl. des Operators A) bezeichnen. Von den Spektraltypen der Elemente f werden wir sagen, daß sie zu A gehören. Wenn es unter den Elementen $f \in \mathrm{H}$ ein solches mit *maximalem Spektraltyp* bzgl. A gibt (d. h. ein Element g, so daß $(E_t f, f) \prec (E_t g, g)$ für beliebiges $f \in H$ gilt), so schreiben wir diesen Spektraltyp dem Operator A zu.

Ist A ein selbstadjungierter Operator mit einfachem Spektrum, so gibt es Elemente maximalen Spektraltyps bzgl. A. Diese Tatsache ergibt sich aus dem folgenden Satz, der gleichzeitig die Frage der vorigen Nr. nach der Charakterisierung der Menge erzeugender Elemente eines Operators mit einem einfachen Spektrum beantwortet.

Satz 1. *Ist A ein selbstadjungierter Operator mit einem einfachen Spektrum, so ist ein Element g ein erzeugendes Element genau dann, wenn es maximalen Spektraltyp bzgl. A besitzt.*

Beweis. g sei ein erzeugendes Element und f ein beliebiger Vektor aus H. In diesem Falle ist

$$f = \int_{-\infty}^{\infty} f(t)\, dE_t\, g$$

mit einer gewissen Funktion $f(t)$ aus $L^2_\sigma(-\infty, \infty)$ und $\sigma(t) = (E_t g, g)$. Zusammen mit dieser Beziehung gilt für beliebiges $\Delta \subset [-\infty, \infty]$ die Gleichung

$$E(\Delta) f = \int_\Delta f(t)\, dE_t g = \int_{-\infty}^{\infty} \chi_\Delta(t) f(t)\, dE_t g\,.$$

Bei der betrachteten Abbildung von H auf $L^2_\sigma(-\infty, \infty)$ entsprechen den Vektoren f, $E(\Delta) f$ die Funktionen $f(t)$, $\chi_\Delta(t) f(t)$. Aus der Isometrie der Abbildung folgt

$$\big(E(\Delta) f, f\big) = \int_{-\infty}^{\infty} |f(t)|^2 \chi_\Delta(t)\, d\sigma(t) = \int_\Delta |f(t)|^2\, d\sigma(t)\,.$$

Also ist

$$(E_t f, f) \prec (E_t g, g)\,,$$

womit die Notwendigkeit bewiesen ist.

Wir wollen jetzt annehmen, daß g ein Element von maximalem Spektraltyp ist, so daß für beliebiges $f \in$ H

$$(E_t f, f) \prec (E_t g, g)$$

gilt. Insbesondere gilt diese Beziehung auch für das erzeugende Element g_0 (das der Operator A auf Grund seines einfachen Spektrums sicher besitzt). Es ist also

$$(E_t g_0, g_0) \prec (E_t g, g)\,.$$

Andererseits gilt nach dem ersten schon bewiesenen Teil des Satzes die Beziehung

$$(E_t g, g) \prec (E_t g_0, g_0)\,.$$

Somit besitzen die Elemente g und g_0 den gleichen Spektraltyp, und es gilt daher

$$\sigma(\Delta) \equiv \big(E(\Delta) g, g\big) = \int_\Delta p^2(t)\, d\sigma_0(t)\,,$$

$$\sigma_0(\Delta) \equiv \big(E(\Delta) g_0, g_0\big) = \int_\Delta p_0^2(t)\, d\sigma(t)\,,$$

wobei die Funktionen $p(t) \geqq 0$ und $p_0(t) \geqq 0$ entsprechend zu $L^2_{\sigma_0}(-\infty, \infty)$ und $L^2_\sigma(-\infty, \infty)$ gehören. Auf Grund dieser Gleichungen fallen die Mengen vom σ-Maß Null mit denen vom σ_0-Maß Null zusammen. Außerdem sieht man leicht, daß überall bis auf eine Menge vom σ-Maß Null die Gleichung

$$p(t)\, p_0(t) = 1$$

gilt. Jede der Funktionen $p(t)$, $p_0(t)$ kann also höchstens auf einer Menge vom σ-Maß Null verschwinden.

Wir müssen zeigen, daß g ein erzeugendes Element von A ist. Mit anderen Worten, es ist zu beweisen, daß eine Gleichung der Form

$$\big(E(\Delta) g, h\big) = 0$$

für beliebiges $\Delta \subset [-\infty, \infty]$ nur für $h = 0$ möglich ist. Auf Grund der Isomorphie zwischen H und $L^2_{\sigma_0}(-\infty, \infty)$ gilt

$$(E(\Delta)\, g, h) = \int_\Delta g(t)\, \overline{h(t)}\, d\sigma_0(t)$$

mit $g(t)$, $h(t) \in L^2_{\sigma_0}(-\infty, \infty)$ und $|g(t)| = p(t)$. Ist g kein erzeugendes Element, so muß für eine gewisse Funktion $h(t) \in L^2_{\sigma_0}(-\infty, \infty)$, die nicht σ_0-äquivalent Null ist, und für beliebiges $\Delta \subset [-\infty, \infty]$ die Gleichung

$$\int_\Delta g(t)\, \overline{h(t)}\, d\sigma_0(t) = 0$$

oder

$$\int_\Delta p(t)\, \overline{h_0(t)}\, d\sigma_0(t) = 0$$

gelten. Dies ist aber unmöglich, da die lineare Hülle der Gesamtheit der Funktionen der Form $\chi_\Delta(t)\, p(t)$, wie in Nr. 83 gezeigt wurde, in $L^2_{\sigma_0}(-\infty, \infty)$ dicht liegt, da die Funktion $p(t) \geqq 0$ nur auf einer Menge vom σ_0-Maß Null verschwindet.

In Verbindung mit dem bewiesenen Satze taucht folgende Frage auf: Kann man jede beliebige Verteilungsfunktion mit einem Typus, der den Spektraltyp von A nicht übertrifft, in der Form $(E_t f, f)$ darstellen? Die bejahende Antwort auf diese Frage gibt der folgende

Satz 2. *A sei ein selbstadjungierter Operator mit einfachem Spektrum und $\sigma(t)$ eine vorgegebene Verteilungsfunktion von einem Typus, der den Spektraltyp von A nicht übertrifft. Dann existiert ein Vektor $f \in$ H, der diese Funktion erzeugt, d. h., es gilt*

$$\sigma(t) = (E_t f, f)\,.$$

Beweis. Aus den Voraussetzungen des Satzes folgt, daß die Verteilungsfunktion $\sigma(t)$ in der Form

$$\sigma(t) = \int_\Delta \varphi(t)\, d(E_t\, g, g)$$

darstellbar ist. Dabei ist g ein erzeugendes Element und $\varphi(t) \geqq 0$. Wir können also

$$f = \int_{-\infty}^{\infty} f(t)\, dE_t\, g = \int_{-\infty}^{\infty} \sqrt{\varphi(t)}\, dE_t\, g$$

setzen. Das Element f erzeugt die Verteilungsfunktion $\sigma(t)$, da

$$(E(\Delta)\, f, f) = \int_\Delta |f(t)|^2\, d(E_t\, g, g) = \sigma(\Delta)$$

gilt.

85. Das mehrfache Spektrum. Wenn die lineare Hülle der Gesamtheit aller Eigenvektoren eines selbstadjungierten Operators im Raume dicht liegt, so kann man unter der Vielfachheit (Gesamtvielfachheit) des Spektrums dieses Operators natürlicherweise die maximale Vielfachheit seiner Eigenwerte verstehen.

Ehe wir die Vielfachheit des Spektrums eines beliebigen selbstadjungierten Operators in H definieren, führen wir den Begriff des erzeugenden Teilraumes ein.

Der Teilraum G heißt *ein erzeugender Teilraum* des selbstadjungierten Operators A mit der Spektralfunktion E_t, wenn die abgeschlossene lineare Hülle der Menge $E(\Delta)$ G, wobei Δ die Menge aller Intervalle durchläuft, mit H zusammenfällt.

Definition 1. Unter der *Vielfachheit* (oder *Gesamtvielfachheit*) des Spektrums eines selbstadjungierten[1]) Operators A versteht man die minimale Dimension der erzeugenden Teilräume dieses Operators. Besitzt A keine endlichdimensionalen erzeugenden Teilräume, so wird die Vielfachheit seines Spektrums mit unendlich bezeichnet. Unter der *Vielfachheit des Spektrums* von A im *Intervall* $\Delta_0 = [t', t'']$ versteht man die Gesamtvielfachheit des Spektrums des Operators $E(\Delta_0) A$.

Ist G ein erzeugender Teilraum des Operators $E(\Delta_0) A$, so sieht man leicht, daß für $\Delta_1 \subset \Delta_0$ der Teilraum $E(\Delta_1)$ G ein erzeugender Teilraum von $E(\Delta_1) A$ ist. Für $\Delta_1 \subset \Delta_0$ ist daher die Vielfachheit des Operators A in Δ_1 nicht größer als seine Vielfachheit im Intervall Δ_0.

Wir sind also berechtigt, die folgende Definition aufzustellen.

Definition 2. Unter der *Vielfachheit* des Spektrums eines selbstadjungierten Operators A *in einem Punkte* λ versteht man den Grenzwert der (monoton fallenden) Folge der Vielfachheiten des Spektrums dieses Operators im Intervall $\left[\lambda - \frac{1}{n}, \lambda + \frac{1}{n}\right]$ für $n \to \infty$.

Ist λ ein isolierter Punkt des Spektrums, so bestätigt man leicht, daß die Definition 2 mit der früher gegebenen Definition der Vielfachheit eines Eigenwertes zusammenfällt. Wenn die lineare Hülle der Gesamtheit aller Eigenvektoren im Raume dicht liegt, so ergibt Definition 1 als Gesamtvielfachheit des Spektrums die maximale Vielfachheit der Eigenwerte.

Nach der Definition 1 kann in einem nicht separablen Raum die Gesamtvielfachheit des Spektrums eines selbstadjungierten Operators nicht endlich sein.

Zum Schluß beweisen wir einen Hilfssatz, der in Nr. 86 benutzt wird.

Hilfssatz. *Ein selbstadjungierter Operator A besitze ein n-faches Spektrum und einen erzeugenden Teilraum* G. *Ist der lineare Operator $A_0 \subset A$ nur auf der linearen Hülle der Menge $E(\Delta)$ G definiert (Δ durchlaufe die Gesamtheit aller endlichen Intervalle), so ist A die Abschließung des Operators A_0.*

Beweis. Da die Inklusion $\overline{A_0} \subseteq A$ leicht einzusehen ist, bleibt uns nur noch $A \subseteq \overline{A_0}$ zu zeigen. Dazu betrachten wir einen beliebigen Vektor $f \in D_A$ und setzen

$$f_k = E(\Delta_k) f \qquad (k = 1, 2, 3, \ldots)$$

---

[1]) Die analoge Definition für den Fall eines unitären Operators führen wir nicht an. Offensichtlich sind die Vielfachheiten der Spektren eines selbstadjungierten Operators und seiner Cayley-Transformierten einander gleich.

mit $\Delta_k = [-k, k]$. Da G ein erzeugender Teilraum ist, so fällt die abgeschlossene lineare Hülle der Menge $E(\Delta')$ G (worin Δ' alle Teilintervalle des endlichen Intervalles Δ durchlaufe) mit $E(\Delta)$ H zusammen. Daher gehören die Vektoren f_k zum Definitionsbereich von A_0, und es ist

$$A_0 f_k = A\, E(\Delta_k) f = E(\Delta_k)\, A f .$$

Für $k \to \infty$ ergibt sich

$$E(\Delta_k) f \to f, \qquad E(\Delta_k)\, A f \to A f .$$

Daher gehört der Vektor f zum Definitionsbereich von $\bar{A}_0$, und es ist

$$\bar{A}_0 f = A f ,$$

so daß die Beziehung

$$A \subseteqq \bar{A}_0$$

bewiesen ist.

86. Kanonische Form eines selbstadjungierten Operatos mit einem Spektrum endlicher Vielfachheit. In der vorliegenden Nr. skizzieren wir eine Verallgemeinerung des Satzes 2 der Nr. 83 auf den Fall der Operatoren mit einem Spektrum endlicher Vielfachheit. Zu diesem Zwecke führen wir zunächst den Begriff des Raumes der Vektorfunktionen $L^2_S(-\infty, \infty)$ ein. Dieser ist eine Verallgemeinerung des Funktionsraumes $L^2_\sigma(-\infty, \infty)$.

$$S(t) = (\sigma_{ik}(t))_{i,k=1}^{m} \quad (m < \infty;\ -\infty < t < \infty)$$

sei eine Hermitesche Matrixfunktion, die den folgenden Bedingungen genügt:

1. Für beliebige komplexe ξ_k ist

$$\sum_{i,k=1}^{m} \{\sigma_{ik}(t'') - \sigma_{ik}(t')\}\, \xi_i \bar{\xi}_k \geqq 0 , \quad \text{falls} \quad t' \leqq t'' .$$

2. $$S(-\infty) = 0 , \qquad S(t-0) = S(t) .$$

Eine Matrixfunktion $S(t)$, die den Bedingungen 1 und 2 genügt, nennen wir eine *Matrixverteilungsfunktion* und schreiben $S(\Delta)$ an Stelle von $S(t'') - S(t')$, wenn $\Delta = [t', t'']$ ist. Aus der Bedingung 1 schließt man leicht, daß die Funktionen $\sigma_{ii}(t)$ $(i = 1, 2, \ldots, m)$ nicht abnehmen und daß die Funktionen $\sigma_{ik}(t)$ $(i, k = 1, 2, \ldots, m)$ in jedem endlichen Intervall von beschränkter Variation sind.

Mit Hilfe der Matrixfunktion $S(t)$ konstruieren wir zunächst ein lineares metrisiertes System R. Als Ausgangspunkt dient uns dabei die Gesamtheit aller Vektorfunktionen der Form

$$\vec{\chi}(t) = \{\chi_1(t), \chi_2(t), \ldots, \chi_m(t)\} ,$$

wo $\chi_k(t)$ die charakteristische Funktion des Intervalles Δ_k $(k = 1, 2, \ldots, m)$ ist. Solche Vektorfunktionen wollen wir als *charakteristische Vektorfunktionen* bezeichnen.

Um das lineare metrisierte System R zu erhalten, bilden wir die lineare Hülle aller charakteristischen Vektorfunktionen. Wir setzen

$$\alpha_1 \vec{\chi}^{(1)}(t) + \alpha_2 \vec{\chi}^{(2)}(t) = \{\alpha_1 \chi_1^{(1)}(t) + \alpha_2 \chi_1^{(2)}(t), \alpha_1 \chi_2^{(1)}(t) + \alpha_2 \chi_2^{(2)}(t), \ldots\}$$

und definieren das Skalarprodukt für Vektorfunktionen der Form

$$\vec{\chi}^{(1)}(t) = \{0, \ldots, 0,\ \chi_i^{(1)}(t), 0, \ldots, 0\} ,$$
$$\vec{\chi}^{(2)}(t) = \{0, \ldots, 0,\ \chi_k^{(2)}(t), 0, \ldots, 0\}$$

durch die Formel

$$(\vec{\chi}^{(1)}(t), \vec{\chi}^{(2)}(t)) = \sigma_{ik}(\Delta_i^{(1)} \cap \Delta_k^{(2)}) ,$$

wo $\chi_i^{(1)}(t)$, $\chi_k^{(2)}(t)$ die charakteristischen Funktionen der Intervalle $\Delta_i^{(1)}$, $\Delta_k^{(2)}$ sind. Mit Hilfe linearer Fortsetzung wird diese Definition auf ganz R ausgedehnt. Schließlich erhält man den Raum $L^2_S(-\infty, \infty)$ als abgeschlossene Hülle des linearen metrisierten Systems R.

Eine funktionalanalytische Charakterisierung der Elemente des Raumes $L_S^2(-\infty, \infty)$ kann man erhalten[1]), indem man die Verteilungsfunktion

$$v(t) = \sum_{i=1}^{m} \sigma_{ii}(t)$$

einführt. Dabei zeigt sich, daß der Raum $L_S^2(-\infty, \infty)$ aus allen Vektorfunktionen $\vec{f}(t) = \{f_1(t), \ldots, f_m(t)\}$ mit v-meßbaren und v-fast überall endlichen Komponenten besteht, für die

$$\lim_{N\to\infty} (\vec{f}_N(t), \vec{f}_N(t)) < \infty$$

gilt mit

$$\vec{f}_N(t) = \begin{cases} \vec{f}(t), & \text{wenn für den betrachteten Wert } t \ \max\limits_{1\le i\le m} |f_i(t)| < N, \\ 0, & \text{wenn für den betrachteten Wert } t \ \max\limits_{1\le i\le m} |f_i(t)| \geqq N. \end{cases}$$

Für unsere Zwecke ist übrigens die funktionalanalytische Charakterisierung des Raumes $L_S^2(-\infty, \infty)$ nicht erforderlich. Wir bemerken nur, daß auf Grund unserer Konstruktion von $L_S^2(-\infty, \infty)$ jedenfalls die Vektorfunktionen mit stetigen finiten Komponenten zu diesem Raum gehören. Wir sind also berechtigt, auf der Mannigfaltigkeit dieser Vektorfunktionen

$$\vec{f}(t) = \{f_1(t), f_2(t), \ldots, f_m(t)\}$$

einen Operator Q_0 durch die Gleichung

$$Q_0 \vec{f}(t) = \{t f_1(t), t f_2(t), \ldots, t f_m(t)\}$$

zu definieren.

Die Abschließung Q des symmetrischen Operators Q_0 wollen wir als den *Operator der Multiplikation mit einer Veränderlichen t im Raum* $L_S^2(-\infty, \infty)$ bezeichnen. Es ist leicht zu zeigen, daß Q ein selbstadjungierter Operator ist. Wir bilden dazu die CAYLEY-Transformierte von Q:

$$(Q + iI)\vec{f}(t) = \vec{g}(t), \qquad (Q - iI)\vec{f}(t) = V\vec{g}(t).$$

Die linearen Mannigfaltigkeiten D_V und Δ_V enthalten offensichtlich alle stetigen finiten Vektorfunktionen. Der Operator V ist deshalb unitär. Nach Satz Nr. 79 ist dann aber Q selbstadjungiert.

Mit Hilfe des Satzes 2 aus Nr. 75 kann man die Spektralfunktion des Operators Q bestimmen. Auf den stetigen finiten Vektorfunktionen (1) ist die Spektralfunktion E_t durch die Gleichung

$$E(\Delta)\vec{f}(t) = \{\chi_\Delta(t) f_1(t), \chi_\Delta(t) f_2(t), \ldots, \chi_\Delta(t) f_m(t)\}$$

gegeben, wo $\chi_\Delta(t)$ die charakteristische Funktion des Intervalles Δ ist. Daraus ist ersichtlich, daß die Vielfachheit des Spektrums von A in $L_S^2(-\infty, \infty)$ den Grad m der Matrixfunktion $S(t)$ nicht übertrifft, da man für Q einen m-dimensionalen erzeugenden Teilraum angeben kann, der von den Elementen

$$\begin{aligned} \vec{g}_1(t) &= \{g(t), 0, 0, \ldots, 0\}, \\ \vec{g}_2(t) &= \{0, g(t), 0, \ldots, 0\}, \\ &\ldots\ldots\ldots\ldots\ldots \\ g_m(t) &= \{0, 0, 0, \ldots, g(t)\} \end{aligned}$$

[1]) Vgl. I. KAZ [1].

aufgespannt wird. Dabei ist die Funktion $g(t) > 0$ in bezug auf das Gewicht $v(t)$ so gebildet, wie auf Seite 243 in bezug auf $\sigma(t)$.

Sei A jetzt ein selbstadjungierter Operator mit einem Spektrum der Vielfachheit n ($n < \infty$) und der Spektralfunktion E_t.

Wir verabreden, jede Basis eines beliebigen erzeugenden Teilraumes von A als eine *erzeugende Basis* dieses Operators zu bezeichnen. Sei $g_1, g_2, \ldots, g_m$ eine erzeugende Basis von A. Wir bezeichnen dann mit G_i die abgeschlossene lineare Hülle der Menge der Vektoren $E(\Delta)\, g_i$ für festes i. Wir wollen voraussetzen, daß die erzeugende Basis $g_1, g_2, \ldots, g_m$ so gewählt ist, daß die entsprechenden Teilräume $\mathrm{G}_1, \mathrm{G}_2, \ldots, \mathrm{G}_m$ linear unabhängig sind. Wir zeigen, daß die Basis wenigstens in dem Fall so gewählt werden kann, wenn $n = m$ ist, d. h., wenn sie eine *minimale erzeugende Basis* ist. In der Tat sei $h_1, h_2, \ldots, h_n$ irgendeine minimale erzeugende Basis. Wir setzen $g_1 = h_1$ und bilden den Teilraum G_1. Es ist klar, daß $h_2 \bar{\in} \mathrm{G}_1$, da andernfalls schon das System der Vektoren $h_1, h_3, h_4, \ldots, h_n$ eine erzeugende Basis darstellen würde und demnach die Vielfachheit des Spektrums kleiner als n wäre. Folglich gilt $g_2 = (I - P_{\mathrm{G}_1})\, h_2 \rightarrow 0$. Nun bilden wir den Teilraum G_2, der offensichtlich orthogonal zu G_1 ist. Es ist klar, wie die Prozedur fortzuführen ist. Als Ergebnis erhalten wir eine erzeugende Basis $g_1, g_2, \ldots, g_n$, für die die Teilräume $\mathrm{G}_1, \mathrm{G}_2, \ldots, \mathrm{G}_n$ paarweise orthogonal und damit linear unabhängig sind.

Jeder erzeugenden Basis $g_1, g_2, \ldots, g_m$ ($n \leqq m < \infty$) können wir die Matrix

$$S(t) = ((E_t\, g_i, g_k))_{i,k=1}^{m}$$

zuordnen, die offensichtlich eine Matrixverteilungsfunktion ist.

Satz. *A sei ein selbstadjungierter Operator mit mehrfachem Spektrum der Vielfachheit n, $g_1, g_2, \ldots, g_m$ ($n \leqq m < \infty$) eine beliebige erzeugende Basis und $S(t) = ((E_t\, g_i, g_k))_{i,k=1}^{m}$.*

Unter diesen Voraussetzungen existiert eine isometrische Abbildung des Raumes H *auf* $\mathrm{L}^2_S(-\infty, \infty)$, *bei der die Definitionsbereiche* $\mathrm{D}_A \subset \mathrm{H}$ *von A und* $\mathrm{D}_Q \subset \mathrm{L}^2_S(-\infty, \infty)$ *des Multiplikationsoperators Q ineinander übergehen. Ferner entspricht dem Element $A f$ die Vektorfunktion $Q\vec{f}(t)$, wenn dem Element $f \in \mathrm{H}$ die Vektorfunktion $\vec{f}(t) \in \mathrm{L}^2_S(-\infty, \infty)$ zugeordnet ist.*

Beweis. Ordnen wir dem Vektor

$$f = E(\Delta_1)\, g_1 + E(\Delta_2)\, g_2 + \cdots + E(\Delta_m)\, g_m \tag{1}$$

aus H die charakteristische Vektorfunktion

$$\vec{f}(t) = \{\chi_{\Delta_1}(t), \chi_{\Delta_2}(t), \ldots, \chi_{\Delta_m}(t)\} \tag{2}$$

aus $\mathrm{L}^2_S(-\infty, \infty)$ zu, so gilt

$$\|f\|^2 = (f, f) = \left(\sum_{i=1}^{m} E(\Delta_i)\, g_i, \quad \sum_{k=1}^{m} E(\Delta_k)\, g_k\right)$$
$$= \sum_{i,k=1}^{m} (E\,(\Delta_i \cap \Delta_k)\, g_i, g_k) = \sum_{i,k=1}^{m} \sigma_{ik}\,(\Delta_i \cap \Delta_k) = \|\vec{f}(t)\|^2 .$$

Man bestätigt leicht, daß orthogonalen Vektoren der Form (1) orthogonale Vektorfunktionen der Form (2) entsprechen. Folglich entsteht durch lineare stetige Ausdehnung der definierten Zuordnung auf den ganzen Raum H eine isometrische Abbildung von H auf $\mathrm{L}^2_S(-\infty, \infty)$.

Man sieht auch mühelos, daß für stetige finite Vektorfunktionen $\vec{f}(t) = \{f_1(t), \ldots, f_m(t)\}$ die Formel, die der Formel (3) aus Nr. 83 entspricht, die Form

$$f = \sum_{i=1}^{m} \int_{-\infty}^{\infty} f_i(t)\, dE_t\, g_i$$

hat.

Wir bestimmen jetzt die Vektorfunktion, die dem Vektor Af entspricht, wobei f von der Form (1) ist. Es ergibt sich

$$Af = \int_{-\infty}^{\infty} t\, dE_t f = \int_{-\infty}^{\infty} t\, dE_t \left(\sum_{i=1}^{m} E(\Delta_i)\, g_i\right) = \sum_{i=1}^{m} \int_{\Delta_i} t\, dE_t g_i = \sum_{i=1}^{m} \int_{-\infty}^{\infty} t\, \chi_i(t)\, dE_t\, g_i .$$

Berücksichtigt man das Konstruktionsverfahren des Multiplikationsoperators Q und den Hilfssatz der vorigen Nr., so ist damit der Satz über die kanonische Form bewiesen.

In Nr. 83 zeigten wir, daß man für jeden selbstadjungierten Operator mit einfachem Spektrum eine orthogonale Basis so wählen kann, daß in ihr die Matrix des Operators eine Jacobische Matrix ist.

Zum Schluß der vorliegenden Nr. zeigen wir, daß dieses Resultat sich auf selbstadjungierte Operatoren mit einem Spektrum endlicher Vielfachheit verallgemeinern läßt. A sei ein solcher Operator. Wir wählen eine erzeugende Basis $g_1, g_2, \ldots, g_n$ so, daß

$$\mathrm{H} = \mathrm{G}_1 \oplus \mathrm{G}_2 \oplus \cdots \oplus \mathrm{G}_n \qquad (\mathrm{G}_i \perp \mathrm{G}_k,\ i \neq k)$$

ist. Wiederholen wir die Überlegungen aus Nr. 83, so erhalten wir in jedem G_r eine zugehörige Jacobische Matrix

$$((A\, e_{ri},\, e_{rk}))\,.$$

Wählt man jetzt in H eine orthonormierte Basis e_s $(s = 1, 2, 3, \ldots)$, indem man die Einheitsvektoren e_{rk} $(r = 1, 2, 3, \ldots, n,\ k = 1, 2, 3, \ldots)$ erst in der Reihenfolge der ersten Indizes und dann der zweiten anordnet, also

$$e_1 = e_{11},\ e_2 = e_{21}, \ldots, e_n = e_{n1},\quad e_{n+1} = e_{12}, e_{n+2} = e_{22}, \ldots$$

setzt, so erhält man in der Basis $\{e_s\}_{s=1}^{\infty}$ eine verallgemeinerte Jacobische Matrix $((A\, e_i, e_k))$. Sie ist von einem speziellen Typus, da ihre von Null verschiedenen Elemente nur auf der Hauptdiagonalen und auf zwei n-ten Nebendiagonalen liegen.

87. Einige Bemerkungen über unitäre Invarianten selbstadjungierter Operatoren. Zwei Operatoren A_1 und A_2, die in den Hilbert-Räumen H_1 bzw. H_2 operieren, heißen *isomorph* (oder *unitär äquivalent*)[1]), wenn es eine isometrische Abbildung V von H_1 auf H_2 gibt, so daß

$$\mathrm{D}_{A_2} = V\, \mathrm{D}_{A_1} \tag{1}$$

und

$$A_2 = V A_1 V^{-1} \tag{2}$$

gilt.

Ist der Operator A_1 symmetrisch (selbstadjungiert), so gilt dies auch für den zu A_1 isomorphen Operator A_2. Dies folgt unmittelbar aus (1) und (2).

Die Spektren isomorpher symmetrischer Operatoren fallen zusammen; denn aus (1) und (2) folgt

$$\begin{aligned}\Delta_{A_2-\lambda I} &= (A_2 - \lambda I)\, \mathrm{D}_{A_2} = (V A_1 V^{-1} - \lambda V V^{-1})\, \mathrm{D}_{A_2} \\ &= V (A_1 - \lambda I)\, \mathrm{D}_{A_1} = V \Delta_{A_1-\lambda I}\,.\end{aligned} \tag{3}$$

Aus den letzten Gleichungen folgt, daß nicht nur das Spektrum in seiner Gesamtheit, sondern auch jeder seiner Teile (das Punktspektrum und das kontinuierliche Spektrum) *unitäre Invarianten* sind, d. h., daß sie sich bei dem Übergang von A_1 zu einem isomorphen Operator A_2 nicht ändern.

Wir beschränken uns nun auf einige Bemerkungen zur unitären Äquivalenz selbstadjungierter Operatoren.

E_{1t} sei die Zerlegung der Einheit des Operators A_1. Wir setzen

$$E_{2t} = V E_{1t} V^{-1}\,. \tag{4}$$

---

[1]) Wir wiederholen hier die Definition aus Nr. 41.

Diese Formel bestimmt eine gewisse Familie beschränkter selbstadjungierter Operatoren in H_2, und man sieht leicht, daß E_{2t} eine Zerlegung der Einheit im Raume H_2 ist.

Wir verifizieren z. B. die Gleichung

$$E_{2u} E_{2v} = E_{2s},$$

wo $s = \min\{u, v\}$ gesetzt ist. Es gilt nämlich

$$E_{2u} E_{2v} = V E_{1u} V^{-1} V E_{1v} V^{-1} = V E_{1u} E_{1v} V^{-1} = V E_{1s} V^{-1} = E_{2s}.$$

Wir zeigen, daß E_{2t} die Zerlegung der Einheit des Operators A_2 ist. Dazu betrachten wir die Integraldarstellung

$$(A_1 f_1, g_1) = \int_{-\infty}^{\infty} t\, d(E_{1t} f_1, g_1).$$

Setzen wir

$$f_1 = V^{-1} f_2, \quad g_1 = V^{-1} g_2,$$

so erhalten wir

$$(V A_1 V^{-1} f_2, g_2) = \int_{-\infty}^{\infty} t\, d(V E_{1t} V^{-1} f_2, g_2)$$

oder

$$(A_2 f_2, g_2) = \int_{-\infty}^{\infty} t\, d(E_{2t} f_2, g_2).$$

Dies ist aber im wesentlichen nur zu beweisen.

Aus Beziehung (4) folgt, daß die Vielfachheit des Spektrums (die Gesamtvielfachheit und die Vielfachheit in einem Punkte) ebenfalls eine unitäre Invariante des selbstadjungierten Operators ist.

Liegt die lineare Hülle der Folge aller Eigenvektoren eines selbstadjungierten Operators in H dicht, so bilden das Spektrum des Operators und die Vielfachheit des Spektrums in jedem Punkt ein vollständiges System unitärer Invarianten des Operators, d. h., Operatoren mit gleichem Spektrum und gleicher Vielfachheit des Spektrums in jedem Punkt sind einander isomorph.

Auch im Falle selbstadjungierter Operatoren mit beliebigem einfachem Spektrum ist es nicht schwierig, ein vollständiges System unitärer Invarianten zu bestimmen.

A_1 und A_2 seien zwei unitär äquivalente selbstadjungierte Operatoren mit einfachem Spektrum, die in den Räumen H_1 und H_2 operieren.

Aus den Gleichungen

$$(E_{2t} f_2, f_2) = (E_{1t} V^{-1} f_2, V^{-1} f_2) = (E_{1t} f_1, f_1)$$

folgt, daß die Spektraltypen des Elementes f_1 bezüglich A_1 und des Elementes $f_2 = V f_1$ bezüglich A_2 zusammenfallen. Daraus ergibt sich die Übereinstimmung der Spektraltypen von A_1 und A_2.

Wir sehen somit, daß das Spektrum und die Vielfachheit des Spektrums in jedem Punkt im allgemeinen kein vollständiges System unitärer Invarianten darstellt. So haben z. B. die Multiplikationsoperatoren Q_{σ_1} im $L^2_{\sigma_1}(0, 1)$ und Q_{σ_2} im $L^2_{\sigma_2}(0, 1)$ für $\sigma_1(t) = t$ und

$$\sigma_2(t) = \begin{cases} 1 + t & (t > 0), \\ 0 & (t = 0) \end{cases}$$

ein gemeinsames Spektrum der Vielfachheit Eins; sie sind aber nicht isomorph, da die Spektraltypen der Verteilungsfunktionen $\sigma_1(t)$, $\sigma_2(t)$ nicht zusammenfallen.

Andererseits sind zwei Operatoren mit einfachem Spektrum und gleichem Spektraltyp einander isomorph. Gemäß den Nummern 83, 84 sind sie nämlich beide demselben Multiplikationsoperator isomorph.

Somit gilt der folgende

Satz. *Zwei Operatoren mit einfachem Spektrum sind einander isomorph dann und nur dann, wenn ihre Spektraltypen zusammenfallen.*

Beim Übergang vom einfachen zum vielfachen Spektrum wird die Bestimmung eines vollständigen Systems unitärer Invarianten wesentlich schwieriger. Die Frage nach einem vollständigen System unitärer Invarianten eines selbstadjungierten Operators mit vielfachem Spektrum kann nicht durch eine einfache Zerlegung eines solchen Operators in die orthogonale Summe von Operatoren mit einfachem Spektrum gelöst werden. Solche Zerlegungen sind nämlich nicht eindeutig bestimmt. Zur Lösung der Aufgabe im allgemeinen Fall muß man die Zerlegung des Operators in eine orthogonale Summe in spezieller Weise wählen. Dies erfordert die Einführung des Begriffes der sogenannten *unabhängigen Spektraltypen*.

Die Theorie unitärer Invarianten selbstadjungierter Operatoren wurde von Hellinger für den Fall des separablen Raumes aufgestellt und weiter von A. I. Plesner für den Fall nicht separabler Räume entwickelt.

Die Darlegung der hierher gehörigen Fragen ist nicht Aufgabe dieses Buches.[1])

88. Allgemeine Definition einer Funktion eines selbstadjungierten Operators. In Nr. 72 haben wir, ausgehend von einer gegebenen Zerlegung der Einheit E_t, das Operatorintegral

$$\int_{-\infty}^{\infty} \varphi(t)\, dE_t$$

konstruiert. Dabei haben wir vorausgesetzt, daß die Funktion $\varphi(t)$ fast überall bezüglich des Operatormaßes E_t definiert und endlich ist und daß sie bezüglich dieses Maßes meßbar ist. Wir behalten im weiteren diese Voraussetzungen über die Funktion $\varphi(t)$ bei und nehmen jetzt zu unseren Betrachtungen noch den selbstadjungierten Operator A hinzu, zu dem die Zerlegung der Einheit E_t gehört. Wir setzen wie auch in Nr. 72 voraus, daß in H eine dichte Menge D von Elementen existiert, für die

$$\int_{-\infty}^{\infty} |\varphi(t)|^2\, d(E_t f, f) < \infty \tag{1}$$

gilt und geben folgende

Definition. Als *Funktion* $\varphi(A)$ bezeichnet man den Operator, der durch die Formel

$$\varphi(A) f = \int_{-\infty}^{\infty} \varphi(t)\, dE_t f$$

für alle Vektoren $f \in$ H definiert ist, für die die Ungleichung (1) erfüllt ist.

Wir müssen bemerken, daß wir für einen Teil der hier betrachteten Funktionenklasse schon früher den Begriff der Funktion eines Operators definiert haben. Diese früher gegebene Definition stimmt mit der hier gegebenen überein. Wir bemerken ferner, daß einige Eigenschaften des Operators $\varphi(A)$, die aus der hier gegebenen Definition folgen, faktisch schon in Nr. 72 angegeben wurden. So wurde z. B. in Nr. 72 gezeigt, daß der Definitionsbereich $\mathrm{D} = \mathrm{D}_{\varphi(A)}$ eine lineare Mannigfaltigkeit ist und daß $[\varphi(A)]^* = \bar{\varphi}(A)$ gilt. Wir bemerken weiter-

[1]) Dem Leser, der sich mit der Theorie der Invarianten vertraut machen will, sei das Buch von A. I. Plesner [2] empfohlen. Dort ist diese Theorie erschöpfend dargestellt.

hin, daß für die Existenz des zu $\varphi(A)$ inversen Operators notwendig und hinreichend ist, daß die Funktion $\psi(t) = \frac{1}{\varphi(t)}$ alle am Anfang dieser Nr. erwähnten Bedingungen erfüllt. Dann gilt

$$[\varphi(A)]^{-1} = \int_{-\infty}^{\infty} \frac{1}{\varphi(t)} dE_t .$$

Schließlich bemerken wir noch, daß die Gleichung $|\varphi(t)| = 1$ (fast überall bezüglich des Operatormaßes E_t) notwendig und hinreichend dafür ist, daß $\varphi(A)$ unitär ist. Diese Bedingung ist z. B. im Fall

$$\varphi(t) = \frac{t - i}{t + i}$$

erfüllt, der zur CAYLEY-Transformation führt. Sie ist weiterhin im Fall

$$\varphi(t) = e^{ist} \qquad (-\infty < s < \infty)$$

erfüllt, der zu einer ABELschen Gruppe unitärer Operatoren führt. Weiterhin gilt: $\varphi(A)$ ist genau dann ein Orthoprojektor, wenn $\varphi(t)$ fast überall bezüglich E_t nur die beiden Werte 0 und 1 annimmt.

Wir untersuchen jetzt, welche Vereinfachungen die Theorie durch die Voraussetzung erfährt, daß das Spektrum von A einfach ist. Wir machen also diese Voraussetzung und bezeichnen mit g irgendein erzeugendes Element von A und mit $\sigma(t)$ die Verteilungsfunktion $(E_t g, g)$. Wir zeigen, daß es genügt, die $\varphi(t)$ auferlegten Forderungen bezüglich des einen Maßes $\sigma(t) = (E_t g, g)$ zu prüfen, anstatt bezüglich aller Maße $(E_t f, f)$. In der Tat, sei $e \in (-\infty, \infty)$ irgendeine Menge mit endlichem σ-Maß. Dieses Maß ist gleich

$$\int_{-\infty}^{\infty} \chi_e(t)\, d\sigma(t) , \tag{2}$$

wo $\chi_e(t)$ die charakteristische Funktion der Menge e ist. Ist f ein beliebiger Vektor, dann gilt für jedes $\Delta \subset (-\infty, \infty)$

$$\bigl(E(\Delta) f, f\bigr) = \int_{\Delta} p(t)\, d(E_t g, g) = \int_{\Delta} p(t)\, d\sigma(t) , \tag{3}$$

wo $p(t)$ eine nicht negative σ-integrierbare Funktion ist. Beim Vergleich von (2) und (3) sehen wir, daß das Maß der Menge e bezüglich der Verteilungsfunktion $(E_t f, f)$ gleich

$$\int_{-\infty}^{\infty} \chi_e(t)\, d(E_t f, f) = \int_{-\infty}^{\infty} p(t)\, \chi_e(t)\, d\sigma(t) ,$$

d. h. endlich und zusammen mit dem Integral (2) gleich Null, ist.

Wir bringen noch eine Bemerkung, die den Isomorphismus zwischen dem Raum $L^2_\sigma(-\infty, \infty)$ und H betrifft, der durch die Beziehung

$$f = \int_{-\infty}^{\infty} f(t)\, dE_t\, g \tag{4}$$

realisiert wird.

Aus dieser Beziehung ist ersichtlich, daß

$$f = f(A)\, g$$

gilt. Daraus folgt für $f \in D_{\varphi(A)}$ die Relation

$$\varphi(A)\, f = \varphi(A)\, f(A)\, g = \int_{-\infty}^{\infty} \varphi(t)\, f(t)\, dE_t\, g\,.$$

Demnach entspricht bei der isomorphen Abbildung von H auf $L^2_\sigma(-\infty, \infty)$ durch (4) dem Operator $\varphi(A)$ in H der Operator der Multiplikation mit $\varphi(t)$ im Raum $L^2_\sigma(-\infty, \infty)$.

89. Beispiele. Einige der in diesem Kapitel untersuchten allgemeinen Tatsachen wollen wir anhand der Beispiele des Differentiationsoperators

$$\mathcal{P} = i\,\frac{d}{dt}$$

in $L^2(-\infty, \infty)$ und des Operators Q der Multiplikation mit einer unabhängigen Veränderlichen in demselben Raum illustrieren. Beide Operatoren sind selbstadjungiert. Ferner sind sie unitär äquivalent; es ist nämlich

$$\mathcal{P} = \mathfrak{F}\, Q\, \mathfrak{F}^*\,,$$

wobei $\mathfrak{F}$ der Fourier-Plancherel-Operator ist. Da das Spektrum von Q einfach ist und mit der ganzen Zahlengeraden zusammenfällt (s. Nr. 83), so hat das Spektrum des Operators $\mathcal{P}$ dieselbe Eigenschaft.

A. $E_t^{(Q)}$ bezeichne die Spektralfunktion von Q und $E_t^{(\mathcal{P})}$ die von $\mathcal{P}$. Da

$$E^{(Q)}(\Delta)\, h = \chi_\Delta(t)\, h(t)$$

ist, wobei $\chi_\Delta(t)$ die charakteristische Funktion des Intervalls Δ und $h = h(t)$ ein beliebiges Element aus $L^2(-\infty, \infty)$ bedeuten, und da ferner (s. Nr. 87)

$$E_t^{(\mathcal{P})} = \mathfrak{F}\, E_t^{(Q)}\, \mathfrak{F}^*$$

gilt, so besteht für jedes endliche Intervall $\Delta = [\alpha, \beta]$ die Gleichung

$$E^{(\mathcal{P})}(\Delta)\, f = \frac{1}{2\pi} \int_{-\infty}^{\infty} \frac{e^{i\beta(u-t)} - e^{i\alpha(u-t)}}{i\,(u-t)}\, f(u)\, du$$

mit einem beliebigen Element $f = f(t)$ aus $L^2(-\infty, \infty)$.

B. Erinnern wir uns nun an den Satz 2 von Nr. 83. Ist g irgendein erzeugendes Element von Q, so ordnet die Formel

$$f = \int_{-\infty}^{\infty} \varphi(t)\, dE_t^{(Q)} g$$

jedem Element $f = f(t) \in L^2(-\infty, \infty)$ ein Element $\varphi(t) \in L^2_\sigma(-\infty, \infty)$ zu; dabei ist $\sigma(t) = (E_t g, g)$. Diese Zuordnung ist eine isometrische Abbildung von $L^2(-\infty, \infty)$ auf $L^2_\sigma(-\infty, \infty)$. Da der Ausgangsoperator selbst schon der Multiplikationsoperator in $L^2(-\infty, \infty)$ ist, so ist es naheliegend, so ein erzeugendes Element g_0 zu suchen, für das die betreffende isometrische Abbildung in die identische Abbildung

$$f(s) = \int_{-\infty}^{\infty} f(t)\, dE_t^{(Q)} g_0$$

übergeht. Damit diese Gleichung bestehen kann, ist notwendig und hinreichend, daß

$$E^{(Q)}(\Delta)\, g_0 = \chi_\Delta(t)$$

ist. Dabei ist Δ ein beliebiges endliches Intervall und $\chi_\Delta(t)$ seine charakteristische Funktion. Für $\Delta \to [-\infty, \infty]$ hat die Funktion $\chi_\Delta(t)$ in $L^2(-\infty, \infty)$ keinen Grenzwert. Einen Vektor g_0 mit der gewünschten Eigenschaft gibt es also nicht. Wenn wir dennoch das gestellte Problem lösen wollen, so müssen wir den Raum $L^2(-\infty, \infty)$ durch ein *uneigentliches* Element g_0 ergänzen. Dieses Element soll die Eigenschaft haben, daß seine Projektion auf jeden Teilraum $L^2(a, b)$ für beliebige endliche a, b identisch Eins ist. g_0 ist also eine nicht zum Raume $L^2(-\infty, \infty)$ gehörige *Einheitsfunktion*, $g_0(t) \equiv 1$.

C. Wir wenden uns jetzt dem Operator $\mathcal{P}$ zu. $h = h(t)$ sei irgendein erzeugendes Element dieses Operators. Für jedes beliebige $f \in L^2(-\infty, \infty)$ gibt es dann ein Element $\psi(t) \in L^2_\sigma(-\infty, \infty)$ (wo $\sigma(t) = (E_t^{(\mathcal{P})} h, h)$ ist), daß

$$f(s) = \int_{-\infty}^{\infty} \psi(t)\, dE_t^{(\mathcal{P})} h$$

gilt. Hier liegt es nahe, die Frage nach einem solchen erzeugenden Element h_0 zu stellen, für das $\psi(t)$ durch die Fourier-Plancherel-Transformation (oder durch die inverse Transformation) aus $f(t)$ hervorgeht. Wir fordern

$$\psi(t) = \mathfrak{F}^* f(t)\,.$$

Dann besteht neben der Darstellung

$$f(s) = \int_{-\infty}^{\infty} \psi(t)\, dE_t^{(\mathcal{P})} h_0$$

auch die Gleichung

$$f(s) = \text{l. i. m.} \frac{1}{\sqrt{2\pi}} \int_{-\infty}^{\infty} \psi(t)\, e^{-ist}\, dt\,,$$

und folglich gilt für jedes beliebige endliche Intervall $\Delta = [\alpha, \beta]$ die Relation

$$E^{(\mathcal{P})}(\Delta)\, h_0 = \frac{1}{\sqrt{2\pi}} \frac{e^{-i\beta t} - e^{-i\alpha t}}{-i t} .$$

Der gesuchte Vektor h_0 muß daher der Relation

$$E^{(\mathcal{P})}(\Delta)\, h_0 = \mathfrak{F}\, E^{(Q)}(\Delta)\, g_0 , \tag{1}$$

wo g_0 die Einheitsfunktion ist, genügen. Einen solchen Vektor h_0 gibt es im Raume $L^2(-\infty, \infty)$ nicht. Wir führen h_0 als das zweite uneigentliche Element für den Raum $L^2(-\infty, \infty)$ ein. Die Gleichung (1) zeigt, daß man h_0 als die Fourier-Plancherel-Transformierte des uneigentlichen Elementes $g_0 \equiv 1$ zu betrachten hat. Es gilt bekanntlich die Darstellung $h_0 = \sqrt{2\pi}\,\delta(t)$, wobei $\delta(t)$ die Diracsche δ-Funktion ist.

D. Die Funktionen $\varphi(t)$ des Operators $\mathcal{P}$, zu denen wir jetzt übergehen, müssen vor allem meßbar sein. Soll die Funktion $\varphi(t)$ einen beschränkten, überall in $L^2(-\infty, \infty)$ definierten Operator erzeugen, dann müssen wir fordern, daß sie beschränkt ist.

$\varphi(t)$ sei eine solche Funktion. Es sei $f = f(t)$ eine beliebige Funktion aus $L^2(-\infty, \infty)$ und $g = g(t)$ ihre inverse Fourier-Plancherel-Transformierte, so daß also

$$\varphi(\mathcal{P})\, f = \mathfrak{F}\{\varphi(t)\, g(t)\} . \tag{2}$$

Besonders einfach ist die Sachlage, wenn die Funktion $\varphi(t)$ nicht nur beschränkt ist, sondern auch zu $L^2(-\infty, \infty)$ gehört. In diesem Falle existiert nämlich

$$\psi(t) = \mathfrak{F}\, \varphi(t) ,$$

und die rechte Seite der Formel (2) ist gleich

$$\frac{1}{\sqrt{2\pi}} \int_{-\infty}^{\infty} \psi(t-s)\, f(s)\, ds .$$

In diesem Falle ist also

$$\varphi(\mathcal{P})\, f = \frac{1}{\sqrt{2\pi}} \int_{-\infty}^{\infty} \psi(t-s)\, f(s)\, ds . \tag{3}$$

Die rechte Seite der Formel (2) geht in $\psi(t)$ über, wenn man an die Stelle von $g(t)$ die Einheitsfunktion $g_0(t)$ setzt. Daher hat man $\psi(t)$ als das Bild des uneigentlichen Elementes h_0 bei der Anwendung des Operators $\varphi(\mathcal{P})$ zu betrachten:

$$\psi(t) = \varphi(\mathcal{P})\, h_0 .$$

Ist also die Funktion $\varphi(t)$ beschränkt und gehört sie zu $L^2(-\infty, \infty)$, so genügt es, $\varphi(\mathcal{P})\, h_0$ zu finden, und die Bestimmung von $\varphi(\mathcal{P})\, f$ reduziert sich auf die Bestimmung einer gewissen Faltung gemäß der Formel (3).

Wir wollen jetzt annehmen, daß die Funktion $\varphi(t)$ zwar beschränkt ist, aber nicht zu $L^2(-\infty, \infty)$ gehört. In diesem Falle ist es naheliegend,

$$\varphi(t) = (t+i)\,\varphi_1(t)$$

zu setzen, wobei

$$\varphi_1(t) = \frac{\varphi(t)}{t+i}$$

ist und φ_1 zu $L^2(-\infty, \infty)$ gehört. Wir setzen

$$\varphi_1(\mathscr{P})\,h_0 = \psi_1(t)\,.$$

Dann ist

$$\varphi_1(\mathscr{P})\,f = \frac{1}{\sqrt{2\pi}} \int_{-\infty}^{\infty} \psi_1(t-s)\,f(s)\,ds$$

und

$$\varphi(\mathscr{P})\,f = (\mathscr{P}+i)\,\varphi_1(\mathscr{P})\,f = \frac{i}{\sqrt{2\pi}}\left(\frac{d}{dt}+1\right)\int_{-\infty}^{\infty} \psi_1(t-s)\,f(s)\,ds\,.$$

E. Bei verschiedenen Fragen der Analysis kommen oft Integraloperatoren vor, deren Kerne Funktionen der Differenz zweier Argumente sind. Wir sehen, daß solche Operatoren Funktionen des Differentationsoperators sind. Als Beispiel führen wir den Operator an, der durch die Formel

$$D_\lambda f = \frac{1}{\pi}\int_{-\infty}^{\infty} \frac{\sin\sqrt{\lambda}\,(t-s)}{t-s}\,f(s)\,ds$$

mit einem nicht negativen Parameter λ definiert ist· Dieser Operator spielt in der Theorie der Fourier-Integrale eine wichtige Rolle. Für uns ist von Interesse, daß D_λ eine Zerlegung der Einheit ist. Diese Tatsache ergibt sich aus einem allgemeineren Umstand: *Ist E_λ die Zerlegung der Einheit eines selbstadjungierten Operators A, so ist*

$$E_{\sqrt{\lambda}} - E_{-\sqrt{\lambda}} \qquad (\lambda \geqq 0)$$

die Zerlegung der Einheit des Operators A^2. Man sieht aber leicht, daß

$$D_\lambda = E^{(\mathscr{P})}_{\sqrt{\lambda}} - E^{(\mathscr{P})}_{-\sqrt{\lambda}}$$

ist; daher ist D_λ die Zerlegung der Einheit, die zum Operator $\mathscr{P}^2$ gehört. Wir zeigen jetzt, daß $\mathscr{P}^2$ mit dem Operator L identisch ist, der durch die Formel

$$Lf = -\frac{d^2f}{dt^2}$$

auf allen Funktionen $f(t)$ aus $L^2(-\infty, \infty)$ definiert ist, die eine absolut stetige erste Ableitung $f'(t)$ und eine zweite Ableitung $f''(t)$ besitzen, die zu $L^2(-\infty, \infty)$ gehört.

Vorerst ist klar, daß

$$\mathcal{P}^2 \subseteq L$$

gilt. Es ist also nur zu beweisen, daß aus

$$\int_{-\infty}^{\infty} |f(t)|^2\,dt < \infty, \qquad \int_{-\infty}^{\infty} |f''(t)|^2\,dt < \infty$$

folgt

$$\int_{-\infty}^{\infty} |f'(t)|^2\,dt < \infty.$$

Dazu genügt es, diese Aussage für den Fall zu beweisen, daß die Funktion $f(t)$ reell-wertig ist und die Integration über die positive reelle Halbachse erstreckt wird. Wir gehen von den Identitäten

$$\int_0^s [f'(t)]^2\,dt = f(s)\,f'(s) - f(0)\,f'(0) - \int_0^s f(t)\,f''(t)\,dt,$$

$$\int_0^t f(s)\,f'(s)\,ds = \frac{1}{2}[f(t)]^2 - \frac{1}{2}[f(0)]^2$$

aus. Angenommen, $f'(t)$ gehöre nicht zu $L^2(0, \infty)$; es sei also

$$\lim_{s\to\infty} \int_0^s [f'(t)]^2\,dt = \infty.$$

Aus der ersten Identität, deren letztes Glied der rechten Seite beschränkt ist, schließen wir auf

$$\lim_{s\to\infty} f(s)\,f'(s) = \infty.$$

Aus der zweiten Identität ergibt sich dann

$$\lim_{t\to\infty} [f(t)]^2 = \infty,$$

und dies widerspricht der Voraussetzung über die Endlichkeit des Integrals

$$\int_0^{\infty} [f(t)]^2\,dt < \infty.$$

Wir zeigen jetzt, daß die Vielfachheit des Spektrums von L gleich zwei ist. Zunächst überzeugen wir uns, daß dieses Spektrum nicht einfach sein kann. Angenommen, es sei einfach; dann betrachten wir ein erzeugendes Element g von L, so daß die lineare Hülle der Vektoren $D_\lambda g$ ($\lambda \geqq 0$) in $L^2(-\infty, \infty)$ dicht liegt, g ist dann a fortiori ein erzeugendes Element von $\mathcal{P}$. Da aber das Spektrum von $\mathcal{P}$ die ganze Zahlengerade erfüllt, so kann der Vektor $E^{(\mathcal{P})}(\Delta)\, g$ für kein endliches Intervall Δ gleich Null sein. Wir betrachten irgendein endliches Intervall $\Delta = [\alpha, \beta]$ mit $\beta > \alpha > 0$ und stellen den Vektor $E^{(\mathcal{P})}(\Delta)\, g$ in der Form

$$E^{(\mathcal{P})}(\Delta)\, g = \int_0^\infty \varphi(t)\, dD_t\, g$$

dar. Dies ist möglich, da g ein erzeugendes Element von L ist. Diese Darstellung läßt sich in der Form

$$\int_\alpha^\beta dE_t^{(\mathcal{P})}\, g = \int_0^\infty \varphi(s)\, d\,\{E_{\sqrt{s}}^{(\mathcal{P})} - E_{-\sqrt{s}}^{(\mathcal{P})}\}\, g = \int_{-\infty}^\infty \varphi(t^2)\, dE_t^{(\mathcal{P})}\, g$$

schreiben, und hieraus folgt

$$\varphi(t^2) = \begin{cases} 1 & (\alpha < t < \beta)\,, \\ 0 & (-\beta < t < -\alpha)\,, \end{cases}$$

was unmöglich ist.

Das Spektrum des Operators L ist also nicht einfach. Um zu beweisen, daß es die Vielfachheit zwei hat, muß gezeigt werden, daß L eine erzeugende Basis aus zwei Vektoren besitzt. Wir wählen zwei erzeugende Elemente $h_1 = h_1(t)$, $h_2 = h_2(t)$ von $\mathcal{P}$, von denen das erste eine ungerade und das zweite eine gerade Funktion ist. Eine beliebige Funktion $f(t)$ aus $\mathrm{L}^2(-\infty, \infty)$ stellen wir als Summe

$$f(t) = f_1(t) + f_2(t)$$

einer ungeraden Funktion $f_1(t)$ und einer geraden $f_2(t)$ dar. Da h_1 erzeugendes Element von $\mathcal{P}$ ist, so gilt

$$f_1 = f_1(t) = \int_{-\infty}^\infty \varphi_1(s)\, d\,(E_s^{(\mathcal{P})} - E_0^{(\mathcal{P})})\, h_1\,. \tag{4}$$

Aber es ist

$$(E_s^{(\mathcal{P})} - E_0^{(\mathcal{P})})\, h_1 \equiv g_1(t; s) = \frac{1}{2\pi} \int_{-\infty}^\infty \frac{e^{is(u-t)} - 1}{i\,(u-t)}\, h_1(u)\, du$$

und folglich

$$\begin{aligned} g_1(-t; -s) &= \frac{1}{2\pi} \int_{-\infty}^\infty \frac{e^{is(-u-t)} - 1}{i\,(u+t)}\, h_1(u)\, du \\ &= \frac{1}{2\pi} \int_{-\infty}^\infty \frac{e^{is(u-t)} - 1}{i\,(-u+t)}\, h_1(-u)\, du \\ &= \frac{1}{2\pi} \int_{-\infty}^\infty \frac{e^{is(u-t)} - 1}{i\,(u-t)}\, h_1(u)\, du = g_1(t; s)\,. \end{aligned}$$

Da $f_1(t)$ ungerade ist, folgt daher aus (4) die Darstellung

$$f_1(t) = \int_{-\infty}^{\infty} \varphi_1(-s)\, d\,(E_s^{(\mathcal{P})} - E_0^{(\mathcal{P})})\, h_1 \,.$$

$\varphi_1(t)$ ist also eine gerade Funktion, und die Darstellung (4) nimmt die Form

$$f_1 = \int_0^{\infty} \varphi_1(s)\, d\,(E_s^{(\mathcal{P})} - E_{-s}^{(\mathcal{P})})\, h_1 = \int_0^{\infty} \varphi_1(\sqrt{t})\, dD_t\, h_1$$

an. Analog beweist man die Gleichung

$$f_2 = \int_0^{\infty} \varphi_2(\sqrt{t})\, dD_t\, h_2 \,.$$

Die Vektoren h_1, h_2 bilden also eine erzeugende Basis von L. Es sei noch vermerkt, daß diese Basis orthogonal ist.

F. Der Raum $L^2(-\infty, \infty)$ ist darstellbar als orthogonale Summe von Teilräumen, die nur aus geraden oder nur aus ungeraden Funktionen bestehen. Jeder dieser Teilräume reduziert den Operator $L = \mathcal{P}^2$. Berücksichtigt man, daß die Elemente der reduzierenden Teilräume gerade (oder ungerade) sind, so ist leicht zu sehen, daß die Zerlegung der Einheit des Operators L auf jedem dieser Teilräume ein Integraloperator ist, als dessen Kern man den geraden oder den ungeraden Teil des Kernes

$$\frac{1}{\pi}\,\frac{\sin\sqrt{\lambda}\,(t-s)}{t-s} = \frac{1}{\pi}\int_0^{\sqrt{\lambda}} (\cos\mu t \cos\mu s + \sin\mu t \sin\mu s)\, d\mu$$

nehmen kann.

Die Betrachtung des Operators L auf den geraden (oder ungeraden) Funktionen in $L^2(-\infty, \infty)$ ist äquivalent mit der Untersuchung der positiven Operatoren

$$L_c f = -f'' \quad \text{und} \quad L_s f = -f''$$

im Raum $L^2(0, \infty)$ mit einem Definitionsbereich, der aus den Funktionen mit absolut stetiger Ableitung f' und mit $f'' \in L^2(0, \infty)$ besteht, wobei die Bedingungen

$$f'(0) = 0 \quad (\text{für } L_c)\,, \qquad f(0) = 0 \quad (\text{für } L_s)$$

erfüllt sind. Deshalb wird die Zerlegung der Einheit des Operators L_c in $L^2(0, \infty)$ durch den Kern

$$\frac{2}{\pi}\int_0^{\sqrt{\lambda}} \cos\mu t \cos\mu s\, d\mu = \frac{1}{\pi}\left\{\frac{\sin\sqrt{\lambda}\,(t-s)}{t-s} + \frac{\sin\sqrt{\lambda}\,(t+s)}{t+s}\right\}$$

und für den Operator L_s durch den Kern

$$\frac{2}{\pi}\int_0^{\sqrt{\lambda}} \sin\mu\, t \sin\mu\, s\, d\mu = \frac{1}{\pi}\left\{\frac{\sin\sqrt{\lambda}(t-s)}{t-s} - \frac{\sin\sqrt{\lambda}(t+s)}{t+s}\right\}$$

erzeugt (in beiden Fällen ist $\lambda \geqq 0$).

Demnach ist das *Spektrum der beiden Operatoren* L_c und L_s *kontinuierlich und besteht aus der Halbachse* $0 \leqq \lambda < \infty$. Es ist leicht zu sehen, daß dieses Spektrum einfach ist.

90. Ringe beschränkter selbstadjungierter Operatoren.

Definition. Eine Menge $\mathfrak{R}$ beschränkter selbstadjungierter Operatoren heißt ein *Ring*, wenn aus $A, B \in \mathfrak{R}$ die Relationen $AB \in \mathfrak{R}$ und $\alpha A + \beta B \in \mathfrak{R}$ für beliebige reelle α, β folgen.

Ein Ring $\mathfrak{R}$ heißt *schwach abgeschlossen*, wenn aus $A_n \in \mathfrak{R}$ $(n = 1, 2, 3, \ldots)$ und $A_n \xrightarrow{\text{schw.}} A$ die Beziehung $A \in \mathfrak{R}$ folgt.

Da das Produkt zweier selbstadjungierter beschränkter Operatoren genau dann ein selbstadjungierter Operator ist, wenn die Faktoren vertauschbar sind, so müssen alle Operatoren eines Ringes paarweise vertauschbar sein.

Umgekehrt bestimmt jede Menge $\mathfrak{N} = \{A, B, C, \ldots\}$ paarweise vertauschbarer beschränkter selbstadjungierter Operatoren einen wohlbestimmten schwach abgeschlossenen Ring, nämlich den kleinsten schwach abgeschlossenen Ring, der $\mathfrak{N}$ enthält. Diesen Ring bezeichnen wir mit $\mathfrak{R}(\mathfrak{N})$ oder $\mathfrak{R}(A, B, C, \ldots)$. Er kann als der Durchschnitt aller schwach abgeschlossenen, $\mathfrak{N}$ enthaltenden Ringe definiert werden.

Von J. von Neumann stammt der folgende

Satz 1. *Ist der Raum* H *separabel, so entspricht jedem schwach abgeschlossenen Ring* $\mathfrak{R}$ *ein beschränkter selbstadjungierter Operator* A, *so daß* $\mathfrak{R} = \mathfrak{R}(A)$ *ist.*

Die vorliegende Nr. ist dem Beweis dieses Satzes gewidmet. Um größere Klarheit zu erreichen, geben wir in Form von Hilfssätzen zwei Zwischenbehauptungen an, die im Beweis benutzt werden.

Hilfssatz 1. *Ein beschränkter selbstadjungierter Operator* A *mit der Zerlegung der Einheit* E_t *gehört genau dann dem schwach abgeschlossenen Ring* $\mathfrak{R}$ *an, wenn* E_λ *für beliebiges* $\lambda \leqq 0$ *und* $I - E_\mu$ *für jedes* $\mu > 0$ *diesem Ring angehören.* (Dabei ist nicht vorausgesetzt, daß H separabel ist.)

Beweis. Um zu zeigen, daß die Bedingung hinreichend ist, nehmen wir an, daß das Spektrum von A im Intervall $(-c, c)$ liegt, und wählen die Punkte

$$-c = t_0 < t_1 < t_2 < \cdots < t_m < \cdots < t_n = c\,,$$

unter denen sich auch der Punkt 0 befinden soll (z. B. $t_m = 0$). Wir führen den Operator

$$A_n = \sum_{k=1}^{n} t_{k-1}(E_{t_k} - E_{t_{k-1}}) = \sum_{k=1}^{m} t_{k-1}(E_{t_k} - E_{t_{k-1}})$$
$$+ \sum_{k=m+2}^{n} t_{k-1}\{(I - E_{t_{k-1}}) - (I - E_{t_k})\}$$

ein, der nach Voraussetzung zu $\mathfrak{R}$ gehört. Wächst n unbeschränkt und strebt dabei die größte Differenz $t_k - t_{k-1}$ gegen Null, dann konvergiert A_n gleichmäßig gegen den Operator

$$\int_{-c}^{c} t\, dE_t = A\,.$$

Wegen der schwachen Abgeschlossenheit des Ringes gilt $A \in \mathfrak{R}$, und damit ist die eine Richtung des Satzes bewiesen.

Beim Beweis der Notwendigkeit stützen wir uns darauf, daß mit A auch ein beliebiges Polynom mit reellen Koeffizienten von A ohne Absolutglied zu $\mathfrak{R}$ gehört. Wir konstruieren für beliebiges $\lambda \leqq 0$ die Funktion

$$h_\varepsilon(t;\lambda) = \begin{cases} 1 & (t \leqq \lambda - \varepsilon)\,, \\ \dfrac{\lambda - t}{\varepsilon} & (\lambda - \varepsilon \leqq t \leqq \lambda)\,, \\ 0 & (t \geqq \lambda) \end{cases}$$

und wählen ein reelles Polynom $p_\varepsilon(t)$ ohne Absolutglied, das die Ungleichung

$$|h_\varepsilon(t;\lambda) - p_\varepsilon(t)| \leqq \varepsilon \qquad (-c \leqq t \leqq c)$$

erfüllt. Die Existenz eines solchen Polynomes läßt sich mit Hilfe des Satzes von Weierstrass beweisen. Wir können jetzt für beliebige $f, g \in H$ die folgende Identität hinschreiben:

$$\begin{aligned}(p_\varepsilon(A) f, g) - (E_\lambda f, g) &= \int_{-c}^{c} p_\varepsilon(t)\, d(E_t f, g) - \int_{-c}^{\lambda} d(E_t f, g) \\ &= \int_{-c}^{c} \{p_\varepsilon(t) - h_\varepsilon(t;\lambda)\}\, d(E_t f, g) + \frac{1}{\varepsilon}\int_{\lambda-\varepsilon}^{\lambda} (\lambda - \varepsilon - t)\, d(E_t f, g) \\ &= \mathfrak{J}_1 + \mathfrak{J}_2\,.\end{aligned}$$

Es ist aber leicht zu sehen, daß

$$|\mathfrak{J}_1| \leqq \|g\| \sqrt{\int_{-c}^{c} |p_\varepsilon(t) - h_\varepsilon(t;\lambda)|^2\, d(E_t f, f)} \leqq \varepsilon\, \|f\| \cdot \|g\|\,,$$

und damit geht $\mathfrak{J}_1 \to 0$ für $\varepsilon \to 0$. Andererseits gilt

$$\mathfrak{J}_2 = -(E_\lambda f, g) + \frac{1}{\varepsilon}\int_{\lambda-\varepsilon}^{\lambda} (E_t f, g)\, dt = \frac{1}{\varepsilon}\int_{\lambda-\varepsilon}^{\lambda} ((E_t - E_\lambda) f, g)\, dt\,,$$

woraus die Beziehung

$$|\mathfrak{J}_2| \leqq \|(E_\lambda - E_{\lambda-\varepsilon}) f\| \cdot \|g\|$$

folgt, d. h., auch $\mathfrak{J}_2$ strebt gegen Null mit $\varepsilon \to 0$. Demnach konvergiert der zu $\mathfrak{R}$ gehörige Operator $p_\varepsilon(A)$ schwach (sogar stark) gegen den Operator E_λ, der damit ebenfalls zu $\mathfrak{R}$ gehören muß. In analoger Weise läßt sich zeigen, daß $I - E_\mu$ für $\mu > 0$ zu $\mathfrak{R}$ gehört. Wir brauchen dazu nur die Funktion

$$h_\varepsilon(t;\lambda) = \begin{cases} 0 & (t \leqq \mu - \varepsilon)\,, \\ \dfrac{t-\mu+\varepsilon}{\varepsilon} & (\mu - \varepsilon \leqq t \leqq \mu)\,, \\ 1 & (t \geqq \mu) \end{cases}$$

zu nehmen.

Hilfssatz 2. *Ist der Raum* H *separabel, dann kann man zu jedem schwach abgeschlossenen Ring* $\mathfrak{R}$ *eine Folge von paarweise vertauschbaren Orthoprojektoren* $P_1, P_2, P_3, \ldots$ *so bestimmen, daß*

$$\mathfrak{R} = \mathfrak{R}(P_1, P_2, P_3, \ldots)\,.$$

Beweis. Der Ring $\mathfrak{R}$ werde erzeugt von den beschränkten selbstadjungierten Operatoren $A^{(\alpha)}, A^{(\beta)}, \ldots$, zu denen die Zerlegungen der Einheit $E_t^{(\alpha)}, E_t^{(\beta)}, \ldots$ gehören. Dann ist nach Hilfssatz 1

$$\mathfrak{R} = \mathfrak{R}\,(E_\lambda^\alpha, I - E_\mu^\alpha, E_\lambda^\beta, I - E_\mu^\beta, \ldots)\,,$$

wobei μ alle positiven und λ alle nicht positiven Zahlen durchläuft. Wir können also sagen, daß

$$\mathfrak{R} = \mathfrak{R}(\mathfrak{N})$$

ist, wobei $\mathfrak{N}$ ein Kontinuum paarweise vertauschbarer Projektoren ist. Nach Satz 2 aus Nr. 34 enthält dieses Kontinuum jedoch eine im Sinne der starken Konvergenz in $\mathfrak{N}$ dichte Folge $P_1, P_2, P_3, \ldots$. Setzen wir

$$\mathfrak{R}(P_1, P_2, P_3, \ldots) = \mathfrak{R}_1\,,$$

dann ist offensichtlich $\mathfrak{R}_1 \subseteq \mathfrak{R}$. Da aber für beliebige $P \in \mathfrak{N}$ eine Folge $\{P_{n_k}\}_{k=1}^\infty$ existiert, die stark gegen P konvergiert, ist $P \in \mathfrak{R}_1$ und damit $\mathfrak{N} \subseteq \mathfrak{R}_1$. Daraus folgt $\mathfrak{R} \subseteq \mathfrak{R}_1$ es ist deshalb $\mathfrak{R}_1 = \mathfrak{R}$, und der Hilfssatz 2 ist bewiesen.

Wir beginnen jetzt mit dem Beweis des Satzes von J. von Neumann.

Sei also ein schwach abgeschlossener Ring $\mathfrak{R}$ gegeben. Nach Hilfssatz 2 wird er von einer Folge paarweise vertauschbarer Projektoren erzeugt:

$$\mathfrak{R} = \mathfrak{R}(P_1, P_2, P_3, \ldots)\,.$$

Wir formen diese erzeugende Folge $\{P_k\}_1^\infty$ zunächst um; anders ausgedrückt: wir konstruieren Schritt für Schritt eine andere Folge $\{Q_k\}_1^\infty$ paarweise vertauschbarer Operatoren, die ebenfalls den Ring $\mathfrak{R}$ erzeugt.

Zu Anfang setzen wir

$$Q_1 = P_1\,. \tag{1}$$

Danach bilden wir mit Hilfe von P_2 und Q_1 zwei Operatoren, nämlich

$$Q_2 = P_2\,Q_1\,, \qquad Q_3 = Q_1 + P_2 - P_2\,Q_1\,. \tag{2}$$

Aus diesen Beziehungen ist ersichtlich, daß die Operatoren Q_2 und Q_3 in $\mathfrak{R}$ liegen und daß

$$P_2 = Q_2 + Q_3 - Q_1 \tag{2'}$$

gilt. Der Operator Q_3 kann auch als Summe

$$Q_3 = Q_1 + P_2(I - Q_1)$$

zweier Orthoprojektoren dargestellt werden, die auf zueinander orthogonale Teilräume projizieren. Daraus und aus der Gestalt des Operators Q_2, der auf den Durchschnitt zweier Teilräume projiziert, schließen wir, daß die Beziehung

$$Q_2 \leqq Q_1 \leqq Q_3 \tag{2''}$$

gilt. Im weiteren werden wir jeweils aus den schon konstruierten neuen Operatoren Q_i und einem der Operatoren P_j eine ganze Schar neuer Operatoren gewinnen; und zwar beim n-ten Schritt 2^{n-1} Operatoren, die sich mit den bis dahin schon vorhandenen $2^{n-1} - 1$ Operatoren derart verkoppeln, daß Ungleichungen analog zur Ungleichung (2″) gelten. Dabei läßt sich P_n durch die Operatoren Q_i nach einer Formel darstellen, die der Gleichung (2′) analog ist. Der dritte Schritt sieht folgendermaßen aus: Wir nehmen den Operator P_3, und mit Hilfe von Q_2, Q_1, Q_3 bilden wir die Operatoren

$$\left.\begin{aligned} Q_4 &= P_3 Q_2, & Q_5 &= Q_2 + P_3(Q_1 - Q_2), \\ Q_6 &= Q_1 + P_3(Q_3 - Q_1), & Q_7 &= Q_3 + P_3 - P_3 Q_3 = Q_3 + P_3(I - Q_3); \end{aligned}\right\} \tag{3}$$

dabei ist

$$P_3 = Q_4 + Q_5 + Q_6 + Q_7 - (Q_1 + Q_2 + Q_3) \tag{3'}$$

und

$$Q_4 < Q_2 < Q_5 < Q_1 < Q_6 < Q_3 < Q_7 \,. \tag{3''}$$

Aus diesen Beziehungen ist zu erkennen, wie der Prozeß weiterläuft. Wir erhalten als Ergebnis die gesuchte Folge von Projektoren Q_i, die den Ring $\mathfrak{R}$ erzeugt und die wir anstatt der ursprünglichen Folge wählen.

Jetzt konstruieren wir eine Zerlegung der Einheit. Wir gehen von dem Intervall $[-1, 0]$ aus, teilen es in drei gleiche Teile und bezeichnen das offene mittlere Intervall mit $\mathfrak{J}_1$. Jedes der zwei verbleibenden Intervalle unterteilen wir ebenfalls in drei gleiche Teile und bezeichnen die zwei offenen mittleren Intervalle in der Reihenfolge von links nach rechts mit $\mathfrak{J}_2$ und $\mathfrak{J}_3$. Wir setzen diesen Prozeß unbegrenzt fort und erhalten eine unendliche Folge offener Intervalle, die nichts anderes sind als die Randintervalle der Cantorschen vollkommenen Menge. Nach der Konstruktion dieser Intervallfolge $\{\mathfrak{J}_k\}_1^\infty$ setzen wir nun

$$E_t = Q_k \,, \qquad \text{falls} \qquad t \in \mathfrak{J}_k \,.$$

Die Funktion E_t ist damit auf einer im Intervall $[-1, 0]$ dichten Punktmenge $\mathfrak{J}$ definiert. Auf Grund der Eigenschaften der Orthoprojektoren Q_k folgen die

Beziehungen

$$E_\lambda \leqq E_\mu, \quad E_\lambda E_\mu = E_\mu E_\lambda = E_\lambda \qquad (\lambda \leqq \mu;\ \lambda, \mu \in \mathfrak{J}).$$

Aus der ersten dieser Beziehungen folgt, daß jede Folge $\{E_{t_n}\}_{n=1}^{\infty}$ mit

$$t_n \in \mathfrak{J}, \qquad t_n \leqq t_{n+1} \quad \text{und} \quad \lim_{n\to\infty} t_n = t \qquad (-1 < t \leqq 0) \tag{4}$$

einen Grenzwert hat, der nach Satz 1 aus Nr. 38 ein Orthoprojektor ist. Wenn wir zeigen, daß dieser Grenzwert nicht von der Folge $\{t_n\}_1^{\infty}$, sondern nur von t abhängt, so daß wir ihn mit E_t bezeichnen können, dann erhalten wir die Zerlegung der Einheit, die das Ziel unserer Konstruktion war, indem wir die gegebene Definition durch die Vereinbarung

$$E_t = 0$$

für $t \leqq -1$ und

$$E_t = I$$

für $t > 0$ ergänzen. Die erwähnte Unabhängigkeit ergibt sich daraus, daß aus zwei verschiedenen Folgen, die der Bedingung (4) genügen und einen gemeinsamen Grenzwert haben, eine Folge des gleichen Typs mit dem gleichen Grenzwert gebildet werden kann.

Die konstruierte Zerlegung der Einheit definiert einen beschränkten selbstadjungierten Operator A, und dieser Operator erzeugt, wie leicht zu sehen, den Ring $\mathfrak{R}$. In der Tat ist $I - E_\mu = 0$ für $\mu > 0$. Folglich gilt nach Hilfssatz 1

$$\mathfrak{R}(A) = \mathfrak{R}(E_\lambda),$$

wobei λ alle Werte $\leqq 0$ durchläuft. Andererseits gilt wegen unserer Konstruktion

$$\mathfrak{R}(E_\lambda) = \mathfrak{R}.$$

Damit ist der Satz von J. VON NEUMANN bewiesen.

91. Eine charakteristische Eigenschaft der Funktionen eines selbstadjungierten Operators. T sei ein linearer abgeschlossener Operator mit in H dichtem Definitionsbereich und A ein selbstadjungierter Operator im gleichen Raum. Unter welchen Bedingungen ist T eine Funktion von A? Eine notwendige Bedingung erhält man ohne Schwierigkeit aus den Betrachtungen in Nr. 90; sie besteht in der Vertauschbarkeit von T mit jedem selbstadjungierten Operator, der seinerseits mit A vertauschbar ist. Es zeigt sich, daß diese Bedingung auch hinreichend ist, wenn der Raum separabel ist. In impliziter Form ist dieser Satz in Arbeiten von J. VON NEUMANN aus den Jahren 1931—1932 enthalten (er ergibt sich aus dem Vergleich der Ergebnisse zweier Arbeiten des Autors[1])). Die erste klare Formulierung und der direkte Beweis stammen von

[1]) J. VON NEUMANN [3], [4].

F. Riesz[1]) (1935). Dieser Beweis wurde später von B. Sz.-Nagy[2]) vereinfacht (1942). In dem Buch über Funktionalanalysis von F. Riesz und B. Sz.-Nagy[3]) findet der Leser diesen vereinfachten Beweis, zusammen mit weiteren Literaturzitaten. Wir bringen hier eine diesem Beweis nahekommende Variante.

Wir bemerken zunächst, daß man in dem zu beweisenden Satz den Operator A als beschränkt voraussetzen kann. In der Tat ist der Operator $A' = \operatorname{arc\,tan} A$ immer beschränkt, und wenn wir zeigen können, daß irgendein Operator eine Funktion des Operators A' ist, dann ist damit auch gezeigt, daß er eine Funktion von A ist.

Wir vereinbaren für das Weitere, die Gesamtheit aller beschränkten selbstadjungierten Operatoren, die mit A vertauschbar sind, mit dem Symbol $\mathfrak{P}(A)$ zu bezeichnen.

Satz. *Der Raum* H *sei separabel, und A sei ein beschränkter selbstadjungierter Operator in ihm. Wenn der abgeschlossene lineare Operator T mit einem in* H *dichten Definitionsbereich mit jedem Operator der Gesamtheit $\mathfrak{P}(A)$ vertauschbar ist*, dann ist T eine Funktion von A.

Beweis. E_t sei die Zerlegung der Einheit des Operators A und $g \in \mathrm{D}_T$ das nach Satz 2 aus Nr. 76 existierende Element, das die folgende Eigenschaft hat: jede Menge vom Maß Null bezüglich der Verteilungsfunktion $(E_t g, g)$ hat das Maß Null bezüglich $(E_t h, h)$ bei beliebigem $h \in \mathrm{H}$. Wir werden dieses Element weiter unten benutzen; zunächst beweisen wir den folgenden

Hilfssatz. *Zu jedem $f \in \mathrm{D}_T$ kann man eine Folge von Polynomen $\mathscr{P}_n(t)$ finden, so daß*

$$\lim_{n\to\infty} \mathscr{P}_n(A) f = T f \tag{1}$$

gilt.

Zum Beweis führen wir, wie in Nr. 76, den Teilraum

$$F = \{f, A f, A^2 f, \ldots\}$$

ein, und P sei der Projektor auf F. Dieser selbstadjungierte Operator ist mit A vertauschbar, d. h., er gehört zu $\mathfrak{P}(A)$. T ist folglich vertauschbar mit P und deshalb gilt

$$T f = T P f = P T f \in F .$$

Diese Relation besagt, daß für eine gewisse Polynomfolge $\mathscr{P}_n(t)$ die Gleichung (1) gilt.

Nun bilden wir, wie in Nr. 51, den Hilbert-Raum $\mathrm{H} \oplus \mathrm{H}$ der Paare $\{h_1, h_2\}$ und ordnen dem Operator B in H den Operator

$$\mathbf{B}\{h_1, h_2\} = \{B h_1, B h_2\}$$

[1]) F. Riesz [1].
[2]) B. Sz.-Nagy [1].
[3]) F. Riesz und B. Sz.-Nagy [1].

in $\mathrm{H} \oplus \mathrm{H}$ zu. Dem Operator A in H entspricht dann ein beschränkter selbstadjungierter Operator T in $\mathrm{H} \oplus \mathrm{H}$ und dem Operator $\mathbf{A}$ ein abgeschlossener linearer Operator $\mathbf{T}$ mit einem in $\mathrm{H} \oplus \mathrm{H}$ dichten Definitionsbereich. Es ist klar, daß $\mathbf{T}$ mit jedem Operator der Gesamtheit $\mathfrak{P}(\mathbf{A})$ vertauschbar ist. Wir können deshalb auf die Operatoren $\mathbf{T}$ und $\mathbf{A}$ den eben erst bewiesenen Hilfssatz anwenden. Und zwar wenden wir ihn auf das Element $\{g, f\}$ an, wo f ein beliebiger Vektor aus D_T und g der spezielle Vektor ist, der zu Beginn des Beweises eingeführt wurde. Nach dem Hilfssatz existiert eine Polynomfolge $\mathcal{P}_n(t)$ derart, daß die Beziehung

$$\lim_{n\to\infty} \mathcal{P}_n(\mathbf{A})\{g, f\} = \mathbf{T}\{g, f\}$$

erfüllt ist. Diese Gleichung besagt aber, daß

$$\lim \mathcal{P}_n(A)\, g = T g\,, \tag{2}$$

$$\lim \mathcal{P}_n(A)\, f = T f; \tag{3}$$

d. h., für zwei verschiedene Elemente aus D_T kann ein und dieselbe Polynomfolge, von der im Hilfssatz die Rede ist, genommen werden. (Daß eins dieser beiden Elemente in spezieller Weise gewählt wurde, spielt später eine Rolle.) Wegen (2) strebt die Größe

$$\|[\mathcal{P}_n(A) - \mathcal{P}_m(A)]\, g\|^2 = \int_{-\infty}^{\infty} |\mathcal{P}_n(t) - \mathcal{P}_m(t)|^2\, d(E_t\, g, g)$$

bei $m, n \to \infty$ gegen Null. Aus diesem Grunde konvergiert die Folge $\{\mathcal{P}_n(t)\}_1^\infty$ im Raum L^2_σ gegen eine Funktion $\varphi(t)$; dabei ist $\sigma(t) = (E_t\, g, g)$. Nach einem bekannten Satz aus der Funktionalanalysis (siehe Nr. 11) existiert eine Teilfolge $\{\mathcal{P}_{n_i}(t)\}_{i=1}^\infty$, die überall, bis auf eine Menge vom σ-Maß Null (auf der wir $\varphi(t) = 0$ setzen können), gegen $\varphi(t)$ konvergiert.

Hätten wir eine andere Polynomfolge $\{\mathcal{Q}_n(A)\}_1^\infty$ gewählt, für die

$$\lim_{n\to\infty} \mathcal{Q}_n(A)\, g = T g$$

gilt, dann würde aus der Beziehung

$$\|[\mathcal{P}_n(A) - \mathcal{Q}_m(A)]\, g\|^2 = \int_{-\infty}^{\infty} |\mathcal{P}_n(t) - \mathcal{Q}_m(t)|^2\, d(E_t\, g, g)$$

folgen, daß

$$\lim_{n\to\infty} \int_{-\infty}^{\infty} |\varphi(t) - \mathcal{Q}_m(t)|^2\, d(E_t\, g, g) = 0$$

ist; d. h., die Funktion, gegen die die Folge $\{\mathcal{Q}_n(t)\}_1^\infty$ in L^2_σ konvergiert, stimmt mit $\varphi(t)$ fast überall bezüglich $\sigma(t)$ überein.

Wir erhalten auf diese Weise eine wohlbestimmte Funktion $\varphi(t)$, die wegen der Eigenschaft des Elementes g meßbar und fast überall endlich ist bezüglich des Operatormaßes E_t. Außerdem gehört die Funktion $\varphi(t)$ wegen der Beziehung (3) auch zum Raum L^2_τ mit $\tau(t) = (E_t f, f)$, wobei f ein beliebiges Element aus D_T ist. Daraus ist zu ersehen, daß $\varphi(t)$ einen Operator $\varphi(A)$ definiert, und aus der Gleichung

$$(Tf, f) = \int_{-\infty}^{\infty} \varphi(t)\, d(E_t f, f) \qquad (f \in D_T)$$

kann man leicht schließen, daß

$$\varphi(A) f = T f$$

gilt für beliebiges $f \in D_T$. Das bedeutet $\varphi(A) \supseteq T$. Nun zeigen wir, daß $T \supseteq \varphi(A)$ gilt, woraus dann folgt, daß $T = \varphi(A)$ ist. Zu diesem Zweck bezeichnen wir mit $\chi_n(t)$ die charakteristische Funktion der Menge, auf der $|\varphi(t)| \leqq n$ gilt, und führen den Projektor $\chi_n(A)$ ein, der offensichtlich zu $\mathfrak{P}(A)$ gehört. Deshalb ist T mit $\chi_n(A)$ vertauschbar, und demzufolge gehört für beliebiges $h \in D_T$ der Vektor $\chi_n(A)\, h$ zu D_T und damit zu $D_{\varphi(A)}$, so daß

$$T\, \chi_n(A)\, h = \varphi(A)\, \chi_n(A)\, h$$

gilt. Wir zeigen, daß diese Gleichung nicht nur für $h \in D_T$, sondern auch für beliebige $h \in H$ richtig ist. Dazu konstruieren wir eine Folge $h_i \in D_T$, $h_i \to h$, wo h ein beliebiger Vektor aus H ist. Da der Operator $\varphi(A)\, \chi_n(A)$ beschränkt ist, gilt für $i \to \infty$ die Beziehung

$$T\, \chi_n(A)\, h_i = \varphi(A)\, \chi_n(A)\, h_i \to \varphi(A)\, \chi_n(A)\, h\,.$$

Aus der Abgeschlossenheit von $T\, \chi_n(A)$ folgt, daß $h \in D_{T\chi_n(A)}$ ist und

$$T\, \chi_n(A)\, h = \varphi(A)\, \chi_n(A)\, h \tag{4}$$

gilt. Jetzt nehmen wir an, daß $h \in D_{\varphi(A)}$ gilt. Dann kann diese Gleichung in der Form

$$T\, \chi_n(A)\, h = \chi_n(A)\, \varphi(A)\, h$$

geschrieben werden. Der Vektor $\chi_n(A)\, h$ strebt gegen h für $n \to \infty$. Da aber die rechte Seite von (4) mit $n \to \infty$ gegen $\varphi(A)\, h$ strebt, hat der Vektor $T\, \chi_n(A)\, h$ für $n \to \infty$ einen Grenzwert. Wegen der Abgeschlossenheit von T ist das gleichbedeutend mit $h \in D_T$, womit die Relation $D_{\varphi(A)} \subseteq D_T$ bewiesen ist.

92. Der Satz vom erzeugenden Operator. Von J. von Neumann stammt der folgende

Satz. *Zu einer beliebigen Menge $\{C_\alpha\}$ paarweise vertauschbarer selbstadjungierter Operatoren C_α in einem separablen Raum gibt es einen beschränkten selbstadjungierten Operator A derart, daß alle Operatoren C_α Funktionen dieses Operators sind.*

Beweis. Es genügt, den Fall zu betrachten, daß alle Operatoren C_α beschränkt sind. Wir setzen das voraus und betrachten den minimalen schwach abgeschlossenen Ring $\mathfrak{R}$, der alle Operatoren C_α enthält. Nach dem Satz aus Nr. 90 wird dieser Ring von einem einzigen beschränkten selbstadjungierten Operator A erzeugt:

$$\mathfrak{R} = \mathfrak{R}(A) .$$

Nun betrachten wir den Ring $\mathfrak{F}(A)$ aller beschränkten selbstadjungierten Operatoren, die Funktionen von A sind. Ein beschränkter selbstadjungierter Operator B gehört genau dann zu $\mathfrak{F}(A)$, wenn er mit jedem zu $\mathfrak{P}(A)$ gehörenden Operator vertauschbar ist. Daraus folgt, daß der Ring $\mathfrak{F}(A)$ schwach abgeschlossen ist. Da aber dieser Ring den Operator A enthält, enthält er auch den Ring $\mathfrak{R}(A)$, der von A erzeugt wird. Das heißt, es gilt

$$\mathfrak{R} \subseteq \mathfrak{F}(A),$$

und der Satz ist bewiesen.

KAPITEL VII

SPEKTRUM UND STÖRUNGEN SELBSTADJUNGIERTER OPERATOREN

93. Das kontinuierliche Spektrum eines selbstadjungierten Operators. Wir erinnern an die Klassifizierung der Spektrumspunkte eines selbstadjungierten Operators in Nr. 48. Später wurde in Nr. 82 gezeigt, daß das ganze Spektrum $\mathcal{S}(A)$ eines selbstadjungierten Operators A mit der Menge der Wachstumspunkte seiner Spektralfunktion E_t und die Menge der Sprungpunkte der Funktion E_t mit der Gesamtheit aller Eigenwerte des Operators A, d. h. mit seinem Punktspektrum $\mathcal{D}(A)$ zusammenfällt. Um das kontinuierliche Spektrum eines selbstadjungierten Operators A auch mit Hilfe der Spektralfunktion zu charakterisieren, benutzen wir hier für dieses eine neue Definition und zeigen später[1]) die Äquivalenz mit der Definition in Nr. 48.

Definition. Das *kontinuierliche Spektrum* $\mathcal{C}(A)$ eines selbstadjungierten Operators A (auch *Häufungs-* oder *Verdichtungsspektrum* genannt) ist die Gesamtheit aller nichtisolierten Wachstumspunkte der zum Operator A gehörenden Zerlegung der Einheit E_t und aller Eigenwerte unendlicher Vielfachheit.

Wir bemerken sogleich, daß aus dieser Definition die Abgeschlossenheit der Menge $\mathcal{C}(A)$ folgt.

Ähnlich wie die Eigenwerte des Operators A können die Punkte des kontinuierlichen Spektrums beschrieben werden durch eine Gleichung

$$Af - \lambda f = 0\,. \tag{1}$$

Während aber für die Punkte $\lambda \in \mathcal{D}(A)$ die Gleichung (1) eine exakte nichttriviale Lösung besitzt, lassen sich die Punkte $\lambda \in \mathcal{C}(A)$ durch eine näherungsweise nicht triviale Lösbarkeit dieser Gleichung charakterisieren. Der genaue Sinn dieser Aussage wird ausgedrückt in folgendem

Satz 1. *Der Punkt λ gehört zum kontinuierlichen Spektrum $\mathcal{C}(A)$ des Operators A dann und nur dann, wenn in D_A eine unendliche orthonormierte Folge von Elementen f_n existiert, für die*

$$\lim_{n\to\infty} (Af_n - \lambda f_n) = 0 \tag{2}$$

gilt.

Beweis. Gilt $\lambda \in \mathcal{C}(A)$, so ist λ entweder Eigenwert unendlicher Vielfachheit des Operators A oder nichtisolierter Wachstumspunkt der Funktion E_t. Im

---
[1]) Vgl. Satz 3 dieser Nr.

ersten Fall kann man als $\{f_n\}_1^\infty$ eine beliebige unendliche orthonormierte Folge von Elementen aus dem zu λ gehörenden Eigenraum nehmen. Im zweiten Fall gibt es zu beliebigem $\delta > 0$ ein positives $\delta' < \delta$, so daß der Teilraum $(E_{\lambda+\delta'} - E_{\lambda-\delta'})$ H ein echter Teil von $(E_{\lambda+\delta} - E_{\lambda-\delta})$ H ist. Deshalb gibt es in $(E_{\lambda+\delta} - E_{\lambda-\delta})$ H einen normierten Vektor f, der zu $(E_{\lambda+\delta'} - E_{\lambda-\delta'})$ H orthogonal ist. Wir wählen eine echt monoton fallende Folge positiver Zahlen δ_n derart, daß stets der Raum $(E_{\lambda+\delta_n} - E_{\lambda-\delta_n})$ H echter Teil des Raumes $(E_{\lambda+\delta_{n-1}} - E_{\lambda-\delta_{n-1}})$ H ist, und bilden eine unendliche Folge von Elementen $f_n \in (E_{\lambda+\delta_n} - E_{\lambda-\delta_n})$ H, für die

$$||f_n|| = 1 \quad \text{und} \quad f_n \perp (E_{\lambda+\delta_{n-1}} - E_{\lambda-\delta_{n-1}})\,\mathrm{H}$$

gilt. Die Vektoren f_n erfüllen die Beziehung (2), da

$$||A f_n - \lambda f_n||^2 = \int\limits_{\lambda-\delta_n}^{\lambda+\delta_n} (t-\lambda)^2\, d(E_t f_n, f_n) \leqq \delta_n^2$$

gilt. Damit ist die erste Behauptung des Satzes bewiesen. Um die zweite Behauptung des Satzes zu beweisen, nehmen wir an, daß eine orthonormierte Folge von Vektoren $\{f_n\}_1^\infty$ existiert, die die Beziehung (2) erfüllt, und daß $\lambda \in \mathscr{E}(A)$ gilt, entgegen der Behauptung. Die letzte Annahme bedeutet, daß λ entweder Konstanzpunkt der Spektralfunktion E_t oder isolierter Eigenwert endlicher Vielfachheit des Operators A ist. Im ersten Fall erhalten wir für ein gewisses $\delta > 0$ die Bezizhung

$$(E_{\lambda+\delta} - E_{\lambda-\delta})\,\mathrm{H} = 0\,,$$

aus der die Ungleichung

$$||A f - \lambda f||^2 = \int\limits_{-\infty}^{\infty} (t-\lambda)^2\, d(E_t f, f) \geqq \delta^2\, ||f||^2 \tag{3}$$

für beliebiges $f \in \mathrm{D}_A$ folgt. Diese Ungleichung ist aber offensichtlich mit der Existenz der oben betrachteten Folge $\{f_n\}_1^\infty$ unvereinbar. Im zweiten Fall bezeichnen wir mit G_λ den Eigenraum des Operators A, der zum Eigenwert λ gehört. Dieser Teilraum ist endlichdimensional, $g_1, \ldots, g_r$ sei irgendeine seiner orthonormierten Basen. Diese r Vektoren fügen wir zur Folge $\{f_n\}_1^\infty$ hinzu und orthonormieren die erhaltene Folge so, daß die ersten r Vektoren $g_1, g_2, \ldots, g_r$ lauten. Die weiteren Vektoren bezeichnen wir mit $g_{r+1}, g_{r+2}, \ldots$. Die Beziehung (2) läßt sich jetzt in der Form

$$\lim_{n\to\infty} (A g_n - \lambda g_n) = 0 \tag{2'}$$

schreiben. Andererseits erhalten wir für ein gewisses $\delta > 0$ und für ein beliebiges Element $f \in \mathrm{D}_A$, das orthogonal ist zum Teilraum G_λ, die Ungleichung

$$||A f - \lambda f|| \geqq \delta\, ||f||\,. \tag{3'}$$

Hieraus folgt für beliebiges $n > r$

$$||A g_n - \lambda g_n|| \geqq \delta\,. \tag{3''}$$

Da die Beziehungen (2') und (3'') unvereinbar sind, ist der Beweis von Satz 1 beendet.

Die beiden folgenden Sätze ergänzen die Resultate der Nummern 48 und 49. Wie in Nr. 49 bezeichnet A' den Teil des Operators A, der in dem invarianten Teilraum $H' = H \ominus G_\lambda$ wirkt, wenn $\lambda \in \mathfrak{D}(A)$ gilt und G_λ der zugehörige Eigenraum des Operators A ist. Ist $\lambda \bar{\in} \mathfrak{D}(A)$, so sei $A' = A$.

Satz 2. 1. *Wenn $\lambda \bar{\in} \mathscr{C}(A)$ gilt, so ist der Operator $(A' - \lambda I)^{-1}$ beschränkt.* 2. *Wenn $\lambda \in \mathscr{C}(A)$ gilt und λ kein Eigenwert unendlicher Vielfachheit des Operators A ist, so ist der Operator $(A' - \lambda I)^{-1}$ unbeschränkt.*

Beweis. Gilt $\lambda \bar{\in} \mathscr{C}(A)$, so ergibt sich für alle $f \in D_A$ und für ein gewisses $\delta > 0$ die Ungleichung (3'), d. h.

$$\|A' f - \lambda f\| \geqq \delta \, \|f\| ,$$

woraus

$$\|(A' - \lambda I)^{-1}\| \leqq \frac{1}{\delta}$$

folgt. Damit ist die Behauptung 1 bewiesen.

Die Bedingung der 2. Behauptung sei erfüllt. Dann ist λ ein nichtisolierter Wachstumspunkt der Zerlegung der Einheit E'_t des Operators A' in H', d. h., es ist $\lambda \in \mathscr{C}(A')$ und $\lambda \bar{\in} \mathfrak{D}(A')$. Gemäß Satz 1 läßt sich eine unendliche orthonormierte Folge von Vektoren $f_n \in H'$ $(n = 1, 2, \ldots)$ angeben, für die

$$\lim_{n \to \infty} (A' f_n - \lambda f_n) = 0$$

gilt. Hieraus folgt die Unbeschränktheit des Operators $(A' - \lambda I)^{-1}$. Der folgende Satz zeigt insbesondere (vgl. die Aussagen 3 und 4), daß die in dieser Nr. gegebene Definition des kontinuierlichen Spektrums und die Definition in Nr. 48 äquivalent sind.

Satz 3. 1. *Die Beziehung $\lambda \bar{\in} \mathscr{S}(A)$ ist gleichbedeutend mit der Gleichung $\overline{\Delta_\lambda(A)} = H$.* 2. *Die Beziehung $\lambda \in \mathfrak{D}(A)$ ist gleichbedeutend mit der Ungleichung $\overline{\Delta_\lambda(A)} \neq H$.* 3. *Wenn $\lambda \bar{\in} \mathscr{C}(A)$ gilt, so ist $\overline{\Delta_\lambda(A)} = \Delta_\lambda(A)$.* 4. *Wenn $\lambda \in \mathscr{C}(A)$ gilt und λ kein Eigenwert unendlicher Vielfachheit ist, so ist $\overline{\Delta_\lambda(A)} \neq \Delta_\lambda(A)$.*

Beweis. Die Behauptungen 1 und 2 gelten auf Grund von Definition 2 und Satz 2 in Nr. 48.

Gilt $\lambda \bar{\in} \mathscr{C}(A)$, so ist nach Satz 2 dieser Nr. der Operator $(A' - \lambda I)^{-1}$ beschränkt. Daraus und aus der Abgeschlossenheit des Operators A' folgt die Abgeschlossenheit der Mannigfaltigkeit $\Delta_\lambda(A')$. Gemäß Nr. 49 ist aber $\Delta_\lambda(A') = \Delta_\lambda(A)$. Somit ist auch die Behauptung 3 bewiesen.

Ist schließlich die Bedingung der Behauptung 4 erfüllt, so ist der symmetrische Operator $(A' - \lambda I)^{-1}$ wiederum wegen Satz 2 dieser Nr. unbeschränkt. Deshalb (vgl. Nr. 25) kann sein Definitionsbereich $\Delta_\lambda(A') = \Delta_\lambda(A)$ nicht mit dem ganzen Teilraum $\overline{\Delta_\lambda(A)}$ zusammenfallen. Damit ist der Satz bewiesen.

Ein Kriterium dafür, daß ein gegebenes abgeschlossenes Intervall frei ist von Punkten des kontinuierlichen Spektrums eines selbstadjungierten Operators A, liefert

Satz 4. *Das abgeschlossene Intervall* $[\lambda_0 - \varrho, \lambda_0 + \varrho]$ *enthält keine Punkte aus* $\mathscr{C}(A)$ *dann und nur dann, wenn es einen endlich-dimensionalen Teilraum* $\mathrm{G} \subset \mathrm{H}$ *gibt derart, daß für einen beliebigen Vektor* $f \neq 0$ *aus* D_A, *der zu* G *orthogonal ist, die Ungleichung*

$$\|(A - \lambda_0 I) f\| > \varrho \, \|f\| \tag{4}$$

gilt.

Beweis. Enthält die Menge $\mathscr{C}(A)$ keine Punkte aus dem Intervall $[\lambda_0 - \varrho, \lambda_0 + \varrho]$, so besteht der Teil des Spektrums $\mathscr{S}(A)$, der in diesem Intervall liegt, aus endlich vielen Eigenwerten endlicher Vielfachheit. Bezeichnen wir mit G die lineare Hülle aller zu diesen Eigenwerten gehörenden Eigenvektoren, so erhalten wir für ein gewisses $\delta > \varrho$ die Ungleichung

$$\|(A - \lambda_0 I) f\|^2 = \int_{-\infty}^{\infty} (t - \lambda_0)^2 \, d(E_t f, f) \geqq \delta^2 \, \|f\|^2 ,$$

sofern nur $f \in \mathrm{D}_A$ und $f \perp \mathrm{G}$. Hieraus ergibt sich (4) (für $f \neq 0$).

Wir nehmen jetzt an, daß die Bedingung des Satzes erfüllt, aber, entgegen dem Satz, der Durchschnitt $[\lambda_0 - \varrho, \lambda_0 + \varrho] \cap \mathscr{C}(A)$ nicht leer ist. Das bedeutet, daß der Teilraum $(E_{\lambda_0 + \varrho + 0} - E_{\lambda_0 - \varrho})\,\mathrm{H}$ unendlich-dimensional ist. Folglich gibt es in diesem Teilraum einen Vektor $f \neq 0$, der zu $(E_{\lambda_0 + \varrho + 0} - E_{\lambda_0 - \varrho})\,\mathrm{G}$ orthogonal ist. Dieser Vektor f gehört offensichtlich zu D_A und ist zu G orthogonal. Deshalb muß für ihn (4) gelten. Andererseits gilt für ihn

$$\|(A - \lambda_0 I) f\|^2 = \int_{\lambda_0 - \varrho}^{\lambda_0 + \varrho + 0} (t - \lambda_0)^2 \, d(E_t f, f) \leqq \varrho^2 \int_{\lambda_0 - \varrho}^{\lambda_0 + \varrho + 0} d(E_t f, f) = \varrho^2 (f, f) .$$

Damit erhält man einen Widerspruch, d. h., der Satz ist bewiesen.

Zum Schluß bemerken wir, daß für einen beliebigen abgeschlossenen, aber nicht selbstadjungierten Operator T das Punktspektrum $\mathscr{D}(T)$ als Menge der Eigenwerte und das kontinuierliche Spektrum $\mathscr{C}(T)$ als Menge aller λ definiert wird, für die es eine beschränkte nichtkompakte Folge $\{f_n\}_1^\infty$ von Vektoren gibt, die die Bedingung (2) erfüllen. In diesem Fall besteht das Spektrum $\mathscr{S}(T)$ im allgemeinen nicht nur aus den Punkten der Mengen $\mathscr{D}(T)$ und $\mathscr{C}(T)$, sondern es kann noch ein sogenanntes *Restspektrum* existieren. Es besteht aus den Werten λ, für die $\Delta_\lambda(T)$ nicht überall dicht liegt in H, die aber keine Eigenwerte des Operators T sind.

94. Die Sätze von H. Weyl und J. v. Neumann über vollstetige Störungen. Von H. Weyl[1]) stammt folgender bemerkenswerte

Satz 1. *Addiert man zu einem selbstadjungierten Operator A einen vollstetigen selbstadjungierten Operator K, so ändert sich das kontinuierliche Spektrum des*

1) siehe H. Weyl [1].

Operators A nicht, d. h., es gilt

$$\mathfrak{C}(A + K) = \mathfrak{C}(A) .$$

Beweis. Aus der Spektralzerlegung vollstetiger selbstadjungierter Operatoren folgt, daß für beliebiges $\varepsilon > 0$ der Operator K in der Form

$$K = R + B$$

dargestellt werden kann, wobei R ein endlich-dimensionaler selbstadjungierter Operator und B ein selbstadjungierter Operator ist, für den $\|B\| \leqq \varepsilon$ gilt. Für den Beweis von Satz 1 genügt es deshalb, folgende einfacheren Aussagen zu beweisen.

Hilfssatz 1. *Wenn A ein beliebiger selbstadjungierter Operator und R ein endlich-dimensionaler selbstadjungierter Operator ist, so gilt*

$$\mathfrak{C}(A + R) = \mathfrak{C}(A) .$$

Hilfssatz 2. *Wenn A ein beliebiger selbstadjungierter Operator und B ein beschränkter selbstadjungierter Operator ist, so liegt das kontinuierliche Spektrum $\mathfrak{C}(A + B)$ des gestörten Operators in einer $\|B\|$-Umgebung der Menge $\mathfrak{C}(A)$.*

Beide Hilfssätze beweist man mit Hilfe von Satz 4 aus Nr. 93.

Zum Beweis von Hilfssatz 1 betrachten wir den Teilraum $\mathrm{G} = \Delta_R$. Da der Operator R auf seinem orthogonalen Komplement $\mathrm{H} \ominus \mathrm{G}$ gleich 0 ist, ergibt sich für beliebiges λ und beliebiges $f \in \mathrm{D}_A \cap (\mathrm{H} \ominus \mathrm{G})$ die Gleichung

$$\|(A + R) f - \lambda f\| = \|A f - \lambda f\| .$$

Hieraus schließen wir auf Grund von Satz 4 aus Nr. 93 — er ist hier anwendbar, da der Teilraum Δ_R endlich-dimensional ist —, daß irgendein abgeschlossenes Intervall keine Punkte der Mengen $\mathfrak{C}(A)$, $\mathfrak{C}(A + R)$ enthält, falls es keine Punkte einer dieser beiden Mengen enthält. Damit ist Hilfssatz 1 bewiesen.

Zum Beweis von Hilfssatz 2 bemerken wir, daß die Operatoren A und $A + B$ bei der Formulierung dieses Hilfssatzes vertauscht werden können. Deshalb genügt es zu beweisen, daß die $\|B\|$-Umgebung jedes Punktes der Menge $\mathfrak{C}(A)$ mindestens einen Punkt der Menge $\mathfrak{C}(A + B)$ enthält. Zu diesem Zweck nehmen wir das Gegenteil an und erhalten, daß in der $\|B\|$-Umgebung eines gewissen Punktes $\lambda \in \mathfrak{C}(A)$ keine Punkte der Menge $\mathfrak{C}(A + B)$ liegen. Hieraus folgt wegen Satz 4 aus Nr. 93 die Existenz eines endlich-dimensionalen Teilraums G und eines $\varrho > \|B\|$ derart, daß für ein beliebiges Element $f \neq 0$ aus D_A, das zu G orthogonal ist, die Ungleichung

$$\|(A + B - \lambda I) f\| > \varrho \|f\|$$

gilt. Dann erhalten wir aber für f die Ungleichung

$$\|(A - \lambda I) f\| \geqq \|(A + B - \lambda I) f\| - \|B f\| > (\varrho - \|B\|) \|f\| ,$$

woraus nochmals wegen Satz 4 aus Nr. 93 folgt, daß $\lambda \overline{\in} \mathfrak{C}(A)$ gilt, entgegen unserer Voraussetzung.

Somit ist Hilfssatz 2 und also auch Satz 1 bewiesen. Wir bemerken, daß der WEYLsche Satz auf den Fall eines beliebigen linearen abgeschlossenen Operators A und eines beliebigen vollstetigen Operators K erweitert werden kann, d. h., auf die Forderung der Selbstadjungiertheit dieser Operatoren kann verzichtet werden.[1])

Satz 1 stellt fest, daß eine vollstetige Störung K des Operators A sein kontinuierliches Spektrum nicht ändert. Über eine Änderung des Punktspektrums wird nichts ausgesagt.

Wie groß diese Änderung sein kann, erfährt man aus folgendem von J. v. NEUMANN herrührenden

Satz 2. *Zu einem beliebigen selbstadjungierten Operator A, der in einem separablen* HILBERT-*Raum wirkt, gibt es einen selbstadjungierten Operator K, K vollstetig und mit beliebig kleiner* HILBERT-SCHMIDT*scher Norm, derart, daß das System aller Eigenvektoren des Operators $A + K$ in* H *vollständig ist.*[2])

Es genügt, den Beweis für den Fall zu führen, daß der Operator A beschränkt ist. Ein nicht beschränkter Operator A kann nämlich als Summe der beschränkten selbstadjungierten Operatoren $A_j = E(\Delta_j)\,A$ dargestellt werden, wobei $\Delta_j = [j-1, j]$ $(-\infty < j < \infty)$ gilt. Wenn für die Operatoren A_j der Satz gilt, so kann man vollstetige Operatoren K_j konstruieren, die in den paarweise orthogonalen Teilräumen $E(\Delta_j)\,\mathrm{H}$ wirken, derart, daß $N(K_j) < \delta/(j^2+1)$, wobei δ eine beliebig gewählte positive Zahl ist. Dann ist der Operator $K = \sum_{j=-\infty}^{\infty} \oplus K_j$ (siehe Nr. 31) eine gesuchte Störung für den unbeschränkten Operator A.

Somit kann man voraussetzen, daß der Operator A beschränkt ist.

Der weiter unten geführte Beweis von J. v. NEUMANN[3]) gründet sich auf einen Hilfssatz, den wir jetzt nur formulieren und später beweisen.

Hilfssatz 3. *Sei A ein beschränkter selbstadjungierter Operator und $g \neq 0$ ein beliebiges Element des Raumes* H. *Dann gibt es für ein beliebiges $\delta > 0$ einen endlich-dimensionalen Teilraum* $\mathrm{G} \subset \mathrm{H}$ *und einen endlich-dimensionalen selbstadjungierten Operator R derart, daß folgendes gilt:*

1. $g \in \mathrm{G}$.
2. G *reduziert* $A + R$.
3. $N(R) \leqq \delta$.

---

[1]) Siehe z. B. I. M. GLASMANN [2].

[2]) Damit liegt die Menge $\mathfrak{D}(A + K)$ überall dicht in $\mathfrak{C}(A) = \mathfrak{C}(A + K)$, obgleich die Menge $\mathfrak{D}(A)$ leer sein kann.

[3]) Siehe J. v. NEUMANN [5]. Ein Analogon zu Satz 2 wurde schon früher von H. WEYL aufgestellt, jedoch ohne die Verschärfung, daß als vollstetige Störung ein HILBERT-SCHMIDTscher Operator genommen werden kann.

Mit Hilfe dieses Hilfssatzes konstruieren wir in abzählbar vielen Schritten einen vollstetigen selbstadjungierten Operator K und ein vollständiges System paarweise orthogonaler endlich-dimensionaler Teilräume, die invariant sind in bezug auf $A + K$. Der Operator $A + K$ besitzt dann offensichtlich in H ein vollständiges System von Eigenvektoren.

Wir beginnen mit dieser Konstruktion und geben zunächst eine in H überall dichte Folge $\{f_k\}_1^\infty$ und eine Zahl $\varepsilon > 0$ vor.

Wenden wir Hilfssatz 3 auf das Element $g = g_1 = f_1$ und die Zahl $\delta = \varepsilon/2$ an, so erhalten wir einen endlich-dimensionalen Teilraum G_1 und einen endlich-dimensionalen selbstadjungierten Operator K_1 mit der Hilbert-Schmidtschen Norm $N(K_1) \leqq \varepsilon/2$ derart, daß der Teilraum G_1 den Operator $A + K_1$ reduziert. Dann reduziert auch der Teilraum $H \ominus G_1$ den Operator $A + K_1$. Da die Folge $\{f_k\}_1^\infty$ in H dicht liegt, können nicht alle Elemente f_k zu G_1 gehören. Wir können ohne Beschränkung der Allgemeinheit annehmen, daß schon f_2 nicht zu G_1 gehört. Dann bezeichnen wir mit g_2 die Projektion von f_2 auf $H \ominus G_1$ und wenden Lemma 3 auf $g = g_2$ und die Zahl $\delta = \varepsilon/2^2$ an, wobei wir H durch $H \ominus G_1$ und A durch $A + K_1$ ersetzen. Wir erhalten einen endlich-dimensionalen Teilraum $G_2 \subset H \ominus G_1$ und einen Operator K_2 in $H \ominus G_1$. Hierbei reduziert G_2 den Operator $A + K_1 + K_2$, und es ist $N(K_2) \leqq \varepsilon/2^2$. Wenn man K_2 linear auf den ganzen Raum H fortsetzt, indem man $K_2 = 0$ in G_1 setzt, so bleibt die Ungleichung $N(K_2) \leqq \varepsilon/2^2$ offensichtlich erhalten, und der Operator $A + K_1 + K_2$ wird auch in H durch den Teilraum G_2 reduziert. Wir setzen den begonnenen Prozeß fort und gelangen zu einer unendlichen Folge paarweise orthogonaler Teilräume G_j und einer Folge endlich-dimensionaler Operatoren K_j mit Hilbert-Schmidtschen Normen $N(K_j) \leqq \varepsilon/2^j$ derart, daß für jedes j die Teilräume G_1, $G_2, \ldots, G_j$ den Operator $A + K_1 + K_2 + \cdots + K_j$ reduzieren.

Wir definieren nun den Operator K durch die Formel

$$K = \sum_{j=1}^{\infty} K_j .$$

Die Konvergenz der Reihe auf der rechten Seite und die Ungleichung $N(K) \leqq \varepsilon$ folgen aus einem Satz in Nr. 31.

Offenbar reduziert jeder Teilraum G_j $(j = 1, 2, 3, \ldots)$ den Operator $A + K$, und es bleibt zu zeigen, daß der Teilraum

$$G = G_1 \oplus G_2 \oplus \ldots \oplus G_n \oplus \ldots$$

mit H zusammenfällt. Dafür genügt es zu zeigen, daß jeder Vektor f_k $(k = 1, 2, \ldots)$ zu $H \ominus G$ orthogonal ist. Nun ist gemäß der Konstruktion $f_1 = g_1 \in G_1$, also $f_1 \perp H \ominus G_1$ und folglich $f_1 \perp H \ominus G$. Weiter ist $f_2 = g_2 + h_2$, wobei $g_2 \in G_2$ und $h_2 \perp H \ominus G_1$. Hieraus folgt $f_2 \perp H \ominus (G_1 \oplus G_2)$, also insbesondere $f_2 \perp H \ominus G$. Diese Betrachtungen zeigen, daß für eine beliebige natürliche Zahl n die Beziehung $f_n \perp H \ominus \sum_{j=1}^{n} \oplus G_j$ gilt, woraus insbesondere $f_n \perp H \ominus G$ folgt.

Nun ist nur noch Hilfssatz 3 zu beweisen.

Zu diesem Zweck bezeichnen wir mit α und β die untere und die obere Grenze des Operators A, wählen ein $\varepsilon > 0$ und teilen das Intervall $[\alpha, \beta + \varepsilon]$ durch die Punkte γ_k ($k = 0, 1, 2, \ldots$; $\gamma_0 = \alpha$, $\gamma_n = \beta + \varepsilon$) in n gleiche Teile. Über die Größe der Zahl $n = n(\delta)$ wird später verfügt.

Wir setzen $\Delta_k = [\gamma_{k-1}, \gamma_k]$, führen n Vektoren

$$h_k = E(\Delta_k)\, g \qquad (k = 1, 2, \ldots)$$

ein, bezeichnen ihre lineare Hülle mit G und den orthogonalen Projektor auf G mit P. Wir normieren die Vektoren h_k und erhalten so eine orthonormierte Basis $\{g_k\}_1^n$ des Raumes G. Wenn einige der Vektoren h_k gleich Null sind, so ist die Dimension von G kleiner als n, jedoch beeinflußt dies die weiteren Überlegungen in keiner Weise, so daß wir aus Bequemlichkeit weiterhin $\dim G = n$ setzen. Wir setzen ferner

$$R_1 = -(I - P)\, A\, P$$

und definieren den endlich-dimensionalen Operator R durch die Gleichung

$$R = R_1 + R_1^* .$$

Dann wird

$$A + R = (I - P)\, A\, (I - P) + P\, A\, P ,$$

also ist der Operator $A + R$ mit P vertauschbar und wird infolgedessen durch den Teilraum G reduziert.

Nun muß noch die HILBERT-SCHMIDTsche Norm $N(R)$ abgeschätzt werden. Ergänzen wir die Folge $\{g_k\}_1^n$ zu einer orthonormierten Basis $\{g_k\}_1^\infty$ von H, so erhalten wir

$$N^2(R_1) = \sum_{j,\,k=1}^{\infty} |R_1\, g_j, g_k)|^2 = \sum_{\substack{1 \leq j \leq n \\ n+1 \leq k < \infty}} |(R_1\, g_j, g_k)|^2 \leqq \sum_{j=1}^{n} \|R_1\, g_j\|^2 . \tag{1}$$

Da $g_j \in E(\Delta_j)\, H$, so ist

$$\|A\, g_j - \gamma_j\, g_j\| \leqq \frac{\beta - \alpha + \varepsilon}{n}$$

oder

$$A\, g_j = \gamma_j\, g_j + f_j ,$$

wobei

$$\|f_j\| \leqq \frac{\beta - \alpha + \varepsilon}{n}$$

gilt. Ersetzen wir in der letzten Gleichung g_j durch $P\, g_j = g_j$ und wenden auf beiden Seiten den Operator $(P - I)$ an, so erhalten wir die Beziehung

$$R_1\, g_j = (P - I)\, A\, P\, g_j = (P - I)\, f_j$$

und die Ungleichung

$$\|R_1\, g_j\| \leqq \|f_j\| \leqq \frac{\beta - \alpha + \varepsilon}{n} .$$

Aus der Abschätzung (1) ergibt sich nun

$$N(R_1) \leqq \frac{\beta - \alpha + \varepsilon}{\sqrt{n}}$$

und folglich

$$N(R) \leqq N(R_1) + N(R_1^*) = 2\,N(R_1) \leqq \frac{2\,(\beta - \alpha + \varepsilon)}{\sqrt{n}}.$$

Wählen wir die Zahl n hinreichend groß, so erhalten wir die geforderte Ungleichung $N(R) \leqq \delta$, und der Hilfssatz ist bewiesen.

Im Zusammenhang mit Satz 1 entsteht folgende Frage: Wie „nahe beieinander" liegen zwei beschränkte selbstadjungierte Operatoren A und B, wenn ihre kontinuierlichen Spektren zusammenfallen? An Hand von einfachen Beispielen überzeugt man sich leicht davon, daß die Differenz $A - B$ solcher Operatoren nicht vollstetig zu sein braucht. Deshalb ist eine direkte Umkehrung von Satz 1 nicht möglich. Jedoch gilt folgender, von J. v. NEUMANN[1]) aufgestellter

Satz 3. *Wenn der Raum* H *separabel ist und A, B beschränkte selbstadjungierte Operatoren in* H *mit gleichem kontinuierlichem Spektrum sind, so gibt es einen unitären Operator U derart, daß der Operator*

$$K = B - U\,A\,U^{-1} \tag{2}$$

vollstetig ist.

Beweis. Wegen Satz 2 kann man hier annehmen, daß beide Operatoren A, B ein in H vollständiges orthonormiertes System von Eigenvektoren besitzen. Man bezeichne diese Systeme mit $\{e_k\}_1^\infty$ für den Operator A und mit $\{f_k\}_1^\infty$ für den Operator B. Die zugehörigen Folgen von Eigenwerten seien $\{\lambda_k\}_1^\infty$ und $\{\mu_k\}_1^\infty$. Wenn für eine gewisse Permutation $\{p_k\}_1^\infty$ der natürlichen Zahlen

$$\lim_{k\to\infty} (\lambda_k - \mu_{p_k}) = 0 \tag{3}$$

gilt, so definieren wir den unitären Operator U durch die Beziehungen

$$U\,e_k = f_{p_k} \qquad (k = 1, 2, \ldots)$$

und den selbstadjungierten Operator K durch die Gleichung (2). Dann erhalten wir

$$K\,f_{p_k} = (\mu_{p_k} - \lambda_k)\,f_{p_k} \qquad (k = 1, 2, \ldots).$$

Wegen (3) bedeutet dies, daß der Operator K vollstetig ist.

Nunmehr läuft der Beweis des Satzes darauf hinaus, daß eine Permutation $\{p_k\}_1^\infty$ konstruiert wird, die die Beziehung (3) erfüllt. Diese Konstruktion ist möglich, weil die Menge $\mathscr{E}(A)$ der Häufungspunkte der Folge $\{\lambda_k\}_1^\infty$ mit der

[1]) Vgl. den Hinweis in der Fußnote [3]) auf S. 280.

Menge $\mathscr{E}(B)$ der Häufungspunkte der Folge $\{\mu_k\}_1^\infty$ zusammenfällt. Der diesbezügliche Satz aus der Theorie der Zahlfolgen und ihrer Grenzwerte lautet folgendermaßen:

Die Menge M der Häufungspunkte einer beschränkten reellen Folge $\{\lambda_k\}_1^\infty$ möge mit der Menge der Häufungspunkte einer analogen Folge $\{\mu_k\}_1^\infty$ zusammenfallen. Dann gibt es eine Permutation $\{p_k\}_1^\infty$ der natürlichen Zahlen, so daß

$$\lim_{k\to\infty} (\lambda_k - \mu_{p_k}) = 0$$

gilt.

Zum Beweis[1]) definieren wir für eine beliebige natürliche Zahl k die Zahlen

$$\varepsilon_k = \min_{t \in M} |\lambda_k - t| + \frac{1}{k},$$

$$\eta_k = \min_{t \in M} |\mu_k - t| + \frac{1}{k}.$$

Da bei beliebigem $\delta > 0$ nur eine endliche Anzahl von Punkten λ_j, μ_j von der Menge M eine Entfernung $> \delta$ hat, so gilt

$$\lim_{k\to\infty} \varepsilon_k = \lim_{k\to\infty} \eta_k = 0 .$$

Aus der Definition der Zahlen ε_k folgt, daß das Intervall $(\lambda_k - \varepsilon_k, \lambda_k + \varepsilon_k)$ für beliebiges k Punkte aus M enthält; deshalb enthält dieses Intervall unendlich viele Punkte μ_j. Mit r_k bezeichnen wir den kleinsten Index r, für den $\mu_r \in (\lambda_k - \varepsilon_k, \lambda_k + \varepsilon_k)$ gilt und der die Ungleichungen $r > r_j$ $(j = 1, 2, \ldots, k-1)$, $r > 2k$ erfüllt. Analog definieren wir die Zahl s_k in bezug auf das Intervall $(\mu_k - \eta_k, \mu_k + \eta_k)$. Sowohl die Indizes r_k als auch die Indizes s_k sind paarweise verschieden, und es gilt

$$\lim_{k\to\infty} (\lambda_k - \mu_{r_k}) = \lim_{k\to\infty} (\mu_k - \lambda_{s_k}) = 0 . \tag{4}$$

Wenn mindestens eine der Folgen $\{r_k\}_1^\infty$, $\{s_k\}_1^\infty$ alle natürlichen Zahlen enthalten würde, so wäre der Satz bewiesen. Jedoch ist diese Bedingung hier nicht erfüllt. Wir setzen deshalb die Konstruktion fort, indem wir induktiv zwei Folgen natürlicher Zahlen, $\{u_k\}_1^\infty$ und $\{v_k\}_1^\infty$, folgendermaßen definieren:

$$u_1 = 1 , \quad v_1 = r_1 ;$$

v_{2k} ist die kleinste natürliche von v_j $(j = 1, 2, \ldots, 2k-1)$ verschiedene Zahl, $u_{2k} = s_{v_{2k}}$; u_{2k+1} ist die kleinste natürliche von u_j $(j = 1, 2, \ldots, 2k)$ verschiedene Zahl, $v_{2k+1} = r_{u_{2k+1}}$.

Wir zeigen, daß jede der so definierten Folgen $\{u_k\}_1^\infty$, $\{v_k\}_1^\infty$ eine Permutation der natürlichen Zahlen darstellt. Zu diesem Zweck zeigen wir, daß jede der beiden Folgen alle natürlichen Zahlen enthält und jede nur einmal. Wenn die

[1]) Siehe J. v. Neumann [5].

Folge $\{u_j\}_1^{2k-2}$ die Zahlen $1, 2, \ldots, k-1$ enthält, so ist entweder k auch in dieser Folge enthalten, oder es ist $u_{2k-1} = k$. In beiden Fällen enthält die Folge $\{u_j\}_1^{2k}$ die Zahlen $1, 2, \ldots, k$. Da die Folge $\{u_j\}_1^2$ die Zahl 1 enthält, so schließen wir induktiv, daß die Folge $\{u_j\}_1^\infty$ alle natürlichen Zahlen enthält. Die gleiche Eigenschaft besitzt auch die Folge $\{v_j\}_1^\infty$.

Es bleibt nun zu zeigen, daß in den Folgen $\{u_j\}_1^\infty$, $\{v_j\}_1^\infty$ keine Zahl mehrfach vorkommt.

Wir beginnen mit der Folge $\{u_j\}_1^\infty$. Da gemäß der Konstruktion $u_{2k-1} \neq u_1, u_2, \ldots, u_{2k-2}$ gilt, so ist lediglich zu zeigen, daß $u_{2k} \neq u_1, u_2, \ldots, u_{2k-1}$. Definitionsgemäß gilt $u_{2k} = s_{v_{2k}}$ und $s_{v_{2k}} \neq s_1, s_2, \ldots, s_{v_{2k-1}}$. Deshalb gilt speziell $s_{v_{2k}} \neq s_{v_2}, s_{v_4}, \ldots, s_{v_{2k-2}}$, da $v_2 < v_4 < \cdots < v_{2k-2}$ gilt und die Folge $\{s_k\}_1^\infty$ monoton wächst. Die so gewonnene Ungleichung kann man auch in der Gestalt $u_{2k} \neq u_2, u_4, \ldots, u_{2k-2}$ schreiben, und es bleibt zu zeigen, daß $u_{2k} \neq u_1, u_3, \ldots, u_{2k-1}$ ist. Gemäß der Konstruktion gilt $u_{2k} = s_{v_{2k}} \geqq 2\, v_{2k} \geqq 2\, k$ und $u_1, u_3, \ldots, u_{2k-1} \leqq 2\, k - 1$, so daß man $u_{2k} > u_{2k-1}$ und folglich $u_{2k} \neq u_1, u_3, \ldots, u_{2k-1}$ erhält.

Wir betrachten nun die Folge $\{v_k\}_1^\infty$ und bemerken zunächst, daß gemäß der Konstruktion $v_{2k-1} = r_{u_{2k-1}} \neq r_1, r_2, \ldots, r_{u_{2k-3}}$ und also $v_{2k-1} \neq v_1, v_3, \ldots, v_{2k-3}$ gilt. Weiter ist $v_{2k-1} = r_{u_{2k-1}} \geqq 2\, u_{2k-1} \geqq 2\, k$ und somit $v_2, v_4, \ldots, v_{2k-2} \leqq 2\, k - 2$, also $v_{2k-1} \neq v_1, v_2, \ldots, v_{2k-2}$. Endlich gilt gemäß der Konstruktion $v_{2k} \neq v_1, v_2, \ldots, v_{2k-1}$.

Zum Schluß überzeugt man sich davon, daß

$$\lim_{k\to\infty} (\mu_{v_k} - \lambda_{u_k}) = 0$$

gilt. Dies folgt aber daraus, daß für $k \to \infty$ wegen (4)

$$|\mu_{v_{2k}} - \lambda_{u_{2k}}| = |\mu_{v_{2k}} - \lambda_{s_{v_{2k}}}| \to 0\,,$$

$$|\mu_{v_{2k-1}} - \lambda_{u_{2k-1}}| = |\mu_{r_{u_{2k-1}}} - \lambda_{u_{2k-1}}| \to 0$$

gilt.

95. Der absolut stetige und der singuläre Teil des Spektrums. Im Zusammenhang mit den sogenannten Streuoperatoren oder Wellenoperatoren (siehe dazu Nr. 97), die bei physikalischen Untersuchungen eine Rolle spielen, erwies es sich in den letzten Jahren als notwendig, die Spektrumspunkte genauer zu charakterisieren, als es in den Nummern 82, 93 geschah.

Sei A ein selbstadjungierter Operator und E_t seine Spektralfunktion.

Das Element $f \in \mathrm{H}$ heißt *regulär* in bezug auf A, wenn die Funktion $\sigma(t; f) = (E_t f, f)$ absolut stetig ist, und *singulär*, wenn der absolut stetige Teil der Funktion $\sigma(t; f)$ gleich Null ist.

Die Menge aller in bezug auf A regulären Elemente bezeichnen wir mit H_a, die Menge aller singulären Elemente mit H_s.

Satz 1. *Die Mengen* H_a *und* H_s *sind Teilräume von* H, *sie sind zueinander orthogonal, und es gilt*

$$\mathrm{H}_a \oplus \mathrm{H}_s = \mathrm{H}\,.$$

Beweis. Sei $f \in H_a$ und $g \in H_s$. Dann gilt stets

$$\int_e d(E_t f, f) = 0\,, \tag{1}$$

wie auch die Punktmenge e vom LEBESGUEschen Maß Null gewählt wird. Außerdem gibt es eine BOREL-Menge[1]) θ vom LEBESGUEschen Maß Null derart, daß

$$\int_{C\theta} d(E_t g, g) = 0 \tag{2}$$

gilt für das Komplement $C\theta$ von θ.

Wir benutzen jetzt die Ungleichung

$$\left|\int_{\mathscr{E}} d(E_t f, g)\right|^2 \leqq \int_{\mathscr{E}} d(E_t f, f) \int_{\mathscr{E}} d(E_t g, g)\,,$$

die für beliebige BOREL-Mengen $\mathscr{E} \subset (-\infty, \infty)$ gilt und die als CAUCHY-BUNJAKOWSKIsche Ungleichung für das Quasiskalarprodukt

$$\langle f, g\rangle = \int_{\mathscr{E}} d(E_t f, g)$$

aufgefaßt werden kann. Mit Hilfe dieser Ungleichung folgen aus (1) und (2) die Gleichungen

$$\int_\theta d(E_t f, g) = 0\,, \quad \int_{C\theta} d(E_t f, g) = 0\,.$$

Deshalb gilt

$$(f, g) = \int_{-\infty}^{\infty} d(E_t f, g) = 0$$

und folglich $H_a \perp H_s$.

Wir wählen nun einen beliebigen von 0 verschiedenen Vektor $h \in H$. Ihm ist die monoton wachsende Funktion $\sigma(t; h) = (E_t h, h)$ zugeordnet. Von dieser betrachten wir den absolut stetigen Teil $\sigma_a(t; h)$:

$$\sigma(t; h) = \sigma_a(t; h) + \sigma_s(t, h)\,.$$

Weiter wählen wir eine BOREL-Menge θ vom LEBESGUEschen Maß Null, deren Komplement das σ_s-Maß Null besitzt, und setzen

$$f = \int_{C\theta} dE_u\, h\,, \quad g = \int_\theta dE_u\, h\,, \tag{3}$$

so daß sich

$$h = f + g \tag{4}$$

ergibt. Aus (3) folgt

$$(E_t f, f) = \int_{-\infty}^{t} \chi_{C\theta}(u)\, d(E_u h, h) = \int_{-\infty}^{t} d\sigma_a(u; h)\,,$$

$$(E_t g, g) = \int_{-\infty}^{t} \chi_\theta(u)\, d(E_u h, h) = \int_{-\infty}^{t} d\sigma_s(u; h)\,,$$

wobei χ_θ, $\chi_{C\theta}$ die charakteristischen Funktionen der Mengen χ und $C\theta$ sind. Aus diesen Formeln folgt die Absolutstetigkeit der Funktion $(E_t f, f)$ und das

---

[1]) Siehe z. B. W. I. SMIRNOW [1] oder G. E. SCHILOW und B. L. GUREWITSCH [1].

Verschwinden des absolutstetigen Teils der Funktion $(E_t g, g)$. Deshalb liegen die Elemente f und g der Formel (4) entsprechend in H_a und H_s. Aus der Tatsache, daß ein beliebiges Element $h \in H$ in die Summe (4) der zueinander orthogonalen Elemente $f \in H_a$ und $g \in H_s$ zerlegt werden kann, folgt die Linearität und Abgeschlossenheit der Mengen H_a und H_s. Damit ist der Beweis des Satzes beendet.

Satz 2. *Die Teilräume* H_a *und* H_s *reduzieren den Operator* A.

Beweis. Es genügt zu zeigen, daß der Teilraum H_a E_λ reduziert für beliebiges λ. Ist $f \in H_a$, so ist die Funktion $\sigma(t; f)$ absolut stetig, dann ist die Funktion

$$\sigma(t; E_\lambda f) = (E_t E_\lambda f, E_\lambda f) = (E_{\min(t,\lambda)} f, f) = \begin{cases} \sigma(t; f) & (t \leqq \lambda), \\ \sigma(\lambda; f) = \text{const} & (t > \lambda) \end{cases}$$

auch absolut stetig, und deshalb gilt $E_\lambda f \in H_a$. Analog beweist man, daß aus $f \in H_s$ auch $E_\lambda f \in H_s$ folgt.

Damit ist der Satz bewiesen.

Der Teil A_a des Operators A, der im Teilraum H_a der regulären Elemente wirkt, heißt *der absolut stetige Teil des Operators* A und das Spektrum $\mathcal{S}(A_a)$ dieses Operators A_a heißt *das absolut stetige Spektrum* von A. Offensichtlich ist $\mathcal{S}(A_a)$ eine abgeschlossene Menge ohne isolierte Punkte (d. h. eine vollkommene Menge), dabei gilt $\mathcal{S}(A_a) \subseteq \mathcal{C}(A)$. Der Teil A_s des Operators A, der im Teilraum H_s der singulären Elemente wirkt, heißt *der singuläre Teil des Operators* A und sein Spektrum $\mathcal{S}(A_s)$ *das singuläre Spektrum* von A. Ersichtlich gilt $\mathcal{D}(A) \subseteq \mathcal{S}(A_s)$.

Die Eigenwerte, die alle zu $\mathcal{S}(A_s)$ gehören, bilden die *diskrete Komponente* des singulären Spektrums von A. Das Komplement dieser Komponente in bezug auf $\mathcal{S}(A_s)$ heißt *die stetige Komponente* des singulären Spektrums von A.

96. Die Invarianz des absolut stetigen Spektrums bei endlich-dimensionalen Störungen. Aus dem in Nr. 94 aufgestellten Satz 2 folgt, daß bei beliebigen vollstetigen Störungen eines selbstadjungierten Operators das absolut stetige Spektrum, im Unterschied zum kontinuierlichen Spektrum, nicht invariant zu sein braucht. Bei spezielleren Störungen jedoch, speziell bei endlich-dimensionalen Störungen, ändert sich das absolut stetige Spektrum nicht. Dieses Resultat und auch seine Verallgemeinerung auf den Fall beliebiger nuklearer Störungen stammt von M. ROSENBLUM und T. KATO.[1])

Sei A ein beliebiger selbstadjungierter Operator im Raum H, der hier nicht separabel zu sein braucht. Weiter sei K ein eindimensionaler selbstadjungierter Operator, der durch den Vektor g und die reelle Zahl γ erzeugt wird derart, daß für beliebiges $f \in H$

$$Kf = \gamma(f, g)\, g \tag{1}$$

gilt. Wir bezeichnen mit E_t und F_t die Spektralfunktionen der Operatoren A und $B = A + K$ und lassen $[\alpha, \beta]$ die Menge aller Intervalle der reellen Achse durchlaufen. Der Menge dieser Intervalle ist die Menge der Elemente $(E_\beta - E_\alpha)\, g$

---

[1]) M. ROSENBLUM [1], T. KATO [1,2]. In unserer Darstellung folgen wir T. KATO.

zugeordnet, deren abgeschlossene lineare Hülle wir mit $\mathfrak{G}_A$ bezeichnen. Die analog gebildete Hülle der Menge der Elemente $(F_\beta - F_\alpha)\,g$ bezeichnen wir mit $\mathfrak{G}_B$. Man erkennt leicht, daß $\mathfrak{G}_A$ der kleinste Teilraum in $\mathfrak{H}$ ist, der g enthält und den Operator A reduziert. $\mathfrak{G}_B$ besitzt die gleiche Eigenschaft in bezug auf B. Außerdem reduzieren beide Teilräume den Operator K. Aus der Gleichung $B = A + K$ folgt deshalb $\mathfrak{G}_A = \mathfrak{G}_B \equiv \mathfrak{H}_g$. Wegen $Kf = 0$ für $f \in \mathfrak{H} \ominus \mathfrak{H}_g$ erhält man

$$Af = Bf \qquad (f \in \mathfrak{H} \ominus \mathfrak{H}_g)\,.$$

Die Frage nach dem Einfluß der eindimensionalen Störung K auf das absolut stetige Spektrum des Operators A braucht also nur im Teilraum[1]) $\mathfrak{H}_g$ *betrachtet zu werden.* Dazu kommen wir nun.

Da der Teilraum $\mathfrak{H}_g$ Abschließung sowohl der linearen Hülle der Elemente $(E_\beta - E_\alpha)\,g$ als auch der linearen Hülle der Elemente $(F_\beta - F_\alpha)\,g$ ist, haben die Teile der Operatoren A und B, die in $\mathfrak{H}_g$ liegen, einfaches Spektrum. Deshalb gilt (siehe Nr. 83) für beliebiges $f \in \mathfrak{H}_g$

$$f = \int_{-\infty}^{\infty} \varphi(t)\, dE_t\, g\,, \qquad f = \int_{-\infty}^{\infty} \psi(t)\, dF_t\, g \tag{2}$$

und

$$\|f\|^2 = \int_{-\infty}^{\infty} |\varphi(t)|^2\, d\varrho(t) = \int_{-\infty}^{\infty} |\psi(t)|^2\, d\sigma(t)\,,$$

dabei ist $\varrho(t) = (E_t\, g, g)$, $\sigma(t) = (F_t\, g, g)$.

Andererseits gilt, falls $\Im\,\zeta \neq 0$,

$$(B - \zeta\, I)^{-1} - (A - \zeta\, I)^{-1} = -(A - \zeta\, I)^{-1} K\, (B - \zeta\, I)^{-1}\,,$$

woraus wegen (1)

$$([B - \zeta\, I]^{-1} f, g) - ([A - \zeta\, I]^{-1} f, g) = -\gamma\, ([B - \zeta\, I]^{-1} f, g)\, ([A - \zeta\, I]^{-1} g, g) \tag{3}$$

folgt. Mit Hilfe der Darstellungen (2) ergibt sich aus dieser Beziehung die Gleichung

$$\int_{-\infty}^{\infty} \frac{\psi(\mu)\, d\sigma(\mu)}{\mu - \zeta} - \int_{-\infty}^{\infty} \frac{\varphi(\lambda)\, d\varrho(\lambda)}{\lambda - \zeta} = -\gamma \int_{-\infty}^{\infty} \frac{\psi(\mu)\, d\sigma(\mu)}{\mu - \zeta} \int_{-\infty}^{\infty} \frac{d\varrho(\lambda)}{\lambda - \zeta}$$

oder

$$\int_{-\infty}^{\infty} \frac{\psi(\mu)\, d\sigma(\mu)}{\mu - \zeta} \left[1 + \gamma \int_{-\infty}^{\infty} \frac{d\varrho(\lambda)}{\lambda - \zeta}\right] = \int_{-\infty}^{\infty} \frac{\varphi(\lambda)\, d\varrho(\lambda)}{\lambda - \zeta}\,. \tag{4}$$

---

[1]) Wir bemerken, daß der Teilraum $\mathfrak{H}_g$ separabel ist.

Wenn wir vorher in (3) $f = g$ setzen, so erhalten wir die Gleichung

$$\int_{-\infty}^{\infty} \frac{d\sigma(\mu)}{\mu - \zeta} \left[1 + \gamma \int_{-\infty}^{\infty} \frac{d\varrho(\lambda)}{\lambda - \zeta} \right] = \int_{-\infty}^{\infty} \frac{d\varrho(\lambda)}{\lambda - \zeta},$$

die wir auch in der Form

$$\left(1 + \gamma \int_{-\infty}^{\infty} \frac{d\varrho(\lambda)}{\lambda - \zeta} \right) \left(1 - \gamma \int_{-\infty}^{\infty} \frac{d\sigma(\mu)}{\mu - \zeta} \right) = 1$$

schreiben können. Setzen wir hier $\zeta = \xi + i\,\eta$, $\eta = \Im\,\zeta$ und führen den Grenzübergang $\eta \to 0$ aus, so erhalten wir mit Hilfe eines bekannten Satzes aus der Funktionentheorie[1]), daß 1. die Funktion

$$\omega(\zeta) \equiv 1 + \gamma \int_{-\infty}^{\infty} \frac{d\varrho(\lambda)}{\lambda - \zeta} = \frac{1}{1 - \gamma \displaystyle\int_{-\infty}^{\infty} \frac{d\sigma(\mu)}{\mu - \zeta}} \tag{5}$$

fast überall auf der reellen Achse endliche, von Null verschiedene Grenzwerte $\omega\,(\xi + i\,0)$ und $\omega\,(\xi - i\,0) = \overline{\omega\,(\xi + i\,0)}$ besitzt und 2. fast überall

$$\pi\,\gamma\,\varrho'(\xi) = \Im\,\omega\,(\xi + i\,0)\,,$$

$$\pi\,\gamma\,\sigma'(\xi) = -\,\Im\,\frac{1}{\omega\,(\xi + i\,0)} = \frac{\Im\,\omega\,(\xi + i\,0)}{|\omega\,(\xi + i\,0)|^2}$$

gilt. Damit ergibt sich fast überall

$$\varrho'(\xi) = |\omega\,(\xi + i\,0)|^2\,\sigma'(\xi) \tag{6}$$

und demnach fast überall

$$\Im\,\omega\,(\xi + i\,0) = \pi\,\gamma\,|\omega\,(\xi + i\,0)|^2\,\sigma'(\xi)\,. \tag{6'}$$

Aus der Beziehung (6) und den oben erwähnten Eigenschaften der Funktion $\omega\,(\xi + i\,0)$ schließen wir, daß die absolut stetigen Spektren der Operatoren A und B zusammenfallen bis auf eine Menge vom Maß Null. Es läßt sich jedoch leicht zeigen, daß der Durchschnitt des absolut stetigen Spektrums mit irgendeinem offenen Intervall leer ist, falls er das Maß Null besitzt. Deshalb fallen die absolut stetigen Spektren der Operatoren A und B vollständig zusammen. Darüber hinaus folgt aus dem Satz in Nr. 87 die Unitäräquivalenz der absolut stetigen Teile A_a und B_a der Operatoren A und B.

Die eben beendeten Betrachtungen gestatten die Formulierung des folgenden Satzes.

---

[1]) siehe I. I. Priwalow [1], S. 183–194.

Satz. *Sei A ein beliebiger selbstadjungierter Operator im* HILBERT-*Raum* H *und K ein beliebiger endlich-dimensionaler Operator in* H. *Dann sind die absolut stetigen Teile A_a und B_a der Operatoren A und $B = A + K$ unitär äquivalent, so daß speziell*

$$\mathcal{S}(B_a) = \mathcal{S}(A_a)$$

gilt.

Für den Fall, daß der Operator K eindimensional ist, ist der Beweis bereits vollständig erbracht. Da aber eine m-dimensionale Störung die Summe eindimensionaler Störungen und der Begriff der Unitäräquivalenz transitiv ist, folgt hieraus die Gültigkeit des Satzes für beliebige endlich dimensionale Störungen.

Die am Anfang dieser Nr. erwähnte Verallgemeinerung dieses Satzes für beliebige selbstadjungierte nukleare Störungen behandeln wie erst in Nr. 99, da für diese Verallgemeinerung die Theorie der Wellenoperatoren gebraucht wird, die wir in den Nummern 97 und 98 entwickeln.

Zum Schluß stellen wir einige Hilfsbetrachtungen an, die in Nr. 98 benutzt werden.

Vor allem erhalten wir eine Gleichung zwischen den Funktionen $\varphi(t)$ und $\psi(t)$ der Darstellung (2).

Aus (4) und (5) folgt

$$\int_{-\infty}^{\infty} \frac{\psi(\mu)\, d\sigma(\mu)}{\mu - \zeta} = \left[1 - \gamma \int_{-\infty}^{\infty} \frac{d\sigma(\mu)}{\mu - \zeta}\right] \int_{-\infty}^{\infty} \frac{\varphi(\lambda)\, d\varrho(\lambda)}{\lambda - \zeta}\,. \tag{4'}$$

Gehen wir zur Grenze über, so erhalten wir fast überall

$$\pm \pi i\, \psi(\xi)\, \sigma'(\xi) + {\int_{-\infty}^{\infty}}' \frac{\psi(\mu)\, d\sigma(\mu)}{\mu - \xi} = \frac{1}{\omega(\xi \pm i\, 0)} \int_{-\infty}^{\infty} \frac{\varphi(\lambda)\, d\varrho(\lambda)}{\lambda - (\xi \pm i\, 0)}\,. \tag{7}$$

Dabei bedeutet der Strich am Integralzeichen, daß das Integral im Sinne des CAUCHYschen Hauptwertes zu verstehen ist. Aus (7) ergibt sich durch Subtraktion

$$2 \pi i\, \psi(\xi)\, \sigma'(\xi) = \frac{1}{\omega(\xi + i\, 0)} {\int_{-\infty}^{\infty}}' \frac{\varphi(\lambda)\, d\varrho(\lambda)}{\lambda - (\xi + i\, 0)} - \frac{1}{\omega(\xi - i\, 0)} \int_{-\infty}^{\infty} \frac{\varphi(\lambda)\, d\varrho(\lambda)}{\lambda - (\xi - i\, 0)}$$

oder

$$2 \pi i\, \psi(\xi)\, \sigma'(\xi) = \frac{\omega(\xi - i\, 0) - \omega(\xi + i\, 0)}{|\omega(\xi + i\, 0)|^2} \int_{-\infty}^{\infty} \frac{\varphi(\lambda)\, d\varrho(\lambda)}{\lambda - (\xi + i\, 0)}$$

$$+ \frac{1}{\omega(\xi - i\, 0)} \left[\int_{-\infty}^{\infty} \frac{\varphi(\lambda)\, d\varrho(\lambda)}{\lambda - (\xi + i\, 0)} - \int_{-\infty}^{\infty} \frac{\varphi(\lambda)\, d\varrho(\lambda)}{\lambda - (\xi - i\, 0)}\right].$$

Hieraus folgt, wenn man (6') beachtet, daß fast überall

$$2\pi i\,\psi(\xi)\,\sigma'(\xi) = \frac{2\pi i}{\omega(\xi + i\,0)}\,\varphi(\xi)\,\varrho'(\xi) - 2\pi i\,\gamma\,\sigma'(\xi)\int\limits_{-\infty}^{\infty}\frac{\varphi(\lambda)\,d\varrho(\lambda)}{\lambda - (\xi + i\,0)}$$

gilt. Kürzen wir diese Gleichung, so erhalten wir die gesuchte Beziehung

$$\psi(\xi) = \omega(\xi + i\,0)\,\varphi(\xi) - \gamma\int\limits_{-\infty}^{\infty}\frac{\varphi(\lambda)\,d\varrho(\lambda)}{\lambda - (\xi + i\,0)}\,; \tag{8}$$

sie gilt fast überall auf der Menge der ξ, für die $\sigma'(\xi) \neq 0$ ist.

Wir brauchen auch folgenden

Hilfssatz. *Wenn* $f(\lambda) \in L^2(-\infty, \infty)$ *gilt, so ist*

$$\lim_{t\to\infty}\int\limits_{-\infty}^{\infty}\left|\int\limits_{-\infty}^{\infty}\frac{e^{it(\mu-\lambda)} - 1}{\mu - \lambda}\,f(\lambda)\,d\lambda - \int\limits_{-\infty}^{\infty}\frac{f(\lambda)\,d\lambda}{\lambda - (\mu + i\,0)}\right|^2 d\mu = 0\,.$$

Beweis. Wir betrachten die Gleichung

$$\frac{1}{\pi}\int\limits_{-\infty}^{\infty}\frac{f(\lambda)\,d\lambda}{\lambda - (\mu + i\,0)} = i\,f(\mu) + \tilde{f}(\mu)\,,$$

wobei

$$\tilde{f}(\mu) = \frac{1}{\pi}\int\limits_{-\infty}^{\infty}{}'\,\frac{f(\lambda)}{\lambda - \mu}\,d\lambda$$

gesetzt ist. Sei $F(x)$ die Fourier-Transformierte der Funktion $f(\lambda)$, so daß also

$$f(\mu) = \underset{A\to\infty}{\text{l. i. m.}}\,\frac{1}{\sqrt{2\pi}}\int\limits_{-A}^{A}F(x)\,e^{i\mu x}\,dx\,.$$

Dann gilt bekanntlich[1])

$$\tilde{f}(\mu) = \underset{A\to\infty}{\text{l. i. m.}}\,\frac{i}{\sqrt{2\pi}}\int\limits_{-A}^{A}F(x)\,\operatorname{sgn} x\,e^{i\mu x}\,dx$$

und folglich

$$\frac{1}{2\pi i}\int\limits_{-\infty}^{\infty}\frac{f(\lambda)\,d\lambda}{\lambda - (\mu + i\,0)} = \underset{A\to\infty}{\text{l. i. m.}}\,\frac{1}{\sqrt{2\pi}}\int\limits_{0}^{A}F(x)\,e^{i\mu x}\,dx\,.$$

[1]) E. Titchmarsh [1], S. 159–166.

Andererseits erhält man für $t > 0$ nach dem Faltungssatz

$$\frac{1}{2\pi i}\int_{-\infty}^{\infty}\frac{e^{it(\mu-\lambda)}-1}{\mu-\lambda}f(\lambda)\,d\lambda$$

$$=\frac{1}{2\pi i}\frac{1}{\sqrt{2\pi}}\int_{-\infty}^{\infty}F(x)\,e^{i\mu x}\,dx\int_{-\infty}^{\infty}\frac{1-e^{-ity}}{y}e^{iyx}\,dy$$

$$=\frac{1}{\pi\sqrt{2\pi}}\int_{-\infty}^{\infty}F(x)\,e^{i\mu x}\,dx\int_{0}^{\infty}\frac{\sin(y\,x)-\sin y\,(x-t)}{y}\,dy$$

$$=\frac{1}{\sqrt{2\pi}}\int_{0}^{t}F(x)\,e^{i\mu x}\,dx\,.$$

Der Beweis des Hilfssatzes ergibt sich aus dem Vergleich der beiden erhaltenen Beziehungen.

97. Definition und formale Eigenschaften der Wellenoperatoren. A und B seien selbstadjungierte Operatoren in H, R_A und R_B die Teilräume der regulären Elemente von A und B sowie P_A, P_B die orthogonalen Projektoren auf R_A und R_B. Wir geben folgende

Definition. Wenn der starke Grenzwert

$$U_+\{B, A\} = \lim_{t\to\infty} e^{itB}\,e^{-itA}\,P_A \tag{1}$$

existiert, so soll der dadurch dem geordneten Paar A, B zugeordnete Operator der *Wellenoperator* $U_+\{B, A\}$ heißen.

Analog definiert man den Wellenoperator[1])

$$U_-\{B, A\} = \lim_{t\to-\infty} e^{itB}\,e^{-itA}\,P_A\,. \tag{2}$$

In dieser Nr. betrachten wir eine Reihe von Eigenschaften der Wellenoperatoren unter der Voraussetzung, daß diese existieren. Existenzbeweise werden in Nr. 98 geführt. Hierbei betrachten wir nur den Operator (1), da die Formulierung und der Beweis entsprechender Eigenschaften für den Operator (2) völlig analog verlaufen.

Satz 1. *Für beliebiges reelles* τ *gilt*

$$e^{i\tau B}\,U_+\{B, A\} = U_+\{B, A\}\,e^{i\tau A}\,. \tag{3}$$

---

[1]) Der Begriff des Wellenoperators wurde zum ersten Mal von C. Möller durch die Ausdrücke

$$\lim_{\pm t\to\infty} e^{itB}\,e^{-itA}$$

eingeführt. Siehe C. Möller [1].

Es gilt nämlich

$$e^{i\tau B}\, U_+\{B, A\} = \lim_{t\to\infty} e^{i(t+\tau)B}\, e^{-i(t+\tau)A}\, e^{i\tau A}\, P_A$$
$$= \lim_{t\to\infty} e^{i(t+\tau)B}\, e^{-i(t+\tau)A}\, P_A\, e^{i\tau A} = U_+\{B, A\}\, e^{i\tau A}\,.$$

Satz 2. *Für beliebiges reelles λ gilt*

$$F_\lambda\, U_+\{B, A\} = U_+\{B, A\}\, E_\lambda\,, \tag{4}$$

dabei sind E_λ und F_λ die Spektralfunktionen der Operatoren A und B.

Aus (3) folgt nämlich für beliebiges $f, g \in \mathrm{H}$

$$\int_{-\infty}^{\infty} e^{i\tau\lambda}\, d\,(F_\lambda\, U_+\{B, A\} f, g) = \int_{-\infty}^{\infty} e^{i\tau\lambda}\, d(U_+\{B, A\}\, E_\lambda f, g)\,,$$

woraus man auf Grund des Eindeutigkeitssatzes für Fourier-Stieltjes-Integrale die Beziehung (4) erhält.

Satz 3. *Der Operator $U_+\{B, A\}$ ist partiell isometrisch. Sein Anfangsbereich ist R_A, und sein Endbereich liegt in R_B.*

Beweis. Für beliebiges $f \in \mathrm{H}$ gilt

$$\|U_+\{B, A\} f\| = \lim_{t\to\infty} \|e^{itB}\, e^{-itA}\, P_A f\| = \|P_A f\|\,. \tag{5}$$

Hieraus folgt die Gültigkeit der ersten beiden Behauptungen. Zum Beweis der dritten Behauptung bemerken wir, daß wegen (4) und (5)

$$(F_\lambda\, U_+\{B, A\} f, U_+\{B, A\} f) = \|F_\lambda\, U_+\{B, A\} f\|^2$$
$$= \|U_+\{B, A\}\, E_\lambda f\|^2 = \|P_A\, E_\lambda f\|^2 = \|E_\lambda\, P_A f\|^2 = (E_\lambda h, h) \tag{5'}$$

gilt, wobei $h = P_A f \in \mathrm{R}_A$. Da die rechte Seite dieser Gleichung eine absolutstetige Funktion ist, gilt das gleiche auch für die linke. Folglich ist der Vektor $U_+\{B, A\} f$ ein reguläres Element des Operators B, d. h., es gilt $U_+\{B, A\} f \in \mathrm{R}_B$.

Satz 4. *Wenn der Endbereich des Operators $U_+\{B, A\}$ mit R_B zusammenfällt, so sind die Operatoren A_a und B_a unitär äquivalent und für beliebiges $f \in \mathrm{R}_A \cap \mathrm{D}_A$ gilt*

$$U_+^*\, B_a\, U_+ f = A_a f\,, \tag{6}$$

dabei ist $U_+ = U_+\{B, A\}$.

Beweis. Die erste Behauptung folgt aus dem vorhergehenden Satz, wenn die Beziehung (6) bewiesen ist. Es ist also (6) zu beweisen. Zu dem Zweck bemerken wir, daß aus der Formel (5′) für beliebiges $f \in \mathrm{R}_A$ die Gleichung

$$\int_{-\infty}^{\infty} \lambda^2\, d(F_\lambda\, U_+ f, U_+ f) = \int_{-\infty}^{\infty} \lambda^2\, d(E_\lambda f, f)$$

folgt, wobei beide Integrale gleichzeitig konvergieren oder divergieren. Deshalb gilt: Falls $f \in \mathrm{D}_A \cap \mathrm{R}_A$, so ist $U_+ f \in \mathrm{D}_B$, falls $U_+ f \in \mathrm{D}_B$ und $f \in \mathrm{R}_A$, so ist $f \in D_A$. Weiter ergibt sich wegen Satz 2 für beliebiges $g \in H$

$$\int_{-\infty}^{\infty} \lambda\, d(F_\lambda U_+ f, g) = \int_{-\infty}^{\infty} \lambda\, d(U_+ E_\lambda f, g),$$

und dies ist gleichbedeutend mit

$$B_a U_+ f = U_+ A_a f, \tag{6'}$$

d. h. mit Gleichung (6).

Satz 5[1]). *Wenn die Wellenoperatoren* $U_+\{B, A\}$ *und* $U_+\{C, B\}$ *existieren, so existiert der Wellenoperator* $U_+\{C, A\}$, *und es ist*

$$U_+\{C, A\} = U_+\{C, B\}\, U_+\{B, A\}. \tag{7}$$

Beweis. Definitionsgemäß ist

$$U_+\{B, A\} = \lim_{t\to\infty} e^{itB} e^{-itA} P_A,$$

$$U_+\{C, B\} = \lim_{t\to\infty} e^{itC} e^{-itB} P_B.$$

Folglich gilt

$$U_+\{C, B\}\, U_+\{B, A\} = \lim_{t\to\infty} e^{itC} e^{-itB} P_B e^{itB} e^{-itA} P_A.$$

Ersetzen wir P_B durch $I - (I - P_B)$, so erhalten wir

$$U_+\{C,B\}\, U_+\{B,A\} = \lim_{t\to\infty} e^{itC} e^{-itA} P_A - \lim_{t\to\infty} e^{itC} e^{-itB} (I - P_B) e^{itB} e^{-itA} P_A.$$

Der erste Term der rechten Seite ist $U_+\{C, A\}$. Zu zeigen bleibt, daß der zweite Term Null ist. Der Operator

$$(I - P_B)\, e^{itB} e^{-itA} P_A$$

konvergiert aber für $t \to \infty$ gegen Null, und der Operator

$$e^{itC} e^{-itB}$$

ist für beliebiges t unitär. Folglich konvergiert auch ihr Produkt gegen Null.

Satz 6. *Damit der Endbereich des Operators* $U_+\{B, A\}$ *mit* R_B *zusammenfällt, ist es notwendig und hinreichend, daß der Operator* $U_+\{A, B\}$ *existiert.*

Beweis. Wenn beide Operatoren, $U_+\{B, A\}$ und $U_+\{A, B\}$, existieren, so gilt wegen Satz 5 für beliebiges $f \in R_B$

$$f = P_B f = U_+\{B, B\} f = U_+\{B, A\}\, U_+\{A, B\} f$$

oder

$$f = U_+\{B, A\}\, g,$$

wobei $g = U_+\{A, B\} f$ zu R_A gehört. Folglich gehört f zum Endbereich des Operators $U_+\{B, A\}$.

[1]) Dieser Satz heißt Multiplikationssatz für Wellenoperatoren.

Damit ist die Hinlänglichkeit der Bedingung bewiesen.

Nun sei bekannt, daß der Endbereich des Operators $U_+\{B, A\}$ gleich R_B ist; es ist zu beweisen, daß für beliebiges $f \in \mathrm{R}_B$

$$\lim_{t\to\infty} e^{itA} e^{-itB} f$$

existiert. Zu f gibt es ein Element $g \in \mathrm{R}_A$ derart, daß

$$f = U_+\{B, A\}\, g$$

gilt. Deshalb ist

$$f = \lim_{t\to\infty} f_t\,, \qquad f_t = e^{itB} e^{-itA} g\,.$$

Aus der Gleichung

$$e^{itA} e^{-itB} f = e^{itA} e^{-itB}(f - f_t + f_t) = e^{itA} e^{-itB}(f - f_t) + g$$

folgt jedoch, daß

$$g = \lim_{t\to\infty} e^{itA} e^{-itB} f$$

gilt. Somit existiert der Operator $U_+\{A, B\}$, und es ist $g = U_+\{A, B\} f$.

Die Operatoren $U_+\{A, B\}$, $U_+\{B, A\}$ sind offensichtlich eindeutig umkehrbar in den entsprechenden Bereichen, so daß

$$U_+\{B, A\} = U_+^*\{A, B\} \tag{8}$$

gilt.

Wir führen einen weiteren Begriff ein, und zwar den Begriff des *Streuoperators* für das geordnete Paar A, B. So heißt der Operator

$$S\{B, A\} = U_+^*\{B, A\}\, U_-\{B, A\} \tag{9}$$

unter der Voraussetzung, daß alle vier Wellenoperatoren $U_\pm\{B, A\}$, $U_\pm\{A, B\}$ existieren.

Satz 7. *Der Streuoperator $S\{B, A\}$ ist im Raum R_A unitär und mit dem Operator A vertauschbar.*

Beweis. Die erste Behauptung folgt aus Satz 6.

Weiter zeigen wir, daß $S\{B, A\}$ mit der Zerlegung der Einheit E_λ des Operators A für beliebiges $\lambda \in (-\infty, \infty)$ vertauschbar ist. Der Kürze halber bezeichnen wir $U_\pm\{B, A\}$ mit $U_\pm$. Dann folgt aus (9)

$$\begin{aligned} S\{B, A\} E_\lambda &= U_+^* U_- E_\lambda = U_+^* F_\lambda U_- = (F_\lambda U_+)^* U_- \\ &= (U_+ E_\lambda)^* U_- = E_\lambda U_+^* U_- = E_\lambda S\{B, A\}\,, \end{aligned}$$

wobei wir zweimal Satz 2 anwenden. Auf Grund des Satzes in Nr. 80 schließt man daraus, daß

$$S\{B, A\} A \subseteq A\, S\{B, A\}$$

gilt, d. h., A und $S\{B, A\}$ sind in H vertauschbar, und deshalb werden sie beide durch den Teilraum R_A reduziert. Dabei gilt für $f \in \mathrm{R}_A$

$$(E_\lambda S f, S f) = (S E_\lambda f, S f) = (E_\lambda f, f),$$

wobei $S = S\{B, A\}$, und dies hat zur Folge, daß f (aus R_A) und $S f$ gleichzeitig entweder zu $\mathrm{R}_A \cap \mathrm{D}_A$ gehören oder nicht. Deshalb gilt auf R_A

$$A_a S\{B, A\} = S(B, A) A_a$$

oder in ganz H

$$A S\{B, A\} = S\{B, A\} A P_A .$$

Es gilt auch folgender Multiplikationssatz für Streuoperatoren.

Satz 8. *Wenn die Streuoperatoren $S\{B, A\}$ und $S\{C, B\}$ existieren, so existiert der Streuoperator $S\{C, A\}$, und es gilt*

$$S\{C, A\} = S^+(C, B) S\{B, A\},$$

wobei

$$S^+\{C, B\} = U_+\{A, B\} S\{C, B\} U_+(B, A)$$

ist.

Beweis. Die Existenz des Operators $S\{C, A\}$ folgt aus Satz 5. Weiter erhalten wir

$$\begin{aligned} S\{C, A\} &= U_+^*\{C, A\} U_-\{C, A\} \\ &= U_+^*\{B, A\} U_+^*\{C, B\} U_-\{C, B\} U_-\{B, A\} \\ &= U_+^*\{B, A\} U_+^*\{C, B\} U_-\{C, B\} U_+\{B, A\} U_+^*\{B, A\} U_-\{B, A\} \\ &= U_+\{A, B\} S\{C, B\} U_+\{B, A\} S\{B, A\} . \end{aligned}$$

(Die letzte Gleichung gilt wegen (8).) Damit ist der Satz bewiesen.

98. Existenz der Wellenoperatoren im Falle endlich-dimensionaler Störungen. Diese Nr. schließt unmittelbar an Nr. 96 an, deren Bezeichnungen wir hier übernehmen werden. Wir nehmen am Anfang an, wie in Nr. 96, daß der Operator K eindimensional ist und daß sein Wertebereich durch das Element g erzeugt wird, mit Hilfe dessen der separable Hilbert-Raum H_g gebildet wird. Wir setzen auch voraus, daß H_g mit ganz H zusammenfällt. Wir definieren in $\mathrm{H}_g = \mathrm{H}$ den Operator $V_+ f$, indem wir

$$V_+ f = \int_{-\infty}^{\infty} \omega(\lambda + i\,0)\, \varphi(\lambda)\, dF_\lambda P_B g \tag{1}$$

setzen, wenn

$$f = \int_{-\infty}^{\infty} \varphi(\lambda)\, dE_\lambda g$$

gilt. Wir betrachten auch den Operator

$$U_t = e^{itB} e^{-itA} P_A \qquad (-\infty < t < \infty)$$

und zeigen, daß

$$\lim_{t\to\infty} U_t f = V_+ f \qquad (f \in \mathrm{H}) \tag{2}$$

gilt. Wir bemerken, daß man diese Beziehung nur für $f \in \mathrm{R}_A$ zu beweisen braucht, da $U_t f = 0$ und $V_+ f = 0$ gilt, falls $f \perp \mathrm{R}_A$. Dies folgt daraus, daß wegen (1) und der Formel (6) von Nr. 96 für beliebiges $f \in \mathrm{H}$

$$\|V_+ f\|^2 = \int_{-\infty}^{\infty} |\omega(\lambda + i\,0)|^2\, |\varphi(\lambda)|^2\, d(F_\lambda P_B g, g)$$

$$= \int_{-\infty}^{\infty} |\varphi(\lambda)|^2\, |\omega(\lambda + i\,0)|^2\, d\sigma_a(\lambda) = \int_{-\infty}^{\infty} |\varphi(\lambda)|^2\, d\varrho_a(\lambda) = \|P_A f\|^2 \tag{3}$$

gilt, wobei $\sigma_a(\lambda) = (F_\lambda P_B g, g)$ der absolut stetige Teil der Funktion $\sigma(\lambda) = (F_\lambda g, g)$ und $\varrho_a(\lambda) = (E_\lambda P_A g, g)$ der absolut stetige Teil der Funktion $\varrho(\lambda) = (E_\lambda g, g)$ ist.

Deshalb gilt

$$V_+ P_A = V_+\,, \qquad U_t P_A = U_t\,. \tag{3'}$$

Wir gehen nun zum Beweis der Beziehung (2) für $f \in \mathrm{R}_A$ über. Dazu benutzen wir die Gleichung

$$(U_t f, h) - (f, h) = i\gamma \int_0^t (e^{-i\tau A} f, g)\,(e^{i\tau B} g, h)\, d\tau\,, \tag{4}$$

wobei $h \in \mathrm{H}$. Diese Gleichung braucht man nur für $f \in \mathrm{D}_A \cap \mathrm{R}_A$ zu verifizieren; in diesem Fall ergibt sie sich durch Integration der Identität

$$\frac{d}{d\tau}(e^{i\tau B} e^{-i\tau A} f, h) = i\,(e^{i\tau B} B\, e^{-i\tau A} f, h) - i\,(e^{i\tau B} A\, e^{-i\tau A} f, h)$$

$$= i(e^{i\tau B} K\, e^{-i\tau A} f, h) = i\gamma(e^{i\tau B}(e^{-i\tau A} f, g)\, g, h) = i\gamma(e^{-i\tau A} f, g)\,(e^{i\tau B} g, h)\,.$$

Gilt

$$f = \int_{-\infty}^{\infty} \varphi(\lambda)\, dE_\lambda g\,, \qquad h = \int_{-\infty}^{\infty} \varkappa(\mu)\, dF_\mu g\,,$$

so kann man (4) in der Form

$$(U_t f, h) - (f, h) = i\gamma \int_0^t \left[\int_{-\infty}^{\infty} e^{-i\tau\lambda}\, \varphi(\lambda)\, d\varrho(\lambda)\right]\left[\int_{-\infty}^{\infty} e^{i\tau\mu}\, \overline{\varkappa(\mu)}\, d\sigma(\mu)\right] d\tau$$

schreiben, wobei man, wie leicht zu sehen ist, die Reihenfolge der Integration vertauschen kann, so daß man

$$(U_t f, h) - (f, h) = \gamma \iint_{-\infty}^{\infty} \frac{e^{it(\mu-\lambda)} - 1}{\mu - \lambda}\, \varphi(\lambda)\, \overline{\varkappa(\mu)}\, d\varrho(\lambda)\, d\sigma(\mu)$$

erhält. Außer $f \in \mathrm{R}_A$ nehmen wir jetzt noch $h \in \mathrm{R}_B$ an. In diesem Fall kann in dem eben angegebenen zweifachen Integral $d\varrho(\lambda)$ durch $\varrho'(\lambda)\,d\lambda$ und $d\sigma(\mu)$ durch $\sigma'(\mu)\,d\mu$ ersetzt werden. Wir nehmen zunächst an, daß überdies

$$\varphi(\lambda)\,\varrho'(\lambda) \in L^2(-\infty, \infty)\,, \quad \varkappa(\mu)\,\sigma'(\mu) \in L^2(-\infty, \infty) \tag{5}$$

gilt. Dann erhält man auf Grund des Hilfssatzes in Nr. 96

$$\lim_{t\to\infty}(U_t f, h) = (f, h) + \gamma \int\!\!\int_{-\infty}^{\infty} \frac{\varphi(\lambda)\,\varrho'(\lambda)}{\lambda - (\mu + i\,0)}\,\overline{\varkappa(\mu)}\,\sigma'(\mu)\,d\lambda\,d\mu\,,$$

woraus wegen (8) aus Nr. 96

$$\lim_{t\to\infty}(U_t f, h) = (f, h) + \int_{-\infty}^{\infty} \omega(\mu + i\,0)\,\varphi(\mu)\,\overline{\varkappa(\mu)}\,d\sigma(\mu) - \int_{-\infty}^{\infty} \psi(\mu)\,\overline{\varkappa(\mu)}\,d\sigma(\mu)$$

$$= \int_{-\infty}^{\infty} \omega(\mu + i\,0)\,\varphi(\mu)\,\overline{\varkappa(\mu)}\,d\sigma(\mu)$$

und wegen Formel (1)

$$\lim_{t\to\infty}(U_t f, h) = (V_+ f, h) \tag{6}$$

folgt. Diese Gleichung haben wir unter der Voraussetzung (5) bewiesen. Wir brauchen sie jedoch auch für den Fall, daß

$$\varphi(\lambda)\sqrt{\varrho'(\lambda)} \in L^2(-\infty, \infty)\,, \quad \varkappa(\mu)\sqrt{\sigma'(\mu)} \in L^2(-\infty, \infty)\,, \tag{5'}$$

d. h.

$$\varphi(\lambda) \in L^2_{\varrho_a}(-\infty, \infty)\,, \quad \varkappa(\mu) \in L^2_{\sigma_a}(-\infty, \infty) \tag{5''}$$

gilt, denn nur in diesem Fall ist (6) für beliebiges $f \in R_A$ und $h \in R_B$ bewiesen. Hier genügt jedoch folgende Bemerkung: Wenn $\Omega(\lambda)$ die Menge aller finiten Treppenfunktionen durchläuft, so liegt die Menge der Funktionen

$$\varphi(\lambda) = \begin{cases} \dfrac{\Omega(\lambda)}{\sqrt{\varrho'(\lambda)}}\,, & \varrho'(\lambda) \neq 0\,, \\ 0\,, & \varrho'(\lambda) = 0 \end{cases}$$

dicht in $L^2_{\varrho_a}(-\infty, \infty)$ und erfüllt (5), und die Menge der Funktionen

$$\varkappa(\mu) = \begin{cases} \dfrac{\Omega(\mu)}{\sqrt{\sigma'(\mu)}}\,, & \sigma'(\mu) \neq 0\,, \\ 0\,, & \sigma'(\mu) = 0 \end{cases}$$

liegt dicht in $L^2_{\sigma_a}(-\infty, \infty)$ und erfüllt ebenfalls (5).

Da der Operator U_t in bezug auf t gleichmäßig beschränkt ist, folgt aus (6) und (3'), daß überall in H

$$\lim_{t\to\infty} P_B\,U_t = V_+ \tag{7}$$

gilt im Sinne schwacher Konvergenz.

Wir zeigen jetzt, daß diese Gleichung auch im Sinne starker Konvergenz gilt und daß der Faktor P_B in (7) weggelassen werden kann. Aus der schwachen Konvergenz folgt, daß

$$\|V_+ f\|^2 = \lim_{t\to\infty} (P_B U_t f, V_+ f) \leqq \underline{\lim}_{t\to\infty} \|V_+ f\| \cdot \|P_B e^{itB} e^{-itA} P_A f\|$$

und damit

$$\|V_+ f\| \leqq \underline{\lim}_{t\to\infty} \|P_B e^{itB} e^{-itA} P_A f\| \leqq \overline{\lim}_{t\to\infty} \|P_B e^{itB} e^{-itA} P_A f\| \leqq \|P_A f\|$$

gilt. Wegen (3) ist

$$\|V_+ f\| = \|P_A f\|$$

und deshalb

$$\|V_+ f\| = \lim_{t\to\infty} \|P_B e^{itB} e^{-itA} P_A f\| = \|P_A f\|\,.$$

Hieraus folgt, daß (7) im Sinne starker Konvergenz gilt. Wegen

$$\|P_A f\|^2 = \|P_B e^{itB} e^{-itA} P_A f\|^2 + \|(I - P_B) e^{itB} e^{-itA} P_A f\|^2$$

erhält man im Sinne starker Konvergenz

$$\lim_{t\to\infty} (I - P_B) e^{itB} e^{-itA} P_A f = 0\,,$$

und dies hat wegen (7) zur Folge, daß

$$\lim_{t\to\infty} U_t f = V_+ f$$

gilt, d. h., die Beziehung (2) ist bewiesen.

Satz. *Wenn A ein beliebiger selbstadjungierter Operator in H, K ein endlich-dimensionaler selbstadjungierter Operator und $B = A + K$ ist, so existieren die Wellenoperatoren $U_\pm\{B, A\}$ und $U_\pm\{A, B\}$ und vermitteln isometrische Abbildungen zwischen den absolut stetigen Teilen der Operatoren A und B.*

Es genügt, den Beweis für den Operator $U_+\{B, A\}$ zu führen. Für den Fall, daß der Operator K eindimensional ist und $\mathrm{H} = \mathrm{H}_g$ gilt, ist der Beweis bereits oben geführt. Ist K eindimensional und $\mathrm{H}_g \neq \mathrm{H}$, so existiert der Wellenoperator

$$U_+\{B, A\} = \lim_{t\to\infty} e^{itB} e^{-itA} P_A$$

ebenfalls. Und zwar ist er auf dem Teilraum $\mathrm{H} \ominus \mathrm{R}_A$ offensichtlich gleich Null; auf dem Teilraum $\mathrm{R}_A \cap (\mathrm{H} \ominus \mathrm{H}_g)$ ist er der Einheitsoperator. Auf dem Teilraum H_g ist er schließlich in Übereinstimmung mit (1) und (2) durch die Gleichung

$$U_+ f = \int_{-\infty}^{\infty} \omega(\lambda + i\,0)\, \varphi(\lambda)\, dF_\lambda\, P_{(\mathrm{R}_B \cap \mathrm{H}_g)}\, g$$

definiert, falls

$$f = \int_{-\infty}^{\infty} \varphi(\lambda)\, dE_\lambda\, g$$

gilt. Der Übergang von einer eindimensionalen Störung zu einer beliebigen endlich-dimensionalen erfolgt mit Hilfe von Satz 5 aus Nr. 97.

99. Übergang zum allgemeinen Fall nuklearer Störungen.

Hilfssatz[1]). *Sei A ein selbstadjungierter Operator in* H *und E_λ seine Spektralfunktion. Ist das Element $f \in$* H *regulär in bezug auf A und gilt fast überall*

$$\frac{d(E_\lambda f, f)}{d\lambda} \leqq \mathcal{M}^2, \tag{1}$$

so gilt für einen beliebigen HILBERT-SCHMIDT*schen Operator T mit der* HILBERT-SCHMIDT*schen Norm $N(T)$ die Ungleichung*

$$\int_{-\infty}^{\infty} \|T\, e^{-itA} f\|^2\, dt \leqq 2\,\pi\, \mathcal{M}^2\, N^2(T)\,. \tag{2}$$

Beweis. $\{g_n\}_1^\infty$ sei eine orthonormierte Basis in Δ_T. Dann gilt

$$\begin{aligned} \|T\, e^{-itA} f\|^2 &= \sum_{n=1}^{\infty} |(T\, e^{-itA} f, g_n)|^2 \\ &= \sum_{n=1}^{\infty} \left| \int_{-\infty}^{\infty} e^{-it\lambda}\, d(E_\lambda f, T^* g_n) \right|^2. \end{aligned} \tag{3}$$

Wir schätzen die in (3) eingeführten Integrale ab. Zu dem Zweck zeigen wir, daß wegen (1) für beliebiges $h \in$ H, speziell für $h = T^* g_n$, die Funktion $(E_\lambda f, h)$ absolut stetig ist, für ihre Ableitung

$$\frac{d(E_\lambda f, h)}{d\lambda} \in \mathrm{L}^2(-\infty, \infty)$$

und die Ungleichung

$$\int_{-\infty}^{\infty} \left| \frac{d(E_\lambda f, h)}{d\lambda} \right|^2 d\lambda \leqq \mathcal{M}^2\, \|h\|^2$$

gilt. Sei H_f der Teilraum, der durch die Gesamtheit der Vektoren $E(\Delta) f$ erzeugt wird, wobei Δ die Menge aller Intervalle der reellen Achse durchläuft. Dann kann man $h = h_1 + h_2$ setzen, wobei $h_1 \in \mathrm{H}_f$ und $h_2 \perp \mathrm{H}_f$. Weiter gibt es eine Funktion $\varphi(\mu)$ derart, daß

$$h_1 = \int_{-\infty}^{\infty} \varphi(\mu)\, dE_\mu f\,,$$

$$\|h_1\|^2 = \int_{-\infty}^{\infty} |\varphi(\mu)|^2\, d(E_\mu f, f) \leqq \|h\|^2$$

---

[1]) Dieser tiefliegende Hilfssatz stammt von M. ROSENBLUM [1].

gilt. Deshalb ist

$$(E_\lambda f, h) = (E_\lambda f, h_1) = \int\limits_{-\infty}^{\lambda} \overline{\varphi(\mu)}\, d(E_\mu f, f),$$

und hieraus folgt unsere Behauptung.

Dieses Resultat zeigt, daß das Integral

$$\int\limits_{-\infty}^{\infty} e^{-it\lambda}\, d(E_\lambda f, T^* g_n) = \int\limits_{-\infty}^{\infty} e^{-it\lambda} \frac{d(E_\lambda f, T^* g_n)}{d\lambda}\, d\lambda$$

als Fourier-Plancherel-Transformierte betrachtet werden kann. Folglich kann man die Parsevalsche Gleichung anwenden. Aus dieser ergibt sich

$$\int\limits_{-\infty}^{\infty} \left| \int\limits_{-\infty}^{\infty} e^{-it\lambda}\, d(E_\lambda f, T^* g_n) \right|^2 dt = 2\pi \int\limits_{-\infty}^{\infty} \left| \frac{d(E_\lambda f, T^* g_n)}{d\lambda} \right|^2 d\lambda \leqq 2\pi \mathcal{M}^2 \|T^* g_n\|^2,$$

und hieraus folgt

$$\int\limits_{-\infty}^{\infty} \sum_{n=1}^{m} \left| \int\limits_{-\infty}^{\infty} e^{-it\lambda}\, d(E_\lambda f, T^* g_n) \right|^2 dt \leqq 2\pi \mathcal{M}^2 \sum_{n=1}^{m} \|T^* g_n\|^2 \leqq 2\pi \mathcal{M}^2 N^2(T^*)$$
$$= 2\pi \mathcal{M}^2 N^2(T).$$

Wegen Gleichung (3) und des Satzes von Fatou erhalten wir für beliebiges endliches α und $\beta > \alpha$

$$\int\limits_{\alpha}^{\beta} \sum_{n=1}^{\infty} \left| \int\limits_{-\infty}^{\infty} e^{-it\lambda}\, d(E_\lambda f, T^* g_n) \right|^2 dt = \int\limits_{\alpha}^{\beta} \|T e^{-itA} f\|^2\, dt \leqq 2\pi \mathcal{M}^2 N^2(T),$$

woraus sich (für $\alpha \to -\infty$ und $\beta \to \infty$) (2) ergibt.

Wir kommen jetzt zur Verallgemeinerung der Resultate der Nummern 96 und 98 auf den Fall beliebiger nuklearer Störungen K. Der folgende Satz enthält die volle Formulierung dieser Verallgemeinerung, wobei die früher erhaltenen Resultate eingeschlossen sind.

Satz. *Sei A ein beliebiger selbstadjungierter Operator in* H *und K eine selbstadjungierte nukleare Störung, so daß für eine orthonormierte Basis* $\{g_j\}_1^\infty$

$$K f = \sum_{j=1}^{\infty} \lambda_j (f, g_j)\, g_j \qquad (f \in \mathrm{H}) \tag{4}$$

gilt, wobei

$$\sum_{j=1}^{\infty} |\lambda_j| < \infty$$

ist. Dann gilt:

1. *Der Wellenoperator*

$$U_+ = U_+\{B, A\} = \lim_{t \to \infty} e^{itB} e^{-itA} P_A$$

existiert, dabei ist $B = A + K$.

2. *Er ist partiell isometrisch: sein Anfangsbereich ist* R_A *und sein Endbereich* R_B.

3. *Die absolut stetigen Teile* A_a *und* B_a *der Operatoren* A *und* B *sind unitär äquivalent, und zwar ist*

$$B_a = U_+ A_a U_+^*, \qquad A_a = U_+^* B_a U_+ .$$

4. *Die übrigen Wellenoperatoren* $U_-\{B, A\}$ *und* $U_\pm\{A, B\} = U_\pm^*\{B, A\}$ *existieren ebenfalls und besitzen analoge Eigenschaften.*

Beweis. Auf Grund der Resultate der vorhergehenden Nummern braucht man nur die erste Behauptung zu beweisen. Zu diesem Zweck setzen wir für beliebiges endliches m:

$$K_m f = \sum_{j=1}^{m} \lambda_j (f, g_j)\, g_j, \qquad s_m = \sum_{j=1}^{m} |\lambda_j|, \qquad B_m = A + K_m$$

und

$$U_t^{(m)} = e^{itB_m} e^{-itA} P_A \qquad (-\infty < t < \infty).$$

Benutzen wir die Differenzierbarkeit des Vektors

$$e^{itB_m} e^{-itA} f$$

nach t, so erhalten wir wie in Nr. 98, daß für $f \in \mathrm{R}_A$

$$(U_t^{(m)} - U_s^{(m)}) f = i \int_s^t e^{i\tau B_m} K_m e^{-i\tau A} f \, d\tau$$

gilt. Wegen der bereits bewiesenen Existenz des Wellenoperators $U_+^{(m)} = U_+\{B_m, A\}$ $(m < \infty)$ können wir hier zur Grenze $t \to \infty$ übergehen. So erhalten wir die Beziehung

$$(U_+^{(m)} - U_s^{(m)}) f = i \int_s^\infty e^{i\tau B_m} K_m e^{-i\tau A} f \, d\tau . \tag{5}$$

Wegen $\|U_+^{(m)} f\| = \|f\|$ und $\|U_s^{(m)} f\| = \|f\|$ gilt

$$\|(U_+^{(m)} - U_s^{(m)}) f\|^2 = 2\,\Re\left((U_+^{(m)} - U_s^{(m)}) f, U_+^{(m)} f\right).$$

Hieraus folgt mit Hilfe von (5) und Satz 1 aus Nr. 97, daß

$$\|(U_+^{(m)} - U_s^{(m)}) f\|^2 = 2\,\Re\, i \int_s^\infty (K_m e^{-i\tau A} f, U_+^{(m)} e^{-i\tau A} f) \, d\tau \tag{6}$$

gilt. Nun stellen wir die Störung in der Form

$$K_m = W_m |K_m| = W_m |K_m|^{1/2} |K_m|^{1/2} \tag{7}$$

dar, wobei $W_m = \operatorname{sgn} K_m$ ein partiell isometrischer Operator ist. Wir nehmen zunächst an, daß für das Element f

$$\mathcal{M} = \operatorname{vrai\,sup} \frac{d(E_\lambda f, f)}{d\lambda} < \infty \tag{8}$$

gilt. Dann folgt aus (6) und (7)

$$\|(U_+^{(m)} - U_s^{(m)}) f\|^2 \leqq 2\left[\int_s^\infty \| |K_m|^{1/2} e^{-i\tau A} f\|^2 d\tau\right]^{1/2}$$
$$\times\left[\int_s^\infty \| |K_m|^{1/2} W_m^* U_+^{(m)} e^{-i\tau A} f\|^2 d\tau\right]^{1/2}, \tag{9}$$

wobei die Existenz beider Integrale aus (8) folgt und zwar auf Grund des Hilfssatzes von ROSENBLUM. Im zweiten der beiden Integrale ersetzen wir s durch $-\infty$. Auf Grund des erwähnten Hilfssatzes und der Abschätzung für die HILBERT-SCHMIDTsche Norm eines Produktes (S. 78),

$$N^2(|K_m|^{1/2} W_m^* U_+^{(m)}) \leqq s_m ,$$

kann die Ungleichung (9) in der Form

$$\|(U_+^{(m)} - U_s^{(m)}) f\| \leqq (8\pi \mathcal{M}^2 s_m)^{1/4}\left[\int_s^\infty \| |K_m|^{1/2} e^{-i\tau A} f\|^2 d\tau\right]^{1/4}$$

geschrieben werden. Hieraus folgt

$$\|(U_t^{(m)} - U_s^{(m)}) f\| \leqq \|(U_+^{(m)} - U_t^{(m)}) f\| + \|(U_+^{(m)} - U_s^{(m)}) f\|$$
$$\leqq (8\pi \mathcal{M}^2 s_m)^{1/4}\left\{\left[\int_s^\infty \| |K_m|^{1/2} e^{-i\tau A} f\|^2 d\tau\right]^{1/4}\right. \tag{10}$$
$$\left. + \left[\int_t^\infty \| |K_m|^{1/2} e^{-i\tau A} f\|^2 d\tau\right]^{1/4}\right\}.$$

Wir zeigen, daß man in der erhaltenen Ungleichung zur Grenze $m \to \infty$ übergehen kann. Einerseits gilt nämlich für beliebiges m

$$s_m \leqq s_\infty = \sum_{j=1}^\infty |\lambda_j| < \infty$$

und für alle $h \in \mathrm{H}$

$$\| |K_m|^{1/2} h\| \leqq \| |K|^{1/2} h\| ,$$

was aus (4) folgt.

Andererseits gilt für $m \to \infty$

$$U_t^{(m)} h \to U_t h \qquad (h \in \mathrm{H}) ,$$

weil (wenigstens) im Sinne starker Konvergenz

$$e^{itB_m} \to e^{itB}$$

gilt. Dies folgt, weil in jedem Stetigkeitspunkt der Spektralfunktion F_λ, die zum Operator B gehört, wegen Satz 2 aus Nr. 79 die Grenzbeziehung

$$\lim_{m\to\infty} F_\lambda^{(m)} = F_\lambda$$

besteht (im Sinne starker Konvergenz), wobei $F_\lambda^{(m)}$ die Zerlegung der Einheit des Operators B_m ist.

Also folgt für $m \to \infty$ aus (10)

$$\|(U_t - U_s) f\| \leqq (8 \pi \mathcal{M}^2 s_\infty)^{1/4} \left\{ \left[\int_s^\infty \| \, |K|^{1/2} e^{-i\tau A} f\|^2 \, d\tau \right]^{1/4} + \left[\int_t^\infty \| \, |K|^{1/2} e^{-i\tau A} f\|^2 \, d\tau \right]^{1/4} \right\},$$

wobei

$$U_t = e^{itB} e^{-itA} P_A$$

gilt.

Aus dieser Ungleichung folgt die Existenz von $\lim_{t \to \infty} U_t f$ für alle Elemente $f \in \mathrm{R}_A$, die der Ungleichung (8) genügen. Die Menge aller dieser Elemente f liegt aber für beliebiges $\mathcal{M}$ dicht in R_A, und der Operator U_t ist gleichmäßig beschränkt in bezug auf t. Deshalb existiert $\lim_{t \to \infty} U_t f$ für alle $f \in \mathrm{R}_A$, und dies ist gleichbedeutend mit der Existenz des Wellenoperators $U_+\{B, A\}$. Damit ist der Satz bewiesen.

Zum Schluß bemerken wir, daß die Wellen- und Streuoperatoren für gegebene Paare selbstadjungierter Operatoren $\{A, B\}$ nicht nur im Falle von nuklearen Störungen existieren, d. h., wenn die Differenz $B - A$ nuklear ist, sondern auch dann, wenn die Differenz

$$R_z^p(A) - R_z^p(B) \qquad (\Im z \neq 0)$$

der p-ten Potenzen (p natürliche Zahl) der Resolventen dieser Operatoren nuklear ist und auch in einer Reihe allgemeinerer Fälle.[1])

---

[1]) M. S. Birman und M. G. Krein [1]; M. S. Birman [1, 2]; T. Kato [3].

KAPITEL VIII

THEORIE DER ERWEITERUNGEN SYMMETRISCHER OPERATOREN

100. Defektindizes. Wir bezeichnen mit T irgendeinen linearen Operator, dessen Definitionsbereich vorerst in H nicht dicht zu sein braucht.

Eine reelle oder nicht reelle Zahl λ heißt *ein Punkt regulären Typs* des Operators T, wenn ein $k = k(\lambda) > 0$ derart existiert, daß für alle $f \in D_T$ die Beziehung

$$\|(T - \lambda I) f\| \geqq k \|f\|$$

besteht. Die Eigenwerte des Operators T sind deshalb keine Punkte regulären Typs. Ist weiterhin λ ein Punkt regulären Typs des Operators T, dann existiert der Operator $(T - \lambda I)^{-1}$, und er ist beschränkt, obwohl sein Definitionsbereich in H nicht dicht zu sein braucht. Wenn umgekehrt der Operator $(T - \lambda I)^{-1}$ existiert und beschränkt ist, dann ist λ ein Punkt regulären Typs von T.

Ist λ_0 ein Punkt regulären Typs, so gilt für $|\lambda - \lambda_0| \leqq \delta \leqq \frac{1}{2} k(\lambda_0)$ und für jedes $f \in D_T$ die Ungleichung

$$\|(T - \lambda I) f\| \geqq \|(T - \lambda_0 I) f\| - |\lambda - \lambda_0| \cdot \|f\|$$
$$\geqq \{k(\lambda_0) - \delta\} \|f\| \geqq \frac{1}{2} k(\lambda_0) \|f\| .$$

Dieser von uns schon einmal benutzte Sachverhalt (s. Beweis des Satzes 4 aus Nr. 48) zeigt, daß die Menge der Punkte regulären Typs stets offen ist. Wir nennen diese Punktmenge das *Regularitätsgebiet* des Operators T.

Ist A ein symmetrischer Operator und $z = x + i y$ $(y \neq 0)$, so ist für beliebiges $f \in D_A$

$$\|(A - z I) f\|^2 = \|(A - x I) f\|^2 + y^2 \|f\|^2 \geqq y^2 \|f\|^2$$

(s. Beweis des Satzes 3 aus Nr. 48). Hieraus sieht man, daß die obere und die untere z-Halbebene zusammenhängende Komponenten des Regularitätsgebietes eines beliebigen symmetrischen Operators sind.

Das Regularitätsgebiet eines isometrischen Operators V enthält ebenfalls zwei zusammenhängende Komponenten: das Gebiet innerhalb und das Gebiet außerhalb des Einheitskreises. In der Tat, für $|\zeta| < 1$ ist

$$\|(V - \zeta I) f\| \geqq \|V f\| - |\zeta| \cdot \|f\| = (1 - |\zeta|) \|f\|;$$

analog gilt für $|\zeta| > 1$ die Ungleichung

$$\|(V - \zeta I) f\| \geqq |\zeta| \cdot \|f\| - \|Vf\| = (|\zeta| - 1) \|f\| .$$

Satz. *Ist Γ eine zusammenhängende Komponente des Regularitätsgebietes eines linearen Operators T, dann ist die Dimension des Teilraumes $\mathrm{H} \ominus \Delta_T(\lambda)$ für alle $\lambda \in \Gamma$ dieselbe.*

Beweis. Wir bezeichnen mit P_λ den orthogonalen Projektor auf den Teilraum

$$\mathfrak{N}_\lambda = \mathrm{H} \ominus \Delta_T(\lambda) .$$

Für den Beweis des Satzes genügt es zu zeigen, daß zu jedem $\lambda_0 \in \Gamma$ ein $\delta = \delta(\lambda_0) > 0$ existiert, so daß für alle $|\lambda - \lambda_0| < \delta$ die Ungleichung

$$\|P_\lambda - P_{\lambda 0}\| < 1 \tag{1}$$

gilt. Auf Grund des Satzes in Nr. 39 folgt dann, daß die Dimension der Teilräume $\mathfrak{N}_\lambda$ und $\mathfrak{N}_{\lambda 0}$ ein und dieselbe ist. Nun berücksichtigt man, daß zwei beliebige Punkte $\lambda_1, \lambda_2 \in \Gamma$ durch einen Weg verbunden werden können, der nach dem Satz von Heine-Borel von einer endlichen Zahl solcher δ-Umgebungen überdeckt wird. Daraus folgt unmittelbar die Konstanz von dim $\mathfrak{N}_\lambda$ in Γ.

Es sei nun λ_0 ein fester Punkt des Gebietes Γ, und es sei

$$\delta = \delta(\lambda_0) \leqq \frac{1}{3} k(\lambda_0) .$$

Da

$$k(\lambda_0) \|f\| \leqq \|(T - \lambda_0 I) f\| \leqq \|(T - \lambda I) f\| + |\lambda - \lambda_0| \cdot \|f\|$$

ist, gilt für $|\lambda - \lambda_0| \leqq \delta$ die Ungleichung

$$\|(T - \lambda I) f\| \geqq \frac{2}{3} k(\lambda_0) \|f\| .$$

Ist $|\lambda - \lambda_0| \leqq \delta$, so gilt für jedes $h \in \mathfrak{N}_\lambda$ ($\|h\| = 1$) die Abschätzung

$$\begin{aligned} \|(I - P_{\lambda_0}) h\| &= \sup_{f \in \mathrm{D}_T} \frac{|(h, \{T - \lambda_0 I\} f)|}{\|(T - \lambda_0 I) f\|} \\ &= \sup_{f \in \mathrm{D}_T} \frac{|(h, \{T - \lambda I\} f + (\lambda - \lambda_0) f)|}{\|T - \lambda_0 I) f\|} \\ &= \sup_{f \in \mathrm{D}_T} \frac{|\lambda - \lambda_0| \cdot |(h, f)|}{\|(T - \lambda_0 I) f\|} \leqq \frac{1}{2} , \end{aligned} \tag{2}$$

ebenso für jedes $h \in \mathfrak{N}_{\lambda_0}$ ($\|h\| = 1$)

$$\|(I - P_\lambda) h\| \leqq \frac{1}{2} . \tag{3}$$

Auf Grund der zweiten Definition der Öffnung zweier linearer Mannigfaltigkeiten (s. Nr. 39) folgt aus den Ungleichungen (2), (3) die Ungleichung

$$\|P_\lambda - P_{\lambda_0}\| \leqq \frac{1}{2}.$$

Damit ist der Satz[1]) bewiesen.

Nun folgt aus unseren Überlegungen die Beziehung

$$\lim_{\lambda \to \lambda_0} \|P_\lambda - P_{\lambda_0}\| = 0 \qquad (\lambda, \lambda_0 \in \Gamma).$$

Sie besagt, daß bei Bewegung des Punktes λ auf dem Gebiet Γ sich der Teilraum $\mathfrak{N}_\lambda$ stetig um den Punkt $f = 0$ dreht.

Als *Defektzahl* einer linearen Mannigfaltigkeit $\mathfrak{M}$ bezeichnen wir die Dimension ihres orthogonalen Komplements $\mathfrak{N} = \mathrm{H} \ominus \mathfrak{M}$ und schreiben

$$\operatorname{def} \mathfrak{M} = \dim \mathfrak{N}.$$

Die Defektzahl kann sowohl endlich als auch unendlich sein.

Der eben bewiesene Satz rechtfertigt nun die Einführung der folgenden Definition.

Definition. Die Defektzahl der linearen Mannigfaltigkeit $\mathfrak{M}_\lambda = \Delta_T(\lambda)$ für alle Punkte λ einer vorgegebenen zusammenhängenden Komponente des Regularitätsgebietes des Operators T nennen wir die *Defektzahl* des Operators T bezüglich dieser Komponente des Regularitätsgebietes. Dabei heißt $\mathfrak{N}_\lambda = \mathrm{H} \ominus \mathfrak{M}_\lambda$ der *defekte Teilraum* des Operators T für den Punkt λ, jedes von Null verschiedene Element des defekten Teilraumes heißt ein *defektes Element*.

Jeder symmetrische Operator A hat zwei Defektzahlen, nämlich eine ($\mathfrak{m}$) in der unteren, die andere ($\mathfrak{n}$) in der oberen Halbebene. Sie werden auch als *Defektindizes* des Operators A bezeichnet:

$$\operatorname{def} \Delta_A(z) = \begin{cases} \mathfrak{m} & (\Im z < 0), \\ \mathfrak{n} & (\Im z > 0). \end{cases}$$

Analog besitzt jeder isometrische Operator V zwei Defektzahlen (oder Defektindizes):

$$\operatorname{def} \Delta_V(\zeta) = \begin{cases} \mathfrak{m} & (|\zeta| > 1), \\ \mathfrak{n} & (|\zeta| < 1). \end{cases}$$

Die Defektindizes eines symmetrischen (oder isometrischen) Operators bilden ein geordnetes Zahlenpaar ($\mathfrak{m}$, $\mathfrak{n}$).[2])

---

[1]) Dieser Satz stammt von M. G. Krein und M. A. Krasnoselski. Siehe die Arbeit [1] der Autoren. Für symmetrische Operatoren (siehe unten, Sätze 1, 2) wurde der Satz schon früher von J. von Neumann bewiesen. Derselbe Tatbestand wurde noch früher von H. Weyl für Differentialoperatoren 2. Ordnung, von T. Carleman für Integraloperatoren und von E. Hellinger für Jakobische Matrizen gefunden (siehe J. von Neumann [2] und die in den Ergänzungen zitierte Literatur).

[2]) Manchmal bezeichnet man das ganze Symbol ($\mathfrak{m}$, $\mathfrak{n}$) als Defektindex.

Wenn im voraus die Endlichkeit der Defektzahlen bekannt ist, werden wir sie mit lateinischen Buchstaben bezeichnen.

Aus dem letzten Satz ergeben sich jetzt die folgenden drei Sätze:

1. *Besitzt ein symmetrischer Operator einen reellen Punkt regulären Typs, so sind seine Defektzahlen gleich*: $\mathfrak{m} = \mathfrak{n}$. *Dasselbe gilt für einen isometrischen Operator, wenn er auf dem Einheitskreis einen Punkt regulären Typs besitzt.*

2. *Ist A ein symmetrischer Operator, so ist jede nicht reelle Zahl z für den adjungierten Operator A^* ein Eigenwert der Vielfachheit* $\mathfrak{m}$, *wenn* $\Im z > 0$ *ist, und ein Eigenwert der Vielfachheit* $\mathfrak{n}$, *wenn* $\Im z < 0$ *ist.*

Durchläuft nämlich f den Bereich D_A, g den Bereich $\mathfrak{N}_{\bar{z}}$, so ist

$$(g, \{A - \bar{z} I\} f) = 0 .$$

Hieraus folgt die Gleichung

$$(A^* g - z g, f) = 0$$

oder

$$A^* g = z g .$$

Also ist z ein Eigenwert des Operators A^* mit der Vielfachheit $\dim \mathfrak{N}_{\bar{z}}$.

3. *Die Defektzahl eines isometrischen Operators V kann man mit Hilfe der Gleichungen*

$$\mathfrak{m} = \operatorname{def} \mathrm{D}_V ,$$

$$\mathfrak{n} = \operatorname{def} \Delta_V$$

definieren.

Es genügt, die erste Gleichung zu beweisen. Es gilt nämlich für jedes $\zeta \neq 0$ die Beziehung

$$\Delta_V(\zeta) = (V - \zeta I)\,\mathrm{D}_V = \left(\frac{1}{\zeta} V - I\right)\mathrm{D}_V$$

$$= \left(\frac{1}{\zeta} I - V^{-1}\right) V\,\mathrm{D}_V = \left(V^{-1} - \frac{1}{\zeta} I\right)\mathrm{D}_{V^{-1}} = \Delta_{V^{-1}}\left(\frac{1}{\zeta}\right).$$

Ist $|\zeta| > 1$, so folgt

$$\mathfrak{m} = \operatorname{def} \Delta_V(\zeta) = \operatorname{def} \Delta_{V^{-1}}\left(\frac{1}{\zeta}\right) = \operatorname{def} \Delta_{V^{-1}}(0) = \operatorname{def} \Delta_{V^{-1}} = \operatorname{def} \mathrm{D}_V .$$

Es gilt auch der folgende Satz.

4. *Ist A ein beliebiger symmetrischer Operator in* H *und B ein beschränkter selbstadjungierter Operator in* H, *dann sind die Defektindizes der Operatoren A und $A + B$ gleich.*

Zum Beweis genügt es, bei festem nicht reellem λ_0 die Schar der Operatoren $A - \lambda_0 I + t B$ $(0 \leqq t \leqq 1)$ zu betrachten und die Unabhängigkeit der Dimension des Teilraumes $\mathrm{H} \ominus \Delta_{A+tB}(\lambda_0)$ von t zu zeigen; ähnlich wie beim Beweis des grundlegenden Satzes dieser Nr.

101. Weitere Bemerkungen zur CAYLEY-Transformation. In Nr. 79 führten wir den Begriff der CAYLEY-Transformierten V zunächst für einen abgeschlossenen symmetrischen Operator A mit Hilfe der Formeln

$$\left.\begin{aligned}(A - \bar{z}\, I)\, h &= f\,,\\ (A - z\, I)\, h &= V f\end{aligned}\right\} \tag{1}$$

ein. Dabei ist z irgendeine nicht relle Zahl, h durchläuft den Bereich D_A. In vorliegender Nr. setzen wir stets $\Im z > 0$ voraus. Der Operator V läßt sich durch den Operator A in der Form

$$V f = (A - z\, I)\, (A - \bar{z}\, I)^{-1} f$$

ausdrücken. Dabei ist der Definitionsbereich D_V des Operators V gleich $\Delta_A(\bar{z})$. Nach der Formel (1) gilt nun auch

$$\left.\begin{aligned}h &= \frac{(V - I)\, f}{\bar{z} - z}\,,\\ A\, h &= \frac{(\bar{z}\, V - z\, I)\, f}{\bar{z} - z}\end{aligned}\right\} \tag{2}$$

und daher

$$A\, h = (\bar{z}\, V - z\, I)\, (V - I)^{-1}\, h\,. \tag{2'}$$

Für das Weitere ist die Tatsache wichtig, daß der *Defektindex* $(\mathfrak{m}, \mathfrak{n})$ *des Operators A mit dem Defektindex des Operators V zusammenfällt.* Nach Definition ist

$$\mathfrak{m} = \operatorname{def} \Delta_A(\bar{z})\,.$$

Da aber

$$\Delta_A(\bar{z}) = \mathrm{D}_V$$

ist, so ergibt sich die Beziehung

$$\operatorname{def} \mathrm{D}_V = \mathfrak{m}\,.$$

Andererseits ist wiederum nach Definition

$$\mathfrak{n} = \operatorname{def} \Delta_A(z)$$

und

$$\Delta_A(z) = \Delta_V\,.$$

Damit ist schließlich

$$\operatorname{def} \Delta_V = \mathfrak{n}\,.$$

Beachtet man nun den Satz 3 der vorigen Nr., so ergibt sich daraus schon die Behauptung.

Satz 1. *Ist V ein isometrischer Operator und liegt die Mannigfaltigkeit $\Delta_V(1)$ in H dicht, so ist der durch die Formel (2′) definierte Operator A symmetrisch und der Operator V seine CAYLEY-Transformierte.*

Beweis. Da $\Delta_V(1)$ in H dicht liegt, existiert der inverse Operator $(V - I)^{-1}$. Sonst wäre nämlich die Eins ein Eigenwert des Operators V; wenn jedoch die Gleichung

$$V g = g \qquad (g \neq 0)$$

besteht, so ist für jedes $f \in D_V$

$$(V f - f, g) = (V f, g) - (f, g) = (V f, V g) - (f, g) = 0 ,$$

d. h. $g \perp \Delta_V(1)$.

Existiert aber der Operator $(V - I)^{-1}$, so hat der Operator

$$A = (\bar{z} V - z I)(V - I)^{-1}$$

einen Sinn. Sein Definitionsbereich liegt in H dicht. Wir werden zeigen, daß dieser Operator symmetrisch ist.

Es seien f, g beliebige Elemente aus $D_A = \Delta_V(1)$:

$$\begin{aligned} f &= V\varphi - \varphi \\ g &= V\psi - \psi \end{aligned} \qquad (\varphi, \psi \in D_V) .$$

Dann gelten die Gleichungen

$$\begin{aligned} A f &= (\bar{z} V - z I)\varphi = \bar{z} V\varphi - z\varphi , \\ A g &= (\bar{z} V - z I)\psi = \bar{z} V\psi - z\psi . \end{aligned}$$

Daher ist

$$\begin{aligned} (A f, g) &= (\bar{z} V\varphi - z\varphi, V\psi - \psi) \\ &= (z + \bar{z})(\varphi, \psi) - \bar{z}(V\varphi, \psi) - z(\varphi, V\psi) \end{aligned}$$

und andererseits

$$\begin{aligned} (f, A g) &= (V\varphi - \varphi, \bar{z} V\psi - z\psi) \\ &= (z + \bar{z})(\varphi, \psi) - \bar{z}(V\varphi, \psi) - z(\varphi, V\psi) , \end{aligned}$$

also ist

$$(A f, g) = (f, A g) .$$

Der Beweis der Beziehung

$$V = \frac{A - z I}{A - \bar{z} I}$$

ist nicht schwer. Danach ist der Operator V die CAYLEY-Transformierte des Operators A.

Im weiteren werden wir die Bezeichnung „CAYLEY-Transformierte" auf jeden von zwei Operatoren V, A anwenden, die durch die Beziehungen (1), (2) miteinander verknüpft sind, d. h., wir nennen nicht nur den Operator V die CAYLEY-Transformierte des Operators A, sondern auch den Operator A die CAYLEY-Transformierte des Operators V.

Aus den oben bewiesenen Sätzen ergibt sich nun unmittelbar der folgende

Satz 2. *V_1 und V_2 seien die CAYLEY-Transformierten zweier symmetrischer Operatoren A_1 und A_2. A_2 ist genau dann eine Erweiterung des Operators A_1, wenn V_2 eine Erweiterung des Operators V_1 ist.*

Durch diesen Satz wird die Frage nach den symmetrischen Erweiterungen eines gegebenen Operators A auf die Frage nach den isometrischen Erweiterungen seiner CAYLEY-Transformierten V zurückgeführt.

Aus Nr. 10 wissen wir, daß die abgeschlossenen linearen Mannigfaltigkeiten F und G Definitions- bzw. Wertebereich eines isometrischen Operators sein können genau dann, wenn ihre Dimensionen gleich sind. Daher kann man auf folgende Weise zu den isometrischen Erweiterungen eines Operators V gelangen.

Wir wählen in den defekten Teilräumen $\mathrm{H} \ominus \mathrm{D}_V$, $\mathrm{H} \ominus \Delta_V$ zwei Teilräume F und G gleicher Dimension aus und bilden einen beliebigen isometrischen Operator V' mit dem Definitionsbereich F und dem Wertebereich G. Ferner definieren wir einen linearen Operator $\tilde{V}$ mit dem Definitionsbereich $\mathrm{D}_{\tilde{V}} = \mathrm{D}_V \oplus \mathrm{F}$ und dem Wertebereich $\Delta_{\tilde{V}} = \Delta_V \oplus \mathrm{G}$ durch die Formeln

$$\tilde{V} f = \begin{cases} V f & \text{für} \quad f \in \mathrm{D}_V, \\ V' f & \text{für} \quad f \in \mathrm{F}. \end{cases}$$

$\tilde{V}$ ist offensichtlich eine isometrische Erweiterung von V. Bei allen möglichen Variationen von F, G und V' erhalten wir so alle isometrischen Erweiterungen $\tilde{V}$ des Operators V und jede auch nur einmal.

Um eine symmetrische Erweiterung $\tilde{A}$ des Operators A zu erhalten, geht man zunächst zur CAYLEY-Transformierten V des Operators A über, konstruiert nach der oben beschriebenen Methode eine Erweiterung $\tilde{V}$ von V und kommt schließlich mittels der CAYLEY-Transformierten über $\tilde{V}$ zu $\tilde{A}$. Die entsprechende Formel ist in der nächsten Nr. zu finden.

Es ergibt sich aus den obigen Überlegungen, daß A ein maximaler symmetrischer (bzw. selbstadjungierter) Operator ist genau dann, wenn seine CAYLEY-Transformierte V ein maximaler isometrischer (bzw. unitärer) Operator ist.

Daher gilt

Satz 3. ***Ein symmetrischer Operator ist maximal genau dann, wenn eine seiner Defektzahlen gleich Null ist. Ein symmetrischer Operator ist selbstadjungiert genau dann, wenn seine beiden Defektzahlen gleich Null sind.***

Aus dem oben beschriebenen Erweiterungsverfahren ergibt sich ferner der folgende Satz:

Satz 4. ***Es sei A ein beliebiger symmetrischer Operator mit dem Defektindex $(\mathfrak{m}, \mathfrak{n})$. Man kann dann den Operator A stets zu einem maximalen erweitern. Ist $\mathfrak{m} \neq \mathfrak{n}$, so ist keine dieser Erweiterungen selbstadjungiert. Wenn $\mathfrak{m} = \mathfrak{n}$ ist und sowohl $\mathfrak{m}$ als auch $\mathfrak{n}$ endlich sind, so ist jede maximale Erweiterung des Operators A selbstadjungiert. Sind jedoch die Defektzahlen $\mathfrak{m}, \mathfrak{n}$ unendlich und einander gleich, dann kommen unter den maximalen Erweiterungen sowohl selbstadjungierte als auch nichtselbstadjungierte Operatoren vor.***

102. Die NEUMANNschen Formeln.

Satz. ***Gegeben sei ein beliebiger symmetrischer Operator A mit dem Definitionsbereich D_A; $\mathfrak{N}_{\bar{z}}$ und $\mathfrak{N}_z$ ($\Im z > 0$) sei irgendein Paar defekter Unterräume von***

A. Dann besitzt der Definitionsbereich $\mathfrak{D}_{A^*}$ *des Operators* A^* *die folgende Darstellung als direkte Summe dreier linearer Mannigfaltigkeiten:*

$$\mathfrak{D}_{A^*} = \mathfrak{D}_A \oplus \mathfrak{N}_{\bar{z}} \oplus \mathfrak{N}_z .$$

Beweis. Wir zeigen, daß wir jedes Element f aus $\mathfrak{D}_{A^*}$ in der Form

$$f = f_0 + g_z + g_{\bar{z}} \tag{1}$$

darstellen können, wobei[1]) $f_0 \in \mathfrak{D}_A$, $g_z \in \mathfrak{N}_{\bar{z}}$, $g_{\bar{z}} \in \mathfrak{N}_z$ sind. Dabei muß man noch bemerken, daß mit der Formel (1) auch

$$A^* f = A f_0 + z\, g_z + \bar{z}\, g_{\bar{z}} \tag{1'}$$

gilt.

Es sei $f \in \mathfrak{D}_{A^*}$. Wir zerlegen das Element $A^* f - z f$ in seine Komponenten bezüglich der orthogonalen Teilräume $\mathfrak{M}_z$ und $\mathfrak{N}_z$:

$$A^* f - z f = (A f_0 - z f_0) + (\bar{z} - z)\, g_{\bar{z}} .$$

Es ist jedoch $A^* g_{\bar{z}} = \bar{z}\, g_{\bar{z}}$; daher besteht die Gleichung

$$A^* (f - f_0 - g_{\bar{z}}) = z (f - f_0 - g_{\bar{z}}) .$$

Hieraus schließt man, daß

$$f - f_0 - g_{\bar{z}} \in \mathfrak{N}_{\bar{z}}$$

gilt, d. h., daß

$$f - f_0 - g_{\bar{z}} = g_z$$

oder

$$f = f_0 + g_z + g_{\bar{z}}$$

ist.

Jetzt muß noch die Eindeutigkeit der Darstellung (1) des Elementes $f \in \mathfrak{D}_{A^*}$ gezeigt werden. Angenommen, es sei

$$f_0 + g_z + g_{\bar{z}} = 0 . \tag{2}$$

Wenden wir dann auf beide Seiten dieser Gleichung den Operator A^* an, so erhalten wir die Gleichung

$$A f_0 + z\, g_z + \bar{z}\, g_{\bar{z}} = 0 . \tag{2'}$$

Multiplizieren wir (2) mit z und subtrahieren (2) von (2'), so ergibt sich die Beziehung

$$A f_0 - z f_0 + (\bar{z} - z)\, g_{\bar{z}} = 0 .$$

Hieraus folgt wegen der Orthogonalität der Summanden die Gleichung $(\bar{z} - z)\, g_{\bar{z}} = 0$, und ebenso ergibt sich $(\bar{z} - z)\, g_z = 0$; folglich ist

$$f_0 = g_{\bar{z}} = g_z = 0 ,$$

und der Satz ist bewiesen.

---

[1]) Wir erinnern daran (s. 2 in Nr. 100), daß $\mathfrak{N}_{\bar{z}}$ der zum Eigenwert z gehörige Raum der Eigenvektoren des Operators A^* ist. Daher bezeichnen wir die Elemente aus $\mathfrak{N}_{\bar{z}}$ mit g_z.

Wir bestimmen jetzt $\Im(A^* f, f)$ für beliebiges $f \in D_{A^*}$. In Übereinstimmung mit (1) und (1') ist $f = f_0 + g$, wobei $g = g_z + g_{\bar z}$ und

$$\begin{aligned}(A^* f, f) &= (A f_0 + A^* g, f_0 + g) \\ &= (A f_0, f_0) + (g, A f_0) + (A f_0, g) + (z g_z + \bar z g_{\bar z}, g_z + g_{\bar z})\end{aligned}$$

gilt. Da die Summe der ersten drei Terme reell ist, gilt

$$\Im(A^* f, f) = \Im\{z \|g_z\|^2 + \bar z \|g_z\|^2 + [z(g_z, g_{\bar z}) + {}^z (g_{\bar z}, g_z)]\}\,.$$

Innerhalb der eckigen Klammern steht wiederum eine reelle Größe, so daß wir schließlich

$$\Im(A^* f, f) = \Im z (\|g_z\|^2 - \|g_{\bar z}\|^2) \tag{3}$$

erhalten.

Nach Formel (3) besteht der Bereich D_{A^*} aus drei (nichtlinearen) Mannigfaltigkeiten: Γ^+ (der Menge aller Elemente f mit $\Im(A^* f, f) > 0$), Γ^- (der Menge aller derjenigen Elemente f mit $\Im(A^* f, f) < 0$) und Γ^0 (der Menge aller Elemente f, für die $(A^* f, f)$ reell ist). Das Element

$$f = f_0 + g_z + g_{\bar z}$$

gehört zu Γ^+, Γ^- oder Γ^0, je nachdem ob

$$\|g_z\| > \|g_{\bar z}\|\,, \qquad \|g\|_z < \|g_{\bar z}\| \qquad \text{oder} \qquad \|g\|_z = \|g_{\bar z}\| \text{ (falls } \Im z > 0)$$

ist.

Wir suchen jetzt eine zur Formel (1) analoge Darstellung für den Definitionsbereich $D_{\tilde A}$ einer beliebigen symmetrischen Erweiterung $\tilde A$ des Operators A.

Um hervorzuheben, daß die in Nr. 101 die eingeführten Teilräume F und G von z abhängen, wollen wir stets F_z und G_z schreiben. Es ist also $F_z \subseteq \mathfrak{N}_{\bar z}$, $G_z \subseteq \mathfrak{N}_z$.

Aus den Überlegungen der Nr. 101 ergibt sich die Gleichung

$$\begin{aligned}D_{\tilde A} &= (\tilde V - I)\, D_{\tilde V} = (\tilde V - I)\,(D_V \oplus F_z) \\ &= (V - I)\, D_V \oplus (V_1 - I)\, F_z = D_A \oplus (V_1 - I)\, F_z\end{aligned}$$

oder

$$D_{\tilde A} = D_A \oplus (V' + I)\, F_z\,,$$

wenn wir V_1 durch $- V'$ ersetzen.

Da $A^* \supset \tilde A$, folgt für ein Element

$$f = f_0 + g_z + V' g_z \qquad (g_z \in F_z)\,, \tag{4}$$

daß

$$\tilde A f = A f_0 + z g_z + \bar z V' g_z \tag{4'}$$

gilt.

Die Formeln (1) und (4) bezeichnen wir als *die erste* bzw. *zweite* NEUMANN*sche Formel*.[1])

[1]) J. von NEUMANN [2]. In den Nummern 102—104 werden wir nach dieser Arbeit v. NEUMANN vorgehen.

Aus der ersten NEUMANNschen Formel folgt für die Dimension von D_{A^*} modulo D_A die Formel

$$\dim D_{A^*}/D_A = \dim \mathfrak{N}_{\bar{z}} + \dim \mathfrak{N}_z \,. \tag{5}$$

Wir bemerken, daß mit Hilfe der ersten NEUMANNschen Formel und der oben eingeführten Mannigfaltigkeiten Γ^+, Γ^-, Γ^0 ohne Schwierigkeiten der Satz über die Konstanz der Defektzahlen eines symmetrischen Operators in den Halbebenen $\Im z \gtrless 0$ (d. h. Satz 2 von Nr. 100) ohne Benutzung des allgemeinen Satzes von Nr. 100 gewonnen werden kann. Im Spezialfall gleicher Defektindizes folgt die genannte Behauptung allein aus Formel (5), da deren linke Seite offensichtlich nicht von z abhängt.

Die zweite NEUMANNsche Formel beschreibt zusammen mit Gleichung (4′) alle symmetrischen Erweiterungen $\tilde{A}$ eines gegebenen Operators A. Wenn A insbesondere gleiche Defektzahlen hat und $\tilde{A}$ eine selbstadjungierte Erweiterung ist, dann durchläuft in Formel (4) das Element g_z den ganzen Teilraum $\mathfrak{N}_{\bar{z}}$ und das Element $V' g_z$ den Teilraum $\mathfrak{N}_z$. Durchläuft umgekehrt in Formel (4) das Element g_z den gesamten Teilraum $\mathfrak{N}_{\bar{z}}$ und das Element $V' g_z$ ganz $\mathfrak{N}_z$, dann ist $\tilde{A}$ eine selbstadjungierte Erweiterung des Operators A. Sind (m, n) und $(m - p, n - p)$ die Defektindizes von A und einer symmetrischen Erweiterung $\tilde{A}$ (dabei gelte $m, n < \infty$), so folgt aus der zweiten NEUMANNschen Formel die Beziehung

$$\dim D_{\tilde{A}}/D_A = p \,.$$

Wir wollen uns jetzt am Beispiel des in Nr. 55 eingeführten Differentiationsoperators $\mathcal{P}$ die Bedeutung der bisher entwickelten Theorie klarmachen.

Die Gleichung

$$\mathcal{P}^* g = z g$$

ist von der Form

$$\frac{dg}{dt} + i z g = 0 \,.$$

Ihre formale Lösung ist die Funktion

$$g(t) = C e^{-izt} \,. \tag{6}$$

Ist der Definitionsbereich die volle Achse $(-\infty < t < +\infty)$, so gehört diese Funktion nur für $C = 0$ zu L^2. Für diesen Fall ist der Defektindex des Differentiationsoperators auf der ganzen Achse gleich (0, 0). Bei der Halbgeraden $(0 \leqq t < \infty)$ ist der Defektindex gleich (0, 1), da die Funktion (5) für $\Im z < 0$ zu $L^2(0, \infty)$ gehört, während sie für $\Im z > 0$ nicht Element von $L^2(0, \infty)$ ist. Schließlich ist für ein Intervall $(0 \leqq t \leqq 2\pi)$ der Defektindex gleich (1, 1), da die Funktion (5) bei beliebigem z zu $L^2(0, 2\pi)$ gehört.

Setzen wir in den Formeln (4)

$$z = i \,, \qquad g_z = e^t \,, \qquad V' g_z = \vartheta g_{\bar{z}} \,,$$

worin $g_{\bar{z}} = e^{2\pi - t}$ und ϑ $(|\vartheta| = 1)$ eine Konstante ist, und lassen $\arg \vartheta$ im Intervall $[0, 2\pi]$ variieren, so erhalten wir alle selbstadjungierten Erweiterungen $\tilde{\mathcal{P}}$ des

Operators $\mathscr{P}$ (auf dem Intervall $[0, 2\pi]$) in der Gestalt

$$\varphi(t) = \varphi_0(t) + \alpha\,(e^t + \vartheta\, e^{2\pi - t}),$$

$$\tilde{\mathscr{P}}\,\varphi(t) = i\,\varphi_0'(t) + \alpha\, i\,(e^t - \vartheta\, e^{2\pi - t}).$$

Hier ist $\varphi_0(0) = \varphi_0(2\pi) = 0$, α eine willkürliche Konstante.

Es läßt sich leicht zeigen, daß dieses Ergebnis mit dem in Nr. 55 erzielten übereinstimmt. Der Zusammenhang zwischen den hier und dort auftretenden Parametern wird durch die Gleichung

$$\vartheta = \frac{\theta - e^{2\pi}}{1 - e^{2\pi}\,\theta}$$

hergestellt.

103. Einfache symmetrische Operatoren. Ein symmetrischer (bzw. isometrischer) Operator heißt *einfach*, wenn es keinen ihn reduzierenden Teilraum gibt, in dem er einen selbstadjungierten (bzw. unitären) Operator erzeugt.

Ein symmetrischer Operator A ist einfach genau dann, wenn seine CAYLEY-Transformierte V einfach ist.

Die Richtigkeit dieser Behauptung ergibt sich aus folgendem Satz.

Satz 1. *Ein Teilraum* G *reduziert einen symmetrischen Operator* A *genau dann, wenn* G *seine* CAYLEY-*Transformierte* V *reduziert.*

Beweis. Es sei $h \in D_A$ so gewählt, daß

$$h = (V - I)f, \qquad A\,h = (\bar{z}\,V - z\,I)f \qquad (f \in D_V)$$

ist. Wir nehmen an, der Teilraum G reduziere V. Bezeichnen wir dann mit P den Projektionsoperator auf G, so bestehen die Beziehungen

$$P f \in D_V, \qquad V P f = P V f.$$

Daher gelten die Gleichungen

$$P h = (V - I)\, P f \in D_A$$

und

$$A P h = A\,(V - I)\, P f = (\bar{z}\,V - z\,I)\, P f = P(\bar{z}\,V - z\,I) f = P A h.$$

Damit ist die eine Richtung des Satzes schon bewiesen.

Um die andere Richtung zu beweisen, setzen wir voraus, daß $f \in D_V$ und damit

$$f = (A - \bar{z}\,I)\,h, \qquad V f = (A - z\,I)\,h \qquad (h \in D_A)$$

ist. Nehmen wir an, daß der Teilraum G den Operator A reduziert, so erhalten wir die Gleichung

$$P f = (A - \bar{z}\,I)\, P h \in D_V.$$

Es bleibt noch zu zeigen, daß auch die Gleichung

$$V P f = P V f$$

besteht. Es gilt jedoch

$$V P f = V (A - \bar{z} I) P h = (A - z I) P h = P (A - z I) h = P V f ,$$

und der Satz ist bewiesen.

Wenn ein isometrischer Operator V nicht einfach ist, also unitäre Teile besitzt, so gibt es unter diesen unitären Teilen einen *maximalen* (und zwar in dem Sinne, daß er Erweiterung jedes anderen unitären Teils des Operators V ist). Es ist nämlich der maximale unitäre Teil des Operators V der Teil von V, der in der abgeschlossenen linearen Hülle G_0 aller V reduzierenden Teilräume liegt, in denen V unitäre Operatoren erzeugt.

Analog kann man den *maximalen selbstadjungierten Teil* eines nicht einfachen symmetrischen Operators definieren.

Hilfssatz. *Es sei V ein isometrischer Operator mit gleichen Defektzahlen, U_0 sein maximaler unitärer Teil und U irgendeine unitäre Erweiterung des Operators V.*

Dann ist D_{U_0} das orthogonale Komplement der linearen Hülle L *der Teilräume U^k* $(\mathrm{H} \ominus \mathrm{D}_V)$ $(\pm k = 0, 1, 2, \ldots)$.

Beweis. Der Teilraum

$$\mathrm{G} = \mathrm{H} \ominus \mathrm{L}$$

ist sowohl für U als auch für U^{-1} invariant. Nach Satz 3 aus Nr. 47 reduziert daher der Teilraum G den Operator U. Dabei sei U' der in G gelegene Teil von U.

Da G zu L orthogonal ist, ist G erst recht zu $\mathrm{H} \ominus \mathrm{D}_V$ orthogonal und ist daher eine Teilmenge von D_V:

$$\mathrm{G} \subseteq \mathrm{D}_V .$$

Ebenso ist

$$\mathrm{G} \subseteq \Delta_V .$$

G reduziert also V, und U' ist ein in G gelegener unitärer Teil von V; damit gilt

$$\mathrm{G} \subseteq \mathrm{D}_{U_0} . \tag{1}$$

Andererseits war

$$\mathrm{D}_{U_0} \subseteq \mathrm{D}_V .$$

Also ist D_{U_0} orthogonal zum Teilraum $\mathrm{H} \ominus \mathrm{D}_V$. Da aber die Beziehung $U^k \mathrm{D}_{U_0} = U_0^k \mathrm{D}_{U_0} = \mathrm{D}_{U_0}$ besteht, ist $U^k \mathrm{D}_{U_0}$ zu $\mathrm{H} \ominus \mathrm{D}_V$ orthogonal ($k = 0, \pm 1, \pm 2, \ldots$). Folglich ist D_{U_0} orthogonal zu L, d. h., es ist

$$\mathrm{D}_{U_0} \subseteq \mathrm{G} . \tag{2}$$

Fassen wir die Formeln (1) und (2) zusammen, so erhalten wir die Behauptung des Hilfssatzes.

Im folgenden wird sich eine Folgerung aus diesem Hilfssatz als sehr nützlich erweisen.

Folgerung. *In einem nicht separablen Raum gibt es keine einfachen symmetrischen Operatoren mit gleichen und endlichen Defektzahlen.*

Eine weitere Folgerung aus dem Hilfssatz ist der

Satz 2. *Ein isometrischer Operator V mit gleichen Defektzahlen ist nur dann einfach, wenn für jede unitäre Erweiterung U die lineare Hülle der Teilräume $U^k(\mathrm{H} \ominus \mathrm{D}_V)$ $(\pm k = 0, 1, 2, \ldots)$ in H dicht liegt. Hinreichend für die Einfachheit dieses Operators V mit gleichen Defektzahlen ist bereits die Existenz einer unitären Erweiterung U mit der obigen Eigenschaft.*

Aus diesem Satz und aus Satz 1 von Nr. 83 ergibt sich, daß jede unitäre (selbstadjungierte) Erweiterung eines einfachen isometrischen (symmetrischen) Operators mit dem Defektindex (1, 1) ein einfaches Spektrum besitzt.

Analog beweist man den folgenden allgemeinen

Satz 3. *Die Vielfachheit des Spektrums einer unitären (selbstadjungierten) Erweiterung eines einfachen isometrischen (symmetrischen) Operators mit endlichem Defektindex (m, m) ist nicht größer als m.*

104. Die Struktur maximaler Operatoren. Der Raum H sei separabel und $\{e_k\}_1^\infty$ eine orthonormierte Basis von H. Wir betrachten die durch die Formeln

$$V_+ e_k = e_{k+1} \qquad (k = 1, 2, 3, \ldots),$$
$$V_- e_k = e_{k-1} \qquad (k = 2, 3, 4, \ldots)$$

definierten Operatoren V_+ und V_-.

Offenbar sind V_+ und V_- isometrische Operatoren mit den entsprechenden Defektindizes (0, 1) und (1, 0).

Wenn wir zu den Cayley-Transformierten A_+ und A_- der Operatoren V_+ und V_- übergehen wollen, müssen wir zunächst zeigen, daß die Mannigfaltigkeiten $\Delta_{V_+}(1)$ und $\Delta_{V_-}(1)$ in H dicht liegen.

Dies wollen wir für den ersten Fall nachweisen.

Setzen wir

$$f = e_k + \frac{r-1}{r} e_{k+1} + \cdots + \frac{1}{r} e_{k+r-1} \qquad (k = 1, 2, 3, \ldots),$$

so gilt die Beziehung

$$(V_+ - I) f = \left(e_{k+1} + \frac{r-1}{r} e_{k+2} + \cdots + \frac{1}{r} e_{k+r}\right) - \left(e_k + \frac{r-1}{r} e_{k+1} + \cdots + \frac{1}{r} e_{k+r-1}\right) = \frac{1}{r}(e_{k+1} + e_{k+2} + \cdots + e_{k+r}) - e_k.$$

Ferner ist

$$\left\| \frac{1}{r}(e_{k+1} + e_{k+2} + \cdots + e_{k+r}) \right\|^2 = \frac{1}{r};$$

wir schließen hieraus, daß die Basisvektoren e_k ($k = 1, 2, \ldots$) Grenzwerte von Vektoren aus $\Delta_{V+}(1)$ sind. Folglich liegt die Mannigfaltigkeit $\Delta_{V+}(1)$ in H dicht.

Die symmetrischen Operatoren A_+ und A_- sind maximale Operatoren mit den Defektindizes (0, 1) und (1, 0).

Satz 1. *Die Operatoren A_+ und A_- sind irreduzibel.*

Zum Beweis genügt es zu zeigen, daß die Operatoren V_+ und V_- irreduzibel sind (s. Nr. 103).

Wir wollen dies für V_+ nachweisen. Angenommen, der Teilraum F (und damit sein orthogonales Komplement G) reduziere V_+. Setzen wir dann $V_+ \mathrm{F} = \mathrm{F}_+$, $V_+ \mathrm{G} = \mathrm{G}_+$, so ist

$$\mathrm{F}_+ \subseteq \mathrm{F}\,, \qquad \mathrm{G}_+ \subseteq \mathrm{G}\,.$$

In diesen beiden Relationen kann jedoch nicht gleichzeitig das Gleichheitszeichen stehen, da sonst aus $\mathrm{F}_+ = \mathrm{F}$ und $\mathrm{G}_+ = \mathrm{G}$ auch $V_+ \mathrm{H} = \mathrm{H}$ folgen würde. Es sei also etwa $\mathrm{F} \ominus \mathrm{F}_+ \neq \{0\}$ und

$$f \in \mathrm{F} \ominus \mathrm{F}_+ \qquad (f \neq 0)\,.$$

Der Vektor f ist als Element von F orthogonal zu G. Folglich ist

$$f \perp \mathrm{F}_+ \oplus \mathrm{G}_+\,. \tag{1}$$

Aus (1) folgt $f \perp e_k$ ($k = 2, 3, \ldots$), d. h. $f = \alpha e_1$ ($\alpha \neq 0$). Damit ist $e_1 \in \mathrm{F} \ominus \mathrm{F}_+$, also $e_1 \in \mathrm{F}$.

Da nun F den Operator V_+ reduziert, enthält der Teilraum F mit e_1 auch alle übrigen e_k ($k = 2, 3, \ldots$), d. h., es ist $\mathrm{F} = \mathrm{H}$, und der Satz ist für A_+ bewiesen. Der Beweis für A_- erfolgt analog.

Die Operatoren A_+, A_- sind also irreduzibel und damit einfache symmetrische Operatoren.

Den wichtigen prinzipiellen Wert dieser Operatoren erkennt man aus dem folgenden Satz.

Satz 2. *Besitzt ein einfacher symmetrischer Operator A im Raum* H *den Defektindex* (0, 1) (*bzw.* (1, 0)), *so ist der Raum* H *separabel, und der Operator A ist zum Operator A_+ (bzw. A_-) isomorph.*

Beweis. Ohne Beschränkung der Allgemeinheit nehmen wir an, der Defektindex des Operators A sei (0, 1). Es sei V die Cayley-Transformierte des Operators A und $e_1 \perp \Delta_V$ ($\|e_1\| = 1$). Wir bilden die abgeschlossene Hülle M der Vektoren $V^k e_1 = e_{k+1}$ ($k = 0, 1, 2, \ldots$). M ist ein Teilraum mit der orthonormierten Basis $\{e_k\}_1^\infty$.

Da M bzgl. V und V^{-1} invariant ist, reduziert M den Operator V. Das gleiche gilt für $\mathrm{H} \ominus \mathrm{M}$. Der in M gelegene Teil von V ist offensichtlich zu V_+ isomorph und hat daher den Defektindex (0, 1). Der in $\mathrm{H} \ominus \mathrm{M}$ gelegene Teil von V muß unitär sein, sonst würde nämlich mindestens eine der Defektzahlen des Operators V größer als die entsprechende Defektzahl des Operators V_+ und damit des Operators A sein.

Andererseits besitzt aber ein einfacher Operator V keine unitären Teile. Somit ist $\mathrm{H} \ominus \mathrm{M} = 0$, und der Operator V ist zu V_+ isomorph. Folglich ist seine CAYLEY-Transformierte A zu A_+ isomorph, was zu beweisen war.

Mit Hilfe des Operators A_+ (bzw. A_-) kann man einen maximalen Operator mit dem Defektindex $(0, \mathfrak{n})$ (bzw. $(\mathfrak{m}, 0)$) konstruieren. Dazu genügt es, die direkte Summe separabler HILBERT-Räume H_α zu bilden (α durchlaufe dabei eine Menge der Mächtigkeit $\mathfrak{n}$ (bzw. $\mathfrak{m}$)) und in jedem von ihnen den Operator A_+ (bzw. A_-) zu realisieren.

J. v. NEUMANN bewies als erster, daß man auf diese Weise jeden einfachen maximalen Operator erhalten kann. Es gilt nämlich der folgende Satz:

Satz 3. *Jeder einfache symmetrische Operator A mit dem Defektindex* $(0, \mathfrak{n})$ (*oder* $(\mathfrak{m}, 0)$) *zerfällt in eine orthogonale Summe von Operatoren A_+ (bzw. A_-):*

$$A = \sum_{\alpha \in \mathrm{M}} \oplus A_+^{(\alpha)} \quad (\mathrm{M} \text{ habe die Mächtigkeit } \mathfrak{n})$$

oder entsprechend

$$A = \sum_{\alpha \in \mathrm{M}} \oplus A_-^{(\alpha)} \quad (\mathrm{M} \text{ habe die Mächtigkeit } \mathfrak{m}).$$

Beweis. Es sei V die CAYLEY-Transformierte des Operators A und $\mathrm{D}_V = \mathrm{H}$, $\mathrm{H} \ominus \Delta_V = \mathrm{M}_1$ ($\dim \mathrm{M}_1 = \mathfrak{n}$).

Wir setzen

$$V^k \mathrm{M}_1 = \mathrm{M}_{k+1} \qquad (k = 0, 1, 2, \ldots).$$

Wie in Satz 2 erhalten wir die Beziehungen

$$\mathrm{M}_i \perp \mathrm{M}_k \qquad (i \neq k;\ i, k = 1, 2, 3, \ldots)$$

und das Ergebnis, daß die abgeschlossene lineare Hülle der Räume M_k ($k = 1, 2, \ldots$) mit H zusammenfällt.

Sei $\{e_1^{(\alpha)}\}_{\alpha \in \mathrm{M}}$ eine orthonormierte Basis in M_1 und H^α die abgeschlossene lineare Hülle der Vektoren $\{e_k^{(\alpha)}\}_{k=1}^{\infty}$, wo $e_{k+1}^{(\alpha)} = V^k e_1^{(\alpha)}$ ist. Die Teilräume $\mathrm{H}^{(\alpha)}$ und $\mathrm{H}^{(\alpha')}$ sind orthogonal für $\alpha \neq \alpha'$, und die orthogonale Summe aller dieser Teilräume ist gleich H, da für jedes k die Gesamtheit $\{e_k^{(\alpha)}\}_{\alpha \in \mathrm{M}}$ eine orthonormierte Basis in M_k bildet.

Es ist klar, daß jeder der Teilräume $\mathrm{H}^{(\alpha)}$ den Operator V reduziert und der in $\mathrm{H}^{(\alpha)}$ gelegene Teil von V zu V_+ isomorph ist. Gehen wir wieder zu den CAYLEY-Transformierten über, so ist der Satz 3 bewiesen.

Satz 3 beantwortet vollständig die Frage nach der Struktur der einfachen maximalen Operatoren.

Die Operatoren A_+ und A_- (bzw. V_+ und V_-) nennen wir die *elementaren maximalen Operatoren.*

Mit Hilfe dieser elementaren maximalen Operatoren kann man einen Operator mit vorgegebenem Defektindex $(\mathfrak{m}, \mathfrak{n})$ konstruieren. Dazu braucht man nur nach dem oben beschriebenen Verfahren die Operatoren mit den Defektindizes $(\mathfrak{m}, 0)$ und $(0, \mathfrak{n})$ zu konstruieren und danach ihre direkte Summe zu bilden.

Ein beliebiger einfacher Operator mit dem Defektindex $(\mathfrak{m}, \mathfrak{n})$ kann jedoch im allgemeinen nicht aus elementaren maximalen Operatoren zusammengesetzt werden.

Zur Illustration der Sätze dieser Nr. wollen wir wieder den Differentiationsoperator $\mathcal{P}$ auf der positiven reellen Halbachse betrachten. Dieser Operator hat den Defektindex (0, 1). Zur Untersuchung der Struktur des Operators $\mathcal{P}$ gehen wir zu seiner Cayley-Transformierten

$$V = (\mathcal{P} - i\,I)\,(\mathcal{P} + i\,I)^{-1}$$

über und bilden die Potenzen $V^k g$ mit $g = e^{-t}$ als defektem Element des Operators $\mathcal{P}$ im Punkt i. Wir betrachten dieses Element e^{-t} als nullte Tschebyschew-Laguerresche Funktion des doppelten Arguments (s. Nr. 12):

$$e^{-t} = \psi_0(2\,t)\,.$$

Wir werden zeigen, daß die Gleichung

$$V\,\psi_k(2\,t) = \psi_{k+1}(2\,t) \qquad (k = 0, 1, 2, \ldots)$$

besteht. Zunächst stellen wir $\psi_k(2\,t)$ in der Form

$$\psi_k(2\,t) = i\,f'(t) + i\,f(t) \equiv (\mathcal{P} + i\,I)\,f$$

dar; da nun $f(0) = 0$ ist, so gilt die Beziehung

$$f(t) = -\,i\,e^{-t}\int_0^t \psi_k(2\,s)\,e^s\,ds\,,$$

und es ist

$$V\,\psi_k(2\,t) = (\mathcal{P} - i\,I)\,f = -\,2\,e^{-t}\int_0^t \psi_k(2\,s)\,e^s\,ds + \psi_k(2\,t)\,.$$

Damit ist alles auf den Beweis der Identität

$$\psi_{k+1}(2\,t) = \psi_k(2\,t) - 2\,e^{-t}\int_0^t \psi_k(2\,s)\,e^s\,ds$$

zurückgeführt. Dieser Beweis bietet jedoch keinerlei Schwierigkeiten.

Da die Tschebyschew-Laguerreschen Funktionen ein vollständiges orthonormiertes System in $L^2(0, \infty)$ bilden, ist der Operator V zu V_+ isomorph und folglich auch $\mathcal{P}$ zu A_+.

Der Satz 2 besagt also, *daß jeder einfache Operator mit dem Defektindex* (0, 1) *oder* (1, 0) *zum Differentiationsoperator* $\mathcal{P}$ *auf der Halbachse* $(0, \infty)$ *bzw. der Halbachse* $(-\infty, 0)$ *isomorph ist.*

Der Differentiationsoperator $\mathcal{P}$ auf der ganzen Achse $(-\infty, \infty)$ ist offenbar isomorph einer selbstadjungierten Erweiterung des Operators $A_+ \oplus A_-$. Hieraus kann man erneut (s. Nr. 89) die unitäre Äquivalenz des Operators $\mathcal{P}$ und des Operators der Multiplikation mit einer unabhängigen Veränderlichen ableiten.

105. Die Spektren selbstadjungierter Erweiterungen eines vorgegebenen symmetrischen Operators. Das Spektrum eines symmetrischen, jedoch nicht selbstadjungierten Operators enthält — nach der allgemeinen Definition Nr. 48 — das Komplement der Menge aller Punkte regulären Typs des betrachteten Operators. Jedoch ist mit diesem Komplement das Spektrum noch nicht erschöpft (so gehört z. B. mindestens eine der offenen Halbebenen $\Im z > 0$, $\Im z < 0$ zum Spektrum). Trotzdem nimmt dieses Komplement innerhalb des Spektrums eine besondere Stellung ein.

Definition. Das Komplement der Menge aller Punkte regulären Typs eines symmetrischen Operators wollen wir den *Spektralkern* dieses Operators nennen.

Zur Klassifikation der im Spektralkern eines symmetrischen Operators A gelegenen Punkte bezeichnen wir mit $A'_\lambda = A'$, den im Unterraum $\mathfrak{H} \ominus \mathfrak{G}_\lambda$ gelegenen Teil des Operators A. Dabei ist $\mathfrak{G}_\lambda$ der zu λ gehörige Raum der Eigenvektoren des Operators A, wenn λ ein Eigenwert des Operators A ist; andernfalls ist $\mathfrak{G}_\lambda$ der Nullraum.

Im Spektralkern ist vor allem eine Punktmenge ausgezeichnet: die Gesamtheit aller Eigenwerte des Operators (sie fehlt, wenn der Operator einfach ist).

Wir kommen nun zur Charakterisierung des restlichen Teils des Spektralkernes von A. Wir bemerken, daß der Operator $A' - \lambda I$ für jedes λ einen inversen Operator besitzt. Die Gesamtheit aller Werte λ, für die der Operator $(A' - \lambda I)^{-1}$ unbeschränkt ist, gehört offenbar zum Kern des Spektrums; diese Gesamtheit nennen wir den *kontinuierlichen Teil* des Spektralkernes.[1]) Damit gehört nun jeder Punkt des Spektralkernes zum diskreten oder zum kontinuierlichen Teil oder zu beiden gleichzeitig.

Für einen selbstadjungierten Operator fallen die Begriffe des regulären Punktes und des Punktes regulären Typs zusammen. Daher fällt der Spektralkern eines selbstadjungierten Operators mit dem Spektrum dieses Operators zusammen. Folglich kann der Spektralkern eines selbstadjungierten Operators niemals leer sein. Für einen beliebigen symmetrischen Operator wäre diese Behauptung nicht richtig.[2])

Ist $\tilde{A}$ eine symmetrische (insbesondere maximale oder selbstadjungierte) Erweiterung des Operators A, dann enthält der Spektralkern von $\tilde{A}$ den Spektralkern des Operators A; dabei enthält jeder der Teile (der diskrete Teil und der kontinuierliche Teil) des Spektralkerns des Operators $\tilde{A}$ den entsprechenden Teil des Spektralkerns von A.

Wir weisen hier auf den Spezialfall hin, wo der kontinuierliche Teil des Spektralkerns von A bei symmetrischen Erweiterungen dieses Operators invariant bleibt. Dieser Fall tritt dann ein, wenn die Defektzahlen des Operators A endlich sind. Dann ist nämlich nach der zweiten NEUMANNschen

[1]) Man sieht leicht, daß der kontinuierliche Teil des Spektralkernes eines symmetrischen Operators zu seinem kontinuierlichen Spektrum $\mathfrak{C}(A)$ gehört, das am Ende von Nr. 93 definiert wurde.

[2]) Siehe das Beispiel in der Fußnote S. 328

Formel (s. Nr. 102) die Mannigfaltigkeit $(\tilde{A}' - \lambda I) D_{\tilde{A}}$ für irgendeine symmetrische Erweiterung $\tilde{A}$ des Operators A größer als die Mannigfaltigkeit $(A' - \lambda I) D_A$ — jedoch nur um endlich viele Dimensionen (im Sinne der Dimension dem Modul nach). Folglich ist mit dem Operator $(A' - \lambda I)^{-1}$ auch der Operator $(\tilde{A}' - \lambda I)^{-1}$ beschränkt.

Hieraus ergibt sich der folgende einfache

Satz 1. *Alle selbstadjungierten Erweiterungen eines Operators mit endlichen und gleichen Defektzahlen haben dasselbe kontinuierliche Spektrum.*

Für die Menge der Eigenwerte im Spektralkern gilt

Satz 2. *Erweitert man einen Operator mit endlichem Defektindex (m, m) zu einem selbstadjungierten Operator, so erhöht sich die Vielfachheit der Eigenwerte um nicht mehr als m (insbesondere ist die Vielfachheit der neuen Eigenwerte nicht größer als m).*

Beweis. Es sei $\tilde{A}$ eine selbstadjungierte Erweiterung des Operators A und λ ein Eigenwert des Operators A der Vielfachheit p. Wir nehmen an, die Vielfachheit der Zahl λ als Eigenwert des Operators $\tilde{A}$ sei gleich $p + q$ mit $q > m$ entgegen der Behauptung des Satzes. Wir wählen ein linear unabhängiges System von Lösungen $f_1, f_2, \ldots, f_p, f_{p+1}, \ldots, f_{p+q}$ der Gleichung $\tilde{A} f - \lambda f = 0$ derart, daß $f_k \in D_A$ für $k \leq p$ ist. Da die Dimension von $D_{\tilde{A}}$ modulo D_A gleich m ist, gibt es Konstanten α_k derart, daß

$$\alpha_1 f_{p+1} + \alpha_2 f_{p+2} + \cdots + \alpha_q f_{p+q} \in D_A .$$

Diese Beziehung besagt, daß die Vielfachheit von λ als Eigenwert des Operators A größer als p ist im Gegensatz zur Annahme.

Der nun folgende Satz ist in gewisser Hinsicht eine Umkehrung des vorigen Satzes.

Satz 3. *Ist λ ein reeller Punkt regulären Typs eines symmetrischen Operators A mit dem Defektindex (m, m) $(m < \infty)$, so gibt es eine selbstadjungierte Erweiterung $\tilde{A}$ des Operators A, für die λ ein Eigenwert der Vielfachheit m ist.*

Beweis. $\mathfrak{N}_\lambda$ sei die lineare Mannigfaltigkeit aller Lösungen der Gleichung

$$A^* g - \lambda g = 0 .$$

Nach dem Satz von der Invarianz der Defektzahl im Regularitätsbereich (s. Nr. 100) ist die Dimension der Mannigfaltigkeit $\mathfrak{N}_\lambda$ gleich m.

Der Definitionsbereich D_A des Operators A und die lineare Mannigfaltigkeit $\mathfrak{N}_\lambda$ sind linear unabhängig, da sonst λ ein Eigenwert des Operators A wäre.

Wir setzen

$$D = D_A \oplus \mathfrak{N}_\lambda . \tag{1}$$

$\tilde{A}$ sei der Operator, der auf $D = D_{\tilde{A}}$ mit dem Operator A^* zusammenfällt, so daß λ ein Eigenwert des Operators $\tilde{A}$ der Vielfachheit m ist.

Wir zeigen nun, daß der Operator $\tilde{A}$ selbstadjungiert ist.

Dabei genügt es zu beweisen, daß $\tilde{A}$ symmetrisch ist, denn aus (1) ergibt sich

$$\dim \mathrm{D}_{\tilde{A}} = m \pmod{\mathrm{D}_A} .$$

Sind f und g willkürliche Elemente aus $\mathrm{D}_{\tilde{A}}$ und ist

$$f = f_1 + f_2 \qquad (f_1 \in \mathrm{D}_A,\ f_2 \in \mathfrak{N}_\lambda)\,,$$
$$g = g_1 + g_2 \qquad (g_1 \in \mathrm{D}_A,\ g_2 \in \mathfrak{N}_\lambda)\,,$$

so gelten die Gleichungen

$$(\tilde{A} f, g) = (A f_1, g_1) + (A^* f_2, g_1) + (A f_1, g_2) + (A^* f_2, g_2)$$
$$= (A f_1, g_1) + \lambda(f_2, g_1) + \lambda(f_1, g_2) + \lambda(f_2, g_2)$$

und

$$(f, \tilde{A} g) = (f_1, A g_1) + (f_1, A^* g_2) + (f_2, A g_1) + (f_2, A^* g_2)$$
$$= (f_1, A g_1) + \lambda(f_1, g_2) + \lambda(f_2, g_1) + \lambda(f_2, g_2)\,.$$

Hieraus folgt die Symmetrie des Operators $\tilde{A}$.

Zum Schluß vermerken wir noch einen Satz über die Anzahl der Lösungen der Gleichung

$$A^* g - \lambda g = 0$$

bei reellem λ.

Satz 4. *Es sei A ein symmetrischer Operator mit dem Defektindex (m, m) $(m < \infty)$ und λ eine nicht zum Punktspektrum des Operators A gehörige reelle Zahl. Dann ist die Anzahl $m(\lambda)$ der Lösungen der Gleichung*

$$A^* g - \lambda g = 0 \tag{2}$$

nicht größer als die Defektzahl m.

Zum Beweise genügt es, mit Hilfe der Lösungsmannigfaltigkeit $\mathfrak{N}_\lambda$ der Gleichung (2) das Gebiet $\mathrm{D}_{\tilde{A}}$ nach der Formel (1) zu konstruieren. Dabei ist wiederum $\tilde{A} \subseteq A^*$.

Es ergibt sich aus dem Beweis des vorigen Satzes, daß der Operator $\tilde{A}$ eine symmetrische Erweiterung des Operators A ist und daß daher

$$m(\lambda) = \dim \mathrm{D}_{\tilde{A}} \leqq m \pmod{\mathrm{D}_A}$$

gilt.

Damit ist der Satz bewiesen.

106. Die Formel von M. G. KREIN für die Resolvente der selbstadjungierten Erweiterungen eines vorgegebenen symmetrischen Operators. In dieser Nr. betrachten wir symmetrische Operatoren mit gleichen und endlichen Defektzahlen.

Es seien A_1 und A_2 zwei selbstadjungierte Erweiterungen eines Operators A mit dem Defektindex (m, m) $(m < \infty)$

$$A_1 \supset A)\,, \qquad A_2 \supset A\,.$$

Einen Operator C, der den Bedingungen

$$A_1 \supset C\,, \qquad A_2 \supset C \tag{1}$$

genügt, nennt man natürgemäß einen *gemeinsamen Teil* der Operatoren A_1 und A_2.

Unter den Operatoren C mit den Bedingungen (1) gibt es sicher einen, der eine Erweiterung jedes gemeinsamen Teils der Operatoren A_1 und A_2 ist; einen solchen Operator nennen wir den *maximalen gemeinsamen Teil* der Operatoren A_1 und A_2. Der maximale gemeinsame Teil ist entweder eine Erweiterung von A oder fällt mit A zusammen. Ist letzteres der Fall, so heißen die Erweiterungen A_1 und A_2 *zueinander fremd.*

Zwei Erweiterungen A_1 und A_2 sind zueinander fremd genau dann, wenn mit

$$h \in \mathrm{D}_{A_1}\,, \qquad h \in \mathrm{D}_{A_2} \tag{2}$$

zugleich auch $h \in \mathrm{D}_A$ gilt.

Ist die Maximalzahl der modulo D_A linear unabhängigen Vektoren, die den Bedingungen (2) genügen, gleich p $(0 \leqq p \leqq m)$, so hat der maximale gemeinsame Teil A_0 der Operatoren A_1 und A_2 den Defektindex $(m - p,\, m - p)$. In diesem Falle kann man die Operatoren A_1 und A_2 als zueinander fremde selbstadjungierte Erweiterungen des Operators A_0 ansehen.

Aufgabe dieser Nr. soll es sein, eine Formel für den Zusammenhang der Resolventen zweier selbstadjungierter Erweiterungen eines Operators A herzuleiten. Es seien $\mathring{B}$ eine *fest* gewählte, B eine beliebige selbstadjungierte Erweiterung und $\mathring{R}_z$ bzw. R_z ihre Resolventen. Ferner sei λ ein gemeinsamer regulärer Punkt der Operatoren $\mathring{B}$ und B (insbesondere kann λ eine beliebige nicht reelle Zahl sein).

Um den Fall auszuschließen, daß $\mathring{B}$ und B nicht zueinander fremde Erweiterungen eines Operators A sind, betrachten wir sie als zueinander fremde Erweiterungen ihres maximalen gemeinsamen Teils A_0. Dieser habe den Defektindex (r, r) mit $0 < r \leqq m$.

Wir setzen nun $\mathfrak{M}_\lambda = \Delta_{A_0}(\lambda)$ und $\mathfrak{N}_\lambda = \mathrm{H} \ominus \mathfrak{M}_\lambda$. Dann erhalten wir für die Differenz der Resolventen die Formel

$$(\mathring{R}_\lambda - R_\lambda) f \begin{cases} = 0 & \text{für} \quad f \in \mathfrak{M}_\lambda\,, \\ \in \mathfrak{N}_{\bar\lambda} & \text{für} \quad f \in \mathfrak{N}_\lambda\,. \end{cases} \tag{3}$$

Dies folgt aus der für alle $h \in \mathfrak{M}_{\bar\lambda}$ gültigen Gleichung

$$(\{\mathring{R}_\lambda - R_\lambda\} f, h) = (f, \{\mathring{R}_\lambda - R_\lambda\}^* h) = (f, \{\mathring{R}_{\bar\lambda} - R_{\bar\lambda}\} h) = (f, 0) = 0\,.$$

Nun wählen wir r linear unabhängige Vektoren $g_1(\bar\lambda), g_2(\bar\lambda), \ldots, g_r(\bar\lambda)$ aus $\mathfrak{N}_\lambda$ und r linear unabhängige Vektoren $g_1(\lambda), g_2(\lambda), \ldots, g_r(\lambda)$ aus $\mathfrak{N}_{\bar\lambda}$. Aus (3) folgt für beliebiges $f \in \mathrm{H}$ die Darstellung

$$(\mathring{R}_\lambda - R_\lambda) f = \sum_{k=1}^{r} c_k\, g_k(\lambda)\,. \tag{4}$$

Nach (4) sind die Konstanten c_k lineare Funktionale von f; wir können also

$$c_k = (f, h_k(\lambda)) \qquad (k = 1, 2, \ldots, r)$$

setzen. Wegen (3) und wegen der linearen Unabhängigkeit der Vektoren $g_1(\lambda), g_2(\lambda), \ldots, g_r(\lambda)$ muß für jedes zu $\mathfrak{N}_\lambda$ orthogonale f die Beziehung

$$(f, h_k(\lambda)) = 0 \qquad (k = 1, 2, \ldots, r)$$

gelten. Daher ist

$$h_k(\lambda) \in \mathfrak{N}_\lambda \qquad (k = 1, 2, \ldots, r),$$

d. h., es gilt die Darstellung

$$h_k(\lambda) = \sum_{i=1}^{r} \overline{p_{ik}(\lambda)}\, g_i(\bar{\lambda}) \qquad (k = 1, 2, 3, \ldots, r), \tag{5}$$

und (4) erhält die Gestalt

$$(\mathring{R}_\lambda - R_\lambda) f = \sum_{i,k=1}^{r} p_{ik}(\lambda)\, (f, g_i(\bar{\lambda}))\, g_k(\lambda)\,. \tag{6}$$

Wir bemerken, daß die auf der Menge aller gemeinsamen Regularitätspunkte der Operatoren $\mathring{B}$ und B definierte Matrixfunktion $(p_{ik}(\lambda)) = \mathfrak{P}(\lambda)$ nicht singulär ist.

Angenommen, es sei $\det(p_{ik}(\lambda_0)) = 0$; dann sind die Vektoren $h_k(\lambda_0)$ $(k = 1, 2, \ldots, r)$ nach (5) linear abhängig, und es existiert ein Vektor $h \neq 0$, der den Bedingungen

$$h \perp h_k(\lambda_0)\,, \qquad h \in \mathfrak{N}_{\lambda_0} \qquad (k = 1, 2, \ldots, r)$$

genügt.

Wir erhalten daher für den Vektor h aus (4) die Identität

$$(\mathring{R}_{\lambda_0} - R_{\lambda_0})\, h = 0\,.$$

Dies widerspricht jedoch der Voraussetzung, daß die Operatoren $\mathring{B}$ und B als Erweiterungen des Operators A_0 zueinander fremd sein sollten.

Lassen wir in (6) das Element f fort und betrachten die Ausdrücke $(\cdot\,, g_i(\bar{\lambda}))$ $g_k(\lambda)$ $(i, k = 1, 2, 3, \ldots, r)$ als Operatoren, so erhalten wir für jeden Wert λ aus der Menge der den beiden Operatoren $\mathring{B}$ und B gemeinsamen regulären Punkte die Formel

$$R_\lambda = \mathring{R}_\lambda - \sum_{i,k=1}^{r} p_{ik}(\lambda)\, (\cdot\,, g_i(\bar{\lambda}))\, g_k(\lambda)\,. \tag{7}$$

Bis jetzt war die Wahl der Vektorfunktionen $g_k(\lambda)$ und $g_i(\bar{\lambda})$ noch ganz beliebig. Nun sind aber die linke und ebenso die rechte Seite der Formel (6) reguläre analytische Vektorfunktionen von λ. Wir zeigen jetzt, daß man die $g_k(\lambda)$ $(k = 1, 2, \ldots, r)$ als *reguläre analytische Vektorfunktion von* λ definieren kann, und *erhalten eine dementsprechende Formel für die Matrixfunktion* $\mathfrak{P}(\lambda)$.

Dazu geben wir einen festen Wert λ_0 vor und führen den Operator

$$U_{\lambda\lambda_0} = (\mathring{B} - \lambda_0 I)(\mathring{B} - \lambda I)^{-1} = I + (\lambda - \lambda_0) \mathring{R}_\lambda$$

ein. Dieser hat den Definitionsbereich

$$(\mathring{B} - \lambda I) \mathrm{D}_{\mathring{B}} = \mathrm{H}$$

und den Wertebereich

$$(\mathring{B} - \lambda_0 I) \mathrm{D}_{\mathring{B}} = \mathrm{H}\,.$$

Der Operator $U_{\lambda\lambda_0}$ ist durch die Formeln

$$\begin{aligned} (\mathring{B} - \lambda I) f &= h \\ (\mathring{B} - \lambda_0 I) f &= U_{\lambda\lambda_0} h \end{aligned} \qquad (f \in \mathrm{D}_{\mathring{B}})$$

bestimmt. Hieraus folgt, daß die durch $U_{\lambda\lambda_0}$ vermittelte Abbildung von H auf H eineindeutig ist.

Für $\lambda = \overline{\lambda}_0$ führt der Operator $U_{\lambda\lambda_0}$ insbesondere auf die Cayley-Transformierte des Operators $\mathring{B}$ und bildet den defekten Teilraum $\mathfrak{N}_{\overline{\lambda}_0}$ des Operators A_0 auf dessen defekten Teilraum $\mathfrak{N}_{\lambda_0}$ ab. Wir zeigen, daß ganz allgemein die Formel

$$U_{\lambda\lambda_0} \mathfrak{N}_{\overline{\lambda}_0} = \mathfrak{N}_{\overline{\lambda}}$$

gilt.

Dazu wählen wir eine beliebige Basis $g_1(\lambda_0), g_2(\lambda_0), \ldots, g_r(\lambda_0)$ in $\mathfrak{N}_{\overline{\lambda}_0}$ (die Vektoren $g_k(\lambda_0)$ sind im allgemeinen nicht orthogonal und auch nicht normiert). Wir beweisen, daß dann

$$U_{\lambda\lambda_0} g_k(\lambda_0) \in \mathfrak{N}_{\overline{\lambda}}$$

ist. Es gilt

$$\begin{aligned} A_0^* U_{\lambda\lambda_0} g_k(\lambda_0) &= A_0^* \{I + (\lambda - \lambda_0) \mathring{R}_\lambda\} g_k(\lambda_0) \\ &= \lambda_0 g_k(\lambda_0) + (\lambda - \lambda_0) \mathring{B} \mathring{R}_\lambda g_k(\lambda_0) \\ &= \lambda_0 g_k(\lambda_0) + (\lambda - \lambda_0) (I + \lambda \mathring{R}_\lambda) g_k(\lambda_0) \\ &= \lambda \{I + (\lambda - \lambda_0) \mathring{R}_\lambda\} g_k(\lambda_0) = \lambda U_{\lambda\lambda_0} g_k(\lambda_0)\,, \end{aligned}$$

d. h., es ist $U_{\lambda\lambda_0} g_k(\lambda_0) \in \mathfrak{N}_{\overline{\lambda}}$ $(k = 1, 2, \ldots, r)$. Dabei bilden die Vektoren $U_{\lambda\lambda_0} g_k(\lambda_0)$ wegen der Eineindeutigkeit der durch $U_{\lambda\lambda_0}$ vermittelten Abbildung eine Basis in $\mathfrak{N}_{\overline{\lambda}}$. Wir können also annehmen, daß die Vektoren $g_k(\lambda)$ in jedem regulären Punkt des Operators $\mathring{B}$ durch die Formeln

$$g_k(\lambda) = U_{\lambda\lambda_0} g_k(\lambda_0) = g_k(\lambda_0) + (\lambda - \lambda_0) \mathring{R}_\lambda g_k(\lambda_0) \qquad (k = 1, 2, 3, \ldots, r)$$

definiert und folglich regulär-analytische Vektorfunktionen von λ sind.

Mit Hilfe der Funktionalgleichung der Resolvente verifiziert man leicht, daß dann für je zwei reguläre Punkte λ und μ des Operators $\mathring{B}$ die Gleichung

$$g_k(\mu) = U_{\mu\lambda} g_k(\lambda) = g_k(\lambda) + (\mu - \lambda) \mathring{R}_\mu g_k(\lambda) \tag{8}$$

besteht.

Der Wert der Matrixfunktion $\mathfrak{P}(\lambda)$ für beliebiges (für $\mathring{B}$ und B reguläres) λ läßt sich jetzt aus dem Wert $\mathfrak{P}(\lambda_0)$ bestimmen. Um zu der entsprechenden Formel zu kommen, benutzen wir die Funktionalgleichung der Resolvente:

$$R_\lambda = R_{\lambda_0} + (\lambda - \lambda_0)\, R_\lambda\, R_{\lambda_0}\,. \tag{9}$$

Andererseits ist nach (7)

$$\left.\begin{aligned} R_\lambda &= \mathring{R}_\lambda - \sum_{i,k=1}^{r} p_{ik}(\lambda)\,(\,\cdot\,, g_i(\bar{\lambda}))\, g_k(\lambda)\,, \\ R_{\lambda_0} &= \mathring{R}_{\lambda_0} - \sum_{i,k=1}^{r} p_{ik}(\lambda_0)\,(\,\cdot\,, g_i(\bar{\lambda}_0))\, g_k(\lambda_0)\,. \end{aligned}\right\} \tag{10}$$

Setzen wir die rechten Seiten von (10) (unter Benutzung der Funktionalgleichung der Resolvente $\mathring{R}_z$) in (9) ein, so erhalten wir die Gleichung

$$\begin{aligned} -\sum_{i,k=1}^{r} p_{ik}(\lambda)\,(\,\cdot\,, g_i(\bar{\lambda}))\, g_k(\lambda) = &-\sum_{i,k=1}^{r} p_{ik}(\lambda_0)\,(\,\cdot\,, g_i(\bar{\lambda}_0))\, g_k(\lambda_0) \\ &-(\lambda - \lambda_0) \sum_{i,k=1}^{r} p_{ik}(\lambda_0)\,(\,\cdot\,, g_i(\bar{\lambda}_0))\, \mathring{R}_\lambda\, g_k(\lambda_0) \\ &-(\lambda - \lambda_0) \sum_{i,k=1}^{r} p_{ik}(\lambda)\,(\mathring{R}_{\lambda_0}\,\cdot\,, g_i(\bar{\lambda}))\, g_k(\lambda) \\ &+(\lambda - \lambda_0) \sum_{i,k,j,s=1}^{r} p_{ik}(\lambda)\,(g_s(\lambda_0), g_i(\bar{\lambda}))\, p_{js}(\lambda_0)\,(\,\cdot\,, g_j(\bar{\lambda}_0))\, g_k(\lambda)\,. \end{aligned} \tag{11}$$

Mit Hilfe der Formel (8) bringen wir die Summe des zweiten und dritten Summanden auf der rechten Seite in die Gestalt

$$\sum_{i,k=1}^{r} p_{ik}(\lambda_0)\,(\,\cdot\,, g_i(\bar{\lambda}_0))\,\{g_k(\lambda_0) - g_k(\bar{\lambda})\} + \sum_{i,k=1}^{r} p_{ik}(\lambda)\,(\,\cdot\,, g_i(\bar{\lambda}_0) - g_i(\bar{\lambda}))\, g_k(\lambda)\,.$$

Fassen wir entsprechende Glieder in (11) zusammen, so erhalten wir die Gleichung

$$\begin{aligned} &-\sum_{i,k=1}^{r} p_{ik}(\lambda_0)\,(\,\cdot\,, g_i(\bar{\lambda}_0))\, g_k(\lambda) + \sum_{i,k=1}^{r} p_{ik}(\lambda)\,(\,\cdot\,, g_i(\bar{\lambda}_0))\, g_k(\lambda) \\ &+(\lambda - \lambda_0) \sum_{i,k,j,s=1}^{r} p_{ik}(\lambda)\,(g_s(\lambda_0), g_i(\bar{\lambda}))\, p_{js}(\lambda_0)\,(\,\cdot\,, g_j(\bar{\lambda}_0))\, g_k(\lambda) = 0\,. \end{aligned}$$

Hieraus ergibt sich wegen der linearen Unabhängigkeit der Vektoren $g_k(\lambda)$ die Beziehung

$$\begin{aligned} &-\sum_{i=1}^{r} p_{ik}(\lambda_0)\,(\,\cdot\,, g_i(\bar{\lambda}_0)) + \sum_{i=1}^{r} p_{ik}(\lambda)\,(\,\cdot\,, g_i(\bar{\lambda}_0)) \\ &+(\lambda - \lambda_0) \sum_{i,j,s=1}^{r} p_{ik}(\lambda)\,(g_s(\lambda_0), g_i(\bar{\lambda}))\, p_{js}(\lambda_0)\,(\,\cdot\,, g_j(\bar{\lambda}_0)) = 0 \end{aligned}$$

und ferner wegen der linearen Unabhängigkeit der $g_i(\bar{\lambda}_0)$ die Beziehung

$$-p_{ik}(\lambda_0) + p_{ik}(\lambda) + (\lambda - \lambda_0) \sum_{j,s=1}^{r} p_{is}(\lambda_0)\,(g_s(\lambda_0), g_j(\bar{\lambda}))\, p_{jk}(\lambda) = 0$$

oder in Matrizenform

$$\mathfrak{P}(\lambda) - \mathfrak{P}(\lambda_0) + (\lambda - \lambda_0)\, \mathfrak{P}(\lambda_0)\, \left((g_i(\lambda_0), g_j(\bar{\lambda}))\right)_{i,j=1}^{r}\, \mathfrak{P}(\lambda) = 0\,.$$

Multiplizieren wir die letzte Gleichung von rechts mit $\mathfrak{P}^{-1}(\lambda)$ und von links mit $\mathfrak{P}^{-1}(\lambda_0)$, so erhalten wir schließlich die gesuchte Beziehung

$$\mathfrak{P}^{-1}(\lambda) = \mathfrak{P}^{-1}(\lambda_0) + (\lambda - \lambda_0)\left((g_i(\lambda_0), g_j(\bar{\lambda}))\right)_{i,j=1}^{r}\,. \tag{12}$$

Wie man leicht nachweist, folgt aus (12) für je zwei den Operatoren $\dot{B}$, B gemeinsame reguläre Punkte λ und μ die Gleichung

$$\mathfrak{P}^{-1}(\lambda) = \mathfrak{P}^{-1}(\mu) + (\lambda - \mu)\left((g_i(\mu), g_j(\bar{\lambda}))\right)_{i,j=1}^{r}\,.$$

107. Über selbstadjungierte Erweiterungen halbbeschränkter Operatoren. Ohne Beschränkung der Allgemeinheit wollen wir annehmen, daß der halbbeschränkte Operator A positiv ist. Dann gehört die negative Halbachse zu seinem Regularitätsgebiet, denn aus der Ungleichung

$$(Af, f) \geqq 0$$

folgt für negative λ die Ungleichung

$$\|(A - \lambda I) f\|^2 = \|Af\|^2 - 2\lambda (Af, f) + \lambda^2 \|f\|^2 \geqq \lambda^2 \|f\|^2,$$

d. h., es gilt

$$\|(A - \lambda I) f\| \geqq |\lambda| \cdot \|f\|\,.$$

Hieraus ergibt sich auf Grund des Satzes 1 aus Nr. 100, daß die Defektzahlen eines halbbeschränkten Operators gleich sind und daß ein halbbeschränkter Operator selbstadjungierte Erweiterungen besitzt.

Wenn man weiß, daß die negative Halbachse zum Regularitätsbereich eines symmetrischen Operators gehört, so kann man daraus noch keine Schlüsse auf die Positivität dieses Operators ziehen[1]), es sei denn, der Operator A sei selbstadjungiert.

In diesem Falle gilt nämlich für alle $f \in D_A$ die Ungleichung

$$(Af, f) = \int_{-\infty}^{\infty} t\, d(E_t f, f) = \int_{0}^{\infty} t\, d(E_t f, f) \geqq 0\,.$$

Das Quadrat eines selbstadjungierten Operators ist ein positiver Operator. Umgekehrt kann man jeden positiven selbstadjungierten Operator A als das Quadrat eines gewissen selbstadjungierten Operators B darstellen. Ist nämlich

$$A = \int_0^{\infty} t\, dE_t\,,$$

so kann man z. B.

$$B = \int_0^{\infty} \sqrt{t}\, dE_t$$

setzen.

---

[1]) Zum Beispiel ist für den Differentiationsoperator auf einem endlichen Intervall der Regularitätsbereich die ganze Ebene, dieser Operator ist jedoch nicht halbbeschränkt.

Besitzt ein halbbeschränkter Operator einen endlichen Defektindex, so ist jede selbstadjungierte Erweiterung ebenfalls halbbeschränkt. Darüber hinaus gilt der folgende Satz:

Satz 1. *Ist A ein positiver Operator mit dem endlichen Defektindex (m, m), so besitzt jede selbstadjungierte Erweiterung von A nur endlich viele negative Eigenwerte. Die Summe der Vielfachheiten dieser Eigenwerte ist nicht größer als m.*

Beweis. Sei $\tilde{A}$ eine selbstadjungierte Erweiterung von A und

$$\tilde{A} = \int_{-\infty}^{\infty} t\, dE_t .$$

Ferner bezeichne Δ das Intervall $[-N, -\varepsilon]$.

Zum Beweis des Satzes genügt es zu zeigen, daß die Dimension des Teilraumes $E(\Delta)$ H bei beliebigem $N > \varepsilon > 0$ die Defektzahl m nicht übersteigt.

Angenommen, für ein $N > \varepsilon > 0$ gelte

$$\dim E(\Delta)\,\mathrm{H} > m . \tag{1}$$

Da $E(\Delta)\,\mathrm{H} \subseteq \mathrm{D}_{\tilde{A}}$ und

$$\dim \mathrm{D}_{\tilde{A}} = m \,(\mathrm{mod}\; \mathrm{D}_A) ,$$

gibt es wegen (1) im Teilraum $E(\Delta)$ H einen Vektor f_0 aus D_A. Für f_0 gilt dann

$$(A f_0, f_0) = (\tilde{A} f_0, f_0) = \int_{-N}^{-\varepsilon} t\, d(E_t f_0, f_0) < 0 ,$$

was der Positivität des Operators A widerspricht.

Damit ist der Satz bewiesen.

Mit Hilfe solcher Überlegungen kommt man auch leicht zu folgendem Satz, der dem Satz 1 aus Nr. 105 analog ist.

Satz 2. *Wenn der negative Teil des Sepktrums einer selbstadjungierten Erweiterung eines Operators mit endlichen Defektindizes (m, m) aus endlich vielen Eigenwerten endlicher Vielfachheit besteht, dann besitzt auch jede andere selbstadjungierte Erweiterung des gegebenen Operators diese Eigenschaft.*

Wir bemerken, daß Satz 2, wie auch Satz 1 aus Nr. 105, unmittelbar aus den Sätzen 1 und 2 aus Nr. 82 folgen.

Es gilt ferner der folgende Satz über selbstadjungierte Erweiterungen halbbeschränkter Operatoren mit beliebigen Defektindizes.

Satz 3. *Man kann jeden nach unten halbbeschränkten Operator A zu einem selbstadjungierten Operator A mit der gleichen unteren Grenze erweitern.*

Dieser Satz wurde zuerst von J. von Neumann formuliert und später von anderen Autoren mit verschiedenen Methoden bewiesen.[1])

[1]) Siehe M. Stone [1]; K. Friedrichs [1]; H. Freudental [1]. Kürzlich gab Y. Kilpi einen neuen Beweis des Satzes 3, der im Unterschied zu den angeführten Autoren im Rahmen der Erweiterungstheorie von J. von Neumann bleibt. Siehe Y. Kilpi [1]. Die vollständigste Theorie der selbstadjungierten Erweiterungen halbbeschränkter Operatoren bei Erhaltung der unteren Grenze wurde von M. G. Krein entwickelt. Siehe die Arbeiten [3], [4] des Autors.

Zum Beweis von Satz 3 kommen wir weiter unten. Zunächst beweisen wir einen einfacheren Satz, der von J. von Neumann stammt.

Satz 3'. *Man kann jeden halbbeschränkten Operator A mit der unteren Grenze μ zu einem selbstadjungierten Operator $\tilde{A}$ erweitern, dessen untere Grenze nicht kleiner als eine willkürlich gewählte Zahl $\mu' < \mu$ ist.*

Beweis. Wir zeigen zunächst die Richtigkeit des Satzes für $\mu = 1$, $\mu' = 0$. Es gilt die Ungleichung

$$(f, f) \leqq (A f, f) \leqq \|A f\| \cdot \|f\|,$$

d. h., es ist

$$\|A f\| \geqq \|f\|,$$

woraus die Existenz und die Beschränktheit des auf dem Teilraum Δ_A definierten Operators A^{-1} folgt. Wiederholen wir die Überlegungen des Punktes 2 in Nr. 100, so ist, wie man leicht sieht,

$$\mathfrak{N}_0 = \mathbf{H} \ominus \Delta_A$$

der zum Eigenwert $\lambda = 0$ gehörende Eigenraum des Operators A^*. Dabei sind der Teilraum $\mathfrak{N}_0$ und die Mannigfaltigkeit Δ_A linear unabhängig; denn wenn ein Element g aus $\mathfrak{N}_0$ zu $\mathbf{D}_A$ gehört, so ist $A g = 0$. Das ist jedoch nur für $g = 0$ möglich.

Wir definieren jetzt eine Erweiterung $\tilde{A}$ des Operators A auf den Bereich

$$\mathbf{D}_{\tilde{A}} = \mathbf{D}_A \oplus \mathfrak{N}_0$$

durch die Formel

$$\tilde{A} h = A f,$$

wobei

$$h = f + g, \quad f \in \mathbf{D}_A, \quad g \in \mathfrak{N}_0$$

gelte. Offensichtlich ist $\tilde{A}$ eine symmetrische Erweiterung von A, denn für

$$h_1, h_2 \in \mathbf{D}_{\tilde{A}} \quad (h_i = f_i + g_i,\ f_i \in \mathbf{D}_A,\ g_i \in \mathfrak{N}_0,\ i = 1, 2)$$

gilt die Gleichung

$$\begin{aligned}(\tilde{A} h_1, h_2) &= (A f_1, f_2 + g_2) = (A f_1, f_2) = (f_1, A f_2)\\ &= (f_1 + g_1, A f_2) = (h_1, \tilde{A} h_2).\end{aligned}$$

Ferner ist klar, daß der Teilraum $\mathfrak{N}_0$ den Operator $\tilde{A}$ reduziert, da nämlich $\mathfrak{N}_0 \subset \mathbf{D}_{\tilde{A}}$ und $\tilde{A} h = 0$ für $h \in \mathfrak{N}_0$ ist. Mit $\mathfrak{N}_0$ reduziert auch sein orthogonales Komplement Δ_A den Operator $\tilde{A}$. Es seien $\tilde{A}'$ und $\tilde{A}''$ die in Δ_A und $\mathfrak{N}_0$ gelegenen Teile von $\tilde{A}$.

Der Wertebereich des Operators $\tilde{A}'$ stimmt mit dem ganzen Teilraum Δ_A überein; folglich ist (siehe Nr. 46) der Operator $\tilde{A}'$ selbstadjungiert. Da $\tilde{A}'' = 0$ ist, so ist der Operator

$$\tilde{A} = \tilde{A}' \oplus \tilde{A}''$$

ebenfalls selbstadjungiert.

Ferner gilt für

$$h = f + g \qquad (f \in \mathrm{D}_A,\ g \in \mathfrak{N}_0)$$

die Beziehung

$$(\tilde{A}\, h, h) = (A\, f, f + g) = (A\, f, f) \geqq \|f\|^2 \geqq 0\,,$$

d. h., die untere Grenze des Operators A ist nicht kleiner als Null.

Damit ist der Satz für $\mu = 1$, $\mu' = 0$ bewiesen.

Wie man sofort sieht, läßt sich der allgemeine Fall mit Hilfe der Transformation

$$A_1 = \frac{1}{\mu - \mu'}\, A - \frac{\mu'}{\mu - \mu'}\, I$$

auf den betrachteten Fall zurückführen.

Wir wenden uns nun dem Satz 3 zu. Der Beweis ist leicht, wenn die Defektindizes des Operators A endlich sind.

Sei A ein symmetrischer Operator mit der unteren Grenze $\mu > -\infty$ und mit endlichen Defektzahlen, so daß $\dim \mathfrak{N}_{\bar{z}} = \dim \mathfrak{N}_z < \infty$ gilt. Nach Satz 3′ existiert für jedes $\mu_n < \mu$ eine selbstadjungierte Erweiterung $\tilde{A}_n$ von A mit einer unteren Grenze $\geqq \mu_n$. Jeder solchen Erweiterung entspricht nach den NEUMANNschen Formeln (4) und (4′) aus Nr. 102 eine isometrische Abbildung V_n' von $\mathfrak{N}_{\bar{z}}$ auf $\mathfrak{N}_z$. Gilt $\mu_n \to \mu$, so existiert wegen der Kompaktheit der Folge $\{V_n'\}_1^\infty$ endlichdimensionaler isometrischer Operatoren eine Teilfolge $V_{n_k}' \to V'$, wobei V' eine isometrische Abbildung von $\mathfrak{N}_{\bar{z}}$ auf $\mathfrak{N}_z$ ist. Offensichtlich bestimmt der Operator V' nach denselben Formeln (4) und (4′) von Nr. 102 eine gesuchte selbstadjungierte Erweiterung $\tilde{A}$ des Operators A mit derselben unteren Grenze.

Der allgemeine Fall des Satzes 3 wird uns in Nr. 109 beschäftigen. Dort sind die grundlegenden Resultate von M. G. KREIN zur Theorie der Erweiterungen nach unten halbbeschränkter symmetrischer Operatoren bei Erhaltung der unteren Grenze dargelegt. Wir verweilen hier nur kurz bei einer allgemeinen Beschreibung der Methode von M. G. KREIN.

Wir bemerken zunächst, daß es zum Beweis des Satzes 3 genügt, zu zeigen, daß jeder positive symmetrische Operator eine positive selbstadjungierte Erweiterung gestattet. Das folgt daraus, daß die untere Grenze des Operators $A - \mu I$ gleich Null ist, wenn die untere Grenze von A gleich μ ist, und umgekehrt. Wenn nun der Operator A positiv ist, dann ist der Punkt $\lambda = -1$ ein Punkt regulären Typs, und folglich existiert die lineare Transformation

$$S = (I - A)\,(I + A)^{-1}\,. \tag{2}$$

Der Operator S, der auf dem Teilraum $\mathrm{D}_S = (I + A)\,\mathrm{D}_A$ definiert ist, genügt den Symmetriebedingungen

$$(S\, g_1, g_2) = (g_1, S\, g_2)\,, \quad (g_1, g_2 \in \mathrm{D}_S),$$

und seine Norm ist, wie man leicht zeigen kann, nicht größer als 1. Es zeigt sich also, daß das Problem der selbstadjungierten Erweiterung des Operators A bei Erhaltung der Positivität äquivalent ist der Konstruktion einer selbstadjungierten Erweiterung $\tilde{S}$ des Operators S, die der Bedingung $||\tilde{S}|| = 1$ genügt. Die entsprechende Konstruktion von M. G. Krein und einige seiner Hilfssätze, die zur Beschreibung verschiedener, in Satz 3 erwähnter Erweiterungen nötig sind, werden in Nr. 108 angegeben.

108. Selbstadjungierte Erweiterungen beschränkter symmetrischer Operatoren mit in H nicht dichtem Definitionsbereich bei Erhaltung der Norm. S sei ein beliebiger linearer Operator mit einem in H nicht dichten Definitionsbereich D_S, der für beliebige $f, g \in \mathrm{D}_S$ die Symmetrierelation

$$(S f, g) = (f, S g)$$

erfüllt. Wir nennen einen solchen Operator *symmetrisch mit nicht dichtem Definitionsbereich.*[1])

Satz 1. *Jeder beschränkte symmetrische Operator S mit in* H *nicht dichtem Definitionsbereich* $\mathrm{D}_S \subset \mathrm{H}$ *kann bei Erhaltung der Norm* ($||\tilde{S}|| = ||S||$) *zu einem selbstadjungierten Operator* $\tilde{S}$ ($\mathrm{D}_{\tilde{S}} = \mathrm{H}$) *erweitert werden.*

Beweis. Ohne Beschränkung der Allgemeinheit können wir annehmen, daß $||S|| = 1$ ist. Das Gebiet D_S können wir als abgeschlossen ansehen, da andernfalls S durch stetige Fortsetzung auf die abgeschlossene Hülle von D_S erweitert werden kann. Wir bezeichnen mit P den Orthoprojektor auf D_S und bilden die Operatoren

$$S_1 = P S\,, \qquad S_2 = (I - P)\, S\,,$$

so daß $\mathrm{D}_{S_1} = \mathrm{D}_{S_2} = \mathrm{D}_S$ ist; für beliebige $\varphi \in \mathrm{D}_S$ gilt dann

$$S\varphi = S_1\varphi + S_2\varphi\,. \tag{1}$$

Wir werden die Operatoren S_1, S_2 einzeln auf H erweitern.

Um S_1 zu erweitern, betrachten wir die Gleichung

$$(S f, g) = (f, S_1 g) \tag{2}$$

für beliebige $f, g \in \mathrm{D}_S$. Die linke Seite ist für alle $g \in H$ sinnvoll und stellt für jedes g ein lineares Funktional von $f \in \mathrm{D}_{S_1}$ mit einer Norm $\leqq ||g||$ dar. Da D_S ein Hilbert-Raum ist, kann man nach dem Satz von F. Riesz eindeutig ein Element $h \in \mathrm{D}_S$ bestimmen, für das $(S f, g) = (f, h)$ bei beliebigem $f \in \mathrm{D}_S$ und $||h|| \leqq ||g||$ gilt. Wir setzen

$$h = \tilde{S}_1 g$$

und erhalten einen linearen Operator in H, der in D_S mit S_1 wegen Gleichung (2)

[1]) Eine der Neumannschen Erweiterungstheorie analoge allgemeine Theorie der Erweiterungen solcher Operatoren wurde von M. A. Krasnoselski entwickelt (siehe die Arbeit [1] des Autors).

übereinstimmt; es gilt $||\tilde{S}_1 g|| \leqq ||g||$, und daraus folgt

$$||\tilde{S}_1|| \leqq 1 . \tag{3}$$

Wir bemerken, daß nach Konstruktion $\Delta_{\tilde{S}_1} \subseteq D_S$ ist und daß für $f \in D_S$, $g \in H$

$$(S f, g) = (f, \tilde{S}_1 g) \tag{2'}$$

gilt.

Den Operator S_2 können wir so auf H erweitern, daß die Ungleichung

$$||\tilde{S}_1 f||^2 + ||\tilde{S}_2 f||^2 \leqq ||f||^2 , \tag{4}$$

die für $f \in D_S$ aus (1) folgt, für beliebige $f \in H$ gilt. Zu diesem Zweck bestimmen wir in H ein bilineares Funktional $[f, g]$ durch die Formel

$$[f, g] = (f, g) - (\tilde{S}_1 f, \tilde{S}_1 g) . \tag{5}$$

Dabei ist wegen (3)

$$[f, f] = (f, f) - (\tilde{S}_1 f, \tilde{S}_1 f) \geqq 0 ,$$

wobei das Gleichheitszeichen für $f \neq 0$ nicht ausgeschlossen ist. Das bilineare Funktional (5) ist folglich ein Quasiskalarprodukt im Sinne von Nr. 3. Die lineare Mannigfaltigkeit $\mathfrak{N}$ aller $f \in H$, für die $[f, f] = 0$ gilt, ist abgeschlossen, da der Operator $\tilde{S}_1$ stetig ist. Wir gehen von H zum Faktorraum über und erhalten ein lineares metrisiertes System $H/\mathfrak{N}$. Ist dieses System nicht vollständig, so vervollständigen wir es in der üblichen Weise (s. Nr. 4). Als Ergebnis erhalten wir einen HILBERT-Raum $\mathbf{H}$.

Aus Ungleichung (4), die wir jetzt in der Form

$$||\tilde{S}_2 f||^2 \leqq [f, f] \tag{6}$$

schreiben können, folgt für $\varphi, \psi \in D_S$ und $\varphi - \psi \in \mathfrak{N}$ die Beziehung $S_2 \varphi = S_2 \psi$. Wir können deshalb S_2 als Operator aus $\mathbf{H}$ in H auffassen. Sein Definitionsbereich ist die lineare Mannigfaltigkeit

$$\mathbf{F} = D_S/\mathfrak{N} \subset \mathbf{H} ,$$

und sein Wertebereich liegt in $H \ominus D_S$.

Aus (6) folgt ferner die Möglichkeit, den Operator S_2 durch stetige Fortsetzung in $\mathbf{H}$ auf der abgeschlossenen Hülle $\overline{\mathbf{F}}$ der Mannigfaltigkeit $\mathbf{F}$ in $\mathbf{H}$ zu definieren. Dabei liegen die Werte von S_2 offensichtlich wie vorher in $H \ominus D_S$, und die Ungleichung (6) bleibt erhalten.

Wir bezeichnen jetzt mit $\mathbf{P}$ den Orthoprojektor von $\mathbf{H}$ auf $\overline{\mathbf{F}}$ und erweitern S_2 auf $\mathbf{H}$, indem wir

$$\tilde{\mathbf{S}}_2 \mathfrak{f} = S_2 \mathbf{P} \mathfrak{f} \qquad (\mathfrak{f} \in \mathbf{H})$$

setzen. Der Operator $\tilde{\mathbf{S}}_2$ bildet offenbar den Raum $\mathbf{H}$ auf $H \ominus D_S$ ab, und wegen (5) gilt für alle $\mathfrak{f} \in \mathbf{H}$

$$||\tilde{\mathbf{S}}_2 \mathfrak{f}||^2 = ||S_2 \mathbf{P} \mathfrak{f}||^2 \leqq [\mathbf{P} \mathfrak{f}, \mathbf{P} \mathfrak{f}] \leqq [\mathfrak{f}, \mathfrak{f}] . \tag{7}$$

Die so konstruierte Erweiterung $\tilde{\mathbf{S}}_2$ kann als Operator im Ausgangsraum aufgefaßt werden, wenn wir für beliebige $f \in \mathrm{H}$

$$\tilde{S}_2 f = \tilde{\mathbf{S}}_2 \mathfrak{f}$$

setzen, wo $\mathfrak{f}$ ein solches Element aus $\mathbf{H}$ ist, dem in $\mathbf{H}$ die Teilmenge entspricht, die f enthält. Dabei gilt wegen (5)

$$\|\tilde{S}_2 f\|^2 \leqq [\mathfrak{f}, \mathfrak{f}] = (f, f) - (\tilde{S}_1 f, \tilde{S}_1 f),$$

d. h., für jedes $f \in \mathrm{H}$ ist die Ungleichung (4) erfüllt.

Wir definieren jetzt den Operator T durch die Formel

$$T f = \tilde{S}_1 f + \tilde{S}_2 f \qquad (f \in \mathrm{H}). \tag{8}$$

Wegen der Orthogonalität der Terme der rechten Seite von (8) und der Ungleichung (4) erhalten wir

$$\|T f\|^2 = \|\tilde{S}_1 f\|^2 + \|\tilde{S}_2 f\|^2 \leqq \|f\|^2.$$

Dabei gilt für jedes $\varphi \in \mathrm{D}_S$

$$T \varphi = \tilde{S}_1 \varphi + \tilde{S}_2 \varphi = S_1 \varphi + S_2 \varphi = S \varphi.$$

Somit ist der Operator T eine (im allgemeinen nichtselbstadjungierte) Erweiterung des Operators S auf den ganzen Raum H bei Erhaltung der Norm. Wir zeigen, daß der Operator T^* die gleichen Eigenschaften besitzt.

Bei Berücksichtigung von (2′) gilt für alle $\varphi \in \mathrm{D}_S$, $g \in \mathrm{H}$

$$(T^* \varphi, g) = (\varphi, T g) = (\varphi, \tilde{S}_1 g + \tilde{S}_2 g) = (\varphi, \tilde{S}_1 g) = (S \varphi, g),$$

so daß tatsächlich $T^* \varphi = S \varphi$ für $\varphi \in \mathrm{D}_S$, d. h. $T^* \supset S$ gilt. Außerdem ist auch

$$\|T^*\| = \|T\| = 1.$$

Wir setzen schließlich

$$\tilde{S} = \frac{1}{2}(T + T^*)$$

und erhalten so eine gesuchte selbstadjungierte Erweiterung $\tilde{S}$ des Operators S bei Erhaltung der Norm.

Damit ist der Satz bewiesen.

Zur Beschreibung aller selbstadjungierten Erweiterungen des Operators S bei Erhaltung der Norm benötigen wir den folgenden

Hilfssatz. *B sei ein beschränkter positiver Operator in* H *und* G *ein Teilraum von* H. *Sei ferner $\mathfrak{C}$ die Menge aller selbstadjungierten Operatoren C, die den Bedingungen*

$$C \leqq B, \tag{9}$$

$$C g = 0 \qquad (g \in \mathrm{G}) \tag{10}$$

genügen. Dann gibt es in $\mathfrak{C}$ einen maximalen Operator $\overline{C}$ (d. h. einen Operator $\overline{C}$, für den $\bar{C} \geqq \mathfrak{C}$ gilt bei beliebigem $C \in \mathfrak{C}$), *und diesen Operator können wir in der Form*

$$\bar{C} = B^{1/2} Q B^{1/2} \tag{11}$$

darstellen, wo Q der orthogonale Projektor auf H $\ominus$ F und F die Mannigfaltigkeit aller Vektoren $B^{1/2} g$ ($g \in$ G) *ist.*

Beweis[1]). Wenn $C \in \mathfrak{C}$ ist, dann gilt wegen (10) die Gleichung $(C h, g) = 0$ für alle $h \in$ H, $g \in$ G und deshalb

$$(C h, h) = (C [h - g], h - g) .$$

Daraus folgt wegen $Cf = 0$ für $f \in \mathrm{D}_S$

$$(Ch, h) \leqq (B [h - g], h - g) = \|B^{1/2} h - B^{1/2} g\|^2$$

und somit

$$(C h, h) \leqq \inf_{g \in \mathrm{G}} \|B^{1/2} h - B^{1/2} g\|^2 .$$

Aus dieser Gleichung ergibt sich die Beziehung

$$(C h, h) \leqq \|Q B^{1/2} h\|^2 = (B^{1/2} Q B^{1/2} h, h) = (\bar{C} h, h) \qquad (h \in \mathrm{H}) ,$$

die zu zeigen war. Damit ist der Hilfssatz bewiesen.

Sei nun $\tilde{S}_0$ eine bestimmte und $\tilde{S}$ eine beliebige selbstadjungierte Erweiterung des Operators S ($\|S\| = 1$) bei Erhaltung der Norm. Dann besitzt der durch die Gleichung

$$\tilde{S} = \tilde{S}_0 + C \tag{12}$$

definierte Operator C die folgenden beiden Eigenschaften:

$$-(I + \tilde{S}_0) \leqq C \leqq (I - \tilde{S}_0) , \tag{13}$$

$$Cf = 0 \quad \text{bei} \quad f \in \mathrm{D}_S . \tag{14}$$

Andererseits gilt: Besitzt der Operator C die Eigenschaften (13) und (14) und definiert man den Operator $\tilde{S}$ durch die Gleichung (12), so ist $\tilde{S}$ eine selbstadjungierte Erweiterung des Operators S bei Erhaltung der Norm.

Daraus kann man unter Benutzung des Hilfssatzes ohne Mühe eine Charakterisierung aller selbstadjungierten Erweiterungen des Operators S bei Erhaltung der Norm gewinnen.

Dazu bezeichnen wir mit Q_1 und Q_2 die Orthoprojektoren auf die orthogonalen Komplemente der Mannigfaltigkeiten $(I + \tilde{S}_0)^{1/2} \mathrm{D}_S$ und $(I - \tilde{S}_0)^{1/2} \mathrm{D}_S$. Weiterhin bilden wir die Operatoren

$$\bar{C}_1 = (I + \tilde{S}_0)^{1/2} Q_1 (I + \tilde{S}_0)^{1/2} \tag{15}$$

und

$$\bar{C}_2 = (I - \tilde{S}_0)^{1/2} Q_2 (I - \tilde{S}_0)^{1/2} . \tag{16}$$

---

[1]) Der angegebene Beweis stammt von I. M. Gelfand. Siehe M. G. Krein [3], [4].

Schließlich definieren wir zwei selbstadjungierte Operatoren S' und S'' durch die Gleichungen

$$S' = \tilde{S}_0 - \bar{C}_1, \qquad S'' = \tilde{S}_0 + \bar{C}_2. \tag{17}$$

Satz 2. *Der selbstadjungierte Operator T ist genau dann eine Erweiterung des Operators S bei Erhaltung der Norm, wenn er der Ungleichung*

$$S' \leqq T \leqq S'' \tag{18}$$

genügt.

Beweis. Ist T eine selbstadjungierte Erweiterung von S bei Erhaltung der Norm, dann folgt (18) unmittelbar aus (13), (14) und dem Hilfssatz.

T erfülle jetzt Gleichung (18). Ist T eine Erweiterung von S, dann folgt aus (13), (14) und dem Hilfssatz sofort die Gleichung $\|T\| = \|S\|$. Es bleibt deshalb zu zeigen, daß ein beliebiger Operator, der die Ungleichung (18) erfüllt, eine Erweiterung von S ist.

Wir setzen

$$W = T - S'$$

und erhalten aus (18) die Ungleichung

$$0 \leqq W \leqq S'' - S'.$$

Wegen $S' \supset S$, $S'' \supset S$ gilt für alle $f \in D_S$

$$0 \leqq (Wf, f) \leqq ([S'' - S']f, f) = 0;$$

daraus folgt

$$(Wf, f) = 0 \qquad (f \in D_S).$$

Aus dieser Gleichung und der Nichtnegativität des Operators W folgt $Wf = 0$ für $f \in D_S$, d. h. $Tf = S'f$ für $f \in D_S$ und deshalb $T = \tilde{S}$. Damit ist der Satz bewiesen. Jeder selbstadjungierten Erweiterung $\tilde{S}$ des Operators S ($\|S\| = 1$) bei Erhaltung der Norm ordnen wir ein $\tilde{S}$-Skalarprodukt und eine $\tilde{S}$-Norm zu durch die Formeln

$$(f, g)_{\tilde{S}} = (f, g) + (\tilde{S}f, g)$$

und

$$\|f\|_{\tilde{S}} = \sqrt{(f, f)_{\tilde{S}}},$$

wobei $f, g \in H$ sind.

Satz 3. *T sei eine selbstadjungierte Erweiterung des Operators S bei Erhaltung der Norm ($\|T\| = \|S\| = 1$). T fällt genau dann mit der unteren Grenze S' in Formel (18) zusammen, wenn die Mannigfaltigkeit D_S dicht ist in H bezüglich der T-Norm.*

Beweis. Wenn wir T statt $\tilde{S}_0$ bei der Konstruktion der Formel (17) benutzen, sehen wir, daß die Gleichung $T \equiv \tilde{S}_0 = S'$ der Gleichung $\tilde{C}_1 = 0$ äquivalent ist. Andererseits gilt wegen (15) die Gleichung

$$(\bar{C}_1 f, f) = \|Q_1 (I + \tilde{S}_0)^{1/2} f\|^2 \qquad (f \in H).$$

Die rechte Seite dieser Gleichung ist wegen der Definition von Q_1 gleich

$$\inf_{g \in D_S} \|(I + \tilde{S}_0)^{1/2} f - (I + \tilde{S}_0)^{1/2} g\|^2 = \inf_{g \in D_S} \|f - g\|^2_{\tilde{S}_0} .$$

Es gilt deshalb

$$(\bar{C}_1 f, f) = \inf_{g \in D_S} \|f - g\|^2_{\tilde{S}_0} \qquad (f \in H) ,$$

und daraus folgt die Richtigkeit des Satzes.

Zum Schluß bemerken wir folgendes: Obwohl bei der Konstruktion der Operatoren S' und S'' nach den Formeln (15)—(17) eine Erweiterung $\tilde{S}_0$ gegeben sein müßte, hängen sie nicht von der Wahl von $\tilde{S}_0$ ab, wie aus Satz 2 folgt. D. h., sie sind eindeutig bestimmte extremale (d. h. kleinste und größte) Elemente der Menge aller selbstadjungierten Erweiterungen des Operators S bei Erhaltung der Norm. Wir setzen deshalb $S' = \tilde{S}_{\min}$, $S'' = \tilde{S}_{\max}$, und im weiteren werden wir statt (18)

$$\tilde{S}_{\min} \leqq T \leqq \tilde{S}_{\max} \tag{19}$$

schreiben.

109. Selbstadjungierte Erweiterungen eines halbbeschränkten symmetrischen Operators bei Erhaltung seiner unteren Grenze. Wie bereits in Nr. 107 erwähnt wurde, ermöglichen die Ergebnisse aus Nr. 108 den Beweis des Satzes 3 aus Nr. 107, wenn man die Transformation (2) aus Nr. 107 benutzt. Wir beginnen die vorliegende Nr. mit der Untersuchung dieser linearen Transformation.

Sei A ein abgeschlossener symmetrischer positiver Operator mit dem in H dichten Definitionsbereich D_A. Da der Punkt $\lambda = -1$ ein Punkt regulären Typs ist, bildet die Mannigfaltigkeit $(I + A) D_A$ einen Teilraum, und für jedes $g \in (I + A) D_A$ hat die Gleichung $Af + f = g$ eine eindeutige Lösung $f \in D_A$. Wir können deshalb auf dem Teilraum $D_S = (I + A) D_A$ den Operator S durch die Formeln

$$g = f + Af \tag{1}$$

$$Sg = f - Af \qquad (f \in D_A) \tag{2}$$

definieren.

Es ist leicht zu sehen, daß der so konstruierte Operator S symmetrisch ist (im allgemeinen mit nicht dichtem Definitionsbereich) und daß seine Norm nicht größer als eins ist.

In der Tat gelten für alle $g_1 = f_1 + Af_1 \in D_S$ und $g_2 = f_2 + Af_2 \in D_S$ die Gleichungen

$$(Sg_1, g_2) = (f_1 - Af_1, f_2 + Af_2) = (f_1, f_2) - (Af_1, Af_2) ,$$

$$(g_1, Sg_2) = (f_1 + Af_1, f_2 - Af_2) = (f_1, f_2) - (Af_1, Af_2) .$$

Ferner gilt für jedes $g = f + Af \in D_S$ die Beziehung

$$\|Sg\|^2 = (f - Af, f - Af) = \|f\|^2 - 2(Af, f) + \|Af\|^2$$
$$\leqq \|f\|^2 + 2(Af, f) + \|Af\|^2 = (f + Af, f + Af) = \|g\|^2,$$

so daß

$$\|S\| \leqq 1 \tag{3}$$

ist.

Wegen der oben erwähnten Eigenschaften besitzt der Operator S noch eine Eigenschaft: Die Zahl $\mu = -1$ ist kein Eigenwert. In der Tat ist

$$S g + g \neq 0 \qquad (\text{für } g \neq 0)\,, \tag{4}$$

denn für $g \neq 0$ ist wegen (1) $f \neq 0$, und aus (1) und (2) folgt dann $S g + g = 2 f \neq 0$.[1])

Sei nun umgekehrt S ein symmetrischer Operator mit den Eigenschaften (3) und (4) in $\mathbf{H}$, der auf dem Teilraum $\mathbf{D}_S \subset \mathbf{H}$ definiert ist.

Wegen (4) können wir auf der linearen Mannigfaltigkeit $\mathbf{D}_A = (I + S)\,\mathbf{D}_S$ den Operator A durch die Formeln

$$f = \frac{1}{2}(g + S g) \tag{5}$$

$$(g \in \mathbf{D}_S)$$

$$A f = \frac{1}{2}(g - S g) \tag{6}$$

definieren.

Es ist leicht nachzuprüfen, daß der so konstruierte Operator A symmetrisch und positiv ist.

In der Tat gelten für alle $f_1 = \frac{1}{2}(g_1 + S g_1) \in \mathbf{D}_A$ und alle $f_2 = \frac{1}{2}(g_2 + S g_2) \in \mathbf{D}_A$ die Gleichungen

$$4\,(A f_1, f_2) = (g_1 - S g_1, g_2 + S g_2) = (g_1, g_2) - (S g_1, S g_2)\,,$$

$$4\,(f_1, A f_2) = (g_1 + S g_1, g_2 - S g_2) = (g_1, g_2) - (S g_1, S g_2)\,.$$

Ferner ist für ein beliebiges $f = \frac{1}{2}(g + S g) \in \mathbf{D}_A$

$$4\,(A f, f) = (g - S g, g + S g) = \|g\|^2 - \|S g\|^2 \geqq 0\,.$$

Wir bemerken, daß der Definitionsbereich $\mathbf{D}_A$ des Operators A in $\mathbf{H}$ nicht dicht zu sein braucht.

Offensichtlich folgen die Formeln (5) und (6) aus den Formeln (1) und (2) und umgekehrt. Die mit Hilfe dieser Formeln definierte Transformation kann auch durch die Beziehungen

$$S = (I - A)(I + A)^{-1} \tag{7}$$

oder

$$A = (I - S)(I + S)^{-1} \tag{8}$$

ausgedrückt werden.

Man kann leicht nachprüfen, daß aus der Selbstadjungiertheit eines der beiden Operatoren (7) oder (8) die Selbstadjungiertheit des anderen folgt.

---

[1]) Wir bemerken, daß wir beim Schluß auf die Eigenschaften des Operators S nicht die Dichtheit $\mathbf{D}_A$ in $\mathbf{H}$ benutzt haben.

Wie am Ende von Nr. 107 schon erwähnt wurde, genügt es, zum Beweis des Satzes 3 aus Nr. 107 zu zeigen, daß die folgende Behauptung richtig ist:

Satz 1. *Jeder positive symmetrische Operator A, dessen Definitionsbereich D_A in H dicht ist, besitzt wenigstens eine positive selbstadjungierte Erweiterung.*

Beweis. Wir bezeichnen mit S den durch die Formel (7) definierten Operator und konstruieren unter Benutzung des Satzes 1 aus Nr. 108 eine selbstadjungierte Erweiterung $\tilde{S}$ von S mit der Norm $\|\tilde{S}\| = \|S\| = 1$.

Es ist leicht zu sehen, daß $\tilde{S}$ die Bedingung (4) erfüllt, d.h., daß $\tilde{S}\,g + g \neq 0$ ist für $g \neq 0$. Wäre nämlich für irgendein $g \neq 0$ $\tilde{S}\,g + g = 0$, dann würde für beliebiges $h \in \mathrm{H}$

$$(g, h + \tilde{S}\,h) = (g + \tilde{S}\,g, h) = 0$$

und insbesondere für jedes $h \in \mathrm{D}_S$ die Beziehung $(g, h + S\,h) = 0$ gelten. Nun ist aber $(I + S)\,\mathrm{D}_S = \mathrm{D}_A$; das Verschwinden des letzten Skalarproduktes widerspricht deshalb der Dichtheit von D_A in H.

Da der Operator $\tilde{S}$ den Bedingungen (3) und (4) genügt, existiert der Operator $\tilde{A} = (I - \tilde{S})\,(I + \tilde{S})^{-1}$, der offenbar eine positive Erweiterung von A ist. Da schließlich der Operator $\tilde{S}$ selbstadjungiert ist, ist auch $\tilde{A}$ selbstadjungiert. Damit ist der Satz bewiesen.

Wir bezeichnen mit $\mathfrak{A}(A)$ die Menge aller positiven selbstadjungierten Erweiterungen von A und mit $\mathfrak{S}(S)$ die Menge aller selbstadjungierten Erweiterungen der Norm eins des Operators S, der mit A durch die Beziehung (7) verknüpft ist. Aus dem Beweis von Satz 1 folgt: Gilt

$$\tilde{S} \in \mathfrak{S}(S)\,, \qquad S = (I - A)\,(I + A)^{-1}\,,$$

so durchläuft der Operator $\tilde{A}$ in der Formel

$$\tilde{A} = (I - \tilde{S})\,(I + \tilde{S})^{-1}$$

ganz $\mathfrak{A}(A)$, wenn der Operator $\tilde{S}$ ganz $\mathfrak{S}(S)$ durchläuft.

Aus Satz 2 von Nr. 108 folgt, daß die allgemeine Gestalt der Operatoren $\tilde{A} \in \mathfrak{A}(A)$ durch die Formel

$$\tilde{A} = (I - T)\,(I + T)^{-1}$$

gegeben wird, wo T ein beliebiger selbstadjungierter Operator ist, der die Ungleichung (19) von Nr. 108 befriedigt. Den beiden äußeren Gliedern $\tilde{S}_{\min}$ und $\tilde{S}_{\max}$ dieser Ungleichung entsprechen die Operatoren

$$\tilde{A}_\mu = (I - \tilde{S}_{\min})\,(I + \tilde{S}_{\min})^{-1}$$

und

$$\tilde{A}_M = (I - \tilde{S}_{\max})\,(I + \tilde{S}_{\max})^{-1}\,.$$

Genau dann, wenn $\tilde{A}_\mu = \tilde{A}_M$ ist, hat der Operator A eine eindeutige positive selbstadjungierte Erweiterung.

Im allgemeinen ist $\tilde{A}_\mu \neq \tilde{A}_M$. Dann besitzen beide Operatoren gewisse Extremaleigenschaften. Von den beiden Operatoren interessiert $\tilde{A}_\mu$ am meisten; er heißt FRIEDRICHS*sche Erweiterung* des positiven Operators A. Zu dieser Erweiterung gelangte auf anderem Wege auch K. FRIEDRICHS beim Beweis der v. NEUMANNschen Vermutung. Wir werden uns im restlichen Teil dieser Nr. der Untersuchung dieser FRIEDRICHSschen selbstadjungierten Erweiterung $\tilde{A}_\mu$ des positiven symmetrischen Operators A widmen.

Wir definieren auf der Mannigfaltigkeit D_A die Konvergenz einer Folge von Elementen in folgender Weise. Die Folge $f_n \in D_A$ heißt *A-konvergent*, wenn sie in H konvergiert und wenn überdies

$$\lim_{m,\, n\to\infty} (A\,[f_n - f_m], f_n - f_m) = 0 \tag{9}$$

gilt. Die abgeschlossene Hülle der Mannigfaltigkeit D_A im Sinne der A-Konvergenz bezeichnen wir mit $D[A]$.

Die A-Konvergenz fällt offenbar mit der Konvergenz bezüglich der A-Norm zusammen, wenn letztere durch die Relationen

$$(f, g)_A = (f, g) + (A f, g)\,,$$
$$\|f\|_A = \sqrt{(f, f)_A}$$

definiert wird.

Hilfssatz[1]). *Sind* $\{g_n\}_1^\infty$ *und* $\{f_n\}_1^\infty$ *zwei beliebige Folgen aus* D_A, *die im Sinne der A-Konvergenz gegen* $g \in D[A]$ *und* $f \in D[A]$ *konvergieren, dann existiert*

$$\lim_{n\to\infty} (A\, g_n, f_n)\,. \tag{10}$$

Dabei hängt der Grenzwert (10) *nicht von der Wahl der Folgen* $\{g_n\}_1^\infty$ *und* $\{f_n\}_1^\infty$ *ab, und für beliebige* $\tilde{A} \in \mathfrak{A}(A)$ *gelten die Beziehungen*

$$D[A] \subset D_{\tilde{A}^{1/2}}\,,$$
$$\lim_{n\to\infty} (A\, g_n, f_n) = (\tilde{A}^{1/2}\, g, \tilde{A}^{1/2} f) \qquad (g, f \in D[A])\,.$$

Beweis. Aus der Spektraldarstellung des selbstadjungierten positiven Operators $\tilde{A}$ folgt leicht die Inklusion $D_{\tilde{A}} \subset D_{\tilde{A}^{1/2}}$. Die Gleichung (9) kann deshalb in der Form

$$\lim_{m,\, n\to\infty} \|\tilde{A}^{1/2} f_n - \tilde{A}^{1/2} f_m\| = 0$$

dargestellt werden. Daraus folgt wegen der Konvergenz $f_n \to f$ und der Abgeschlossenheit des Operators $\tilde{A}^{1/2}$ die Relation $f \in D_{\tilde{A}^{1/2}}$ und die Gleichung

$$\lim_{n\to\infty} \tilde{A}^{1/2} f_n = \tilde{A}^{1/2} f\,.$$

Analog gilt

$$\lim_{n\to\infty} \tilde{A}^{1/2}\, g_n = \tilde{A}^{1/2}\, g\,.$$

---

[1]) Dieser Beweis stammt von K. FRIEDRICHS.

Aus diesen Beziehungen folgt unmittelbar die Richtigkeit beider Behauptungen des Hilfssatzes.

Der folgende Satz von M. G. KREIN gibt eine Charakterisierung der FRIEDRICHSschen Erweiterung A_μ eines positiven Operators A.

Satz 2. *Unter den verschiedenen selbstadjungierten nach unten halbbeschränkten Erweiterungen eines positiven symmetrischen Operators A existiert eine einzige Erweiterung $\tilde{A}$, für die $D_{\tilde{A}} \subset D[A]$ gilt. Diese Erweiterung ist der Operator A_μ, und für ihn gilt*

$$D[A_\mu] = D[A]\,. \tag{11}$$

Beweis. Wir beschränken uns zunächst auf die Erweiterungen $\tilde{A} \in \mathfrak{A}(A)$, so daß die Gleichungen

$$\tilde{A} = (I - \tilde{S})(I + \tilde{S})^{-1}$$

mit $\tilde{S} \in \mathfrak{S}(S)$ und

$$S = (I - A)(I + A)^{-1}$$

bestehen.

Gilt

$$D_{\tilde{A}} \subset D[A]\,, \tag{12}$$

dann ist die Mannigfaltigkeit D_A offensichtlich dicht in $D_{\tilde{A}}$ bezüglich der $\tilde{A}$-Norm.

Ist andererseits $f \in D_{\tilde{A}}$, dann gilt

$$f = \frac{1}{2}(g + \tilde{S}g)\,, \quad \text{wo } g = f + \tilde{A}f,$$

und folglich

$$2\,[(f,f) + (\tilde{A}f,f)] = (g,g) + (\tilde{S}g,g)\,,$$

d. h.

$$2\,\|f\|_{\tilde{A}} = \|g\|_{\tilde{S}}\,.$$

Aus der Dichtheit von D_A in $D_{\tilde{A}}$ bezüglich der $\tilde{A}$-Norm folgt also die Dichtheit der Mannigfaltigkeit $D_S = (I + A)\,D_A$ bezüglich der $\tilde{S}$-Norm in $D_{\tilde{S}} = (I + \tilde{A})\,D_A = H$. Dann ist aber nach Satz 3 aus Nr. 108 $\tilde{S} = S_\mu$ und folglich

$$\tilde{A} = A_\mu\,.$$

Ist umgekehrt $\tilde{A} = A_\mu$, dann ist $\tilde{S} = S_\mu$, und nach demselben Satz 3 aus Nr. 108 ist die Mannigfaltigkeit D_S dicht in H bezüglich der $\tilde{S}$-Norm. Folglich ist D_A dicht in $D_{\tilde{A}}$ bezüglich der $\tilde{A}$-Norm. Da aber $D[A]$ die abgeschlossene Hülle von D_A bezüglich der $\tilde{A}$-Norm ist, gilt $D_{\tilde{A}} \subset D[A]$.

Andererseits ist $D_{\tilde{A}} \supset D_A$. Deshalb fällt die abgeschlossene Hülle von $D_{\tilde{A}}$ bezüglich der $\tilde{A}$-Norm mit $D[A]$ zusammen, d. h., es gilt die Gleichung

$$D[A] = D[\tilde{A}]\,,$$

die mit (11) übereinstimmt.

Wir müssen nun noch zeigen, daß aus der Relation (12) die Gleichung $\tilde{A} = A_\mu$ nicht nur in dem Falle folgt, wenn $\tilde{A} \in \mathfrak{A}(A)$ ist, sondern auch im allgemeinen Fall, wenn $\tilde{A}$ eine beliebige nach unten halbbeschränkte selbstadjungierte Erweiterung von A ist.

Zu diesem Zweck genügt es, zu einem gegebenen $\tilde{A}$ eine Zahl $a > 0$ so zu wählen, daß $\tilde{A} + a\,I > 0$ ist. Dann folgt aus (12) die Beziehung

$$\mathrm{D}_{\tilde{A}+aI} = \mathrm{D}_{\tilde{A}} \subset \mathrm{D}(A) = \mathrm{D}\,[A + a\,I],$$

und deshalb gilt in Übereinstimmung mit dem bereits Gezeigten

$$\tilde{A} + a\,I = (A + a\,I)_\mu\,.$$

Da (12) insbesondere für $\tilde{A} = A_\mu$ gilt, erhalten wir

$$A_\mu + a\,I = (A + a\,I)_\mu\,.$$

Daraus ergibt sich $\tilde{A} = A_\mu$ und der Satz ist vollständig bewiesen.

KAPITEL IX

VERALLGEMEINERTE ERWEITERUNGEN UND VERALLGEMEINERTE SPEKTRALFUNKTIONEN SYMMETRISCHER OPERATOREN

110. Verallgemeinerte Zerlegung der Einheit. Satz von M. A. Neumark [1]). Eine *verallgemeinerte Zerlegung der Einheit* nennen wir jede einparametrige Schar von Operatoren F_t, die den folgenden Bedingungen genügt:

(A) Für $t_2 > t_1$ ist die Differenz $F_{t_2} - F_{t_1}$ ein beschränkter positiver Operator,

(B) $F_{t-0} = F_t$,

(C) $F_{-\infty} = 0$, $\quad F_\infty = E$.

Im Unterschied zur Definition der gewöhnlichen Zerlegung der Einheit (s. Nr. 67) wird hier nicht mehr gefordert, daß F_t Projektionsoperator ist; dementsprechend entfällt die Forderung der Orthogonalität

$$F_u F_v = F_s \qquad (s = \min\{u, v\}), \tag{1}$$

denn aus (1) und (A) würde folgen, daß F_t ein Projektionsoperator ist. Aus dem Satz 3 aus Nr. 33 über monotone Folgen von Operatoren (und aus der Bemerkung zu diesem Satz) ergibt sich, daß man bei Erfülltsein der Eigenschaft (A) durch geeignete Normierung der Operatorfunktion F_t erreichen kann, daß auch die Bedingung (B) erfüllt ist.

Die gewöhnliche Zerlegung der Einheit ist ein Spezialfall der verallgemeinerten. Manchmal wird die verallgemeinerte Zerlegung der Einheit einfach Zerlegung der Einheit, die gewöhnliche Zerlegung der Einheit die *orthogonale* Zerlegung genannt.

Zusammen mit F_t führen wir eine positive additive Operatorfunktion eines Intervalls $F(\Delta)$ oder F_Δ ein, indem wir

$$F(\Delta) = F_\Delta = F_{t_2} - F_{t_1}$$

setzen. Dabei seien t_1 und t_2 ($t_1 \leqq t_2$) die Endpunkte des Intervalles Δ.

Ein einfaches Beispiel einer verallgemeinerten Zerlegung der Einheit ist die durch die Gleichung

$$F_t = \mu_1 E_t^{(1)} + \mu_2 E_t^{(2)}$$

definierte Operatorfunktion F_t. $E_t^{(1)}$ und $E_t^{(2)}$ sind dabei willkürliche orthogonale Zerlegungen der Einheit, μ_1 und μ_2 positive Zahlen, deren Summe gleich Eins ist.

---

[1]) Siehe M. A. Neumark [1], [4].

Ein instruktiveres Beispiel erhalten wir durch die folgende Konstruktion einer Operatorfunktion F_t.

E_t bezeichne eine orthogonale Zerlegung der Einheit des Raumes H, G einen Teilraum des Raumes H und P den Projektionsoperator auf G. Wir setzen

$$F_t = P\,E_t$$

und betrachten F_t als einen in G definierten Operator. Man sieht sofort, daß die Operatorfunktion F_t den Bedingungen (A), (B), (C) genügt und damit eine (im allgemeinen nicht orthogonale) Zerlegung der Einheit des Raumes G ist.

M. A. Neumark behauptet nun, daß man durch das eben beschriebene Verfahren jede verallgemeinerte Zerlegung der Einheit des Raumes H erhalten kann, wenn man H in einen gewissen Raum H^+ einbettet.

Beim Beweis des Satzes von M. A. Neumark müssen wir ein wichtiges Verfahren zur Konstruktion von Hilbert-Räumen benutzen; wir beschäftigen uns nun zunächst mit der Darlegung dieses Verfahrens.

Dazu führen wir den Begriff einer hermitesch-positiven Funktion ein.

Eine Skalarfunktion $\Phi(\mathfrak{f}, \mathfrak{g})$, die für jedes Paar $\mathfrak{f}$, $\mathfrak{g}$ von Elementen einer gewissen Menge $\mathfrak{H}$ definiert ist, heißt hermitesch-positiv, wenn für alle $\mathfrak{f}, \mathfrak{g}$ aus $\mathfrak{H}$ die Gleichung

$$\Phi(\mathfrak{f}, \mathfrak{g}) = \overline{\Phi(\mathfrak{g}, \mathfrak{f})}$$

besteht und wenn für beliebige $\mathfrak{f}_1, \mathfrak{f}_2, \ldots, \mathfrak{f}_n$ ($n < \infty$) aus $\mathfrak{H}$ die hermitesche Form

$$\sum_{i,k=1}^{n} \Phi(\mathfrak{f}_i, \mathfrak{f}_k)\,\xi_i\,\bar{\xi}_k$$

nicht negativ ist.

Ein Beispiel für eine hermitesch-positive Funktion eines Vektorpaares des Hilbert-Raumes ist das Skalarprodukt, da

$$(f, g) = \overline{(g, f)}$$

und

$$\sum_{i,k=1}^{n} (f_i, f_k)\,\xi_i\,\bar{\xi}_k = \left\|\sum_{i=1}^{n} \xi_i f_i\right\|^2 \geqq 0$$

gilt.

Ist umgekehrt eine hermitesch-positive Funktion von Elementen einer beliebigen Menge $\mathfrak{H}$ vorgegeben (in $\mathfrak{H}$ sind keine algebraischen Operationen definiert), dann kann man diese Menge zu einem Hilbert-Raum machen: Genauer gesagt, man kann $\mathfrak{H}$ in einen Hilbert-Raum H^+ derart einbetten, daß für zwei Elemente $\mathfrak{f}, \mathfrak{g}$ aus $\mathfrak{H}$ das Skalarprodukt durch die Formel

$$(\mathfrak{f}, \mathfrak{g}) = \Phi(\mathfrak{f}, \mathfrak{g})$$

definiert ist.

Zur Konstruktion von H^+ vervollständigen wir zunächst $\mathfrak{H}$ zu einem linearen Raum $\hat{\mathfrak{H}}$, indem wir formal die endlichen Summen

$$\hat{\mathfrak{f}} = \sum_{i=1}^{n} \xi_i \mathfrak{f}_i$$

für beliebige $\mathfrak{f}_i \in \mathfrak{H}$ und beliebige Zahlen ξ_i ($i = 1, 2, \ldots, n$) einführen.

Ferner definieren wir in $\hat{\mathfrak{H}}$ ein Quasiskalarprodukt (s. Nr. 3) durch die Formel

$$(\hat{\mathfrak{f}}, \hat{g}) = \sum_{i,k=1}^{n} \Phi(\mathfrak{f}_i, \mathfrak{g}_k)\, \xi_i \bar{\eta}_k .$$

Dabei ist

$$\hat{\mathfrak{f}} = \sum_{i=1}^{n} \xi_i \mathfrak{f}_i\,, \quad \hat{g} = \sum_{k=1}^{n} \eta_k \mathfrak{g}_k\,.$$

Wir bezeichnen mit $\hat{\mathfrak{N}}$ die lineare Mannigfaltigkeit aller $\hat{\mathfrak{f}} \in \hat{\mathfrak{H}}$, für die $(\hat{\mathfrak{f}}, \hat{\mathfrak{f}}) = 0$ ist, und gehen über zur Faktormannigfaltigkeit

$$R^+ = \hat{\mathfrak{H}}/\hat{\mathfrak{N}}\,.$$

Nach Vervollständigung des linearen metrisierten Systems R^+ erhalten wir einen HILBERT-Raum, den wir mit H^+ bezeichnen. Dieser Raum H^+ ist gerade der gesuchte.

Wir kommen nun zum Satz von M. A. NEUMARK.

Satz. *F_t sei eine beliebige Zerlegung der Einheit des Raumes* H.

Dann gibt es einen HILBERT-*Raum* H^+, *der* H *als Teilraum enthält, und es gibt eine orthogonale Zerlegung der Einheit E_t^+ des Raumes* H^+ *derart, daß für jedes $f \in H$ die Beziehung*

$$F_t f = P^+ E_t^+ f$$

gilt. Dabei ist P^+ der Projektionsoperator auf H.

Beweis. Wir führen zunächst eine neue Menge, die Menge $\mathfrak{H}$ aller Paare $\mathfrak{p}$ der Form

$$\mathfrak{p} = \{\Delta, f\}\,,$$

ein. Δ bedeutet dabei ein beliebiges Teilintervall des Intervalls $\Omega = [-\infty, \infty]$, f irgendeinen Vektor aus H.

Auf $\mathfrak{H}$ definieren wir eine Funktion $\Phi(\mathfrak{p}_1, \mathfrak{p}_2)$, indem wir für $\mathfrak{p}_1 = \{\Delta_1, f_1\}$, $\mathfrak{p}_2 = \{\Delta_2, f_2\}$

$$\Phi(\mathfrak{p}_1, \mathfrak{p}_2) = (F_{\Delta_1 \cdot \Delta_2} f_1, f_2)$$

setzen.

Wir zeigen nun, daß die Funktion $\Phi(\mathfrak{p}_1, \mathfrak{p}_2)$ hermitesch-positiv ist. Es ist nämlich

$$\Phi(\mathfrak{p}_1, \mathfrak{p}_2) = (F_{\Delta_1 \cdot \Delta_2} f_1, f_2) = (f_1, F_{\Delta_1 \cdot \Delta_2} f_2) = \overline{(F_{\Delta_1 \cdot \Delta_2} f_2, f_1)} = \overline{\Phi(\mathfrak{p}_2, \mathfrak{p}_1)}\,,$$

andererseits gilt die Beziehung

$$\sum_{i,k=1}^{n} \Phi(\mathfrak{p}_i, \mathfrak{p}_k)\, \xi_i \bar{\xi}_k = \sum_{i,k=1}^{n} (F_{\Delta_i \cdot \Delta_k} f_i, f_k)\, \xi_i \bar{\xi}_k\,. \tag{2}$$

Wenn die Intervalle Δ_i $(i = 1, 2, \ldots, n)$ paarweise disjunkt sind, so gilt

$$\sum_{i,k=1}^{n} (F_{\Delta_i \cdot \Delta_k} f_i, f_k)\, \xi_i \bar{\xi}_k = \sum_{i=1}^{n} (F_{\Delta_i} f_i, f_i)\, |\xi_i|^2 \geqq 0\,. \tag{3}$$

Sind die Intervalle Δ_i $(i = 2, 3, \ldots, n)$ paarweise disjunkt und fallen dagegen die Intervalle Δ_1 und Δ_2 zusammen, so zerfällt die Summe auf der rechten Seite von (2) in zwei Summanden: Der eine Summand, der die Indizes von 3 bis n enthält, ist von der Form (3), der andere, der die Indizes 1 und 2 enthält, hat die Gestalt

$$\sum_{i,k=1}^{2} (F_{\Delta_i \cdot \Delta_k} f_i, f_k)\, \xi_i \bar{\xi}_k = \sum_{i,k=1}^{2} (F_{\Delta_1} f_i, f_k)\, \xi_i \bar{\xi}_k = \left(F_{\Delta_1} \sum_{i=1}^{2} \xi_i f_i, \sum_{k=1}^{2} \xi_k f_k\right) \geqq 0\,.$$

Eine beliebige Lage der Intervalle Δ_i $(i = 1, 2, \ldots, n)$ kann man auf die schon betrachteten Fälle zurückführen, indem man mit Hilfe einer zusätzlichen Aufspaltung das vorgegebene System von Intervallen in ein System disjunkter oder zusammenfallender Intervalle überführt und die Additivität ausnutzt: Wenn $\Delta_1 \cdot \Delta_2 = 0$ ist, dann gilt die Gleichung

$$(F_{(\Delta_1 + \Delta_2) \cdot \Delta_3} f, g) = (F_{\Delta_1 \cdot \Delta_3 + \Delta_2 \cdot \Delta_3} f, g) = (F_{\Delta_1 \cdot \Delta_3} f, g) + (F_{\Delta_2 \cdot \Delta_3} f, g)\,.$$

Folglich ist die Funktion $\Phi(\mathfrak{p}_1, \mathfrak{p}_2)$ auf $\mathfrak{H}$ hermitesch-positiv.

Nach dem früher beschriebenen Verfahren betten wir $\mathfrak{H}$ in einen Hilbert-Raum H^+ ein.

Da wir keine neuen Bezeichnungen für die Elemente $\mathfrak{P}$ des Raumes H^+ einführen wollen, die nach der früher beschriebenen Konstruktion Teilmengen von $\mathfrak{H}$ sind, verabreden wir folgendes: Wenn ein Element $\mathfrak{p}$ aus $\mathfrak{H}$ zu $\mathfrak{P}$ gehört, so schreiben wir statt $\mathfrak{P}$ stets $\mathfrak{p}$.

Versehen wir das Skalarprodukt im Raum H^+ mit dem Zeichen $_+$, so gilt die Beziehung

$$(\mathfrak{p}_1, \mathfrak{p}_2)_+ = \Phi(\mathfrak{p}_1, \mathfrak{p}_2)\,.$$

Wir betrachten nun Elemente der Form $\{\Omega, f\}$ aus H^+.

Auf Grund der Gleichung

$$(\{\Omega, f\}, \{\Omega, g\})_+ = (F_\Omega f, g) = (f, g)$$

können wir das Paar $\{\Omega, f\}$ mit dem Element f aus H identifizieren. Dabei wird das Element $\sum_{k=1}^{n} \xi_k \{\Omega, f_k\}$ des Raumes H^+ mit dem Element $\sum_{k=1}^{n} \xi_k f_k$ des Raumes H identifiziert. Man kann also H als Teilraum von H^+ ansehen.

Jetzt wollen wir die folgende Aufgabe lösen: Gesucht ist die Projektion des Elements $\{\Delta, f\}$ aus H^+ auf den Teilraum H. Wenn wir die gesuchte Projektion mit $\{\Omega, g\}$ bezeichnen, so muß für jedes h aus H die Gleichung

$$(\{\Delta, f\} - \{\Omega, g\}, \{\Omega, h\})_+ = 0$$

oder

$$(\{\Delta, f\}, \{\Omega, h\})_+ - (\{\Omega, g\}, \{\Omega, h\})_+ = (F_\Delta f, h) - (g, h) = (F_\Delta f - g, h) = 0$$

bestehen. Hieraus ergibt sich die Beziehung

$$g = F_\Delta f,$$

d. h., es ist

$$P^+\{\Delta, f\} = \{\Omega, F_\Delta f\}. \tag{4}$$

Wir definieren jetzt die Operatorfunktion E_Δ^+ durch die Gleichung

$$E_\Delta^+\{\Delta', f\} = \{\Delta \cap \Delta', f\} \tag{5}$$

auf allen Elementen der Form $\{\Delta', f\} \in \mathrm{H}^+$. Da die lineare Hülle der Elemente $\{\Delta', f\}$ in H^+ dicht ist, erweitern wir den Operator E_Δ^+ durch lineare Fortsetzung und danach durch stetige Fortsetzung auf den ganzen Raum H^+.

Der Satz ist bewiesen, wenn wir zeigen können, daß die Operatorfunktion E_Δ^+ eine orthogonale Zerlegung der Einheit des Raumes H^+ ist. Dann kann man nämlich Gleichung (4) für jedes $f \in \mathrm{H}$ in der Form

$$P^+ E_\Delta^+ f = P^+ E_\Delta^+\{\Omega, f\} = P^+\{\Delta\Omega, f\} = P^+\{\Delta, f\} = \{\Omega, F_\Delta f\} = F_\Delta f$$

darstellen.

Offenbar ist E_Δ^+ eine additive Operatorfunktion, definiert auf allen Intervallen. Ferner ergibt sich aus den beiden Gleichungen

$$(E_\Delta^+)^2\{\Delta', f\} = E_\Delta^+\{\Delta \cap \Delta', f\} = \{\Delta \cap \Delta \cap \Delta', f\} = E_\Delta^+\{\Delta', f\}$$

und

$$(E_\Delta^+\{\Delta', f\}, \{\Delta'', g\})_+ = (\{\Delta \cap \Delta', f\}, \{\Delta'', g\})^+$$
$$= (F_{\Delta \cap \Delta' \cap \Delta''} f, g) = (\{\Delta', f\}, E_\Delta^+\{\Delta'', g\})_+,$$

daß E_Δ^+ ein Projektor ist.

Schließlich ist klar, daß $E_\Omega^+\{\Delta', f\} = \{\Delta', f\}$.

Wegen dieser Eigenschaften stellt E_Δ^+ eine orthogonale Zerlegung der Einheit des Raumes H^+ dar.

Damit ist der Satz bewiesen.

111. Selbstadjungierte Erweiterungen, die aus dem Raum herausführen, und Spektralfunktionen symmetrischer Operatoren[1]**).** Grundlegend für unsere weiteren Betrachtungen ist die Verallgemeinerung des Begriffes der symmetrischen Erweiterung.

A sei ein in H definierter symmetrischer Operator, H^+ ein Hilbert-Raum, der H enthält.

In Ergänzung der Definition in Nr. 46 nennen wir jeden symmetrischen (insbesondere selbstadjungierten) Operator B^+, der in H^+ definiert ist und eine Erweiterung des Operators A ist, eine *symmetrische* (insbesondere *selbstadjungierte*) *Erweiterung* des Operators A. (Dabei sehen wir den Bereich D_A als dicht in H und den Bereich D^{B^+} als dicht in H^+ an.)

---

[1]) Siehe M. A. Neumark [2], [1].

Bevor M. A. Neumark die in dieser und der folgenden Nr. dargelegte allgemeine Theorie entwickelte, hatten A. I. Plesner und N. I. Achieser mit verschiedenen Methoden schon einzelne Resultate erhalten. Siehe A. I. Plesner [1] und N. I. Achieser [1].

Analog läßt sich der Begriff der isometrischen (insbesondere der unitären) Erweiterung eines isometrischen Operators verallgemeinern.

Offenbar ist die CAYLEY-Transformierte einer symmetrischen (selbstadjungierten) Erweiterung B^+ eines Operators A eine isometrische (bzw. unitäre) Erweiterung der CAYLEY-Transformierten des Operators A.

Umgekehrt ist die CAYLEY-Transformierte einer isometrischen (unitären) Erweiterung eines isometrischen Operators eine symmetrische (bzw. selbstadjungierte) Erweiterung der CAYLEY-Transformierten dieses Operators.

Für $\mathrm{H}^+ = \mathrm{H}$ erhalten wir die bisher betrachteten gewöhnlichen symmetrischen und isometrischen Erweiterungen.

Es sei B^+ eine beliebige symmetrische Erweiterung des Operators A.

Dann besteht die Beziehung

$$\mathrm{D}_A \subseteq \mathrm{D}_{B^+} \cap \mathrm{H} \subseteq \mathrm{D}_{B^+} .$$

Daher erscheint es als zweckmäßig, die folgende Klassifikation der symmetrischen Erweiterungen B^+ eines Operators A durchzuführen:

1. Erweiterungen 1. Art — für $\mathrm{D}_A \neq \mathrm{D}_{B^+} \cap \mathrm{H} = \mathrm{D}_{B^+}$; diese Erweiterungen fallen mit den gewöhnlichen zusammen, da in diesem Fall $\mathrm{H}^+ = \mathrm{H}$ ist.

2. Erweiterungen 2. Art — für $\mathrm{D}_A = \mathrm{D}_{B^+} \cap \mathrm{H} \neq \mathrm{D}_{B^+}$.

3. Erweiterungen 3. Art — für $\mathrm{D}_A \neq \mathrm{D}_{B^+} \cap \mathrm{H} \neq \mathrm{D}_{B^+}$.

Danach fallen die gewöhnlichen symmetrischen Erweiterungen (das sind Erweiterungen, die nicht aus dem Raum herausführen) mit den Erweiterungen 1. Art zusammen, die symmetrischen Erweiterungen, die aus dem Raum herausführen, können dann 2. oder 3. Art sein.

Ein maximaler Operator besitzt offenbar nur symmetrische Erweiterungen zweiter Art. Wäre nämlich B^+ eine Erweiterung dritter Art, dann wäre $P^+ B^+$ eine nichttriviale symmetrische Erweiterung eines maximalen Operators in H; das ist aber unmöglich.

Wenn eine symmetrische Erweiterung B^+ eines Operators A durch einen Teilraum $\mathrm{G}^+ \subset \mathrm{H}^+ \ominus \mathrm{H}$ reduziert wird, wollen wir diesen Teilraum G^+ aus H^+ ausschließen (d.h., wir ersetzen den Raum H^+ durch den Raum $\mathrm{H}^+ \ominus \mathrm{G}^+$ und den Operator B^+ durch seinen Teil in $\mathrm{H}^+ \ominus \mathrm{G}^+$).

Nach dieser Verabredung besitzt ein selbstadjungierter Operator keine symmetrischen Erweiterungen.

Wir können nun zu dem Hauptsatz dieser Nr. übergehen.

Satz 1. *Jeder in einem* HILBERT-*Raum* H *definierte symmetrische Operator* A *mit einem beliebigen Defektindex* $(\mathfrak{m}, \mathfrak{n})$ *kann zu einem selbstadjungierten Operator* B^+ *erweitert werden, der in einem Raum* $\mathrm{H}^+ \supseteq \mathrm{H}$ *definiert ist.*

Beweis. In einem Raum H' von genügend hoher Dimension konstruieren wir einen symmetrischen Operator A' mit dem Defektindex $(\mathfrak{n}, \mathfrak{m})$ (man kann z. B. H' isomorph zu H und A' isomorph zu $(-1)\, A$ wählen).

Wir bilden nun den Raum

$$\mathrm{H}^+ = \mathrm{H} \oplus \mathrm{H}'$$

und führen in diesem Raum den symmetrischen Operator

$$A^+ = A \oplus A'$$

ein.

Der Operator A^+ ist offensichtlich eine symmetrische Erweiterung 2. Art des Operators A. Für den Beweis des Satzes genügt es zu zeigen, daß man den Operator A^+ zu einem selbstadjungierten Operator erweitern kann. Dazu muß man sich von der Gleichheit der Defektzahlen des Operators A^+ überzeugen.

Für $\mathfrak{I}\, z \neq 0$ erhalten wir die Gleichung

$$\begin{aligned}\mathfrak{M}_z^+ &= (A^+ - z\, I^+)\, \mathrm{D}_{A^+} = (A^+ - z\, I^+)\, (\mathrm{D}_A \oplus \mathrm{D}_{A'}) \\ &= (A - z\, I)\, \mathrm{D}_A \oplus (A' - z\, I')\, \mathrm{D}_{A'} = \mathfrak{M}_z \oplus \mathfrak{M}_z'\end{aligned}$$

oder, wenn wir in den Räumen H^+, H und H' zu den orthogonalen Komplementen der entsprechenden Mannigfaltigkeiten $\mathfrak{M}_z^+$, $\mathfrak{M}_z$ und $\mathfrak{M}_z'$ übergehen,

$$\mathfrak{N}_z^+ = \mathfrak{N}_z \oplus \mathfrak{N}_{\bar{z}}' .$$

Hieraus ergibt sich, daß der Defektindex des Operators A^+ gleich $(\mathfrak{m} + \mathfrak{n}, \mathfrak{m} + \mathfrak{n})$ ist.

Der Satz ist damit bewiesen.

Wenn wir den Raum H' und den Operator A' auf verschiedene Weise wählen, so erhalten wir auch verschiedene selbstadjungierte Erweiterungen des Operators A.

Der beim Beweis des Satzes 1 konstruierte Operator B^+ wird im allgemeinen eine Erweiterung 3. Art des Ausgangsoperators A sein. Man kann jedoch stets erreichen, daß der Operator B^+ eine Erweiterung 2. Art des Operators A ist. Dazu genügt es, einen unitären Operator U^+ zu konstruieren, dessen CAYLEY-Transformierte der gesuchte Operator B^+ ist derart, daß

$$U^+\, \mathfrak{N}_z = \mathfrak{N}_{\bar{z}}'$$

ist.

Auf Grund des eben bewiesenen Satzes zeigen wir nun, daß die symmetrischen Operatoren Integraldarstellungen gestatten, die den Integraldarstellungen der im Kapitel VI untersuchten selbstadjungierten Operatoren ähneln.

In H sei ein symmetrischer Operator A gegeben. Wir erweitern ihn[1]) zu einem selbstadjungierten Operator B^+, indem wir vom Raum H zum Raum H^+ übergehen. $E^+(\Delta)$ sei die Spektralfunktion des Operators B^+, P^+ der Projektionsoperator von H^+ auf H. Wir setzen ferner

$$F(\Delta) = P^+\, E^+(\Delta) .$$

[1]) Wir setzen hier nicht voraus, daß die Erweiterung auf die spezielle Art erzeugt wird, die uns zum Beweis des Satzes 1 diente.

Dann gelten für zwei beliebige Elemente $f \in \mathrm{D}_{B^+}$, $g \in \mathrm{H}^+$ die Formeln

$$(B^+ f, g) = \int_{-\infty}^{\infty} t\, d\,(E_t^+ f, g)\,,$$

$$\|B^+ f\|^2 = \int_{-\infty}^{\infty} t^2\, d(E_t^+ f, f)\,.$$

Sind insbesondere $f \in \mathrm{D}_A$ und $g \in \mathrm{H}$, so kann man diese Formeln auch in der folgenden Form schreiben:

$$(A f, g) = \int_{-\infty}^{\infty} t\, d(F_t f, g)\,, \tag{1}$$

$$\|A f\|^2 = \int_{-\infty}^{\infty} t^2\, d(F_t f, f)\,. \tag{2}$$

Wir haben somit eine Integraldarstellung eines beliebigen symmetrischen Operators gewonnen, die stark an die Integraldarstellung eines selbstadjungierten Operators erinnert.

Auf Grund dieser Ähnlichkeit geben wir jetzt die folgende Definition, die den Begriff der Spektralfunktion verallgemeinert.

Definition. Ist A ein symmetrischer Operator und F_t eine verallgemeinerte Zerlegung der Einheit derart, daß für jedes $f \in \mathrm{D}_A$ und jedes $g \in \mathrm{H}$ die Formeln (1), (2) bestehen, so heißt F_t *eine Spektralfunktion* des Operators A.

Ehe wir die Formeln (1) und (2) den früher erhaltenen Integraldarstellungen eines selbstadjungierten Operators gegenüberstellen, zeigen wir, daß die Methode, mit deren Hilfe wir zu diesen Formeln gelangten, ganz allgemein ist. Es gilt nämlich der folgende Satz:

Satz 2. *Jede Spektralfunktion eines in* H *definierten symmetrischen Operators A ist von der Form*

$$F_t = P^+ E_t^+\,.$$

Dabei ist E_t^+ die Spektralfunktion einer selbstadjungierten Erweiterung B^+ des Operators A, die man durch Übergang von H *zu $H^+ \supseteq$* H *erhält, P^+ der Projektionsoperator von* H^+ *auf* H.

Beweis. Nach dem Satz von M. A. Neumark bilden wir den Raum H^+ und bestimmen in ihm eine orthogonale Zerlegung der Einheit E_t^+ derart, daß

$$F_t = P^+ E_t^+ \tag{3}$$

ist.

Wir zeigen, daß der Operator B^+, der auf den der Ungleichung

$$\int_{-\infty}^{\infty} t^2\, d(E_t^+ f, f) < \infty$$

genügenden Elementen $f \in \mathrm{H}^+$ durch die Formel

$$B^+ f = \int_{-\infty}^{\infty} t\, dE_t^+ f$$

definiert ist, eine selbstadjungierte Erweiterung des Operators A ist.

Aus dem Satz von Nr. 72 folgt, daß der Operator B^+ selbstadjungiert ist. Für $f \in D_A$ ist $f \in D_{B^+}$, denn es gilt die Beziehung

$$\int_{-\infty}^{\infty} t^2 \, d(E_t^+ f, f) = \int_{-\infty}^{\infty} t^2 \, d(F_t f, f) = \|A f\|^2 < \infty .$$

Ferner ergibt sich für $f \in D_A$ und $g \in H$ aus den Gleichungen

$$(A f, g) = \int_{-\infty}^{\infty} t \, d(F_t f, g) = \int_{-\infty}^{\infty} t \, d(E_t^+ f, g) = (B^+ f, g)$$

die Relation

$$A f = P^+ B^+ f \qquad (f \in D_A) . \tag{4}$$

Für $f \in D_A$ besteht jedoch die Gleichung

$$\|A f\|^2 = \int_{-\infty}^{\infty} t^2 \, d(F_t f, f) = \int_{-\infty}^{\infty} t^2 \, d(E_t^+ f, f) = \|B^+ f\|^2 . \tag{5}$$

Aus (4) und (5) folgt dann die Beziehung

$$A f = B^+ f \qquad (f \in D_A) .$$

Dabei kann man annehmen, daß B^+ durch keinen Teilraum von $H^+ \ominus H$ reduziert wird.

Würde nämlich ein Teilraum G von $H^+ \ominus H$ den Operator B^+ reduzieren, so würde er auch die Zerlegung der Einheit E_t^+ reduzieren. Dann würde der Ausschluß von G aus H^+ den Ausschluß des in G gelegenen Teils des Operators E_t^+ zur Folge haben. Das läßt jedoch die Formel (3) unverändert.

Der Satz ist damit bewiesen.

Wenn eine Spektralfunktion F_t eines symmetrischen Operators in der Form (3) dargestellt ist, wo E_t^+ die Spektralfunktion einer selbstadjungierten Erweiterung B^+ des Operators A ist, so sagen wir, die Spektralfunktion F_t sei durch die selbstadjungierte Erweiterung B^+ erzeugt.

Somit *erzeugt jede selbstadjungierte Erweiterung des Operators A eine Spektralfunktion dieses Operators, und umgekehrt wird jede Spektralfunktion des Operators A durch eine seiner selbstadjungierten Erweiterungen erzeugt.*

Wir stellen nun eine Reihe von Tatsachen zusammen, welche die Beziehungen zwischen der neuen und der alten Definition einer Spektralfunktion erkennen lassen, und zeigen, inwieweit eine Analogie zwischen der Darstellung (1), (2) und der Spektraldarstellung eines selbstadjungierten Operators besteht.

1. Die im Kapitel VI definierte Spektralfunktion eines selbstadjungierten Operators ist seine einzige Spektralfunktion im Sinne der vorliegenden Nr. Weitere Spektralfunktionen besitzt der selbstadjungierte Operator nicht, da jede solche Spektralfunktion nach unserem Satz durch eine selbstadjungierte Erweiterung erzeugt werden muß, der selbstadjungierte Operator jedoch keine derartige Erweiterung besitzt.

2. Aus Formel (2) folgt, daß für $f \in D_A$ das Integral

$$\int_{-\infty}^{\infty} t^2 \, d(F_t f, f) \tag{6}$$

konvergiert; der umgekehrte Schluß ist im allgemeinen jedoch nicht richtig. Man kann nur folgendes behaupten: Wenn für ein gewisses $f \in \mathrm{H}$ das Integral (6) konvergiert, so ist

$$\int_{-\infty}^{\infty} t^2 \, d(E_t^+ f, f) < \infty ; \tag{7}$$

also gehört der Vektor f zur Menge $\mathrm{D}_{B^+} \cap \mathrm{H}$. Diese fällt genau dann mit D_A zusammen, wenn B^+ eine Erweiterung 2. Art des Operators A ist.

Also *charakterisieren genau diejenigen Spektralfunktionen des Operators A, die durch selbstadjungierte Erweiterungen 2. Art des Operators A erzeugt werden, den Definitionsbereich D_A als die Menge aller derjenigen Vektoren, für die das Integral* (6) *konvergiert.*

Insbesondere wird der Definitionsbereich der Spektralfunktionen maximaler Operatoren durch die Ungleichung (8) charakterisiert, da diese Operatoren nur Erweiterungen 2. Art besitzen.

Im allgemeinen Fall charakterisiert eine durch eine selbstadjungierte Erweiterung B^+ des Operators A erzeugte Spektralfunktion F_t von A den Definitionsbereich des Operators $C = P^+ B^+ P^+$. Dieser ist eine symmetrische Erweiterung 1. Art von A mit einem maximalen Definitionsbereich D_C, welcher der Bedingung

$$\mathrm{D}_A \subset \mathrm{D}_C \subset \mathrm{D}_{B^+} \tag{8}$$

genügt.

Von diesem Standpunkt aus wäre es natürlicher, die Zerlegung der Einheit F nicht als Spektralfunktion von A, sondern von C anzusehen und dementsprechend in die Definition die Forderung aufzunehmen, daß die Zerlegung der Einheit F_t — abgesehen von den Darstellungen (1), (2) — noch den Bereich D_A durch die Ungleichung (7) definiert.

Jedoch erscheint es in Hinblick auf das Folgende unpraktisch, in die Definition eine zusätzliche, die Charakterisierung von D_A betreffende Forderung aufzunehmen.

Nach dieser Definition ist es möglich, daß dieselbe Zerlegung der Einheit Spektralfunktion zweier verschiedener Operatoren (z. B. der Operatoren A und $C = P^+ B^+ P^+$) ist.

Insbesondere ist die Spektralfunktion einer selbstadjungierten Erweiterung 1. Art B eines vorgegebenen Operators A mit gleichen Defektzahlen nach Definition Spektralfunktion sowohl des Operators A als auch eines beliebigen Operators C mit der Eigenschaft $C \subseteq B$.

3. Aus dem Vorigen ergibt sich, daß zu jedem symmetrischen Operator eine gewisse Menge von Spektralfunktionen gehört und daß andererseits dieselbe Spektralfunktion einer gewissen Menge symmetrischer Operatoren angehört.

Im Zusammenhang damit erhebt sich nun die Frage, ob jede vorgegebene Zerlegung der Einheit Spektralfunktion eines symmetrischen Operators ist.

Für die orthogonale Zerlegung der Einheit gab der Satz 1 aus Nr. 72 auf diese Frage eine positive Antwort.

Ist nun F_t eine nichtorthogonale Zerlegung der Einheit, so kann man von vornherein nicht behaupten, daß die Menge der Vektoren, für die das Integral (6) existiert, im Raum H dicht liegt.

Wie M. A. Neumark bemerkte, gibt es tatsächlich Zerlegungen der Einheit, für die das Integral auf der rechten Seite der Gleichung (3) für keinen Vektor $f \neq 0$ aus H konvergiert.

Als Beispiel[1]) dafür betrachten wir die im Raum H durch die Gleichungen

$$F_t = \begin{cases} 0, & t \leqq 0, \\ e^{-\frac{1}{t}} I, & t > 0, \end{cases}$$

definierte Operatorfunktion.

Die Operatorfunktion F_t genügt offenbar den Bedingungen (A), (B), (C) in Nr. 110 und ist demnach eine Zerlegung der Einheit. Diese Zerlegung der Einheit ist jedoch für keinen symmetrischen Operator eine Spektralfunktion, da das Integral

$$\int_{-\infty}^{\infty} t^2 d(F_t f, f) = (f, f) \int_0^{\infty} t^2 \, d e^{-\frac{1}{t}} = (f, f) \int_0^{\infty} e^{-\frac{1}{t}} dt$$

für jeden Vektor $f \neq 0$ divergiert.

4. Im Kapitel VI wurde erklärt, daß für einen selbstadjungierten Operator die Darstellung (1) im „starken“ Sinne gilt.

Bei den nichtorthogonalen Zerlegungen der Einheit ist der Übergang von der „schwachen“ Darstellung (2) zur „starken“ Darstellung

$$A f = \int_{-\infty}^{\infty} t \, d \, F_t f \tag{9}$$

nicht durchführbar. Wir können die Gleichung (9) demnach nur als eine symbolische Schreibweise der Formeln (1) und (2) ansehen.

Der Begriff des Integrals im starken Sinne wird für nichtorthogonale Zerlegungen der Einheit nicht eingeführt.

5. Aus der Eigenschaft der Orthogonalität der Spektralfunktion E_t eines selbstadjungierten Operators A folgt, daß für jedes endliche Intervall Δ der Zahlengeraden der Vektor $E(\Delta) f$ $(f \in \mathrm{H})$ zu D_A gehört und daß für jedes $g \in \mathrm{H}$ die Beziehung

$$(A \, E(\Delta) f, g) = \int_{\Delta} t \, d(E_t f, g)$$

besteht. Diese wichtige, von uns im Kapitel VI schon mehrfach benutzte Tatsache gilt bereits nicht mehr für die hier betrachteten Integraldarstellungen symmetrischer Operatoren (auch dann nicht, wenn wir uns nur auf die durch Erweiterungen 2. Art erzeugten Spektralfunktionen beschränken würden).

Es gilt jedoch der folgende Satz: Ist A ein symmetrischer Operator, F_t seine Spektralfunktion, Δ ein endliches Intervall der Zahlengeraden und h ein willkürlicher Vektor aus H, so gilt für jedes $g \in \mathrm{H}$ die Beziehung

$$F(\Delta) \, g \in \mathrm{D}_A.$$

[1]) Dieses Beispiel verdanken wir M. A. Krasnoselski.

und die Gleichung

$$(A^* F(\Delta) g, h) = \int_\Delta t\, d(F_t g, h) .$$

Ist nämlich B^+ die Erweiterung, die F_t erzeugt, und P^+ der Projektionsoperator von H^+ auf H, so gilt für jedes $f \in D_A$ die Gleichung

$$(A f, F(\Delta) g) = (B^+ f, P^+ E^+(\Delta) g) = (B^+ f, E^+(\Delta) g)$$
$$= \int_\Delta t\, d(E_t^+ f, g) = \int_\Delta t\, d(E_t^+ f, P^+ g) = \int_\Delta t\, d(F_t f, g) . \quad (10)$$

Das Integral

$$\int_\Delta t\, d(F_t h, g)$$

ist jedoch ein bilineares Funktional von h, g in H und besitzt daher die Darstellung $(h, C g)$ mit einem beschränkten Operator C.

Hieraus ergibt sich die Beziehung

$$(A f, F(\Delta) g) = (f, g^*) ,$$

d. h., es ist

$$F(\Delta) g \in D_A .$$

Daher folgt aus (10) die Darstellung

$$(f, A^* F(\Delta) g) = \int_\Delta t\, d(F_t f, g) .$$

Da aber D_A in H dicht liegt, kann man hier an Stelle von $f \in D_A$ einen beliebigen Vektor $g \in H$ setzen.

Wir bemerken zum Schluß, daß auch eine Erweiterungstheorie beschränkter nichtsymmetrischer Operatoren zu normalen Operatoren existiert, die aus dem Raum herausführen (solche Erweiterungen sind nur möglich, falls eine Reihe von Bedingungen erfüllt ist). Diese Theorie steht im Zusammenhang mit Fragen, denen Arbeiten von B. Sz.-Nagy gewidmet sind. [1]) In ihnen finden sich eine Reihe von Ergebnissen, die auf diesem Gebiet erzielt worden sind.

112. Spektralfunktionen symmetrischer Operatoren und verallgemeinerte Resolventen. Wir führen nun eine Operatorfunktion R_z ein, die zur Spektralfunktion eines symmetrischen Operators im gleichen Verhältnis steht wie die Resolvente eines selbstadjungierten Operators zu seiner Zerlegung der Einheit.

Definition. Sei A ein symmetrischer (jedoch nicht selbstadjungierter) Operator, B^+ eine selbstadjungierte Erweiterung dieses Operators, die aus H hinausführt in H^+ ($H \subset H^+$). Sei ferner R_z^+ die Resolvente von B^+ und P^+ der Projektionsoperator von H^+ auf H. Der für jedes nicht reelle z durch die Formel

$$R_z = P^+ R_z^+$$

in ganz H definierte Operator R_z heißt die *verallgemeinerte Resolvente* des Operators A, die durch die selbstadjungierte Erweiterung B^+ erzeugt wird.

[1]) Siehe B. Sz.-Nagy [2].

Verallgemeinerte Resolventen eines Operators A (mit gleichen Defektzahlen), die durch dessen selbstadjungierte Erweiterungen 1. Art erzeugt werden, heißen *orthogonal*; diese verallgemeinerten Resolventen sind offenbar gleichzeitig die gewöhnlichen Resolventen der selbstadjungierten Erweiterungen, durch die sie erzeugt werden.

Der folgende Satz gibt eine Integraldarstellung für verallgemeinerte Resolventen an, ähnlich der im Kapitel VI für gewöhnliche Resolventen selbstadjungierter Operatoren erhaltenen Darstellung.

Satz 1. *Die Operatorfunktion $\boldsymbol{R}_z$ ($\Im z \neq 0$) ist eine verallgemeinerte Resolvente des symmetrischen Operators A dann und nur dann, wenn sie sich in der Form*

$$(\boldsymbol{R}_z f, g) = \int_{-\infty}^{\infty} \frac{d(\boldsymbol{F}_t f, g)}{t - z} \qquad (f, g \in \mathrm{H}) \tag{1}$$

darstellen läßt, wobei $\boldsymbol{F}_t$ eine Spektralfunktion des Operators A ist.

Zum Beweis der Notwendigkeit der Darstellung (1) wähle man die Spektralfunktion $\boldsymbol{F}_t$, die zu der gleichen selbstadjungierten Erweiterung B^+ gehört, welche auch die verallgemeinerte Resolvente $\boldsymbol{R}_z$ erzeugt.

Um zu zeigen, daß die Darstellung (1) auch hinreichend ist, betrachte man die verallgemeinerte Resolvente $\boldsymbol{R}_z$, die durch die zur Spektralfunktion $\boldsymbol{F}_t$ gehörende selbstadjungierte Erweiterung B^+ erzeugt wird.

Sind die verallgemeinerte Resolvente $\boldsymbol{R}_z$ und die Spektralfunktion $\boldsymbol{F}_t$ durch die Formel (1) miteinander verknüpft, so sagt man, sie gehören zueinander.

Nach der Umkehrformel von Stieltjes (Nr. 69) besteht zwischen der Menge der Spektralfunktionen eines gegebenen symmetrischen Operators und der Menge seiner verallgemeinerten Resolventen eine eineindeutige Zuordnung.

Wir bemerken, daß für jeden Vektor des Teilraums

$$\mathfrak{M}_z = \Delta_A(z) \qquad (\Im z \neq 0)$$

die Werte aller verallgemeinerten Resolventen des Operators A zusammenfallen.

Ist nämlich

$$(A - zI) f = g\,, \tag{2}$$

so gilt die Gleichung

$$\boldsymbol{R}_z g = \boldsymbol{R}_z (A - zI) f = P^+ R_z^+ (B^+ - zI^+) f = P^+ f = f\,. \tag{3}$$

Wird die verallgemeinerte Resolvente $\boldsymbol{R}_z$ durch eine Erweiterung B^+ mit der Resolvente R_z^+ erzeugt, so gilt für $f, g \in \mathrm{H}$

$$(\boldsymbol{R}_z f, g) = (P^+ R_z^+ f, g) = (R_z^+ f, g) = (f, R_{\bar z}^+ g) = (f, P^+ R_{\bar z}^+ g) = (f, \boldsymbol{R}_{\bar z} g)\,;$$

also ist

$$\boldsymbol{R}_{\bar z} = \boldsymbol{R}_z^*\,. \tag{4}$$

Ist A ein maximaler symmetrischer Operator und, etwa für $\Im z > 0$,

$$\mathfrak{M}_z = \mathrm{H}\,,$$

so müssen seine sämtlichen verallgemeinerten Resolventen für $\Im z > 0$ zusammenfallen, da wegen (2) und (3) für $\Im z > 0$ und jedes $g \in \mathrm{H}$ die Beziehung

$$\boldsymbol{R}_z g = (A - z\,I)^{-1}\,g$$

gelten muß.

Fallen aber die Operatoren $\boldsymbol{R}_z$ für $\Im z > 0$ zusammen, so stimmen sie nach (4) auch für $\Im z < 0$ überein.

Also hat ein maximaler Operator genau eine verallgemeinerte Resolvente und besitzt demnach genau eine Spektralfunktion.

Eine verallgemeinerte Resolvente eines nichtmaximalen symmetrischen Operators A ist jedoch nicht eindeutig bestimmt.

Um sich davon zu überzeugen, genügt es, zwei verschiedene maximale symmetrische Erweiterungen 1. Art C' und C'' des Operators A zu betrachten und sie zu selbstadjungierten Operatoren B'^{+} und B''^{+} zu erweitern. Die durch die Erweiterungen B'^{+} und B''^{+} erzeugten verallgemeinerten Resolventen $\boldsymbol{R}_z'$ und $\boldsymbol{R}_z''$ des Operators A fallen offensichtlich nicht zusammen.

Da ein nicht maximaler symmetrischer Operator verschiedene verallgemeinerte Resolventen besitzt, so ist seine Spektralfunktion nicht eindeutig bestimmt.

Beachten wir das früher (Nr. 111, 1) über Spektralfunktionen selbstadjungierter Operatoren Gesagte, so erhalten wir den folgenden

Satz 2. *Ein symmetrischer Operator besitzt genau eine Spektralfunktion dann und nur dann, wenn er maximal ist.*

Diese Spektralfunktion ist orthogonal genau dann, wenn der Operator selbstadjungiert ist.

Wie man leicht einsieht, ist die Menge aller Spektralfunktionen (verallgemeinerten Resolventen) eines gegebenen symmetrischen Operators A konvex. Das bedeutet folgendes: Sind $\boldsymbol{F}_t'$ und $\boldsymbol{F}_t''$ ($\boldsymbol{R}_z'$ und $\boldsymbol{R}_z''$) zwei Spektralfunktionen (bzw. verallgemeinerte Resolventen) des Operators A, so ist die Operatorfunktion $\alpha'\,\boldsymbol{F}_t' + \alpha''\,\boldsymbol{F}_t''$ (bzw. $\alpha'\,\boldsymbol{R}_z' + \alpha''\,\boldsymbol{R}_z''$) für $\alpha' + \alpha'' = 1$, $\alpha' > 0$, $\alpha'' > 0$ ebenfalls eine Spektralfunktion (bzw. verallgemeinerte Resolvente) dieses Operators.

Im Zusammenhang damit geben wir nun ein Verfahren zur Konstruktion verallgemeinerter Resolventen (Spektralfunktionen) an, die durch selbstadjungierte Erweiterungen 2. Art mit Hilfe von Operationen innerhalb H erzeugt werden.

A sei ein in H definierter symmetrischer Operator, A' und A'' seien irgendzwei seiner maximalen symmetrischen Erweiterungen 1. Art.

Wir wollen ferner annehmen, daß für $\Im z > 0$ die Relation

$$\Delta_{A'}(z) = \Delta_{A''}(z) = \mathrm{H}$$

besteht.

Wir definieren die Operatoren R_z' und R_z'' durch die Gleichungen

$$R_z' = \begin{cases} (A' - zI)^{-1} & (\Im z > 0), \\ (R_{\bar z}')^* & (\Im z < 0), \end{cases}$$

$$R_z'' = \begin{cases} (A'' - zI)^{-1} & (\Im z > 0), \\ (R_{\bar z}'')^* & (\Im z < 0). \end{cases}$$

Die Operatoren R_z' und R_z'' sind die verallgemeinerten Resolventen der maximalen symmetrischen Operatoren A' und A''.

Mit Hilfe der verallgemeinerten Resolventen R_z' und R_z'' finden wir die Spektralfunktionen F_t' und F_t'' der Operatoren A' und A'' und bilden die Operatorfunktion

$$F_t = \alpha' F_t' + \alpha'' F_t'' \qquad (\alpha' + \alpha'' = 1,\ \alpha' > 0, \alpha'' > 0).$$

Wegen der Konvexität der Menge der Spektralfunktionen ist die Operatorfunktion F_t eine Spektralfunktion des Operators A.

Wir zeigen jetzt, wie man die maximalen Erweiterungen A' und A'' wählen muß, damit die Spektralfunktion F_t durch eine Erweiterung 2. Art erzeugt wird, daß also, anders ausgedrückt, die Spektralfunktion F_t durch die Ungleichung

$$\int_{-\infty}^{\infty} t^2\, d(F_t f, f) < \infty \tag{5}$$

den Definitionsbereich D_A des Operators A bestimmt.

Man sieht sofort, daß ein Vektor $f \in H$ der Bedingung (5) genau dann genügt, wenn

$$f \in D_{A'} \cap D_{A''}$$

ist.

Wir müssen nur noch beweisen, daß man die maximalen Erweiterungen A', A'' des Operators A so wählen kann, daß der Durchschnitt der Bereiche $D_{A'}$ und $D_{A''}$ der Bereich D_A ist.

Auf Grund der zweiten NEUMANNschen Formel (Nr. 102) ist

$$D_{A'} = D_A + \Gamma', \quad D_{A''} = D_A + \Gamma''.$$

Dabei ist Γ' die Menge aller Vektoren der Form

$$g + U' g \qquad (g \in \mathfrak{N}_{\bar z}).$$

U' bezeichnet hier einen isometrischen Operator, der $\mathfrak{N}_{\bar z}$ in $U' \mathfrak{N}_{\bar z} \subseteq \mathfrak{N}_z$ überführt ($\Im z > 0$, wenn wir etwa $\mathfrak{m} \leqq \mathfrak{n}$ voraussetzen). Γ'' ist analog definiert.

Dabei ist stets $D_{A'} \cap D_{A''} \supseteq D_A$. Sei D_A ein eigentlicher Teil des Durchschnitts $D_{A'} \cap D_{A''}$, und der Vektor $h \,\bar{\in}\, D_A$ gehöre sowohl zu $D_{A'}$ als auch zu $D_{A''}$. Dann gilt

$$h = f' + g' + U' g', \quad h = f'' + g'' + U'' g''$$

mit $f', f'' \in D_A$; $g', g'' \in \mathfrak{N}_{\bar z}$. Aus diesen Darstellungen von h ergibt sich die Gleichung

$$(f'' + f') + (g'' - g') + (U'' g'' - U' g') = 0.$$

Die Summanden auf der linken Seite der Gleichung gehören entsprechend zu den Mannigfaltigkeiten D_A, $\mathfrak{N}_{\bar{z}}$ und $\mathfrak{N}_z$. Da aber diese Mannigfaltigkeiten linear unabhängig sind, so gilt

$$f' = f'', \quad g' = g'' = g, \quad U' g = U'' g. \tag{6}$$

Aus dieser letzten Gleichung folgt: Soll die Bedingung

$$\mathrm{D}_{A'} \cap \mathrm{D}_{A''} = \mathrm{D}_A$$

erfüllt sein, so muß man die die Erweiterungen A' und A'' definierenden isometrischen Operatoren U' und U'' so wählen, daß die Gleichung (6) für keinen von Null verschiedenen Vektor aus $\mathfrak{N}_{\bar{z}}$ besteht.

Das kann man stets erreichen, wenn man z. B. U' beliebig, aber $U'' = -U'$ wählt.

Somit sind die konstruierten Operatorfunktionen

$$\boldsymbol{F}_t = \alpha' \boldsymbol{F}_t' + \alpha'' \boldsymbol{F}_t''$$

und

$$\boldsymbol{R}_z = \alpha' \boldsymbol{R}_z' + \alpha'' \boldsymbol{R}_z''$$

für beliebige α', α'' ($\alpha' + \alpha'' = 1$, $\alpha' > 0$, $\alpha'' > 0$) Spektralfunktionen bzw. verallgemeinerte Resolventen des Operators A, die im Sinne der Nr. 111 durch selbstadjungierte Erweiterungen 2. Art B^+ des Operators A erzeugt werden.

Man kann jedoch nicht behaupten, daß man auf diese Weise alle Spektralfunktionen eines symmetrischen Operators erhält.[1])

Unter anderem ergibt sich aus dem angegebenen Konstruktionsverfahren für Spektralfunktionen, daß der Satz 2 auch dann noch gilt, wenn man sich auf Spektralfunktionen beschränkt, die durch selbstadjungierte Erweiterungen 2. Art erzeugt werden.

Dazu ist zu zeigen, daß ein nicht maximaler symmetrischer Operator A verschiedene durch selbstadjungierte Erweiterungen 2. Art des Operators A erzeugte Spektralfunktionen besitzt.

Dies ist jedoch klar, denn die verallgemeinerten Resolventen

$$\alpha \boldsymbol{R}_z' + \beta \boldsymbol{R}_z''$$

und

$$\beta \boldsymbol{R}_z' + \alpha \boldsymbol{R}_z'',$$

wobei $\alpha \neq \beta$, fallen bei der angegebenen Wahl der maximalen Erweiterungen A' und A'' nur für die Vektoren aus $\Delta_A(z)$ zusammen und erzeugen demnach verschiedene Spektralfunktionen.

Die weitere Entwicklung der Theorie der verallgemeinerten Resolventen ist in Arbeiten von A. W. Strauss[2]) enthalten. Von ihm stammt insbesondere

[1]) Darüber siehe M. A. Neumark [5] und I. M. Glasmann [2].
[2]) Siehe A. W. Straus [1].

eine Formel, die alle möglichen verallgemeinerten Resolventen innerhalb des Raumes H beschreibt.

Zum Schluß wollen wir wieder die in dieser und in der vorigen Nr. gewonnenen Sätze und Methoden am Beispiel des Differentiationsoperators veranschaulichen.

$\mathcal{P}_0$ bezeichne den in $L^2(0, \infty)$ definierten Differentiationsoperator. Sein Defektindex ist (0, 1).

Wir wollen nun eine verallgemeinerte selbstadjungierte Erweiterung des Operators $\mathcal{P}_0$ mit Hilfe der Methode des Satzes 1 finden. Dazu bilden wir den Differentiationsoperator $\mathcal{P}_0'$ in $L^2(-\infty, 0)$. Wir definieren $\mathcal{P}_0'$ auf den absolut stetigen Funktionen $\varphi(t)$, die nebst ihrer Ableitung $\varphi'(t)$ zu $L^2(-\infty, 0)$ gehören und der Randbedingung $\varphi(0) = 0$ genügen, durch die Formel

$$\mathcal{P}_0' = i\,\frac{d}{dt}\,.$$

Der Defektindex des Operators $\mathcal{P}_0'$ ist (1, 0).

Nun bilden wir die orthogonalen Summen

$$L^2(-\infty, \infty) = L^2(-\infty, 0) \oplus L^2(0, \infty)\,,$$

$$\mathcal{P}_0^+ = \mathcal{P}_0' \oplus \mathcal{P}_0\,.$$

Der Operator $\mathcal{P}_0^+$ ist durch die Formel

$$\mathcal{P}_0^+\,\varphi = i\,\frac{d}{dt}\,\varphi(t)$$

offenbar auf denjenigen Funktionen $\varphi(t)$ definiert, die in den Intervallen $(-\infty, 0)$ und $(0, \infty)$ absolut stetig sind, zusammen mit ihrer Ableitung $\varphi'(t)$ zu $L^2(-\infty, \infty)$ gehören und der Randbedingung $\varphi(0) = 0$ genügen.

Man sieht leicht ein, daß man den Definitionsbereich $D_{(\mathcal{P}_0^+)^*}$ des adjungierten Operators $(\mathcal{P}_0^+)^*$ aus $D_{\mathcal{P}_0^+}$ erhält, wenn man die Randbedingung $\varphi(0) = 0$ fallen läßt. Hieraus folgt, daß jede der beiden Gleichungen

$$(\mathcal{P}_0^+)^*\,g + i\,g = 0\,, \qquad (\mathcal{P}_0^+)^*\,g - i\,g = 0$$

genau eine Lösung besitzt; diese Lösungen sind entsprechend

$$g_1(t) = \begin{cases} 0 & (t < 0)\,, \\ e^{-t} & (t \geqq 0)\,, \end{cases} \qquad g_2(t) = \begin{cases} e^t & (t < 0)\,, \\ 0 & (t \geqq 0)\,. \end{cases}$$

Also ist der Defektindex des Operators $\mathcal{P}_0^+$ gleich (1, 1).

Der in Nr. 55 auf der Achse $(-\infty, \infty)$ betrachtete Differentiationsoperator $\mathcal{P}$ ist offensichtlich eine selbstadjungierte Erweiterung des Operators $\mathcal{P}_0^+$.

Wir erhalten so den Differentiationsoperator auf der vollen Achse als verallgemeinerte selbstadjungierte Erweiterung des Differentiationsoperators auf der einen Halbachse.

113. Die Formel von M. G. Krein für verallgemeinerte Resolventen. Im Zusammenhang mit den Ergebnissen der früheren Nummern steht die Aufgabe, die Gesamtheit aller Spektralfunktionen eines gegebenen symmetrischen Operators zu beschreiben. Da nun zwischen der Menge aller Spektralfunktionen und der Menge aller Resolventen eines symmetrischen Operators eine sich aus der Formel

$$(\boldsymbol{R}_\lambda f, g) = \int_{-\infty}^{\infty} \frac{d(F_t f, g)}{t - \lambda}$$

ergebende eineindeutige Zuordnung besteht, läßt sich diese Aufgabe auf die Beschreibung aller Resolventen zurückführen. Für den Fall gleicher und endlicher Defektzahlen wurde diese Aufgabe von M. G. Krein gelöst.[1]) Wir führen hier die Ergebnisse der Arbeit von M. G. Krein für den Fall des Defektindexes (1, 1) an.

A sei ein symmetrischer Operator mit dem Defektindex (1, 1), $\mathring{A}$ eine feste selbstadjungierte Erweiterung 1. Art des Operators A, $\mathring{R}_\lambda$ die Resolvente des Operators $\mathring{A}$ und schließlich $\boldsymbol{R}_\lambda$ eine beliebige verallgemeinerte Resolvente des Operators A mit

$$\boldsymbol{R}_\lambda = P^+ R_\lambda^+ .$$

Dabei ist R_λ^+ die orthogonale Resolvente einer selbstadjungierten Erweiterung A^+ des Operators A, die aus dem Raum H hinausführt in H^+, P^+ der Projektionsoperator von H^+ auf H.

Wir setzen, wie üblich,

$$\mathfrak{M}_\lambda = \Delta_A(\lambda) \qquad (\Im \lambda \neq 0) ,$$
$$\mathfrak{N}_\lambda = H \ominus \mathfrak{M}_\lambda .$$

Im vorliegenden Fall ist der Teilraum $\mathfrak{N}_\lambda$ eindimensional. Für die Differenz der Resolventen gilt ebenso wie in Nr. 106

$$(\mathring{R}_\lambda - \boldsymbol{R}_\lambda) f \begin{cases} = 0 & \text{für} \quad f \in \mathfrak{M}_\lambda , \\ \in \mathfrak{N}_{\bar\lambda} & \text{für} \quad f \in \mathfrak{N}_\lambda . \end{cases} \tag{1}$$

Letzteres ergibt sich daraus, daß für $f \in \mathfrak{N}_\lambda$ und beliebiges $h \in \mathfrak{M}_{\bar\lambda}$ wegen Formel (4) aus Nr. 112 die Gleichung

$$((\mathring{R}_\lambda - \boldsymbol{R}_\lambda) f, h) = (f, (\mathring{R}_{\bar\lambda} - \boldsymbol{R}_{\bar\lambda}) h) = (f, 0) = 0$$

gilt.

Wiederholen wir die Überlegungen von Nr. 106, dann erhalten wir aus (1) eine zu Formel (6) aus Nr. 106 analoge Beziehung:

$$\boldsymbol{R}_\lambda f = \mathring{R}_\lambda f - p(\lambda) (f, g(\bar\lambda)) g(\lambda) , \tag{2}$$

[1]) Siehe M. G. Krein [1]. M. A. Neumark fand eine Formel für verallgemeinerte Resolventen eines Operators mit dem Defektindex (1, 1) in anderer Form; siehe seinen Aufsatz [1].

wobei

$$g(\lambda) = g(\lambda_0) + (\lambda - \lambda_0)\, \mathring{R}_\lambda\, g(\lambda_0) \tag{2'}$$

und $g(\lambda_0)$ ein Vektor aus $\mathfrak{N}_{\bar{\lambda}_0}$ mit der Norm eins ist. Dabei nehmen wir an, daß der feste Punkt λ_0 in der oberen Halbebene liegt (man könnte etwa $\lambda_0 = i$ setzen). Die Funktion $Q(\lambda) \equiv p^{-1}(\lambda)$ genügt jedoch im allgemeinen nicht mehr der Gleichung

$$Q(\lambda) = Q(\lambda_0) + (\lambda - \lambda_0)\,(g(\lambda_0), g(\bar{\lambda}))\,, \tag{3}$$

die wir in Nr. 106 (Formel (12)) für den Fall orthogonaler Resolventen erhielten.

Wir untersuchen nun die Eigenschaften der Funktion $p(\lambda)$. Zunächst erhalten wir $p(\lambda_0)$, indem wir in (2) $\lambda = \lambda_0$ setzen und von den Resolventen zu den CAYLEY-Transformierten

$$\mathring{U}_{\lambda_0} = (\mathring{A} - \lambda_0 I)(\mathring{A} - \bar{\lambda}_0 I)^{-1}\,, \qquad U^+_{\lambda_0} = (A^+ - \lambda_0 I^+)(A^+ - \bar{\lambda}_0 I^+)^{-1}$$

übergehen. Nach einer elementaren Umrechnung erhalten wir

$$P^+ U^+_{\bar{\lambda}_0} f = \mathring{U}_{\bar{\lambda}_0} f - (\lambda_0 - \bar{\lambda}_0)\, p(\lambda_0)\,(f, g(\bar{\lambda}_0))\, g(\lambda_0)\,.$$

In dieser Formel setzen wir $f = g(\bar{\lambda}_0)$. Dann ergibt sich die Beziehung

$$P^+ U^+_{\bar{\lambda}_0}\, g(\bar{\lambda}_0) = g(\lambda_0) - (\lambda_0 - \bar{\lambda}_0)\, p(\lambda_0)\, g(\lambda_0)\,. \tag{4}$$

Da nun das Element $\psi = U^+_{\bar{\lambda}_0} \varphi$ den Bereich $\mathfrak{M}_{\bar{\lambda}_0}$ durchläuft, wenn φ den Bereich $\mathfrak{M}_{\lambda_0}$ durchläuft, gilt die Gleichung

$$0 = (g(\bar{\lambda}_0), \varphi) = (U^+_{\bar{\lambda}_0} g(\bar{\lambda}_0), U^+_{\bar{\lambda}_0} \varphi) = (U^+_{\bar{\lambda}_0} g(\bar{\lambda}_0), \psi) = (P^+ U^+_{\bar{\lambda}_0} g(\bar{\lambda}_0), \psi)\,;$$

also ist

$$P^+ U^+_{\bar{\lambda}_0}\, g(\bar{\lambda}_0) = \vartheta\, g(\lambda_0)\,. \tag{5}$$

Dabei bedeutet $\vartheta = \vartheta(\lambda_0)$ eine Konstante, deren absoluter Betrag Eins nicht übersteigt, die durch die Erweiterung A^+ bestimmt ist und deren absoluter Betrag dann und nur dann gleich 1 ist, wenn A^+ eine Erweiterung 1. Art ist.

Aus unseren Betrachtungen ergibt sich eine wichtige Folgerung: *Wenn die Gleichung*

$$\boldsymbol{R}_\lambda = \mathring{R}_\lambda$$

oder auch nur

$$\boldsymbol{R}_\lambda\, g(\bar{\lambda}) = \mathring{R}_\lambda\, g(\bar{\lambda})$$

für einen nicht reellen Wert $\lambda = \lambda_1$ gilt, so gilt sie für alle nicht reellen λ.

In der Tat finden wir für $\lambda = \lambda_1$ aus Formel (2), daß $p(\lambda_1) = 0$ ist. Setzen wir nun in den Formeln (4) und (5) $\lambda_0 = \lambda_1$, dann ergibt sich, daß der Faktor $\vartheta = \vartheta(\lambda_1)$ in Formel (5) gleich Eins ist. Deshalb ist $\boldsymbol{R}_\lambda$ eine orthogonale Resolvente; zwei orthogonale Resolventen desselben Operators sind jedoch identisch, wenn sie in einem Punkt zusammenfallen. Vergleichen wir (4) und (5) miteinander, so ergibt sich die Beziehung

$$p(\lambda_0) = \frac{1 - \vartheta}{\lambda_0 - \bar{\lambda}_0} \quad \text{oder} \quad Q(\lambda_0) \equiv p^{-1}(\lambda_0) = i\, \Im\, \lambda_0 + \tau\,. \tag{6}$$

Dabei ist τ ein neuer Parameter, der mit ϑ durch die Formel

$$\tau = i\,\frac{1+\vartheta}{1-\vartheta}\,\Im\,\lambda_0$$

verknüpft ist, die den Einheitskreis der ϑ-Ebene auf die obere Hälfte der τ-Ebene abbildet.

Durchläuft $\boldsymbol{R}_\lambda$ die Gesamtheit der orthogonalen Resolventen, so geht die Formel (2) in die Formel

$$\boldsymbol{R}_\lambda f = \mathring{R}_\lambda f - \frac{(f, g(\bar{\lambda}))\, g(\lambda)}{\tau + Q_1(\lambda)} \tag{7}$$

über, da in diesem Fall die Formel (3) gilt. Dabei ist

$$Q_1(\lambda) = i\,\Im\,\lambda_0 + (\lambda - \lambda_0)\,(g(\lambda_0), g(\bar{\lambda}))\;; \tag{7'}$$

der Parameter τ durchläuft die reelle Achse $(-\infty < \tau \leqq \infty)$. Die durch (7) definierte Zuordnung zwischen der Gesamtheit aller orthogonalen Resolventen und den Werten des Parameters τ ist eineindeutig.

Ist $\boldsymbol{R}_\lambda$ eine willkürliche Resolvente, so setzen wir in der Formel (2)

$$p(\lambda) = Q^{-1}(\lambda) = [\tau(\lambda) + Q_1(\lambda)]^{-1}.$$

Dann gilt

$$\boldsymbol{R}_\lambda f = \mathring{R}_\lambda f - \frac{(f, g(\bar{\lambda}))\, g(\lambda)}{\tau(\lambda) + Q_1(\lambda)}. \tag{8}$$

Wir zeigen, daß die Funktion $\tau(\lambda)$ holomorph ist und in der oberen Halbebene einen nicht negativen Imaginärteil besitzt. Dazu bemerken wir, daß für $\Im\,\lambda \neq 0$ sowohl die Ungleichung

$$\boldsymbol{R}_\lambda\, g(\bar{\lambda}) \neq \mathring{R}_\lambda\, g(\bar{\lambda})$$

als auch die Ungleichung

$$(\boldsymbol{R}_\lambda\, g(\bar{\lambda}), g(\lambda)) \neq (\mathring{R}_\lambda\, g(\bar{\lambda}), g(\lambda))$$

bestehen muß. Daher setzen wir in (8) $f = g(\bar{\lambda})$ und multiplizieren beide Seiten skalar mit $g(\lambda)$. Wir erhalten dann die Gleichung

$$\frac{1}{\tau(\lambda) + Q_1(\lambda)} = ((\mathring{R}_\lambda - \boldsymbol{R}_\lambda)\, g(\bar{\lambda}), g(\lambda)).$$

Da aber $Q_1(\lambda)$ und die rechte Seite holomorph sind und letztere von Null verschieden ist, ist die Funktion $\tau(\lambda)$ für jedes nicht reelle λ holomorph, wie behauptet wurde. Wir beweisen nun, daß die Gleichung $\Im\,\tau(\lambda') = 0$ nur für $\tau(\lambda) = \text{const}$ möglich ist, selbst wenn diese in nur einem Punkt der oberen Halbebene gilt. Hieraus folgt dann unter anderem, daß die Ungleichung $\Im\,\tau(\lambda) < 0$ in keinem Punkt der oberen Halbebene bestehen kann. Es sei also $\Im\,\tau(\lambda') = 0$ $(\Im\,\lambda' > 0)$. Wir wählen in den beiden Formeln (7), (8) $\lambda = \lambda'$ und nehmen in der Formel (7) als Konstante τ die Zahl $\tau(\lambda')$. Dann sind die rechten Seiten dieser Formeln für jedes f identisch. Folglich fällt im Punkte $\lambda = \lambda'$ die verallgemeinerte Resolvente $\boldsymbol{R}_\lambda$ mit einer orthogonalen Resolvente R_λ zusammen. Wie wir oben schon sahen, folgt hieraus die Gleichheit dieser Resolventen.

Multiplizieren wir beide Seiten der Gleichung (8) skalar mit f, so erhalten wir die Formel

$$(\boldsymbol{R}_\lambda f, f) = \frac{p_0(\lambda) + p_1(\lambda)\,\tau(\lambda)}{Q_1(\lambda) + \tau(\lambda)}.$$

Bei festen f und λ besitzen die Funktionen $p_0(\lambda)$, $p_1(\lambda)$, $Q_1(\lambda)$ ganz bestimmte Werte, die nicht von der Wahl der die Funktion $\tau(\lambda)$ definierenden Resolvente $\boldsymbol{R}_\lambda$ abhängen. Da man die orthogonalen Resolventen erhält, wenn $\tau(\lambda)$ eine reelle Konstante ist, und die übrigen, wenn $\tau(\lambda)$ irgendeine Gesamtheit holomorpher Funktionen mit nicht negativem Imaginärteil durchläuft, so gehört der Punkt $w = (\boldsymbol{R}_\lambda f, f)$ einem Kreisgebiet an. Der Rand dieses Gebietes, der Kreis $C(f; \lambda)$, geht durch den Punkt w, wenn $\boldsymbol{R}_\lambda$ eine orthogonale Resolvente ist. Anders ausgedrückt, der Punkt

$$w = \frac{p_0(\lambda) + p_1(\lambda)\,\tau}{Q_1(\lambda) + \tau}$$

beschreibt den Kreis $C(f; \lambda)$, wenn τ die reelle Achse durchläuft.

Da die Menge aller Resolventen eines gegebenen Operators konvex ist, durchläuft der Punkt $w = (\boldsymbol{R}_\lambda f, f)$ das Kreisgebiet $K(f; \lambda)$ mit dem Rand $C(f; \lambda)$, wenn $\boldsymbol{R}_\lambda$ die Gesamtheit aller Resolventen des Operators A durchläuft.

Durch unsere Betrachtungen haben wir jetzt festgestellt, daß *jede Resolvente* $\boldsymbol{R}_\lambda$ *eines symmetrischen Operators* A *mit dem Defektindex* (1, 1) *in der Form*

$$\boldsymbol{R}_\lambda = \mathring{R}_\lambda - \frac{(\cdot\,, g(\bar{\lambda}))\, g(\lambda)}{\tau(\lambda) + Q_1(\lambda)} \tag{9}$$

darstellbar ist, wobei $\tau(\lambda)$ *zur Klasse* N *aller Funktionen gehört, die in der Halbebene* $\Im\lambda > 0$ *definiert und holomorph sind und in dieser Halbebene einen nicht negativen Imaginärteil besitzen.*

Wir beweisen jetzt, daß auch der umgekehrte Satz gilt, daß nämlich *jede Funktion* $\tau(\lambda)$ *der Klasse* N *mit Hilfe der Formel* (9) *eine Resolvente des Operators* A *erzeugt.*

Es sei also $\tau(\lambda) \in N$ und S_λ ein durch die Gleichung

$$S_\lambda = \mathring{R}_\lambda - \frac{(\cdot\,, g(\bar{\lambda}))\, g(\lambda)}{\tau(\lambda) + Q_1(\lambda)} \tag{9'}$$

definierter Operator.

Da der Kreis $C(f; \lambda)$ in der oberen Halbebene, der Punkt $(S_\lambda f, f)$ aber im Kreisgebiet $K(f; \lambda)$ liegt, gehört das Skalarprodukt $(S_\lambda f, f)$ als eine in der Halbebene $\Im\lambda > 0$ holomorphe Funktion offensichtlich zur Klasse N.

Da ferner für orthogonale Resolventen R_λ das Skalarprodukt $(R_\lambda f, f)$ der Ungleichung

$$|(R_\lambda f, f)| \leqq \frac{(f, f)}{\Im \lambda} \qquad (\Im \lambda > 0)$$

genügt, gilt auch für das im Kreisgebiet $K(f; \lambda)$ gelegene Skalarprodukt $(S_\lambda f, f)$ die Ungleichung

$$|(S_\lambda f, f)| \leqq \frac{(f, f)}{\Im \lambda}\,.$$

Unter Benutzung dieser Ungleichung und nach Wiederholung der Überlegungen der Nr. 74 kommen wir zu der folgenden Darstellung des Skalarproduktes $(S_\lambda f, f)$:

$$(S_\lambda f, f) = \int_{-\infty}^{\infty} \frac{d\omega(t; f)}{t - \lambda}\,. \tag{10}$$

Dabei ist $\omega(t; f) = \omega(t)$ eine nicht fallende linksseitig stetige Funktion, die für $t \to -\infty$ gegen Null strebt und der Bedingung

$$\omega(t; f) \leqq (f, f) \qquad (-\infty < t \leqq \infty)$$

genügt.

Wiederholen wir die Umformungen der Nr. 74, so erhalten wir aus der Formel (10) eine Darstellung des Operators S_λ in der Form

$$(S_\lambda f, g) = \int_{-\infty}^{\infty} \frac{d(F_t f, g)}{t - \lambda}\,. \tag{10'}$$

Dabei ist F_t eine nicht fallende linksseitig stetige Operatorfunktion, die für $t \to -\infty$ gegen Null strebt und der Bedingung

$$(F_t f, f) \leqq (f, f) \qquad (-\infty < t \leqq \infty) \tag{11}$$

genügt.

Im Unterschied zu Nr. 74 genügt jetzt die Operatorfunktion S_λ nicht mehr der HILBERTschen Funktionalgleichung, folglich kann man für F_t auch nicht die Orthogonalitätseigenschaft

$$F_u F_v = F_s \qquad (s = \min\{u, v\}) \tag{12}$$

ableiten.

Damit entfällt ebenfalls der sich auf die letztere Beziehung stützende, am Schluß von Nr. 74 durchgeführte Beweis der Eigenschaft

$$\lim_{t \to \infty} F_t f = f \qquad (f \in \mathrm{H})\,. \tag{13}$$

Um zu zeigen, daß die Operatorfunktion F_t eine verallgemeinerte Zerlegung der Einheit ist, müssen wir unter Umgehung der Beziehung (12) die Eigenschaft (13) beweisen.

Da nach dem Hilfssatz über monoton wachsende Folgen von Operatoren (Nr. 33) der Grenzwert auf der linken Seite der Gleichung (13) existiert, genügt es zu zeigen, daß für $t \to \infty$ der Operator F_t schwach gegen I konvergiert, d. h., daß für alle f und g aus H die Beziehung

$$\lim_{t\to\infty} (F_t f, g) = (f, g)$$

besteht.

Diese Relation ist aber sicher erfüllt, wenn für jedes $f \in$ H die Gleichung

$$\lim_{t\to\infty} (F_t f, f) = (f, f) \tag{14}$$

gilt.

Nach (11) ist die Norm der Operatorfunktion F_t beschränkt ($\|F_t\| \leqq 1$). Daher braucht man die Gleichung (14) nur für eine in H dichte Menge von Vektoren zu beweisen. Als eine solche Menge nehmen wir den Definitionsbereich D_A des Operators A.

Wegen (10′) ist die zu beweisende Gleichung (14) der Gleichung

$$\lim_{\eta\to\infty} i\,\eta\,(S_{i\eta} f, f) = -(f, f) \tag{15}$$

äquivalent.

Da der Punkt $(S_{i\eta} f, f)$ innerhalb des Kreisgebietes $K(f;\, i\,\eta)$ liegt, gilt offenbar die Ungleichung

$$|i\,\eta(S_{i\mu} f, f) + (f, f)| \leqq \max_{-\infty<\tau\leqq\infty} |i\,\eta(R^\tau_{i\eta} f, f) + (f, f)|\,.$$

Dabei ist mit R^τ_λ die dem Parameter τ entsprechende Resolvente 1. Art bezeichnet. Es bleibt jetzt noch zu zeigen, daß die Größe

$$|i\,\eta(R^\tau_{i\eta} f, f) + (f, f)|$$

gleichmäßig bezüglich τ $(-\infty < \tau \leqq \infty)$ gegen Null strebt.

Dies gilt jedoch, da für $f \in D_A$ und $\eta > 0$ die Ungleichung

$$\begin{aligned}|i\,\eta(R^\tau_{i\eta} f, f) + (f, f)|&\\ = \left|\int_{-\infty}^{\infty} \frac{i\,\eta}{t - i\,\eta}\, d(E^\tau_t f, f) + \int_{-\infty}^{\infty} d(E^\tau_t f, f)\right| &= \left|\int_{-\infty}^{\infty} \frac{t}{t - i\,\eta}\, d(E^\tau_t f, f)\right|\\ \leqq \sqrt{\int_{-\infty}^{\infty} t^2\, d(E^\tau_t f, f)}\ \sqrt{\int_{-\infty}^{\infty} \frac{1}{|t - i\,\eta|^2}\, d(E^\tau_t f, f)} &\leqq \frac{1}{\eta}\, \|A f\| \cdot \|f\|\end{aligned}$$

besteht.

Damit ist die Beziehung (13) bewiesen, so daß die Operatorfunktion F_t wirklich eine verallgemeinerte Zerlegung der Einheit ist und nach dem Satz von M. A. Neumark die Darstellung

$$F_t = P^+ E^+_t$$

besitzt.

Wir betrachten nun den selbstadjungierten Operator

$$A^+ f = \int_{-\infty}^{\infty} t\, dE_t^+ f .$$

Es ist offenbar

$$S_\lambda = P^+ R_\lambda^+ ,$$

wobei R_λ^+ die Resolvente des Operators A^+ ist. Um den Beweis des Satzes zu beenden, müssen wir noch zeigen, daß der Operator A^+ eine Erweiterung des Operators A ist:

$$A^+ \supset A ,$$

oder daß für $f \in \mathfrak{M}_\lambda$

$$R_\lambda^+ f = \mathbf{R}_\lambda f$$

ist.

Aus der Formel (9′) folgt für $f \in \mathfrak{M}_\lambda$ die Beziehung

$$P^+ R_\lambda^+ f = S_\lambda f = \mathring{R}_\lambda f .$$

Daraus ergibt sich die Gleichung

$$R_\lambda^+ f = \mathbf{R}_\lambda f + h$$

mit $h \perp \mathrm{H}$. Wir zeigen, daß $h = 0$ ist. Es gelten für $f \in \mathfrak{M}_\lambda$ die Gleichungen

$$A\, \mathbf{R}_\lambda f = f + \lambda\, \mathbf{R}_\lambda f ,$$

$$A^+ (\mathbf{R}_\lambda f + h) = f + \lambda\, \mathbf{R}_\lambda f + \lambda\, h .$$

Hieraus erhalten wir, wenn wir $g = \mathbf{R}_\lambda f$ setzen, die Beziehung

$$\left(A^+ (g + h), g + h\right) = (A\, g + \lambda\, h, g + h) = (A\, g, g) + \lambda (h, h) ,$$

die nur für $h = 0$ möglich ist, da $\Im\, \lambda \neq 0$ ist.

Der Satz ist damit vollständig bewiesen.

114. Quasi-selbstadjungierte Erweiterungen und charakteristische Funktionen eines symmetrischen Operators. In dieser Nr. betrachten wir eine weitere von Liwschitz eingeführte Form von Erweiterungen symmetrischer Operatoren mit endlichen und gleichen Defektzahlen.[1])

Eine *quasi-selbstadjungierte Erweiterung* eines symmetrischen Operators A mit dem Defektindex (m, m) $(m < \infty)$ nennen wir jeden linearen Operator B, der den Bedingungen

$$A \subset B \subset A^* , \tag{1}$$

$$\dim \mathrm{D}_B = m \qquad (\operatorname{mod}\ \mathrm{D}_A) \tag{2}$$

genügt, jedoch keine selbstadjungierte Erweiterung des Operators A ist.

Der Einfachheit halber beschränken wir uns auf Operatoren mit dem Defektindex (1, 1). Dann ist die Bedingung (2) eine Folge der Bedingung (1) und kann weggelassen werden.

Wir setzen voraus, daß der Operator A einfach ist (Nr. 103).

[1]) Siehe M. S. Liwschitz [2], [3].

Zunächst bringen wir ein Beispiel einer quasi-selbstadjungierten Erweiterung eines symmetrischen Operators. Wir bezeichnen mit $\mathcal{P}$ den Differentiationsoperator im Raum $L^2(0, a)$ mit den Randbedingungen

$$\varphi(0) = \varphi(a) = 0 .$$

Im Kapitel IV stellten wir fest, daß der Definitionsbereich einer beliebigen selbstadjungierten Erweiterung $\mathcal{P}_\theta$ des Operators $\mathcal{P}$ durch die Randbedingung

$$\varphi(a) = \theta\varphi(0) \qquad (|\theta| = 1) \tag{3}$$

bestimmt ist und daß umgekehrt jede solche Bedingung mit $|\theta| = 1$ den Definitionsbereich einer selbstadjungierten Erweiterung des Operators $\mathcal{P}$ bestimmt.

Setzt man jetzt in der Gleichung (3) statt θ eine beliebige komplexe Zahl ϱ, deren absoluter Betrag ungleich Eins ist, so ist der Operator $\mathcal{P}_\varrho$ ($\mathcal{P}_\varrho \subset \mathcal{P}^*$), der auf den Funktionen φ, die der Bedingung

$$\varphi(a) = \varrho\,\varphi(0) \qquad (|\varrho| \neq 1) \tag{4}$$

genügen, definiert ist, eine quasi-selbstadjungierte Erweiterung des Operators $\mathcal{P}$. Offenbar wird jede quasi-selbstadjungierte Erweiterung des Operators $\mathcal{P}$ durch die Bedingung (4) gegeben (eine von ihnen für $\varrho = \infty$).

Man kann für quasi-selbstadjungierte Erweiterungen B eines Operators A die CAYLEY-Transformierte S einführen, die auf der Mannigfaltigkeit

$$D_S = \Delta_B(\bar{\lambda})$$

durch die Formeln

$$\varphi = (B - \bar{\lambda} I) f \tag{5}$$

$$(f \in D_B,\ \Im\lambda \neq 0)$$

$$S\varphi = (B - \lambda I) f \tag{6}$$

definiert ist.

Diese Definition hat nur dann keinen Sinn, wenn der Vektor f durch den Vektor φ nicht eindeutig bestimmt ist, d. h., wenn λ ein Eigenwert des Operators B ist. Ist aber λ ein Eigenwert des Operators B, dann ist $\bar{\lambda}$ kein Eigenwert, da sonst zusammen mit den Beziehungen

$$g_\lambda \in D_B\,, \quad g_{\bar{\lambda}} \in D_B$$

die Gleichung

$$B = A^*$$

bestehen müßte, was der Bedingung (1) widerspricht.

Wir können daher annehmen, daß in der Formel (5) λ kein Eigenwert des Operators B ist. Wählen wir insbesondere $\lambda = i$, so können wir die Formeln (5), (6) auch so schreiben:

$$\varphi = (B + iI) f \tag{5'}$$

$$(f \in D_B)\,.$$

$$S\varphi = (B - iI) f \tag{6'}$$

Der Operator S ist offenbar im ganzen Raum definiert und ist eine Erweiterung der CAYLEY-Transformierten V des Operators A. Im Unterschied zu den CAYLEY-Transformierten der selbstadjungierten Erweiterungen ist der Operator S nicht mehr unitär.

Wir zeigen, daß das orthogonale Komplement der Mannigfaltigkeit

$$D_V = \mathfrak{M}_{-i} = \Delta_A(-i)$$

durch den Operator S entweder in das orthogonale Komplement der Mannigfaltigkeit

$$\Delta_V = \mathfrak{M}_i = \Delta_A(i)$$

oder in den Nullraum übergeführt wird.

Ist nämlich

$$g \perp \mathfrak{M}_{-i}$$

mit

$$g = (B + i\,I)\,h \qquad (h \in \mathrm{D}_B)\,,$$

so gilt für jedes $f \in \mathrm{D}_A$

$$((B + i\,I)\,h, (A + i\,I)\,f) = 0\,.$$

Andererseits erhalten wir für jedes $f \in \mathrm{D}_A$ unter Beachtung der Beziehung $B \subset A^*$ die Gleichung

$$\begin{aligned}(S\,g, (A - i\,I)\,f) &= ((B - i\,I)\,h, (A - i\,I)\,f)\\ &= (B\,h, A\,f) - i\,(h, A\,f) + i\,(B\,h, f) + (h, f)\\ &= (B\,h, A\,f) - i\,(B\,h, f) + i\,(h, A\,f) + (h, f)\\ &= ((B + i\,I)\,h, (A + i\,I)\,f) = 0\,,\end{aligned}$$

so daß $S\,g \perp \mathfrak{M}_i$ ist (insbesondere kann $S\,g = 0$ sein).

Ist g^* ein zur Mannigfaltigkeit $\mathfrak{M}_i$ orthogonaler Vektor mit $\|g^*\| = \|g\|$, so ist auf Grund des Bewiesenen

$$S\,g = \varkappa\,g^*\,. \tag{7}$$

Dabei ist der absolute Betrag von $\varkappa$ von Eins verschieden, da sonst der Operator B, der sich offenbar durch S mit Hilfe der Formeln

$$f = \frac{1}{2\,i}\,(I - S)\,\varphi \tag{8}$$

$$(\varphi \in \mathrm{H})$$

$$B\,f = \frac{1}{2}\,(I + S)\,\varphi \tag{9}$$

ausdrücken läßt, selbstadjungiert wäre.

Der Operator $S \equiv S_\varkappa$ heißt eine *quasi-unitäre Erweiterung* des isometrischen Operators V. Man verifiziert leicht, daß für $\varkappa \neq 0$

$$S_\varkappa^* = S_\eta^{-1}$$

gilt, wobei

$$\eta = \bar{\varkappa}^{-1}$$

ist.

Allgemein heißt jeder lineare (nicht unitäre) Operator $S \supset V$, der im ganzen Raum definiert ist und der das orthogonale Komplement der Mannigfaltigkeit D_V in einen Teilraum $\mathrm{F} \subseteq \mathrm{H} \ominus \Delta_V$ überführt, eine *quasi-unitäre Erweiterung* eines gegebenen isometrischen Operators V mit den Defektindizes (m, m) $(m < \infty)$.

Jede quasi-unitäre Erweiterung S des Operators V erzeugt offensichtlich nach den Formeln (8), (9) eine quasi-selbstadjungierte Erweiterung B des Operators A.

Für den Fall des Defektindexes (1, 1) besteht eine eineindeutige Zuordnung zwischen der Gesamtheit aller quasi-selbstadjungierten Erweiterungen B des Operators A (bzw. der quasi-unitären Erweiterungen S des Operators V) und der Menge aller komplexen Zahlen $\varkappa$, deren absoluter Betrag von Eins verschieden ist. Um diese Zuordnung anzudeuten, bezeichnen wir die betrachteten Erweiterungen mit $B_\varkappa$ (bzw. $S_\varkappa$).

Wir kommen nun zur Untersuchung des Spektrums einer quasi-selbstadjungierten Erweiterung B des Operators A mit dem Defektindex (1, 1).

Zunächst erinnern wir daran, daß nach der allgemeinen Definition in Nr. 48 die Zahl λ ein regulärer Punkt des linearen Operators T genannt wird, wenn der Operator $(T - \lambda I)^{-1}$ im ganzen Raum existiert, definiert und beschränkt ist. Als Spektrum des Operators T bezeichnet man das Komplement der Menge seiner regulären Punkte.

Satz 1. *Das Spektrum einer quasi-selbstadjungierten Erweiterung B eines einfachen Operators A mit dem Defektindex* (1, 1) *besteht aus dem Spektralkern* (s. Nr. 105) *des Operators A und den Eigenwerten. Die Menge der Eigenwerte liegt entweder ganz in der oberen oder ganz in der unteren Halbebene. Lassen wir den Spezialfall beiseite*[1]*, daß die ganze* (*obere oder untere*) *Halbebene aus Eigenwerten besteht, so kann die Menge der Eigenwerte nur reelle Häufungspunkte haben.*

Beweis. Wir bezeichnen den Spektralkern des Operators A mit Λ. Für jedes $\lambda \in \Lambda$ ist der Operator $(A - \lambda I)^{-1}$ unbeschränkt, daher kann auch der Operator $(B - \lambda I)^{-1}$ nicht beschränkt sein. Folglich geht Λ auch in das Spektrum von B ein.

Es sei jetzt $\lambda \,\bar{\in}\, \Lambda$. Wenn der Operator $(B - \lambda I)^{-1}$ nicht existiert, ist λ ein Eigenwert des Operators B.

Existiert jedoch der Operator $(B - \lambda I)^{-1}$, so ist λ ein regulärer Punkt des Operators B.

Der Operator $(B - \lambda I)^{-1}$ kann nämlich nicht unbeschränkt sein, da der Operator $(A - \lambda I)^{-1}$ beschränkt ist und $\Delta_B(\lambda)$ sich von $\Delta_A(\lambda)$ um nicht mehr als eine Dimension unterscheidet. Es bleibt noch zu zeigen, daß $\Delta_B(\lambda) = \mathrm{H}$ ist. Nehmen wir das Gegenteil an, so finden wir, daß $\Delta_B(\lambda) = \Delta_A(\lambda)$ ist. Betrachten wir jetzt einen Vektor f aus D_B, der nicht zu D_A gehört, so können wir den zu $\Delta_B(\lambda) = \Delta_A(\lambda)$ gehörigen Vektor

$$(B - \lambda I) f = f^*$$

in der Form

$$f^* = (A - \lambda I) f' = (B - \lambda I) f' \qquad (f' \in \mathrm{D}_A)$$

[1]) Dieser Fall wird später behandelt werden. (Siehe die Folgerung aus Satz 3.)

darstellen. Folglich ist

$$(B - \lambda I)(f - f') = 0 \, ;$$

dies widerspricht jedoch der Existenz des Operators $(B - \lambda I)^{-1}$, womit die Regularität des Punktes λ bewiesen ist.

Also besteht das Spektrum des Operators B aus dem Spektralkern Λ des Operators A und den Eigenwerten.

Führen wir die CAYLEY-Transformierte $S_\varkappa$ des Operators $B = B_\varkappa$ ein, so bemerken wir leicht, daß der Punkt λ das Spektrum des Operators B durchläuft, wenn der Punkt

$$\zeta = \frac{\lambda - i}{\lambda + i} \tag{10}$$

das Spektrum des Operators $S_\varkappa$ durchläuft, und umgekehrt. Somit stellt die Formel (10) eine eineindeutige Zuordnung auch zwischen den Eigenwerten des Operators B und des Operators $S_\varkappa$ her.

Auf Grund dieser Tatsache genügt es, die Lage der Eigenwerte des Operators $S_\varkappa$ festzustellen.

Da der Operator A einfach ist, hat seine CAYLEY-Transformierte V keine Eigenwerte. Deshalb sind, wie man leicht sieht, die absoluten Beträge der Eigenwerte des Operators $S_\varkappa$ für $|\varkappa| < 1$ kleiner als eins, für $|\varkappa| > 1$ aber größer als eins. Daher liegen alle Eigenwerte des Operators B in der oberen Halbebene (falls $|\varkappa| < 1$) oder in der unteren Halbebene (falls $|\varkappa| > 1$).

Wir wollen $|\varkappa| < 1$ annehmen. Ferner bezeichnen wir mit g im weiteren einen Vektor, der zur Mannigfaltigkeit $\mathfrak{M}_{-i}$ orthogonal ist und die Norm eins hat; mit $\mathring{U}$ eine unitäre Erweiterung des Operators V; mit g^* den durch die Gleichung

$$g^* = \mathring{U} g$$

definierten Vektor und mit $S_\varkappa$ eine quasiunitäre Erweiterung des Operators V, die durch die Gleichung

$$S_\varkappa g = \varkappa g^*$$

definiert ist.

Stellen wir den zur Zahl ζ gehörigen Eigenvektor des Operators $S_\varkappa$ in der Form $\varphi + \alpha g$ $(\varphi \in D_V)$ dar, so ist

$$S_\varkappa(\varphi + \alpha g) = \zeta(\varphi + \alpha g) \, .$$

Hieraus ergibt sich die Formel

$$S_\varkappa \varphi + \alpha \varkappa g^* = \zeta \varphi + \alpha \zeta g$$

oder

$$\mathring{U} \varphi - \zeta \varphi = \alpha(\zeta g - \varkappa g^*)$$

und damit die Gleichung

$$\frac{1}{\alpha} \varphi = \zeta(\mathring{U} - \zeta I)^{-1} g - \varkappa(\mathring{U} - \zeta I)^{-1} g^* \, . \tag{11}$$

Multiplizieren wir beide Seiten von (11) skalar mit g, so erhalten wir eine Gleichung, der die Eigenwerte des Operators $S_\varkappa$ genügen:

$$\zeta\left((\mathring{U} - \zeta I)^{-1} g, g\right) - \varkappa\left((\mathring{U} - \zeta I)^{-1} g^*, g\right) = 0 . \tag{12}$$

Gehen wir die Umformungen rückwärts durch, so finden wir, daß jede Wurzel der Gleichung (12) ein Eigenwert des Operators $S_\varkappa$ ist.

Da die linke Seite der Gleichung (12) eine für $|\zeta| \neq 1$ reguläre Funktion ist, haben wir die Behauptung des Satzes bezüglich der Häufungspunkte des diskreten Spektrums des Operators B bewiesen mit Ausnahme des Falles, daß die linke Seite der Gleichung (12) für $|\zeta| < 1$ identisch Null wird.

In diesem letzteren Falle ist jeder Punkt ζ aus dem Innern des Einheitskreises ein Eigenwert des Operators $S_\varkappa$.

Wir zeigen nun, daß dieser in der Formulierung des Satzes erwähnte Spezialfall tatsächlich vorkommen kann.

H sei ein separabler Hilbert-Raum mit einer orthonormierten Basis $\{e_k\}_{-\infty}^{\infty}$ und $\tilde{U}$ ein durch die Formeln

$$\tilde{U} e_k = e_{k-1}$$

definierter unitärer Operator.

Ferner sei $\tilde{V} \subset \tilde{U}$ und $D_{\tilde{V}} \perp e_0$, also $\Delta_{\tilde{V}} \perp e_{-1}$.

$\tilde{V}$ ist ein isometrischer Operator mit dem Defektindex (1, 1).

Mit S_0 bezeichnen wir eine durch die Bedingung

$$S_0 e_0 = 0$$

definierte quasi-unitäre Erweiterung des Operators $\tilde{V}$.

Man überzeugt sich leicht davon, daß für jedes ζ aus dem Kreisgebiet $|\zeta| < 1$ der Vektor

$$\sum_{k=0}^{\infty} \zeta^k e_k$$

ein zum Eigenwert ζ gehörender Eigenvektor des Operators S_0 ist.

Weiter unten werden wir sehen, daß dieser Spezialfall auch in folgendem Sinne der einzige ist. Besitzt ein einfacher symmetrischer Operator mit dem Defektindex (1, 1) eine quasi-selbstadjungierte Erweiterung mit einem Punktspektrum, das eine ganze Halbebene ausfüllt, so ist dieser Operator der Cayley-Transformierten des Operators $\tilde{V}$ isomorph.

Wir formen nun die Gleichung (12) um.

Ist $\mathring{F}_t$ die Spektralfunktion des Operators $\mathring{U}$, so gelten die Gleichungen

$$\begin{aligned} 2\zeta\left((\mathring{U} - \zeta I)^{-1} g, g\right) &= 2\zeta \int_0^{2\pi} \frac{1}{e^{is} - \zeta}\, d(\mathring{F}_s g, g) \\ &= \int_0^{2\pi} \frac{e^{is} + \zeta}{e^{is} - \zeta}\, d(\mathring{F}_s g, g) - 1 , \end{aligned} \tag{13}$$

$$\begin{aligned} 2\left((\mathring{U} - \zeta I)^{-1} g^*, g\right) &= 2\left((\mathring{U} - \zeta I)^{-1} \mathring{U} g, g\right) \\ &= 2\int_0^{2\pi} \frac{e^{is}}{e^{is} - \zeta}\, d(\mathring{F}_s g, g) = \int_0^{2\pi} \frac{e^{is} + \zeta}{e^{is} - \zeta}\, d(\mathring{F}_s g, g) + 1 . \end{aligned} \tag{14}$$

Aus der letzten Formel folgt insbesondere, daß das Skalarprodukt $\left((\mathring{U} - \zeta I)^{-1} g^*, g\right)$ für $|\zeta| < 1$ nicht Null wird, daß sich also die Gleichung (12) auf die Form

$$w(\zeta) - \varkappa = 0$$

mit

$$w(\zeta) = \frac{\zeta\left((\mathring{U} - \zeta I)^{-1} g, g\right)}{\left((\mathring{U} - \zeta I)^{-1} g^*, g\right)} \qquad (g^* = \mathring{U} g) \tag{15}$$

bringen läßt.

Auf Grund der Formeln (13) und (14) kann man die Funktion $w(\zeta)$ in der Form

$$w(\zeta) = \frac{\Phi(\zeta) - 1}{\Phi(\zeta) + 1} \tag{15a}$$

mit

$$\Phi(\zeta) = \int_0^{2\pi} \frac{e^{is} + \zeta}{e^{is} - \zeta} d(\mathring{F}_s g, g) \tag{15b}$$

darstellen.

Man ersieht aus diesen Darstellungen (s. Nr. 69), daß die Funktion $w(\zeta)$ im Einheitskreis regulär ist, den Einheitskreis in einen Teil davon abbildet und der Normierungsbedingung $w(0) = 0$ genügt.

Nach M. S. Liwschitz nennen wir die Funktion $w(\zeta)$ *die charakteristische Funktion des isometrischen Operators V* und die Funktion

$$\omega(\lambda) = w\left(\frac{\lambda - i}{\lambda + i}\right) \tag{15c}$$

die charakteristische Funktion des symmetrischen Operators A.

Die Funktion $\omega(\lambda)$ ist in der oberen Halbebene regulär, bildet die obere Halbebene auf einen Teil des Einheitskreises ab und genügt der Normierungsbedingung $\omega(i) = 0$.

Um die gegebene Definition zu rechtfertigen, müssen wir zeigen, daß die Funktion $w(\zeta)$ im wesentlichen durch den Operator V bestimmt wird, obwohl sie scheinbar (s. Formel (15)) von der Wahl der unitären Erweiterung $\mathring{U}$ abhängt.

Dazu drücken wir in der Formel (15) den Operator $\mathring{U}$ durch seine Cayley-Transformierte aus:

$$\mathring{U} = (\mathring{A} - i I)(\mathring{A} + i I)^{-1}.$$

Nach einer elementaren Umformung erhalten wir für die charakteristische Funktion $\omega(\lambda)$ die Formel

$$\omega(\lambda) = \frac{\lambda - i}{\lambda + i} \frac{(\{I + (\lambda - i)\mathring{R}_\lambda\} g, g^*)}{(\{I + (\lambda - i)\mathring{R}_\lambda\} g, g)}. \tag{16}$$

Dabei ist $\mathring{R}_\lambda$ die Resolvente des Operators $\mathring{A}$.

In Nr. 106 stellten wir fest, daß der Vektor

$$\{I + (\lambda - i) \mathring{R}_\lambda\} g$$

zum defekten Teilraum $\mathfrak{N}_{\bar{\lambda}}$ gehört; da dieser aber hier eindimensional ist, multipliziert sich bei einer anderen Wahl der Erweiterung $\mathring{A}$ dieser Vektor mit einem Skalar. Dies hat jedoch keinen Einfluß auf $\omega(\lambda)$. Der Vektor g^* multipliziert sich dabei mit einer Zahl, deren absoluter Betrag Eins ist.

Die charakteristische Funktion eines symmetrischen (isometrischen) Operators ist also durch diesen Operator bis auf eine willkürliche multiplikative Konstante vom absoluten Betrag Eins eindeutig bestimmt. Zwei charakteristische Funktionen, die sich voneinander nur durch einen solchen Faktor unterscheiden, sehen wir als nicht verschieden an.

Die Formel (16) kann man jetzt auch in der Form

$$\omega(\lambda) = \frac{\lambda - i}{\lambda + i} \frac{(g_\lambda, g^*)}{(g_\lambda, g)} \tag{17}$$

schreiben. Dabei ist g_λ eine beliebige Lösung der Gleichung

$$A^* h - \lambda h = 0 .$$

Als Beispiel berechnen wir die charakteristische Funktion des Differentiationsoperators $\mathcal{P}$ auf dem Intervall $[0, a]$ mit der Randbedingung

$$\varphi(0) = \varphi(a) = 0 .$$

In diesem Fall ist

$$g = \frac{\sqrt{2}}{\sqrt{e^{2a} - 1}} e^t , \quad g^* = \frac{\sqrt{2}}{\sqrt{1 - e^{-2a}}} e^{-t} , \quad g_\lambda = e^{-i\lambda t}$$

und nach der Formel (17)

$$\omega(\lambda) = \frac{e^a - e^{-ia\lambda}}{1 - e^a e^{-ia\lambda}} . \tag{18}$$

Außer den Funktionen $w(\zeta)$ und $\omega(\lambda)$ führen wir die Funktionen

$$w(\zeta; \varkappa) = \frac{w(\zeta) - \varkappa}{\bar{\varkappa}\, w(\zeta) - 1} , \qquad \omega(\lambda; \varkappa) = \frac{\omega(\lambda) - \varkappa}{\bar{\varkappa}\, \omega(\lambda) - 1}$$

ein. Wir nennen sie die ***charakteristischen Funktionen*** der quasi-unitären Erweiterung $S_\varkappa$ des Operators V bzw. der quasi-selbstadjungierten Erweiterung $B_\varkappa$ des Operators A.

Die charakteristischen Funktionen $w(\zeta; \varkappa)$ und $\omega(\lambda; \varkappa)$ sind durch die Bedingungen

$$w(0; \varkappa) = \varkappa , \quad \omega(i; \varkappa) = \varkappa$$

normiert.

Mit Hilfe der charakteristischen Funktion $\omega(\lambda)$ wird auch der Spektralkern des Operators A definiert, wie der folgende Satz zeigt.

Satz 2. *Eine reelle Zahl λ_0 ist ein Punkt regulären Typs eines einfachen symmetrischen Operators A mit dem Defektindex* (1, 1) *genau dann, wenn die beiden folgenden Bedingungen gleichzeitig erfüllt sind:*

1. *die Funktion $\omega(\lambda)$ ist in einer Umgebung von λ_0 regulär,*

2. *die Funktion $\omega(\lambda)$ hat in einem Intervall $\lambda_0 - \varepsilon < \lambda < \lambda_0 + \varepsilon$ den absoluten Betrag Eins.*

Beweis. λ_0 sei ein Punkt regulären Typs des Operators A und V die CAYLEY-Transformierte von A.

Es existiert sicher eine selbstadjungierte Erweiterung $\mathring{A} \supset A$, für die der Punkt λ_0 regulär ist. Besitzen nämlich zwei selbstadjungierte Erweiterungen $\mathring{A}_1$ und $\mathring{A}_2$ den gemeinsamen Eigenwert λ_0, so ist

$$\mathring{A}_1 f_1 = \lambda_0 f_1 , \quad \mathring{A}_2 f_2 = \lambda_0 f_2 , \qquad (f_1, f_2 \in \mathrm{D}_A) .$$

Hieraus folgt

$$A^* f_1 = \lambda_0 f_1 , \quad A^* f_2 = \lambda_0 f_2 .$$

Also ist

$$f_1 = \alpha f_2 ,$$

so daß

$$\mathrm{D}_{\mathring{A}_1} = \mathrm{D}_{\mathring{A}_2}$$

und somit

$$\mathring{A}_1 = \mathring{A}_2$$

gilt.

Setzt man jetzt in die Formel (15) für $\mathring{U}$ die CAYLEY-Transformierte des Operators $\mathring{A}$ ein, so ergibt sich aus den Formeln (15a), (15b), (15c), daß die Funktion $\omega(\lambda)$ die Eigenschaften 1 und 2 besitzt.

Umgekehrt besitze nun die Funktion $\omega(\lambda)$ die Eigenschaften 1 und 2. Wählen wir dann in der Formel (15) die Erweiterung $\mathring{U}$ so, daß

$$w(\zeta_0) \neq 1 \qquad \left(\zeta_0 = \frac{\lambda_0 - i}{\lambda_0 + i}\right)$$

ist, so sehen wir, daß die Funktion

$$\Phi(\zeta) = \frac{1 + w(\zeta)}{1 - w(\zeta)}$$

in einer Umgebung des Punktes $\zeta_0 = e^{i s_0}$ regulär ist und daß auf einem Bogenstück des Einheitskreises, das den Punkt ζ_0 enthält, die Gleichung $\Re\, \Phi(\zeta) = 0$ gilt.

Wenden wir die Umkehrformel Nr. 69 auf die Darstellung (15b) an, so folgt hieraus, daß die Funktion $(\mathring{F}_s g, g)$ an der Stelle s_0 konstant ist; da aber der Vektor g den Operator $\mathring{U}$ erzeugt (s. Nr. 103), ist ζ_0 ein regulärer Punkt dieses Operators (s. Nr. 83).

Also ist λ_0 ein regulärer Punkt des Operators $\mathring{A}$ und gehört demnach nicht zum Spektralkern des Operators A.

Aus dem soeben bewiesenen Satz 2 ergibt sich die folgende Präzisierung des Satzes 1: *Die endlichen Häufungspunkte der Menge der Eigenwerte einer quasi-selbstadjungierten Erweiterung $B_\varkappa$ des gegebenen Operators A gehören (mit Ausnahme des in Satz* 1 *erwähnten Falles) zum Spektralkern des Operators A.*

Sind ζ_k ($k = 1, 2, 3, \ldots$) die Wurzeln der charakteristischen Funktion $w(\zeta; \varkappa)$ einer quasi-unitären Erweiterung $S_\varkappa$ des Operators V für $\varkappa \neq 0$, so kann man $w(\zeta; \varkappa)$ in der Form

$$w(\zeta; \varkappa) = e^{-G(\zeta)} \prod_{k=1}^{\infty} \frac{\zeta_k - \zeta}{1 - \bar{\zeta}_k \zeta} \frac{|\zeta_k|}{\zeta_k}$$

darstellen. Dabei ist $G(\zeta)$ eine für $|\zeta| < 1$ reguläre Funktion mit nicht negativem Realteil.

Stellen wir die Funktion $G(\zeta)$ in der Form

$$G(\zeta) = \int_0^{2\pi} \frac{e^{is} + \zeta}{e^{is} - \zeta} d\varrho(s) + i\beta$$

dar (s. Nr. 69), wobei $\varrho(s)$ eine nicht fallende Funktion beschränkter Variation ist, so erhalten wir

$$w(\zeta; \varkappa) = C\, e^{\int_0^{2\pi} \frac{\zeta + e^{is}}{\zeta - e^{is}} d\varrho(s)} \prod_{k=1}^{\infty} \frac{1 - \frac{\zeta}{\zeta_k}}{1 - \bar{\zeta}_k \zeta} |\zeta_k| \quad (|C| = 1)\,. \tag{19}$$

Aus den Sätzen 1 und 2 folgt, daß das Punktspektrum einer quasi-unitären Erweiterung $S_\varkappa$ des Operators V aus den Punkten ζ_k besteht; der restliche Teil des Spektrums besteht aus den Wachstumsstellen der Funktion $\varrho(s)$ und den Häufungspunkten der Menge der Wurzeln ζ_k.[1])

Wenn der Spektralkern des Operators A leer ist, können sich die Eigenwerte einer quasi-selbstadjungierten Erweiterung $B_\varkappa$ des Operators A nur im Unendlichen häufen.

Es kann insbesondere vorkommen, daß das Spektrum einer quasi-selbstadjungierten Erweiterung des Operators A die leere Menge ist. Ein Beispiel dafür ist die quasi-selbstadjungierte Erweiterung des durch die Randbedingung

$$\varphi(0) = 0$$

definierten Differentiationsoperators $\mathcal{P}$.

Weiter unten (s. Satz 4) werden wir sehen, daß dies auch der einzige Fall ist, wenn wir isomorphe Operatoren als nicht verschieden ansehen.

---

[1]) Die Darstellung (19) diente als Ausgangspunkt für die Konstruktion sog. Dreiecksmodelle einiger Klassen nichtselbstadjungierter Operatoren (siehe M. S. Liwschitz [4]; siehe auch die Übersichtsarbeit von M. S. Brodski und M. S. Liwschitz [1]).

Wir beweisen nun einen allgemeinen Satz, der aufzeigt, daß die charakteristische Funktion einen Operator bis auf Isomorphie eindeutig bestimmt.

Satz 3. ***Einfache symmetrische (isometrische) Operatoren mit dem Defektindex* (1, 1) *sind unitär äquivalent dann und nur dann, wenn ihre charakteristischen Funktionen zusammenfallen.***

Beweis. Wir führen den Beweis für isometrische Operatoren durch.

Die in den Räumen H und $\tilde{\mathrm{H}}$ definierten Operatoren V und $\tilde{V}$ seien unitär äquivalent, d. h., es gelte

$$\tilde{V} = \mathfrak{U}\, V\, \mathfrak{U}^{-1}$$

für einen gewissen isometrischen Operator $\mathfrak{U}$, der H auf $\tilde{\mathrm{H}}$ abbildet. Zu einer unitären Erweiterung U des Operators V bilden wir eine unitäre Erweiterung $\tilde{U}$ des Operators $\tilde{V}$ nach der Formel

$$\tilde{U} = \mathfrak{U}\, U\, \mathfrak{U}^{-1}.$$

Ferner wählen wir in H einen Vektor g ($\|g\| = 1$), der zur Mannigfaltigkeit D_V orthogonal ist, und setzen

$$\tilde{g} = \mathfrak{U}\, g\,.$$

Bei einer solchen Wahl des Vektors $\tilde{g}$ und des Operators $\tilde{U}$ ergibt sich aus den Formeln

$$w(\zeta) = \frac{\zeta\,((U - \zeta\, I)^{-1}\, g, g)_{\mathrm{H}}}{((U - \zeta\, I)^{-1}\, U g, g)_{\mathrm{H}}}, \tag{20}$$

$$\tilde{w}(\zeta) = \frac{\zeta\,((\tilde{U} - \zeta\, \tilde{I})^{-1}\, \tilde{g}, \tilde{g})_{\tilde{\mathrm{H}}}}{((\tilde{U} - \zeta\, \tilde{I})^{-1}\, \tilde{U} \tilde{g}, \tilde{g})_{\tilde{\mathrm{H}}}} \tag{21}$$

die Gleichung

$$\tilde{w}(\zeta) = w(\zeta)\,.$$

Wir setzen nun umgekehrt voraus, daß die durch die Formeln (20), (21) definierten charakteristischen Funktionen $\tilde{w}(\zeta)$ und $w(\zeta)$ der Operatoren $\tilde{V}$ und V zusammenfallen.

Setzen wir

$$\tilde{\Phi}(\zeta) = \frac{1 + \tilde{w}(\zeta)}{1 - \tilde{w}(\zeta)}, \qquad \Phi(\zeta) = \frac{1 + w(\zeta)}{1 - w(\zeta)}$$

und wenden auf die Darstellungen der Funktionen $\tilde{\Phi}(\zeta)$ und $\Phi(\zeta)$ die Umkehrformel an, so erhalten wir die Beziehung

$$(\tilde{E}_t\, \tilde{g}, \tilde{g})_{\tilde{\mathrm{H}}} = (E_t\, g, g)_{\mathrm{H}}\,.$$

Andererseits folgt aus der Einfachheit der Operatoren $\tilde{V}$ und V die Einfachheit der Spektren ihrer unitären Erweiterungen $\tilde{U}$ und U; dabei sind die defekten Vektoren $\tilde{g}$ und g die erzeugenden Elemente der Operatoren $\tilde{U}$ und U (Nr. 103).

Demnach reduzieren sich die Operatoren $\tilde{U}$ und U auf dieselbe kanonische Form — auf den Operator der Multiplikation mit e^{it} im Raum L_σ^2 mit der Verteilungsfunktion

$$\sigma(t) = (\tilde{E}_t \tilde{g}, \tilde{g})_{\tilde{H}} = (E_t g, g)_H$$

— und sind daher isomorph (Nr. 83).

Aus der Isomorphie der Operatoren $\tilde{U}$ und U ergibt sich unmittelbar die Isomorphie der Operatoren $\tilde{V}$ und V.

Der Satz ist somit bewiesen.[1])

Folgerung: Jeder einfache symmetrische Operator mit dem Defektindex (1, 1), der eine quasi-selbstadjungierte Erweiterung mit einem eine ganze Halbebene ausfüllenden Punktspektrum besitzt, ist der CAYLEY-Transformierten des auf Seite 371 definierten Operators $\tilde{V}$ isomorph.

Die charakteristischen Funktionen solcher Operatoren müssen nämlich identisch gleich Null sein, so daß alle diese Operatoren isomorph sind.

Der folgende Satz gibt uns eine interessante abstrakte Charakterisierung eines Differentiationsoperators auf einem endlichen Intervall.

Satz 4. *Jeder einfache symmetrische Operator mit dem Defektindex* (1, 1), *der eine quasi-selbstadjungierte Erweiterung ohne Spektrum besitzt, ist dem Differentiationsoperator auf einem endlichen Intervall isomorph.*

Beweis. A sei ein Operator mit den im Satz erwähnten Eigenschaften, $B_\varkappa$ eine selbstadjungierte Erweiterung ohne Spektrum und $\omega(\lambda; \varkappa)$ die charakteristische Funktion des Operators $B_\varkappa$.

Ferner sei V die CAYLEY-Transformierte des Operators A und $w(\zeta; \varkappa)$ die charakteristische Funktion der CAYLEY-Transformierten $S_\varkappa$ des Operators $B_\varkappa$.

Da der Operator $B_\varkappa$ keinen Eigenwert besitzt, wird die Funktion $w(\zeta; \varkappa)$, die den Einheitskreis auf einen Teil davon abbildet, niemals gleich Null. Sie ist also in der Form

$$w(\zeta; \varkappa) = e^{-G(\zeta)}$$

darstellbar. Dabei bedeutet $G(\zeta)$ eine im Einheitskreis reguläre Funktion, die dort einen nicht negativen Realteil besitzt.

Ersetzen wir ζ durch

$$\frac{\lambda - i}{\lambda + i},$$

so erhalten wir die Formel

$$\omega(\lambda; \varkappa) = e^{iH(\lambda)}.$$

$H(\lambda)$ ist hier eine in der oberen Halbebene reguläre Funktion, die die obere Halbebene auf einen Teil davon abbildet.

[1]) Im Zusammenhang mit weiteren Verallgemeinerungen des Begriffs der charakteristischen Funktion siehe außer den auf S. 375 zitierten Arbeiten noch A. W. STRAUS [3].

Auf Grund der Nr. 69 läßt sich die Funktion $H(\lambda)$ in der Form

$$H(\lambda) = \alpha + \mu\lambda + \int_{-\infty}^{\infty} \frac{1 + t\lambda}{t - \lambda}\, d\sigma(t)$$

darstellen, wobei α reell, $\mu \geqq 0$, und $\sigma(t)$ eine nicht fallende Funktion beschränkter Variation ist.

Da ferner der Spektralkern des Operators A leer ist, ist die Funktion $H(\lambda)$ regulär und auf der ganzen reellen Achse reell. Daher ist nach der Stieltjesschen Umkehrformel (Nr. 69)

$$\sigma(t) = \text{const}$$

und

$$H(\lambda) = \alpha + \mu\lambda\,.$$

Wenn man also den konstanten Faktor mit dem absoluten Betrag Eins fortläßt, dann ist

$$\omega(\lambda; \varkappa) = e^{i\mu\lambda}\,.$$

Hieraus ergibt sich die Formel

$$\omega(\lambda) = \frac{\varkappa - \omega(\lambda; \varkappa)}{1 - \bar{\varkappa}\,\omega(\lambda; \varkappa)} = \frac{\varkappa - e^{i\mu\lambda}}{1 - \bar{\varkappa}\, e^{i\mu\lambda}}.$$

Da aber

$$\omega(i) = 0$$

sein muß, ist

$$\omega(\lambda) = \frac{e^{\mu} - e^{-i\mu\lambda}}{1 - e^{\mu}\, e^{-i\mu\lambda}}\,.$$

Ein Vergleich dieser Formel mit der Formel (18) zeigt, daß die charakteristische Funktion des Operators A mit der charakteristischen Funktion des Differentiationsoperators auf dem Intervall $[0, \mu]$ zusammenfällt.

Nach Satz 3 ist der Operator A zum Differentiationsoperator unitär äquivalent; dies aber war gerade zu beweisen.

Im Zusammenhang mit Satz 3 erhebt sich nun die Frage, ob zu jeder vorgegebenen charakteristischen Funktion ein symmetrischer (isometrischer) Operator existiert.

Für isometrische Operatoren läßt sich diese Frage positiv beantworten, denn es gilt der folgende

Satz 5. *Zu jeder gegebenen Funktion $w(\zeta)$, die im Einheitskreis regulär ist, den Einheitskreis auf einen Teil davon abbildet und der Normierungsbedingung $w(0) = 0$ genügt, kann man einen isometrischen Operator V finden, für den $w(\zeta)$ die charakteristische Funktion ist.*

Beweis. Wir führen durch die Gleichung

$$w(\zeta) = \frac{\Phi(\zeta) - 1}{\Phi(\zeta) + 1}$$

die Funktion $\Phi(\zeta)$ ein.

Nach Nr. 69 läßt sich die Funktion $\Phi(\zeta)$ in der Form

$$\Phi(\zeta) = \int_0^{2\pi} \frac{e^{is} + \zeta}{e^{is} - \zeta}\, d\sigma(s)$$

darstellen. Dabei ist $\sigma(s)$ eine nicht fallende Funktion mit der totalen Variation Eins.

Wir bilden den Raum $L^2_\sigma(0, 2\pi)$ und in ihm den unitären Operator der Multiplikation mit e^{it}:

$$\mathring{U} f(t) = e^{it} f(t) .$$

V bezeichne den isometrischen Operator, der mit dem Operator $\mathring{U}$ auf der zur Funktion $g(t) \equiv 1$ orthogonalen Hyperebene D_V zusammenfällt.

Wie man leicht einsieht, ist V gerade der gesuchte Operator.

Die Spektralfunktion $\mathring{E}_t$ des Operators $\mathring{U}$ ist nämlich durch die Gleichungen

$$\mathring{E}_t f(s) = \begin{cases} f(s) & (s \leqq t), \\ 0 & (s > t) \end{cases}$$

definiert. Danach gelten die Beziehungen

$$((\mathring{U} - \zeta I)^{-1} g, g) = \int_0^{2\pi} \frac{d\sigma(s)}{e^{is} - \zeta},$$

$$((\mathring{U} - \zeta I)^{-1} \mathring{U} g, g) = \int_0^{2\pi} \frac{e^{is}\, d\sigma(s)}{e^{is} - \zeta},$$

und es ist

$$\frac{\zeta\, ((\mathring{U} - \zeta I)^{-1} g, g)}{((\mathring{U} - \zeta I)\, \mathring{U} g, g)} = \frac{\Phi(\zeta) - 1}{\Phi(\zeta) + 1} = w(\zeta),$$

womit der Satz bewiesen ist (s. Formel (15)).

Liegt für den zu einer vorgegebenen charakteristischen Funktion $w(\zeta)$ konstruierten Operator V die Mannigfaltigkeit $\Delta_V(1)$ in H nicht dicht, so kann man nicht von V zu seiner Cayley-Transformierten A übergehen. In diesem Falle existiert kein symmetrischer Operator, dessen charakteristische Funktion gleich

$$\omega(\lambda) = w\left(\frac{\lambda - i}{\lambda + i}\right) \tag{22}$$

ist.

Soll die Mannigfaltigkeit $\Delta_V(1)$ in H dicht liegen, so muß man notwendigerweise der Funktion (22) eine zusätzliche Beschränkung auferlegen.

Diese Frage wird durch den folgenden Satz erschöpfend beantwortet.

Satz 6. *Eine vorgegebene, in der oberen Halbebene reguläre Funktion $\omega(\lambda)$, die die obere Halbebene in das Innere des Einheitskreises abbildet und der Normierungsbedingung $\omega(i) = 0$ genügt, ist die charakteristische Funktion eines einfachen symmetrischen Operators genau dann, wenn die Relation*

$$\lim_{\lambda \to \infty} \lambda \{\omega(\lambda) - e^{i\alpha}\} = \infty \qquad (0 < \varepsilon \leqq \arg \lambda \leqq \pi - \varepsilon)$$

für jedes α $(0 \leqq \alpha < 2\pi)$ besteht.

Beweis. Wir zeigen zunächst: Notwendig und hinreichend dafür, daß die Abschließung der Mannigfaltigkeit $\Delta_V(1)$ nicht mit H zusammenfällt, ist die Existenz einer unitären Erweiterung des Operators V mit dem Eigenwert Eins.

Es ist klar, daß die Bedingung hinreicht; ist nämlich U eine unitäre Erweiterung des Operators V und $U\psi = \psi\ (\psi \neq 0)$, so gilt für jedes $\varphi \in D_V$ die Gleichung

$$((V - I)\,\varphi, \psi) = ((U - I)\,\varphi, \psi) = (\varphi, (U^{-1} - I)\,\psi) = 0\,.$$

Zum Beweis der Notwendigkeit der Bedingung setzen wir voraus, daß für jedes $\varphi \in D_V$ die Gleichung

$$((V - I)\,\varphi, \psi) = 0 \qquad (\|\psi\| = 1)$$

besteht.

Stellen wir jeden Vektor $f \in H$ in der Form $f = \varphi + \gamma g$ dar, so erhalten wir für eine beliebige quasi-unitäre Erweiterung $S_\varkappa$ des Operators V die Gleichung

$$((S_\varkappa - I)\,f, \psi) = (V\varphi - \varphi + \gamma\varkappa g^* - \gamma g, \psi) = \gamma\,\{\varkappa(g^*, \psi) - (g, \psi)\}\,. \tag{23}$$

Wir bemerken, daß $(g^*, \psi) \neq 0$ ist, da sich andernfalls der Vektor ψ in der Form $\psi = V\varphi_1$ $(\varphi_1 \in D_V,\ \|\varphi_1\| = 1)$ darstellen ließe, so daß

$$((V - I)\,\varphi_1, V\varphi_1) = 0\,,$$

d. h.

$$(\varphi_1, V\varphi_1) = 1$$

gelten würde. Diese Gleichung ist aber nur für $V\varphi_1 = \varphi_1$ möglich; das widerspricht der Einfachheit des Operators V.

Daher ist $(g^*, \psi) \neq 0$, so daß wir in (23)

$$\varkappa = \frac{(g, \psi)}{(g^*, \psi)}$$

setzen dürfen. Danach erhalten wir für jedes $f \in H$ die Gleichung

$$((S_\varkappa - I)\,f, \psi) = 0$$

oder

$$(f, (S_\varkappa^* - I)\,\psi) = 0\,.$$

Da $S_\varkappa^* = S_\eta^{-1}$ ist $(\mu = \bar{\varkappa}^{-1})$, besagt die gewonnene Gleichung, daß $S_\eta^{-1}\psi = \psi$ und folglich $S_\eta\psi = \psi\ (\psi \neq 0)$ gilt, was nur für $|\eta| = |\varkappa| = 1$ möglich ist. $S_\varkappa = S_\eta$ ist damit die gesuchte unitäre Erweiterung des Operators V mit dem Eigenwert 1.

Somit haben wir den Beweis des Satzes auf die Bestimmung der notwendigen und hinreichenden Bedingungen zurückgeführt, denen die charakteristische Funktion eines isometrischen Operators V genügen muß, damit keine seiner unitären Erweiterungen den Eigenwert Eins hat.

$\mathring{U}$ sei nun die in der Formel (15) vorkommende unitäre Erweiterung des Operators V, $U^{(\alpha)}$ eine beliebige unitäre Erweiterung desselben Operators mit $U^{(\alpha)} g = e^{i\alpha} g^*$. Das defekte Element g ist aber ein erzeugendes Element für jeden der Operatoren $U^{(\alpha)}$. Daher ist die Forderung, daß die Eins nicht Eigenwert der Operatoren $U^{(\alpha)}$ $(0 \leq \alpha < 2\pi)$ ist, der Forderung gleichwertig, daß die Verteilungsfunktionen $(F_t^{(\alpha)} g, g)$ für $t = 0$ keinen Sprung haben. $F_t^{(\alpha)}$ ist dabei die Spektralfunktion des Operators $U^{(\alpha)}$ $(0 \leq \alpha < 2\pi)$.

Ist andererseits $w_\alpha(\zeta)$ die charakteristische Funktion, die durch die Formel (15) definiert ist, wobei $\mathring{U}$ durch $U^{(\alpha)}$ zu ersetzen ist, so gilt wegen (15c) und (17)

$$w_\alpha(\zeta) = e^{-i\alpha}\,w(\zeta)\,.$$

Aus (15a) und (15b) folgt deshalb die Gleichung

$$\frac{e^{i\alpha}}{e^{i\alpha} - w(\zeta)} = \int_0^{2\pi} \frac{e^{it}}{e^{it} - \zeta}\,d(F_t^{(\alpha)} g, g)\,.$$

Hieraus ergibt sich für den Wert σ des Sprunges der Funktion $(F_t^{(\alpha)} g, g)$ im Punkt $t = 0$ der Ausdruck

$$\sigma = \lim_{\zeta \to 1} \frac{(1 - \zeta)\, e^{i\alpha}}{e^{i\alpha} - w(\zeta)},$$

wobei der Grenzübergang $\zeta \to 1$ vom Inneren des Kreises $|\zeta| < 1$ her bei beliebiger nicht tangentialer Richtung erfolgt.

Wir überlassen es dem Leser, den Beweis unter Berücksichtigung dieser Hinweise zu Ende zu führen.

115. Dreiecksentwicklungen einiger nichtselbstadjungierter Operatoren. M. S. Liwschitz konstruierte als Analogon zur charakteristischen Funktion einer quasi-selbstadjungierten Erweiterung eines symmetrischen Operators mit den Defektindizes (1, 1) charakteristische Matrix-Funktionen für eine umfangreiche Klasse nichtselbstadjungierter Operatoren. Das Wesen der Beschränkungen, denen diese Operatoren unterworfen sind, besteht darin, daß sie sich in einem bestimmten Sinne nur wenig von selbstadjungierten Operatoren unterscheiden dürfen. So wird z. B. von einem überall in H definierten beschränkten Operator T gefordert, daß sein Imaginärteil $\frac{1}{2i}(T - T^*)$ vollstetig ist. Mit Hilfe des sog. Multiplikationssatzes für charakteristische Matrixfunktionen (s. Fußnote auf S. 375) wurden die ersten Dreiecksentwicklungen für nichtselbstadjungierte Operatoren in H gewonnen. Diese Entwicklungen stellen ein unendlich-dimensionales Analogon des algebraischen Satzes von Schur über die Transformation einer endlichen Matrix in Dreiecksform mit Hilfe einer unitären Matrix dar. Für einige Klassen nichtselbstadjungierter Operatoren kann die Dreiecksentwicklung unmittelbar aus dem Satz von J. von Neumann (s. Nr. 65) über die Existenz eines nichttrivialen invarianten Teilraumes eines beliebigen vollstetigen Operators gefolgert werden. In der vorliegenden Nr. werden wir nach M. S. Brodski[1]) diese Folgerung für Volterra*sche Operatoren*, d. h. für vollstetige Operatoren mit $\lambda = 0$ als einzigem Punkt des Spektrums, durchführen. Dabei werden faktisch nur die Ergebnisse des Kapitels V und der Begriff der Zerlegung der Einheit benutzt (Nr. 67).

Wir beginnen mit dem endlichdimensionalen Fall. T sei ein Volterrascher Operator im euklidischen Raum E. Nach dem Satz von Schur existiert dann eine solche orthonormierte Basis $\{e_k\}_{k=1}^{n}$ des Raumes E, daß die Gleichungen

$$\left.\begin{aligned} T e_1 &= 0, \\ T e_k &= t_{k,1} e_1 + t_{k,2} e_2 + \cdots + t_{k,k-1} e_{k-1} \quad (k > 1) \end{aligned}\right\} \tag{1}$$

gelten. Ist P_k der Orthoprojektor auf den eindimensionalen Teilraum, der e_k enthält, dann ist

$$P_k T P_j = 0 \qquad (k \geqq j),$$

$$P_k T^* P_j = 0 \qquad (k \leqq j),$$

[1] M. S. Brodski [1].

so daß die Beziehung

$$T = \sum_{j,k=1}^{n} P_k T P_j = \sum_{j=2}^{n} \sum_{1 \leq k < j} P_k T P_j = 2i \sum_{j=2}^{n} \sum_{1 \leq k < j} P_k \frac{T - T^*}{2i} P_j \qquad (2)$$

gilt. Wir betrachten nun eine Menge $\mathcal{M}$ aus $n + 1$ Punkten $0 = \mu_0 < \mu_1 < \mu_2 < \cdots < \mu_n = 1$ und definieren auf $\mathcal{M}$ die Operatorfunktion $E(\mu)$ durch die Gleichungen

$$E_0 = 0,\ E(\mu_k) = P_1 \oplus P_2 \oplus \cdots \oplus P_k \qquad (k = 1, 2, \ldots, n)\,.$$

Dann kann Gleichung (2) in der Form

$$T = 2i \int_{\mathcal{M}} E(\mu)\, K\, dE(\mu) \qquad (3)$$

mit

$$K = \frac{1}{2i}(T - T^*) \qquad (4)$$

dargestellt werden.

Ziel aller weiteren Darlegungen ist die Verallgemeinerung der Dreiecks-Spektraldarstellung (3) auf beliebige Volterrasche Operatoren im separablen Hilbert-Raum H. Dabei wollen wir uns auf die folgende Definition des Integrals von Operatorfunktionen stützen. Sei $\mathcal{M}$ eine beliebige abgeschlossene Punktmenge des Intervalles $[0, 1]$, die dessen Endpunkte enthält. Die Gesamtheit der zu $\mathcal{M}$ gehörenden Zahlen $0 = \mu_0 < \mu_1 < \cdots < \mu_m = 1$ nennen wir eine δ-Zerlegung der Menge $\mathcal{M}$, wenn die Punkte μ_{k-1} und μ_k $(k = 1, 2, \ldots, m)$ entweder Endpunkte eines komplementären Intervalls bezüglich $\mathcal{M}$ sind oder der Bedingung $\mu_k - \mu_{k-1} < \delta$ genügen. Sind auf $\mathcal{M}$ die Operatorfunktionen $F(\mu)$ und $G(\mu)$ gegeben, dann wollen wir unter dem Integral

$$\int_{\mathcal{M}} F(\mu)\, dG(\mu)$$

den Grenzwert der Integralsumme

$$\sum_{k=1}^{m} F(\xi_k)\,\{G(\mu_k) - G(\mu_{k-1})\}$$

$$(\mu_{k-1} \leqq \xi_k \leqq \mu_k\,,\ \xi_k \in \mathcal{M})$$

im Sinne der Operatornorm für $\delta \to 0$ verstehen, falls er existiert.

Wir fassen jetzt den Begriff der orthogonalen Zerlegung der Einheit $E(\mu)$ etwas spezieller, indem wir ihn nicht auf das ganze Intervall $[0, 1]$, sondern nur auf die Menge $\mathcal{M}$ beziehen. Wir werden also die Funktion $E(\mu)$ als nur auf $\mathcal{M}$ definiert betrachten, so daß $E(\mu') < E(\mu'')$ für $\mu' < \mu''$ $(\mu', \mu'' \in \mathcal{M})$, $E(0) = 0$, $E(1) = I$ gilt. Außerdem wollen wir voraussetzen, daß die Funktion $E(\mu)$ auf $\mathcal{M}$ stetig ist und der folgenden *Bedingung A* genügt: Ist (α, β) ein komplementäres Intervall der Menge $\mathcal{M}$, dann ist $E(\beta) - E(\alpha)$ ein eindimensionaler Operator. Wenn eine Operatorfunktion, die alle diese Bedingungen erfüllt, die Eigenschaft hat, daß für beliebiges $\mu \in \mathcal{M}$ der Teilraum $E(\mu)$ H invariant bezüglich eines VOLTERRAschen Operators T ist, dann heißt $E(\mu)$ eine *Spektralfunktion* dieses Operators. Wir weisen darauf hin, daß μ hier keine Spektralvariable ist, wie im Falle der orthogonalen Spektralfunktionen selbstadjungierter Operatoren. Das Spektrum eines VOLTERRAschen Operators besteht nur aus dem Nullpunkt, und die Variable μ spielt hier eine Rolle, die analog derjenigen des Index k in der Formel (1) ist.

Wir zeigen, daß *jeder* VOLTERRA*sche Operator* T *in* H *eine Spektralfunktion besitzt.*

Wir wollen eine Gesamtheit $\mathfrak{G}$ invarianter Teilräume des Operators T eine *Kette* nennen, wenn die folgenden Bedingungen erfüllt sind: 1. Aus $G_1 \in \mathfrak{G}$ und $G_2 \in \mathfrak{G}$ folgt entweder $G_1 \subset G_2$ oder $G_2 \subset G_1$; 2. $\mathfrak{G}$ enthält den Nullraum und den ganzen Raum H.

Die Menge aller Ketten $\Gamma\{T\}$ des Operators T kann in gewissem Sinne teilgeordnet werden. Wir schreiben $\mathfrak{G}' \prec \mathfrak{G}''$, wenn jeder invariante Teilraum G aus $\mathfrak{G}'$ auch zu $\mathfrak{G}''$ gehört. Eine Kette $\mathfrak{G}$ heißt *maximal*, wenn sie „größer" ist (bezüglich $\prec$) als jede mit ihr vergleichbare Kette aus $\Gamma\{T\}$. Ist γ eine monoton wachsende Folge von Ketten aus $\Gamma\{T\}$, dann gehört die mengentheoretische Vereinigung aller Ketten von γ ebenfalls zu $\Gamma\{T\}$, d. h. ist eine Kette, und diese Kette ist offensichtlich maximal bezüglich der Gesamtheit γ. Nach dem bekannten Lemma von ZORN ist jede Kette aus $\Gamma\{T\}$ in einer zu $\Gamma\{T\}$ gehörenden maximalen Kette enthalten.

Sei jetzt $\mathfrak{G}$ eine maximale Kette aus $\Gamma\{T\}$ und $\{g_k\}_{k=1}^{\infty}$ irgendeine orthonormierte Basis von H. Die Zahl

$$\mu = \sum_{k=1}^{\infty} \frac{1}{2^k} \|P g_k\|^2 \tag{5}$$

heißt *Gewicht* des beliebigen Teilraumes $F \subset H$, wobei P der Orthoprojektor auf F ist. Offensichtlich können verschiedene Teilräume aus H, die der gleichen Kette angehören, nicht das gleiche Gewicht haben. Wir bezeichnen mit $\mathcal{M}$ die Gesamtheit der Gewichte aller Teilräume einer maximalen Kette $\mathfrak{G}$ und mit $E(\mu)$ den Orthoprojektor auf den Teilraum aus $\mathfrak{G}$ mit dem Gewicht μ. Man kann leicht nachprüfen, daß die Menge $\mathcal{M}$ abgeschlossen ist und daß die Operatorfunktion $E(\mu)$ alle Eigenschaften einer Spektralfunktion des Operators T besitzt, eventuell mit Ausnahme von A. Die Verifikation der letzten Eigenschaft basiert auf dem Satz von J. VON NEUMANN aus Nr. 65.

Wir nehmen an, daß die Bedingung A nicht erfüllt ist. Das heißt, es existiert ein komplementäres Intervall (α, β) der Menge $\mathcal{M}$ mit $\dim \{G_\beta \ominus G_\alpha\} > 1$, wo G_α und G_β die Teilräume sind, auf die $E(\alpha)$ und $E(\beta)$ projizieren. Nach Satz 1 aus Nr. 65 besitzt der Operator $P\,T\,P$ mit $P = E(\beta) - E(\alpha)$ in $G_\beta \ominus G_\alpha$ einen invarianten Teilraum F ($F \neq \{0\}$, $F \neq G_\beta \ominus G_\alpha$). Dann ist aber der Teilraum $G_\alpha \oplus F$ invariant bezüglich T und liegt echt zwischen G_α und G_β. Das widerspricht der Eigenschaft der Kette $\mathfrak{G}$, maximal zu sein. $E(\mu)$ ist also eine Spektralfunktion des Operators T.

Eine maximale Kette $\mathfrak{G} \in \Gamma\{T\}$, für die nach Formel (5) die Gewichte der in ihr enthaltenen Teilräume definiert sind, für die weiterhin die Menge $\mathcal{M}$ konstruiert und die Spektralfunktion $E(\mu)$ ($\mu \in \mathcal{M}$) definiert ist, heißt *normierte maximale Kette.*

Hilfssatz. *Für jedes komplementäre Intervall* (α, β) *einer Menge* $\mathcal{M}$, *für die eine normierte maximale Kette* $\mathfrak{G} \in \Gamma\{T\}$ *konstruiert ist, gilt*

$$[E(\beta) - E(\alpha)]\, T\, [E(\beta) - E(\alpha)] = 0\,. \tag{6}$$

Beweis. Der Teilraum G_α ist invariant bezüglich des Teiles T_β des Operators T in G_β. Deshalb ist der eindimensionale Teilraum $G_\beta \ominus G_\alpha$ invariant bezüglich des Operators T^*_β. Da aber mit T auch T_β und folglich auch T^*_β VOLTERRAsche Operatoren sind, ist $G_\beta \ominus G_\alpha$ der Nullteilraum des Operators T^*_β. Somit ist die Mannigfaltigkeit Δ_{T_β} der Werte des Operators T_β orthogonal zu $G_\beta \ominus G_\alpha$, und daraus folgt die Beziehung (6).

Wir kommen nun zum Satz von M. S. BRODSKI, der das Endziel dieser Nr. ist.

Satz. *Jeder vollstetige* VOLTERRA*sche Operator* T *gestattet die Dreiecksdarstellung*

$$T = 2\, i \int_{\mathcal{M}} E(\mu)\, K\, dE(\mu)\,. \tag{7}$$

Dabei ist K *der Imaginärteil* (4) *von* T *und* $E(\mu)$ *eine beliebige Spektralfunktion von* T. *Die Integralsummen des Integrals* (7) *konvergieren gleichmäßig gegen den Operator* T.

Beweis. Sei $0 = \mu_0 < \mu_1 < \cdots < \mu_m = 1$ eine δ-Zerlegung der Menge μ. Wir setzen $\Delta E(\mu_k) = E(\mu_k) - E(\mu_{k-1})$ und bemerken, daß $\Delta E(\mu_k)\, T\, \Delta E(\mu_j) = 0$ ist für $k > j$. Wir erhalten dann die Gleichung

$$\begin{aligned} T &= \sum_{j,\,k=1}^{m} \Delta E(\mu_k)\, T\, \Delta E(\mu_j) = \sum_{j=1}^{m} \sum_{1 \leqq k \leqq j} \Delta E(\mu_k)\, T\, \Delta E(\mu_j) \\ &= \sum_{k=1}^{m} \Delta E(\mu_k)\, T\, \Delta E(\mu_k) + 2\, i \sum_{j=2}^{m} \sum_{1 \leqq k \leqq j} \Delta E(\mu_k)\, K\, \Delta E(\mu_j) \\ &= \sum_{k=1}^{m} \Delta E(\mu_k)\, T\, \Delta E(\mu_k) + 2\, i \sum_{j=1}^{m} E(\mu_{j-1})\, K\, \Delta E(\mu_j)\,. \end{aligned}$$

Für $\mu_{j-1} \leqq \xi_j \leqq \mu_j$ folgt daraus

$$\begin{aligned} &\left\| T - 2\, i \sum_{j=1}^{m} E(\xi_j)\, K\, \Delta E(\mu_j) \right\| \\ &\quad \leqq \left\| T - 2\, i \sum_{j=1}^{m} E(\mu_{j-1})\, K\, \Delta E(\mu_j) \right\| + 2 \left\| \sum_{j=1}^{m} E(\mu_{j-1})\, K\, \Delta E(\mu_j) \right. \\ &\qquad\qquad \left. - \sum_{j=1}^{m} E(\xi_j)\, K\, \Delta E(\mu_j) \right\| \\ &\quad \leqq \left\| \sum_{k=1}^{m} \Delta E(\mu_k)\, T\, \Delta E(\mu_k) \right\| + 2 \left\| \sum_{j=1}^{m} \Delta E(\mu_j)\, K\, \Delta E(\mu_j) \right\| \\ &\quad \leqq 3 \left\| \sum_{k=1}^{m} \Delta E(\mu_k)\, T\, \Delta E(\mu_k) \right\|. \end{aligned}$$

Nun bleibt noch zu zeigen, daß die Norm des Operators

$$S_\delta = \sum_{k=1}^{m} \Delta E(\mu_k)\, T\, \Delta E(\mu_k) \tag{8}$$

für $\delta \to 0$ gegen Null strebt.

Wir betrachten die Operatoren $\frac{1}{2i}(S_\delta - S_\delta^*)$ und $\frac{1}{2i}(S_\delta + S_\delta^*)$ einzeln. Sei $\{e_j\}_{j=1}^{\infty}$ eine orthonormierte Basis aus Eigenvektoren von K in seinem Wertebereich und $\{\lambda_j\}_{j=1}^{\infty}$ die Folge der zugehörigen Eigenwerte. Dann gilt für ein beliebiges $f \in \mathrm{H}$ die Beziehung

$$\left|\left(\frac{1}{2i}[S_\delta - S_\delta^*]f, f\right)\right| = \left|\sum_{k=1}^{m} (\Delta E(\mu_k)\, K\, \Delta E(\mu_k)\, f, f)\right|$$

$$\leqq \sum_{k=1}^{m} \sum_{j=1}^{\infty} |(\Delta E(\mu_k) f, e_j)|^2 \cdot |\lambda_j|$$

$$\leqq \sum_{k=1}^{m} \sum_{j=1}^{n} \|\Delta E(\mu_k) f\|^2\, \|\Delta E(\mu_k)\, e_j\|^2 \cdot |\lambda_j|$$

$$+ \sum_{k=1}^{m} \sum_{j=n+1}^{\infty} |(\Delta E(\mu_k) f, e_j)|^2 \cdot |\lambda_j|$$

$$\leqq \|f\|^2 \left\{ \sum_{j=1}^{n} |\lambda_j| \max_{\substack{1 \leqq k \leqq m \\ 1 \leqq j \leqq n}} \|\Delta E(\mu_k)\, e_j\|^2 + \max_{j>n} |\lambda_j| \right\}.$$

Der zweite Summand in der geschweiften Klammer kann durch geeignete Wahl von n beliebig klein gemacht werden. Im ersten Term sind nur solche Werte des Index k zu berücksichtigen, für die $\mu_k - \mu_{k-1} < \delta$ gilt. Die den übrigen k-Werten entsprechenden Glieder in (8) entfallen wegen (6). Deshalb kann unter Benutzung der gleichmäßigen Stetigkeit der Funktionen $E(\mu)\, e_j$ auf der abgeschlossenen Menge $\mathcal{M}$ auch der erste Term in der geschweiften Klammer beliebig klein gemacht werden, wenn δ bei festem n verkleinert wird. Demnach ist $\lim_{\delta \to 0} \|S_\delta - S_\delta^*\| = 0$ und analog auch $\lim_{\delta \to 0} \|S_\delta + S_\delta^*\| = 0$. Damit ist der Satz vollständig bewiesen.

ANHANG I

INTEGRALOPERATOREN

116. Definitionen und Hilfssätze. Die einfachsten linearen Integraloperatoren sind die HILBERT-SCHMIDTschen Operatoren (siehe Nr. 32). Die Kerne $K(s, t)$ dieser Operatoren lassen sich durch die Ungleichung

$$\iint_{-\infty}^{\infty} |K(s, t)|^2 \, ds \, dt < \infty$$

charakterisieren. In den klassischen Arbeiten HILBERTS[1]) wird bereits der allgemeinere Fall behandelt, daß für eine beliebige Funktion $f(t) \in L^2(-\infty\ \infty)$

$$\int_{-\infty}^{\infty} ds \left| \int_{-\infty}^{\infty} K(s, t) f(t) \, dt \right|^2 \leqq M^2 \int_{-\infty}^{\infty} |f(t)|^2 \, dt$$

gilt, wobei M eine Konstante ist. In diesem Fall erzeugt der Kern $K(s, t)$ einen beschränkten Integraloperator.

Ein noch allgemeinerer Fall entsteht, wenn nur vorausgesetzt wird, daß für fast alle $s \in (-\infty, \infty)$

$$\int_{-\infty}^{\infty} |K(s, t)|^2 \, dt < \infty$$

gilt. Der Gegenstand des vorliegenden Anhangs ist das Studium von Integraloperatoren mit symmetrischen Kernen, die dieser Bedingung genügen. Die Theorie solcher Operatoren wie auch von Operatoren mit Kernen allgemeinerer Natur stammt von CARLEMAN.[2])

Im folgenden befassen wir uns mit dem Raum L^2 der Funktionen auf der ganzen reellen Achse, obwohl die Theorie auch für Funktionen vieler Variabler und auch dann Gültigkeit besitzt, wenn anstatt des ganzen (ein- oder mehrdimensionalen) euklidischen Raumes eine beliebige im LEBESGUEschen Sinne meßbare Punktmenge positiven Maßes zugrunde gelegt wird.

Definition. CARLEMAN*scher Kern* heißt jede meßbare (komplexwertige) Funktion $K(s, t)$ $(-\infty < s, t < \infty)$, für die folgendes gilt:

---

[1]) Siehe D. HILBERT [1].

[2]) Der Aufbau dieser Theorie vollzog sich in den Jahren 1920–1923. Die erste systematische Darstellung findet sich bei T. CARLEMAN [1]. Eine von dieser ersten Darstellung verschiedene findet man bei M. STONE [1]. In unserer Darstellung folgen wir im wesentlichen N. I. ACHIESER [4].

a) fast überall in der $s\,t$-Ebene ist

$$\overline{K(s,t)} = K(t,s)\,,$$

b) fast überall auf der s-Achse ist

$$\int_{-\infty}^{\infty} |K(s,t)|^2\,dt < \infty\,.$$

Wir setzen

$$K(s) = \sqrt{\int_{-\infty}^{\infty} |K(s,t)|^2\,dt}\,, \tag{1}$$

falls die rechte Seite endlich ist und

$$K(s) = 0$$

im entgegengesetzten Fall.

Wir bemerken zunächst, daß fast überall

$$\int_{-\infty}^{\infty} |K(t,s)|^2\,dt = K^2(s) \tag{2}$$

gilt. Wegen a) ist nämlich

$$\iint_{-\infty}^{\infty} |K(s,t) - \overline{K(t,s)}|^2\,ds\,dt = 0\,,$$

und hieraus folgt nach dem Satz von Fubini, daß für fast alle s

$$\int_{-\infty}^{\infty} |K(s,t) - \overline{K(t,s)}|^2\,dt = 0$$

gilt. Hiernach gilt für fast alle s

$$\int_{-\infty}^{\infty} |K(t,s)|^2\,dt = \int_{-\infty}^{\infty} |K(s,t)|^2\,dt = K^2(s)\,,$$

und (2) ist bewiesen.

Wir führen jetzt einen Integraloperator ein, der durch einen Carlemanschen Kern erzeugt wird. Gilt $f(t) \in L^2$, so existiert für fast alle s

$$h(s) = \int_{-\infty}^{\infty} K(s,t)\,f(t)\,dt\,, \tag{3}$$

die Funktion $h(s)$ braucht aber nicht in L^2 zu liegen. Deshalb betrachten wir zunächst die Menge D^* aller Funktionen $f(t) \in L^2$, für die $h(s) \in L^2$ gilt. Auf dieser Menge definiert die Formel (3) einen linearen Operator, den wir mit A^* bezeichnen. Jeder andere Integraloperator im Raum L^2 mit dem Kern $K(s,t)$ ist dann ein Teil des Operators A^*.

Wir definieren jetzt einen solchen Operator. Zuvor vereinbaren wir folgende Bezeichnung: Ist $P(s)$ $(-\infty < s < \infty)$ eine feste, meßbare, reelle, nicht negative Funktion, so wollen wir unter $[L^2]_P$ die Gesamtheit aller Funktionen $\varphi(s) \in L^2(-\infty, \infty)$ verstehen, für die

$$\int_{-\infty}^{\infty} P(s)\, |\varphi(s)|\, ds < \infty$$

gilt. Wir wollen die linke Seite dieser Ungleichung mit dem Symbol $||\varphi||_P$ bezeichnen.

Wir zeigen jetzt, daß $[L^2]_K \subseteq D^*$ gilt, wobei $K(s)$ durch Formel (1) definiert ist. Zu diesem Zweck sei $f(t) \in [L^2]_K$, d. h. $f(t) \in L^2$ und

$$\int_{-\infty}^{\infty} K(s)\, |f(s)|\, ds < \infty .$$

Wir müssen zeigen, daß in diesem Fall

$$\int_{-\infty}^{\infty} ds \left| \int_{-\infty}^{\infty} K(s, t)\, f(t)\, dt \right|^2 < \infty$$

gilt. Dies folgt aber aus dem Satz von Fubini, da fast überall

$$\begin{aligned} &\int_{-\infty}^{\infty} |K(s, u)\, \overline{K(s, v)}\, f(u)\, \overline{f(v)}|\, ds \\ &\leqq |f(u)| \cdot |f(v)| \cdot \sqrt{\int_{-\infty}^{\infty} |K(s, u)|^2\, ds}\, \sqrt{\int_{-\infty}^{\infty} |K(s, v)|^2\, ds} \\ &= K(u)\, K(v)\, |f(u)| \cdot |f(v)| \end{aligned} \tag{4}$$

und

$$\iint_{-\infty}^{\infty} K(u)\, K(v)\, |f(u)| \cdot |f(v)|\, du\, dv = \left\{ \int_{-\infty}^{\infty} K(u)\, |f(u)|\, du \right\}^2 < \infty$$

gilt.

Wir definieren jetzt den Operator A_0 mit dem Definitionsbereich $D_{A_0} = [L^2]_K$, indem wir

$$A_0 f = A^* f \qquad (f \in D_{A_0})$$

setzen.

Wir bemerken, daß der Definitionsbereich D_{A_0} dicht liegt in L^2. Diese Behauptung ist eine Folge aus dem weiter unten aufgeführten Hilfssatz.

Wir bemerken auch, daß wegen (4)

$$||A_0 f|| \leqq ||f||_K \tag{5}$$

gilt.

Hilfssatz. *Die meßbare Funktion* $P(s)$ $(-\infty < s < \infty)$ *sei fast überall endlich und* $\geqq 0$, *die Funktion* $h(s)$ *sei meßbar, und es gelte*

$$\int_{-\infty}^{\infty} f(s)\, h(s)\, ds = 0$$

für eine beliebige Funktion $f(s) \in [L^2]_P$. *Dann gilt fast überall*

$$h(s) = 0 . \tag{6}$$

Beweis. Zunächst bemerken wir, daß $h(s)$ nur auf einer Menge vom Maß Null unendlich sein kann. Weiter bezeichnen wir mit $e(a)$ die Menge aller s, für die

$$P(s) \leqq a , \qquad |h(s)| \leqq a$$

gilt. e sei eine beliebige Teilmenge der Menge $e(a)$ und zwar von endlichem Maß. Ihre charakteristische Funktion $\chi_e(s)$ gehört offensichtlich zu $[L^2]_P$. Deshalb ist

$$\int_e h(s)\, ds = \int_{-\infty}^{\infty} \chi_e(s)\, h(s)\, ds = 0 .$$

Da e beliebig ist, gilt Gleichung (6) fast überall auf $e(a)$. Da auch a beliebig ist, gilt sie fast überall auf der ganzen reellen Achse.

Folgerung. *Die Menge* $[L^2]_P$ *liegt dicht in* L^2.

Satz. *Der Operator* A_0 *ist symmetrisch, und* A^* *ist der zu* A_0 *adjungierte Operator.*

Beweis. Sei $f(t) \in D_{A_0}$, $g(t) \in L^2$. Dann gilt fast überall

$$\int_{-\infty}^{\infty} |K(s, t)| \cdot |f(t)\, \overline{g(s)}|\, ds$$

$$\leqq |f(t)| \sqrt{\int_{-\infty}^{\infty} |K(s, t)|^2\, ds} \sqrt{\int_{-\infty}^{\infty} |g(s)|^2\, ds} = K(t) \cdot |f(t)| \cdot \|g\| .$$

Deshalb gilt

$$\iint_{-\infty}^{\infty} |K(s, t)| \cdot |f(t)\, \overline{g(s)}|\, ds\, dt \leqq \|f\|_K\, \|g\| ,$$

und hieraus folgt

$$\int_{-\infty}^{\infty} \left\{ \int_{-\infty}^{\infty} K(s, t)\, f(t)\, dt \right\} \overline{g(s)}\, ds = \int_{-\infty}^{\infty} f(t)\, dt \int_{-\infty}^{\infty} \overline{K(t, s)}\, \overline{g(s)}\, ds . \tag{7}$$

Setzen wir voraus, daß nicht nur $f(t)$, sondern auch $g(t)$ zu D_{A_0} gehört, so kann man die erhaltene Beziehung in der Form

$$(A_0 f, g) = (f, A_0 g)$$

schreiben. Damit ist die erste Behauptung bewiesen.

Wir beweisen die zweite Behauptung. Zunächst bemerken wir, daß für $f(t) \in D_{A_0}$ und $g(t) \in D^*$ die Beziehung (7) in der Form

$$(A_0 f, g) = (f, g^*)$$

geschrieben werden kann, wobei

$$g^*(t) = \int_{-\infty}^{\infty} K(t, s)\, g(s)\, ds$$

ein Element des Raumes L^2 ist. Hieraus folgt $g(t) \in D_{A_0^*}$, und damit ist die Inklusion $D^* \subseteq D_{A_0^*}$ bewiesen.

Nun muß die umgekehrte Inklusion bewiesen werden. Dazu nehmen wir $g(t) \in D_{A_0^*}$ an. Dies bedeutet, daß eine Funktion $g^*(t) \in L^2$ existiert, so daß für beliebiges $f \in D_{A_0}$ die Gleichung

$$\int_{-\infty}^{\infty} \left\{ \int_{-\infty}^{\infty} K(s, t) f(t)\, dt \right\} \overline{g(s)}\, ds = \int_{-\infty}^{\infty} f(t)\, \overline{g^*(t)}\, dt$$

gilt. Wegen (7) kann man sie in der Form

$$\int_{-\infty}^{\infty} f(t)\, dt \left\{ \int_{-\infty}^{\infty} \overline{K(t, s)}\, \overline{g(s)}\, ds - \overline{g^*(t)} = 0 \right.$$

schreiben. Auf Grund des Hilfssatzes folgt hieraus, daß fast überall

$$g^*(t) = \int_{-\infty}^{\infty} K(t, s)\, g(s)\, ds$$

gilt. Da aber $g^*(t)$ zu L^2 gehört, folgt $g(s) \in D^*$ und $A^* g = g^*(t)$. Damit ist $D^* \supseteq D_{A_0^*}$, gleichzeitig auch $D^* = D_{A_0^*}$ und also der ganze Satz bewiesen.

Definition. Die Abschließung $A = A^{**}$ des Operators A_0 heißt Carlemanscher *Integraloperator* mit dem Kern $K(s, t)$.

Wir behalten die Bezeichnung D^* für $D_{A_0^*}$ bei und schreiben außerdem D an Stelle von D_A.

Nach Carleman heißt $K(s, t)$ ein *Kern erster Art*, wenn A selbstadjungiert ist. Sonst heißt $K(s, t)$ ein *Kern zweiter Art*.

117. Beispiel. Wir bezeichnen die orthonormierte Folge der Haarschen Funktionen für das Intervall $[0, 1]$ mit $\{\psi_n(s)\}_0^\infty$. Diese Funktionen sind folgendermaßen definiert:

$$\psi_0(s) = 1 \qquad (0 \leqq s \leqq 1),$$

$$\psi_1(s) = \begin{cases} -1 & \left(0 \leqq s < \frac{1}{2}\right), \\ 1 & \left(\frac{1}{2} \leqq s \leqq 1\right), \end{cases}$$

$$\psi_n(s) = \begin{cases} 0 & \left(0 \leqq s < 1 - \frac{1}{2^{n-1}}\right), \\ -2^{\frac{n-1}{2}} & \left(1 - \frac{1}{2^{n-1}} \leqq s < 1 - \frac{1}{2^n}\right), \\ 2^{\frac{n-1}{2}} & \left(1 - \frac{1}{2^n} \leqq s \leqq 1\right) \end{cases}$$

$$(n = 2, 3, \ldots).$$

Da für jedes $s \in [0, 1)$ ein p_s existiert derart, daß $\psi_p(s) = 0$ gilt für $p \geqq p_s$, so sind die Reihen

$$\sum_{p=0}^{\infty} c_p \, \psi_p(s) , \qquad \sum_{p=0}^{\infty} c_p \, \psi_p^2(s)$$

absolut konvergent im Intervall $0 \leqq s < 1$, wie auch die Koeffizienten c_p gewählt sind.

Hilfssatz 1. *Damit die Summe*

$$\sum_{p=0}^{\infty} c_p \, \psi_p(s) = \theta(s)$$

fast überall im Intervall $0 \leqq s < 1$ *verschwindet, ist notwendig und hinreichend, daß die Gleichungen*

$$c_p = 2^{\frac{p-1}{2}} c_0 \qquad (p = 1, 2, 3, \ldots)$$

erfüllt sind.

Beweis. Wir stellen das Intervall $0 \leqq s < 1$ dar als Vereinigung der Intervalle

$$(d_n) \qquad 1 - \frac{1}{2^{n-1}} \leqq s < 1 - \frac{1}{2^n} \qquad (n = 1, 2, 3, \ldots) .$$

Im Intervall (d_1) gilt

$$\theta(s) = c_0 - c_1$$

und im Intervall (d_n) $(n \geqq 2)$

$$\theta(s) = c_0 + c_1 + 2^{\frac{1}{2}} c_2 + 2^{\frac{2}{2}} c_3 + \cdots + 2^{\frac{n-2}{2}} c_{n-1} - 2^{\frac{n-1}{2}} c_n .$$

Damit die Funktion $\theta(s)$ mindestens in einem Punkt aus jedem Intervall (d_n) $(n = 1, 2, 3, \ldots)$ verschwindet, müssen notwendig alle Gleichungen

$$c_0 - c_1 = 0 ,$$

$$c_0 + c_1 + 2^{\frac{1}{2}} c_2 + 2^{\frac{2}{2}} c_3 + \cdots + 2^{\frac{n-2}{2}} c_{n-1} - 2^{\frac{n-1}{2}} c_n = 0$$

$$(n = 2, 3, 4, \ldots)$$

erfüllt sein. Wenn alle diese Gleichungen erfüllt sind, so ist die Funktion $\theta(s)$ gleich Null im ganzen Intervall $0 \leqq s < 1$. Hieraus folgt Hilfssatz 1.

Später benötigen wir die Funktionen

$$\varkappa_n(s) = \psi_0(s) + \psi_1(s) + 2^{\frac{1}{2}} \psi_2(s) + \cdots + 2^{\frac{n-2}{2}} \psi_{n-1}(s) - 2^{\frac{n-1}{2}} \psi_n(s)$$

$$(n = 2, 3, \ldots)$$

und

$$\varkappa_1(s) = \psi_0(s) - \psi_1(s) .$$

Man sieht leicht, wenn man den Beweis von Hilfssatz 1 beachtet, daß

$$\varkappa_n(s) = \begin{cases} 0 & \left(0 \leqq s < 1 - \frac{1}{2^{n-1}}\right), \\ 2^n & \left(1 - \frac{1}{2^{n-1}} \leqq s < 1 - \frac{1}{2^n}\right) \\ 0 & \left(1 - \frac{1}{2^n} \leqq s < 1\right) \end{cases} \qquad (n = 2, 3, \ldots),$$

und

$$\varkappa_1(s) = \begin{cases} 2 & \left(0 \leqq s < \frac{1}{2}\right), \\ 0 & \left(\frac{1}{2} \leqq s < 1\right) \end{cases}$$

gilt.

Demnach nehmen die Funktionen $\varkappa_n(s)$ $(n = 1, 2, \ldots)$ im Intervall (d_n) konstante von Null verschiedene Werte an und verschwinden außerhalb dieses Intervalls.

Hilfssatz 2. *Jede Funktion $\varphi(s) \in L^2(0, 1)$ läßt sich als konvergente Reihe*

$$\varphi(s) = \sum_{p=0}^{\infty} c_p\, \psi_p(s) + \omega(s)$$

darstellen, wobei

$$\omega(s) \in L^2(0, 1), \qquad \sum_{p=0}^{\infty} |c_p|^2 < \infty,$$

$$c_p = \int_0^1 \varphi(s)\, \psi_p(s)\, ds \qquad (p = 0, 1, 2, \ldots)$$

und

$$\int_0^1 \omega(s)\, \psi_p(s)\, ds = 0 \qquad (p = 0, 1, 2, \ldots)$$

gilt.

Beweis. Die Folge der Partialsummen

$$\theta_n(s) = \sum_{p=0}^{n} c_p\, \psi_p(s)$$

konvergiert bezüglich der Metrik von $L^2(0, 1)$ gegen eine gewisse Funktion $\theta(s) \in L^2$. Deshalb (vgl. Nr. 11) existiert eine Teilfolge $\{\theta_{n_k}(s)\}_{k=1}^{\infty}$, die fast überall gegen $\theta(s)$ konvergiert. Da aber die Reihe

$$\sum_{p=0}^{\infty} c_p\, \psi_p(s) \qquad (0 \leqq s < 1)$$

überall konvergiert, ist ihre Summe fast überall gleich $\theta(s)$, und für den Beweis des Hilfssatzes genügt die Bemerkung, daß

$$\int_0^1 \theta(s)\, \psi_p(s)\, ds = c_p \qquad (p = 0, 1, 2, \ldots)$$

gilt.

Wir betrachten jetzt die Funktion

$$K(s, t) = \sum_{p=0}^{\infty} a_p\, \psi_p(s)\, \psi_p(t) \qquad \left(0 \leqq \frac{s}{t} < 1\right), \tag{1}$$

wobei die a_p reelle Zahlen sind. Man sieht leicht, daß diese Funktion ein reeller CARLEMANscher Kern ist. Dabei gilt

$$K^2(s) = \int_0^1 [K(s, t)]^2\, dt = \sum_{p=0}^{\infty} a_p^2\, \psi_p^2(s)\,. \tag{2}$$

Die Eigenschaften des Kernes $K(s, t)$ hängen natürlich davon ab, wie die Zahlen a_p gewählt werden.

Wir zeigen zunächst, daß $K(s, t)$ ein HILBERT-SCHMIDTscher Kern ist genau dann, wenn die Reihe

$$\sum_{p=0}^{\infty} a_p^2 \tag{3}$$

konvergent ist.

Nach dem Satz über die gliedweise Integrierbarkeit einer Reihe mit nicht negativen Gliedern ergibt sich nämlich wegen (2)

$$\int_0^1\int_0^1 [K(s, t)]^2\, ds\, dt = \sum_{p=0}^{\infty} a_p^2\,,$$

wobei die linke und rechte Seite gleichzeitig endlich oder unendlich sind. Hieraus folgt die Behauptung.

Da die HILBERT-SCHMIDTschen Kerne hier nicht interessieren, nehmen wir an, daß die Reihe (3) divergiert und betrachten folgende Alternative:

$$(\mathfrak{D}) \qquad \sum_{p=0}^{\infty} \frac{2^{p-1}}{1 + a_p^2} = \infty$$

und

$$(\mathfrak{C}) \qquad \sum_{p=0}^{\infty} \frac{2^{p-1}}{1 + a_p^2} < \infty\,.$$

Wir zeigen, daß im Fall $(\mathfrak{D})$ $K(s, t)$ ein Kern erster Art und im Fall $(\mathfrak{C})$ ein Kern zweiter Art ist.

Das Verhalten des Kerns hängt von den Defektindizes des Integraloperators A ab, der durch den Kern $K(s, t)$ erzeugt wird. Diese Defektindizes sind hier einander gleich, weil der Kern $K(s, t)$ reell ist. Zu ihrer Berechnung müssen wir die Eigenfunktionen des Operators A^* aufsuchen, die zu einer beliebig gewählten nicht reellen Zahl λ, z. B. $\lambda = i$ gehören. Eine solche Eigenfunktion läßt sich wegen Hilfssatz 2 in der Form

$$\varphi(s) = \sum_{p=0}^{\infty} c_p \psi_p(s) + \omega(s)$$

darstellen, wobei die Zahlen c_p und die Funktion $\omega(s)$ alle Bedingungen von Hilfssatz 2 erfüllen müssen. Außerdem muß die Funktion $\varphi(s)$ der Gleichung

$$A^* \varphi = i \varphi \tag{4}$$

genügen. Wir betrachten das Intervall (d_n). Die linke Seite der Gleichung (4) ist in diesem Intervall fast überall gleich

$$A^* \varphi = \sum_{p=0}^{n} a_p \psi_p(s) \int_0^1 \varphi(t) \psi_p(t)\, dt = \sum_{p=0}^{n} a_p c_p \psi_p(s),$$

die rechte Seite gleich

$$i \left\{ \sum_{p=0}^{n} c_p \psi_p(s) + \omega(s) \right\}.$$

Also gilt fast überall im Intervall (d_n)

$$\omega(s) = -\sum_{p=0}^{n} (1 + i a_p) c_p \psi_p(s).$$

Diese Gleichung zeigt, daß $\omega(s)$ in jedem Intervall (d_n) konstant ist. Sei

$$\omega(s) = \gamma_n, \qquad s \in (d_n), \qquad n = 1, 2, 3, \ldots.$$

Da $\omega(s)$ zu allen Funktionen $\psi_p(s)$ orthogonal ist, ergibt sich auf Grund der Eigenschaft der Funktionen $\varkappa_n(s)$

$$0 = \int_0^1 \omega(s) \varkappa_n(s)\, ds = \int_{(d_n)} \omega(s) \varkappa_n(s)\, ds = \gamma_n \cdot 2^n \cdot \frac{1}{2^n} = \gamma_n$$

$$(n = 1, 2, 3, \ldots).$$

Man sieht, daß die Funktion $\omega(s)$ gleich Null sein muß. Die Koeffizienten c_p müssen demnach überall im Intervall $0 \leq s < 1$ die Beziehung

$$\sum_{p=0}^{\infty} (1 + i a_p) c_p \psi_p(s) = 0$$

erfüllen. Wegen Hilfssatz 1 gilt diese Gleichung dann und nur dann, wenn

$$(1 + i a_p) c_p = 2^{\frac{p-1}{2}} (1 + i a_0) c_0 \qquad (p = 1, 2, 3, \ldots),$$

d. h., wenn

$$|c_p|^2 = |c_0|^2 (1 + a_0^2) \frac{2^{p-1}}{1 + a_p^2} \qquad (p = 1, 2, 3, \ldots)$$

gilt. Die erhaltene Formel zeigt, daß der Punkt i im Fall ($\mathcal{D}$) kein Eigenwert des Operators A^* ist, im Fall ($\mathcal{C}$) ist er ein Eigenwert der Vielfachheit 1. Damit ist unsere Behauptung bewiesen. Gleichzeitig haben wir gezeigt, daß im Fall ($\mathcal{C}$) die Defektindizes des Operators A gleich (1, 1) sind.

118. Spektralfunktionen eines Integraloperators mit Carlemanschem Kern. A sei ein Integraloperator mit Carlemanschem Kern $K(s, t)$ und E_λ $(-\infty \leqq \lambda \leqq \infty)$ irgendeine der zu A gehörenden Spektralfunktionen. Wir setzen

$$F_\lambda = \begin{cases} E_\lambda & (\lambda < 0)\,, \\ 0 & (\lambda = 0)\,, \\ E_\lambda - I & (\lambda > 0)\,, \end{cases}$$

so daß $F_\lambda \operatorname{sgn} \lambda$ ein negativer selbstadjungierter Operator mit einer unteren Grenze $\geqq -1$ ist. Diese Eigenschaften des Operators F_λ haben zur Folge, daß der Operator $F_\lambda^2 + F_\lambda \operatorname{sgn} \lambda$ negativ ist. Deshalb gilt für beliebiges $f \in \mathrm{L}^2$ die Ungleichung

$$(F_\lambda f, F_\lambda f) \leqq |(F_\lambda f, f)|\,. \tag{1}$$

Wir brauchen auch die Ungleichung

$$|(F_\lambda f, f)| \leqq \frac{1}{\lambda^2} \|f\|_K^2\,, \tag{2}$$

die für beliebiges $f \in [\mathrm{L}^2]_K$ gilt. Wir beweisen sie z. B. für $\lambda > 0$. Zu diesem Zweck genügt es zu bemerken, daß für beliebiges $f \in [\mathrm{L}^2]_K = \mathrm{D}_0$

$$\begin{aligned} (A_0 f, A_0 f) = (A f, A f) &= \int_{-\infty}^{\infty} \mu^2 \, d(E_\mu f, f) \geqq \lambda^2 \int_{\lambda}^{\infty} d(E_\mu f, f) \\ &= \lambda^2 \left((I - E_\lambda) f, f\right) = \lambda^2 \, |(F_\lambda f, f)| \end{aligned}$$

und andererseits (vgl. (4) in Nr. 116)

$$(A_0 f, A_0 f) \leqq \|f\|_K^2$$

gilt.

Satz 1. *F_λ ist ein Integraloperator mit Carlemanschem Kern $F(t, s; \lambda)$, der für jedes $\lambda \neq 0$ fast überall auf der t-Achse die Ungleichung*

$$\int_{-\infty}^{\infty} |F(t, s; \lambda)|^2 \, ds \leqq \frac{K_1^2(t)}{\lambda^2} \tag{3}$$

erfüllt, wobei

$$K_1(t) = \max\{1, K(t)\}$$

gilt.

Den Beweis führen wir in mehreren Schritten.

1. Zunächst bemerken wir, daß auf Grund von Hilfssatz 1 von Nr. 25 eine Funktion $G(s, t; \lambda)$ existiert, die bezüglich t zu L^2 gehört für jedes s, wobei $G(0, t; \lambda) = 0$ gilt, mit folgender Eigenschaft: Für eine beliebige Funktion $f(t) \in L^2$ gilt

$$(F_\lambda f)(s) = \frac{d}{ds} \int_{-\infty}^{\infty} G(s, x; \lambda) f(x)\, dx \tag{4}$$

fast überall[1]) bezüglich s.

Wir zeigen, daß die Funktion $G(s, t; \lambda)$ für jedes s auf einer gewissen Menge der t-Achse vom Maß Null so abgeändert werden kann, daß die abgeänderte Funktion für jedes t fast überall bezüglich s eine Ableitung

$$F(s, t; \lambda) = \frac{\partial}{\partial s} G(s, t; \lambda)$$

besitzt, die zu L^2 gehört (bezüglich s).

Zu diesem Zweck setzen wir

$$k(s) = \begin{cases} \dfrac{1}{K(s)}, & \text{wenn} \quad K(s) \geqq 1, \\ 1, & \text{wenn} \quad K(s) < 1 \end{cases}$$

und wenden die Formel (4) auf die Funktion

$$f_{t,h}(x) = \begin{cases} \dfrac{1}{h} k(x) & \text{für} \quad x \in (t, t+h), \\ 0 & \text{für} \quad x \,\overline{\in}\, (t, t+h) \end{cases}$$

an, die für beliebiges $h > 0$ zu $[L^2]_K$ gehört. Wir erhalten fast überall bezüglich s

$$(F_\lambda f_{t,h})(s) = \frac{d}{ds} \frac{1}{h} \int_t^{t+h} G(s, x; \lambda)\, k(x)\, dx = \frac{d}{ds} G_h(s, t; \lambda),$$

wobei

$$G_h(s, t; \lambda) = \frac{1}{h} \int_t^{t+h} G(s, x; \lambda)\, k(x)\, dx \tag{5}$$

---

[1]) Die Menge vom Maß Null, auf der (4) nicht erfüllt ist, hängt von $f(t)$, aber auch von λ ab. Dieser Umstand muß im folgenden im Auge behalten werden. Übrigens kann in der vorliegenden Betrachtung der Wert $\lambda \neq 0$ festgehalten werden.

gilt. Deshalb ergibt sich auf Grund der Ungleichungen (1) und (2)

$$\int_{-\infty}^{\infty} \left| \frac{d}{ds} G_h(s, t; \lambda) \right|^2 ds = (F_\lambda f_{t,h}, F_\lambda f_{t,h})$$

$$\leqq \frac{1}{\lambda^2} \|f_{t,h}\|_K^2 = \frac{1}{\lambda^2} \left\{ \frac{1}{h} \int_t^{t+h} K(s)\, k(s)\, ds \right\}^2 \leqq \frac{1}{\lambda^2}. \tag{6}$$

Hieraus folgt die Existenz einer von t abhängenden Folge $h_n \to 0$ ($h_n > 0$) und einer Funktion $g(s, t; \lambda)$ (von s), die zu L^2 gehört, derart, daß für $n \to \infty$

$$\frac{d}{ds} G_{h_n}(s, t; \lambda) \xrightarrow{\text{schw.}} g(s, t; \lambda)$$

gilt. D. h., es gilt

$$\lim_{n\to\infty} G_{h_n}(s, t; \lambda) = \int_0^s g(x, t; \lambda)\, dx$$

für jedes s. Andererseits gilt wegen (5) für jedes s fast überall bezüglich t

$$\lim_{h\to 0} G_h(s, t; \lambda) = G(s, t; \lambda)\, k(t) .$$

Deshalb ergibt sich für jedes s fast überall bezüglich t

$$G(s, t; \lambda)\, k(t) = \int_0^s g(x, t; \lambda)\, dx . \tag{7}$$

Die für jedes s auf einer gewissen Menge der t-Achse vom Maße Null abgeänderte Funktion $G(s, t; \lambda)$ wählen wir so, daß (7) für alle s und t gilt. Da $k(t) \neq 0$ gilt, besitzt die abgeänderte Funktion $G(s, t; \lambda)$ für jedes t fast überall bezüglich s eine Ableitung

$$F(s, t; \lambda) = \frac{\partial}{\partial s} G(s, t; \lambda) ,$$

die bezüglich s zu L^2 gehört.

2. Der nächste Schritt gibt einen Beweis dafür, daß für jede Funktion $f \in L^2$ die Gleichung

$$(F_\lambda f)(t) = \int_{-\infty}^{\infty} \overline{F(s, t; \lambda)}\, f(s)\, ds \tag{8}$$

fast überall auf der t-Achse gilt. Diese Tatsache läßt sich sehr einfach beweisen für die charakteristischen Funktionen $\chi_{\alpha,\beta}$ eines endlichen Intervalls $[\alpha, \beta]$:

$$\chi_{\alpha,\beta}(s) = \begin{cases} 1 & \text{für} \quad s \in [\alpha, \beta] , \\ 0 & \text{für} \quad s \,\overline{\in}\, [\alpha, \beta] , \end{cases}$$

und damit für beliebige finite Treppenfunktionen. Es gilt nämlich für eine beliebige Funktion $h(t) \in L^2$

$$\int_{-\infty}^{\infty} h(t)\,dt \int_{-\infty}^{\infty} F(s,t;\lambda)\,\chi_{\alpha,\beta}(s)\,ds = \int_{-\infty}^{\infty} h(t)\,\{G(\beta,t;\lambda) - G(\alpha,t;\lambda)\}\,dt$$

$$= \int_{-\infty}^{\infty} \chi_{\alpha,\beta}(s)\,\frac{d}{ds}\int_{-\infty}^{\infty} h(t)\,G(s,t;\lambda)\,dt = (F_\lambda h, \chi_{\alpha,\beta}) = (h, F_\lambda \chi_{\alpha,\beta})\,.$$

Deshalb erhält man für fast alle t

$$(F_\lambda \chi_{\alpha,\beta})(t) = \int_{-\infty}^{\infty} \overline{F(s,t;\lambda)}\,\chi_{\alpha,\beta}(s)\,ds\,.$$

Zu jeder beliebigen Funktion $f \in L^2$ gibt es eine Folge finiter Treppenfunktionen $\{f_n\}_1^\infty$, die stark gegen f konvergiert. Dann konvergiert die Folge $\{F_\lambda f_n\}_1^\infty$ stark gegen $F_\lambda f$, und es gibt eine Indexfolge $\{n_i\}_1^\infty$ derart, daß für fast alle t

$$\lim_{i\to\infty} (F_\lambda f_{n_i})(t) = (F_\lambda f)(t) \tag{9}$$

gilt. Andererseits läßt sich eine Menge vom Maß Null angeben derart, daß in jedem Punkt t, der nicht zu dieser Menge gehört, gleichzeitig alle Gleichungen

$$(F_\lambda f_{n_i})(t) = \int_{-\infty}^{\infty} \overline{F(s,t;\lambda)}\,f_{n_i}(s)\,ds \qquad (i = 1, 2, 3, \ldots)$$

gelten.

Für jeden solchen Punkt t konvergiert die rechte Seite gegen den Grenzwert

$$\int_{-\infty}^{\infty} \overline{F(s,t;\lambda)}\,f(s)\,ds\,,$$

und wegen (9) ist dieser Grenzwert gleich $(F_\lambda f)(t)$. Damit ist die Behauptung 2 bewiesen.

3. Wir beweisen jetzt die Beziehung (3). Zu dem Zweck betrachten wir die in (6) erhaltene Ungleichung

$$\int_{-\infty}^{\infty} ds \left|\frac{1}{h}\int_t^{t+h} F(x,s;\lambda)\,k(x)\,dx\right|^2 = (F_\lambda f_{t,h}, F_\lambda f_{t,h}) \leq \frac{1}{\lambda^2}\,,$$

aus der folgt, daß

$$\int_e dt \int_{-\infty}^{\infty} ds\,\frac{1}{k^2(t)}\left|\frac{1}{h}\int_t^{t+h} F(x,s;\lambda)\,k(x)\,dx\right|^2 \leq \frac{1}{\lambda^2}\int_e \frac{dt}{k^2(t)}$$

gilt, wobei e eine beliebige Teilmenge endlichen Maßes der Menge $e(a)$ aller t ist, für die

$$\frac{1}{k(t)} \leqq a$$

erfüllt ist. Da für jedes s die Funktion

$$\frac{1}{k^2(t)} \left| \frac{1}{h} \int_t^{t+h} F(x, s; \lambda)\, k(x)\, dx \right|^2$$

für fast alle $t \in e$ gegen $|F(t, s; \lambda)|^2$ konvergiert, falls $h \to 0$, so erhält man nach dem Satz von FATOU

$$\int_e dt \int_{-\infty}^{\infty} |F(t, s; \lambda)|^2\, ds \leqq \frac{1}{\lambda^2} \int_e \frac{dt}{k^2(t)} .$$

Nun waren die Zahl a und die Menge $e \subset e(a)$ beliebig. Demnach gilt fast überall in t

$$\int_{-\infty}^{\infty} |F(t, s; \lambda)|^2\, ds \leqq \frac{1}{\lambda^2} \frac{1}{k^2(t)} ,$$

woraus die Ungleichung (3) folgt.

Die Ungleichung (3) und Formel (8), die eine Darstellung des Operators F_λ gibt, lassen eine Änderung der Funktion $F(t, s; \lambda)$ für fast alle t auf einer Menge vom Maß Null der s-Achse zu. Wir benutzen diese Möglichkeit, um gemäß Hilfssatz 2 von Nr. 25 die Funktion $F(t, s; \lambda)$ meßbar in der $s\,t$-Ebene zu machen.

4. Es bleibt noch zu zeigen, daß fast überall in der $s\,t$-Ebene die Gleichung

$$\overline{F(s, t; \lambda)} = F(t, s; \lambda)$$

gilt. Dazu wählen wir Funktionen $f \in L^2$ und $g \in [L^2]_{K_1}$ und schreiben die Gleichung

$$(F_\lambda g, f) = (g, F_\lambda f)$$

in der Gestalt

$$\int_{-\infty}^{\infty} \overline{f(s)}\, ds \int_{-\infty}^{\infty} \overline{F(t, s; \lambda)}\, g(t)\, dt = \int_{-\infty}^{\infty} g(t)\, dt \int_{-\infty}^{\infty} F(s, t; \lambda)\, \overline{f(s)}\, ds .$$

Da wegen (3)

$$\int_{-\infty}^{\infty} dt \int_{-\infty}^{\infty} |g(t)| \cdot |f(s)| \cdot |F(t, s; \lambda)|\, ds \leqq \int_{-\infty}^{\infty} |g(t)| \cdot \|f\| \frac{1}{|\lambda|} K_1(t)\, dt < \infty$$

gilt, kann man nach dem Satz von FUBINI die Reihenfolge der Integrationen auf der linken Seite der Gleichungen vertauschen. Folglich gilt

$$\int_{-\infty}^{\infty} g(t)\,dt \int_{-\infty}^{\infty} \overline{F(t,s;\lambda)}\,\overline{f(s)}\,ds = \int_{-\infty}^{\infty} g(t)\,dt \int_{-\infty}^{\infty} F(s,t;\lambda)\,\overline{f(s)}\,ds\,,$$

woraus die Gültigkeit der Behauptung folgt, da f aus L^2 beliebig ist und die Menge der Funktionen g dicht liegt in L^2.

Damit ist der Beweis von Satz 1 beendet.

Wir betrachten nun weitere Eigenschaften des Operators F_λ.

Hilfssatz. *Sei*

$$\Omega(\lambda) = (F_\lambda f, g)\,, \tag{10}$$

wobei $f, g \in L^2$, und sei Δ ein beliebiges Intervall der λ-Achse, dessen Entfernung vom Punkt $\lambda = 0$ positiv ist. Dann gilt

$$\operatorname{Var}_\Delta \Omega(\lambda) \leqq \|f\| \cdot \|g\|\,. \tag{11}$$

Wenn außerdem $g \in [L^2]_K$ gilt, so ist

$$\operatorname{Var}_\Delta \Omega(\lambda) = \frac{1}{\delta} \|f\| \cdot \|g\|_K\,, \tag{12}$$

und wenn sogar $f, g \in [L^2]_K$ gilt, so ist

$$\operatorname{Var}_\Delta \Omega(\lambda) \leqq \frac{1}{\delta^2} \|f\|_K \|g\|_K \tag{13}$$

erfüllt.

Beweis. Wir wählen Punkte

$$\lambda_0 < \lambda_1 < \lambda_2 < \cdots < \lambda_n$$

im Intervall Δ und bilden den Ausdruck

$$V_n \equiv \sum_{k=1}^{n} |\Omega(\lambda_k) - \Omega(\lambda_{k-1})| = \sum_{k=1}^{n} |((F_{\lambda_k} - F_{\lambda_{k-1}}) f, g)|\,.$$

Da $F_{\lambda_k} - F_{\lambda_{k-1}}$ ein positiver Operator ist, erhält man auf Grund der Ungleichung von CAUCHY-BUNJAKOWSKI

$$\begin{aligned} V_n &\leqq \sum_{k=1}^{n} \sqrt{((F_{\lambda_k} - F_{\lambda_{k-1}}) f, f)}\,\sqrt{((F_{\lambda_k} - F_{\lambda_{k-1}})\, g, g)} \\ &\leqq \sqrt{\sum_{k=1}^{n} ((F_{\lambda_k} - F_{\lambda_{k-1}}) f, f)}\,\sqrt{\sum_{k=1}^{n} ((F_{\lambda_k} - F_{\lambda_{k-1}}) g, g)} \\ &= \sqrt{((F_{\lambda_n} - F_{\lambda_0}) f, f)}\,\sqrt{((F_{\lambda_n} - F_{\lambda_0})\, g, g)} \leqq \sqrt{(F_\delta f, f)\,(F_\delta g, g)}\,. \end{aligned}$$

Wegen $\|F_\delta\| \leqq 1$ folgt hieraus die Gültigkeit der Abschätzung (11). Wenden wir auf $(F_\delta g, g)$ für $g \in [L^2]_K$ die Abschätzung (2) an, so ergibt sich die Abschätzung (12). Gilt schließlich $f, g \in [L^2]_K$, so stellt man, wiederum mit Hilfe von (2), die Gültigkeit von (13) fest.

Damit ist der Hilfssatz bewiesen.

Satz 2. *Die Gesamtheit der in (s, t) für jedes λ äquivalenten Kerne des Operators F_λ enthält eine Funktion $F^0(s, t; \lambda)$, die, mit Ausnahme einer nicht von λ abhängenden Menge vom Maß Null der $s\,t$-Ebene, von beschränkter Variation ist bezüglich λ, und zwar in einem beliebigen endlichen oder unendlichen Intervall Δ der λ-Achse, das eine positive Entfernung zum Punkt $\lambda = 0$ hat. Hierbei gelten die Abschätzungen*

$$\mathrm{Var}_\Delta\, F^0(s, t; \lambda) \leqq \frac{1}{\delta^2} K(s)\, K(t)\,,$$

wenn man besagte Entfernung mit δ bezeichnet, und

$$|F^0(s, t; \lambda)| \leqq \frac{1}{\lambda^2} K(s)\, K(t)$$

für $\lambda \neq 0$. Schließlich gilt für jedes $\lambda \neq 0$ fast überall in der $s\,t$-Ebene

$$F^0(s, t; \lambda - 0) = F^0(s, t; \lambda)\,.$$

Beweis. Sei $F(s, t; \lambda)$ ein Kern des Operators F_λ. Wir konstruieren für jedes λ einen Kern $F^0(s, t; \lambda)$, der zu $F(s, t; \lambda)$ in der $s\,t$-Ebene äquivalent ist und die Bedingungen des Satzes erfüllt. Zu diesem Zweck führen wir folgende Funktionen ein:

$$\varphi_n(s; u) = \begin{cases} \dfrac{n}{2}\,, & \text{falls } |s - u| \leqq \dfrac{1}{n}\,, \\ 0\,, & \text{falls } |s - u| > \dfrac{1}{n}\,, \end{cases}$$

und setzen

$$\varphi_n^{(a)}(s; u) = \begin{cases} \varphi_n(s; u)\,, & \text{falls } u \in e(a)\,, \\ 0\,, & \text{falls } u \,\overline{\in}\, e(a)\,, \end{cases}$$

wobei $e(a)$ die Menge aller der Werte u ist, für die $K(u) \leqq a$ gilt. Bei festem s gilt offensichtlich $\varphi_n^{(a)}(s; u) \in [L^2]_K$. Wir setzen weiter

$$\Phi_n^{(a)}(s, t; \lambda) = \iint\limits_{-\infty}^{\infty} F(u, v; \lambda)\, \varphi_n^{(a)}(s; u)\, \varphi_n^{(a)}(t; v)\, du\, dv\,. \qquad (14)$$

Wir bemerken, daß dieses Integral wegen der Abschätzung (3) als Doppelintegral im Sinne der Absolutkonvergenz existiert, nicht nur als iteriertes Integral.

Wegen (13) gilt

$$\mathrm{Var}_\Delta\, \Phi_n^{(a)}(s, t; \lambda) \leqq \frac{1}{\delta^2} \iint\limits_{-\infty}^{\infty} K(u)\, K(v)\, \varphi_n^{(a)}(s; u)\, \varphi_n^{(a)}(t; v)\, du\, dv \leqq \frac{a^2}{\delta^2}\,. \qquad (15)$$

Alle Funktionen $\Phi_n^{(a)}(s, t; \lambda)$ $(n = 1, 2, 3, \ldots)$ sind also im Intervall Δ von gleichmäßig beschränkter Variation bezüglich λ. Wenden wir nun den Satz von HELLY an und kombinieren wir ihn mit der Methode der Konstruktion einer Diagonalfolge, so ergibt sich eine Folge $\{n_k\}_{k=1}^{\infty}$, die von dem beliebig gewählten Punkt (s, t) abhängt, derart, daß für alle $\lambda \neq 0$

$$\lim_{k\to\infty} \Phi_{n_k}^{(a)}(s, t; \lambda) \equiv \Phi^{(a)}(s, t; \lambda)$$

existiert. Hierbei gilt wegen (15) für beliebiges s, t

$$\operatorname{Var}_\Delta \Phi^{(a)}(s, t; \lambda) \leqq \frac{a^2}{\delta^2}. \tag{16}$$

Die letzte Ungleichung läßt folgende Verschärfung zu. Sei $e_2^*(a)$ die Menge aller Punkte $(s, t) \in e(a) \times e(a) \equiv e_2(a)$, für die

$$\lim_{n\to\infty} \iint_{-\infty}^{\infty} K(u)\, K(v)\, \varphi_n^{(a)}(s; u)\, \varphi_n^{(a)}(t; v)\, du\, dv = K(s)\, K(t)$$

gilt. Nach einem bekannten Satz gilt $\operatorname{mes}\{e_2(a)\setminus e_2^*(a)\} = 0$.

Für $(s, t) \in e_2^*(a)$ kann man für $n \to \infty$ im mittleren Glied der Ungleichung (15) zum Grenzwert übergehen, woraus

$$\operatorname{Var}_\Delta \Phi^{(a)}(s, t; \lambda) \leqq \frac{1}{\delta^2} K(s)\, K(t), \qquad (s, t) \in e_2^*(a) \tag{17}$$

folgt. Das ist eine Verschärfung der Ungleichung (16).

Andererseits gilt wegen (14) für jedes $\lambda \neq 0$ fast überall in $e_2(a)$ die Gleichung

$$\lim_{n\to\infty} \Phi_n^{(a)}(s, t; \lambda) = F(s, t; \lambda),$$

d. h., für jedes $\lambda \neq 0$ gilt

$$\Phi^{(a)}(s, t; \lambda) = F(s, t; \lambda) \tag{18}$$

fast überall in $e_2(a)$.

Wir stellen jetzt die $s\,t$-Ebene E_2 als Vereinigung paarweise disjunkter Mengen dar: $\mathrm{E}_2 = \bigcup_{a=1}^{\infty} \mathrm{E}_2(a)$, wobei $\mathrm{E}_2(1) = e_2(1)$ und $\mathrm{E}_2(a+1) = e_2(a+1)\setminus e_2(a)$ gilt. Weiter definieren wir die Funktion $F^0(s, t; \lambda)$ durch die Gleichung

$$F^0(s, t; \lambda) = \Phi^{(a)}(s, t; \lambda), \text{ falls } (s, t) \in \mathrm{E}_2(a).$$

Offensichtlich gilt für jedes λ fast überall in der $s\,t$-Ebene wegen (18) die Gleichung

$$F^0(s, t; \lambda) = F(s, t; \lambda),$$

und deshalb ist $F^0(s, t; \lambda)$ ein Kern des Operators F_λ, d. h., für beliebiges $f, g \in L^2$ gilt

$$\iint_{-\infty}^{\infty} F^0(s, t; \lambda) f(t) \overline{g(s)}\, ds\, dt = (F_\lambda f, g)\,.$$

Hierbei gilt auf der Menge $E_2^* = \bigcup_{a=1}^{\infty} (E_2(a) \cap e_2^*(a))$, d. h. in der ganzen $s\,t$-Ebene, mit Ausnahme einer nicht von λ abhängenden Menge vom Maß Null, wegen (17) folgende Abschätzung:

$$\mathrm{Var}_\Delta F^0(s, t; \lambda) \leqq \frac{1}{\delta^2} K(s)\, K(t)\,.$$

Aus dieser Abschätzung folgt speziell, daß

$$|F^0(s, t; \lambda)| \leqq \frac{1}{\lambda^2} K(s)\, K(t)$$

gilt für $\lambda \neq 0$ fast überall in der $s\,t$-Ebene.

Wir zeigen jetzt, daß für jedes $\lambda \neq 0$ fast überall in der $s\,t$-Ebene die Gleichung

$$F^0(s, t; \lambda - 0) = F^0(s, t; \lambda) \tag{19}$$

gilt. Dazu genügt die Bemerkung, daß erstens für $(s, t) \in E_2^*$ der Grenzwert $F^0(s, t; \lambda - 0)$ für beliebiges λ existiert und zweitens für beliebiges $f, g \in [L^2]_K$

$$|F^0(s, t; \mu) f(t) \overline{g(s)}| \leqq \frac{1}{\mu^2} K(s)\, K(t) \cdot |f(s)| \cdot |g(t)|$$

gilt. Da die rechte Seite in der ganzen $s\,t$-Ebene integrierbar ist, kann man für $\lambda \neq 0$ in der folgenden Gleichung den Grenzübergang unter dem Integralzeichen vornehmen:

$$\iint_{-\infty}^{\infty} F^0(s, t; \lambda) f(t) \overline{g(s)}\, ds\, dt = (F_\lambda f, g) = (F_{\lambda-0} f, g)$$

$$= \lim_{\mu \to \lambda - 0} \iint_{-\infty}^{\infty} F^0(s, t; \mu) f(t) \overline{g(s)}\, ds\, dt = \iint_{-\infty}^{\infty} F^0(s, t; \lambda - 0) f(t) \overline{g(s)}\, ds\, dt\,.$$

Hieraus folgt (19). Der Satz ist damit vollständig bewiesen.

Im folgenden wollen wir unter dem Kern $F(s, t; \lambda)$ des Operators F_λ den Kern $F^0(s, t; \lambda)$ verstehen.

Bemerkung. Durch analoge Überlegungen, die anstelle von (13) die Abschätzung (12) benutzen, läßt sich leicht zeigen, daß

$$\mathrm{Var}_\Delta \int_{-\infty}^{\infty} F(s, t; \lambda) f(t)\, dt \leqq \frac{1}{\delta} K(s) \cdot \|f\|$$

gilt für beliebiges $f \in L^2$, unter Ausschluß einer Menge der s-Achse vom Maß Null, die nicht von Δ abhängt.

119. Spektraldarstellung Carlemanscher Kerne.

Satz 1. *Sei $\Delta = [\alpha, \beta]$ ein endliches Intervall, das eine positive Entfernung vom Punkt $\lambda = 0$ hat, und sei weiter*

$$F(s, t; \Delta) = F(s, t; \beta) - F(s, t; \alpha) .$$

Dann gilt fast überall in der $s\,t$-Ebene

$$\int_{-\infty}^{\infty} K(s, u)\, F(u, t; \Delta)\, du = \int_{\alpha}^{\beta} \lambda\, d_\lambda\, F(s, t; \lambda) \tag{1}$$

(die Ausnahmemenge in der $s\,t$-Ebene vom Maß Null, für die (1) *nicht gilt, hängt im allgemeinen von α und β ab).*

Der Satz besagt, daß (1) bei beliebigem $s \,\bar{\in}\, e_{\alpha,\beta}$ für fast alle t gilt (wobei $e_{\alpha,\beta}$ eine gewisse Menge der s-Achse vom Maß Null ist).

Beweis. Für beliebiges $f, g \in L^2$ gilt die Gleichung

$$(A^* E(\Delta) f, g) = \int_{\alpha}^{\beta} \lambda\, d_\lambda (E_\lambda f, g) ,$$

die offenbar auch in der Form

$$\int_{-\infty}^{\infty} \overline{g(s)}\, ds \int_{-\infty}^{\infty} K(s, u) \left\{ \int_{-\infty}^{\infty} F(u, t; \Delta)\, f(t)\, dt \right\} du$$
$$= \int_{\alpha}^{\beta} \lambda\, d \left\{ \int_{-\infty}^{\infty} \overline{g(s)}\, ds \int_{-\infty}^{\infty} F(s, t; \lambda)\, f(t)\, dt \right\}$$

geschrieben werden kann.

Wir setzen nun $f, g \in [L^2]_{K_1}$ voraus. Dann wird wegen Satz 2 aus Nr. 118 die rechte Seite gleich

$$\iint_{-\infty}^{\infty} f(t)\, \overline{g(s)} \left\{ \int_{\alpha}^{\beta} \lambda\, d_\lambda F(s, t; \lambda) \right\} dt\, ds .$$

Wegen Satz 1 aus Nr. 118 gilt aber fast überall

$$\int_{-\infty}^{\infty} |K(s, u)\, F(u, t; \Delta)|\, du \leqq 2\, K(s)\, \frac{K_1(t)}{\delta} ,$$

wobei δ die Entfernung des Intervalls $[\alpha, \beta]$ vom Punkt $\lambda = 0$ ist. Deshalb kann auf der linken Seite die Reihenfolge der Integrationen vertauscht werden, d. h., es gilt

$$\iint_{-\infty}^{\infty} f(t)\, \overline{g(s)} \left\{ \int_{-\infty}^{\infty} K(s, u)\, F(u, t; \Delta)\, du \right\} dt\, ds = \iint_{-\infty}^{\infty} f(t)\, \overline{g(s)} \left\{ \int_{\alpha}^{\beta} \lambda\, d_\lambda F(s, t; \lambda) \right\} dt\, ds$$

für beliebiges $f, g \in [L^2]_{K_1}$. Da $[L^2]_{K_1}$ dicht liegt in L^2, folgt hieraus die Gleichung

$$\int_{-\infty}^{\infty} K(s, u)\, F(u, t; \Delta)\, du = \int_{\alpha}^{\beta} \lambda\, d_\lambda F(s, t; \lambda)$$

und zwar fast überall in der $s\,t$-Ebene. Damit ist der Satz bewiesen.

Satz 2. *Für fast alle s gilt die Formel*

$$\int_{-\infty}^{\infty} K(s, u)\, F(u, t; \Delta)\, du = \int_{\alpha}^{\beta} \lambda\, d_\lambda F(s, t; \lambda)$$

auch für $\beta = \infty$, $\alpha > 0$ (*entsprechend für* $\alpha = -\infty$, $\beta < 0$), *wenn die rechte Seite bei beliebig gewählter Folge* $\beta \to \infty$ ($\alpha \to -\infty$) *als* l. i. m. *bezüglich t aufgefaßt wird.*

Beweis. Wir setzen $\alpha > 0$ und β endlich voraus. Weiter schreiben wir die Gleichung (1) in der Form

$$\int_{\alpha}^{\beta} \lambda\, d_\lambda \overline{F(s, t; \lambda)} = \int_{-\infty}^{\infty} \overline{K(s, u)}\; \overline{F(u, t; \Delta)}\, du$$

$$= \int_{-\infty}^{\infty} F(t, u; \Delta)\, K(u, s)\, du = (F_\beta - F_\alpha)\, K_s\,, \tag{2}$$

wobei für fast alle s die Funktion $K_s(t) = K(t, s)$ zu L^2 gehört. Nun wählen wir eine gegen Unendlich strebende Zahlenfolge β_k. Dann läßt sich gemäß Satz 1 eine Menge e_α vom Maß Null, die nur von α abhängt, so angeben, daß für beliebiges $s \in e_\alpha$ fast überall auf der t-Achse gleichzeitig alle Gleichungen (2) für $\beta = \beta_k$ $(k = 1, 2, 3, \ldots)$ erfüllt sind. Hieraus folgt, daß für $s \,\overline{\in}\, e_\alpha$ und $k = 1, 2, \ldots$

$$\left\| \int_{\alpha}^{\beta_k} \lambda\, d_\lambda \overline{F(s, t; \lambda)} + F_\alpha K_s \right\| = \| E_{\beta_k} K_s - K_s \|$$

gilt. Die rechte Seite konvergiert für $k \to \infty$ gegen Null. Also gilt für alle $s \,\overline{\in}\, e_\alpha$

$$-\int_{-\infty}^{\infty} F(t, u; \alpha)\, K(u, s)\, du = \underset{k\to\infty}{\text{l. i. m.}} \int_{\alpha}^{\beta_k} \lambda\, d_\lambda \overline{F(s, t; \lambda)}\,,$$

d. h., für fast alle s gilt

$$-\int_{-\infty}^{\infty} K(s, u)\, F(u, t; \alpha)\, du = \underset{k\to\infty}{\text{l. i. m.}} \int_{\alpha}^{\beta_k} \lambda\, d_\lambda F(s, t; \lambda)\,.$$

Hieraus ergibt sich der

Satz 3. *Für fast alle s gilt*

$$K(t, s) = \text{l. i. m.} \int_{-\infty}^{\infty} \lambda\, d_\lambda F(t, s; \lambda)\,,$$

wobei die rechte Seite als l. i. m. *bezüglich* t *des uneigentlichen Integrals mit den Ausnahmepunkten* $\lambda = -\infty, 0, \infty$ *aufgefaßt wird. M. a. W. gilt für fast alle* s

$$\lim \int_{-\infty}^{\infty} \left| K(t, s) - \left(\int_{-N'}^{-\varepsilon'} + \int_{\varepsilon}^{N} \right) \lambda \, d_\lambda F(t, s; \lambda) \right|^2 dt = 0 ,$$

falls $\varepsilon, \varepsilon' \to 0$, $N, N' \to \infty$, *wobei diese Folgen positiver Zahlen beliebig gewählt werden können. Im selben Sinne gilt für fast alle* s

$$K(s, t) = \text{l. i. m.} \int_{-\infty}^{\infty} \lambda \, d_\lambda F(s, t; \lambda) .$$

Beweis. Wir wählen willkürlich Folgen positiver Zahlen $\varepsilon_i, \varepsilon_i' \to 0$ $(\varepsilon_i, \varepsilon_i' < 1)$ und $N_k, N_k' \to \infty$ $(N_k, N_k' > 1)$. Dann läßt sich wie beim Beweis des vorhergehenden Satzes eine Menge e vom Maß Null so angeben, daß für jedes $s \,\bar{\in}\, e$ fast überall auf der t-Achse gleichzeitig für beliebiges i, k, l, m die Gleichungen

$$\left(\int_{-N_k'}^{-\varepsilon_i'} + \int_{\varepsilon_l}^{N_m} \right) \lambda \, d_\lambda F(t, s; \lambda) = (F_{-\varepsilon_i'} - F_{-N_k'}) K_s + (F_{N_m} - F_{\varepsilon_l}) K_s$$

oder

$$\left(\int_{-N_k'}^{-\varepsilon_i'} + \int_{\varepsilon_l}^{N_m} \right) \lambda \, d_\lambda F(t, s; \lambda) - E_0 K_s + E_{+0} K_s - K_s$$

$$= (E_{-\varepsilon_i'} - E_0) K_s + (E_{+0} - E_{\varepsilon_l}) K_s + (F_{N_m} - F_{-N_k'}) K_s$$

gelten. Für jedes $s \,\bar{\in}\, e$ konvergiert die rechte Seite als Funktion von t gegen Null, falls $i, k, l, m \to \infty$, und zwar bezüglich der Metrik von L^2. Folglich gilt für $s \,\bar{\in}\, e$

$$K_s(t) - (E_{+0} - E_0) K_s = \text{l. i. m.} \left(\int_{-N_k'}^{-\varepsilon_i'} + \int_{\varepsilon_l}^{N_m} \right) \lambda \, d_\lambda F(t, s; \lambda) .$$

Zu verifizieren ist nun noch, daß $\|(E_{+0} - E_0) K_s\| = 0$ gilt für fast alle s. Für beliebiges $f \in L^2$ gilt aber

$$(f, (E_{+0} - E_0) K_s) = ((E_{+0} - E_0) f, K_s)$$

$$= \int_{-\infty}^{\infty} \overline{K_s(t)} \, ((E_{+0} - E_0) f)(t) \, dt = A^* (E_{+0} - E_0) f = 0 .$$

120. Verallgemeinerung der Hilbert-Schmidtschen Formeln

Satz. *Für jede Funktion* $f \in L^2$ *gilt fast überall bezüglich* s

$$\int_{-\infty}^{\infty} K(s, t) f(t) \, dt = \int_{-\infty}^{\infty} \lambda \, d_\lambda \left\{ \int_{-\infty}^{\infty} F(s, t; \lambda) f(t) \, dt \right\} ,$$

dabei ist das Integral nach λ *uneigentlich in bezug auf die Punkte* $\lambda = -\infty, 0, \infty$.

Beweis. Wegen Satz 3 aus Nr. 119 gilt für beliebiges $f \in L^2$ für fast alle s die Gleichung

$$\int_{-\infty}^{\infty} K(s,t) f(t)\, dt = \int_{-\infty}^{\infty} f(t)\, dt \int_{-\infty}^{\infty} \lambda\, d_\lambda F(s,t;\lambda)$$

$$\equiv \lim_{\substack{-\varepsilon_i',\, \varepsilon_l \to 0 \\ N_k',\, N_m \to \infty}} \int_{-\infty}^{\infty} f(t)\, dt \left(\int_{-N_k'}^{-\varepsilon_i'} + \int_{\varepsilon_l}^{N_m} \right) \lambda\, d_\lambda F(s,t;\lambda)\,.$$

Wir brauchen deshalb nur zu beweisen, daß die Reihenfolge der Integrationen auf der rechten Seite vertauscht werden kann. Dazu bemerken wir, daß wegen einer Bemerkung am Ende von Nr. 118

$$\operatorname{Var}_\Delta \int_{-\infty}^{\infty} F(s,t;\lambda) f(t)\, dt \leqq \frac{1}{\delta} K(s)\, \|f\|$$

gilt. Deshalb existiert für fast alle s und für $\alpha, \beta > 0$ $(\beta > \alpha)$ das STIELTJES-Integral

$$\int_{\alpha}^{\beta} \lambda\, d_\lambda \int_{-\infty}^{\infty} F(s,t;\lambda) f(t)\, dt\,. \tag{1}$$

Für fast alle s existiert auch das Integral

$$\int_{-\infty}^{\infty} f(t)\, dt \int_{\alpha}^{\beta} \lambda\, d_\lambda F(s,t;\lambda)\,, \tag{2}$$

wobei $f(t) \in L^2$ beliebig ist. Denn wegen Formel (2) aus Nr. 119 gilt

$$\int_{\alpha}^{\beta} \lambda\, d_\lambda F(s,t;\lambda) \in L_t^2(-\infty, \infty)\,.$$

Falls $f(t) \in [L^2]_K$ gilt, so ergibt sich die Gleichheit der beiden Integrale (1) und (2) aus der Abschätzung der Größe

$$J_n = \int_{-\infty}^{\infty} f(t)\, dt \left\{ \int_{\alpha}^{\beta} \lambda\, d_\lambda F(s,t;\lambda) - \sum_{k=1}^{n} \lambda_k\, F(s,t;\Delta_k) \right\},$$

wobei innerhalb der geschweiften Klammern die Differenz zwischen einem STIELTJES-Integral und seinen approximierenden Summen steht. Wegen Satz 2 aus Nr. 118[1]) ergibt sich nämlich

$$|J_n| \leqq \max_{1 \leqq k \leqq n} |\Delta_k| \int_{-\infty}^{\infty} |f(t)|\, [\operatorname{Var}_{[\alpha,\beta]} F(s,t;\lambda)]\, dt \leqq \max_{1 \leqq k \leqq n} |\Delta_k| \cdot \frac{1}{\delta^2} K(s)\, \|f\|_K\,,$$

folglich ist $\lim_{n \to \infty} J_n = 0$, woraus die Gleichheit der Integrale (1) und (2) folgt.

---

[1]) Wegen der in diesem Satz gezeigten Eigenschaft der Funktion $F(s,t;\lambda)$ läßt sich ihre Variation bezüglich λ berechnen, indem man von einer Zerlegung des Intervalls $[\alpha, \beta]$ mittels rationaler Punkte ausgeht. Deshalb ist $\operatorname{Var}_{[\alpha,\beta]} F(s,t;\lambda)$ meßbar in der $s\,t$-Ebene.

Ist nun die Funktion $f(t)$ beliebig aus L^2, so wähle man eine gegen sie in L^2 konvergente Folge von Funktionen $f_n(t) \in [L^2]_K$ $(n = 1, 2, 3, \ldots)$ und hierauf eine für alle diese Funktionen gemeinsame Ausnahmemenge e der s-Achse vom Maße Null. Dann erhält man nach dem Satz von HELLY über den Grenzübergang im STIELTJES-Integral für $s \bar{\in} e$ die Beziehung

$$\int_\alpha^\beta \lambda \, d_\lambda \int_{-\infty}^\infty F(s, t; \lambda) f_n(t) \, dt \to \int_\alpha^\beta \lambda \, d_\lambda \int_{-\infty}^\infty F(s, t; \lambda) f(t) \, dt .$$

Außerdem gilt

$$\int_{-\infty}^\infty f_n(t) \, dt \int_\alpha^\beta \lambda \, d_\lambda F(s, t; \lambda) \to \int_{-\infty}^\infty f(t) \, dt \int_\alpha^\beta \lambda \, d_\lambda F(s, t; \lambda) .$$

Deshalb sind die Integrale (1) und (2) einander gleich für beliebige Funktionen $f(t) \in L^2$ bei beliebigem $s \bar{\in} e$. Damit ist der Satz bewiesen.

121. Charakteristische Eigenschaften der CARLEMANschen Integraloperatoren

Satz[1]). *Ein linearer Operator T von L^2 mit in L^2 dichtem Definitionsbereich ist ein Integraloperator mit CARLEMANschem Kern genau dann, wenn eine endliche meßbare Funktion $P(s) \geqq 0$ existiert, die folgende Bedingungen erfüllt:*

1. $[L^2]_P \subseteq D_{T^*}$,
2. $\|T^* g\| \leqq \|g\|_P$ für alle $g \in [L^2]_P$,
3. $(T^* f, g) = (f, T^* g)$ für alle $f, g \in [L^2]_P$.

Der Beweis für die Notwendigkeit dieser Bedingungen ist sehr einfach. Sei T ein Integraloperator mit CARLEMANschem Kern $K(s, t)$. Dann zeigen wir, daß in diesem Fall die Bedingungen 1—3 für $P(s) = K(s)$ erfüllt sind. Dazu führen wir gemäß Nr. 116 die Operatoren $A_0 \subseteq A \subseteq A^*$ ein, die zum Kern $K(s, t)$ gehören. Jeder Integraloperator mit dem Kern $K(s, t)$ ist ein Teil des Operators A^*. Folglich gilt $T \subseteq A^*$. Deshalb ergibt sich $T^* \supseteq A^{**} \supseteq A$ und demnach $[L^2]_K \subseteq D_{T^*}$, d. h., die Bedingung 1 ist erfüllt. Gleichzeitig erhält man die Bedingung 3, denn für $f, g \in [L^2]_K$ gilt

$$(T^* f, g) = (A_0 f, g) = (f, A_0 g) = (f, T^* g) .$$

Die Bedingung 2 folgt schließlich aus der Tatsache, daß für beliebige $f, g \in [L^2]_K$

$$(T^* f, T^* g) = (A_0 f, A_0 g) = \int_{-\infty}^\infty ds \int_{-\infty}^\infty K(s, u) f(u) \, du \int_{-\infty}^\infty \overline{K(s, v)} \, \overline{g(v)} \, dv ,$$

also auch

$$|(T^* f, T^* g)| \leqq \int_{-\infty}^\infty |f(u)| \, du \int_{-\infty}^\infty |g(v)| \, dv \int_{-\infty}^\infty |K(s, u) \, K(s, v)| \, ds$$

$$\leqq \int_{-\infty}^\infty |f(u)| \, K(u) \, du \int_{-\infty}^\infty |g(v)| \, K(v) \, dv = \|f\|_K \cdot \|g\|_K$$

gilt.

---

[1]) Vgl. W. B. KOROTKOW [1]. Wir beweisen diesen Satz in einer anderen, jedoch äquivalenten Form.

Wir gehen nun zum Beweis der Hinlänglichkeit über und nehmen an, daß eine Funktion $P(s)$ mit den im Satz genannten Bedingungen existiert. Wir wählen ferner irgendein Element $f \in D_T$ und ein beliebiges Element $g \in [L^2]_p$. Das Skalarprodukt $(g, Tf) = (T^* g, f)$ ist wegen 1 und 2 ein lineares Funktional von g in $[L^2]_p \subseteq L_p$ mit einer Norm $\leqq ||f||$. Wegen der Stetigkeit kann dieses Funktional auf den ganzen Raum L_p erweitert werden. Dann gibt es eine meßbare Funktion $\alpha(s)$ derart, daß

$$(g, Tf) = \int_{-\infty}^{\infty} g(s)\,\overline{\alpha(s)}\,ds$$

und

$$||f|| = \text{vrai max}\,\frac{|\alpha(s)|}{P(s)}$$

gilt. Da fast überall

$$(Tf)(s) = \alpha(s)$$

gilt, ergibt sich für fast alle s

$$|(Tf)(s)| \leqq P(s)\,||f||\,. \tag{1}$$

Diese Ungleichung gilt also für eine beliebig gewählte Funktion $f \in D_T$ bei beliebigem $s \,\bar{\in}\, e_f$, wobei e_f eine von f abhängende Menge vom Maß Null ist. Wir wählen nun irgendeine abzählbare Menge, die dicht liegt in D_T. Wenn wir diese Menge orthogonalisieren, so erhalten wir eine gewisse orthonormierte Folge $\{h_k\}_1^\infty \subset D_T$. Wir betrachten die Menge $\mathfrak{N}$ aller Elemente der Gestalt

$$f_n = c_1 h_1 + c_2 h_2 + \cdots + c_n h_n\,,$$

wobei n alle natürlichen Zahlen durchläuft und für jedes n die Koeffizienten $c_1, c_2, \ldots, c_n$ alle möglichen komplexen Werte mit rationalen Real- und Imaginärteilen annehmen. Die Menge $\mathfrak{N}$ ist abzählbar. Jedem Element $f_n \in \mathfrak{N}$ ist seine Ausnahmemenge e_{f_n} der s-Achse vom Maß Null zugeordnet. Die Vereinigung aller dieser Mengen e_{f_n} bezeichnen wir mit e. Sie hat auch das Maß Null. Es gilt dann, falls $s \,\bar{\in}\, e$, für ein beliebiges Element $f \in \mathfrak{N}$ die Ungleichung

$$|(Tf)(s)| \leqq P(s)\,||f||\,.$$

Diese Ungleichung gilt nun auch für ein beliebiges Element f^* aus der linearen Hülle $\mathfrak{M}$ der Menge $\{h_k\}_1^\infty$, falls $s \,\bar{\in}\, e$. Sei nämlich

$$f^* = \gamma_1 h_1 + \gamma_2 h_2 + \cdots + \gamma_n h_n \in \mathfrak{M}\,.$$

Wir betrachten das Element

$$f_n = c_1 h_1 + c_2 h_2 + \cdots + c_n h_n \in \mathfrak{N}\,.$$

Dann gilt

$$\begin{aligned}|(Tf^*)(s) - (Tf_n)(s)| &\leqq n \cdot \max_{1 \leqq k \leqq n} |\gamma_k - c_k| \cdot \max_{1 \leqq i \leqq n} |(T h_i)(s)| \\ &\leqq n \cdot \max_{1 \leqq k \leqq n} |\gamma_k - c_k| \cdot P(s)\,.\end{aligned}$$

Bei geeigneter Wahl der Zahlen $c_2, c_2, \ldots, c_n$ erhalten wir also die Ungleichung

$$|(T f^*)(s) - (T f_n)(s)| \leqq \varepsilon P(s) \qquad (s \,\bar{\in}\, e).$$

Hieraus folgt

$$|(T f^*)(s)| \leqq |(T f_n)(s)| + \varepsilon P(s) \leqq P(s) \, ||f_n|| + \varepsilon P(s) \leqq P(s) \, ||f^*|| + 2 \varepsilon P(s).$$

Da nun $\varepsilon > 0$ beliebig ist, ist unsere Behauptung bewiesen, d. h., die Ungleichung (1) ist für ein beliebiges Element $f \in \mathfrak{M}$ erfüllt, falls $s \,\bar{\in}\, e$ gilt. Für beliebiges (festgehaltenes) $s \,\bar{\in}\, e$ ist also $(T f)(s)$ ein lineares Funktional in $\mathfrak{M} \subset L^2$ mit einer Norm $\leqq P(s)$. Dieses lineare Funktional kann ohne Vergrößerung der Norm auf den ganzen Raum L^2 erweitert werden. Es gibt also eine Funktion $K_s(t) \equiv K(s, t)$, die bezüglich t für jedes $s \,\bar{\in}\, e$ meßbar ist, derart, daß für beliebige $f \in \mathfrak{M}$ und $s \,\bar{\in}\, e$

$$(T f)(s) = \int_{-\infty}^{\infty} K(s, t) f(t) \, dt \tag{2}$$

gilt, wobei

$$\left\{ \int_{-\infty}^{\infty} |K(s, t)|^2 \, dt \right\}^{1/2} \leqq P(s) \tag{3}$$

erfüllt ist. Aus (3) folgt, daß das Integral

$$\int_{-\infty}^{\infty} K(s, t) \, h(t) \, dt \qquad (s \,\bar{\in}\, e)$$

für beliebige Funktionen $h(t) \in L^2$ existiert. Weil nun jede Funktion $h(t) \in L^2$ Grenzwert einer Folge von Funktionen $f(t) \in \mathfrak{M}$ ist, für die das betrachtete Integral eine meßbare Funktion von s ist, so ist dieses Integral auch für beliebige Funktionen $h(t) \in L^2$ eine meßbare Funktion von s. Hieraus folgt auf Grund von Hilfssatz 2 aus Nr. 25, daß die Funktion $K(s, t)$ so gewählt werden kann, daß sie in der $s\,t$-Ebene meßbar ist.

Wir zeigen jetzt, daß T ein Integraloperator mit dem Kern $K(s, t)$ ist. Sei $f \in \mathfrak{M}$, $g \in [L^2]_p$. Wegen (2) erhält man

$$(f, T^* g) = (T f, g) = \int_{-\infty}^{\infty} \overline{g(s)} \, ds \int_{-\infty}^{\infty} K(s, t) f(t) \, dt. \tag{4}$$

Andererseits gilt für ein beliebiges Element $f \in L^2$ wegen (3), falls $g \in [L^2]_p$, die Beziehung

$$\int_{-\infty}^{\infty} |g(s)| \, ds \int_{-\infty}^{\infty} |K(s, t)| \cdot |f(t)| \, dt \leqq ||f|| \cdot \int_{-\infty}^{\infty} P(s) \, |g(s)| \, ds < \infty.$$

Nach dem Satz von Fubini erhält man daher

$$\int_{-\infty}^{\infty} \overline{g(s)} \, ds \int_{-\infty}^{\infty} K(s, t) f(t) \, dt = \int_{-\infty}^{\infty} f(t) \, dt \int_{-\infty}^{\infty} K(s, t) \overline{g(s)} \, ds. \tag{5}$$

Ist $f \in \mathfrak{M}$, so ist wegen (4) die linke und damit auch die rechte Seite von (5) gleich $(f, T^* g)$. Da nun $\mathfrak{M}$ in L^2 dicht liegt, ergibt sich daraus fast überall

$$(T^* g)(t) = \int_{-\infty}^{\infty} \overline{K(s, t)}\, g(s)\, ds \qquad (g \in [L^2]_P) .$$

Deshalb ist die rechte Seite von (5) für beliebiges $f \in L^2$ gleich $(f, T^* g)$; folglich gilt die Gleichung (4), und damit auch die Darstellung (2), für beliebiges $f \in D_T$. Also ist T ein Integraloperator mit dem Kern $K(s, t)$.

Man hat nun noch zu zeigen, daß

$$K(s, t) = \overline{K(t, s)} \tag{6}$$

gilt fast überall in der $s\,t$-Ebene. Dazu verwenden wir die Bedingung 3 des Satzes und die Gleichungen (4) und (5) für beliebige Elemente $f, g \in [L^2]_p$. Wir erhalten die Beziehung

$$\int_{-\infty}^{\infty} \int_{-\infty}^{\infty} K(s, t)\, \overline{g(s)}\, f(t)\, ds\, dt = \int_{-\infty}^{\infty} \overline{g(s)}\, ds \int_{-\infty}^{\infty} K(s, t) f(t)\, dt = (f, T^* g) = (T^* f, g)$$

$$= \overline{(g, T^* f)} = \overline{\int_{-\infty}^{\infty} \overline{f(t)}\, dt \int_{-\infty}^{\infty} K(t, s)\, g(s)\, ds} = \int_{-\infty}^{\infty} \int_{-\infty}^{\infty} \overline{K(t, s)}\, \overline{g(s)}\, f(t)\, ds \cdot dt ,$$

aus der die Gleichung (6) folgt und zwar fast überall in der $s\,t$-Ebene.

Damit ist der Satz bewiesen.

Bemerkung. Die Bedingungen 1—3 des bewiesenen Satzes sind zusammen mit der Forderung

4. $$|(T^* f, g)| \leqq \|f\|_P \cdot \|g\|_P \qquad (f, g \in [L^2]_P)$$

notwendig und hinreichend dafür, daß der Operator T ein Integraloperator mit einem CARLEMANschen Kern $K(s, t)$ ist, der fast überall in der $s\,t$-Ebene die Ungleichung

$$|K(s, t)| \leqq P(s)\, P(t)$$

erfüllt. Beispiele solcher Operatoren bilden die Operatoren F_λ ($\lambda \neq 0$), die in Nr. 118 für beliebige CARLEMANsche Operatoren eingeführt wurden.

122. Der Satz von J. v. NEUMANN[1]). Es erhebt sich natürlich die Frage, wie reichhaltig die Klasse der selbstadjungierten Operatoren in L^2 ist, die entweder selbst CARLEMANsche Operatoren oder zu solchen unitär äquivalent sind. Die Antwort auf diese Frage gab J. v. NEUMANN. Sein Satz lautet:

Ein selbstadjungierter Operator B in L^2 ist zu einem Integraloperator mit CARLEMANschem Kern unitär äquivalent genau dann, wenn das kontinuierliche Spektrum des Operators B den Punkt $\lambda = 0$ enthält.

Beweis. Wir beginnen damit, die Hinlänglichkeit der Bedingung zu beweisen. Dabei können wir voraussetzen, daß der Operator B ein reines Punktspektrum

[1]) J. v. NEUMANN [5].

besitzt. Ein solches Spektrum hat nämlich auf jeden Fall (gemäß dem Satz in Nr. 94) der Operator $C = B + R$ bei geeigneter Wahl des selbstadjungierten Operators R mit endlicher (sogar beliebig kleiner) HILBERT-SCHMIDTscher Norm. Ein Operator R dieser Art ist aber ein HILBERT-SCHMIDTscher Integraloperator, ebenso auch jeder zu R unitär äquivalente Operator.

Wir können also annehmen, daß der Operator B ein reines Punktspektrum hat. Sei $\{\lambda_i\}_1^\infty$ die Folge aller seiner Eigenwerte. Ist nun der Punkt $\lambda = 0$ Häufungspunkt des Spektrums, so gibt es eine unendliche Indexfolge m_q $(\pm q = 1, 2, 3, \ldots)$, so daß

$$|\lambda_{m_q}| \leqq \frac{1}{1 + |q|} \quad (\pm q = 1, 2, 3, \ldots)$$

gilt. $\{n_p\}_{p=-\infty}^\infty$ sei die Menge der restlichen Indizes. Wir stellen die Gesamtheit aller natürlichen Zahlen in Form einer abzählbaren Menge von Folgen

$$\{l_{pk}\}_{p=-\infty}^\infty \qquad (k = 1, 2, \ldots)$$

dar, wobei

$$l_{p1} = n_p\,, \quad l_{pk} = m_{2^{k-2}(2p-1)} \quad (k = 2, 3, \ldots)$$

gilt. Dann ist

$$\sum_{k=1}^\infty |\lambda_{l_{pk}}| \leqq |\lambda_{n_p}| + \sum_{k=2}^\infty \frac{1}{2^{k-2}\,|2p-1|} = |\lambda_{n_p}| + \frac{2}{|2p-1|} = \mathscr{C}_p < \infty.$$

Nun wählen wir irgendein vollständiges orthonormiertes Funktionensystem $\{\psi_k(s)\}_1^\infty$ im Intervall $0 \leqq s \leqq 1$, das dort gleichmäßig beschränkt ist:

$$|\psi_k(s)| \leqq \mathscr{M} \qquad (0 \leqq s \leqq 1, \quad k = 1, 2, 3, \ldots)\,.$$

Man kann z. B. $\psi_k(s) = \sqrt{2}\sin(k\pi s)$ wählen. Wir setzen ferner

$$\varphi_{p,k}(s) = \begin{cases} \psi_k(s-p)\,, & s \in [p, p+1)\,, \\ 0\,, & s \,\bar{\in}\, [p, p+1)\,. \end{cases}$$

Offenbar ist $\{\varphi_{p,k}(s)\}$ ein vollständiges orthonormiertes System in $L^2(-\infty, \infty)$. Die Reihe

$$K(s,t) = \sum_{p=-\infty}^\infty \sum_{k=1}^\infty \lambda_{l_{pk}} \varphi_{p,k}(s)\, \varphi_{p,k}(t)$$

konvergiert überall und zwar absolut. Ist nämlich z. B.

$$i \leqq s < i+1\,, \quad j \leqq t < j+1\,,$$

so sind für $i \neq j$ alle Terme gleich Null, und für $i = j$ ist

$$K(s,t) = \sum_{k=1}^\infty \lambda_{l_{ik}} \psi_k(s-i)\, \psi_k(t-i)\,,$$

woraus

$$|K(s,t)| \leqq \mathscr{M}^2 \sum_{k=1}^\infty |\lambda_{l_{ik}}| \leqq \mathscr{M}^2 \mathscr{C}_i \quad \left(i \leqq {s \atop t} < i+1\right)$$

folgt. Wir bemerken auch, daß

$$K^2(s) \equiv \int_{-\infty}^{\infty} |K(s, t)|^2 \, dt \leqq \mathcal{M}^4 \mathcal{C}_i^2 \qquad (i \leqq s < i + 1)$$

gilt. Demnach ist diese Größe für beliebiges s endlich. Wir gelangen somit zu einem Integraloperator

$$(A f)(t) = \int_{-\infty}^{\infty} K(t, s) f(s) \, ds$$

mit CARLEMANschem Kern, und unser Aufbau zeigt, daß

$$(A \varphi_{p,k})(t) = \lambda_{l_p k} \varphi_{p,k}(t)$$

gilt. Da $\{\varphi_{p,k}(t)\}$ eine vollständige orthonormierte Folge ist, ist das Spektrum des konstruierten Integraloperators ein reines Punktspektrum, und die Punktfolge $\lambda_{l_p k}$ (wobei $\pm p = 0, 1, 2, \ldots; k = 1, 2, 3, \ldots$ gilt) bildet das vollständige System seiner Eigenwerte.

Die Hinlänglichkeit der Bedingung ist damit bewiesen.

Um die Notwendigkeit zu beweisen, nehmen wir an, daß ein selbstadjungierter Integraloperator

$$(A f)(t) = \int_{-\infty}^{\infty} K(t, s) f(s) \, ds$$

mit CARLEMANschem Kern vorgegeben ist.

Zu beweisen ist, daß der Punkt 0 zum kontinuierlichen Spektrum gehört. Dazu genügt es (vgl. Nr. 93), ein orthonormiertes (nicht notwendig vollständiges) Funktionensystem $\{\varphi_k(t)\}_1^\infty \subset L^2(-\infty, \infty)$ zu konstruieren, für das

$$\lim_{k \to \infty} \|A \varphi_k\| = 0$$

gilt. Die Möglichkeit einer solchen Konstruktion und damit die Notwendigkeit der Bedingung im Satz von J. v. NEUMANN ergeben sich unmittelbar aus folgendem Hilfssatz, dessen Beweis demnach unsere Aufgabe ist.

Hilfssatz. *Zu jedem endlichen Funktionensystem* $\{\varphi_k(t)\}_1^m \subset L^2(-\infty, \infty)$ *und zu jedem* $\varepsilon > 0$ *gibt es eine Funktion* $\psi(t) \in L^2$, *die die Bedingungen*

$$\|\psi\| = 1, \quad \|A \psi\| < \varepsilon, \quad (\varphi_k, \psi) = 0 \qquad (k = 1, 2, \ldots, m)$$

erfüllt. Dabei ist A ein (nicht notwendig selbstadjungierter) Integraloperator mit CARLEMANschem Kern.

Beweis des Hilfssatzes. Auf Grund der Eigenschaften eines CARLEMANschen Kernes läßt sich eine Zahl $N > 0$ und eine Menge $E \subset [0, 1]$ positiven LEBESGUEschen Maßes so wählen, daß der Kern $K(s, t)$ die Ungleichung

$$\int_{-\infty}^{\infty} |K(s, t)|^2 \, dt \leqq N \qquad (s \in E)$$

erfüllt. Wir setzen

$$w_s(t) = \begin{cases} \overline{K(s, t)} & (s \in E), \\ 0 & (s \bar{\in} E), \end{cases}$$

so daß

$$||w_s||^2 \leqq N \qquad (s \in \mathrm{E})\,,$$
$$||w_s|| = 0 \qquad (s \bar{\in} \mathrm{E})$$

und folglich

$$\int_{-\infty}^{\infty} ||w_s||^2\, ds = \int_{\mathrm{E}} ||w_s||^2\, ds \leqq N$$

gilt. Wir führen nun ein neues Maß ein, und zwar soll es gleich

$$\int_e ||w_s||^2\, ds$$

sein für die Menge e. Der Kürze halber soll es das w-Maß heißen.

Der nächste Schritt besteht in der Wahl irgend einer orthonormierten Basis $\{g_k(t)\}_1^\infty \subset \mathrm{L}^2$. Mit Hilfe dieser Basis konstruieren wir die unendliche Funktionenfolge $\Phi_k(s) = (w_s, g_k)$ $(k = 1, 2, \ldots)$; diese Funktionen sind höchstens für $s \in \mathrm{E}$ von Null verschieden. Nach dem Satz von Lusin kann man aus E eine Menge beliebig kleinen w-Maßes $\leqq \eta$ $\left(\text{wir wählen } \eta < \frac{1}{4}\,\varepsilon^2\right)$ herausnehmen derart, daß auf der Restmenge die Funktion $\Phi_0(s) = ||w_s||^2$ stetig wird. Aus der verbliebenen Menge kann man eine Teilmenge vom w-Maß $\leqq \frac{1}{2}\,\eta$ herausnehmen derart, daß auf der neuen Menge auch die Funktion $\Phi_1(s)$ stetig wird. Wenn wir diesen Prozeß unbegrenzt fortsetzen, gelangen wir zu einer Menge $\mathrm{F} \subset \mathrm{E}$, deren Komplement in E ein w-Maß $\leqq 2\,\eta$ hat. Es kann offenbar angenommen werden, daß die Menge F abgeschlossen ist, denn die sukzessiv konstruierten Mengen sind abgeschlossen, wenn die jeweils herausgenommenen Mengen beliebig kleinen w-Maßes offen sind. Auf der Menge F sind alle Funktionen $\Phi_k(s)$ $(k = 0, 1, 2, \ldots)$ stetig. Also gilt

$$||w_s|| \to ||w_{s_0}||\,, \quad (w_s, g_k) \to (w_{s_0}, g_k) \qquad (k = 1, 2, 3, \ldots)\,,$$

falls $s \in \mathrm{F}$, $s_0 \in \mathrm{F}$ und $s \to s_0$. Hieraus folgt

$$\lim_{s \to s_0} ||w_s - w_{s_0}|| = 0\,.$$

Darüber hinaus gilt wegen der Beschranktheit und der Abgeschlossenheit der Menge F diese Beziehung gleichmäßig in s, d. h., zu beliebigem $\theta > 0$ gibt es ein $\delta > 0$, so daß aus $|s'' - s'| < \delta$, $s'' \in \mathrm{F}$, $s' \in \mathrm{F}$ die Ungleichung

$$||w_{s''} - w_{s'}||^2 < \theta$$

folgt. Deshalb kann man zu beliebig vorgegebenem $\theta > 0$ $\left(\text{wir wählen } \theta < \frac{1}{2}\,\varepsilon^2\right)$ Punkte $s_1, s_2, \ldots, s_p \in \mathrm{F}$ angeben (dabei ist $p = p(\theta)$) derart, daß für einen beliebigen Punkt $s \in \mathrm{F}$ die Ungleichung

$$||w_s - w_{s_j}||^2 < \theta$$

gilt und zwar für einen Index j $(1 \leqq j \leqq p)$. Wir wählen nun eine beliebige Funktion $\psi(t) \in L^2$, $||\psi|| = 1$, die zu allen Funktionen $w_{s_k}(t)$ $(k = 1, 2, \ldots, p)$ orthogonal ist, und zeigen

$$\int_{-\infty}^{\infty} |(w_s, \psi)|^2 \, ds < \varepsilon^2 .$$

Es gilt nämlich

$$\int_{-\infty}^{\infty} |(w_s, \psi)|^2 \, ds = \int_{E} |(w_s, \psi)|^2 \, ds = \int_{F} |(w_s, \psi)|^2 \, ds + \int_{E-F} |(w_s, \psi)|^2 \, ds$$

$$= \int_{F} |(w_s - w_{s_j}, \psi)|^2 \, ds + \int_{E-F} |(w_s, \psi)|^2 \, ds \leqq \theta + 2\,\eta < \varepsilon^2 .$$

Wir nehmen nun zusätzlich an, daß $\psi(s) = 0$ gilt für $s \,\overline{\in}\, E$. Dann erhält man

$$||A\,\psi||^2 = \int_{-\infty}^{\infty} ds \left| \int_{-\infty}^{\infty} K(s, t)\, \psi(t)\, dt \right|^2 = \int_{-\infty}^{\infty} ds \left| \int_{E} \overline{K(s, t)}\, \overline{\psi(t)}\, dt \right|^2$$

$$= \int_{-\infty}^{\infty} ds \left| \int_{E} w_s(t)\, \overline{\psi(t)}\, dt \right|^2 = \int_{-\infty}^{\infty} |(w_s, \psi)|^2 \, ds < \varepsilon^2 .$$

Man erkennt, daß die Funktion $\psi(t)$ alle Bedingungen des Hilfssatzes erfüllen würde und der Hilfssatz bewiesen wäre, wenn sie zu jeder Funktion $\varphi_k(t)$ $(k = 1, 2, \ldots, m)$ orthogonal wäre. Somit bleibt zu zeigen, daß eine solche Funktion konstruiert werden kann. Dazu wählen wir $m + p + 1$ linear unabhängige Funktionen $\psi_k(t) \in L^2$, die außerhalb E verschwinden. Solche Funktionen existieren[1]), da E positives Maß hat. Danach setzen wir

$$\psi(t) = \sum_{k=1}^{m+p+1} \gamma_k\, \psi_k(t)$$

und fordern, daß

$$||\psi|| = 1\,, \quad (\varphi_r, \psi) = 0 \quad (r = 1, 2, \ldots, m)\,, \quad (w_{s_k}, \psi) = 0 \quad (k = 1, 2, \ldots, p)$$

gilt. Dieses Gleichungssystem ist lösbar in bezug auf die γ_k (wobei die Koeffizienten γ_k im wesentlichen eindeutig bestimmt sind, d. h. bis auf einen konstanten Faktor vom Betrag 1).

Damit ist der Hilfssatz bewiesen und der Beweis des Satzes von J. v. Neumann beendet.

---

[1]) Z. B. kann man für die Funktionen $\psi_k(t)$ die charakteristischen Funktionen von $m + p + 1$ disjunkten Teilmengen positiven Maßes von E wählen.

ANHANG II

DIFFERENTIALOPERATOREN

123. Selbstadjungierte Differentialausdrücke. Die vorliegende Ergänzung enthält grundlegende Betrachtungen aus der Theorie gewöhnlicher Differentialoperatoren. Die Behandlung einer Reihe spezieller Fragen und andere Zugänge zu der Theorie findet der Leser in den Monographien von E. C. TITCHMARCH, B. M. LEWITAN, M. A. NEUMARK.[1])

Wir beginnen mit der Darlegung einiger Tatsachen über reelle Differentialausdrücke (oder, wie wir sie nennen wollen, *Differentialoperationen*), die im Sinne von LAGRANGE selbstadjungiert sind.

In den Lehrbüchern der Analysis wird bewiesen, daß ein selbstadjungierter Differentialausdruck zweiter Ordnung

$$l_0 D^2 + l_1 D + l_2 D^0 \quad \left(l_k = l_k(t),\ D^k = \frac{d^k}{dt^k}\right)$$

unter der Annahme der k-fachen Differenzierbarkeit der Koeffizienten $l_k(t)$ auf die Form

$$- D p_0 D + D^0 p_1 D^0$$

gebracht werden kann. Dabei ist $p_0(t)$ eine differenzierbare Funktion. Man kann jedoch auch Differentialausdrücke betrachten, ohne die Differenzierbarkeit von $p_0(t)$ zu fordern. Dabei darf man diese Ausdrücke nur auf solche differenzierbaren Funktionen $\varphi(t)$ anwenden, für die das Produkt $p_0 \varphi'$ absolut stetig ist.

Wir beschäftigen uns jetzt mit selbstadjungierten Differentialausdrücken $2n$-ter Ordnung. Die kanonische Form eines solchen Ausdruckes ist

$$l = p_n D^0 - D\{p_{n-1} D - D[p_{n-2} D^2 - \\ \cdots - D(p_1 D^{n-1} - D p_0 D^n)]\}\,. \tag{1}$$

Sind die Koeffizienten $p_{n-k}(t)$ k-mal differenzierbar ($k = 0, 1, 2, \ldots, n$), so erhalten wir einen gewöhnlichen Differentialausdruck, von dem man unmittelbar nachprüft, daß er selbstadjungiert ist. Wir wollen jedoch die Differenzierbarkeit der Koeffizienten $p_{n-k}(t)$ nicht voraussetzen und nennen entsprechend den Ausdruck (1) einen Differentialausdruck. (a, b) sei das offene endliche oder

---

[1]) E. C. TITCHMARCH [2]; B. M. LEWITAN [2]; M. A. NEUMARK [6].

unendliche Intervall, auf dem wir den Ausdruck (1) betrachten. Ferner wollen wir annehmen, daß die Koeffizienten $p_k(t)$ in diesem Intervall meßbar sind und in jedem abgeschlossenen Teilintervall $[\alpha, \beta]$ den Bedingungen

$$\int_\alpha^\beta \frac{dt}{|p_0(t)|} < \infty, \quad \int_\alpha^\beta |p_k(t)|\, dt < \infty \quad (k = 1, 2, \ldots, n) \tag{2}$$

genügen.

Wenn das Intervall (a, b) endlich ist und die Bedingungen (2) für $\alpha = a$, $\beta = b$ erfüllt sind, so heißt der Ausdruck (1) *regulär*. Ist dagegen das Intervall (a, b) unendlich oder sind für endliches (a, b) die Bedingungen (2) für $\alpha = a$ oder $\beta = b$ nicht erfüllt, so heißt der Ausdruck (1) *singulär*. Dabei heißt der linke Endpunkt a *singulär*, wenn entweder $a = -\infty$ ist oder wenn $a > -\infty$ gilt, ohne daß man in (2) $\alpha = a$ setzen darf. Eine entsprechende Definition gilt für den rechten Endpunkt b. Ist ein Endpunkt nicht singulär, so nennt man ihn *regulär*. Ohne Beschränkung der Allgemeinheit betrachten wir singuläre Differentialausdrücke mit einem singulären Endpunkt auf der Halbachse $(0, \infty)$ und mit zweien auf der ganzen Achse $(-\infty, \infty)$. Der Bequemlichkeit wegen führen wir an Stelle der Ableitungen $D^k \varphi = \varphi^{(k)}$ sogenannte Quasi-Ableitungen $D^{[k]} \varphi = \varphi^{[k]}$ ein. Diese werden durch die Formeln

$$\begin{aligned} D^{[k]} &= D^k \qquad (k = 0, 1, 2, \ldots, n-1), \\ D^{[n]} &= p_0 D^n, \\ D^{[n+k]} &= p_k D^{n-k} - D\, D^{[n+k-1]} \qquad (k = 1, 2, \ldots, n) \end{aligned}$$

definiert. Der Ausdruck (1) läßt sich dann in der Form

$$l = D^{[2n]}$$

darstellen.

D^* bezeichne die Klasse aller Funktionen $\varphi(t) \in \mathrm{L}^2(a, b)$, deren Quasi-Ableitungen $\varphi^{[k]}(t)$ $(k = 0, 1, \ldots, 2n-1)$ absolut stetig sind und deren Quasi-Ableitung $\varphi^{[2n]}(t)$ zu $\mathrm{L}^2(a, b)$ gehört. Offensichtlich ist D^* die maximale lineare Mannigfaltigkeit in $\mathrm{L}^2(a, b)$, auf der der Ausdruck l einen natürlichen Sinn hat und als Operator in $\mathrm{L}^2(a, b)$ betrachtet werden kann. Diesen Operator bezeichnen wir mit L^*, so daß also $\mathrm{D}^* = \mathrm{D}_{L^*}$ ist. Weiter unten werden wir die Zweckmäßigkeit dieser Bezeichnung erkennen.

Aus der Darstellung (1) läßt sich für zwei beliebige Funktionen $\varphi, \psi \in \mathrm{D}^*$ die sogenannte LAGRANGE*sche Identität*

$$l[\varphi]\,\bar{\psi} - \varphi\, l[\bar{\psi}] = \frac{d}{dt}[\varphi, \psi]_t$$

ableiten. Hierbei bedeutet $[\varphi, \psi]_t$ die nachstehende Bilinearform

$$[\varphi, \psi]_t = \sum_{k=1}^{n} \{\varphi^{[k-1]}(t)\,\overline{\psi^{[2n-k]}(t)} - \varphi^{[2n-k]}(t)\,\overline{\psi^{[k-1]}(t)}\}.$$

Wir werden uns der LAGRANGEschen Identität auch in der Form

$$\int_\alpha^\beta l[\varphi(t)]\,\overline{\psi(t)}\,dt - \int_\alpha^\beta \varphi(t)\,l\,\overline{[\psi(t)]}\,dt = [\varphi, \psi]_\alpha^\beta$$

bedienen, wobei $[\alpha, \beta]$ ein beliebiges abgeschlossenes Teilintervall von (a, b) ist und

$$[\varphi, \psi]_\alpha^\beta = [\varphi, \psi]_\beta - [\varphi, \psi]_\alpha$$

gesetzt wurde. Da jedes der Integrale

$$\int_\alpha^\beta l[\varphi(t)]\,\overline{\psi(t)}\,dt\,, \qquad \int_\alpha^\beta \varphi(t)\,l\overline{[\psi(t)]}\,dt$$

für $\alpha = a$, $\beta = b$ existiert, so *hat die Bilinearform* $[\varphi, \psi]_t$ *in den Endpunkten des Intervalls* (a, b) *einen endlichen Wert, unabhängig davon, ob diese Endpunkte regulär oder singulär sind.* Dabei soll unter dem Wert der Bilinearform in einem singulären Punkt der Grenzwert von $[\varphi, \psi]_t$ verstanden werden, wenn t gegen diesen Punkt strebt.

Es sei l ein Differentialausdruck, der auf dem Intervall (a, b) entweder regulär oder singulär ist, und $g(t)$ eine komplexwertige Funktion, die in diesem Intervall meßbar ist. Als *Lösung* der Gleichung

$$l[y] - \lambda\, y = g(t) \tag{3}$$

für einen gewissen Parameterwert λ bezeichnet man jede Funktion $\varphi(t)$, die zusammen mit ihren Quasi-Ableitungen bis zur $(2\,n - 1)$-ten Ordnung absolut stetig ist und diese Gleichung fast überall auf (a, b) identisch erfüllt.

Für Gleichung (3) gilt der folgende Existenzsatz, dessen Beweis leicht mit Hilfe der Methode der sukzessiven Approximation nach PICARD zu führen ist.

Satz. *Die Gleichung* (3) *ist lösbar. Sie besitzt nur eine Lösung* $\varphi(t)$, *die den* CAUCHY-*Bedingungen*

$$\varphi^{[k]}(t_0) = \alpha_k \qquad (k = 0, 1, 2, \ldots, 2\,n - 1)$$

genügt. Hierbei ist t_0 *ein beliebiger innerer Punkt des Intervalles* (a, b) *oder ein regulärer Endpunkt.*

Ist der Ausdruck l im Intervall (a, b) regulär, so gehört die Lösung der Gleichung (3) zu $L^2(a, b)$. Ist außerdem $g(t) \in L^2(a, b)$, so gehört diese Lösung zu D^*, wie man aus der Gleichung (3) selbst ersieht.

Aus dem Existenzsatz folgt insbesondere, daß die Lösungsmannigfaltigkeit der homogenen Gleichung

$$l[u] - \lambda\, u = 0 \tag{4}$$

die Dimension $2\,n$ hat. Notwendig und hinreichend für die lineare Unabhängigkeit der Lösungen $u_1, u_2, \ldots, u_{2n}$ von (4) ist das Nichtverschwinden der WRONSKIschen Determinante

$$W[u_1, u_2, \ldots, u_{2n}] = \operatorname{Det}\left(u_i^{[k-1]}(t)\right).$$

Ein beliebiges System von $2n$ linear unabhängigen Lösungen von (4) soll als *Fundamentalsystem* bezeichnet werden.

Wenn die Funktionen

$$u_1(t), u_2(t), \ldots, u_{2n}(t) \tag{5}$$

ein Fundamentalsystem der Gleichung (4) bilden, so läßt sich jede Lösung der inhomogenen Gleichung (3) in der Form

$$\varphi(t) = \sum_{k=1}^{2n} u_k(t) \int_{t_0}^{t} v_k(s)\, g(s)\, ds + \sum_{k=1}^{2n} c_k\, u_k(t)$$

darstellen. Dieses Ergebnis kann man leicht verifizieren, wenn man die klassische Methode der Variation der Konstanten in geeigneter Weise modifiziert. Wie im klassischen Falle stellt man dabei fest, daß die Funktionen

$$v_1(t), v_2(t), \ldots, v_{2n}(t) \tag{6}$$

ebenfalls ein Fundamentalsystem von (4) bilden. Dieses System nennt man das zum System (5) adjungierte System.

Für das folgende brauchen wir noch den nachstehenden einfachen

Hilfssatz. *Ist der Ausdruck l im Intervall (a, b) regulär, so ist für die Lösbarkeit der Gleichung* (3) *unter den Randbedingungen*

$$y^{[k]}(a) = y^{[k]}(b) = 0 \qquad (k = 0, 1, 2, \ldots, 2n-1)$$

notwendig und hinreichend, daß $g(t)$ zur $2n$-dimensionalen Lösungsmannigfaltigkeit der homogenen Gleichung (4) *orthogonal ist.*

Beweis. $\varphi(t)$ sei die Lösung von (3), die den Bedingungen

$$\varphi^{[k]}(b) = 0 \qquad (k = 0, 1, 2, \ldots, 2n-1)$$

genügt.

Wenden wir die LAGRANGEsche Identität auf die Funktion $\varphi(t)$ und auf eine der Funktionen $u_i(t)$ eines Fundamentalsystems von (4) an, so erhalten wir

$$\sum_{k=1}^{n} \{ u_i^{[k-1]}(a)\, \overline{\varphi^{[2n-k]}(a)} - u_i^{[2n-k]}(a)\, \overline{\varphi^{[k-1]}(a)} \} = \int_a^b u_i(s)\, \overline{g(s)}\, ds\,. \tag{7}$$

Unterwerfen wir das Fundamentalsystem den Anfangsbedingungen

$$u_i^{[k-1]}(a) = \begin{cases} 0 & (i \neq k)\,, \\ 1 & (i = k)\,, \end{cases}$$

so erhalten wir

$$\overline{\varphi^{[r]}(a)} = \begin{cases} -\int_a^b u_{2n-r}(s)\, \overline{g(s)}\, ds & (r = 0, 1, \ldots, n-1), \\ \int_a^b u_{2n-r}(s)\, \overline{g(s)}\, ds & (r = n, n+1, \ldots, 2n-1), \end{cases} \tag{8}$$

woraus die Behauptung des Hilfssatzes folgt.

124. Reguläre Differentialoperatoren. l bezeichne einen auf dem Intervall (a, b) vorgegebenen regulären Differentialausdruck. Sind φ, ψ beliebige Funktionen aus D^*, so ist im allgemeinen die Differenz

$$(L^* \varphi, \psi) - (\varphi, L^* \psi) = [\varphi, \psi]_a^b$$

ungleich Null, und L^* ist daher kein symmetrischer Operator. Damit die rechte Seite obiger Relation gleich Null ist, muß man den Funktionen φ, ψ gewisse zusätzliche Bedingungen auferlegen und damit zu einem Teilbereich von D^* übergehen. Jedenfalls genügt es zu fordern, daß jede der Funktionen φ, ψ den Relationen

$$y^{[k]}(a) = y^{[k]}(b) = 0 \qquad (k = 0, 1, \ldots, 2n-1) \tag{1}$$

genügt. Wir bezeichnen mit D die Gesamtheit aller Funktionen aus D^*, die den $4n$ Bedingungen (1) genügen. Es ist zu erwarten, daß der Operator L, dessen Definitionsbereich $\mathrm{D}_L = \mathrm{D}$ ist und der in diesem Bereich mit L^* zusammenfällt, ein symmetrischer Operator ist. Da für beliebige Funktionen $\varphi, \psi \in \mathrm{D}$

$$(L\varphi, \psi) = (\varphi, L\psi)$$

gilt, braucht man nur festzustellen, daß D in $\mathrm{L}^2(a, b)$ dicht liegt. Diese Eigenschaft ist offenbar erfüllt, wenn l ein Differentialausdruck im gewöhnlichen Sinne ist, da in diesem Falle D beispielsweise alle Polynome enthält, die der Bedingung (1) genügen. Nun beweisen wir, daß auch im allgemeinen Fall der Bereich D in $\mathrm{L}^2(a, b)$ dicht liegt. Auf Grund des Hilfssatzes aus Nr. 123 kann man $\mathrm{L}^2(a, b)$ in eine orthogonale Summe

$$\mathrm{L}^2(a, b) = \Delta_L \oplus \mathfrak{N}_0 \tag{2}$$

zerlegen, wo $\mathfrak{N}_0$ die $2n$-dimensionale Lösungsmannigfaltigkeit der homogenen Gleichung

$$l[u] = 0$$

ist. Wir nehmen jetzt an, daß für alle $\varphi \in \mathrm{D}$ die Beziehung $(h, \varphi) = 0$ gilt. Es muß gezeigt werden, daß $h = 0$ ist. Dazu bezeichnen wir mit ψ eine beliebige Lösung der Gleichung

$$l[\psi] = h\,.$$

Auf Grund der LAGRANGEschen Identität ist dann

$$(\psi, l[\varphi]) = (l[\psi], \varphi) = (h, \varphi) = 0\,.$$

Da aber $l[\varphi] = L^*\varphi = L\varphi \in \Delta_L$ ist, so ist nach (2) $\psi \in \mathfrak{N}_0$, d. h.

$$l[\psi] = 0\,.$$

Somit ist $h = 0$, was zu beweisen war.

Wir zeigen jetzt, daß der Operator L^* zu L adjungiert ist, was die benutzte Bezeichnung rechtfertigt. Für den Augenblick nennen wir den zu L adjungierten

Operator M. Es sei $\psi \in D_M$ und

$$M\psi = \chi .$$

Mit ψ_0 bezeichnen wir eine Lösung der Gleichung

$$l[y] = \chi .$$

Auf Grund der LAGRANGEschen Identität gilt dann für beliebiges $\varphi \in D$

$$(\varphi, \chi) = (\varphi, l[\psi_0]) = (l[\varphi], \psi_0) = (L\varphi, \psi_0) .$$

Andererseits folgt aus der Definition des adjungierten Operators die Beziehung

$$(\varphi, \chi) = (\varphi, M\psi) = (L\varphi, \psi)$$

und somit

$$(L\varphi, \psi - \psi_0) = 0 .$$

Da nun $\varphi \in D_L$ beliebig ist, folgt aus der Zerlegung (2)

$$\psi - \psi_0 \in \mathfrak{N}_0 .$$

Diese Relation zeigt, daß $\psi \in D^*$ ist, und daher gilt

$$M\psi = \chi = l[\psi_0] = l[\psi] .$$

Wir haben also gezeigt, daß

$$M \subseteq L^*$$

ist. Andererseits gilt für jedes $\varphi \in D$ und $\psi \in D^*$

$$(L\varphi, \psi) - (\varphi, L^*\psi) = [\varphi, \psi]_a^b = 0 .$$

Es besteht also auch die Beziehung

$$L^* \subseteq M ,$$

und folglich ist

$$M = L^* .$$

Unsere Behauptung ist damit bewiesen.

Der Leser überzeugt sich leicht, daß L^{**} mit L übereinstimmt; dies beweist die Abgeschlossenheit des Operators L.

Wie wir bereits in Nr. 123 bemerkten, ist der Bereich D_{L^*} die umfassendste lineare Mannigfaltigkeit, auf der der Ausdruck l einen Operator in $L^2(a, b)$ erzeugt. Ein beliebiger abgeschlossener symmetrischer Operator, für den der Definitionsbereich des adjungierten Operators in D_{L^*} enthalten ist, ist eine Erweiterung des Operators L. Deshalb wollen wir den Operator L einen regulären Differentialoperator *mit minimalem Definitionsbereich*, oder kurz einen *minimalen* regulären Differentialoperator nennen (der von dem Ausdruck l erzeugt wird).

Da die Gleichung $L^*\psi - \lambda\psi = 0$ (bei beliebigem λ) $\cdot 2n$ linear unabhängige Lösungen hat, ist der Defektindex von L gleich $(2n, 2n)$.

125. Selbstadjungierte Erweiterungen[1]) eines regulären Differentialoperators. Um alle selbstadjungierten Erweiterungen eines Operators L zu beschreiben, genügt es, alle Definitionsbereiche dieser Erweiterungen anzugeben. Wir zeigen, daß der Definitionsbereich einer selbstadjungierten Erweiterung des Operators L mit Hilfe gewisser Randbedingungen angegeben werden kann, und charakterisieren alle diese Bedingungen.

$\tilde{L}$ sei eine selbstadjungierte Erweiterung von L. Die Funktion φ aus D_{L^*} gehört zu $D_{\tilde{L}}$ genau dann, wenn die Gleichung

$$(L^* \varphi, \psi) = (\varphi, \tilde{L} \psi)$$

erfüllt ist oder wenn auf Grund der LAGRANGEschen Identität die Gleichung

$$[\varphi, \psi]_a^b = 0 \tag{1}$$

für alle $\psi \in D_{\tilde{L}}$ gilt. Da die Beziehung

$$\dim D_{\tilde{L}} = 2\,n \qquad (\text{mod } D_L)$$

besteht, so gibt es in $D_{\tilde{L}}$ $2\,n$ Funktionen $w_1, w_2, \ldots, w_{2n}$ von der Art, daß jede beliebige Funktion ψ aus $D_{\tilde{L}}$ sich in der Form

$$\psi = \psi_0 + \sum_{k=1}^{2n} \alpha_k w_k \qquad (\psi_0 \in D_L)$$

darstellen läßt.

Da nun weiterhin auf Grund der Bedingungen (1) die Gleichung

$$[\varphi, \psi_0]_a^b = 0$$

für jede Funktion φ aus D_{L^*} gilt, so ist die Bedingung (1), die eine „willkürliche" Funktion ψ enthält, den $2\,n$ Bedingungen

$$[\varphi, w_k]_a^b = 0 \qquad (k = 1, 2, \ldots, 2\,n) \tag{2}$$

äquivalent. Dabei gehören die Funktionen $w_1, w_2, \ldots, w_{2n}$ zu $D_{\tilde{L}}$ und genügen daher den Bedingungen

$$[w_i, w_k]_a^b = 0 \qquad (i, k = 1, 2, \ldots, 2\,n)\,. \tag{3}$$

Die Gleichung (2) läßt sich als ein System von Randbedingungen und die Gleichung (3) als eine Eigenschaft der Koeffizienten dieser Bedingungen auffassen.

Die Randbedingungen (2) kann man in der Form von $2\,n$ linear unabhängigen Gleichungen

$$\sum_{k=1}^{2n} \alpha_{ik}\, \varphi^{[k-1]}(a) + \sum_{k=1}^{2n} \beta_{ik}\, \varphi^{[k-1]}(b) = 0 \qquad (i = 1, 2, \ldots, 2\,n) \tag{2'}$$

[1]) Wenn wir hier und im weiteren von selbstadjungierten Erweiterungen sprechen, so haben wir selbstadjungierte Erweiterungen erster Art im Auge. Bezüglich einer allgemeinen Form von Randbedingungen, die selbstadjungierte Erweiterungen von Differentialoperatoren charakterisieren, siehe M. G. KREIN [4] und A. A. GRAFF [1].

schreiben, wenn man dabei

$$\begin{aligned} \alpha_{ik} &= \overline{w_i^{[2n-k]}(a)}\,, & \alpha_{i,n+k} &= -\,\overline{w_i^{[n-k]}(a)}\,, \\ \beta_{ik} &= -\,\overline{w_i^{[2n-k]}(b)}\,, & \beta_{i,n+k} &= \overline{w_i^{[n-k]}(b)} \qquad (k = 1, 2, \ldots, n) \end{aligned} \tag{4}$$

setzt. Dann nehmen die Gleichungen (3) die Form

$$\begin{aligned} &\sum_{r=1}^{n} \alpha_{i,r}\bar{\alpha}_{k,2n-r+1} - \sum_{r=1}^{n} \alpha_{i,2n-r+1}\bar{\alpha}_{k,r} \\ &\quad = \sum_{r=1}^{n} \beta_{i,r}\bar{\beta}_{k,2n-r+1} - \sum_{r=1}^{n} \beta_{i,2n-r+1}\bar{\beta}_{k,r} \qquad (i, k = 1, 2, \ldots, 2n) \end{aligned} \tag{3'}$$

an.

Der Definitionsbereich jeder selbstadjungierten Erweiterung $\tilde{L}$ von L besteht also aus allen Funktionen $\varphi \in \mathrm{D}_{L^*}$, die $2n$ Randbedingungen der Form (2′) genügen. Die Koeffizienten dieser Bedingungen sollen dabei die in (3′) ausgedrückte Eigenschaft besitzen.

Sei ein beliebiges System von $2n$ Randbedingungen der Form (2′) vorgegeben, deren Koeffizienten den Gleichungen (3′) genügen. Wir zeigen, daß ein solches System den Definitionsbereich einer gewissen selbstadjungierten Erweiterung von L im obigen Sinne festlegt.

Nehmen wir für einen Augenblick an, daß in D_{L^*} $2n$ Funktionen $w_1, w_2, \ldots, w_{2n}$ existieren, die den Bedingungen (4) genügen. Die Bedingungen (2′) und (3′) erhalten dann die Form (2) bzw. (3). Wir müssen nun zeigen, daß die Bedingungen (2) für die (3) genügenden Funktionen $w_k \in \mathrm{D}_{L^*}$ eine gewisse selbstadjungierte Erweiterung von L bestimmen. Dazu bezeichnen wir mit $\tilde{\mathrm{D}}$ die Gesamtheit aller Funktionen $\varphi \in \mathrm{D}_{L^*}$, die den Bedingungen (2) genügen, und mit D' die Gesamtheit aller Funktionen der Form

$$\psi = \psi_0 + \sum_{k=1}^{2n} \alpha_k w_k\,,$$

wo ψ_0 den Bereich D_L durchläuft und $\alpha_1, \alpha_2, \ldots, \alpha_{2n}$ beliebige Konstanten sind. Die Bedingung (2) ist der Bedingung gleichwertig, daß

$$[\varphi, \psi]_a^b = 0 \tag{5}$$

für beliebiges $\psi \in \mathrm{D}'$ gilt. Jede Funktion φ aus D' genügt aber dieser Bedingung; denn es gilt ja die Beziehung (3). Folglich gilt die Relation $\mathrm{D}' \subseteq \tilde{\mathrm{D}}$. Da aber beide Mannigfaltigkeiten $\tilde{\mathrm{D}}$ und D' modulo D_L $2n$-dimensional sind, so gilt $\tilde{\mathrm{D}} = \mathrm{D}$. Daher ist $\tilde{\mathrm{D}}\,(\mathrm{D}_L \subset \tilde{\mathrm{D}} \subset \mathrm{D}_{L^*})$ die Gesamtheit aller Funktionen $\varphi \in \mathrm{D}_{L^*}$, für die die Gleichung (5) für jede Funktion $\psi \in \tilde{\mathrm{D}}$ erfüllt ist. Auf Grund des Hilfssatzes aus Nr. 46 ergibt sich hieraus, daß der Operator $\tilde{L} \subset L^*$ mit dem Definitionsbereich $\tilde{\mathrm{D}}$ eine selbstadjungierte Erweiterung von L ist.

Es bleibt noch zu zeigen, daß in D_{L^*} Funktionen existieren, die zusammen mit ihren Quasi-Ableitungen bis zur $(2n-1)$-ten Ordnung einschließlich an beiden Endpunkten des Intervalles $[a, b]$ vorgeschriebene Werte annehmen. Wir betrachten dazu eine Funktion $g_1(t)$, die zur Lösungsmannigfaltigkeit der homogenen Gleichung (4) aus Nr. 123 orthogonal ist. Die Lösung der Gleichung

$$l[y] - \lambda y = g_1(t),$$

die im Punkte a den vorgeschriebenen Bedingungen genügt, bezeichnen wir mit $\omega_1(t)$. Auf Grund der Formel (8) aus Nr. 123 gilt die Gleichung $\omega_1^{[k]}(b) = 0$ $(k = 0, 1, 2, \ldots, 2n - 1)$. Analog konstruieren wir eine Funktion $\omega_2(t)$, die den vorgeschriebenen Bedingungen im rechten Endpunkt genügt. Bilden wir die Summe $\omega_1(t) + \omega_2(t)$, so erhalten wir eine Funktion aus D_{L^*}, die allen gestellten Bedingungen genügt.

Damit haben wir folgenden Satz bewiesen:

Satz. *Ein System linear unabhängiger Randbedingungen* (2′) *definiert genau dann eine selbstadjungierte Erweiterung von L, wenn die Anzahl dieser Bedingungen gleich 2 n ist und die Koeffizienten in* (2′) *die Eigenschaft* (3′) *besitzen.*

Die Randbedingungen, die eine selbstadjungierte Erweiterung eines Differentialoperators erzeugen, heißen *selbstadjungiert*.

Bedingungen der Form

$$\begin{aligned} \varphi^{[k-1]}(a) \sin\alpha_k + \varphi^{[2n-k]}(a) \cos\alpha_k &= 0 \\ \varphi^{[k-1]}(b) \sin\beta_k + \varphi^{[2n-k]}(b) \cos\beta_k &= 0 \end{aligned} \qquad (k = 1, \ldots, n),$$

wo α_k, β_k beliebig reelle Parameter sind, bilden ein Beispiel selbstadjungierter (und dabei zerfallender) Randbedingungen.

Die Greensche Funktion $\tilde{G}(t, s)$ einer beliebigen selbstadjungierten Erweiterung $\tilde{L}$ eines Operators L, für den $\lambda = 0$ kein Eigenwert ist, läßt sich leicht konstruieren, indem man wohl bekannte Rechnungen wiederholt. Die Funktion $\tilde{G}(t, s)$ ist ein Hilbert-Schmidtscher Kern, und der durch ihn bestimmte Integraloperator $\tilde{K}$ hängt mit $\tilde{L}$ durch die Gleichung

$$\tilde{K} = \tilde{L}^{-1}$$

zusammen. Hieraus folgt, daß *das Spektrum von $\tilde{L}$ nur aus Eigenwerten besteht, die einen einzigen Häufungspunkt, und zwar im Unendlichen haben.*

Genauso ist das Spektrum von $\tilde{L}$ auch in dem Falle beschaffen, wenn $\lambda = 0$ Eigenwert ist. In der Tat findet man durch Änderung der Parameter in den Randbedingungen stets eine selbstadjungierte Erweiterung $\tilde{L}_1$ von L, für die 0 kein Eigenwert ist; das Spektrum von $\tilde{L}_1$ besitzt deshalb die erwähnten Eigenschaften. Damit hat dann aber jede selbstadjungierte Erweiterung $\tilde{L}$ von L diese Eigenschaften (da die Erweiterung endlich-dimensional ist).

Zum Schluß bemerken wir noch folgendes: Läßt man die Gleichungen (3′) weg, dann definieren die Randbedingungen (2′) eine quasiselbstadjungierte Erweiterung von L im Sinne von Nr. 114.

126. Singuläre Differentialoperatoren[1]). Wir beginnen mit dem Fall, daß das Intervall $(0, \infty)$ vorliegt, d. h., daß der rechte Endpunkt des Intervalls singulär ist. Den linken Endpunkt des Intervalls nehmen wir als regulär an.

Wir führen den Operator $\mathring{L}$ durch die Gleichung

$$\mathring{L}\,\varphi = l[\varphi]$$

auf der Mannigfaltigkeit $D_{\mathring{L}}$ aller finiten Funktionen aus D^* ein, die den Bedingungen

$$\varphi(0) = \varphi^{[1]}(0) = \cdots = \varphi^{[2n-1]}(0) = 0 \tag{1}$$

genügen.

Da der Operator $\mathring{L}$ offenbar symmetrisch ist, besitzt er eine Abschließung. Wir bezeichnen sie mit L und nennen sie (s. Nr. 124) einen singulären Differentialoperator *mit minimalem Definitionsbereich* (oder kurz: einen *minimalen* singulären Differentialoperator).

Satz 1. *L^* ist der zu L adjungierte Operator.*

Beweis. Wie in Nr. 124 bezeichnen wir mit M den zu L adjungierten Operator. Es gelten offenbar die Relation

$$D_{L^*} \subseteq D_M$$

und die Gleichung

$$M\,\psi = l[\psi]$$

für jedes $\psi \in D_{L^*}$. Daher brauchen wir nur noch zu beweisen, daß

$$D_M \subseteq D_{L^*}$$

gilt. Dazu wählen wir wie in Nr. 124 irgendeine Funktion $\psi \in D_M$ und setzen

$$M\,\psi = \chi\,.$$

Ferner bezeichnen wir mit ψ_0 eine Lösung der Gleichung

$$l[y] = \chi\,.$$

Wir müssen jetzt nur noch zeigen, daß

$$\psi(t) = \psi_0(t) + u(t)$$

gilt, wobei $u(t)$ eine Lösung der Gleichung

$$l[y] = 0 \tag{2}$$

ist. Dazu wählen wir eine Funktion $g(t) \in L^2(0, \infty)$, die für $t \geqq a$ gleich Null ist und zur $2n$-dimensionalen Lösungsmannigfaltigkeit der Gleichung (2) im Intervall $0 \leqq t \leqq a$ orthogonal ist. Dann läßt sich nach Nr. 123 eine Funktion $\varphi(t)$ finden, die für $t \geqq a$ gleich Null ist, der Gleichung

$$l[\varphi] = g$$

[1]) Die Nummern 126, 127, 128 dieses Nachtrages bilden einen Auszug aus der Dissertation von I. M. Glasmann [1], [3].

und der Bedingung (1) genügt. Offenbar ist $\varphi \in D_{\tilde{L}} \subset D_L$. Es gilt also

$$(g, \psi) = (L\,\varphi, \psi) = (\varphi, M\,\psi) = (\varphi, \chi)\,.$$

Andererseits besteht die Gleichung[1])

$$(g, \psi_0) = (l[\varphi], \psi_0) = (\varphi, l[\psi_0]) = (\varphi, \chi)\,.$$

Daher gilt die Beziehung

$$(g, \psi - \psi_0) = 0\,.$$

Berücksichtigt man die Willkür in der Wahl der Funktion $g(t)$, so erhält man hieraus die Gleichung

$$\psi(t) - \psi_0(t) = u(t)\,,$$

wobei $u(t)$ eine Lösung der Gleichung (2) ist.

Bemerkung. Alle Funktionen aus D_L genügen den Bedingungen (1). Ist nämlich $\psi(t)$ eine Funktion aus D_{L^*}, die für $t \geqq a$ gleich Null ist, so ergibt sich für $\varphi \in D_L$ aus den Gleichungen

$$(L\,\varphi, \psi) = (\varphi, L^*\,\psi)\,,$$

$$(l[\varphi], \psi) = [\varphi, \psi]_0^a + (\varphi, l[\psi])$$

die Beziehung

$$[\varphi, \psi]_0^a = 0$$

und damit auch

$$[\varphi, \psi]_0 = 0\,.$$

Da die Werte $\psi^{[k-1]}(0)$ $(k = 1, 2, \ldots, 2\,n)$ beliebig vorgegeben werden können, bedeutet dies, daß die Funktion $\varphi(t)$ den Bedingungen (1) genügt.

Wir kommen nun zu Betrachtungen über die Defektzahlen des Operators L. Da die Koeffizienten des Ausdruckes l reell sind, stimmen die Defektzahlen überein.

Satz 2. *Die Defektzahl m eines Differentialoperators der Ordnung $2\,n$ auf einem Intervall mit einem singulären Endpunkt genügt der Ungleichung*

$$n \leqq m \leqq 2\,n\,. \tag{3}$$

Beweis. Der rechte Teil der Ungleichung folgt unmittelbar aus Satz 1.

Zum Beweis der linken Seite der Ungleichung benutzen wir die erste NEUMANNsche Formel (Nr. 102)

$$D_{L^*} = D_L \oplus \mathfrak{N}_\lambda \oplus \mathfrak{N}_{\bar{\lambda}}\,.$$

Auf Grund der Gleichheit der Dimensionen der Unterräume $\mathfrak{N}_\lambda$ und $\mathfrak{N}_{\bar{\lambda}}$ genügt es zu zeigen, daß

$$\dim D_{L^*} \geqq 2\,n \qquad (\mathrm{mod}\; D_L)$$

gilt. Dazu beweisen wir die Existenz von $2\,n$ linear unabhängigen Funktionen, die zusammen mit ihrer linearen Hülle im D_{L^*}, aber nicht in D_L (mit Ausnahme der Funktion Null) liegen. Wie man leicht einsieht, kann man als Funktionen

---

[1]) Obwohl $\psi_0 \bar{\in} L^2(0, \infty)$, ist die Schreibweise (g, ψ_0) zulässig, da g finit ist.

mit dieser Eigenschaft beliebige linear unabhängige Funktionen $\psi_1(t), \psi_2(t), \ldots,$ $\psi_{2n}(t)$ aus D_{L^*} nehmen, die der Bedingung

$$\operatorname{Det}\,(\psi_i^{[k-1]}(0))_{i,k=1}^{2n} \neq 0$$

genügen. Dann ergeben sich aus dem Ansatz

$$\psi = \sum_{i=1}^{2n} \alpha_i \psi_i \in D_L$$

(s. Bemerkung zum Satz 1) die Gleichungen

$$\psi(0) = \psi^{[1]}(0) = \cdots = \psi^{[2n-1]}(0) = 0\,,$$

woraus folgt, daß alle $\alpha_i = 0$ sind ($i = 1, \ldots, 2n$).

Aus den Sätzen 1 und 2 ergibt sich, daß die Anzahl der zu $L^2(0, \infty)$ gehörigen Lösungen der Gleichung

$$l[u] - \lambda u = 0 \qquad (\Im \lambda \neq 0)$$

nicht von λ abhängt und nicht kleiner ist als die Hälfte der Ordnung des Ausdruckes l.

Für die Zahl m kann man in der Ungleichung (3) beliebige Werte zwischen n und $2n$ wählen. Es sei angemerkt, daß für $l_1 = -i(1+t)D(1+t)$, $l_2 = D^2 - 1$ der durch den Ausdruck

$$l = l_1^{m-n}\, l_2^{2n-m}\, l_1^{m-n} \qquad (n \leqq m \leqq 2n)$$

auf dem Intervall $(0, \infty)$ erzeugte Operator der Ordnung $2n$ mit minimalem Definitionsbereich den Defektindex (m, m) besitzt. Den Beweis dafür überlassen wir dem Leser.[1])

Die Untersuchungen für den Fall des Intervalls $(-\infty, \infty)$ mit zwei singulären Endpunkten werden analog zu den obigen Betrachtungen durchgeführt.

Der Operator L mit minimalem Definitionsbereich wird auch in diesem Fall als Abschließung des Operators $\mathring{L}$ definiert; die Bedingungen (1) muß man jedoch fallenlassen. Der Satz 1, der den Operator L^* charakterisiert, bleibt weiterhin gültig. Der Satz 2 wird durch den folgenden Satz ersetzt:

Satz 3. *$L^{(-)}$ und $L^{(+)}$ seien zwei singuläre Differentialoperatoren mit minimalem Definitionsbereich, erzeugt durch den Ausdruck l in den Intervallen $(-\infty, 0)$ und $(0, \infty)$. Unter diesen Bedingungen wird die Defektzahl m des Operators L durch die Formel*

$$m = m^{(-)} + m^{(+)} - 2n$$

bestimmt. $m^{(-)}$ und $m^{(+)}$ sind dabei die Defektzahlen der Operatoren $L^{(-)}$ bzw. $L^{(+)}$.

Beweis. Wir schränken den Definitionsbereich des Operators $\mathring{L}$ ein, indem wir die Funktion φ aus $D_{\mathring{L}}$ der zusätzlichen Forderung

$$\varphi(0) = \varphi^{[1]}(0) = \cdots = \varphi^{[2n-1]}(0) = 0$$

[1]) In diesem Zusammenhang siehe I. M. Glasmann [1].

unterwerfen. Wir bezeichnen die so erhaltene lineare Mannigfaltigkeit mit D_0, den mit dem Operator $\mathring{L}$ auf D_0 zusammenfallenden und nur auf D_0 definierten Operator bezeichnen wir mit $\mathring{L}_0$. L_0 sei die Abschließung von $\mathring{L}_0$. Es gilt offenbar

$$\dim D_L = 2n \,(\mathrm{mod}\, D_{L_0}) \,.$$

Auf Grund einer Bemerkung in Nr. 102 (Seite 314) ist $\dim D_L \,(\mathrm{mod}\, D_{L_0})$ gleich der Differenz der Defektzahlen von L_0 und L. Folglich ist die Defektzahl von L_0 gleich

$$m_0 = m + 2n \,.$$

Andererseits wird der Operator L_0 durch die Teilräume $L^2(-\infty, 0)$ und $L^2(0, \infty)$ reduziert. Damit ist

$$L_0 = L^{(-)} \oplus L^{(+)} \,,$$

so daß die Gleichung

$$m_0 = m^{(-)} + m^{(+)}$$

besteht. Also gilt

$$m = m^{(-)} + m^{(+)} - 2n \,,$$

was zu beweisen war.

127. Selbstadjungierte Erweiterungen eines singulären Differentialoperators. Man kann die selbstadjungierten Erweiterungen eines singulären Operators ähnlich wie die selbstadjungierten Erweiterungen eines regulären Operators mit Hilfe eines Systems von Randbedingungen charakterisieren, das jedoch eine kompliziertere Struktur besitzt als die entsprechenden Bedingungen der Nr. 125. Wir beschäftigen uns mit dem Fall, daß nur ein Endpunkt des Intervalls singulär ist.

Aus der allgemeinen Theorie der Erweiterungen (s. Nr. 102) folgt der

Satz 1. *Der Defektindex des Operators L sei (m, m) $(n \leqq m \leqq 2n)$, und die Funktionen*

$$u_k(t;\lambda) \in L^2(0, \infty) \qquad (k = 1, 2, \ldots, m)$$

mögen für ein gewisses festes nicht reelles λ ein orthonormiertes Lösungssystem der Gleichung

$$l[u] - \lambda u = 0$$

bilden.

Unter diesen Bedingungen gibt es eine eineindeutige Zuordnung zwischen der Klasse aller selbstadjungierten Erweiterungen L_ϑ von L und der Klasse aller unitären Matrizen $\vartheta = (\vartheta_{ik})$ der Ordnung m. Diese Zuordnung wird durch die Formel

$$D_{L_\vartheta} = D_L \oplus \Gamma_\vartheta \tag{1}$$

gegeben. Γ_ϑ ist dabei die lineare Hülle der Funktionen

$$w_i^{(\vartheta)}(t;\lambda) = u_i(t;\lambda) + \sum_{k=1}^{m} \vartheta_{ik} \overline{u_k(t;\lambda)} \,.$$

Beweis. Es genügt zu bemerken, daß die Funktionen $\overline{u_k(t;\lambda)}$ $(k = 1, 2, \ldots, m)$ ein orthonormiertes Lösungssystem der Gleichung

$$L^* g - \bar{\lambda} g = 0$$

bilden.

Wir wollen nun die Randbedingungen aufsuchen, welche die Funktionen aus D_{L_ϑ} charakterisieren.

Satz 2. *L_ϑ sei eine im Sinne des Satzes 1 durch eine unitäre Matrix ϑ definierte selbstadjungierte Erweiterung des Operators L mit dem Defektindex (m, m). Die Funktionen $w_i^{(\vartheta)}(t;\lambda)$ $(i = 1, 2, \ldots, m)$ mögen dieselbe Bedeutung wie in Satz 1 haben.*

In diesem Falle besteht der Definitionsbereich D_{L_ϑ} des Operators L_ϑ aus allen Funktionen $\varphi(t)$ aus D_{L^*}, die den Bedingungen

$$[\varphi, w_i^{(\vartheta)}]_0^\infty = 0 \qquad (i = 1, 2, \ldots, m) \tag{2}$$

genügen.

Beweis. Zunächst sei bemerkt, daß auf Grund der LAGRANGEschen Identität die Funktionen $\varphi(t)$ aus D_{L^*} genau dann zu D_{L_ϑ} gehören, wenn die Bedingungen

$$[\varphi, \psi]_0^\infty = 0 \tag{3}$$

für alle $\psi(t)$ aus D_{L_ϑ} erfüllt sind. Es bleibt jetzt zu zeigen, daß das System der Bedingungen (3), das die willkürliche Funktion $\psi(t)$ enthält, für $\varphi(t) \in D_{L^*}$ auf ein System von m Bedingungen (2) führt.

Auf Grund der Formel (1) besitzt die Funktion $\psi(t)$ die Darstellung

$$\psi(t) = \varphi_0(t) + \sum_{i=1}^{m} c_i\, w_i^{(\vartheta)}(t;\lambda) \qquad (\varphi_0(t) \in D_L)\,.$$

Hieraus ergibt sich die Gleichung

$$[\varphi, \psi]_0^\infty = [\varphi, \varphi_0]_0^\infty + \sum_{i=1}^{m} c_i\, [\varphi, w_i^{(\vartheta)}]_0^\infty\,.$$

Wegen $\varphi_0(t) \in D_L$ gilt

$$[\varphi, \varphi_0]_0^\infty = 0$$

für $\varphi(t) \in D_{L^*}$. Da die Konstanten c_i $(i = 1, 2, \ldots, m)$ völlig willkürlich sind, haben wir damit die Äquivalenz der Bedingungen (3) und (2) bewiesen.

Wir behalten für die Gleichungen (2), die einen Grenzübergang enthalten, die Bezeichnung Randbedingungen bei. Der folgende Satz gibt einen Fall an, in dem die Randbedingungen keinen Grenzübergang enthalten.

Satz 3. *Ist der Defektindex des Operators L gleich (n, n), so ist das System der Randbedingungen, welche die selbstadjungierten Erweiterungen L_ϑ des Operators L definieren, von der Form*

$$[\varphi, w_i^{(\vartheta)}]_0 = 0 \qquad (i = 1, 2, \ldots, n)\,. \tag{4}$$

Beweis. Für den Beweis genügt es zu zeigen, daß unter den Bedingungen des Satzes je zwei Funktionen $\varphi(t)$ und $\psi(t)$ aus D_{L^*} der Beziehung

$$[\varphi, \psi]_\infty = 0$$

genügen.

Dazu wählen wir aus D_{L^*} die Funktionen

$$\psi_i(t) \quad (i = 1, 2, \ldots, 2n), \qquad \psi_i(t) = 0 \quad \text{für} \quad t > a > 0$$

derart, daß

$$\operatorname{Det} \left(\psi_i^{[k-1]}(0)\right)_{i,k=1}^{2n} \neq 0$$

gilt.

Bei einer solchen Wahl der Funktionen $\psi_i(t)$ hat ihre lineare Hülle mit D_L keine von Null verschiedenen Elemente gemeinsam. Andererseits ist auf Grund der Voraussetzungen über den Defektindex von L

$$\dim D_{L^*} = 2n \qquad (\operatorname{mod} D_L)\,.$$

Folglich existieren zu jeder Funktion $\varphi(t) \in D_{L^*}$ solche Konstanten $\alpha_1, \alpha_2, \ldots, \alpha_{2n}$, daß

$$\varphi(t) - \sum_{i=1}^{2n} \alpha_i \psi_i(t) = \varphi_0(t) \in D_L$$

gilt. Hieraus erhalten wir unter Benutzung der Tatsache, daß die Funktionen $\psi_i(t)$ $(i = 1, 2, \ldots, 2n)$ für $t > a$ gleich Null sind, und der Gleichung $\varphi_0^{[k-1]}(0) = 0$ $(k = 1, 2, \ldots, 2n)$

$$[\varphi, \psi]_\infty = \left[\varphi_0 + \sum_{i=1}^{2n} \alpha_i \psi_i, \psi\right]_\infty = [\varphi_0, \psi]_\infty = [\varphi_0, \psi]_0^\infty = 0\,.$$

Wir müssen hier bemerken, daß im allgemeinen die Randbedingungen (2) wesentlich von den Funktionen

$$w_i^{(\theta)} \, (i = 1, 2, \ldots, m)$$

abhängen. Sie können folglich noch nicht hingeschrieben werden, ehe nicht der Operator L gegeben ist. Ist jedoch der Defektindex von L gleich (n, n), so kann man die Funktionen $w_i^{(\theta)}(t; \lambda)$ aus den Randbedingungen (4) nach der Methode der Nr. 125 eliminieren; dann hängen folglich die Randbedingungen nicht von L ab.

Ist der Defektindex gleich $(2n, 2n)$, so ist die Anzahl der Randbedingungen, die eine selbstadjungierte Erweiterung eines singulären Operators definieren, wie im Falle eines regulären Operators gleich $2n$. Auf Grund dieses Umstandes und einiger anderer Überlegungen (s. Satz 2 der folgenden Nr.) nennen wir einen singulären Operator mit dem Defektindex $(2n, 2n)$ *quasiregulär*.

Für den Differentialoperator zweiter Ordnung sind nur die Fälle $m = 2$ oder $m = 1$ möglich. Dies wurde zuerst von H. Weyl bemerkt, der $m = 2$ den *Grenzkreisfall* und $m = 1$ den *Grenzpunktfall* nannte. Den Sinn dieser Bezeichnung erklären wir in Nr. 129.

Die Konstruktion der Randbedingungen für den Fall eines Intervalls mit zwei singulären Endpunkten läßt sich mühelos mit dem in dieser Nr. benutzten Verfahren durchführen und kann fortgelassen werden.

Zum Schluß verweilen wir kurz bei der Frage nach den selbstadjungierten Erweiterungen L_ϑ, die reell sind bezüglich des Operators des Überganges zum konjugiert-komplexen Element in $L^2(0, \infty)$ (s. Nr. 50).

Da die Koeffizienten, die den Differentialausdruck erzeugen, reell sind, ist der Operator L^* bezüglich des Operators des Überganges zum konjugiert-komplexen Element reell. Also ist L_ϑ reell genau dann, wenn die Mannigfaltigkeit D_{L_ϑ} mit der Funktion $\varphi(t)$ stets die Funktion $\overline{\varphi(t)}$ enthält.

Unter Benutzung dieses Umstandes und der Formel (1) zeigt man leicht, daß der Operator L_ϑ reell ist dann und nur dann, wenn die unitäre Matrix $\vartheta = (\vartheta_{ik})$ symmetrisch ist, d. h., wenn die Beziehungen

$$\vartheta_{ik} = \vartheta_{ki} \qquad (i, k = 1, 2, \ldots, m)$$

bestehen.[1])

In Nr. 128 benutzen wir übrigens nur die Existenz wenigstens einer reellen Erweiterung. Diese folgt schon unmittelbar aus der Formel (1), wenn wir für ϑ die Einheitsmatrix wählen.

128. Die Resolventen selbstadjungierter Erweiterungen. In dieser Nr. werden wir zeigen, daß die Resolventen selbstadjungierter Erweiterungen eines Differentialoperators L Integraloperatoren sind, und werden die Klassen angeben, zu denen die Kerne dieser Integraloperatoren für verschiedene Defektindizes von L gehören. Wir beginnen mit zwei Hilfssätzen.

Hilfssatz 1. *Die Resolvente eines selbstadjungierten, in* $L^2(0, \infty)$ *definierten und bezüglich des Operators des Überganges zum konjugiert-komplexen Element reellen Operators sei auf allen finiten Funktionen* $g(t) \in L^2(0, \infty)$ *von der Form*

$$R_\lambda\, g = \int_0^\infty K(t, s; \lambda)\, g(s)\, ds\,.$$

Dabei sei der Kern $K(t, s; \lambda)$ *in* s *und* t *für*

$$t > 0,\, s > 0 \qquad (t \neq s)$$

stetig. Dann ist

$$K(t, s; \lambda) = K(s, t; \lambda)\,.$$

Der Beweis ergibt sich unmittelbar aus den Beziehungen $R_\lambda^* = J\, R_\lambda\, J$ (s. Nr. 50) und der Willkür in der Wahl der Funktionen $g(t)$.

Hilfssatz 2. *Jedes homogene und additive (jedoch im allgemeinen unbeschränkte) Funktional* L, *das auf allen finiten Funktionen* $g(t)$ *aus* $L^2(0, \infty)$ *definiert ist und in* $L^2(0, a)$ *für jedes endliche* $a > 0$ *beschränkt ist, besitzt die Darstellung*

$$\mathrm{L}(g) = \int_0^\infty g(s)\, \overline{h(s)}\, ds\,. \tag{1}$$

[1]) Hieraus folgt u. a., daß im Falle der Defektindizes (1,1) jede selbstadjungierte Erweiterung reell ist.

Dabei ist $h(t)$ eine Funktion, die durch das Funktional L *eindeutig bestimmt ist und für jedes endliche $a > 0$ zu $L^2(0, a)$ gehört.*

Der Beweis folgt aus dem Satz von RIESZ über die allgemeine Form eines linearen Funktionals (s. Nr. 19), auf Grund dessen für jede Funktion $g(t)$ aus $L^2(0, a)$ die Darstellung

$$L(g) = \int_0^a g(s)\,\overline{h_a(s)}\,ds \qquad \bigl(h_a(s) \in L^2(0, a)\bigr) \tag{2}$$

besteht.

Die in dieser Darstellung vorkommende Funktion $h_a(t)$ wird bei wachsendem a „fortgesetzt" in dem Sinne, daß die Ungleichung $a_1 < a_2$ die Gleichung

$$h_{a_1}(t) = h_{a_2}(t)$$

für alle $t < a_1$ induziert (mit der möglichen Ausnahme einer Menge vom Maß Null). Es gelten nämlich für jede Funktion $g(t)$ aus $L^2(0, a_1)$ gleichzeitig die beiden Darstellungen

$$L(g) = \int_0^{a_1} g(s)\,\overline{h_{a_1}(s)}\,ds\,,$$

$$L(g) = \int_0^{a_2} g(s)\,\overline{h_{a_2}(s)}\,ds = \int_0^{a_1} g(s)\,\overline{h_{a_2}(s)}\,ds\,.$$

Hieraus ergibt sich die Gleichung

$$\int_0^{a_1} [h_{a_2}(s) - h_{a_1}(s)]\,\overline{g(s)}\,ds = 0\,.$$

Dies erlaubt es uns, die Formel (2) in der Form (1) zu schreiben.

Satz 1. *Die zu einer selbstadjungierten Erweiterung $\tilde{L}$ eines Differentialoperators L mit dem Defektindex (m, m) gehörige Resolvente $\tilde{R}_\lambda$ in den Punkten λ regulären Typs ist ein Integraloperator.*

Beweis. Wir führen den Beweis zunächst für irgendeine reelle selbstadjungierte Erweiterung und zeigen danach, daß der Satz für alle selbstadjungierten Erweiterungen richtig ist, falls er für eine selbstadjungierte Erweiterung gilt.

$\tilde{L}_0$ sei eine reelle selbstadjungierte Erweiterung von L und $\tilde{R}^0_\lambda$ die entsprechende Resolvente (λ sei ein fester Punkt regulären Typs des Operators $\tilde{L}$).

Wir bemerken zunächst, daß man das Element $\tilde{R}^0_\lambda g$ $\bigl(g(t) \in L^2(0, \infty)\bigr)$ in der Lösungsmannigfaltigkeit der inhomogenen Gleichung

$$l[y] - \lambda y = g \tag{3}$$

zu suchen hat.

Wir wählen ein Fundamentalsystem $u_i(t; \lambda)$ $(i = 1, 2, \ldots, 2n)$ von Lösungen der zugehörigen homogenen Gleichung

$$l[u] - \lambda u = 0 \tag{4}$$

derart, daß die Lösungen $u_1(t;\lambda), u_2(t;\lambda), \ldots, u_m(t;\lambda)$ zu $L^2(0,\infty)$ gehören (dann befinden sich die Lösungen $u_{m+1}(t;\lambda), \ldots, u_{2n}(t;\lambda)$ zusammen mit ihren nicht trivialen Linearkombinationen außerhalb von $L^2(0,\infty)$). Wir setzen dabei nicht, wie in der vorigen Nr., voraus, daß die Lösungen $u_i(t;\lambda)$ $(i = 1, 2, \ldots, m)$ orthonormiert sind.

Auf Grund der Nr. 123 ist die allgemeine Lösung der Gleichung (3) von der Form

$$\varphi(t) = \sum_{k=1}^{2n} u_k(t;\lambda) \int_0^t v_k(s;\lambda)\, g(s)\, ds + \sum_{k=1}^{2n} c_k\, u_k(t;\lambda)\,. \tag{5}$$

Dabei ist $v_k(t;\lambda)$ $(k = 1, 2, \ldots, 2n)$ das zu $u_k(t;\lambda)$ $(k = 1, 2, \ldots, 2n)$ adjungierte Fundamentalsystem der Gleichung (4). In der Formel (5) sind die Konstanten c_k $(k = 1, 2, \ldots, 2n)$ eindeutig bestimmt, wenn wir nur fordern, daß $\varphi(t) = \tilde{R}^0_\lambda g$ gilt. Wir wollen nun die Werte der Konstanten bestimmen, für die diese Bedingung unter der Voraussetzung erfüllt ist, daß $g(t)$ eine finite Funktion ist.

Zunächst müssen wir dafür sorgen, daß $\varphi(t)$ zu $L^2(0,\infty)$ gehört. Da jedoch $g(t) = 0$ für $t \geqq a$ ist, so besteht für hinreichend große t die Beziehung

$$\varphi(t) = \sum_{k=1}^{2n} u_k(t;\lambda) \int_0^a v_k(s;\lambda)\, g(s)\, ds + \sum_{k=1}^{2n} c_k\, u_k(t;\lambda)\,.$$

Für die Zugehörigkeit von $\varphi(t)$ zu $L^2(0,\infty)$ ist also notwendig und hinreichend, daß die $2n - m$ Konstanten c_k $(k = m+1, \ldots, 2n)$ in dieser Weise gewählt werden:

$$c_k = -\int_0^a v_k(s;\lambda)\, g(s)\, ds = -\int_0^\infty v_k(s;\lambda)\, g(s)\, ds \qquad (k = m+1, m+2, \ldots, 2n)\,.$$

Nach einer solchen Wahl dieser Konstanten erhalten wir für $\tilde{R}^0_\lambda$ die Darstellung

$$\begin{aligned}\tilde{R}^0_\lambda g &= \sum_{k=1}^{2n} u_k(t;\lambda) \int_0^t v_k(s;\lambda)\, g(s)\, ds \\ &\quad + \sum_{k=1}^{m} c_k\, u_k(t;\lambda) - \sum_{k=m+1}^{2n} u_k(t;\lambda) \int_0^\infty v_k(s;\lambda)\, g(s)\, ds \\ &= \sum_{k=1}^{m} u_k(t;\lambda) \int_0^t v_k(s;\lambda)\, g(s)\, ds \\ &\quad - \sum_{k=m+1}^{2n} u_k(t;\lambda) \int_t^\infty v_k(s;\lambda)\, g(s)\, ds + \sum_{k=1}^{m} c_k\, u_k(t;\lambda)\end{aligned}$$

oder

$$\tilde{R}^0_\lambda g = \int_0^\infty K(t,s;\lambda)\, g(s)\, ds + \sum_{k=1}^{m} c_k\, u_k(t;\lambda)\,, \tag{6}$$

dabei ist

$$K(t, s; \lambda) = \begin{cases} \sum_{k=1}^{m} u_k(t; \lambda)\, v_k(s; \lambda) & (s \leqq t), \\ -\sum_{k=m+1}^{2n} u_k(t; \lambda)\, v_k(s; \lambda) & (s > t) \end{cases}$$

gesetzt worden.

In der Darstellung (6) ist $g(t)$ eine beliebige Funktion aus $L^2(0, \infty)$, die außerhalb eines gewissen endlichen Intervalls gleich Null ist, und c_k $(k = 1, 2, \ldots, m)$ sind die ihr entsprechenden Konstanten. Aus dieser Darstellung ergibt sich unmittelbar, daß die Konstanten c_k $(k = 1, 2, \ldots, m)$ homogene und additive Funktionale sind, die auf allen solchen Funktionen aus $L^2(0, \infty)$ definiert sind. Wir zeigen, daß diese Funktionale $c_k = c_k(g)$ $(k = 1, 2, \ldots, m)$ den Bedingungen des Hilfssatzes 2 genügen, d. h., daß sie für jedes $a < \infty$ in $L^2(0, a)$ beschränkt sind. Dazu wenden wir auf beide Seiten der Gleichung (6) den Projektionsoperator P_a auf den Teilraum $L^2(0, a)$ an und multiplizieren sie skalar mit $u_i(t; \lambda)$ $(i = 1, 2, \ldots, m)$; so erhalten wir die Gleichung

$$(P_a \tilde{R}_\lambda^0 g, u_i) = (K_a g, u_i) + \sum_{k=1}^{m} c_k (P_a u_k, u_i) \qquad (i = 1, 2, \ldots, m) \tag{7}$$

mit

$$K_a g = P_a \int_0^a K(t, s; \lambda)\, g(s)\, ds .$$

In dem System (7) von m Gleichungen mit den m Unbekannten c_k $(k = 1, 2, \ldots, m)$ ist die Norm des Operators $P_a \tilde{R}_\lambda^0$ für alle positiven $a < \infty$ (durch eine Zahl, die nicht von a abhängt) und die Norm des Integraloperators K_a in $L^2(0, a)$ mit HILBERT-SCHMIDTschem Kern für jedes $a < \infty$ (durch eine von a abhängige Zahl) beschränkt, schließlich ist die GRAMsche Determinante

$$\mathrm{Det}\left((P_a u_k, u_i)\right)_{i, k=1}^{m}$$

auf Grund der linearen Unabhängigkeit der Lösungen $u_k(t; \lambda)$ $(k = 1, 2, \ldots, m)$ von Null verschieden. Hieraus folgt, daß die Konstanten c_k $(k = 1, 2, \ldots, m)$ für jedes $a < \infty$ beschränkte Funktionale in $L^2(0, a)$ sind und daher nach Hilfssatz 2 in der Form

$$c_k(g) = \int_0^\infty g(s)\, \psi_k(s; \lambda)\, ds \qquad (k = 1, 2, \ldots, m)$$

darstellbar sind. Die Funktionen $\psi_k(s; \lambda)$ $(k = 1, 2, \ldots, m)$ gehören dabei für jedes $a < \infty$ zu $L^2(0, a)$. Die Darstellung (6) läßt sich jetzt in der Form

$$\tilde{R}_\lambda^0 g = \int_0^\infty K(t, s; \lambda)\, g(s)\, ds + \sum_{k=1}^{m} u_k(t; \lambda) \int_0^\infty g(s)\, \psi_k(s; \lambda)\, ds$$

oder

$$\tilde{R}_\lambda^0 g = \int_0^\infty K_0(t, s; \lambda)\, g(s)\, ds \tag{8}$$

schreiben. Dabei ist

$$K_0(t, s; \lambda) = \begin{cases} \sum_{k=1}^{m} u_k(t; \lambda)\, [v_k(s; \lambda) + \psi_k(s; \lambda)] & (s \leqq t), \\ \sum_{k=1}^{m} u_k(t; \lambda)\, \psi_k(s; \lambda) - \sum_{k=m+1}^{2n} u_k(t; \lambda)\, v_k(s; \lambda) & (s > t). \end{cases} \tag{9}$$

Man ersieht aus der Formel (8), daß die Resolvente $\tilde{R}_\lambda^0$ auf allen finiten Funktionen $g(t)$ aus $L^2(0, \infty)$ ein Integraloperator ist.

Aus diesem Umstand allein folgt noch nicht, daß $\tilde{R}_\lambda^0$ ein Integraloperator ist. Wegen der Beschränktheit des Operators $\tilde{R}_\lambda^0$ ergibt sich aus der Formel (8) nur, daß für jede Funktion aus $L^2(0, \infty)$ die Darstellung

$$\tilde{R}_\lambda^0 g = \operatorname*{l.\,i.\,m.}_{n \to \infty} \int_0^n K_0(t, s; \lambda)\, g(s)\, ds \tag{10}$$

besteht.

Um hieraus die zu beweisende Darstellung der Resolvente in der Form

$$\tilde{R}_\lambda^0 g = \int_0^\infty K_0(t, s; \lambda)\, g(s)\, ds \qquad \bigl(g(t) \in L^2(0, \infty)\bigr) \tag{11}$$

zu erhalten, genügt es, sich von der Existenz des Integrals

$$\int_0^\infty K_0(t, s; \lambda)\, g(s)\, ds$$

für jede Funktion $g(t) \in L^2(0, \infty)$ zu überzeugen. Dazu benötigt man die Existenz des Integrals

$$\int_0^\infty |K_0(t, s; \lambda)|^2\, ds \qquad (0 \leqq t < \infty), \tag{12}$$

d. h. die Zugehörigkeit des Kerns $K_0(t, s; \lambda)$ zu $L^2(0, \infty)$ als Funktion von s für jedes t.

Aus den Formeln (9) folgt, daß der Kern $K_0(t, s; \lambda)$ als Funktion von t für jedes s zu $L^2(0, \infty)$ gehört $\bigl($da $u_k(t; \lambda) \in L^2(0, \infty)$ für $k = 1, 2, \ldots, m\bigr)$. Da auf Grund des Hilfssatzes 1 die der Resolvente einer reellen selbstadjungierten Erweiterung entsprechende Funktion $K_0(t, s; \lambda)$ bezüglich der Argumente t und s symmetrisch ist, ist damit die Existenz des Integrals (12) gezeigt und die Darstellung (11) bewiesen.

In analoger Weise läßt sich der Satz für die Resolvente $\tilde{R}_\lambda$ einer beliebigen selbstadjungierten (nicht notwendig reellen) Erweiterung $\tilde{L}$ bei beliebigem reellem regulärem λ beweisen, wenn statt der Gleichung $K_0(s, t; \lambda) = K_0(t, s; \lambda)$

die Beziehung $\tilde{K}(s, t; \lambda) = \overline{\tilde{K}(t, s; \lambda)}$ benutzt wird, wobei $\tilde{K}(s, t; \lambda)$ der Kern der Resolvente $\tilde{R}_\lambda$ ist.[1])

Um den Beweis zu beenden, genügt es, eine Darstellung für $\tilde{R}_\lambda$ bei $\Im \lambda \neq 0$ zu gewinnen.

Da das Element $\tilde{R}_\lambda g\big(g(t) \in L^2(0, \infty)\big)$ zur Lösungsmannigfaltigkeit der Gleichung (3) gehört, können wir es in der Form

$$\tilde{R}_\lambda g = \tilde{R}^0_\lambda g + \sum_{k=1}^{2n} c_k u_k \tag{13}$$

darstellen. $\tilde{R}^0_\lambda$ ist dabei die Resolvente einer reellen selbstadjungierten Erweiterung. Aus dieser Darstellung folgt wegen der Wahl des Fundamentalsystems $u_k(t; \lambda)$ $(k = 1, 2, 3, \ldots, 2n)$, daß die Konstanten c_k für $k > m$ gleich Null sind, daß sie aber für $k \leqq m$ lineare (d. h. homogene, additive und beschränkte) Funktionale in $L^2(0, \infty)$ sind und folglich die Darstellung

$$c_k = c_k(g) = \int_0^\infty g(s)\, \chi_k(s; \lambda)\, ds \qquad (k = 1, 2, \ldots, m) \tag{14}$$

besitzen, wobei die Funktionen $\chi_k(s; \lambda)$ $(k = 1, 2, \ldots, m)$ zu $L^2(0, \infty)$ gehören.

Wenn wir (14) in (13) einsetzen und den Kern $\tilde{K}(t, s; \lambda)$ durch die Gleichung

$$\tilde{K}(t, s; \lambda) = K_0(t, s; \lambda) + \sum_{k=1}^{m} u_k(t; \lambda)\, \chi_k(s; \lambda) \tag{15}$$

einführen, so erhalten wir schließlich die Integraldarstellung der Resolvente in der Form

$$\tilde{R}_\lambda g = \int_0^\infty \tilde{K}(t, s; \lambda)\, g(s)\, ds \qquad \big(g(t) \in L^2(0, \infty)\big).$$

Damit ist Satz 1 vollständig bewiesen.[2])

Satz 2. *Der Kern $\tilde{K}(t, s; \lambda)$ der Resolvente $\tilde{R}_\lambda$ einer beliebigen selbstadjungierten Erweiterung $\tilde{L}$ des Operators L mit dem Defektindex (m, m) genügt den Bedingungen*

$$\int_0^\infty |\tilde{K}(t, s; \lambda)|^2\, ds < \infty, \qquad \int_0^\infty |\tilde{K}(t, s; \lambda)|^2\, dt < \infty, \tag{16}$$

[1]) In den obigen Überlegungen ist der Umstand wesentlich, daß der Übergang von (10) zu (11) auf Grund der Symmetrie der Funktion $K_0(t, s; \lambda)$ durchgeführt wird, so daß es gelingt, die Frage nach dem Verhalten der Funktionen $v_k(s; \lambda)$ $(k = m + 1, m + 2, \ldots, 2n)$ und $\psi_k(s; \lambda)$ $(k = 1, 2, \ldots, m)$ für $s = \infty$ zu umgehen. Darüber hinaus erlaubt die Symmetrie des Kerns $K_0(t, s; \lambda)$ die Feststellung einiger Eigenschaften dieser Funktionen im Unendlichen (s. unten, Satz 3).

[2]) A. W. Straus verallgemeinerte diesen Satz in seiner Arbeit [4] auf nichtorthogonale Resolventen.

im Falle eines quasi-regulären Operators ($m = 2n$) *genügt er der Bedingung*

$$\int_0^\infty \int_0^\infty |\tilde{K}(t, s; \lambda)|^2 \, ds \, dt < \infty . \tag{17}$$

Beweis. Die Eigenschaft (16) folgt unmittelbar aus der Formel (15), da die Funktion $K_0(t, s; \lambda)$ (in jeder ihrer Veränderlichen) und die Funktionen $\chi_k(s; \lambda)$ ($k = 1, 2, \ldots, m$) zu $L^2(0, \infty)$ gehören.

Wir kommen nun zum Beweis der Eigenschaft (17). Wir zeigen zunächst, daß für jeden Defektindex (m, m) ($n \leqq m \leqq 2n$) des Operators L die Funktionen $\psi_k(t; \lambda)$ ($k = 1, 2, \ldots, m$) und $v_k(t; \lambda)$ ($k = m + 1, m + 2, \ldots, 2n$), die in der Formel (9) für $K_0(t, s; \lambda)$ auftreten, zum Raum $L^2(0, \infty)$ gehören. Dazu benutzen wir wiederum die Symmetrieeigenschaft der Funktion $K_0(t, s; \lambda)$, die besagt, daß für $s \leqq t$ die Gleichung

$$\sum_{k=1}^{m} u_k(s; \lambda)\, \psi_k(t; \lambda) - \sum_{k=m+1}^{2n} u_k(s; \lambda)\, v_k(t; \lambda) = \sum_{k=1}^{m} [v_k(s; \lambda) + \psi_k(s; \lambda)]\, u_k(t; \lambda) \tag{18}$$

besteht.

Wir wählen die Zahlen $s_1, s_2, \ldots, s_{2n}$ derart, daß die Determinante

$$\operatorname{Det} \left(u_k(s_i; \lambda)\right)_{i,k=1}^{2n} \neq 0$$

ist (dies ist wegen der linearen Unabhängigkeit der Funktionen $u_k(s; \lambda)$ möglich), und setzen in Gleichung (18) $s = s_i$ ($i = 1, 2, \ldots, 2n$).

Das so erhaltene System von $2n$ Gleichungen lösen wir nach den $2n$ Funktionen $\psi_k(t; \lambda)$ ($k = 1, 2, \ldots, m$) und $v_k(t; \lambda)$ ($k = m + 1, m + 2, \ldots, 2n$) auf. Dann sehen wir, daß jede dieser Funktionen eine Linearkombination der Funktionen $u_1(t; \lambda), \ldots, u_m(t; \lambda)$ ist und demnach zum Raum $L^2(0, \infty)$ gehört.

Wir wollen nun die Eigenschaft (17) beweisen. Im Falle eines quasi-regulären Operators ($m = 2n$) gehören alle Summanden auf der rechten Seite der Formel (9) zum Raum L^2 der Funktionen zweier Veränderlicher im Quadranten $t > 0$, $s > 0$. Es besteht daher die Ungleichung

$$\int_0^\infty \int_0^\infty |K_0(t, s; \lambda)|^2 \, ds \, dt < \infty . \tag{19}$$

Die Eigenschaft (17) ergibt sich aus (19) auf Grund von (15).

Aus dem soeben bewiesenen Satz folgt, daß im Falle eines quasi-regulären Operators die Resolvente einer beliebigen selbstadjungierten Erweiterung $\tilde{L}$ von L durch einen HILBERT-SCHMIDTschen Kern bestimmt und daher ein vollstetiger Operator ist.

Aus Satz 2 folgt, daß Realteil und Imaginärteil des Kerns der Resolvente einer beliebigen selbstadjungierten Erweiterung des Operators CARLEMANsche Kerne sind.

Wir bemerken noch, daß aus den beim Beweis des Satzes 2 durchgeführten Betrachtungen der Satz 3 folgt.

Satz 3. *m bezeichne die Maximalzahl linear unabhängiger zu* $L^2(0, \infty)$ *gehöriger Lösungen der Gleichung* (4). *Gehören die ersten m Funktionen des Fundamentalsystems der Gleichung* (4) *zu* $L^2(0, \infty)$, *so gehören auch die letzten $2n - m$ Funktionen des adjungierten Fundamentalsystems dieser Gleichung zu* $L^2(0, \infty)$.

Der folgende Satz ist dem Fall gewidmet, daß man aus der Anzahl der bei reellem λ zu $L^2(0, \infty)$ gehörigen Lösungen der Gleichung (4) auf den Defektindex des Operators L schließen kann.

Satz 4. *Damit ein Operator L der Ordnung $2n$ den Defektindex $(2n, 2n)$ hat, ist notwendig, daß die Gleichung*

$$l[u] - \lambda u = 0$$

für beliebiges reelles λ $2n$ Lösungen in $L^2(0, \infty)$ *hat; hinreichend dafür ist, daß diese Gleichung für wenigstens ein reelles λ $2n$ Lösungen in* $L^2(0, \infty)$ *hat.*

Beweis. Zum Beweise der Notwendigkeit der im Satze formulierten Bedingung erinnern wir uns an die Tatsache, daß im Falle eines quasi-regulären Operators die Resolvente seiner selbstadjungierten Erweiterung $\tilde{L}$ ein vollstetiger Operator ist. Das Spektrum von $\tilde{L}$ besteht daher lediglich aus den Eigenwerten λ_r $(r = 1, 2, 3, \ldots)$ mit dem einzigen Häufungspunkt $\lambda = \infty$. Hieraus folgt, daß für L alle Punkte der Ebene, mit evtl. Ausnahme der Punkte λ_r $(r = 1, 2, 3, \ldots)$, vom regulären Typ sind. In Wirklichkeit sind auch die Punkte λ_r $(r = 1, 2, 3, \ldots)$ vom regulären Typ. Andernfalls wäre nämlich λ_r Eigenwert von L, während doch die Gleichung

$$L\varphi - \lambda_r \varphi = 0\,,$$

die

$$l[\varphi] - \lambda_r \varphi = 0$$

gleichwertig ist, unter den Anfangsbedingungen

$$\varphi(0) = \varphi^{[1]}(0) = \cdots = \varphi^{[2n-1]}(0) = 0$$

nach dem Existenzsatz aus Nr. 123 nur die Lösung $\varphi(t) \equiv 0$ hat.

Somit ist im Falle des Defektindex $(2n, 2n)$ die gesamte λ-Ebene Regularitätsbereich des Operators L. Nach dem Satz über die Invarianz des Defektindex (Nr. 100) gehören also alle Lösungen der Gleichung (4) für beliebiges (reelles oder nicht reelles) λ zu $L^2(0, \infty)$.

Die Hinlänglichkeit der Bedingungen des Satzes folgt unmittelbar aus Satz 4 aus Nr. 105.

Die in der vorliegenden Nr. gewonnenen Resultate lassen sich mühelos auf den Fall eines Intervalls mit zwei singulären Endpunkten übertragen. Wir skizzieren für diesen Fall den Beweis des grundlegenden Satzes 1. Wie im Falle eines singulären Endpunktes genügt es dabei, die Resolvente irgendeiner reellen selbstadjungierten Erweiterung zu betrachten. m, $m^{(-)}$, $m^{(+)}$ seien (s. Beweis von Satz 3 aus Nr. 126) entsprechend die Defektzahlen der Operatoren

L, $L^{(-)}$, $L^{(+)}$. Auf Grund von Satz 3 aus Nr. 126 gilt dann

$$\begin{aligned} m^{(-)} &= n + p \\ m^{(+)} &= n + m - p \end{aligned} \qquad (0 \leqq p \leqq n)\,.$$

Wir wählen ein Fundamentalsystem derart, daß die ersten m Lösungen $u_k(t;\lambda)$ zu $L^2(-\infty, \infty)$ gehören. In der $(2\,n - m)$-dimensionalen linearen Hülle der übrigen Lösungen dieses Systems gibt es $n + p - m$ linear unabhängige Lösungen aus $L^2(-\infty, 0)$ (bezeichnet mit $u_{m+1}(t;\lambda), \ldots, u_{n+p}(t;\lambda)$) und $n - p$ linear unabhängige Lösungen aus $L^2(0, \infty)$ (bezeichnet mit $u_{n+p+1}(t;\lambda), \ldots, u_{2n}(t;\lambda)$). Die Funktionen

$$u_{m+1}(t;\lambda), \ldots, u_{n+p}(t;\lambda), u_{n+p+1}(t;\lambda), \ldots, u_{2n}(t;\lambda)$$

sind linear unabhängig. Anderenfalls würde nämlich eine gewisse Linearkombination aus ihnen zu $L^2(-\infty, \infty)$ gehören, woraus entgegen der Voraussetzung folgen würde, daß die Defektzahl von L größer als m ist. Mit Hilfe des gewählten Fundamentalsystems $u_k(t;\lambda)$ $(k = 1, 2, \ldots, 2\,n)$ läßt sich jede beliebige Lösung der Gleichung

$$l[y] - \lambda\, y = g$$

(wobei $g(t)$ eine finite Funktion ist) in der Form

$$\varphi(t) = \sum_{k=1}^{2n} u_k(t;\lambda) \int_{-\infty}^{t} v_k(s;\lambda)\, g(s)\, ds + \sum_{k=1}^{2n} c_k\, u_k(t;\lambda)$$

darstellen. Bei geeigneter Wahl der Konstanten c_k fällt diese Funktion mit $\tilde{R}^0_\lambda\, g$ zusammen.

Führt man nun eine analoge Überlegung wie für den Fall eines singulären Endpunktes durch, so erhält man den vollständigen Beweis der Sätze 1 und 2 für den Fall zweier singulärer Endpunkte.

Wir bringen jetzt einen einfachen Satz, der es manchmal ermöglicht, die Defektindizes des Operators zu bestimmen, der durch den Ausdruck

$$-\,y'' + q(x)\, y \tag{20}$$

erzeugt wird.

Satz 5. *Ist $q(x) \geqq q_0 > -\infty$, dann sind die Defektindizes des minimalen Operators mit einem singulären Endpunkt, der durch den Ausdruck* (20) *in* $L^2(0, \infty)$ *erzeugt wird, gleich* (1, 1). *Der minimale Operator, der durch den gleichen Ausdruck in* $L^2(-\infty, \infty)$ *erzeugt wird, hat die Defektindizes* (0, 0), *d. h., er ist selbstadjungiert.*

Beweis. Wir wollen $q(x) \geqq 0$ annehmen. Wendet man auf die Gleichung

$$u'' = q(t)\, u \qquad (0 \leqq t < \infty)$$

die Methode der sukzessiven Approximation an, dann zeigt sich, daß die Lösung $u(t)$, die für $t = 0$ den Wert Eins annimmt, für alle $t \geqq 0$ der Ungleichung

$$u(t) \geqq 1$$

genügt und folglich nicht zu $L^2(0, \infty)$ gehört.

Deshalb hat die Gleichung

$$-u'' + q(t)\,u - \lambda u = 0$$

für $\lambda = 0$ eine nicht zu $L^2(0, \infty)$ gehörende Lösung, und nach Satz 4 dieser Nr. hat der Operator mit minimalem Definitionsbereich, der vom Ausdruck (20) auf der Halbachse $(0, \infty)$ erzeugt wird, die Defektindizes (1, 1). Die gleichen Defektindizes hat offensichtlich der Operator mit minimalem Definitionsbereich, der von (20) auf der negativen Halbachse erzeugt wird. Wenden wir nun Satz 3 aus Nr. 126 an, dann ergibt sich, daß die Defektindizes des Operators mit minimalem Definitionsbereich, der von (20) auf der ganzen Achse erzeugt wird, gleich (0, 0) ist.

Wir wären offensichtlich zum gleichen Ergebnis gelangt, wenn wir statt der Nichtnegativität von $q(t)$ die Halbbeschränktheit nach unten gefordert hätten.

129. Umkehrformeln, die mit Differentialoperatoren zweiter Ordnung zusammenhängen. In Nr. 83 wurde bewiesen, daß jeder selbstadjungierte Operator A mit einfachem Spektrum eine isometrische Abbildung V des Raumes H auf einen gewissen Raum L^2_σ erzeugt. Bei dieser Abbildung geht A in den Operator der Multiplikation mit einer unabhängigen Variablen über.

Ist E_λ die Spektralfunktion und g ein erzeugendes Element von A, so ist $\sigma(\lambda) = (E_\lambda g, g)$, und die erwähnte isometrische Zuordnung wird durch die Formeln

$$\Phi(\lambda) = V f, \tag{1}$$

$$f = V^{-1}\,\Phi(\lambda) = \int_{-\infty}^{\infty} \Phi(\lambda)\, dE_\lambda\, g \tag{2}$$

bestimmt. Hierbei durchlaufen f und die Funktion $\Phi(\lambda)$ den Raum H bzw. L^2_σ. Ist dabei $f \in D_A$, so besteht neben der Formel (2) die Gleichung

$$A f = \int_{-\infty}^{\infty} \lambda\, \Phi(\lambda)\, dE_\lambda\, g\,.$$

Die Formeln (1) und (2) wollen wir die dem selbstadjungierten Operator A zugeordneten *Umkehrformeln* nennen.

Im Absatz C von Nr. 89 erhielten wir als Umkehrformeln, die dem Differentiationsoperator auf der ganzen Achse zugeordnet sind, die zueinander inversen Fourier-Plancherel-Transformationen des Raumes $L^2(-\infty, \infty)$ auf sich

$$\Phi(\lambda) = \underset{N\to\infty}{\mathrm{l.\,i.\,m.}}\, \frac{1}{\sqrt{2\pi}} \int_{-N}^{N} f(t)\, e^{i\lambda t}\, dt\,,$$

$$f(t) = \underset{N\to\infty}{\mathrm{l.\,i.\,m.}}\, \frac{1}{\sqrt{2\pi}} \int_{-N}^{N} \Phi(\lambda)\, e^{-i\lambda t}\, d\lambda\,.$$

Als erzeugendes Element wurde ein gewisses uneigentliches Element gewählt.

Operatoren mit mehrfachem Spektrum erzeugen ebenfalls Umkehrformeln, die den Formeln (1), (2) analog sind.

Aufgabe der vorliegenden und der nächsten Nr. ist es, Umkehrformeln, die mit singulären Differentialoperatoren auf der Halbachse zusammenhängen, zu erhalten. Diese Aufgabe wurde für die Operatoren zweiter Ordnung erstmalig von H. WEYL[1]) gelöst. Wir werden uns zunächst ebenfalls mit den Operatoren zweiter Ordnung beschäftigen, dabei jedoch eine äußerst allgemeine Methode, die von M. G. KREIN[2]) angegeben wurde, anwenden. Dieses Verfahren, die sog. Methode der Richtungsfunktionale, gestattet insbesondere Umkehrformeln für Differentialoperatoren beliebiger Ordnung (s. Nr. 130) zu erhalten.

Es sei also L ein Differentialoperator mit minimalem Definitionsbereich, der durch den Ausdruck

$$l = -\frac{d}{dt} p \frac{d}{dt} + q$$

auf dem Intervall $(0, \infty)$ mit einem singulären Endpunkt erzeugt wird.

Wir wollen voraussetzen, daß der Defektindex von L gleich $(1, 1)$ ist. Wie wir sehen werden, ist in diesem Falle das Spektrum jeder selbstadjungierten Erweiterung dieses Operators einfach.[3])

$\tilde{L}$ sei eine selbstadjungierte Erweiterung von L, die durch die Randbedingung[4])

$$p(t)\, \varphi'(t)|_{t=0} = \theta\, \varphi(0) \qquad (\Im\, \theta = 0)$$

bestimmt wird. $u_1(t;\lambda)$ und $u_2(t;\lambda)$ seien die Lösungen der Gleichung

$$l[u] - \lambda u = 0 \qquad (\Im\, \lambda = 0)\,,$$

die den Anfangsbedingungen

$$u_1(0;\lambda) = 1\,, \qquad p(t)\, u_1'(t;\lambda)|_{t=0} = 0\,,$$

$$u_2(0;\lambda) = 0\,, \qquad p(t)\, u_2'(t;\lambda)|_{t=0} = 1$$

genügen.

Die Menge aller finiten Funktionen $f(t)$ aus $L^2(0, \infty)$ wollen wir mit $\mathfrak{D}$ bezeichnen. Auf $\mathfrak{D}$ definieren wir ein homogenes und additives Funktional durch die Formel

$$\Phi(f;\lambda) = \int_0^\infty f(t)\, u(t;\lambda)\, dt\,,$$

---

[1]) Siehe H. WEYL [2]. Mit Hilfe anderer Methoden wurden die WEYLschen Resultate unlängst von B. M. LEWITAN [2] erhalten.

[2]) Siehe M. G. KREIN [2] und [5]. Dazu siehe auch M. S. LIWSCHITZ [1] und A. J. POWSNER [1].

Zur Anwendung der Methode der Richtungsfunktionale auf Operatoren mit einem Spektrum unendlicher Vielfachheit siehe J. M. BERESANSKI [2] und F. S. ROFE-BEKETOW [1].

[3]) Wenn der Defektindex von L gleich $(2, 2)$ ist, so besitzt jede selbstadjungierte Erweiterung dieses Operators ein diskretes Spektrum. Die Umkehrformel (2) ergibt sich in diesem Fall aus der Entwicklung nach Eigenfunktionen, und Formel (1) ist der Ausdruck für die FOURIER-Koeffizienten der Funktion.

[4]) Außer Betracht bleibt daher lediglich eine einzige Erweiterung, nämlich die, die durch die Bedingung $\varphi(0) = 0$ bestimmt wird; ihr entspricht $\theta = \infty$. Die weiter unten abgeleiteten Umkehrformeln übertragen sich durch einen Grenzübergang auf diesen Fall.

worin

$$u(t;\lambda) = u_1(t;\lambda) + \theta\, u_2(t;\lambda)$$

gesetzt ist.

Nach M. G. KREIN wollen wir $\Phi(f;\lambda)$ als *Richtungsfunktional* bezeichnen.

Das Richtungsfunktional $\Phi(f;\lambda)$ besitzt die drei folgenden, für das Weitere wesentlichen Eigenschaften.

1. $\Phi(f;\lambda)$ ist eine analytische Funktion von $\lambda(-\infty < \lambda < \infty)$ für jede beliebige Funktion $f \in \mathfrak{D}$.

2. Wenn für irgendeine Funktion $f \in \mathfrak{D}$ und irgendeinen reellen Wert λ die Gleichung

$$\Phi(f;\lambda) = 0$$

gilt, so besitzt die Gleichung

$$(\tilde{L} - \lambda I)\,\varphi = f$$

eine Lösung in der Klasse der finiten Funktionen.

3. Wenn f eine finite Funktion aus $D_{\tilde{L}}$ ist, so gilt für beliebiges reelles λ

$$\Phi(\tilde{L} f;\lambda) = \lambda\, \Phi(f;\lambda)\,.$$

Nur die Eigenschaften 2 und 3 brauchen bewiesen zu werden.

Wir beweisen zuerst 2. Für $t > a$ sei $f(t) = 0$ und

$$\Phi(f;\lambda_0) = 0\,. \tag{3}$$

Mit $\varphi(t)$ $(0 \leqq t < \infty)$ bezeichnen wir die Lösung der Gleichung

$$l[\varphi] - \lambda_0\, \varphi = f\,,$$

die der Bedingung

$$\varphi(a) = p(a)\, \varphi'(a) = 0$$

genügt (dabei ist nach dem Eindeutigkeitssatz $\varphi(t) = 0$ für $t \geqq a$).

Mit Hilfe der LAGRANGEschen Identität erhalten wir

$$\Phi(f;\lambda_0) = \int\limits_0^\infty \{l[\varphi] - \lambda_0\, \varphi\}\, u(t;\lambda_0)\, dt = [\varphi, u]_0^\infty = -[\varphi, u]_0$$

$$= \left[p\left(u\,\frac{d\varphi}{dt} - \varphi\,\frac{du}{dt}\right)\right]_{t=0} = p(t)\,\varphi'(t) - \theta\,\varphi(t)|_{t=0}\,,$$

woraus zusammen mit (3)

$$p(t)\,\varphi'(t)|_{t=0} = \theta\,\varphi(0)$$

folgt. Also ist $\varphi(t) \in D_{\tilde{L}}$, und die Eigenschaft 2 ist bewiesen.

Die Richtigkeit der Behauptung 3 folgt aus der Gleichung

$$\Phi(\tilde{L} f;\lambda) = \int\limits_0^\infty l[f]\, u(t;\lambda)\, dt = [f, u]_0^\infty + \lambda \int\limits_0^\infty f(t)\, u(t;\lambda)\, dt = \lambda\, \Phi(f;\lambda)\,.$$

Das Richtungsfunktional $\Phi(f;\lambda)$ erzeugt eine Abbildung der linearen Mannigfaltigkeit $\mathfrak{D}$ der Funktionen $f(t)$ auf eine gewisse lineare Mannigfaltigkeit $\mathfrak{D}'$ der Funktionen $\Phi(\lambda) = \Phi(f;\lambda)$. Gehört dabei eine Funktion $f(t)$ zu $D_{\tilde{L}}$, so entspricht nach Eigenschaft 3 bei dieser Abbildung der Funktion $\tilde{L}f$ die Funktion $\lambda\,\Phi(\lambda)$. Daher darf man voraussetzen, daß das Spektrum von $\tilde{L}$ einfach ist und daß bei geeigneter Wahl der erzeugenden Funktion $g = g(t)$ die durch den Operator V nach Formel (1) vermittelte Abbildung eine Erweiterung der Abbildung ist, die durch das Funktional $\Phi(f;\lambda)$ bewirkt wird. Diese Voraussetzung bedeutet, daß bei geeigneter Wahl der erzeugenden Funktion die erste zum Operator $\tilde{L}$ gehörige Umkehrformel $\left(\text{für } f(t) \in \mathfrak{D}\right)$ die Form

$$\Phi(\lambda) = \int_0^\infty f(t)\, u(t;\lambda)\, dt$$

hat. Diese Formel ist der Formel von Fourier-Plancherel analog.

Wir lassen jetzt diese Betrachtungen, die nur zur Klärung des Sachverhaltes dienen sollten, beiseite und gehen zur Lösung der gestellten Aufgabe über. Dazu benötigen wir zwei Aussagen von M. G. Krein[1]).

Hilfssatz. *Für jedes beliebige endliche Intervall Δ_0 der λ-Achse gibt es eine solche Funktion $\psi(t) \in \mathfrak{D}$, daß die Funktion $\Phi(\lambda) = \Phi(\psi;\lambda)$ im Intervall Δ_0 nicht verschwindet.*

Beweis. λ_0 sei ein festgewählter Punkt des Intervalls Δ_0 und $\chi_0(t)$ eine derartige Funktion aus $\mathfrak{D}$, daß

$$\Phi(\chi_0;\lambda_0) \neq 0$$

ist.

Wenn im ganzen Intervall $\Phi(\chi_0;\lambda) \neq 0$ ist, so genügt es, für den Beweis des Hilfssatzes $\psi = \chi_0$ zu setzen. Gilt dagegen in einem Punkte $\lambda_1 \in \Delta_0$ die Gleichung

$$\Phi(\chi_0;\lambda_1) = 0\,,$$

so existiert auf Grund der Eigenschaft 2 eine Funktion $\chi_1 \in D_{\tilde{L}}$, für die

$$\tilde{L}\,\chi_1 - \lambda_1\,\chi_1 = \chi_0$$

ist.

Wir wenden auf beide Seiten dieser Gleichung das Richtungsfunktional an und erhalten mit Hilfe der Eigenschaft 3 die Beziehung

$$\lambda\,\Phi(\chi_1;\lambda) - \lambda_1\,\Phi(\chi_1;\lambda) = \Phi(\chi_0;\lambda)\,,$$

woraus

$$\Phi(\chi_1;\lambda) = \frac{\Phi(\chi_0;\lambda)}{\lambda - \lambda_1}$$

folgt.

Ersetzen wir die Funktion χ_0 durch χ_1, so ist $\Phi(\chi_1;\lambda)$ für $\lambda = \lambda_0$ von Null verschieden und hat für $\lambda = \lambda_1$ eine Nullstelle, deren Vielfachheit um Eins kleiner ist als die der Funktion $\Phi(\chi_0;\lambda)$. Da nun $\Phi(\chi_0;\lambda)$ eine analytische Funktion ist und im endlichen Intervall Δ_0 nur endlich viele Nullstellen end-

[1]) Siehe M. G. Krein [2], [5].

licher Vielfachheit hat, so kommt man, wenn man das angegebene Verfahren genügend oft wiederholt, zu einer Funktion $\psi \in \mathfrak{D}$, für die das Funktional $\Phi(\psi; \lambda)$ für kein $\lambda \in \Delta_0$ verschwindet.

Satz 1. *Δ_0 sei ein endliches Intervall und $\psi \in \mathfrak{D}$ eine solche Funktion, daß für $\lambda \in \Delta_0$*

$$\Phi(\psi; \lambda) \neq 0$$

ist. Ferner möge E_λ die Spektralfunktion von $\tilde{L}$ sein und

$$g(t) = \int_{\Delta_0} \frac{1}{\Phi(\psi; \lambda)}\, dE_\lambda \psi$$

gelten. Unter diesen Bedingungen besteht für jede beliebige Funktion $f \in \mathfrak{D}$ und jedes beliebige Intervall $\Delta \subseteq \Delta_0$ die Formel

$$E(\Delta) f = \int_{\Delta} \Phi(f; \lambda)\, dE_\lambda g\,. \tag{4}$$

Beweis. Führt man an Stelle des Richtungsfunktionals $\Phi(f; \lambda)$ das Funktional $F(f; \lambda)$ durch die Beziehung

$$F(f; \lambda) = \frac{\Phi(f; \lambda)}{\Phi(\psi; \lambda)}$$

ein, so ist die zu beweisende Formel der Gleichung

$$E(\Delta) f = \int_{\Delta} F(f; \lambda)\, dE_\lambda \psi \tag{5}$$

äquivalent.

Diese werden wir beweisen. Wir nehmen an, daß die linken Endpunkte der Intervalle Δ_0 und Δ zusammenfallen und daß der Punkt α der gemeinsame linke Endpunkt dieser Intervalle ist, und betrachten das Element $w_\mu = w_\mu(t)$ des Raumes $L^2(0, \infty)$, das durch die Gleichung

$$w_\mu = \int_\alpha^\mu dE_\lambda f - \int_\alpha^\mu F(f; \lambda)\, dE_\lambda \psi$$

als Funktion des Parameters μ im Intervall Δ_0 definiert wird.

Zum Beweis von Gleichung (5) muß man feststellen, daß $w_\mu = 0$ ist für $\mu \in \Delta_0$. Dazu genügt es offenbar zu zeigen, daß das Element w_μ im Intervall Δ_0 eine stetige Funktion von μ ist und daß

$$\frac{d}{d\mu} w_\mu = 0 \tag{6}$$

überall in Δ_0 gilt. Die letzte Gleichung muß im Sinne der starken Konvergenz in $L^2(0, \infty)$ verstanden werden, d. h., es muß

$$\lim_{\delta \to 0} \frac{1}{\delta^2} \|w_{\mu+\delta} - w_\mu\|^2 = \lim_{\delta \to 0} \frac{1}{\delta^2} \int_0^\infty |w_{\mu+\delta}(t) - w_\mu(t)|^2\, dt = 0$$

gelten. Wegen der Linksstetigkeit von E_λ ist auch die Vektorfunktion w_μ linksstetig. Zum Beweis der Rechtsstetigkeit von w_μ benutzen wir die aus der

Definition des Funktionals $F(f;\mu)$ folgende Identität

$$\Phi\left(f - F(f;\mu)\,\psi;\mu\right) = \Phi(f;\mu) - F(f;\mu)\,\Phi(\psi;\mu) = 0\,.$$

Daraus folgt nach 2, daß man das Element $f - F(f;\mu)\,\psi$ in der Form

$$f - F(f;\mu)\,\psi = \tilde{L}\,\varphi - \mu\,\varphi \tag{7}$$

darstellen kann.

Wir führen jetzt den Projektor

$$E(\Delta_{\mu,\delta}) = E_{\mu+\delta} - E_\mu \qquad (\delta \geqq 0)$$

ein. Die Größe $E(\Delta_{\mu,0})\,\varphi$ ist entweder Null oder ein Eigenvektor des Operators $\tilde{L}$ zum Eigenwert μ. In beiden Fällen gilt

$$E(\Delta_{\mu,0})\,(\tilde{L}\,\varphi - \mu\,\varphi) = \tilde{L}\,E(\Delta_{\mu,0})\,\varphi - \mu\,E(\Delta_{\mu,0})\,\varphi = 0$$

und folglich

$$E(\Delta_{\mu,0})\,f - F(f;\mu)\,E(\Delta_{\mu,0})\,\psi = 0\,.$$

Aus dieser Gleichung folgt die Stetigkeit von w_μ im Intervall Δ_0.

Zum Beweis der Gleichung (6) schätzen wir $\|w_{\mu+\delta} - w_\mu\|$ ab. Sei z. B. $\delta > 0$. (Der Fall $\delta < 0$ läßt sich analog behandeln.) Wegen der bereits gezeigten Stetigkeit von w_μ ist $w_{\mu+0} = w_\mu$. Deshalb gilt

$$\begin{aligned}\|w_{\mu+\delta} - w_\mu\| &= \|w_{\mu+\delta} - w_{\mu+0}\| = \Big\|E(\Delta_{\mu+0,\delta})\,f - \int\limits_{\mu+0}^{\mu+\delta} F(f;\lambda)\,dE_\lambda\,\psi\Big\| \\ &\leqq \|E(\Delta_{\mu+0,\delta})\,[f - F(f;\mu)\,\psi]\| \\ &\quad + \Big\|E(\Delta_{\mu+0,\delta})\,F(f;\mu)\,\psi - \int\limits_{\mu+0}^{\mu+\delta} F(f;\lambda)\,dE_\lambda\,\psi\Big\|\,.\end{aligned} \tag{8}$$

Wir betrachten zunächst den ersten und danach den zweiten Summanden auf der rechten Seite dieser Ungleichung. Für den ersten Term folgt aus (7) die Abschätzung

$$\begin{aligned}\|E(\Delta_{\mu+0,\delta})\,[f - F(f;\mu)\,\psi]\|^2 &= \|E(\Delta_{\mu+0,\delta})\,[\tilde{L}\,\varphi - \mu\,\varphi]\|^2 \\ &= \int\limits_{\mu+0}^{\mu+\delta} |\lambda - \mu|^2\,d(E_\lambda\,\varphi,\varphi) \leqq \delta^2 \|E(\Delta_{\mu+0,\delta})\,\varphi\|^2\,.\end{aligned}$$

Es gilt deshalb

$$\lim_{\delta\downarrow 0} \frac{1}{\delta}\,\|E(\Delta_{\mu+0,\delta})\,[f - F(f;\mu)\,\psi]\| = 0\,. \tag{9}$$

Für den zweiten Summanden erhalten wir folgende Abschätzung:

$$\begin{aligned}&\Big\|E(\Delta_{\mu+0,\delta})\,F(f;\mu)\,\psi - \int\limits_{\mu+0}^{\mu+\delta} F(f;\lambda)\,dE_\lambda\,\psi\Big\|^2 = \Big\|\int\limits_{\mu+0}^{\mu+\delta} [F(f;\mu) - F(f;\lambda)]\,dE_\lambda\,\psi\Big\|^2 \\ &\leqq \int\limits_{\mu+0}^{\mu+\delta} |F(f;\mu) - F(f;\lambda)|^2\,d(E_\lambda\,\psi,\psi) \leqq M^2\,\delta^2 \big(E(\Delta_{\mu+0,\delta})\,\psi,\psi\big)\,.\end{aligned} \tag{10}$$

Dabei bedeutet M das Maximum des absoluten Betrages der Ableitung $\frac{\partial F(f;\lambda)}{\partial \lambda}$ im Intervall Δ_0.

Aus der Ungleichung (10) folgt die Beziehung

$$\lim_{\delta \downarrow 0} \frac{1}{\delta} \left\| E(\Delta_{\mu+0,\delta}) F(f;\mu) \psi - \int_{\mu+0}^{\mu+\delta} F(f;\lambda)\, dE_\lambda \psi \right\| = 0 . \tag{11}$$

Aus (9) und (11) ergibt sich wegen (8) die Richtigkeit der Gleichung (6). Es ist also $w_\mu = 0$, und hieraus folgt die Gleichung (5), die zu beweisen war.

Wir können nun zu dem grundlegenden Satz dieser Nr. übergehen.

Satz 2. *Wenn L, $\tilde{L}$ und $u(t;\lambda)$ die im Anfang dieser Nr. erwähnte Bedeutung haben, dann sind die zu $\tilde{L}$ gehörigen Umkehrformeln von der Form*

$$\Phi(\lambda) = \int_0^\infty f(t)\, u(t;\lambda)\, dt , \tag{12}$$

$$f(t) = \int_{-\infty}^\infty \Phi(\lambda)\, u(t;\lambda)\, d\sigma(\lambda) . \tag{13}$$

$\sigma(\lambda)$ ist dabei eine nicht fallende, durch den Operator $\tilde{L}$ bestimmte Funktion, $\Phi(\lambda)$ und $f(t)$ durchlaufen die Räume $L^2_\sigma(-\infty, \infty)$ bzw. $L^2(0, \infty)$. Ist dabei eine der Funktionen $\Phi(\lambda)$, $f(t)$ außerhalb eines endlichen Intervalls gleich Null, so kann man das Integral auf der rechten Seite der entsprechenden Formel als eigentliches Integral auffassen. Bei beliebigen Funktionen $\Phi(\lambda)$, $f(t)$ muß man die Integrale als Grenzwerte der eigentlichen Integrale

$$\int_0^C f(t)\, u(t;\lambda)\, dt ,$$

$$\int_A^B \Phi(\lambda)\, u(t;\lambda)\, d\sigma(\lambda)$$

in der Metrik in L^2_σ bzw. $L^2(0, \infty)$ betrachten.

Beweis. Zunächst bemerken wir, daß man in der Formel (4) statt des Elements g offenbar das Element $g_0 = E(\Delta_0)\, g$ wählen kann.

Wir zerlegen nun die λ-Achse in endliche Intervalle Δ_k ($\pm k = 0, 1, 2, \ldots$) und wählen für jedes Intervall Δ_k ein Element g_k genau so, wie wir für das Intervall Δ_0 das Element g_0 wählten.

Wir setzen

$$g = \sum_{k=-\infty}^{\infty} g_k .$$

Falls die orthogonale Reihe auf der rechten Seite divergiert, so verstehen wir unter g ein uneigentliches Element[1]) (s. Nr. 89), das für jedes endliche Inter-

[1]) Das Element g ist in der Tat immer uneigentlich: es ist die DIRACsche δ-Funktion. Das ist aus Formel (14) ersichtlich, wenn man $f = \delta(t)$ setzt und berücksichtigt, daß $\Phi(\delta, \lambda) \equiv 1$ ist.

vall Δ der Bedingung

$$E(\Delta)\, g = \sum_k E(\Delta)\, g_k$$

genügt, wobei die Reihe auf der rechten Seite nur noch endlich viele Summanden enthält.

Ist f eine beliebige Funktion aus $\mathfrak{D}$, Δ ein beliebiges endliches Intervall der λ-Achse, so gelten die Beziehungen

$$\Delta = \Delta_m^* + \sum_{k=m+1}^{n-1} \Delta_k + \Delta_n^* \qquad (\Delta_m^* \subseteq \Delta_m;\ \Delta_n^* \subseteq \Delta_n)$$

und

$$E(\Delta) f = E(\Delta_m^*) f + \sum_{k=m+1}^{n-1} E(\Delta_k) f + E(\Delta_n^*) f .$$

Daher gilt für jedes endliche Intervall Δ der λ-Achse die Formel

$$E(\Delta) f = \int_\Delta \Phi(f;\lambda)\, dE_\lambda\, g .$$

Für $\Delta \to [-\infty, \infty]$ erhalten wir hieraus die Gleichung

$$f(t) = \int_{-\infty}^{\infty} \Phi(f;\lambda)\, dE_\lambda\, g . \tag{14}$$

Da die Mannigfaltigkeit $\mathfrak{D}$ in $L^2(0, \infty)$ dicht liegt, folgt aus dieser Formel, daß der Operator $\tilde{L}$ ein einfaches Spektrum besitzt und die Funktion $g = g(t)$ ein ihn erzeugendes Element ist.

Aus dem Satz der Nr. 83 über die kanonische Darstellung eines selbstadjungierten Operators mit einfachem Spektrum ergibt sich die Existenz einer isometrischen Abbildung

$$f(t) = \int_{-\infty}^{\infty} \Phi(\lambda)\, dE_\lambda\, g$$

des Raumes L_σ^2 mit $\sigma(\lambda) = (E_\lambda\, g, g)$ auf den Raum $L^2(0, \infty)$. Bei dieser isometrischen Zuordnung entsprechen den Funktionen $f(t)$ aus $\mathfrak{D}$ die Richtungsfunktionale $\Phi(f;\lambda) = \Phi(\lambda)$. Der Operator $\tilde{L}$ ist damit dem Operator der Multiplikation mit λ im Raum L_σ^2 isomorph, so daß für $f(t) \in D_{\tilde{L}}$

$$\tilde{L} f = \int_{-\infty}^{\infty} \lambda\, \Phi(\lambda)\, dE_\lambda\, g$$

ist.

Wir wollen nun die Formeln (12) und (13) ableiten. Ist $f(t)$ eine beliebige Funktion aus $L^2(0, \infty)$ und wird

$$f_n(t) = \begin{cases} f(t) & (t < n) , \\ 0 & (t \geqq n) \end{cases}$$

gesetzt, so gilt nach (14) die Gleichung

$$f_n(t) = \int_{-\infty}^{\infty} \Phi(f_n;\lambda)\, dE_\lambda\, g . \tag{15}$$

Wir setzen

$$\Phi_n(\lambda) = \Phi(f_n;\lambda) = \int_0^n f(t)\, u(t;\lambda)\, dt\,. \tag{16}$$

Da die Funktionenfolge $\{f_n(t)\}$ in der Metrik von $L^2(0, \infty)$ gegen die Funktion $f(t)$ konvergiert, so konvergiert auf Grund der isometrischen Zuordnung der Räume $L^2(0, \infty)$ und L^2_σ die Folge $\{\Phi_n(\lambda)\}$ in der Metrik in L^2_σ gegen eine gewisse Funktion $\Phi(\lambda)$. Gehen wir in den Gleichungen (15) und (16) zum Grenzwert im Sinne der erwähnten Metriken über, so erhalten wir die Formeln

$$f(t) = \int_{-\infty}^{\infty} \Phi(\lambda)\, dE_\lambda\, g\,, \tag{17}$$

$$\Phi(\lambda) = \int_{-\infty}^{\infty} f(t)\, u(t;\lambda)\, dt\,.$$

Die zweite dieser Formeln fällt mit (12) zusammen, und es bleibt daher nur noch Formel (13) zu beweisen.

Es genügt offenbar zu beweisen, daß die Formel (13) die Umkehrung der Formel (12) ist, wenn $\Phi(\lambda)$ die Mannigfaltigkeit $\mathfrak{M}$ der finiten Funktionen aus L^2_σ durchläuft.

Die Funktion $\Phi(\lambda)$ gehöre nun zu $\mathfrak{M}$, $f(t)$ sei die ihr entsprechende Funktion aus $L^2(0, \infty)$, die durch die Formel (17) definiert ist. Wir führen die Funktion

$$\eta_t(s) = \begin{cases} 1 & (s \leqq t)\,, \\ 0 & (s > t) \end{cases}$$

ein. Dann gilt auf Grund der Isometrie der Zuordnung zwischen $L^2(0, \infty)$ und L^2_σ die Gleichung

$$\int_0^{\infty} f(s)\, \eta_t(s)\, ds = \int_{-\infty}^{\infty} \Phi(\lambda)\, \Phi(\eta_t;\lambda)\, d\sigma(\lambda)$$

oder

$$\int_0^t f(s)\, ds = \int_{-\infty}^{\infty} \Phi(\lambda) \left\{\int_0^t u(s;\lambda)\, ds\right\} d\sigma(\lambda)\,.$$

Die linke Seite besitzt fast überall die Ableitung $f(t)$, rechts wird das Integral über λ zwischen endlichen Grenzen genommen, da $\Phi(\lambda) \in \mathfrak{M}$ ist. Daher ist die Ableitung der rechten Seite nach t gleich

$$\int_{-\infty}^{\infty} \Phi(\lambda)\, u(t;\lambda)\, d\sigma(\lambda)\,,$$

und der Beweis ist beendet.

Wir zeigen jetzt, wie man die Spektralfunktion $\sigma(\lambda)$ tatsächlich findet. Dazu bezeichnen wir mit $u(t;\lambda)$ eine Lösung der Gleichung

$$l[y] - \lambda y = 0\,,$$

die für $t = 0$ die Randbedingungen erfüllt, die die betrachtete Erweiterung $\tilde{L}$

von L charakterisiert. Wie oben erwähnt, ist diese Bedingung von der Form

$$p(t)\,\varphi'(t)|_{t=0} = \theta\,\varphi(0)\,.$$

Den reellen Parameter θ nehmen wir als endlich an, so daß $u(0,\lambda) \neq 0$ ist und

$$u(0;\lambda) = 1$$

gesetzt werden kann. Ferner bezeichnen wir mit $v(t;\lambda)$ eine zweite Lösung der homogenen Gleichung, die mit Hilfe der Gleichungen

$$v(0;\lambda) = 0\,,\quad p(t)\,v'(t;\lambda)|_{t=0} = -1$$

normiert ist. Der Kern $K(t, s;\lambda)$ des von der Resolvente des Operators $\tilde{L}$ gebildeten Integraloperators, d. h. die GREENsche Funktion, ist dann von der Form

$$K(t, s; z) = \begin{cases} u(s; z)\,[v(t; z) + m(z)\,u(t; z)] & (s \leqq t)\,, \\ u(t; z)\,[v(s; z) + m(z)\,u(s; z)] & (s > t)\ (\Im z > 0)\,. \end{cases} \tag{18}$$

Die Funktion $m(z)$ wird dabei durch die Bedingung

$$v(t; z) + m(z)\,u(t; z) \in \mathrm{L}^2(0, \infty)$$

eindeutig definiert.

Die Funktion $\varphi(t)$ möge nun die Menge aller finiten Funktionen aus $\mathrm{D}_{\tilde{L}}$ durchlaufen. Wir setzen

$$(\tilde{L} - z\,I)\,\varphi = f\,.$$

Dabei wird z ($\Im z > 0$) festgehalten.

Die von der Funktion $f(t)$ durchlaufene Menge $\mathfrak{N}$ liegt dicht in $\mathrm{L}^2(0, \infty)$, da die Defektindizes des minimalen Operators L nach Voraussetzung gleich (1, 1) sind. Ist $g(t)$ eine beliebige Funktion aus $\mathfrak{D}$, so gilt die Gleichung

$$\int_0^\infty \varphi(t)\,\overline{g(t)}\,dt = \int_{-\infty}^\infty \Phi(\varphi;\lambda)\,\overline{\Phi(g;\lambda)}\,d\sigma(\lambda)\,.$$

Da aber

$$\varphi(t) = \int_0^\infty K(t, s; z)\,f(s)\,ds$$

und auf Grund der Eigenschaft 3 der Richtungsfunktionale

$$\Phi(\varphi;\lambda) = \frac{\Phi(f;\lambda)}{\lambda - z}$$

gilt, so besteht die Gleichung

$$\int_0^\infty\int_0^\infty K(t, s; z)\,f(s)\,\overline{g(t)}\,ds\,dt = \int_{-\infty}^\infty \frac{\Phi(f;\lambda)\,\overline{\Phi(g;\lambda)}}{\lambda - z}\,d\sigma(\lambda)\,.$$

Diese Gleichung ist für alle $f, g \in \mathfrak{D}$ richtig, da $\mathfrak{N}$ in $\mathrm{L}^2(0, \infty)$ dicht liegt. Wir setzen

$$f(t) = g(t) = \begin{cases} \dfrac{1}{\delta} & \text{für} \quad 0 \leqq t \leqq \delta\,, \\ 0 & \text{für} \quad t > \delta\,. \end{cases}$$

Unsere Gleichung schreibt sich dann in der Form

$$\frac{1}{\delta^2}\int\limits_0^\delta\int\limits_0^\delta K(t, s; z)\, dt\, ds = \int\limits_{-\infty}^{\infty} \omega_\delta(\lambda)\, \frac{d\sigma(\lambda)}{\lambda - z} \tag{19}$$

mit

$$\omega_\delta(\lambda) = \left[\frac{1}{\delta}\int\limits_0^\delta u(t; \lambda)\, dt\right]^2 .$$

Die linke Seite (19) hat für $\delta \to 0$ den Grenzwert

$$K(0, 0; z) = m(z) .$$

Daher gilt die Beziehung

$$\lim_{\delta \to 0}\int\limits_{-\infty}^{\infty} \omega_\delta(\lambda)\, \frac{d\sigma(\lambda)}{\lambda - z} = m(z)$$

und damit auch die Gleichung

$$\lim_{\delta \to 0}\int\limits_{-\infty}^{\infty} \omega_\delta(\lambda)\, \frac{d\sigma(\lambda)}{\lambda^2 + 1} = \Im\, m(i) .$$

Hieraus schließt man leicht, daß das Integral

$$\int\limits_{-\infty}^{\infty} \frac{d\sigma(\lambda)}{\lambda^2 + 1}$$

existiert und gleich $\Im\, m(i)$ ist. Daher ist

$$\int\limits_{-\infty}^{\infty} \left(\frac{1}{\lambda - z} - \frac{1}{\lambda - i}\right) d\sigma(\lambda) = m(z) - m(i) .$$

Hieraus ergibt sich die Gleichung

$$m(z) = \Re\, m(i) + \int\limits_{-\infty}^{\infty} \frac{1 + \lambda z}{\lambda - z}\, \frac{d\sigma(\lambda)}{\lambda^2 + 1} . \tag{20}$$

Unter Anwendung der Stieltjesschen Umkehrformel (s. Nr. 69) erhalten wir die Gleichung

$$\frac{\sigma(\lambda - 0) + \sigma(\lambda + 0)}{2} = \text{const} + \lim_{y \to 0} \frac{1}{\pi} \int\limits_0^\lambda \Im\, m\,(x + i\, y)\, dx .$$

Man kann zeigen, daß diese Formel auch dann richtig ist, wenn wir die Gleichung $\varphi(0) = 0$ als Randbedingung fordern.

Zum Schluß wollen wir einiges zu dem Fall bemerken, daß der Defektindex des Operators L gleich (2, 2) ist. Es geht dabei um eine Klasse selbstadjungierter Erweiterungen dieses Operators, die zuerst von H. WEYL in dem auf Seite 441 zitierten Artikel untersucht wurde.

L habe den Defektindex (1, 1) oder (2, 2). L_θ bezeichne eine Erweiterung von L, die durch die Randbedingung

$$p(t)\,\varphi'(t)_{t=0} = \theta\,\varphi(0) \tag{21}$$

definiert ist. Dann besteht D_{L_θ} aus allen Funktionen $\varphi(t) \in D_{L^*}$, die der Bedingung (21) genügen. L_θ ist offensichtlich eine symmetrische Erweiterung von L. Ist der Defektindex von L gleich (1, 1), so ist der Operator L_θ selbstadjungiert. Lassen wir θ von $-\infty$ bis $+\infty$ variieren, so erhalten wir alle selbstadjungierten Erweiterungen des Operators L. Ist der Defektindex des Operators L gleich (2, 2), so ist der Defektindex von L_θ gleich (1, 1). Jede selbstadjungierte Erweiterung $\tilde{L}_\theta$ von L_θ ist eine Erweiterung von L. Variiert θ im Intervall $(-\infty, \infty)$ und bilden wir für jedes θ alle möglichen Erweiterungen $\tilde{L}_\theta$, so erhalten wir eine gewisse Klasse selbstadjungierter Erweiterungen von L. Diese Klasse ist dadurch charakterisiert, daß eine der beiden die selbstadjungierte Erweiterung definierenden Randbedingungen (2) aus Nr. 127 von der Form (21) ist. Dabei bezieht sich offenbar die zweite der Bedingungen nur auf den singulären Endpunkt $t = \infty$. Die so erhaltene Klasse selbstadjungierter Erweiterungen ist also durch *zerfallende Bedingungen* charakterisiert.

Die am Anfang dieser Nr. gemachte Voraussetzung, daß der Defektindex von L gleich (1, 1) sei, wurde nur einmal benutzt, nämlich beim Beweis der Eigenschaft 2 des Richtungsfunktionals. Man sieht jedoch leicht ein, daß diese Eigenschaft 2 auch im Falle des Defektindex (2, 2) erhalten bleibt, wenn man nur als selbstadjungierte Erweiterungen $\tilde{L}$ nur solche Erweiterungen zuläßt, die durch zerfallende Bedingungen charakterisiert sind. Erweiterungen solcher Art bezeichnen wir mit $\tilde{L}_\theta$.

Damit bleiben alle oben aufgestellten Sätze auch für Erweiterungen $\tilde{L}_\theta$ des Operators L mit dem Defektindex (2, 2) gültig. Insbesondere folgt aus Satz 2, daß die selbstadjungierten Erweiterungen $\tilde{L}_\theta$ ein einfaches Spektrum besitzen.

Wie man leicht einsieht, ist, wie im Falle des Defektindex (1, 1), der Kern der Resolvente $\tilde{R}_z$ des Operators $\tilde{L}_\theta$ (für $\theta \neq \infty$) durch die Formel (18) definiert. Dabei ist die Funktion $m(z)$ eindeutig durch die Wahl der selbstadjungierten Erweiterung $\tilde{L}_\theta$ von L_θ definiert. Insbesondere ist $K(0, 0; z) = m(z)$. Eine ganz wie im Falle des Defektindex (1, 1) durchgeführte Überlegung führt zur Formel (20). Da auf Grund des Satzes 2 der Nr. 128 der Operator $\tilde{L}_\theta$ nur ein Punktspektrum mit dem einzigen Häufungspunkt im Unendlichen besitzt, ist die Funktion $\sigma(\lambda)$ stückweise konstant. Die Formel (20) zeigt dann, daß $m(z)$ eine meromorphe Funktion von z ist.

Entsprechend den Ergebnissen der Nr. 113 durchläuft das Skalarprodukt $(\tilde{R}_z f, f)$ bei festen

$$f(t) \in L^2(0, \infty) \qquad \text{und} \qquad z \quad (\Im z > 0)$$

einen gewissen Kreis $C(f; z)$, wenn $\tilde{R}_z$ die Gesamtheit aller orthogonalen Resolventen des Operators L_θ durchläuft. Ferner folgt aus den Formeln (18), daß das Skalarprodukt $(\tilde{R}_z f, f)$ die Form $\alpha + \beta\, m(z)$ hat, wobei die Konstanten α, β nicht von der Wahl der Resolvente abhängen. Durchläuft daher der Punkt $(\tilde{R}_z f, f)$ den Kreis $C(f; z)$, so durchläuft der Punkt $\omega = m(z)$ ebenfalls einen gewissen Kreis, den man den WEYL*schen Grenzkreis* nennt. Im Falle des Defektindex (1, 1) (und nur in diesem Falle) entartet der WEYLsche Grenzkreis in einen Punkt. Jetzt wird auch die Bedeutung der Bezeichnungen *Grenzkreis* und *Grenzpunkt* klar, die wir am Ende der Nr. 127 erwähnten. Wir verweilen hier jedoch nicht länger bei der Darlegung der Methode, die H. WEYL auf den Begriff des Grenzkreises führte.

Wir bemerken hier folgendes: Obwohl der Kreis $C(f; z)$ von der Wahl von f und z abhängt, hängt der entsprechende Grenzkreis C nur von z, jedoch nicht von f ab, da die Funktion $m(z)$ nicht von f abhängt. Wir wollen nun die Gleichung des Grenzkreises aufstellen. Dazu benutzen wir mit M. G. KREIN die HILBERTsche Funktionalgleichung für die Resolvente des Operators $\tilde{L}_\theta$. Aus dieser erhält man leicht die Gleichung

$$K(t, s; z) - K(t, s; \bar{z}) = (z - \bar{z}) \int_0^\infty K(t, \xi; z)\, K(\xi, s; \bar{z})\, d\xi\,.$$

Setzen wir hier $t = s = 0$ und benutzen die Formel (16), so erhalten wir die Gleichung

$$m(z) - \overline{m(z)} = (z - \bar{z}) \int_0^\infty |v(\xi; z) + m(z)\, u(\xi; z)|^2\, d\xi\,.$$

Damit ergibt sich als Gleichung des Grenzkreises die Beziehung

$$\int_0^\infty |v(\xi; z) + w\, u(\xi; z)|^2\, d\xi = \frac{w - \bar{w}}{z - \bar{z}}\,.$$

Für $\theta = \infty$ führt eine Modifikation dieser Überlegungen auf ein ähnliches Ergebnis. Wir gehen jedoch nicht näher darauf ein.

Zum Schluß betrachten wir das sog. Umkehrproblem der Spektralanalysis. Wir stellten in Satz 2 fest, daß jedem selbstadjungierten Operator, der durch den Ausdruck

$$-y'' + q(x)\, y$$

in $L^2(0, \infty)$ erzeugt wird, eine Spektralfunktion $\sigma(\lambda)$ entspricht, die die Gestalt der Umkehrformeln und der PARSEVALschen Gleichung bestimmt. Höchst bemerkenswert ist nun die Tatsache, daß umgekehrt ein Differentialoperator der Form $-y'' + q(x)\, y$ zusammen mit der Randbedingung eindeutig durch seine Spektralfunktion $\sigma(\lambda)$ bestimmt ist.

Das Problem, einen Differentialoperator aus seiner Spektralfunktion zu gewinnen, und die damit zusammenhängenden Fragen heißen das Umkehrproblem der Spektralanalysis. Die vollständige Lösung des Umkehrproblems gelang in Arbeiten von I. M. GELFAND und B. M. LEWITAN, M. G. KREIN, W. A. MARTSCHENKO.[1])

130. Verallgemeinerung auf Differentialoperatoren beliebiger Ordnung. In Nr. 86 sahen wir, daß jeder selbstadjungierte Operator A mit einem Spektrum der Vielfachheit $r < \infty$ isometrische Abbildungen von H auf den Raum der Vektorfunktionen L_S^2 erzeugt. Bei diesen Abbildungen geht der Operator A in den Operator der Multiplikation mit einer unabhängigen Veränderlichen über. Wir erinnern daran, daß die Matrixverteilungsfunktion $S(\lambda)$ durch die Spektralfunktion E_λ von A dadurch bestimmt ist, daß man eine beliebige erzeugende Basis $g_1, g_2, \ldots, g_p$ $(r \leqq p < \infty)$ dieses Operators wählt und

$$S(\lambda) = \left((E_\lambda g_j, g_k)\right)_{j,k=1}^{p}$$

setzt. Die erwähnte isometrische Abbildung wird dabei durch die Formeln

$$\overrightarrow{\Phi(\lambda)} = Vf, \tag{1}$$

$$f = V^{-1}\,\overrightarrow{\Phi(\lambda)} = \text{l.\,i.\,m.}\int_{-N}^{N} \sum_{k=1}^{p} \Phi_k(\lambda)\, dE_\lambda g_k \tag{2}$$

vermittelt. Das Element f und die Vektorfunktion $\overrightarrow{\Phi(\lambda)} = \{\Phi_1(\lambda), \ldots, \Phi_p(\lambda)\}$ durchlaufen hier die Räume H bzw. L_S^2.

Die Formeln (1) und (2) nennen wir die mit dem selbstadjungierten Operator A verknüpften *Umkehrformeln.*

Wir bemerken, daß diese Definition umfassender ist als die Definition in Nr. 129 für den Fall von Operatoren mit einfachem Spektrum. Sie fordert nämlich nicht, daß die die Verteilungsfunktion $S(\lambda)$ erzeugende Basis minimal sei. Insbesondere gehören auf Grund der Definition dieser Nr. zu den Operatoren mit einfachem Spektrum solche Umkehrformeln, die eine isometrische Zuordnung zwischen H und L_S^2 herstellen, wobei die Ordnung der Matrix $S(\lambda)$ größer als Eins ist.

Wir wollen nun die Umkehrformeln für Differentialoperatoren beliebiger Ordnung ableiten.

L sei ein Differentialoperator mit minimalem Definitionsbereich, erzeugt durch den Ausdruck l der Ordnung $2n$ auf dem Intervall $(0, \infty)$ mit einem singulären Endpunkt, $\tilde{L}$ eine beliebige selbstadjungierte Erweiterung des Operators L.

Wir machen jetzt keinerlei Voraussetzungen über den Defektindex des Operators L.

---

[1]) Eine Darlegung der Lösung des Umkehrproblems der genannten Autoren findet der Leser zusammen mit ausführlichen Literaturhinweisen in der kürzlich erschienenen Arbeit von B. M. LEWITAN und M. G. GASIMOW [1].

Auf der Mannigfaltigkeit $\mathfrak{D}$ der finiten Funktionen des Raumes $L^2(0, \infty)$ führen wir $2n$ Richtungsfunktionale

$$\Phi_j(f;\lambda) = \int_0^\infty f(t)\, u_j(t;\lambda)\, dt \qquad (j = 1, 2, \ldots, 2n) \tag{3}$$

ein. $\{u_j(t;\lambda)\}_{j=1}^{2n}$ ist dabei das Fundamentalsystem der Gleichung

$$l[u] - \lambda u = 0,$$

das den Anfangsbedingungen

$$u_j^{[k-1]}(0;\lambda) = \begin{cases} 1 & (j = k) \\ 0 & (j \neq k) \end{cases} \qquad (j, k = 1, 2, \ldots, 2n)$$

genügt.

Man überzeugt sich leicht davon, daß jedes der Funktionale die Eigenschaften 1, 3 aus Nr. 129 besitzt. Die Eigenschaft 2 wird jetzt folgendermaßen formuliert:

2. Bestehen für eine Funktion $f \in \mathfrak{D}$ und einen reellen Wert λ die $2n$ Gleichungen

$$\Phi_j(f;\lambda) = 0 \qquad (j = 1, 2, \ldots, 2n),$$

so hat die Gleichung

$$(\tilde{L} - \lambda I)\,\varphi = f$$

eine Lösung in der Klasse der finiten Funktionen.

Hilfssatz 1[1]). *Für jedes endliche Intervall Δ_0 der λ-Achse gibt es ein System von Funktionen $\psi_1(t), \psi_2(t), \ldots, \psi_{2n}(t)$ aus $\mathfrak{D}$ derart, daß die Determinante*

$$D(\lambda) = \operatorname{Det}\left(\Phi_j(\psi_k;\lambda)\right)_{j,k=1}^{2n}$$

im Intervall Δ_0 niemals verschwindet.

Der Beweis dieses Hilfssatzes läßt sich leicht nach dem Muster des Beweises des entsprechenden Hilfssatzes der Nr. 129 durchführen, indem man die Analytizität der Determinante $D(\lambda)$ benutzt.

Satz 1. *Δ_0 sei ein endliches Intervall, und es sei ein System von Funktionen $\psi_1, \psi_2, \ldots, \psi_{2n}$ aus $\mathfrak{D}$ derart gewählt, daß*

$$\operatorname{Det}\left(\Phi_j(\psi_k;\lambda)\right)_{j,k=1}^{2n} \neq 0 \qquad (\lambda \in \Delta_0)$$

ist. Ferner bezeichne E_λ die Spektralfunktion des Operators $\tilde{L}$ und $g_1, g_2, \ldots, g_{2n}$ ein durch die Gleichungen

$$g_i(t) = \int_{\Delta_0} \sum_{k=1}^{2n} \Omega_{ik}(\lambda)\, dE_\lambda\, \psi_k$$

definiertes System von Funktionen. Dabei sind $\Omega_{ik}(\lambda)$ die Elemente der zur Matrix

$$\left(\Phi_j(\psi_k;\lambda)\right)_{j,k=1}^{2n}$$

inversen Matrix.

---

[1]) Dieser und der folgende Satz stammen von M. G. Krein. (Siehe die im Anfang von Nr. 129 zitierte Arbeit.)

Unter diesen Bedingungen gilt für jede Funktion $f \in \mathfrak{D}$ und jedes Intervall $\Delta \subseteq \Delta_0$ die Formel

$$E(\Delta) f = \int_{\Delta} \sum_{j=1}^{2n} \Phi_j(f;\lambda)\, dE_\lambda\, g_j\,. \tag{4}$$

Der Beweis dieses Satzes verläuft dem Beweis des Satzes 1 der Nr. 129 analog. Wie dort ersetzen wir die zu beweisende Gleichung (4) durch die Gleichung

$$E(\Delta) f = \int_{\Delta} \sum_{j=1}^{2n} F_j(f;\lambda)\, dE_\lambda\, \psi_j$$

mit

$$F_j(f;\lambda) = \sum_{k=1}^{2n} \Omega_{jk}(\lambda)\, \Phi_k(f;\lambda)$$

und führen das Element

$$w_\mu = \int_a^\mu dE_\lambda f - \int_a^\mu \sum_{j=1}^{2n} F_j(f;\lambda)\, dE_\lambda\, \psi_j$$

ein, das stetig von μ abhängt. Die Ungleichung (8) aus Nr. 129 hat jetzt (für $\delta \geqq 0$) die Form

$$\|w_{\mu+\delta} - w_\mu\| \leqq \left\| E(\Delta_{\mu+0,\delta}) \left[f - \sum_{j=1}^{2n} F_j(f;\mu)\, \psi_j \right] \right\| + \left\| E(\Delta_{\mu+0,\delta}) \sum_{j=1}^{2n} F_j(f;\mu)\, \psi_j - \int_{\mu+0}^{\mu+\delta} \sum_{j=1}^{2n} F_j(f;\lambda)\, dE_\lambda\, \psi_j \right\|.$$

Die Terme auf der rechten Seite dieser Ungleichung lassen sich in der gleichen Weise wir in Nr. 129 abschätzen; daraus folgt dann die Richtigkeit des Satzes.

Satz 2. *Haben L, $\tilde{L}$ und $u_j(t;\lambda)$ $(j = 1, 2, \ldots, 2n)$ die am Anfang dieser Nr. erwähnte Bedeutung, dann gibt es eine Matrixverteilungsfunktion $S(\lambda) = (\sigma_{ik}(\lambda))_{i,k=1}^{n}$ (sog. Spektralmatrix) derart, daß die Formeln*

$$\Phi_j(\lambda) = \text{l. i. m.} \int_{-N}^{N} f(t)\, u_j(t;\lambda)\, dt \qquad (j = 1, 2, \ldots, 2n),$$

$$f(t) = \text{l. i. m.} \int_{-N}^{N} \sum_{i,k=1}^{2n} \Phi_i(\lambda)\, u_k(t;\lambda)\, d\sigma_{ik}(\lambda)$$

eine isometrische Abbildung des Raumes $L^2(0,\infty)$ auf den Raum der Vektorfunktionen L_S^2 herstellen.

Beweis. Wir setzen in der Formel (4) $\Delta = \Delta_0$ und ersetzen das System der Elemente $\{g_j\}_{j=1}^{2n}$ durch das System $g_j^{(0)} = E(\Delta_0)\, g_j$ $(j = 1, 2, \ldots, 2n)$. Darauf zerlegen wir die λ-Achse in endliche Intervalle Δ_k $(\pm k = 0, 1, 2, \ldots)$ und wählen für jedes dieser Intervalle ein System von Elementen $\{g_j^{(k)}\}_{j=1}^{2n}$ genau so, wie wir für das Intervall Δ_0 das System $\{g_j^{(0)}\}_{j=1}^{2n}$ bestimmten.

Wir setzen

$$g_i = \sum_{k=-\infty}^{\infty} g_i^{(k)} \qquad (i = 1, 2, \ldots, 2n).$$

Dann erhalten wir wie in der Nr. 129 ein System von (uneigentlichen) Elementen $g_1, g_2, \ldots, g_{2n}$, die für jedes endliche Intervall Δ der Bedingung

$$E(\Delta)\, g_i = \sum_k E(\Delta)\, g_i^{(k)}$$

genügen. (Die Reihe rechts enthält dabei nur endlich viele Summanden.)

Ferner erhalten wir für jedes Intervall Δ der λ-Achse die Formel

$$E(\Delta) f = \int_\Delta \sum_{j=1}^{2n} \Phi_j(f;\lambda)\, dE_\lambda\, g_j$$

und für $\Delta = [-\infty, \infty]$

$$f = \text{l. i. m.} \int_{-N}^{N} \sum_{j=1}^{2n} \Phi_j(f;\lambda)\, dE_\lambda\, g_j\,.$$

Da die Mannigfaltigkeit $\mathfrak{D}$ in $L^2(0,\infty)$ dicht liegt, so folgt aus der letzten Formel, daß die Vielfachheit des Spektrums von $\tilde{L}$ nicht größer als $2n$ und daß $g_1, g_2, \ldots, g_{2n}$ eine erzeugende Basis ist.

Die Abgeschlossenheitsrelation ist für $f \in \mathfrak{D}$ von der Form

$$\int_0^\infty |f(t)|^2\, dt = \int_{-\infty}^{\infty} \sum_{i,k=1}^{2n} \Phi_i(f;\lambda)\, \overline{\Phi_k(f;\lambda)}\, d\sigma_{ik}(\lambda)\,.$$

Alle weiteren am Ende der vorigen Nr. durchgeführten Rechnungen lassen sich mühelos auf den jetzt betrachteten Fall übertragen. Damit ist auch die Richtigkeit des Satzes 2 gezeigt.

Wir bemerken, daß man für zerfallende Randbedingungen (insbesondere also stets, wenn die Defektindizes des minimalen Operators gleich (n, n) sind, da sich in diesem Fall alle Randbedingungen auf den Nullpunkt beziehen) Umkehrformeln mit Hilfe einer Spektralmatrix vom Grade n (und nicht $2n$) konstruieren kann. Dazu müssen anstelle der $2n$ Funktionen $u_j(t;\lambda)$ n Linearkombinationen $\tilde{u}_k(t;\lambda)$ gewählt werden, die linear unabhängig sind und den n Randbedingungen im Nullpunkt genügen, und man muß das System der n Richtungsfunktionale

$$\tilde{\Phi}_k(f;\lambda) = \int_0^\infty f(t)\, \tilde{u}_k(t;\lambda)\, dt\,, \qquad (k = 1, \ldots, n)$$

betrachten.

131. Die Untersuchung des Spektrums von Differentialoperatoren mit Hilfe der Aufspaltungsmethode. In den Fällen, in denen es gelingt, die in den Nummern 129 und 130 angegebenen Umkehrformeln effektiv zu konstruieren, erhält man das Spektrum des Differentialoperators L, als Menge der Wachstumspunkte der Spektralfunktion $\sigma(\lambda)$, aus Nr. 129 (oder der Matrixspektralfunktion $\mathcal{S}(\lambda)$ aus Nr. 130). Solche Fälle (Beispiele werden in Nr. 132 angegeben) sind jedoch selten. Es besteht deshalb Interesse an der Untersuchung verschiedener Eigenschaften des Spektrums $\mathcal{S}(\tilde{L})$, die sich nur auf die vorgegebene Information über das Verhalten der Koeffizienten des Differentialausdruckes 1 stützt und keine Kenntnis der Spektralfunktion und der Umkehrformeln erfordert. Der hiermit zusammenhängende Fragenkreis bildet den Gegenstand der sog. qualitativen Spektralanalysis singulärer Differentialoperatoren.

In der vorliegenden Nr. betrachten wir einige Beispiele der qualitativen Spektralanalysis unter Benutzung der Aufspaltungsmethode.[1]) Wir beschränken uns dabei der Kürze wegen auf den einfachsten Differentialausdruck

$$l[y] = -y'' + q(x)\,y \tag{1}$$

auf der Halbachse $x > 0$ mit einem singulären Endpunkt $x = \infty$. Der Ausdruck (1) heißt der SCHRÖDINGER*sche Differentialausdruck* und der Koeffizient $q(x)$ *Potential*.

Die Spektren der verschiedenen selbstadjungierten Erweiterungen $\tilde{L}$ des Operators L mit minimalem Definitionsbereich, die vom Ausdruck (1) erzeugt werden, sind verschieden; die Eigenschaften, die wir hier betrachten wollen, hängen jedoch nicht von der Wahl der Erweiterung ab. Zu diesen Eigenschaften zählen: 1. Die Zugehörigkeit eines gegebenen Punktes λ zu $\mathscr{E}(\tilde{L})$, 2. die Existenz einer unendlichen Menge von Spektrumspunkten in einer beliebig kleinen einseitigen Umgebung des Punktes λ und 3. die Häufung des Spektrums $\mathscr{S}(\tilde{L})$ im Punkt $\lambda = -\infty$. Die Unabhängigkeit der aufgezählten Eigenschaften von der Wahl der Erweiterung folgt aus den Sätzen 1 von Nr. 105, 1 von Nr. 82 und 2 von Nr. 107. Wir wollen die genannten Eigenschaften des Spektrums $\mathscr{S}(\tilde{L})$ *singulär* nennen, da sie bekanntlich dem Spektrum eines regulären Differentialoperators nicht zukommen können.

Wir kommen nun zur Beschreibung der Aufspaltungsmethode und bezeichnen mit L_0 den Operator, der durch die Gleichung

$$L_0\,\varphi = \tilde{L}\,\varphi$$

auf allen Funktionen $\varphi \in D_{\tilde{L}}$ definiert ist, die in einem gegebenen Punkt $\gamma > 0$ (dem sog. *Aufspaltungspunkt*) die Bedingung

$$\varphi(\gamma) = \varphi'(\gamma) = 0$$

erfüllen. Offenbar zerfällt der Operator L_0 in die orthogonale Summe

$$L_0 = L_r \oplus L_\gamma$$

der Operatoren L_r und L_γ, die durch den gleichen Ausdruck (1) in $L^2(0, \gamma)$ und $L^2(\gamma, \infty)$ erzeugt werden. Wir erweitern diese Operatoren zu selbstadjungierten Operatoren $\tilde{L}_r$ und $\tilde{L}_\gamma$ und konstruieren den Operator

$$M = \tilde{L}_r \oplus \tilde{L}_\gamma\,.$$

[1]) Eine kurze Mitteilung über diese Methode gab I. M. GLASMANN in der Arbeit [3]. Einer systematischen Untersuchung des Spektrums eindimensionaler und mehrdimensionaler Differentialoperatoren mit Hilfe der Aufspaltungsmethode ist die Monographie [2] des Autors gewidmet. Sätze, die hier ohne Beweis angegeben werden, sind dort ausführlich wiedergegeben.

Der vorgegebene Operator L und der eben konstruierte Operator M sind jetzt zwei verschiedene selbstadjungierte Erweiterungen ein und desselben „aufgespaltenen“ Operators L_0. Da der Operator L_0 in $L^2(0, \infty)$ offenbar endliche Defektindizes hat und der Operator $\tilde{L}_r$ regulär ist, sollte man erwarten, daß die singulären Eigenschaften der Spektren der Operatoren $\tilde{L}$ und $\tilde{L}_\gamma$ übereinstimmen. Der Beweis dafür gründet sich auf den folgenden Hilfssatz. Dabei bezeichnet $n(\alpha, \beta; A)$ die Menge der Spektrumspunkte des Operators A, die im Intervall (α, β) liegen.

Hilfssatz. *Für beliebige α und β $(-\infty \leqq \alpha < \beta < \infty)$ sind die Größen $n(\alpha, \beta; \tilde{L})$ und $n(\alpha, \beta; \tilde{L}_\gamma)$ gleichzeitig endlich oder unendlich.*

Beweis. Falls $n(\alpha, \beta; \tilde{L}) < \infty$ (oder $= \infty$) ist, dann ist nach Satz 1 aus Nr. 82 $n(\alpha, \beta; M) < \infty$ oder $= \infty$ (wenn $\alpha = -\infty$ ist, dann muß man statt Satz 1 aus Nr. 82 den Satz 2 aus Nr. 82 benutzen). Weiterhin ist

$$\mathcal{S}(M) = \mathcal{S}(\tilde{L}_r) \cup \mathcal{S}(\tilde{L}_\gamma)\,,$$

wobei die Anzahl der Punkte aus der Menge $\mathcal{S}(L_r)$, die im Intervall (α, β) liegen, stets endlich ist, da das Spektrum eines regulären Operators diskret (s. Nr. 125) und nach unten beschränkt ist.[1]) Deshalb folgt aus $n(\alpha, \beta; M) < \infty$ (oder $= \infty$), daß auch $n(\alpha, \beta; \tilde{L}_\gamma) < \infty$ (oder $= \infty$) gilt. Damit ist der Hilfssatz bewiesen.

Satz 1. *Die Spektren $\mathcal{S}(\tilde{L})$ und $\mathcal{S}(\tilde{L}_\gamma)$ haben die gleichen singulären Eigenschaften.*

Der Beweis folgt unmittelbar aus dem Hilfssatz. Ist nämlich $\lambda \in \mathcal{E}(\tilde{L})$, dann gilt bei beliebigem $\varepsilon > 0$ $n(\lambda - \varepsilon, \lambda - \varepsilon; \tilde{L}) = \infty$; dann ist aber auch $n(\lambda - \varepsilon, \lambda + \varepsilon; \tilde{L}_\gamma) = \infty$, und daraus erhalten wir für $\varepsilon \to 0$ die Relation $\lambda \in \mathcal{E}(\tilde{L}_\gamma)$. Analog schließen wir aus $\lambda \in \mathcal{E}(\tilde{L}_\gamma)$, daß $\lambda \in \mathcal{E}(\tilde{L})$ ist. Demnach gilt

$$\mathcal{E}(\tilde{L}) = \mathcal{E}(\tilde{L}_\gamma)\,.$$

Die singulären Eigenschaften 2 und 3 folgen ebenfalls aus dem Hilfssatz, wenn wir entsprechend $\alpha = \lambda - \varepsilon$, $\beta = \lambda\,(\varepsilon \downarrow 0)$ und $\alpha = -\infty$, $\beta < 0\,(|\beta| \to \infty)$ setzen.

Die Aufspaltungsmethode stützt sich auf den eben bewiesenen Satz 1 und auf die Sätze 1 und 2 aus Nr. 82, 4 aus Nr. 93 sowie auf den Hilfssatz 2 aus Nr. 94. Bei der Anwendung der Sätze aus Nr. 82 nimmt man als lineare Mannig-

[1]) Es genügt, das letztere für die Randbedingungen $y(0) = y(\gamma) = 0$ nachzuprüfen. Sei $Q(x) = \int_0^x q(t)\,dt$ und $|Q(x)| \leqq \mathcal{M}$. Dann gilt

$$(\tilde{L}_r\, y, y) = \int_0^\gamma (|y'|^2 + q(x)\,|y|^2)\,dx$$
$$= \|y'\|^2 - \int_0^\gamma Q(x)\,\frac{d}{dx}\,|y|^2\,dx \geqq \|y'\|^2 - 2\,\mathcal{M}\,\|y'\|\cdot\|y\| \geqq -\mathcal{M}\,\|y\|^2,$$

und daraus ist ersichtlich, daß der Operator $\tilde{L}_r$ nach unten halbbeschränkt ist.

faltigkeit G die lineare Hülle einer Folge finiter Funktionen mit paarweise disjunkten Trägern.[1])

Falls $\lambda \in \mathscr{C}(\tilde{L})$, dann ist λ entweder ein zweiseitiger Häufungspunkt oder ein einseitiger linker (rechter) Häufungspunkt der Menge $\mathscr{C}(\tilde{L})$. Je nachdem, welche von diesen Eigenschaften erfüllt ist, unterscheiden wir für einen Punkt $\lambda \in \mathscr{C}(\tilde{L})$ drei mögliche *Typen*.

Aus Satz 1 ergibt sich unmittelbar der folgende Satz, der ohne Schwierigkeit auf eine beliebige Operation der Form (1) von Nr. 123 verallgemeinert werden kann.

Satz 2. *Das kontinuierliche Spektrum $\mathscr{C}(\tilde{L})$, der Typ jedes Punktes aus $\mathscr{C}(\tilde{L})$ und die Beschränktheit (bzw. die Nichtbeschränktheit) des Spektrums $\mathscr{S}(\tilde{L})$ nach unten sind unabhängig vom Verhalten des Potentials $q(x)$ im Endlichen.*

Alle singulären Eigenschaften des Spektrums von $\tilde{L}$ werden deshalb vom Verhalten des Potentials $q(x)$ im Unendlichen bestimmt. Störungstheoretisch formuliert besagt Satz 2, daß eine beliebige finite Störung $\eta(x)$ des Potentials $q(x)$ die singulären Eigenschaften des Spektrums nicht ändert.[2]) Ist die Störung nicht finit, aber gilt noch $\eta(x) \to 0$ mit $x \to \infty$, so kann sich der Typ der Punkte aus $\mathscr{C}(\tilde{L})$ ändern (s. weiter unten Satz 5); die Eigenschaft 3 bleibt aber, wie leicht zu sehen, erhalten. Der folgende Satz besagt, daß auch die Eigenschaft 1 erhalten bleibt.

Satz 3. *Ist $\tilde{L}'$ ein selbstadjungierter Differentialoperator, der in* $L^2(0, \infty)$ *durch den Ausdruck*

$$- y'' + q(x)\, y + \eta(x)\, y$$

erzeugt wird, und gilt

$$\lim_{x \to \infty} \eta(x) = 0\,, \tag{2}$$

dann ist

$$\mathscr{C}(\tilde{L}') = \mathscr{C}(\tilde{L})\,. \tag{3}$$

Beweis. Wir spalten die Operatoren $\tilde{L}'$ und $\tilde{L}$ in irgendeinem Punkt γ auf und erhalten

$$\mathscr{C}(\tilde{L}) = \mathscr{C}(\tilde{L}_\gamma)\,, \qquad \mathscr{C}(\tilde{L}') = \mathscr{C}(\tilde{L}'_\gamma)\,. \tag{4}$$

Wählen wir γ so, daß für $x > \gamma$ die Ungleichung $|\eta(x)| < \delta$ gilt, dann können wir unter Benutzung des Hilfssatzes 2 aus Nr. 94 schließen, daß in einer δ-Umgebung jedes Punktes $\lambda \in \mathscr{C}(\tilde{L}_\gamma)$ Punkte aus $\mathscr{C}(\tilde{L}'_\gamma)$ enthalten sind und daß umgekehrt in einer δ-Umgebung jedes Punktes $\lambda \in \mathscr{C}(\tilde{L}'_\gamma)$ Punkte aus $\mathscr{C}(\tilde{L}_\gamma)$ liegen. Da die Zahl $\delta > 0$ beliebig klein gewählt werden kann, folgt (3) aus (4).

Im Fall $q(x) \geqq q_0 > 0$ läßt sich Satz 3 auf relativ kleine Störungen verallgemeinern, für die man statt (2) nur $\lim\limits_{x \to \infty} \dfrac{\eta(x)}{q(x)} = 0$ fordert. Dieses Resultat stammt von M. S. Birman.

---

[1]) Als *Träger* einer Funktion bezeichnet man die abgeschlossene Hülle der Punktmenge, auf der die Funktion $\neq 0$ ist.

[2]) Die Störung $\eta(x)$, wie auch das Potential $q(x)$, wird hier und im weiteren als auf jedem endlichen Intervall absolut integrabel vorausgesetzt.

Als Spezialfall ergibt sich aus Satz 3 für $q(x) = 0$ und den Resultaten der Nr. 89 der folgende

Satz 4. *Gilt* $\lim_{x\to\infty} q(x) = 0$, *dann ist* $\mathscr{E}(\tilde{L}) = [0, \infty)$.

Von allgemeineren Kriterien, die die Relation $\mathscr{E}(\tilde{L}) = [0, \infty)$ gewährleisten, erwähnen wir die Bedingung

$$\lim_{x\to\infty} \int_x^{x+\omega} |q(t)|\, dt = 0$$

für irgendein (und damit für jedes) $\omega > 0$. Diese Bedingung ist insbesondere für Potentiale $q(x) \in L_1(0, \infty)$ erfüllt.

Wir beschäftigen uns nun mit der Untersuchung des Typs des Punktes $\lambda = 0$ unter den Voraussetzungen des Satzes 4. Ist $q(x) \geqq 0$ für große x, dann folgt aus dem Hilfssatz dieser Nr., daß der negative Teil des Spektrums $\mathscr{S}(\tilde{L})$ aus endlich vielen Eigenwerten besteht. Das bedeutet, daß der Punkt $\lambda = 0$ kein rechter Häufungspunkt von $\mathscr{S}(\tilde{L})$ ist. Wäre andererseits für große x das Potential konstant, $q(x) = -\varepsilon$, dann würde $\mathscr{E}(\tilde{L}) = [-\varepsilon, \infty)$ gelten, und deshalb wäre für hinreichend kleine $\varepsilon > 0$ der Punkt $\lambda = 0$ rechter Häufungspunkt von $\mathscr{S}(\tilde{L})$. Es ist deshalb naheliegend, zu erwarten, daß unter den Voraussetzungen des Satzes 4 der Typ des Punktes $\lambda = 0$ vom „Grad der Negativität" des Potentials $q(x)$ für $x \to \infty$ abhängt. Über die „Grenze" zwischen Potentialen, die zwei verschiedene Typen des Punktes $\lambda = 0$ bestimmen, sagt der folgende Satz etwas aus. Es wird dabei nicht vorausgesetzt, daß $\lim_{x\to\infty} q(x)$ existiert.

Satz 5. *Gilt für große* x

$$q(x) \geqq -\frac{1}{4x^2}, \tag{5}$$

dann besteht der negative Teil von $\mathscr{S}(\tilde{L})$ *aus endlich vielen Eigenwerten. Gilt für ein* $\delta > 0$ *für große* x

$$q(x) < -\frac{1+\delta}{4x^2}, \tag{6}$$

dann enthält die negative Halbachse unendlich viele Punkte des Spektrums $\mathscr{S}(\tilde{L})$.

Beweis. Ist (5) für $x \geqq \gamma$ erfüllt, dann gilt für jede finite Funktion $y \in D_{\tilde{L}}$, deren Träger rechts vom Punkt γ gelegen ist,

$$(\tilde{L}y, y) = \int_\gamma^\infty (|y'|^2 + q(x)\,|y|^2)\, dx \geqq \int_\gamma^\infty \left(|y'|^2 - \frac{1}{4x^2}\,|y|^2\right) dx$$

$$= \int_\gamma^\infty \left|y' - \frac{1}{2x}\,y\right|^2 dx \geqq 0\,.$$

Spalten wir den Operator $\tilde{L}$ im Punkt γ auf und benutzen den Satz 1 aus Nr. 107, dann läßt sich der erste Teil des Satzes leicht beweisen.

Zum Beweis des zweiten Teils des Satzes unter der Voraussetzung (6) konstruieren wir eine unendliche Folge finiter Funktionen $y \in D_{\tilde{L}}$ mit paarweise disjunkten Trägern, für die $(\tilde{L}\, y, y) < 0$ gilt. Dieselbe Ungleichung wird dann offensichtlich auch von allen Elementen des unendlich-dimensionalen Teilraumes erfüllt, der von der konstruierten Folge aufgespannt wird. Daraus wird wegen Satz 2 aus Nr. 82 folgen, daß die negative Halbachse unendlich viele Punkte des Spektrums $\mathscr{S}(\tilde{L})$ enthält, wie behauptet wird.

Sei nun die Bedingung (6) für $x \geqq \gamma$ erfüllt und sei $y \in D_{\tilde{L}}$ eine beliebige finite Funktion mit einem rechts von γ gelegenen Träger. Mit

$$x = e^s, \quad \frac{y(x)}{\sqrt{x}} = z(s) \quad \text{und} \quad \alpha = \ln \gamma$$

gilt dann

$$(\tilde{L}\, y, y) \leqq \int_\gamma^\infty \left\{ \left| y' - \frac{1}{2\,x}\, y \right|^2 - \frac{\delta}{4\,x^2}\, |y|^2 \right\} dx = \int_\alpha^\infty \left(|z'|^2 - \frac{1}{4}\,\delta\, |z|^2 \right) ds\,. \tag{7}$$

Daraus ist folgendes zu ersehen: Setzen wir

$$z(s) = \varphi_N\,(s - a)\,,$$

wo

$$\varphi_N(s) = \begin{cases} \sin^2 s & \text{für} \quad 0 \leqq s \leqq \dfrac{\pi}{2}\,, \\ 1 & \text{für} \quad \dfrac{\pi}{2} \leqq s \leqq \dfrac{\pi}{2} + N\,, \\ \sin^2 (s - N) & \text{für} \quad \dfrac{\pi}{2} + N \leqq s \leqq \pi + N\,, \\ 0 & \text{für} \quad s < 0 \quad \text{oder} \quad s > \pi + N \end{cases}$$

und $a > \alpha$ beliebig ist, dann gilt für die entsprechende Funktion $y(x)$ für hinreichend großes N (hängt nicht von a ab) $(\tilde{L}\, y, y) < 0$. Wählen wir ein solches N und setzen wir a nacheinander gleich

$$a_k = \alpha + (N + 2\,\pi)\, k\,, \qquad k = 1, 2, \ldots,$$

dann erhalten wir die Funktionenfolge

$$z_k(s) = \varphi_N\,(s - a_k)\,,$$

der die gesuchte Folge $y_k(x)$ entspricht. Damit ist der Satz bewiesen.

Die Ungleichungen (5) und (6) sind identisch mit den klassischen Bedingungen Knesers dafür, daß die Lösungen der Differentialgleichung

$$y'' - q(x)\, y = 0 \tag{8}$$

oszillieren oder nicht oszillieren. Wir wollen den Ausdruck (1) *oszillatorisch* nennen, wenn eine Lösung der Gleichung (8) unendlich viele Nullstellen auf der Halbachse $x > 0$ besitzt; andernfalls heißt der Ausdruck *nichtoszillatorisch.* Wir erinnern daran, daß sich die Nullstellen zweier beliebiger linear unabhängiger Lösungen der Gleichung (8) gegenseitig einschließen. Hat deshalb eine der Lösungen unendlich viele Nullstellen, so auch jede andere.

Der folgende allgemeine Satz stellt einen Zusammenhang zwischen dem negativen Teil des Spektrums $\mathscr{S}(\tilde{L})$ und der Eigenschaft des Ausdrucks (1) her, oszillatorisch zu sein.

Satz 6. *Der Ausdruck* (1) *ist genau dann oszillatorisch, wenn der negative Teil des Spektrums eine unendliche Menge ist.*

Beweis. Die Lösung $y(x)$ der Gleichung (8) habe unendlich viele Nullstellen $\alpha_1 < \beta_1 < \alpha_2 < \beta_2 < \cdots$, so daß

$$y(\alpha_k) = y(\beta_k) = 0 \qquad (k = 1, 2, \ldots) \tag{9}$$

gilt.

Die Funktion $y(x)$ kann im Intervall (α_k, β_k) als Eigenfunktion der Gleichung $l[y] = \lambda\, y$ bei den Randbedingungen (9) zum Eigenwert $\lambda = 0$ aufgefaßt werden. Aus den Variationsprinzipien folgt, daß die Gleichung $l[y] = \lambda\, y$ bei den Randbedingungen

$$y(\alpha_k) = y(\beta'_k) = 0\,,$$

wo $\beta'_k > \beta_k$ ist, einen negativen Eigenwert λ_k haben muß. Die entsprechende Eigenfunktion bezeichnen wir mit $\varphi_k(x)$, so daß

$$\int\limits_{\alpha_k}^{\beta'_k} l[\varphi_k]\,\overline{\varphi}_k\,dx = \lambda_k \int\limits_{\alpha_k}^{\beta'_k} |\varphi_k|^2\,dx < 0\,,$$

d. h.

$$\int\limits_{\alpha_k}^{\beta'_k} (|\varphi'_k|^2 + q(x)\,|\varphi_k|^2)\,dx < 0\,, \tag{10}$$

gilt.

Wir setzen nun $\varphi_k(x)$ auf die ganze Halbachse $x > 0$ fort, indem wir sie außerhalb (α_k, β'_k) identisch Null setzen, und glätten die Funktion in der Umgebung der Enden α_k, β'_k so, daß die entstehende Funktion $\tilde{\varphi}_k(x)$ zu $D_{\tilde{L}}$ gehört. Die Glättung kann man leicht so durchführen, daß das Intervall $[\alpha_k, \beta'_k]$ als Träger der finiten Funktion $\tilde{\varphi}_k(x)$ und die Ungleichung (10) erhalten bleiben. Die letztere kann man jetzt in der Form

$$(\tilde{L}\,\tilde{\varphi}_k, \tilde{\varphi}_k) < 0 \qquad (k = 1, 2, \ldots)$$

schreiben. Da die Träger der so konstruierten Funktionen paarweise disjunkt sind, gilt auch für jede Funktion $\varphi(x)$ der unendlich-dimensionalen linearen Hülle G der Funktionen $\tilde{\varphi}_k$ $(k = 1, 2, \ldots)$ die Ungleichung $(\tilde{L}\,\varphi, \varphi) < 0$. Daraus folgt wegen Satz 2 aus Nr. 82, daß die Menge der Punkte des negativen Teils des Spektrums von $\tilde{L}$ unendlich ist.

Sei nun umgekehrt die Menge $\mathcal{S}(\tilde{L}) \cap (-\infty, 0)$ unendlich und sei $y(x)$ irgendeine Lösung der Gleichung (8). Dann ist zu zeigen, daß die Funktion $y(x)$ eine Nullstelle besitzt, die größer als N ist, wobei N eine beliebig vorgegebene positive Zahl ist.

Aus der Unendlichkeit der Menge $\mathcal{S}(\tilde{L}) \cap (-\infty, 0)$ können wir nach dem Hilfssatz auf die Unendlichkeit der Menge $\mathcal{S}(\tilde{L}_\gamma) \cap (-\infty, 0)$ für beliebiges γ schließen.

Nach Satz 2 aus Nr. 82 existiert eine unendlich-dimensionale Mannigfaltigkeit von Funktionen $\varphi(x)$ aus $D_{\tilde{L}}$, für die $(\tilde{L}_\gamma \varphi, \varphi) < 0$ gilt. Da $\tilde{L}_\gamma$ eine endlich-dimensionale Erweiterung des Differentialoperators L_γ mit minimalem Definitionsbereich ist, ist auch die Mannigfaltigkeit der Funktionen $\varphi \in D_{L_\gamma}$, für die $(L \varphi, \varphi) < 0$ gilt, unendlich-dimensional (für uns ist nur wichtig, daß sie für jedes $\gamma > 0$ nicht leer ist).

Sei $\varphi(x)$ eine dieser Funktionen. Da der Operator L_γ die Abschließung des Operators $\mathring{L}_\gamma$ ist, der mit L_γ auf den finiten Funktionen aus D_{L_γ} übereinstimmt, gibt es eine finite Funktion $\mathring{\varphi}(x) \in D_{L_\gamma}$, für die ebenfalls

$$(L_\gamma \mathring{\varphi}, \mathring{\varphi}) < 0 \tag{11}$$

gilt.

$\mathring{\varphi}(x)$ sei außerhalb des Intervalls (a, b) gleich Null. Dann folgt aus Ungleichung (11), daß der reguläre Differentialoperator, der durch den Ausdruck (1) mit den Randbedingungen $y(a) = y(b) = 0$ erzeugt wird, wenigstens einen negativen Eigenwert λ besitzt. Bei stetiger Verkleinerung von b ändert sich dieser Eigenwert $\lambda = \lambda(b)$ stetig und wächst für $b \to a$ unbeschränkt. Es existiert deshalb ein Wert b^* $(a < b^* < b)$, für den $\lambda(b^*) = 0$ gilt. Die entsprechende Eigenfunktion $\varphi^*(x)$ erfüllt die Gleichung (11) und die Bedingungen

$$\varphi^*(a) = \varphi^*(b) = 0 .$$

Dann muß aber jede Lösung $y(x)$ eine Nullstelle im Intervall $[a, b]$ haben. Da wir $\gamma > N$ und $a \geqq \gamma$ wählen können, ist der Satz bewiesen.

Von anderen Kriterien für die Eigenschaft des Oszillierens oder Nichtoszillierens erwähnen wir den folgenden Satz, bei dem vorausgesetzt wird, daß $q(x)$ für große x nicht positiv ist.

Gilt

$$\limsup_{x \to \infty} x \int_x^\infty |q(t)|\, dt < \frac{1}{4},$$

dann ist der Ausdruck (1) nichtoszillatorisch. Wenn hingegen

$$\limsup_{x \to \infty} x \int_x^\infty |q(t)|\, dt > 1$$

gilt, dann ist er oszillatorisch.

Wir befassen uns nun mit Kriterien für die Halbbeschränktheit und die Diskretheit des gesamten Spektrums $\mathcal{S}(\tilde{L})$.

Satz 7. *Gilt* $\lim\limits_{x\to\infty} q(x) = +\infty$, *dann ist das Spektrum des Operators* $\tilde{L}$ *nach unten beschränkt und diskret.*

Beweis. Daß der Operator $\tilde{L}$ und folglich auch sein Spektrum nach unten beschränkt sind, ist offensichtlich. Zum Beweis der Diskretheit von $\mathcal{S}(\tilde{L})$ wählen wir bei gegebenem $N > 0$ den Aufspaltungspunkt γ so, daß für $x \geqq \gamma$ $q(x) > N$ gilt. Dann ist für jede finite Funktion $y \in D_{\tilde{L}_\gamma}$

$$(\tilde{L}_\gamma y, y) = \int\limits_\gamma^\infty \left(|y'|^2 + q(x)\, |x|^2\right) dx > N \int\limits_\gamma^\infty |y|^2\, dx\,,$$

so daß der Durchschnitt $\mathcal{E}(\tilde{L}_\gamma) \cap (-\infty, N)$ und damit auch der Durchschnitt $\mathcal{E}(\tilde{L}) \cap (-\infty, N)$ leer ist. Daraus folgt wegen der Willkür von N, daß die Menge $\mathcal{E}(\tilde{L})$ leer ist.

Ein allgemeineres Kriterium, das von A. M. Moltschanow stammt, besagt folgendes: Ist das Potential $q(x)$ nach unten beschränkt, dann ist das Spektrum des Operators L genau dann diskret, wenn der Mittelwert des Potentials für ein beliebiges endliches Intervall gegen Unendlich strebt, d. h., wenn für jedes $\omega > 0$

$$\lim_{x\to\infty} \int\limits_x^{x+\omega} q(t)\, dt = +\infty$$

gilt.

Wenn ein endlicher Grenzwert $\lim\limits_{x\to\infty} q(x) = q_\infty$ existiert, d. h., wenn die Schwankung des Potentials im Unendlichen,

$$\omega = \limsup_{x\to\infty} q(x) - \liminf_{x\to\infty} q(x)\,,$$

verschwindet, dann besteht in Übereinstimmung mit Satz 3 das kontinuierliche Spektrum des Operators $\tilde{L}$ aus der Halbachse $[q_\infty, \infty)$. In diesem Zusammenhang entsteht die Frage, welchen Einfluß eine endliche Schwankung $\omega \neq 0$ des Potentials auf das kontinuierliche Spektrum hat. Man muß erwarten, daß dieser Einfluß durch die Größe von ω bestimmt wird. In der Tat gilt der folgende

Satz 8. *Die Länge der Lücken im kontinuierlichen Spektrum des Operators* $\tilde{L}$ *ist nicht größer als* ω.

Beweis. Wir setzen

$$\sigma = \liminf_{x\to\infty} q(x)\,, \qquad \varrho = \limsup_{x\to\infty} q(x)$$

und betrachten den Ausdruck

$$l[y] = -y'' + Q(x)\, y \tag{12}$$

mit dem Potential

$$Q(x) = q(x) - \frac{1}{2}(\sigma + \varrho)\,.$$

Es ist dann

$$\limsup_{x\to\infty} |Q(x)| = \mathcal{M}$$

mit $\mathcal{M} = \frac{\omega}{2} = \frac{1}{2}(\varrho - \sigma)$. Nun genügt es zu zeigen, daß die Länge der Lücken im kontinuierlichen Spektrum des Operators $\tilde{L}$, der durch den Ausdruck (12) erzeugt wird, nicht größer als $2\mathcal{M}$ ist.

Offensichtlich gibt es links vom Punkt $-\mathcal{M}$ keine Punkte des kontinuierlichen Spektrums von $\tilde{L}$. Sei jetzt $\lambda_0 > 0$ und $\delta > \mathcal{M}$, und das Intervall $(\lambda_0 - \delta, \lambda_0 + \delta)$ enthalte keine Punkte aus $\mathcal{C}(\tilde{L})$. Wir zeigen, daß diese Annahme zu einem Widerspruch führt.

Wegen $\mathcal{C}(\tilde{L}) = \mathcal{C}(\tilde{L}_\gamma)$ muß nach Annahme für ein beliebiges γ der Durchschnitt $\mathcal{C}(\tilde{L}_\gamma) \cap (\lambda_0 - \delta, \lambda_0 + \delta)$ leer sein. Wählen wir jetzt den Aufspaltungspunkt γ so, daß für $x > \gamma$ die Relation $|Q(x)| \leqq \delta_0 < \delta$ gilt, dann können wir unter Benutzung des Hilfssatzes 2 aus Nr. 94 schließen, daß der Punkt λ_0 nicht zum kontinuierlichen Spektrum des Differentialoperators 2. Ordnung $\mathcal{P}^2$ in $L^2(\gamma, \infty)$ gehört. Das ist ein Widerspruch, da das letztgenannte Spektrum die ganze Halbachse $\lambda \geqq 0$ überdeckt.

Bei einigen zusätzlichen Einschränkungen läßt sich Satz 8 noch wesentlich verschärfen. Ist z. B. die Funktion $q(x)$ beschränkt und gleichmäßig stetig auf der Halbachse $x > 0$, dann geht die Länge der Lücken in $\mathcal{C}(L)$, die rechts vom Punkt λ liegen, nach dem Satz von Hartman-Putnam gegen Null. Das gleiche gilt für beliebige lokal summierbare periodische Potentiale.

Die Störung eines Potentials, das im Unendlichen eine endliche Schwankung besitzt, durch einen Summanden $\eta(x)$, der für $x \to \infty$ gegen Null geht, läßt $\mathcal{C}(\tilde{L})$ unverändert; er kann aber ein diskretes Spektrum in den Lücken des kontinuierlichen Spektrums $\mathcal{C}(\tilde{L})$ erzeugen. Die Anzahl der Punkte des auf diese Weise erzeugten diskreten Spektrums kann endlich oder unendlich sein. Die Frage, welcher dieser beiden Fälle eintritt, erinnert an das Problem, Bedingungen für die Eigenschaften des Oszillierens und Nichtoszillierens zu finden. In Wirklichkeit ist diese Frage jedoch wesentlich schwieriger und bis heute noch nicht untersucht.

Das einzige hierher gehörende Ergebnis ist der Satz von Rofe-Beketow[1]) über den Schrödingerschen Operator L mit periodischem Potential $q(x)$. Dieser Satz lautet: Falls

$$\int_0^\infty x\,|\eta(x)|\,dx < \infty$$

gilt, dann ist das durch die Störung $\eta(x)$ in jeder Lücke des Spektrums $\mathcal{C}(\tilde{L})$ erzeugte diskrete Spektrum endlich (dabei enthalten hinreichend entfernte Lücken nicht mehr als einen Eigenwert).

[1]) F. S. Rofe-Beketow [2].

132. Beispiele. I. Die trigonometrischen Funktionen.

Differentialausdruck:

$$l = -\frac{d^2}{dt^2} \qquad (0 \leqq t < \infty) .$$

Der Defektindex des Operators L ist (1, 1),

$$y'(0) = \theta\, y(0)$$

die Randbedingung, die eine selbstadjungierte Erweiterung des Operators charakterisiert.

Fundamentalsystem:

$$u(t;\lambda) = \cos(\sqrt{\lambda}\, t) + \frac{\theta}{\sqrt{\lambda}} \sin(\sqrt{\lambda}\, t) ,$$

$$v(t;\lambda) = -\frac{1}{\sqrt{\lambda}} \sin(\sqrt{\lambda}\, t) .$$

Bestimmung der Funktion $m(z)$ ($\Im z > 0$):

$$\begin{aligned} v(t;z) + m(z)\, u(t;z) &= m(z) \left\{ \cos(\sqrt{z}\, t) + \frac{\theta}{\sqrt{z}} \sin(\sqrt{z}\, t) \right\} - \frac{1}{\sqrt{z}} \sin(\sqrt{z}\, t) \\ &= \left\{ m(z) \left[\frac{1}{2} - \frac{\theta}{2\, i \sqrt{z}} \right] + \frac{1}{2\, i \sqrt{z}} \right\} e^{-i\sqrt{z}\, t} \\ &\quad + \left\{ m(z) \left[\frac{1}{2} + \frac{\theta}{2\, i \sqrt{z}} \right] - \frac{1}{2\, i \sqrt{z}} \right\} e^{i\sqrt{z}\, t} \; ; \end{aligned}$$

$v(t;z) + m(z)\, u(t;z)$ soll zu $\mathrm{L}^2(0, \infty)$ gehören; dies erfordert

$$m(z) \left[\frac{1}{2} - \frac{\theta}{2\, i \sqrt{z}} \right] + \frac{1}{2\, i \sqrt{z}} = 0 ,$$

hieraus folgt

$$m(z) = \frac{1}{\theta - i\sqrt{z}} .$$

Bestimmung von $\sigma(\lambda)$:

$$\sigma(\lambda) = \mathrm{const} + \lim_{y \to 0} \frac{1}{\pi} \int_0^\lambda \Im \frac{1}{\theta - i\sqrt{x + i\, y}}\, dx \; ;$$

für $\theta \geqq 0$

$$\sigma'(\lambda) = \frac{\sqrt{\lambda}}{\pi(\lambda + \theta^2)} \qquad (\lambda \geqq 0) ,$$

$$\sigma(\lambda) = 0 \qquad (\lambda < 0) ,$$

für $\theta < 0$

$$\sigma'(\lambda) = \frac{\sqrt{\lambda}}{\pi(\lambda + \theta^2)} \qquad (\lambda \geqq 0)$$

und im Punkt

$$\lambda_0 = -\theta^2$$

ein Sprung

$$\sigma(\lambda_0 + 0) - \sigma(\lambda_0) = -2\theta .$$

Umkehrformeln:

a) $\theta \geqq 0$

$$\Phi(\lambda) = \int_0^\infty f(t) \left\{ \cos(\sqrt{\lambda}\, t) + \frac{\theta}{\sqrt{\lambda}} \sin(\sqrt{\lambda}\, t) \right\} dt \qquad (\lambda \geqq 0),$$

$$f(t) = \frac{1}{\pi} \int_0^\infty \Phi(\lambda) \left\{ \cos(\sqrt{\lambda}\, t) + \frac{\theta}{\sqrt{\lambda}} \sin(\sqrt{\lambda}\, t) \right\} \frac{\sqrt{\lambda}}{\lambda + \theta^2}\, d\lambda .$$

b) $\theta < 0$

$$\Phi(\lambda) = \begin{cases} \displaystyle\int_0^\infty f(t) \left\{ \cos(\sqrt{\lambda}\, t) + \frac{\theta}{\sqrt{\lambda}} \sin(\sqrt{\lambda}\, t) \right\} dt & (\lambda \geqq 0), \\ \displaystyle\int_0^\infty f(t)\, e^{\theta t}\, dt & (\lambda = -\theta^2), \\ 0 & (\lambda \neq -\theta^2, \lambda < 0), \end{cases}$$

$$f(t) = -2\theta\, \Phi(-\theta^2)\, e^{\theta t} + \frac{1}{\pi} \int_0^\infty \Phi(\lambda) \left\{ \cos(\sqrt{\lambda}\, t) + \frac{\theta}{\sqrt{\lambda}} \sin(\sqrt{\lambda}\, t) \right\} \frac{\sqrt{\lambda}}{\lambda + \theta^2}\, d\lambda .$$

Ist die Randbedingung von der Form

$$y(0) = 0,$$

so erhält man die Umkehrformel durch den Grenzübergang $\theta \to \infty$:

$$\Phi(\lambda) = \int_0^\infty f(t) \frac{\sin(\sqrt{\lambda}\, t)}{\sqrt{\lambda}}\, dt,$$

$$f(t) = \frac{1}{\pi} \int_0^\infty \Phi(\lambda) \sin(\sqrt{\lambda}\, t)\, d\lambda .$$

Wie für $\theta = 0$ erhalten wir in diesem Falle die gewöhnliche Fourier-Plancherel-Transformation für die Halbachse.

II. Die Legendreschen Funktionen. Differentialausdruck:

$$l = -\frac{d}{dt}(1 - t^2)\frac{d}{dt} \qquad (-1 < t < 1).$$

Beide Endpunkte des Intervalls sind singulär.

Ein orthonormiertes System von Lösungen der Gleichung

$$(L^* - \lambda I)\, u = 0$$

ist für nicht reelles λ von der Form

$$\begin{aligned} u_1(t;\lambda) &= A_\mu \{P_\mu(t) + P_\mu(-t)\} \\ u_2(t;\lambda) &= B_\mu \{P_\mu(t) - P_\mu(-t)\} \end{aligned} \qquad (A_\mu, B_\mu > 0)\,.$$

μ ist dabei eine Wurzel der Gleichung

$$\mu(\mu + 1) = \lambda\,,$$

$P_\mu(t)$ eine LEGENDREsche Funktion erster Art, die durch die folgende Reihe definiert werden kann[1]):

$$P_\mu(t)$$
$$= 1 + \sum_{k=1}^{\infty} \frac{(\mu+1)(\mu+2)\ldots(\mu+k)(-\mu)(-\mu+1)\ldots(-\mu+k-1)}{k!^2}\left(\frac{1}{2} - \frac{t}{2}\right)^k.$$

Sie konvergiert im Kreisgebiet $|t - 1| < 2$. Diese Reihe ist die hypergeometrische Funktion

$$F\left(\mu + 1, -\mu, 1; \frac{1-t}{2}\right).$$

Ebenso gilt

$$P'_\mu(t) = \frac{\mu(\mu+1)}{2} F\left(\mu + 2, -\mu + 1, 2; \frac{1-t}{2}\right).$$

Daher strebt für $t \to -1 + 0$

$$\frac{P_\mu(t)}{\ln \dfrac{1-t}{1+t}} \to -\frac{\sin \pi\mu}{\pi}\,,$$

$$(1 - t^2)\, P'_\mu(t) \to \frac{2 \sin \pi \mu}{\pi}\,.$$

Hieraus folgt, daß beide Lösungen zu $L^2(-1, 1)$ gehören, d. h., daß der Defektindex des Operators L gleich (2, 2) ist.

Setzen wir

$$\omega^*(t) = \omega(t) - \frac{1}{2}\,\omega^{[1]}(t) \ln \frac{1+t}{1-t}\,,$$

wobei die Quasiableitung $\omega^{[1]}(t)$ gleich

$$(1 - t^2)\,\omega'(t)$$

ist, so können wir die LAGRANGEsche Bilinearform in der Form

$$[\varphi, \psi]_t = \varphi^{[1]}(t)\,\overline{\psi^*(t)} - \varphi^*(t)\,\overline{\psi^{[1]}(t)}$$

schreiben.

---

[1]) E. T. WHITTAKER und N. G. WATSON [1].

Zu jeder Funktion $\varphi(t) \in \mathrm{D}_{L^*}$ existieren auch die Grenzwerte

$$\lim_{t\to\pm1} \varphi^{[1]}(t)\,, \qquad \lim_{t\to\pm1} \varphi^*(t)$$

und sind endlich.

Die Mannigfaltigkeit D_L ist die Gesamtheit aller Funktionen $\varphi(t) \in \mathrm{D}_{L^*}$, für die diese vier Grenzwerte gleich Null sind.

Dies folgt daraus, daß für jede Funktion $f(t) \in \mathrm{L}^2(-1, 1)$ das allgemeine Integral der Gleichung

$$l[y] = f(t)$$

von der Form

$$y(t) = \left\{C_1 + \frac{1}{2}\int_{-1}^{t} f(s)\ln\frac{1+s}{1-s}\,ds\right\} + \left\{C_2 - \frac{1}{2}\int_{-1}^{t} f(s)\,ds\right\}\ln\frac{1+t}{1-t}$$

ist.

Um eine selbstadjungierte Erweiterung des Operators L zu erhalten, muß man nach der allgemeinen Theorie irgendein λ aus der oberen Halbebene festhalten (wir wählen $\lambda = \mu(\mu + 1)$, mit rein imaginärem μ) und nach Wahl einer unitären Matrix $(\vartheta_{ik})_{i,k=1}^2$

$$w_1(t;\lambda) = u_1(t;\lambda) + \vartheta_{11}\,\overline{u_1(t;\lambda)} + \vartheta_{12}\,\overline{u_2(t;\lambda)}\,,$$
$$w_2(t;\lambda) = u_2(t;\lambda) + \vartheta_{21}\,\overline{u_1(t;\lambda)} + \vartheta_{22}\,\overline{u_2(t;\lambda)}$$

setzen. Danach findet man die Werte

$$w_k^{[1]}(\pm 1;\lambda)\,, \quad w_k^*(\pm 1;\lambda) \qquad (k = 1, 2)$$

und kann mit ihrer Hilfe die Randbedingungen

$$[\varphi, w_k]_{-1}^1 = 0 \qquad (k = 1, 2)$$

aufstellen, die im Bereich D_{L^*} den Bereich D_{L_ϑ} auszeichnen.

Unter Benutzung der angeführten Formeln kann man leicht die folgende Tabelle aufstellen:

$$w_1^{[1]}(\pm 1) = \frac{2\sin\pi\mu}{\pi}\{\mp A_\mu(1-\vartheta_{11}) - B_\mu\,\vartheta_{12}\}\,,$$

$$w_2^{[1]}(\pm 1) = \frac{2\sin\pi\mu}{\pi}\{\pm A_\mu\,\vartheta_{21} + B_\mu(1-\vartheta_{22})\}\,,$$

$$w_1^*(\pm 1) = A_\mu\{[1+\gamma(\mu)] + \vartheta_{11}[1+\overline{\gamma(\mu)}]\} \pm \vartheta_{12}B_\mu[1-\overline{\gamma(\mu)}]\,,$$
$$w_2^*(\pm 1) = \vartheta_{21}A_\mu[1+\overline{\gamma(\mu)}] \pm B_\mu\{[1-\gamma(\mu)] + \vartheta_{22}[1-\overline{\gamma(\mu)}]\}\,.$$

Wir halten uns nicht mit der Berechnung der Größen $\gamma(\mu)$ auf, im weiteren wird jedoch ersichtlich, daß $\gamma(\mu) \neq \pm 1$ ist.

Die wichtigste und einfachste selbstadjungierte Erweiterung erhalten wir, wenn wir

$$\vartheta_{11} = \vartheta_{22} = 1\,, \quad \vartheta_{12} = \vartheta_{21} = 0$$

setzen. Dann ist

$$w_1^{[1]}(\pm 1) = 0\,, \quad w_2^{[1]}(\pm 1) = 0$$

und

$$w_1^*(\pm 1) = A_\mu\,[2 + \gamma(\mu) + \overline{\gamma(\mu)}]\,,$$
$$w_2^*(\pm 1) = \pm\, B_\mu\,[2 - \gamma(\mu) - \overline{\gamma(\mu)}]\,.$$

Da weder $w_1(t)$ noch $w_2(t)$ zu D_L gehören, sind die letzten Ausdrücke von Null verschieden, und damit ist $\gamma(\mu) \neq \pm 1$.

Die diese Erweiterung charakterisierenden Randbedingungen sind

$$\varphi^{[1]}(1) = \varphi^{[1]}(-1) = 0\,. \tag{1}$$

Man kann sie auch in anderer Form schreiben. Erstens sind sie mit der Bedingung

$$\varphi^{[1]}(t) \in \mathrm{L}^2(-1, 1)\,, \tag{2}$$

zweitens mit der folgenden Forderung äquivalent:

$$\varphi(t) \text{ strebt für } t \to \pm 1 \text{ gegen endliche Grenzwerte}\,. \tag{3}$$

Wir wollen die Äquivalenz dieser Bedingungen beweisen. Dabei genügt es, reelle Funktionen zu betrachten.

In diesem Falle besteht die Identität

$$-\int_\alpha^\beta \varphi(t)\,[(1 - t^2)\,\varphi'(t)]'\,dt$$
$$= -(1 - t^2)\,\varphi'(t)\,\varphi(t)|_\alpha^\beta + \int_\alpha^\beta (1 - t^2)\,\varphi'^2(t)\,dt \quad (-1 < \alpha < \beta < 1)\,, \tag{4}$$

deren linke Seite für $\alpha \to -1$, $\beta \to 1$ einen endlichen Grenzwert hat, wie auch immer die Funktion $\varphi(t) \in \mathrm{D}_{L^*}$ gewählt sein mag. Andererseits besteht die Gleichung

$$\varphi^{[1]}(t) = \varphi^{[1]}(-1) - \int_{-1}^t l[\varphi(s)]\,ds = \varphi^{[1]}(1) + \int_1^t l[\varphi(s)]\,ds\,.$$

Wenn daher die Bedingung (1) erfüllt ist, so gilt die Ungleichung

$$|\varphi^{[1]}(t)| \leqq \sqrt{1 \pm t}\,||L^*\varphi||$$

und damit die Beziehung

$$\lim_{t \to \pm 1} \varphi^{[1]}(t)\,\ln\frac{1 + t}{1 - t} = 0\,.$$

Hieraus ergibt sich, daß $\varphi(t)$ für $t \to \pm 1$ gegen endliche Grenzwerte strebt, d. h., daß die Bedingung (3) erfüllt ist. Aus der Identität (4) folgt außerdem die Existenz des Integrals[1])

$$I(\varphi) = \int_{-1}^1 (1 - t^2)\,\varphi'^2(t)\,dt\,, \tag{5}$$

---

[1]) Wir bemerken, daß die Gleichung $l[\varphi] = 0$ mit der EULERschen Gleichung für das Integral $I(\varphi)$ zusammenfällt. Im Zusammenhang damit s. FRIEDRICHS [2].

d. h. die Bedingung (2). Somit haben wir (1) → (3) und (1) → (2) erhalten, und es bleibt noch zu zeigen, daß auch (2) → (1) gilt. Existiert aber das Integral (5), so kann $\varphi^{[1[}(1)$ nicht von Null verschieden sein. Sonst würde nämlich aus der Endlichkeit von $\varphi^*(1)$ folgen, daß $\varphi(t)$ für $t \to 1$ keinen endlichen Grenzwert besitzt. Dies würde jedoch der Identität (4) widersprechen.

Die durch eine der Bedingungen (1), (2) oder (3) allein charakterisierte selbstadjungierte Erweiterung führt zu der klassischen Entwicklung nach LEGENDREschen Polynomen. Da die Randbedingungen (1) zerfallen, ist das Spektrum der Erweiterung einfach. Dieses Spektrum ist ein reines Punktspektrum, der inverse Operator ist vollstetig. Die LEGENDREschen Polynome

$$P_n(t) = \frac{1}{2^n\, n!} \frac{d^n (t^2 - 1)^n}{dt^n} \qquad (n = 0, 1, 2, \ldots)$$

genügen der Gleichung

$$-\frac{d}{dt}(1 - t^2)\frac{du}{dt} - n(n+1)\,u = 0$$

und außerdem der Bedingung (3). Da die Gesamtheit aller Polynome $P_n(t)$ ein vollständiges Orthogonalsystem in $L^2(-1, 1)$ bildet, so besteht das Spektrum der betrachteten Erweiterung aus den Punkten

$$n(n+1) \qquad (n = 0, 1, 2, \ldots),$$

und die diesem Falle entsprechenden Umkehrformeln ergeben sich aus der Reihenentwicklung nach LEGENDREschen Polynomen.

III. Die Funktionen von TSCHEBYSCHEW-HERMITE hängen mit dem Differentialausdruck

$$l = -\frac{d^2}{dt^2} + t^2 \qquad (-\infty < t < \infty) \tag{6}$$

zusammen, der u. a. in der Theorie des sog. linearen Oszillators in der Quantenmechanik eine große Bedeutung hat.

Der Operator L, der durch den Ausdruck (6) erzeugt wird, ist nach Satz 5 aus Nr. 128 selbstadjungiert. Man überzeugt sich leicht davon, daß für

$$\lambda = 2n + 1 \qquad (n = 0, 1, 2, \ldots)$$

die Folge der Funktionen von TSCHEBYSCHEW-HERMITE (s. Nr. 12), die in $L^2(-\infty, \infty)$ ein vollständiges System bilden, der Gleichung

$$-u'' + (t^2 - \lambda)\,u = 0$$

genügen.

Der Operator L hat daher nur ein Punktspektrum mit dem einzigen Häufungspunkt im Unendlichen. Die Umkehrformeln des Operators L führen daher zur Entwicklung nach den Funktionen von TSCHEBYSCHEW-HERMITE.

Das betrachtete Beispiel ist in gewisser Hinsicht lehrreich. Es zeigt, daß die Eigenschaft der Resolvente, ein vollstetiger Operator zu sein, die auf Grund des Satzes 2 aus Nr. 128 im quasi-regulären Falle stets gilt, auch in anderen Fällen (sogar, wie in unserem Beispiel, im Falle des minimalen Defektindexes) bestehen kann.

IV. Die Besselschen Funktionen. Unter den verschiedenen Differentialausdrücken, die auf Besselsche Funktionen führen, ist der wichtigste von der Form

$$l = -\frac{d^2}{dt^2} + \frac{\nu^2 - \frac{1}{4}}{t^2}. \tag{7}$$

Diesen Ausdruck betrachten wir für Parameterwerte $\nu \geqq 0$. Je nach Wahl des Intervalles untersuchen wir die folgenden drei Fälle:

α) $0 < t \leqq 1$ ein singulärer Endpunkt,

β) $1 \leqq t < \infty$ ein singulärer Endpunkt,

γ) $0 < t < \infty$ zwei singuläre Endpunkte.

Das allgemeine Integral der Gleichung

$$l[u] - \lambda u = 0 \tag{8}$$

ist für $\lambda \neq 0$ von der Form

$$u(t;\lambda) = A\, t^{1/2} J_\nu(t\sqrt{\lambda}) + B\, t^{1/2} Y_\nu(t\sqrt{\lambda}). \tag{9}$$

A, B sind dabei willkürliche Konstanten, $J_\nu(z)$, $Y_\nu(z)$ die Besselschen Funktionen erster bzw. zweiter Art, die durch die Formeln

$$J_\nu(z) = \sum_{k=0}^{\infty} \frac{(-1)^k \left(\frac{z}{2}\right)^{\nu+2k}}{k!\,\Gamma(\nu+k+1)},$$

$$Y_\nu(z) = \frac{J_\nu(z)\cos\pi\nu - J_{-\nu}(z)}{\sin\pi\nu}$$

definiert sind. Wir setzen voraus, daß $\Im\lambda > 0$ und $t > 0$ ist. Dann genügt die Größe $z = t\sqrt{\lambda}$ der Ungleichung

$$0 < \arg z < \frac{\pi}{2}.$$

Für $|\arg z| < \pi - \varepsilon$ und $|z| \to \infty$ gelten jedoch die asymptotischen Formeln

$$J_\nu(z) + i\,Y_\nu(z) = H_\nu^{(1)}(z) \sim \sqrt{\frac{2}{\pi z}}\, e^{i\left(z - \frac{\pi\nu}{2} - \frac{\pi}{4}\right)},$$

$$J_\nu(z) - i\,Y_\nu(z) = H_\nu^{(2)}(z) \sim \sqrt{\frac{2}{\pi z}}\, e^{-i\left(z - \frac{\pi\nu}{2} - \frac{\pi}{4}\right)},$$

Setzen wir diese Formeln in (9) ein, so finden wir, daß die Gleichung (8) nicht mehr als eine zu $L^2(1, \infty)$ gehörige Lösung besitzt. Eine solche Lösung muß jedoch unbedingt existieren. Folglich ist diese Lösung die Funktion

$$u_1(t; \lambda) = A\, H_\nu^{(1)}(t\sqrt{\lambda})\,.$$

Der Defektindex des Operators L ist somit im Falle β) gleich (1, 1).

Wir wollen nun den Defektindex des Operators L für den Fall α) bestimmen. Da für $z \to 0$

$$z^{1/2} J_\nu(z) \sim \frac{z^{\nu+\frac{1}{2}}}{2^\nu\, \Gamma(\nu+1)}$$

ist, andererseits jedoch $z^{1/2}\, Y_\nu(z)$ für $\nu \geqq 1$ nicht zu $L^2(0, 1)$, wohl aber für $0 \leqq \nu < 1$ zu $L^2(0, 1)$ gehört, so ist im Falle α) der Defektindex von L gleich

$$(2, 2) \quad \text{für} \quad 0 \leqq \nu < 1\,,$$

$$(1, 1) \quad \text{für} \quad \nu \geqq 1\,.$$

Daher ist im Falle γ) der Defektindex von L gleich

$$(1, 1) \quad \text{für} \quad 0 \leqq \nu < 1\,,$$

$$(0, 0) \quad \text{für} \quad \nu \geqq 1\,.$$

In jedem der aufgezählten Fälle erzeugt der Differentialausdruck (7) gewisse Umkehrformeln.

Ein einziges Paar von Formeln erhalten wir für das Intervall $(0, \infty)$ für $\nu \geqq 1$. Es ist von der Form

$$\left.\begin{aligned} g(\lambda) &= \int_0^\infty \sqrt{\lambda t}\, J_\nu(\lambda t)\, f(t)\, dt\,, \\ f(t) &= \int_0^\infty \sqrt{\lambda t}\, J_\nu(\lambda t)\, g(\lambda)\, d\lambda\,. \end{aligned}\right\} \tag{10}$$

Wir haben hier einen Operator in $L^2(0, \infty)$ vor uns, der nicht nur unitär, sondern auch selbstadjungiert ist. Er heißt HANKEL-*Transformation*. Man überzeugt sich am einfachsten unmittelbar von der Richtigkeit der Umkehrformeln (10), indem man eines der bei der Bildung der Umkehrformeln von FOURIER-PLANCHEREL angeführten Verfahren anwendet. Es zeigt sich dabei, daß die Formeln (10) auch für $\nu \geqq 0$ richtig sind, jedoch sind sie für $0 \leqq \nu < 1$ nicht mehr die einzigen durch den Ausdruck (7) erzeugten Umkehrformeln auf der Halbachse.[1])

Wir betrachten nun den Fall des Intervalls (0, 1] für $\nu \geqq 1$ und nehmen als Randbedingung im regulären Endpunkt die Gleichung

$$\varphi(1) = 0\,.$$

[1]) Die Formeln (10) gelten auch für $\nu \geqq -\frac{1}{2}$. Siehe N. I. ACHIESER [2], S. 135.

Folglich können wir

$$u(t;\lambda) = \frac{\pi}{2}\sqrt{t}\,\{J_\nu(t\sqrt{\lambda})\,Y_\nu(\sqrt{\lambda}) - Y_\nu(t\sqrt{\lambda})\,J_\nu(\sqrt{\lambda})\}$$

setzen. Ferner sei

$$v(t;\lambda) = \frac{\pi}{2}\sqrt{t\lambda}\,\{J_\nu(t\sqrt{\lambda})\,Y'_\nu(\sqrt{\lambda}) - Y_\nu(t\sqrt{\lambda})\,J'_\nu(\sqrt{\lambda})\}\,.$$

Dann ist

$$K(t,s;z) = \begin{cases} u(t;z)\,[v(s;z) + m(z)\,u(s;z)] & (t \leqq s)\,,\\ u(s;z)\,[v(t;z) + m(z)\,u(t;z)] & (t > s)\,. \end{cases}$$

Die Funktion $m(z)$ findet man mit Hilfe der Bedingung, daß die Lösung

$$v(t;z) + m(z)\,u(t;z)$$

zum Raum $L^2(0, 1)$ gehört. Dies bedeutet, daß die Funktion

$$\frac{\pi}{2}\sqrt{t}\,\{J_\nu(t\sqrt{z})\,[\sqrt{z}\,Y'_\nu(\sqrt{z}) + m(z)\,Y_\nu(\sqrt{z})]\}$$

$$-\frac{\pi}{2}\sqrt{t}\,\{Y_\nu(t\sqrt{z})\,[\sqrt{z}\,J'_\nu(\sqrt{z}) + m(z)\,J_\nu(\sqrt{z})]\}$$

sich auf das erste Glied reduzieren muß. Somit ist

$$m(z) = -\sqrt{z}\,\frac{J'_\nu(\sqrt{z})}{J_\nu(\sqrt{z})}\,.$$

Diese Funktion läßt sich in der Form

$$m(z) = -2\sum_{n=1}^{\infty}\frac{\lambda_n}{z-\lambda_n}$$

darstellen. Dabei sind λ_n die von Null verschiedenen Wurzeln der Funktion $J_\nu(\sqrt{z})$. Hieraus ergibt sich, daß $\sigma(\lambda)$ eine stückweise konstante Funktion ist, und die Folge $\lambda_1, \lambda_2, \lambda_3, \ldots$ das Spektrum bildet. Die Eigenfunktionen sind

$$u_n(t) = u(t;\lambda_n) = \frac{\pi}{2}\sqrt{t}\,Y_\nu(\sqrt{\lambda_n})\,J_\nu(t\sqrt{\lambda_n}) = -\frac{\sqrt{t}\,J_\nu(t\sqrt{\lambda_n})}{\sqrt{\lambda_n}\,J'_\nu(\sqrt{\lambda_n})}\,.$$

Die Umkehrformeln führen auf die Entwicklungsformel

$$f(t) = \sum_{n=1}^{\infty}\frac{2\sqrt{t}\,J_\nu(t\sqrt{\lambda_n})}{J'^2_\nu(\sqrt{\lambda_n})}\int_0^1\sqrt{s}\,J_\nu(s\sqrt{\lambda_n})\,f(s)\,ds\,,$$

die unter dem Namen Fourier-Bessel*sche Formel* bekannt ist.

Hätten wir am regulären Endpunkt die allgemeine Bedingung

$$\varphi'(1) = -\theta\,\varphi(1)$$

genommen, so wären wir zu den sog. Fourier-Dini*schen Reihen* gekommen.

Wir gehen nicht auf den Fall des Intervalls (0, 1) für $0 \leqq \nu < 1$ ein, sondern bemerken nur, daß sich auf diesen Fall das Verfahren übertragen läßt, das wir bei der Betrachtung des LEGENDRE-Differentialausdruckes benutzen.

Ebenso überlassen wir dem Leser die Untersuchung des Falles, daß das Intervall gleich $(1, \infty)$ und der Defektindex gleich (1, 1) ist. Gilt am regulären Endpunkt die Bedingung

$$\varphi(1) = 0\,,$$

so finden wir nach einer Anwendung des mehrfach benutzten Verfahrens die Gleichung

$$m(z) = -\sqrt{z}\,\frac{J'_\nu(\sqrt{z}) + i\,Y'_\nu(\sqrt{z})}{J_\nu(\sqrt{z}) + i\,Y_\nu(\sqrt{z})}$$

und erhalten die WEBER*schen Umkehrformeln*

$$\Phi(\lambda) = \int_1^\infty \sqrt{t}\,\{J_\nu(t\sqrt{\lambda})\,Y_\nu(\sqrt{\lambda}) - Y_\nu(t\sqrt{\lambda})\,J_\nu(\sqrt{\lambda})\}\,f(t)\,dt\,,$$

$$f(t) = \int_0^\infty \sqrt{t}\,\frac{J_\nu(t\sqrt{\lambda})\,Y_\nu(\sqrt{\lambda}) - Y_\nu(t\sqrt{\lambda})\,J_\nu(\sqrt{\lambda})}{2\,\{J_\nu^2(\sqrt{\lambda}) + Y_\nu^2(\sqrt{\lambda})\}}\,\Phi(\lambda)\,d\lambda\,.$$

LITERATURVERZEICHNIS

Grundlegende Arbeiten und Lehrbücher

HILBERT, D.,
[1] Grundzüge einer allgemeinen Theorie der linearen Integralgleichungen. Leipzig 1912.
[2] Wesen und Ziele einer Analysis der unendlich vielen unabhängigen Variablen. Rend. Circ. Math. Palermo **27** (1909) 59–74.

STONE, M. H.,
[1] Linear transformations in Hilbert space. New York 1932.

Sz.-NAGY, B.,
[1] Spektraldarstellung linearer Transformationen des Hilbertschen Raumes. Erg. d. Math. Berlin 1942.

Ergänzende Literatur

ACHIESER N. I. – Ахиезер, Н. И.,
[1] К теории максимальных симметрических операторов в гильбертовом пространстве. Учёные записки Харьковского авиационного института. (Zur Theorie der maximalen symmetrischen Operatoren im Hilbert-Raum. Učenie Zapiski Av. Inst.) **8**, 2 (1940).
[2] Vorlesungen über Approximationstheorie. Berlin 1967.
[3] Das klassische Momentenproblem. Moskau 1961.
[4] Интегральные операторы с ядрами Карлемана. Успехи матем. наук. (Integraloperatoren mit Carlemanschen Kernen. Uspechi mat. Nauk) **2**, 5 (21) (1947).

ARONSZAJN, N. and K. T. SMITH,
[1] Invariant subspaces of completely continuous operators. Ann. of Math. **60** (1954) 345–350.

BANACH, S.,
[1] Lehrgang der Funktionalanalysis. Kiew 1948.

BERESANSKI, J. M.,
[1] Entwicklung nach Eigenfunktionen selbstadjungierter Operatoren. Kiew 1965.
[2] Entwicklung nach Eigenfunktionen partieller Differenzengleichungen 2. Ordnung. Tr. Mosk. Mat. Obšč. **5** (1956) 203–268.

BIRMAN, M. S.,
[1] Bedingungen für die Existenz von Wellenoperatoren. Dokl. Akad. Nauk SSSR **143**, No. 3 (1962) 506–509.
[2] Ein lokales Merkmal der Existenz von Wellenoperatoren. Dokl. Akad. Nauk SSSR **159**, No. 3 (1964) 485–488.

BIRMAN, M. S. und M. G. KREIN,
[1] Zur Theorie der Wellen- und Streuoperatoren. Dokl. Akad. Nauk SSSR **144**, No. 3 (1962) 475–478.

BRODSKI, M. S.,
[1] Über eine Dreiecksdarstellung vollstetiger Operatoren mit einem Spektrumspunkt. Uspechi mat. Nauk **16**, 1 (97) (1961) 135–141.

BRODSKI, M. S. und M. S. LIWSCHITZ,
[1] Spektralanalysis nichtselbstadjungierter Operatoren und entsprechender Systeme. Uspechi mat. Nauk **13**, 1 (79) (1958) 3–85.

CARLEMAN, T.,
[1] Sur les équations intégrales singulières à noyau réel symétrique. Uppsala 1923.

FREUDENTHAL, H.,
[1] Über die Friedrichssche Fortsetzung halbbeschränkter hermitescher Operatoren. Proc. Acad. Amsterdam **39** (1936) 832–833.

FRIEDRICHS, K.,
[1] Spektraltheorie halbbeschränkter Operatoren und Anwendung auf die Spektralzerlegung von Differentialoperatoren. Math. Ann. **109** (1934) 465–487, 685–713; ferner **110** (1935) 777–779.
[2] Über die ausgezeichnete Randbedingung in der Spektraltheorie der halbbeschränkten gewöhnlichen Differentialoperatoren zweiter Ordnung. Math. Ann. **112** (1935) 1–23.

GELFAND, I. M.,
[1] Sur une lemme de la théorie des espaces linéaires. Сообщ. Харьк. матем. общ. (Soobšč. Chark. mat. Obšč.) **13** (4) (1936) 35–40.

GELFAND, I. M. und G. E. SCHILOW,
[1] Verallgemeinerte Funktionen (Einige Fragen zur Theorie der Differentialgleichungen) III. Berlin 1964.

GELFAND, I. M. und N. J. WILENKIN,
[1] Verallgemeinerte Funktionen (Einige Anwendungen der harmonischen Analyse, Gelfandsche Raumtripel) IV. Berlin 1964.

GLASMANN, I. – Глазман, И.,
[1] Об индексе дефекта дифференциальных операторов. Докл. Акад. наук СССР.
(Über den Defektindex von Differentialoperatoren. Doklady Akad. Nauk SSSR) **64** No. 2 (1949).
[2] Direkte Methoden der qualitativen Spektralanalysis singulärer Differentialoperatoren. Moskau 1963.
[3] Zur Theorie singulärer Quasidifferentialoperatoren. Uspechi mat. Nauk **5**, 6 (1950) 102–135.

GLASMANN, I. M. und P. B. NEUMANN,
[1] Über die konvexe Hülle orthogonaler Funktionen. Dokl. Akad. Nauk SSSR **102**, No. 3 (1955).

GOCHBERG, I. Z. und M. G. KREIN,
[1] Einführung in die Theorie linearer nichtselbstadjungierter Operatoren im Hilbert-Raum. Moskau 1965.

GRAFF, A. A. – Графф, А. А.,
[1] К теории линейных дифференциальных систем в области одного измерения. Мат. сб.
(Zur Theorie der linearen Differentialgleichungssysteme in eindimensionalen Bereichen. Mat. Sbornik) **60** (1946), **63** (1947).

HAMBURGER, H.,
[1] Beiträge zur Konvergenztheorie der Stieltjesschen Kettenbrüche. Math. Zeitschr. **4** (1919) 186–222.

HILLE, E. and R. S. PHILLIPS,
[1] Functional analysis and semi-groups. Providence, Am. Math. Soc. Colloq. Publ. **31** (1957).

KATO, T.,
[1] On finite-dimensional perturbations of selfadjoint operators. J. Math. Soc. Japan **9** (1957) 239–249.

[2] Perturbation of Continuous Spectra by Trace Class Operators. Proc. Japan Acad. **33** (1957) 260–264.

[3] Wave operators and unitary equivalence. Pacific J. Math. **15** (1965) 171–180.

Kaz, I. – Кац, И.,

[1] О гильбертовых пространствах, порождаемых монотонными эрмитовыми матрицами-функциями. Записки научно-исследовательского института математики и механики и Харьковского математического общества. (Über Hilbertsche Räume, erzeugt von monotonen hermiteschen Matrixfunktionen. Zap. naučno-issl. Inst. mat. i mech. i Chark. mat. Obšč.) **22** (1950).

Kilpi, Y.,

[1] Über selbstadjungierte Fortsetzungen symmetrischer Transformationen im Hilbert-Raum. Ann. Acad. Fennicae (1959).

Kobotkow, W. B.,

[1] Über Integraloperatoren mit Carlemanschen Kernen. Dokl. Akad. Nauk SSSR **165** (1965) 748–751.

Krasnoselski, M. A. – Красносельский, М. А.,

[1] О самосопряжённых расширениях эрмитовых операторов. Украинский математический журнал А. Н. УССР. (Über selbstadjungierte Erweiterungen hermitescher Operatoren. Ukrainskij mat. J. A. N. USSR.) **1** (1949) 21–38.

Krein, M. – Крейн, М.,

[1] О резольвентах эрмитова оператора с индексом дефекта (m, m). Докл. Акад. Наук СССР. (Über Resolventen hermitescher Operatoren mit Defektindex (m, m). Doklady Akad. Nauk SSSR) **52**, No. 8 (1946) 657–660.

[2] Об одном общем методе разложения положительно определённых ядер на элементарные произведения. Докл. Акад. Наук СССР. (Über eine allgemeine Methode der Zerlegung positiv definiter Kerne in elementare Produkte. Doklady Akad. Nauk SSSR) **53**, No. 1 (1946).

[3] Теория самосопряжённых расширений полуограниченных эрмитовых операторов и её приложения. Часть I. Мат. сб. (Theorie der selbstadjungierten Erweiterungen halbbeschränkter hermitescher Operatoren und ihre Anwendungen. Teil I. Mat. Sbornik) **20** (62), 3 (1947) 431–495.

[4] Teil II der eben zitierten Arbeit. мат. сб. (Mat. Sbornik) **21** (63), 3 (1947) 366–404.

[5] Про эрмітові оператори з напрямними функціоналами. Збірник праць Інституту математики А. Н. УССР. (Über hermitesche Operatoren mit Richtungsfunktionalen. Zbirnik prac. Inst. mat. A. N. USSR.) **10**.

Krein, M. G. und M. A. Krasnoselski,

[1] Fundamentalsätze über die Erweiterung hermitescher Operatoren und einige ihrer Anwendungen auf die Theorie der orthogonalen Polynome und des Momentenproblems. Uspechi mat. Nauk **3**, 3 (1947) 60–107.

Krein, M., M. A. Krasnoselski und D. P. Milman – Крейн, М., М. А. Красносельский и Д. П. Милман

[1] О дефектных числах линейных операторов в банахом пространстве и о некоторых геометрических вопросах. Сборник трудов института математики А. Н. УССР. (Über die Defektzahlen linearer Operatoren im Banach-Raum und über einige geometrische Fragen. Sbornik trudov Inst. A. N. USSR.) **11** (1948).

Ky Fan

[1] Maximum properties and inequalities for the eigenvalues of completely continuous operators. Proc. Nat. Acad. Sci. USA **37** (1951) 760–766.

LEWIN, S.,
[1] Über einige mit der Konvergenz im Mittel verbundene Eigenschaften von Funktionenfolgen. Math. Z. 32 (1930) 4.

LEWITAN, B. M. — Левитан, Б. М.
[1] Почти периодичские функции. (Fastperiodische Funktionen. Moskau 1953).
[2] Разложение по собственным функциям.
(Entwicklung nach Eigenfunktionen. Moskau 1950).

LEWITAN, B. M. und M. G. GASIMOW,
[1] Bestimmung einer Differentialgleichung aus zwei Spektren. Uspechi mat. Nauk 19, 2 (1964) 3—63.

LIWSCHITZ, M. S. — Лившиц, M. C.
[1] Об одном применении теории эрмитовых операторов к обобщённой проблеме моментов. Докл. Акад. Наук СССР.
(Über eine Anwendung der Theorie der hermiteschen Operatoren auf das verallgemeinerte Momentenproblem. Doklady Akad. Nauk SSSR) 44, No. 1 (1944).
[2] Об одном классе линейных операторов в гильбертовом пространстве. Мат. сб.
(Über eine Klasse linearer Operatoren im Hilbert-Raum. Mat. Sbornik) 19 (61), 2 (1946) 239—260.
[3] К теории изометрических операторов с равными дефектными числами. Докл. Акад. Наук СССР.
(Zur Theorie der isometrischen Operatoren mit gleichen Defektzahlen. Doklady Akad. Nauk SSSR) 58, No. 1 (1947) 13—15.
[4] Über eine Spektraldarstellung linearer nichtselbstadjungierter Operatoren. Mat. Sbornik 34 (76), 1 (1954) 145—198.

MÖLLER, C.,
[1] General Properties of the characteristic Matrix in the Theory of Elementary Particles I. Dan. Vid. Selsk.-fys. Medd 23, Nr. 1 (1945).

NEUMANN, J. v.,
[1] Zur Theorie der unbeschränkten Matrizen. J. reine angew. Math. 161 (1929) 208—236.
[2] Allgemeine Eigenwerttheorie hermitescher Funktionaloperatoren. Math. Ann. 102 (1929) 49—131.
[3] Über Funktionen von Funktionaloperatoren. Ann. of Math. 32 (1931) 191—226.
[4] Über einen Satz von M. H. Stone. Ann. of Math. 33 (1932) 567—573.
[5] Charakterisierung des Spektrums eines Integraloperators. Actualités Sci. et Ind. 229 (1935).

NEUMARK, M. A. — Наймарк, M. A.
[1] Спектральные функции симметрического оператора. Изв. А. Н. СССР. (Spektralfunktionen eines symmetrischen Operators. Izv. A. N. SSSR) 4, Nr. 3 (1940) 277—318.
[2] О самосопряжённых расширениях второго рода симметрического оператора. Изв. А. Н. СССР.
(Über selbstadjungierte Erweiterungen zweiter Art eines symmetrischen Operators. Izv. A. N. SSSR) 4, Nr. 1 (1940) 53—104.
[3] Об одном представлении аддитивных операторных функций множеств. Докл. Акад. Наук СССР.
(Über eine Darstellung additiver Operatorfunktionen von Mengen. Doklady Akad. Nauk SSSR) 41 (1943) 373—375.
[4] Экстремальные спектральные функции симметрических операторов. Изв. А. Н. СССР.
Extremale Spektralfunktionen symmetrischer Operatoren. Izv. A. N. SSSR) 11, Nr. 4 (1947).

[5] Über Spektralfunktionen symmetrischer Operatoren. Izv. A. N. SSSR 7, Nr. 6 (1943) 285–296.
[6] Lineare Differentialoperatoren. Berlin 1967.

PLESNER, A. I. — Плеснер, А. И.
[1] Спектральный анализ максимальных операторов. Докл. Акад. Наук СССР.
(Spektralanalyse maximaler Operatoren. Doklady Akad. Nauk SSSR) 22, No. 5 (1939) 225–228.
[2] Spektraltheorie linearer Operatoren. Moskau 1965.

POWSNER, A. J. — Повзнер, А. Я.
[1] О методе направляющих функционалов М. Г. Крейна. Записки научно-исследовательского института математики и механики и Харьковского математического общества.
(Über die Methode der Richtungsfunktionale von M. G. Krein. Zap. naučno-issl. Inst. mat. i mech. i Chark. mat. Obšč.) 4, 20 (1950).

PRIWALOW, I. I.,
[1] Randeigenschaften analytischer Funktionen. Berlin 1958.

RIESZ, F.,
[1] Sur les fonctions des transformations hermitiennes dans l'espace de Hilbert. Acta Sci. Math. Szeged 7 (1935) 147–159.

RIESZ, F. et B. SZ.-NAGY,
[1] Leçons d'analyse fonctionnelle. Budapest 1953 (Deutsche Übersetzung: Vorlesungen über Funktionalanalysis. Berlin 1956).

ROFE-BEKETOW, F. S.,
[1] Entwicklung nach Eigenfunktionen unendlicher Differentialgleichungssysteme, Funktionalanalysis und ihre Anwendung. Abhandlungen der V. Allunionskonf. über Funktionalanalysis und ihre Anwendungen. Baku 1961, 230–237.
[2] Ein Kriterium für die Endlichkeit der Anzahl diskreter Niveaus, die in den Lücken des kontinuierlichen Spektrums eines periodischen Potentials durch eine Störung erzeugt werden. Dokl. Akad. Nauk SSSR 156, No. 3 (1964).

ROSENBLUM, M.,
[1] Perturbation of the continuous spectrum and unitary equivalence. Pacif. Journ. Math. 7 (1957) 997–1010.

SCHAUDER, J.,
[1] Zur Theorie stetiger Abbildungen in Funktionalräumen. Math. Z. 26 (1927).

SCHILOW, G. E. und B. L. GUREWITSCH,
[1] Integral, Maß und Ableitung. Moskau 1964.

SMIRNOW, W. I.,
[1] Lehrgang der höheren Mathematik, V. Berlin 1962.

STRAUS, A. W.,
[1] Verallgemeinerte Resolventen symmetrischer Operatoren. Izv. A. N. SSSR, Ser. Mat., 18 (1954) 51–86.
[2] Über Erweiterungen eines symmetrischen Operators, die von einem Parameter abhängen. Izv. A. N. SSSR, Ser. Mat., 29 (1965) 1389–1416.
[3] Charakteristische Funktionen linearer Operatoren. Izv. A. N. SSSR, Ser. Mat., 24 (1960) 43–74.

SZ.-NAGY, B.,
[1] Spektraldarstellung linearer Transformationen des Hilbertschen Raumes. Erg. d. Math., Berlin 1942.
[2] Prolongements de transformations de l'espace de Hilbert qui sortent de cet espace, App. au livre „Leçons d'analyse fonctionnelle" par F. Riesz et B. Sz.-Nagy, 3me éd. Paris–Budapest 1955 (Deutsche Übersetzung siehe Riesz, F. et B. Sz.-Nagy [1]).

[3] Perturbations des transformations autoadjointes dans l'espace de Hilbert. Commentarii Math. Helv. **19** (1946/47) 347–366.
[4] Eine Formel für verallgemeinerte Resolventen eines Differentialoperators gerader Ordnung. Dokl. Akad. Nauk SSSR **111**, No. 4 (1956).

TITCHMARCH, E. C.,
[1] Introduction to the theory of Fourier integrals. Oxford Univ. Press, 1937.
[2] Eigenfunction expansions associated with second-order differential equations. Vol. I, 2. Aufl. Oxford 1962; Vol. II, Oxford 1958.

WEYL, H.,
[1] Über beschränkte quadratische Formen, deren Differenz vollstetig ist. Rend. Circ. Math. Palermo **27** (1909) 373–392.
[2] Über gewöhnliche Differentialgleichungen mit Singularitäten. Math. Ann. **68** (1910) 220–269.

WHITTAKER, E. T. und G. N. WATSON,
[1] A course of modern analysis. Cambridge, 1952.

NAMENVERZEICHNIS

SACHVERZEICHNIS

Kolibri 360 GmbH
Ferdinand-Jühlke-Straße 7
99095 Erfurt, Deutschland
produktsicherheit@kolibri360.de